U0238512

汇通专升本系列教材

# 高等数学（二）

## （经管农医类专业适用）

主　编　张天德　孙建波

副主编　范洪军　安徽燕　周秀娟

山东大学出版社
SHANDONG UNIVERSITY PRESS
·济南·

**图书在版编目(CIP)数据**

高等数学.二 / 张天德,孙建波主编. —济南：
山东大学出版社，2022.1
　汇通专升本系列教材
　ISBN 978-7-5607-7380-3

　Ⅰ.①高… Ⅱ.①张… ②孙… Ⅲ.①高等数学—成
人高等教育—升学参考资料 Ⅳ.①O13

中国版本图书馆 CIP 数据核字(2022)第 003720 号

策划编辑　祝清亮
责任编辑　宋亚卿
文案编辑　任　梦
封面设计　牛　钧

出版发行　山东大学出版社
社　　址　山东省济南市山大南路 20 号
邮政编码　250100
发行热线　(0531)88363008
经　　销　新华书店
印　　刷　济南华林彩印有限公司
规　　格　850 毫米×1168 毫米　1/16
　　　　　21.75 印张　640 千字
版　　次　2022 年 1 月第 1 版
印　　次　2022 年 1 月第 1 次印刷
定　　价　68.00 元

# 前　言

　　山东省教育厅在《山东省教育厅关于调整普通高等教育专科升本科考试录取办法的通知》(鲁教学字〔2017〕21号)中提出,自2020年开始,山东专升本考试全面实行新政策。山东省专升本考试设四门公共基础课考试科目:英语(小语种的考政治)、计算机、大学语文、高等数学(分为高等数学(一)、高等数学(二)、高等数学(三))。所有12个门类的专业中,理、工大类考高等数学(一),经、管、农、医大类考高等数学(二),所有文科大类考高等数学(三),考试范围依次缩小,难度依次递减。

　　"高等数学"是高职高专院校理工、经济、管理类专业学生必修的一门公共基础课,是后续专业课程的基础,也是历年专升本考试的重点科目。为帮助广大考生更好地学习高等数学,备考专升本考试,由山东大学张天德教授带领的专升本辅导团队,根据高等数学课程的教学经验和专升本考试的辅导经验,编写了本书。全书系统分析了山东专升本考试中高等数学的最新考试大纲,细致讲解了高等数学的所有重要知识点、基本思想方法和常见常考题型,并重点分析了新大纲的变化和专升本高等数学的考试规律和趋势。书中的章节安排与一般的高等数学教材一致,便于复习与巩固。内容安排循序渐进,层次分明,前后呼应,重难点突出,能使考生更快、更好地掌握高等数学课程的基本内容。

　　本书既是专升本考试高等数学的备考用书,也是高职高专高等数学教材的配套辅导用书。本书主要针对高等数学(二),内容主要包括三大模块:第一模块"新大纲解读与考点分析",第二模块"新大纲模拟自测",第三模块"检测训练、模拟自测答案及详解"。

　　其中,第一模块"新大纲解读与考点分析"是按高等数学的章节顺序编写的,每章均设计了7个板块:

　　一、知识结构导图:根据每章的知识体系,给出本章知识结构的思维导图,使学生能清晰直观地把握本章知识体系,对本章知识脉络有宏观认识。

　　二、考纲内容解读:在每章的每一节中,详细给出最新考试大纲对本节各知识点的要求,其中以"掌握""理解""了解"等不同词语说明对其要求的不同程度。由名师对大纲进行细致解读,说明本节知识点的重难点、常考内容和考试形式。

　　三、考点内容解析:给出本节所涉及的全部知识点及学习过程中需注意的问题。将重点和难点一一归纳,详细讲解,以帮助读者对所学知识进行有效的查漏补缺、巩固提高。

　　四、考点例题分析:以每章重点知识和题型为主线,结合历年专升本考试特点,对常考题型进行分类总结,归纳出多种常见且有效的解题方法和技巧,便于读者更好地学习掌握,进而达到举一反三的目的。

五、考点真题解析:精选近十年本章知识点在专升本考试中出现的真题进行分析详解,使读者了解真题难度,熟悉真题特点,把握真题求解方法和技巧。通过对真题的研究学习达到巩固和强化基本知识,熟悉各知识点出题方式的目的。

六、考点方法综述:在每章节的内容最后,总结本单元出现的常用常考的所有方法,通过名师的归纳总结,使学生巩固所学知识,从而在考试中能够迅速选择最佳方法解决问题。

七、本章测试训练:为检测学生学习和对知识巩固的情况,设计了"本章检测训练"。该训练在每章内容最后,分为A,B两套自测题:A套题为基础题目,检测学生对基础知识和基本方法的掌握情况;B套题为难度略有提高的题目,检测学生学习的灵活性,以及是否具备举一反三的能力。

第二模块"新大纲模拟自测"是团队老师按照历年真题的特点和难度精心设计的10套模拟题。模拟题是真题的补充,在对真题演练的同时,学生可以按照专升本考试要求进行多次模拟自测,不断强化所学知识,找到解决各类问题的最佳思路和方法。

第三模块"检测训练、模拟自测答案及详解"中给出了本书全部章节检测训练题、模拟自测题的答案和详细的分析求解过程。学生在做完各模块的练习后,通过和答案进行比对,可以掌握最正确、快捷、有效的解题方法,这将给学生的学习和备考提供最大的支持和保障。

本书由山东大学张天德教授带领其专升本教研团队的孙建波、范洪军、安徽燕、周秀娟几位老师编写而成。几位老师均长期主讲高等数学课程,年年辅导专升本考试,研究专升本高等数学的命题规律和变化。本书是各位老师多年研究专升本考试后提炼的精华。在编写过程中,作者的编写思路是重点突出高等数学中解题思路和方法的引导,力求将多年的教学经验与体会渗透到本书内容中,使学生能够掌握高等数学的基本知识和常用方法,全面提高数学思维水平。

该书既可以作为专升本考试高等数学科目的复习用书,也可以作为在读大学生同步学习的辅导用书,还可以作为广大教师的教学参考书,同时也可以为众多成人学员自学提供富有成效的帮助。读者使用本书时,宜先独立求解,然后再与书中的分析求解过程作比较,这样一定会获益匪浅,掌握更多的有用知识。

限于编者水平,书中不当之处在所难免,欢迎广大专家、同行和读者批评指正。

编　者

2021 年 8 月

# 目 录

# 第一模块 新大纲解读与考点分析

# 第一章 函数、极限与连续

## 知识结构导图

函数、极限与连续
- 函数
  - 函数的概念
    - 函数的定义 — 函数三要素
    - 函数的表示方法
    - 分段函数
    - 反函数
    - 复合函数
    - 初等函数
  - 函数的几种特性
    - 奇偶性
    - 单调性
    - 周期性
    - 有界性
  - 函数的运算
    - 函数的四则运算
    - 函数的复合运算
  - 函数的应用 — 在实际问题中建立函数关系
  - 经济学中的几种常见函数
    - 成本函数
    - 收益函数
    - 利润函数
    - 需求函数
    - 供给函数
- 极限
  - 极限的概念
    - 数列极限
    - 函数极限
  - 极限的性质
    - 唯一性
    - 有界性
    - 保号性
  - 极限存在准则
    - 夹逼准则
    - 单调有界准则
  - 极限的运算
    - 极限的四则运算法则
    - 复合函数的极限运算法则
    - 两个重要极限
    - 等价无穷小的替换
    - 夹逼准则
  - 无穷小与无穷大
    - 概念
    - 性质
    - 无穷小的比较
    - 无穷小与无穷大的关系

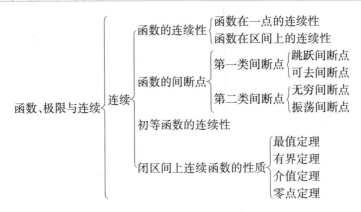

### 第一节 函 数

❧考纲内容解读❧

**一、新大纲基本要求**

1. 理解函数的概念,会求函数的定义域、表达式及函数值,会建立应用问题的函数关系;

2. 掌握函数的有界性、单调性、周期性和奇偶性;

3. 理解分段函数、反函数和复合函数的概念;

4. 掌握函数的四则运算与复合运算;

5. 掌握基本初等函数的性质及其图形,理解初等函数的概念.

6. 理解经济学中的几种常见函数(成本函数、收益函数、利润函数、需求函数和供给函数).

**二、新大纲名师解读**

在专升本考试中,本节主要考查以下几方面的内容:

1. 函数的相关概念;

2. 函数的定义域和值域;

3. 求初等函数的表达式;

4. 函数的几种特性.

函数是初等数学与高等数学衔接的重要基础,是高等数学的主要研究对象,也是专升本考试中非常重要的内容.

❧考点内容解析❧

**一、函数的概念**

**1. 函数的定义**

**定义 1** 设 $D$ 是一个给定的非空数集. 若对任意的 $x \in D$,按照一定法则 $f$,总有唯一确定的数值 $y$ 与之对应,则称 $y$ 是 $x$ 的**函数**,记为

$$y = f(x).$$

数集 $D$ 称为函数 $f(x)$ 的**定义域**,$x$ 为自变量,$y$ 为因变量. 函数值的全体 $W = \{y \mid y = f(x), x \in D\}$ 称为函数 $f(x)$ 的**值域**. 在数学上,通常将使得表达式有意义的一切实数所组成的集合作为该函数的定义域,称为函数的自然**定义域**.

**【名师解析】** 定义域与对应法则是函数的两要素,确定了函数的两要素,该函数也就确定了. 两要素可以作为判断两个函数是否相同的标准.

**2.常见的分段函数**

在自变量的不同变化范围内,对应法则用不同的数学式子来表示的函数称为分段函数.常见的分段函数有:

(1) **绝对值函数**: $y=|x|=\begin{cases}-x, & x<0,\\ x, & x\geqslant 0;\end{cases}$

(2) **符号函数**: $\operatorname{sgn}x=\begin{cases}-1, & x<0,\\ 0, & x=0,\\ 1, & x>0;\end{cases}$

(3) **取整函数**: 对任意实数 $x$,记 $[x]$ 为不超过 $x$ 的最大整数,称 $y=[x]$ 为取整函数.

> **【名师解析】**对于分段函数需要注意:
> ① 虽然在自变量的不同变化范围内计算函数值的算式不同,但定义的是一个函数;
> ② 它的定义域是各个表示式的定义域的并集;
> ③ 求自变量为 $x$ 的函数值,先要看点 $x$ 属于哪一个表示式的定义域,然后按此表示式计算所对应的函数值.

**二、函数的性质**

**1.函数的有界性**

设函数 $y=f(x)$,其定义域为 $D$.

(1) 如果存在常数 $A$,使得对任意 $x\in D$,均有 $f(x)\geqslant A$ 成立,则称函数 $f(x)$ 在 $D$ 上**有下界**;

(2) 如果存在常数 $B$,使得对任意 $x\in D$,均有 $f(x)\leqslant B$ 成立,则称函数 $f(x)$ 在 $D$ 上**有上界**;

(3) 如果存在一个正常数 $M$,使得对任意 $x\in D$,均有 $|f(x)|\leqslant M$ 成立,则称函数 $f(x)$ 在 $D$ 上是**有界的**;否则称函数 $f(x)$ 在 $D$ 上是**无界的**.即有界函数 $y=f(x)$ 的图像夹在 $y=-M$ 和 $y=M$ 两条直线之间,如图 1.1 所示.

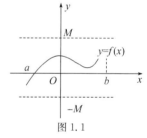

图 1.1

> **【名师解析】**函数 $y=f(x)$,$x\in D$ 在其定义域上有界的充分必要条件是它在定义域 $D$ 上既有上界又有下界.

**2.函数的单调性**

如果函数 $y=f(x)$ 对区间 $I\subset D$ 内的任意两点 $x_1$ 和 $x_2$,

(1) 当 $x_1<x_2$ 时,有 $f(x_1)<f(x_2)$,则称此函数在区间 $I$ 内是**严格单调增加**(或称**严格单调递增**)的;

(2) 当 $x_1<x_2$ 时,有 $f(x_1)>f(x_2)$,则称此函数在区间 $I$ 内是**严格单调减少**(或称**严格单调递减**)的.

严格单调增加和严格单调减少的函数统称为**严格单调函数**.一般情况下,若不单独说明,本书所指单调增加(减少)即为严格单调增加(减少).

**3.函数的奇偶性**

设函数 $y=f(x)$ 的定义域 $D$ 关于原点对称,对于任意 $x\in D$,

(1) 若 $f(-x)=f(x)$ 恒成立,则称函数 $f(x)$ 为**偶函数**;

(2) 若 $f(-x)=-f(x)$ 恒成立,则称函数 $f(x)$ 为**奇函数**.

如果函数 $f(x)$ 既不是奇函数也不是偶函数,则称函数 $f(x)$ 为**非奇非偶函数**.

> **【名师解析】**偶函数的图像关于 $y$ 轴对称,奇函数的图像关于原点对称.

**4.函数的周期性**

设函数 $y=f(x)$,$x\in D$,如果存在常数 $T\neq 0$,对任意 $x\in D$,有 $x+T\in D$,且
$$f(x+T)=f(x)$$
恒成立,则称函数 $y=f(x)$ 为**周期函数**,$T$ 称为 $f(x)$ 的一个周期.通常我们所说函数的周期是指其最小正周期.

**三、反函数**

**定义 2**　设函数 $y=f(x)$,$x\in D$,$y\in W$,其中 $D$ 是定义域,$W$ 是值域.若对于任意一个 $y\in W$,$D$ 中都有唯一确定的 $x$ 与之对应,这时 $x$ 是以 $W$ 为定义域的 $y$ 的函数,称它为 $y=f(x)$ 的**反函数**,记作 $x=f^{-1}(y)$,$y\in W$.

习惯上往往用字母 $x$ 表示自变量,字母 $y$ 表示函数.为了与习惯一致,将反函数 $x = f^{-1}(y)$,$y \in W$ 的变量 $x, y$ 对调,改写成 $y = f^{-1}(x)$,$x \in W$.

在同一直角坐标系下,$y = f(x)$,$x \in D$ 与反函数 $y = f^{-1}(x)$,$x \in M$ 的图像**关于直线 $y = x$ 对称**.

**定理 1** 单调函数必有反函数,且单调增加(减少)的函数的反函数也是单调增加(减少)的.

> 【名师解析】求函数 $y = f(x)$ 的反函数可以按以下步骤进行:
> (1) 从方程 $y = f(x)$ 中解出唯一的 $x$,并写成 $x = f^{-1}(y)$;
> (2) 将 $x = f^{-1}(y)$ 中的字母 $x, y$ 对调,得到函数 $y = f^{-1}(x)$,对应的定义域和值域也随之互换,这就是所求的函数的反函数.

**四、复合函数**
**定义 3** 设有函数链

$$y = f(u), u \in D_f, \tag{1.1}$$
$$u = g(x), x \in D,且 R_g \subset D_f, \tag{1.2}$$

则 $y = f[g(x)]$,$x \in D$ 称为由式(1.1)和式(1.2)确定的**复合函数**.这个新函数 $y = f[g(x)]$ 称作由 $y = f(u)$ 和 $u = g(x)$ 复合而成的复合函数,其中 $u = g(x)$ 称为**内层函数**,$y = f(u)$ 称为**外层函数**,$u$ 称为**中间变量**.

> 【名师解析】复合函数需要熟练掌握两个内容:一是复合,二是分解.

**五、初等函数**
**1.基本初等函数**
中学阶段我们学过的幂函数、指数函数、对数函数、三角函数、反三角函数五类函数统称为**基本初等函数**.
**2.初等函数**
由常数和基本初等函数经过有限次四则运算及有限次复合运算所构成的并能用一个式子表示的函数,称为**初等函数**.
**六、经济学中的常用函数**
**1.需求函数和供给函数**
设 $P$ 表示商品价格,市场需求量和供给量分别用 $D$ 与 $S$ 表示,若忽略市场其他因素的影响,则 $D$ 与 $S$ 均是 $P$ 的函数,即有 $D = D(P)$ 和 $S = S(P)$.$D(P)$ 称为**需求函数**,$S(P)$ 称为**供给函数**.

> 【名师解析】在一般情况下,$D(P)$ 是单调减少函数,即需求量 $D$ 会随着价格 $P$ 的上升而减少;$S(P)$ 是单调增加函数,即供给量 $S$ 会随着价格 $P$ 的上升而增加.
> 假若市场上某种商品的供给量与需求量相等,即该商品的供需达到平衡,此时的商品价格称为均衡价格.

**2.总成本函数、总收益函数和总利润函数**
总成本是指生产和经营产品的总投入,通常用 $C$ 表示.
一般地,总成本 $C$ 由**固定成本**$C_0$ 和**可变成本**$C_1$ 两部分构成,$C_0$ 是一个常数,与商品的产量 $Q$ 无关,$C_1$ 是 $Q$ 的函数,所以

$$C(Q) = C_0 + C_1(Q).$$

$C(Q)$ 是单调增加的函数.其中 $C_1(0) = 0$,即 $C_0 = C(0)$.
**总收益**是指产品出售后所得到的收入,通常用 $R$ 表示.**总收益函数**:$R(Q) = P(Q) \cdot Q$.
**总利润**则为总收益减去总成本和上缴税金后的余额,通常用 $L$ 表示.**总利润函数**:$L(Q) = R(Q) - C(Q)$.
**注**:为了方便起见,若无特别说明,在计算总利润时不计上缴税金.

考 点 例 题 分 析

**考点一 函数的相关概念**

> 【考点分析】函数的相关概念,主要考查两个函数是否为同一个函数.函数相同需要同时满足定义域相同和对应法则相同两个条件.

**例 1**　下列各组中,两个函数为同一函数的是 _____.

A. $f(x)=x^2+3x-1,g(t)=t^2+3t-1$ 　　　　B. $f(x)=\dfrac{x^2-4}{x-2},g(x)=x+2$

C. $f(x)=\sqrt{x}\ \sqrt{x-1},g(x)=x+2$ 　　　　D. $f(x)=3,g(x)=|x|+|3-x|$

**解**　两个函数的定义域和对应法则分别相同即为同一个函数,与自变量用哪个字母表示无关,所以 A 正确.B 和 C 中定义域不同,C 和 D 的对应法则不同.

故应选 A.

**例 2**　下列各组中,两个函数为同一函数的是 _____.

A. $f(x)=\lg x+\lg(x+1),g(x)=\lg[x(x+1)]$ 　　　　B. $y=f(x),g(x)=f(\sqrt{x^2})$

C. $f(x)=|1-x|+1,g(x)=\begin{cases}x, & x\geqslant 1,\\ 2-x, & x<1\end{cases}$ 　　　　D. $y=\dfrac{\sqrt{9-x^2}}{|x-5|-5},g(x)=\dfrac{\sqrt{9-x^2}}{x}$

**解**　A 中两个函数的定义域不同,B 和 D 中两个函数的对应法则不同,C 中两个函数的定义域都是 $(-\infty,+\infty)$,对应法则去绝对值后也是相同的,即定义域和对应法则都相同,所以为相同的函数.

故应选 C.

**【名师点评】** 我们已经熟悉了很多函数关系,知道定义域和对应法则是确定函数关系的两个要素,在描述任何一个函数时必须同时说明这两个要素.即两个函数相同指的是两个函数的定义域和对应法则完全相同,在专升本考试中经常考查这类问题,需特别注意.

**例 3**　函数 $y=\dfrac{1+\sqrt{1-x}}{1-\sqrt{1-x}}$ 的反函数为 _____.

**解**　令 $t=\sqrt{1-x}$,则 $y=\dfrac{1+t}{1-t}$,所以 $t=\dfrac{y-1}{y+1}$,即 $\sqrt{1-x}=\dfrac{y-1}{y+1}$,从而 $x=1-\left(\dfrac{y-1}{y+1}\right)^2=\dfrac{4y}{(y+1)^2}$,因此反函数为 $y=\dfrac{4x}{(x+1)^2},x\in(-\infty,-1)\bigcup[1,+\infty)$.

故应填 $y=\dfrac{4x}{(x+1)^2},x\in(-\infty,-1)\bigcup[1,+\infty)$.

**例 4**　$y=\dfrac{2^x}{2^x+1}$ 的反函数为 _____.

**解**　由 $y=\dfrac{2^x}{2^x+1}$ 得 $2^x=2^xy+y$,即 $2^x(1-y)=y$,也即 $2^x=\dfrac{y}{1-y}$,解得 $x=\log_2\dfrac{y}{1-y}$,

故所求反函数为 $y=\log_2\dfrac{x}{1-x},x\in(0,1)$.

故应填 $y=\log_2\dfrac{x}{1-x},x\in(0,1)$.

## 考点二　求初等函数的定义域

**【考点分析】** 要计算初等函数的定义域,首先要熟练掌握基本初等函数的定义域.

**例 1**　函数 $y=\arcsin(1-x)+\dfrac{1}{2}\lg\dfrac{1+x}{1-x}$ 的定义域是 _____.

A. $(0,1)$ 　　　　B. $[0,1)$ 　　　　C. $(0,1]$ 　　　　D. $[0,1]$

**解**　要使函数有意义,须满足

$\begin{cases}-1\leqslant 1-x\leqslant 1,\\ \dfrac{1+x}{1-x}>0,\end{cases}$ 　即 $\begin{cases}0\leqslant x\leqslant 2,\\ -1<x<1,\end{cases}$ 　解得 $0\leqslant x<1$,所以 $D\in[0,1)$.

故应选 B.

**例2** 函数 $f(x) = \sqrt{4-x^2} + \dfrac{1}{\ln\cos x}$ 的定义域为 _____.

**解** 由已知得 $\begin{cases} 4-x^2 \geqslant 0, \\ \cos x > 0, \\ \cos x \neq 1, \end{cases}$ 解得 $\begin{cases} -2 \leqslant x \leqslant 2, \\ 2k\pi - \dfrac{\pi}{2} < x < 2k\pi + \dfrac{\pi}{2}(k \in \mathbf{Z}), \\ x \neq 2k\pi, \end{cases}$

求各不等式的交集,可得定义域为 $\left(-\dfrac{\pi}{2}, 0\right) \cup \left(0, \dfrac{\pi}{2}\right)$.

故应填 $\left(-\dfrac{\pi}{2}, 0\right) \cup \left(0, \dfrac{\pi}{2}\right)$.

**例3** 函数 $f(x) = \dfrac{1-x^2}{\sqrt{|x|-1}} + \arcsin(x-1)$ 的定义域为 _____.

A. $(0,2]$     B. $[0,2]$     C. $(1,2]$     D. $[1,2]$

**解** 由函数可得 $\begin{cases} |x|-1 > 0, \\ -1 \leqslant x-1 \leqslant 1, \end{cases}$ 解得定义域为 $(1,2]$.

故应选 C.

**例4** 函数 $y = \dfrac{\sqrt{x+1}+1}{|x|+x-1}$ 的定义域为 _____.

A. $[-1, +\infty)$     B. $\left[-1, \dfrac{1}{2}\right)$     C. $\left(\dfrac{1}{2}, +\infty\right)$     D. $\left[-1, \dfrac{1}{2}\right) \cup \left(\dfrac{1}{2}, +\infty\right)$

**解** 此题最适合用排除法,只要测试 $0, \dfrac{1}{2}, 1, -1$ 这四个点是否在定义域内即可.

故应选 D.

## 考点 三　抽象复合函数的定义域

**【考点分析】**对于复合函数求定义域的情形,首先要会熟练地进行复合函数的分解,然后使用基本初等函数求定义域. 抽象复合函数求定义域是难点.

**例1** 设 $f(x)$ 的定义域是 $[0,1]$,则 $f(9x^2)$ 的定义域是 _____.

**解** 由已知条件可得 $0 \leqslant 9x^2 \leqslant 1$,解得 $0 \leqslant x^2 \leqslant \dfrac{1}{9}$,即 $-\dfrac{1}{3} \leqslant x \leqslant \dfrac{1}{3}$.

故应填 $\left[-\dfrac{1}{3}, \dfrac{1}{3}\right]$.

**例2** 已知函数 $f(x)$ 的定义域是 $[-1,1]$,则 $f(x-1)$ 的定义域为 _____.
A. $[-1,1]$     B. $[0,2]$     C. $[0,1]$     D. $[1,2]$

**解** 因为函数 $f(x)$ 的定义域是 $[-1,1]$,所以 $-1 \leqslant x-1 \leqslant 1$,求解得 $x \in [0,2]$.

故应选 B.

**【名师点评】**本题型是已知函数 $f(x)$ 的自变量 $x$ 的范围为 $[m,n]$,求函数 $f[g(x)]$ 的自变量 $x$ 的范围,其中的关键是后者的 $g(x)$ 相当于前者的 $x$,即求不等式 $m \leqslant g(x) \leqslant n$ 的解集,从而得到函数 $f[g(x)]$ 的定义域.

**例3** 设 $y = f(x)$ 在区间 $[0,1]$ 上有意义,则 $f\left(x+\dfrac{1}{4}\right) + f\left(x-\dfrac{1}{4}\right)$ 的定义域是 _____.

A. $[0,1]$     B. $\left[-\dfrac{1}{4}, \dfrac{5}{4}\right]$     C. $\left[-\dfrac{1}{4}, \dfrac{1}{4}\right]$     D. $\left[\dfrac{1}{4}, \dfrac{3}{4}\right]$

**解** 由已知可得 $\begin{cases} 0 \leqslant x + \dfrac{1}{4} \leqslant 1, \\ 0 \leqslant x - \dfrac{1}{4} \leqslant 1, \end{cases}$ 解得 $\dfrac{1}{4} \leqslant x \leqslant \dfrac{3}{4}$,故所求定义域为 $\left[\dfrac{1}{4}, \dfrac{3}{4}\right]$.

故应选 D.

**例 4**　已知 $f(x)=\mathrm{e}^{x^2}$，$f[\varphi(x)]=1-x$，且 $\varphi(x)\geqslant 0$，则 $\varphi(x)=$ _____，$\varphi(x)$ 的定义域为 _____．

**解**　因为 $f(x)=\mathrm{e}^{x^2}$，所以 $f[\varphi(x)]=\mathrm{e}^{[\varphi(x)]^2}$，而 $f[\varphi(x)]=1-x$，因此 $\mathrm{e}^{[\varphi(x)]^2}=1-x$．

对上式两端取对数，得 $\varphi(x)=\sqrt{\ln(1-x)}$．由 $\ln(1-x)\geqslant 0$，有 $1-x\geqslant 1$，即 $x\leqslant 0$．

故应填 $\sqrt{\ln(1-x)}$，$(-\infty,0]$．

## 考点四　求初等函数的表达式

> **【考点分析】**计算初等函数的表达式需要充分理解复合函数的概念，"复合"运算是函数的一种基本运算，采取的方法一般是按照由自变量开始，先内层后外层的顺序逐次求解．

**例 1**　已知 $f\left(x+\dfrac{1}{x}\right)=x^2+\dfrac{1}{x^2}$，则 $f(x)=$ _____．

**解**　因为 $f\left(x+\dfrac{1}{x}\right)=x^2+\dfrac{1}{x^2}=\left(x+\dfrac{1}{x}\right)^2-2$，

令 $x+\dfrac{1}{x}=t$，得 $f(t)=t^2-2$，所以 $f(x)=x^2-2,x\in(-\infty,-2]\bigcup[2,+\infty)$．

故应填 $x^2-2,x\in(-\infty,-2]\bigcup[2,+\infty)$．

**例 2**　设 $f(x)=\dfrac{x}{1+x^2}$，则 $f\left(\dfrac{1}{x}\right)=$ _____．

**解**　对函数 $f(x)=\dfrac{x}{1+x^2}$，用 $\dfrac{1}{x}$ 代换 $x$ 得 $f\left(\dfrac{1}{x}\right)=\dfrac{\dfrac{1}{x}}{\left(\dfrac{1}{x}\right)^2+1}=\dfrac{x}{x^2+1}(x\neq 0)$．

故应填 $\dfrac{x}{x^2+1}(x\neq 0)$．

**例 3**　若函数 $f(x)=\dfrac{1+\sqrt{1+x^2}}{x}$，则 $f\left(\dfrac{1}{x}\right)=$ _____．

**解**　由 $f(x)=\dfrac{1+\sqrt{1+x^2}}{x}$，得 $f\left(\dfrac{1}{x}\right)=\dfrac{1+\sqrt{1+\left(\dfrac{1}{x}\right)^2}}{\dfrac{1}{x}}(x\neq 0)$，

当 $x>0$ 时，$f(x)=x+\sqrt{x^2+1}$；当 $x<0$ 时，$f(x)=x-\sqrt{x^2+1}$．

故应填 $\begin{cases}x+\sqrt{x^2+1}, & x>0,\\ x-\sqrt{x^2+1}, & x<0.\end{cases}$

**例 4**　设 $f\left(\dfrac{x+1}{x-1}\right)=3f(x)-2x$，求 $f(x)$．

**解**　令 $\dfrac{x+1}{x-1}=t$，则 $x=\dfrac{t+1}{t-1}$，

于是 $f(t)=3f\left(\dfrac{t+1}{t-1}\right)-\dfrac{2t+2}{t-1}=3[f(t)-2t]-\dfrac{2t+2}{t-1}$，

整理得 $8f(t)=6t+2\dfrac{t+1}{t-1}$，于是 $f(t)=\dfrac{3}{4}t+\dfrac{1}{4}\dfrac{t+1}{t-1}$，

所以 $f(x)=\dfrac{3}{4}x+\dfrac{1}{4}\dfrac{x+1}{x-1},x\neq 1$．

## 考点五　分段函数的复合运算

> **【考点分析】**在分段函数形式下求函数表达式是难点，所以单独列出．分段函数的复合，采取的方法一般是按照由自变量开始，先内层后外层的顺序逐层求解．计算分段函数的表达式需要充分理解复合函数的概念，"复合"运算是函数的一种基本运算，此类问题中应特别注意复合过程不要出错．

**例1** 设 $f(x) = \begin{cases} 1, & |x| < 1, \\ 0, & |x| = 1, \\ -1, & |x| > 1, \end{cases} g(x) = e^x$，则 $g[f(\ln 2)] = $ _____.

**解** 因为 $\ln 2 < 1$，所以 $g[f(\ln 2)] = g(1) = e$.

故应填 e.

**例2** 设函数 $f(x) = \begin{cases} -1, & |x| > 1, \\ 1, & |x| \leqslant 1, \end{cases}$ 求 $f[f(x)]$.

**解** 当 $|x| > 1$ 时，$f[f(x)] = f(-1) = 1$；

当 $|x| \leqslant 1$ 时，$f[f(x)] = f(1) = 1$.

所以 $f[f(x)] = 1$.

**例3** 设 $f(x) = \begin{cases} 1, & |x| \leqslant 1, \\ 0, & |x| > 1, \end{cases}$ 则 $f\{f[f(x)]\} = $ _____.

A. 0                 B. 1            C. $\begin{cases} 1, & |x| \leqslant 1, \\ 0, & |x| > 1 \end{cases}$      D. $\begin{cases} 0, & |x| \leqslant 1, \\ 1, & |x| > 1 \end{cases}$

**解** 由 $f[f(x)] = 1$ 得 $f\{f[f(x)]\} = 1$.

故应选 B.

> **【名师点评】** 在此类题目中，需要对分段函数的定义域和值域判断准确，对复合函数的复合与分解要熟练掌握.

## 考点六 函数的单调性

> **【考点分析】** 函数的特性是考试中经常考查的题型，对函数的单调性、奇偶性、周期性和有界性的概念要熟练掌握并应用. 下面分别对函数的单调性、奇偶性、周期性和有界性进行分析讨论.

**例1** 下列函数中，在区间 $(-\infty, +\infty)$ 上单调减少的是 _____.

A. $\sin x$           B. $2^x$           C. $x^2$           D. $3 - x$

**解** 此类考查单调性的问题看函数图像即可.

故应选 D.

> **【名师点评】** 本题选择项中出现的四个函数都是非常简单的函数，只需根据基本初等函数的图像即可判定其是否具备单调性. 如果遇到的函数比较复杂，可借助导数来判别，该方法在导数的应用部分会单独介绍.

## 考点七 函数的奇偶性

> **【考点分析】** 判断函数的奇偶性，除了用定义法，还可以利用以下的性质，在两个函数(常函数除外)的公共定义域关于原点对称的前提下：
> 1. 两个偶函数的和、差、积都是偶函数；
> 2. 两个奇函数的和、差是奇函数，积是偶函数；
> 3. 一个奇函数与一个偶函数的积是奇函数；
> 4. 可导的奇函数的导数为偶函数，可导的偶函数的导数为奇函数.

**例1** 函数 $y = \dfrac{e^x - e^{-x}}{2}$ 是 _____.

A. 奇函数          B. 偶函数          C. 非奇非偶函数          D. 无法确定

**解** 由 $f(x) = \dfrac{e^x - e^{-x}}{2}$ 得 $f(-x) = \dfrac{e^{-x} - e^x}{2} = -\dfrac{e^x - e^{-x}}{2} = -f(x)$，

由奇函数的定义知，$f(x)$ 为奇函数.

故应选 A.

**例2** 函数 $f(x) = \ln\sin(\cos^2 x)$ 的图像关于 _____ 对称.

**解** 因为 $f(-x) = \ln\sin[\cos^2(-x)] = \ln\sin(\cos^2 x) = f(x)$,所以 $f(x)$ 是偶函数,因此函数的图像关于直线 $x = 0$ 对称.

故应填 $x = 0$ 或 $y$ 轴.

**例3** 函数 $y = x\tan x$ 是 _____.

A. 有界函数        B. 单调函数        C. 偶函数        D. 周期函数

**解** 题目的奇偶性判断起来相对简单,所以先判断奇偶性. 此类题目往往选择最容易判断的性质,先对其进行讨论.

奇函数 $y = x$ 与奇函数 $y = \tan x$ 的乘积为偶函数.

故应选 C.

> **【名师点评】** 本题把函数的几个特性放在一起来考查,理论上须对函数的四个特性都熟练掌握,在具体判别时,可以根据已知条件给定的函数,选择最容易判断的特性进行判断. 本题给定的函数为 $y = x\tan x$,而 $y_1 = x$ 和 $y_2 = \tan x$ 都是奇函数,利用两个奇函数的乘积为偶函数的性质,可以很容易地判定该函数为偶函数.

**例4** 判断函数 $f(x) = \ln(x + \sqrt{1+x^2})$ 的奇偶性.

**解** 因为 $f(-x) = \ln(-x + \sqrt{1+(-x)^2}) = \ln(\sqrt{1+x^2} - x) = \ln\dfrac{(\sqrt{1+x^2}-x)(\sqrt{1+x^2}+x)}{\sqrt{1+x^2}+x}$

$$= \ln\frac{1}{\sqrt{1+x^2}+x} = \ln(\sqrt{1+x^2}+x)^{-1} = -\ln(\sqrt{1+x^2}+x) = -f(x),$$

所以 $f(x) = \ln(x + \sqrt{1+x^2})$ 为奇函数.

**例5** 设 $f(x)$ 为奇函数,判断下列函数的奇偶性:

(1) $xf(x)$;      (2) $(x^2+1)f(x)$;      (3) $|f(x)|$;      (4) $-f(-x)$;      (5) $f(x)\left(\dfrac{1}{2^x+1} - \dfrac{1}{2}\right)$.

**解** (1) 设 $F(x) = xf(x)$,则 $F(-x) = (-x)f(-x) = xf(x) = F(x)$,故 $F(x) = xf(x)$ 为偶函数. 也可根据 $x$ 与 $f(x)$ 均为奇函数,其乘积为偶函数来判断.

同理可得:(2) $(x^2+1)f(x)$ 为奇函数.

(3) $|f(x)|$ 为偶函数.

(4) $-f(-x)$ 为奇函数.

(5) $f(x)\left(\dfrac{1}{2^x+1} - \dfrac{1}{2}\right)$ 为偶函数.

## 考点八 函数的周期性

> **【考点分析】** 所有周期中的最小正数叫 $f(x)$ 的最小正周期. 周期函数的定义域一定是无限集. 若周期函数 $f(x)$ 的周期为 $T$,则 $f(\omega x)(\omega \neq 0)$ 是周期函数,且其周期为 $\dfrac{T}{|\omega|}$. 若函数 $f(x)$ 是以 $T$ 为周期的可导函数,则 $f'(x)$ 仍是以 $T$ 为周期的函数,且 $f'(x_0 + T) = f'(x_0)$.

**例1** 假设函数 $f(x)$ 是周期为 2 的可导函数,则 $f'(x)$ 的周期为 _____.

**解** 函数求导后周期不变,所以 $f'(x)$ 的周期仍然为 2.

故应填 2.

**例2** 假设函数 $f(x) = \sin\dfrac{x}{2} + \cos\dfrac{x}{3}$,则 $f(x)$ 的周期为 _____.

**解** 因为三角函数 $y = \sin(\omega x + \varphi)$ 或 $y = \cos(\omega x + \varphi)$ 的周期为 $T = \dfrac{2\pi}{\omega}$,因此 $\sin\dfrac{x}{2}$ 的周期为 $4\pi$,$\cos\dfrac{x}{3}$ 的周期为 $6\pi$,且 $f(x) = \sin\dfrac{x}{2} + \cos\dfrac{x}{3}$ 的周期需取两个函数周期的最小公倍数,最小公倍数为 $12\pi$.

故应填 $12\pi$.

**例 3** 设$[x]$表示不超过$x$的最大整数,则$y = x - [x]$是 _____.

A. 无界函数　　　　　　B. 周期为1的周期函数　　　　C. 单调函数　　　　　　D. 偶函数

**解** $y = x - [x]$的图像如图1.2所示.

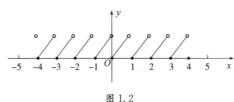

图 1.2

故应选 B.

## 考点 九　函数的有界性

【考点分析】关于函数有界性的判别,需要同学们熟练掌握基本初等函数的图像,特别是在客观题中,可以利用数形结合的方法来处理. 极限的局部有界性也可以用来判断函数在一点处的有界性,若函数在一点处有极限,则必定在该点附近有界.

**例 1** $f(x) = \ln(x-1)$在区间$(1, +\infty)$上是 _____.

A. 单减函数　　　　　　B. 单增函数　　　　　　C. 非单调函数　　　　　　D. 有界函数

**解** 因为函数$y = \ln(x-1)$是函数$y = \ln x$向右平移一个单位得到的,

由对数函数的图像可得该函数在$(1, +\infty)$上是单增且无界的.

故应选 B.

**例 2** 在 **R** 上,下列函数为有界函数的是 _____.

A. $e^x$　　　　　　　　B. $1 + \sin x$　　　　　　C. $\ln x$　　　　　　D. $\tan x$

**解** 因为选项B中,$|\sin x| \leqslant 1$,所以$|1 + \sin x| \leqslant 1 + |\sin x| \leqslant 2$.

故应选 B.

**例 3** 如果$f(x) = \dfrac{|x|}{x(x-1)(x-2)^2}$,那么以下区间是$f(x)$的有界区间的是 _____.

A. $(-1, 0)$　　　　　　B. $(0, 1)$　　　　　　C. $(1, 2)$　　　　　　D. $(2, 3)$

**解** $f(x) = \dfrac{|x|}{x(x-1)(x-2)^2}$有三个间断点:$x = 0, x = 1, x = 2$.

$$\lim_{x \to 0^+} \frac{|x|}{x(x-1)(x-2)^2} = \lim_{x \to 0^+} \frac{x}{x(x-1)(x-2)^2} = \lim_{x \to 0^+} \frac{1}{(x-1)(x-2)^2} = -\frac{1}{4},$$

$$\lim_{x \to 0^-} \frac{|x|}{x(x-1)(x-2)^2} = \lim_{x \to 0^-} \frac{-x}{x(x-1)(x-2)^2} = \lim_{x \to 0^-} \frac{-1}{(x-1)(x-2)^2} = \frac{1}{4},$$

$$\lim_{x \to 1} \frac{|x|}{x(x-1)(x-2)^2} = \lim_{x \to 1} \frac{x}{x(x-1)(x-2)^2} = \lim_{x \to 1} \frac{1}{(x-1)(x-2)^2} = \infty,$$

$$\lim_{x \to 2} \frac{|x|}{x(x-1)(x-2)^2} = \lim_{x \to 2} \frac{x}{x(x-1)(x-2)^2} = \lim_{x \to 2} \frac{1}{(x-1)(x-2)^2} = \infty.$$

由极限的局部有界性可得,若函数在一点处有极限,则必定在该点附近有界,

所以该函数在$x = 0$附近有界,在$x = 1, x = 2$附近无界.

故应选 A.

## 考点真题解析

### 考点 一　一元函数的概念

**真题 1** (2009 工商) 下列各对函数中,_____ 中的两个函数是相同的.

A. $f(x) = \dfrac{x^2 - 1}{x - 1}, g(x) = x + 1$　　　　　　　　B. $f(x) = \sqrt{x^2}, g(x) = x$

C. $f(x) = \ln x^2, g(x) = 2\ln x$　　　　　　　　D. $f(x) = \sin^2 x + \cos^2 x, g(x) = 1$

**解**　两个函数相同必须定义域和对应法则分别相同,A 定义域不同,B 对应法则不同,C 定义域不同,D 都相同.
故应选 D.

---

**【名师点评】** 判断两个函数是否相同的两大要素是定义域和对应法则,两大要素相同的函数为同一函数,缺一不可.

---

## 考点二　一元函数的定义域

**真题 1**　(2020 高数二) 函数 $f(x) = \dfrac{1}{\sqrt{x-3}}$ 的定义域为 _____ .

**解**　由题意知 $x-3 > 0$,即 $x > 3$,所以定义域为 $(3, +\infty)$.
故应填 $(3, +\infty)$.

**真题 2**　(2014 会计、国贸、电气、电子、电商) 函数 $y = \ln[\ln(\ln x)]$ 的定义域为 _____ .

**解**　函数 $y = \ln[\ln(\ln x)]$ 应满足不等式组 $\begin{cases} x > 0, \\ \ln x > 0, \\ \ln(\ln x) > 0, \end{cases}$

解得 $x > e$,故定义域为 $(e, +\infty)$.
故应填 $(e, +\infty)$.

**真题 3**　(2010 土木, 2010 工商) 函数 $f(x) = \dfrac{\cos x}{\sqrt{9-x^2}}$ 的定义域为 _____ .

**解**　由题意知 $9 - x^2 > 0$,解得 $x \in (-3, 3)$.
故应填 $(-3, 3)$.

**真题 4**　(2017 工商) 设 $f(x)$ 的定义域为 $[1,2]$,则函数 $f(x^2)$ 的定义域为 _____ .

A. $[1,2]$ 　　　　B. $[1,\sqrt{2}]$ 　　　　C. $[-\sqrt{2},\sqrt{2}]$ 　　　　D. $[-\sqrt{2},-1] \bigcup [1,\sqrt{2}]$

**解**　因为 $f(x)$ 的定义域为 $[1,2]$,所以 $1 \leqslant x^2 \leqslant 2$,
解上面的不等式可得所求函数的定义域为 $[-\sqrt{2},-1] \bigcup [1,\sqrt{2}]$.
故应选 D.

**真题 5**　(2016 经管类) 如果函数 $f(x)$ 的定义域是 $\left[-\dfrac{1}{3}, 3\right]$,则 $f\left(\dfrac{1}{x}\right)$ 的定义域是 _____ .

A. $\left[-3, \dfrac{1}{3}\right]$ 　　　　　　　　　　B. $[-3,0) \bigcup \left(0, \dfrac{1}{3}\right]$

C. $(-\infty, -3] \bigcup \left[\dfrac{1}{3}, +\infty\right)$ 　　　　　　D. $(-\infty, -3] \bigcup \left(0, \dfrac{1}{3}\right]$

**解**　因为 $f(x)$ 的定义域是 $\left[-\dfrac{1}{3}, 3\right]$,所以 $-\dfrac{1}{3} \leqslant \dfrac{1}{x} \leqslant 3$.

由 $\dfrac{1}{x} \leqslant 3$ 解得 $x \in (-\infty, 0] \bigcup \left[\dfrac{1}{3}, +\infty\right)$,由 $\dfrac{1}{x} \geqslant -\dfrac{1}{3}$ 解得 $x \in (-\infty, -3] \bigcup [0, +\infty)$.

取两部分的交集,得出 $f\left(\dfrac{1}{x}\right)$ 的定义域是 $(-\infty, -3] \bigcup \left[\dfrac{1}{3}, +\infty\right)$.
故应选 C.

---

## 考点三　求初等函数的表达式

**真题 1**　(2021 高数一) 已知 $f(x) = \begin{cases} \dfrac{1}{x}, & |x| > 0, \\ 0, & |x| \leqslant 1, \end{cases}$ 则 $f[f(2021)] =$ _____ .

**解**　因为 $|2021| > 0$,所以 $f(2021) = \dfrac{1}{2021}$,所以 $f[f(2021)] = f\left(\dfrac{1}{2021}\right) = 0$.
故应填 0.

**真题 2** (2020 高数二)已知函数 $f(x) = x^3 + 3x - 2, g(x) = \tan x$,则 $f\left[g\left(\dfrac{\pi}{4}\right)\right] = $ _____.

**解** 由题意知 $g\left(\dfrac{\pi}{4}\right) = \tan\dfrac{\pi}{4} = 1$,所以 $f\left[g\left(\dfrac{\pi}{4}\right)\right] = f(1) = 1 + 3 - 2 = 2$.

故应填 2.

**真题 3** (2019 财经类)设 $f(x) = \sin x, g(x) = \begin{cases} x - \pi, & x \leqslant 0, \\ x + \pi, & x > 0, \end{cases}$ 则 $f[g(x)] = $ _____.

A. $\sin x$ B. $\cos x$ C. $-\sin x$ D. $-\cos x$

**解** 当 $x \leqslant 0$ 时,$g(x) = x - \pi$,$f[g(x)] = \sin(\pi - x) = -\sin x$;

当 $x > 0$ 时,$g(x) = x + \pi$,$f[g(x)] = \sin(\pi + x) = -\sin x$.

所以 $f[g(x)] = -\sin x$.

故应选 C.

**真题 4** (2015 理工类,2009 国贸)设函数 $f(x) = \dfrac{1}{1-x}$,则 $f[f(x)] = $ _____.

**解** 由 $f(x) = \dfrac{1}{1-x}(x \neq 1)$,通过变量代换得

$$f[f(x)] = \frac{1}{1 - f(x)} = \frac{1}{1 - \dfrac{1}{1-x}} = \frac{1}{\dfrac{1-x-1}{1-x}} = \frac{1}{\dfrac{-x}{1-x}} = \frac{1-x}{-x} = \frac{x-1}{x} = 1 - \frac{1}{x}(x \neq 0).$$

故应填 $1 - \dfrac{1}{x}(x \neq 0$ 且 $x \neq 1)$.

**真题 5** (2009 工商)若函数 $f(x+1) = x^2 + 2x + 3$,则 $f(x) = $ _____.

**解** 因为 $f(x+1) = x^2 + 2x + 3 = (x+1)^2 + 2$,令 $x + 1 = t$,得 $f(t) = t^2 + 2$,所以 $f(x) = x^2 + 2$.

故应填 $x^2 + 2$.

> **【名师点评】**设 $f[g(x)] = \varphi(x)$,其中 $\varphi(x)$ 为已知函数,已知 $f(x)$ 求 $g(x)$,或已知 $g(x)$ 求 $f(x)$,这类问题是讨论反函数问题.还要特别注意带有一定技巧的题目,需要先观察函数的特点,进行适当变形.

## 考点 四 函数的几种特性

**真题 1** (2009 工商)下列函数在区间 $(-\infty, +\infty)$ 上单调减少的是 _____.

A. $\cos x$ B. $2 - x$ C. $2^x$ D. $x^2$

**解** 此类考查单调性,看函数图像即可.

故应选 B.

**真题 2** (2014 工商)$f(x) = \lg(1+x)$ 在 _____ 内有界.

A. $(1, +\infty)$ B. $(2, +\infty)$ C. $(1, 2)$ D. $(-1, 1)$

**解** $f(x) = \lg(1+x)$ 是由 $f(x) = \lg x$ 的图像向左平移了一个单位得到的,该函数有渐近线 $x = -1$.

通过图像可直观得看出,上述选项中该函数只在 $(1, 2)$ 内是有界的.

故应选 C.

**真题 3** (2014 工商,2013 经管类)设 $f(x)$ 是定义在 $(-\infty, +\infty)$ 内的函数,且 $f(x) \neq C$,则下列必是奇函数的是 _____.

A. $f(x^3)$ B. $[f(x)]^3$ C. $f(x) \cdot f(-x)$ D. $f(x) - f(-x)$

**解** 由于 $f(x)$ 不知道奇偶性,所以 A,B 选项中函数的奇偶性无法确定.

C 选项中,将函数的自变量换为 $-x$,$f(x) \cdot f(-x) = f(-x) \cdot f(x)$,函数不变,所以为偶函数,

D 选项中,设 $g(x) = f(x) - f(-x)$,则 $g(-x) = f(-x) - f(x) = -[f(x) - f(-x)] = -g(x)$,所以 $g(x)$ 是奇函数.

故应选 D.

## 考点方法综述

在专升本考试中,函数部分的考查内容比较多,主要有以下内容:

1.函数概念的考查,主要考查求函数的定义域和判别两个函数是否为同一个函数.函数相同需要同时满足定义域相同和对应法则 $f$ 相同两个条件.

2.求初等函数的定义域,要熟练掌握基本初等函数的定义域.复合函数求定义域,特别是抽象的复合函数求定义域是难点,要想熟练掌握求定义域的题型,需要先掌握以下求定义域的基本要求:

(1) 分式中的分母不等于零;

(2) 负数不能开偶次方根;

(3) 对数中的真数须大于零;

(4) 反正弦函数 $y = \arcsin x$ 与反余弦函数 $y = \arccos x$ 中的 $x$ 必须满足 $| x | \leqslant 1$;

(5) 以上多种情形在某函数中出现时,应取其交集;

(6) 根据实际问题的实际意义会求函数的实际定义域.

3.求函数的表达式需要充分理解函数的概念,"复合"运算是函数的一种基本运算,此类问题中要特别注意分段函数的复合,采取的方法一般是按照由自变量开始,先内层后外层的顺序逐层求解.

4.熟练掌握函数的单调性、奇偶性、周期性和有界性的定义并会利用数形结合等方法判断函数的特性.

## 第二节　极限的定义与运算法则

## 考纲内容解读

**一、新大纲基本要求**

1.理解数列极限和函数极限(包括左极限和右极限) 的概念;

2.理解函数极限存在与左极限、右极限存在之间的关系;

3.了解数列极限和函数极限的性质;

4.熟练掌握数列极限和函数极限的四则运算法则.

**二、新大纲名师解读**

在专升本考试中,本节的知识点包括:

1.极限的概念与性质;

2.极限的四则运算法则.

求极限是专升本考试中的一种重要题型,求极限的常见方法主要包括以下七个:

1.极限的四则运算法则;

2.夹逼准则;

3.第一重要极限、第二重要极限;

4.无穷小的性质定理(第四节"无穷小与无穷大、无穷小的比较");

5.等价无穷小替换定理(第四节"无穷小与无穷大、无穷小的比较");

6.初等函数的连续性(第五节"函数的连续性");

7.洛必达法则(第三章第二节).

对于某些综合题,计算过程中可能会涉及多个计算方法,在学习中我们要注意各种方法的选择和综合使用.以上方法会在后续的章节陆续介绍,本节中我们先学会使用极限的四则运算法则.

考点内容解析

**一、数列极限的概念**

**定义 1** 对于数列 $\{x_n\}$，当 $n$ 无限增大($n \to \infty$)时，若 $x_n$ 无限趋近于一个确定的常数 $a$，则称 $a$ 为 $n$ 趋于无穷大时数列 $\{x_n\}$ 的极限(或称数列收敛于 $a$)，记作

$$\lim_{n \to \infty} x_n = a \text{ 或 } x_n \to a (n \to \infty).$$

此时，也称数列 $\{x_n\}$ 收敛；否则，称数列 $\{x_n\}$ 的极限不存在(或称数列是发散的).

【名师解析】(1)理解数列极限的关键在于弄清什么是无限增大，什么是无限趋近；

(2)不是所有的无穷数列都是有极限的，例如数列 $\{(-1)^n\}$ 的极限不存在；

(3)研究一个数列的极限，关注的是数列后面无限项的问题，改变该数列前面任何有限多个项，都不能改变这个数列的极限；

(4)"无限趋近于 $a$"是指数列 $\{x_n\}$ 后面的任意项与 $a$ 的距离无限接近零.

**二、收敛数列极限的性质**

**定理 1(唯一性)** 收敛数列的极限是唯一的.

**定理 2(有界性)** 收敛数列是有界的.

【名师解析】(1)有界性是数列收敛的必要条件，例如，数列 $\{(-1)^{n+1}\}$ 有界但不收敛；

(2)无界数列必定发散.

**定理 3(保序性)** 若 $\lim\limits_{n \to \infty} x_n = a$，$\lim\limits_{n \to \infty} y_n = b$，且 $a > b$，则 $\exists N \in \mathbf{N}^+$，使得当 $n > N$ 时，有 $x_n > y_n$.

**推论 1** 若 $\exists N \in \mathbf{N}^+$，使得当 $n > N$ 时，$x_n \geqslant 0$(或 $x_n \leqslant 0$)，则 $a \geqslant 0$(或 $a \leqslant 0$).

**推论 2(保号性)** 若 $a > 0$(或 $a < 0$)，则 $\exists N \in \mathbf{N}^+$，使得当 $n > N$ 时，$x_n > 0$(或 $x_n < 0$).

**三、函数极限的概念**

**1.自变量趋于无穷大时函数的极限**

**定义 2** 设函数 $y = f(x)$ 在 $|x| > a > 0$ 时有定义，当 $x$ 的绝对值无限增大($x \to \infty$)时，若函数 $f(x)$ 的值无限趋近于一个确定的常数 $A$，则称常数 $A$ 为 $x \to \infty$ 时函数 $f(x)$ 的极限，记作

$$\lim_{x \to \infty} f(x) = A \text{ 或 } f(x) \to A (x \to \infty).$$

【名师解析】(1)$x \to \infty$，指的是自变量 $x$ 沿着 $x$ 轴向正负两个方向趋于无穷大；

(2)$\lim\limits_{x \to \infty} \dfrac{1}{x} = 0$；

(3)$\lim\limits_{x \to \infty} c = c$ ($c$ 为常数).

**定理 4** 极限 $\lim\limits_{x \to \infty} f(x)$ 存在的**充分必要条件**是 $\lim\limits_{x \to +\infty} f(x)$ 与 $\lim\limits_{x \to -\infty} f(x)$ 都存在且相等，即

$$\lim_{x \to \infty} f(x) = A \Longleftrightarrow \lim_{x \to +\infty} f(x) = A = \lim_{x \to -\infty} f(x).$$

**2.自变量趋向有限值时函数的极限**

**定义 3** 设函数 $y = f(x)$ 在点 $x_0$ 的某一去心邻域有定义，当 $x$ 无限地趋近于 $x_0$(但 $x \neq x_0$)时，若函数 $f(x)$ 无限地趋近于一个确定的常数 $A$，则称 $A$ 为当 $x \to x_0$ 时函数 $f(x)$ 的极限，记作

$$\lim_{x \to x_0} f(x) = A \text{ 或 } f(x) \to A (x \to x_0).$$

【名师解析】(1)$\lim\limits_{x \to x_0} x = x_0$；

(2)$\lim\limits_{x \to x_0} c = c$ ($c$ 为常数).

**定义 4** (1)设函数 $y = f(x)$ 在点 $x_0$ 的左邻域有定义，如果自变量 $x$ 从小于 $x_0$ 的一侧趋近于 $x_0$ 时，函数 $f(x)$ 无

限趋近于一个确定的常数 $A$，则称 $A$ 为当 $x \to x_0$ 时函数 $f(x)$ 的**左极限**，记作

$$\lim_{x \to x_0^-} f(x) = A \text{ 或 } f(x_0 - 0) = A \text{ 或 } f(x_0^-) = A.$$

（2）设函数 $y = f(x)$ 在点 $x_0$ 的右邻域有定义，如果自变量 $x$ 从大于 $x_0$ 的一侧趋近于 $x_0$ 时，函数 $f(x)$ 无限趋近于一个确定的常数 $A$，则称 $A$ 为当 $x \to x_0$ 时函数 $f(x)$ 的**右极限**，记作

$$\lim_{x \to x_0^+} f(x) = A \text{ 或 } f(x_0 + 0) = A \text{ 或 } f(x_0^+) = A.$$

**定理 5**　极限 $\lim\limits_{x \to x_0} f(x)$ 存在且等于 $A$ 的**充分必要条件**是左极限 $\lim\limits_{x \to x_0^-} f(x)$ 与右极限 $\lim\limits_{x \to x_0^+} f(x)$ 都存在且等于 $A$，即

$$\lim_{x \to x_0} f(x) = A \Leftrightarrow \lim_{x \to x_0^-} f(x) = \lim_{x \to x_0^+} f(x) = A.$$

> **【名师解析】**（1）极限 $\lim\limits_{x \to x_0} f(x)$ 是否存在，与函数 $f(x)$ 在 $x = x_0$ 处是否有定义无关；
>
> （2）函数 $f(x)$ 在 $x = x_0$ 点处的左右两侧解析式不相同时，考察极限 $\lim\limits_{x \to x_0} f(x)$，必须先考察它的左、右极限. 如分段函数在分段点处的极限问题，就属于这种情况.

**四、函数极限的性质**

**定理 6（唯一性）**　若极限 $\lim\limits_{x \to x_0} f(x)$ 存在，则极限是唯一的.

**定理 7（局部有界性）**　若 $\lim\limits_{x \to x_0} f(x)$ 存在，则 $f(x)$ 在 $x_0$ 的某去心邻域 $\overset{\circ}{U}(x_0)$ 内有界.

**定理 8（局部保序性）**　设 $\lim\limits_{x \to x_0} f(x)$ 与 $\lim\limits_{x \to x_0} g(x)$ 都存在，且在某去心邻域 $\overset{\circ}{U}(x_0)$ 内有 $f(x) \leqslant g(x)$，则 $\lim\limits_{x \to x_0} f(x) \leqslant \lim\limits_{x \to x_0} g(x)$.

**推论（局部保号性）**　若 $\lim\limits_{x \to x_0} f(x) = A > 0$（或 $A < 0$），则对一切 $x \in \overset{\circ}{U}(x_0)$，有 $f(x) > 0$（或 $f(x) < 0$）.

**定理 9（海涅定理）**　设函数 $y = f(x)$ 在点 $x_0$ 的某一去心邻域有定义，则 $\lim\limits_{x \to x_0} f(x) = A$ 的充要条件是对任何收敛于 $x_0$ 的数列 $\{x_n\}$ $(x_n \neq x_0, n \in \mathbf{N}^+)$，都有 $\lim\limits_{n \to \infty} f(x_n) = A$.

> **【名师解析】**海涅定理的否命题常用于证明函数在点 $x_0$ 的极限不存在，常见情形如下：
>
> （1）若存在以 $x_0$ 为极限的两个数列 $\{x_n\}$ 与 $\{y_n\}$，使得 $\lim\limits_{n \to \infty} f(x_n)$ 与 $\lim\limits_{n \to \infty} f(y_n)$ 都存在，但 $\lim\limits_{n \to \infty} f(x_n) \neq \lim\limits_{n \to \infty} f(y_n)$，则 $\lim\limits_{x \to x_0} f(x)$ 不存在；
>
> （2）若存在以 $x_0$ 为极限的数列 $\{x_n\}$，使得 $\lim\limits_{n \to \infty} f(x_n)$ 不存在，则 $\lim\limits_{x \to x_0} f(x)$ 不存在.

**五、极限的四则运算法则**

**定理 10**　如果 $\lim f(x)$ 与 $\lim g(x)$ 都存在，且 $\lim f(x) = A, \lim g(x) = B$，则

（1）$\lim [f(x) \pm g(x)]$ 存在，且有

$$\lim [f(x) \pm g(x)] = \lim f(x) \pm \lim g(x) = A \pm B;$$

（2）$\lim [f(x) \cdot g(x)]$ 存在，且有

$$\lim [f(x) \cdot g(x)] = \lim f(x) \cdot \lim g(x) = A \cdot B;$$

（3）若 $B \neq 0$，则 $\lim \dfrac{f(x)}{g(x)}$ 存在，且有

$$\lim \frac{f(x)}{g(x)} = \frac{\lim f(x)}{\lim g(x)} = \frac{A}{B}.$$

**推论**　设 $\lim f(x)$ 存在，且 $\lim f(x) = A$，则

（1）若 $c$ 是常数，则 $\lim [c f(x)]$ 存在，且有

$$\lim [c f(x)] = c \lim f(x);$$

（2）若 $a$ 为正整数，则 $\lim [f(x)]^a$ 存在，且有

$$\lim [f(x)]^a = [\lim f(x)]^a = A^a.$$

**【名师解析】**定理 10 及其推论说明在极限存在的前提之下,求极限与四则运算可交换运算次序,定理 10 中的 (1)(2) 可以推广到有限多个函数的情况.

### 六、复合函数的极限运算法则

**定理 11(复合函数的极限运算法则)** 设函数 $y = f(u), u = \varphi(x)$ 满足以下条件:

(1) $\lim\limits_{u \to u_0} f(u) = A$;

(2) $\lim\limits_{x \to x_0} \varphi(x) = u_0$,且在点 $x_0$ 的某去心邻域内 $\varphi(x_0) \neq u_0$,

则由 $y = f(u)$ 和 $u = \varphi(x)$ 复合而成的函数 $y = f[\varphi(x)]$ 的极限存在,且

$$\lim_{x \to x_0} f[\varphi(x)] = \lim_{u \to u_0} f(u) = A.$$

将定理 11 中的 $x \to x_0$ 换成 $x \to \infty$,结论仍然成立.

由定理可知,要计算复合函数 $f[\varphi(x)]$ 当 $x \to x_0$ 时的极限,应先求当 $x \to x_0$ 时 $\varphi(x)$ 的极限,若 $\lim\limits_{x \to x_0} \varphi(x) = u_0$,再求 $u \to u_0$ 时 $f(u)$ 的极限,即 $\lim\limits_{u \to u_0} f(u)$,从而得到极限 $\lim\limits_{x \to x_0} f[\varphi(x)]$.

若 $f(u)$ 是初等函数,$u_0$ 又是 $f(u)$ 定义域内的点,则有

$$\lim_{x \to x_0} f[\varphi(x)] = f(u_0) = f\left[\lim_{x \to x_0} \varphi(x)\right].$$

在学习了本章中的连续函数的概念后,上式只要 $f(u)$ 在点 $u_0$ 处连续即成立.

考 点 例 题 分 析

## 考点 一  极限的概念与性质

**【考点分析】**极限的概念主要考查以下两点:

(1) 极限的存在性;

(2) 极限值是个确定的常数.

极限的唯一性、有界性和保号性这三个性质我们也要了解,局部有界性可以帮助我们确定函数在某一点的去心邻域内的有界性.

**例 1**  函数 $f(x)$ 在点 $x_0$ 有定义是 $f(x)$ 在点 $x_0$ 有极限的 _____ 条件.

A. 充分        B. 必要        C. 充分必要        D. 无关

**解**  $f(x)$ 在点 $x_0$ 是否有极限,主要是考察 $f(x)$ 在点 $x_0$ 左右邻近的变化趋势,与 $f(x)$ 在点 $x_0$ 是否有定义无关. 故应选 D.

**【名师点评】**极限定义中明确地表达出了极限存在则极限值是确定的常数,常数在自变量的任何一种变化趋势下都等于本身;$f(x)$ 在点 $x_0$ 是否有极限,主要是考察 $f(x)$ 在点 $x_0$ 左右邻近的变化趋势,与 $f(x)$ 在点 $x_0$ 是否有定义无关.

**例 2**  判断:如果 $\lim\limits_{x \to +\infty} f(x)$ 和 $\lim\limits_{x \to -\infty} f(x)$ 都存在,则 $\lim\limits_{x \to \infty} f(x)$ 存在. _____.

**解**  由极限存在的充要条件,如果 $\lim\limits_{x \to +\infty} f(x)$ 和 $\lim\limits_{x \to -\infty} f(x)$ 都存在且相等,则 $\lim\limits_{x \to \infty} f(x)$ 一定存在. 故应填错误.

**例 3**  若 $\lim\limits_{x \to 1} f(x)$ 存在,且 $f(x) = x^3 + \dfrac{2x^2+1}{x+1} + 2\lim\limits_{x \to 1} f(x)$,则 $f(x) = $ _____.

**解**  由极限的定义,若极限存在,则极限值一定为常数.

不妨设 $\lim\limits_{x \to 1} f(x) = c$,则对等式 $f(x) = x^3 + \dfrac{2x^2+1}{x+1} + 2\lim\limits_{x \to 1} f(x)$ 两边同取 $x \to 1$ 时的极限,可得

$$\lim_{x \to 1} f(x) = \lim_{x \to 1}\left(x^3 + \frac{2x^2+1}{x+1} + 2c\right),$$

即 $c = 1 + \dfrac{3}{2} + 2c$,所以 $c = -\dfrac{5}{2}$.

所以 $f(x) = x^3 + \dfrac{2x^2+1}{x+1} - 5$.

故应填 $x^3 + \dfrac{2x^2+1}{x+1} - 5$.

> **【名师点评】**函数极限的定义中明确指出,极限存在指的是极限值为确定的常数,这也是本题中解题的关键.

**例 4**　$\lim\limits_{x \to 0} 3^{\frac{1}{x}} = $ _____.

A. 1 　　　　　　　　B. 0 　　　　　　　　C. $\infty$ 　　　　　　　　D. 不存在

**解**　当 $x \to 0^-$ 时,$\dfrac{1}{x} \to -\infty$,则 $3^{\frac{1}{x}} \to 0$;当 $x \to 0^+$ 时,$\dfrac{1}{x} \to +\infty$,则 $3^{\frac{1}{x}} \to +\infty$.

所以极限不存在.

故应选 D.

**例 5**　下列数列中,当 $n \to \infty$ 时,有极限的是 _____.

A. $x_n = -2n$ 　　　B. $x_n = \sqrt{n}$ 　　　C. $x_n = (-1)^n$ 　　　D. $x_n = \dfrac{2}{n^2}$

**解**　选项 A,$\lim\limits_{n \to \infty} x_n = \lim\limits_{n \to \infty}(-2n) = \infty$;选项 B,$\lim\limits_{n \to \infty} x_n = \lim\limits_{n \to \infty} \sqrt{n} = \infty$;

选项 C,该数列始终在 $-1$ 和 $1$ 之间来回振荡,不能趋近于任何常数,所以没有极限;

选项 D,$\lim\limits_{n \to \infty} x_n = \lim\limits_{n \to \infty} \dfrac{2}{n^2} = 0$,因此只有 D 中的数列有极限.

故应选 D.

## 考点 二　左、右极限的讨论

> **【考点分析】**判断单侧极限的存在情况,其解法是讨论单侧极限是否存在且相等,即
> $$\lim_{x \to -\infty} f(x) = \lim_{x \to +\infty} f(x) \left( \lim_{x \to x_0^-} f(x) = \lim_{x \to x_0^+} f(x) \right).$$
>
> 注意:函数中有绝对值符号的,要先去掉绝对值符号,再讨论.
>
> 在专升本考试中,关于函数极限存在的充要条件的题目,每年都会考到.此类题型会以客观题或主观题的形式出现.

**例 1**　设 $f(x) = \begin{cases} \dfrac{\tan ax}{x}, & x < 0, \\ x + 2, & x \geqslant 0, \end{cases}$ $\lim\limits_{x \to 0} f(x)$ 存在,求 $a$ 的值.

**解**　因为 $\lim\limits_{x \to 0^+} f(x) = \lim\limits_{x \to 0^+}(x+2) = 2$,$\lim\limits_{x \to 0^-} f(x) = \lim\limits_{x \to 0^-} \dfrac{\tan ax}{x} = a$,

所以 $a = 2$.

**例 2**　(2014 交通,2011 机械、电气) 当 $x \to 0$ 时,极限存在的函数为 $f(x) = $ _____.

A. $\begin{cases} \dfrac{|x|}{x}, & x \neq 0, \\ 0, & x = 0, \end{cases}$ 　　B. $\begin{cases} \dfrac{\sin x}{|x|}, & x \neq 0, \\ 0, & x = 0, \end{cases}$ 　　C. $\begin{cases} x^2 + 2, & x < 0, \\ 2^x, & x > 0, \end{cases}$ 　　D. $\begin{cases} \dfrac{1}{2+x}, & x < 0, \\ x + \dfrac{1}{2}, & x > 0, \end{cases}$

**解**　A,B,C 选项中,函数在点 $x = 0$ 处的左、右极限都不相等,因此 $x \to 0$ 时极限不存在.

选项 D 中,因为 $\lim\limits_{x \to 0^-} f(x) = \lim\limits_{x \to 0^-} \dfrac{1}{2+x} = \dfrac{1}{2}$,$\lim\limits_{x \to 0^+} f(x) = \lim\limits_{x \to 0^-}\left(x + \dfrac{1}{2}\right) = \dfrac{1}{2}$,

所以 $\lim\limits_{x \to 0} f(x) = \dfrac{1}{2}$.

故应选 D.

**【名师点评】**求分段函数在分界点处的极限时,若分界点两侧的函数表达式不一样,需要分别求分界点处的单侧极限,然后根据极限存在定理判断求解极限值.

**例 3** 讨论 $\lim\limits_{x\to 1} e^{\frac{1}{x-1}}$.

**解** 当 $x\to 1^-$ 时,$\dfrac{1}{x-1}\to -\infty$,$\lim\limits_{x\to 1^-} e^{\frac{1}{x-1}}=0$;当 $x\to 1^+$ 时,$\dfrac{1}{x-1}\to +\infty$,$\lim\limits_{x\to 1^+} e^{\frac{1}{x-1}}=+\infty$.

故 $\lim\limits_{x\to 1} e^{\frac{1}{x-1}}$ 不存在.

**【名师点评】**遇到 $\lim\limits_{\varphi(x)\to 0} e^{\frac{1}{\varphi(x)}}$ 时,由指数函数的性质,需要特别注意区分 $\varphi(x)\to 0^-$ 和 $\varphi(x)\to 0^+$ 两个变化趋势下的极限.

**例 4** 求极限 $\lim\limits_{x\to 0}\left(\dfrac{2+e^{\frac{1}{x}}}{1+e^{\frac{4}{x}}}+\dfrac{\sin x}{|x|}\right)$.

**解** 因为 $\lim\limits_{x\to 0^+}\left(\dfrac{2+e^{\frac{1}{x}}}{1+e^{\frac{4}{x}}}+\dfrac{\sin x}{|x|}\right)=\lim\limits_{x\to 0^+}\left(\dfrac{2e^{-\frac{4}{x}}+e^{-\frac{3}{x}}}{e^{-\frac{4}{x}}+1}+\dfrac{\sin x}{x}\right)=1$,

$$\lim\limits_{x\to 0^-}\left(\dfrac{2+e^{\frac{1}{x}}}{1+e^{\frac{4}{x}}}+\dfrac{\sin x}{|x|}\right)=\lim\limits_{x\to 0^-}\left(\dfrac{2+e^{\frac{1}{x}}}{1+e^{\frac{4}{x}}}-\dfrac{\sin x}{x}\right)=2-1=1.$$

故极限 $\lim\limits_{x\to 0}\left(\dfrac{2+e^{\frac{1}{x}}}{1+e^{\frac{4}{x}}}+\dfrac{\sin x}{|x|}\right)=1$.

## 考点 三 利用极限的四则运算法则计算"$\dfrac{0}{0}$"型未定式

**【考点分析】**利用极限的四则运算法则计算"$\dfrac{0}{0}$"型未定式,可以采用约分或者有理化的方法进行化简.

**例 1** 求极限 $\lim\limits_{x\to 0}\dfrac{\sqrt{a+x}-\sqrt{a-x}}{x}$ $(a>0)$.

**解** 利用分子有理化求解得

$$\lim\limits_{x\to 0}\dfrac{\sqrt{a+x}-\sqrt{a-x}}{x}=\lim\limits_{x\to 0}\dfrac{(a+x)-(a-x)}{x(\sqrt{a+x}+\sqrt{a-x})}=\lim\limits_{x\to 0}\dfrac{2}{\sqrt{a+x}-\sqrt{a-x}}=\dfrac{1}{\sqrt{a}}.$$

**【名师点评】**该极限问题是"$\dfrac{0}{0}$"型未定式,且分子为无理式,需要先对分子有理化,进而求极限.遇到两个根式相减的形式,一般应进行分子有理化或分母有理化,或者分子、分母同时有理化.

**例 2** 设 $\lim\limits_{x\to 1}\dfrac{x^3+ax-2}{x^2-1}=2$,求 $a$ 的值.

**解** 由 $\lim\limits_{x\to 1}(x^3+ax-2)=0=a-1$ 得 $a=1$,代入原式成立,故 $a=1$.

**例 3** $\lim\limits_{x\to 1}\dfrac{\sqrt{3-x}-\sqrt{1+x}}{x^2+x-2}=$ _____.

**解** 原式 $=\lim\limits_{x\to 1}\dfrac{\sqrt{3-x}-\sqrt{1+x}}{x^2+x-2}=\lim\limits_{x\to 1}\dfrac{(\sqrt{3-x}-\sqrt{1+x})(\sqrt{3-x}+\sqrt{1+x})}{(x^2+x-2)(\sqrt{3-x}+\sqrt{1+x})}$

$$=\lim\limits_{x\to 1}\dfrac{2(1-x)}{(x+2)x-1}\cdot\lim\limits_{x\to 1}\dfrac{1}{\sqrt{3-x}+\sqrt{1+x}}=\lim\limits_{x\to 1}\dfrac{-2}{x+2}\cdot\dfrac{1}{2\sqrt{2}}=-\dfrac{\sqrt{2}}{6}.$$

故应填 $-\dfrac{\sqrt{2}}{6}$.

**例 4** 当 $x \to 0^+$ 时,若 $\lim\limits_{x \to 0^+} \dfrac{\sqrt[4]{x} + \sqrt[3]{x}}{x^k} = A (A \neq 0)$,则 $k = $ _____.

**解** $\lim\limits_{x \to 0^+} \dfrac{\sqrt[4]{x} + \sqrt[3]{x}}{x^k} = \lim\limits_{x \to 0^+} (x^{\frac{1}{4} - k} + x^{\frac{1}{3} - k}) = \lim\limits_{x \to 0^+} x^{\frac{1}{4} - k} + \lim\limits_{x \to 0^+} x^{\frac{1}{3} - k} = A$,

若使极限为非零常数,则只有 $\lim\limits_{x \to 0^+} x^{\frac{1}{4} - k}$ 与 $\lim\limits_{x \to 0^+} x^{\frac{1}{3} - k}$ 一个为 1、一个为 0 才能实现.

若 $k = \dfrac{1}{3}$,则 $\lim\limits_{x \to 0^+} x^{\frac{1}{3} - k} = \lim\limits_{x \to 0^+} x^0 = 1$,但 $\lim\limits_{x \to 0^+} x^{\frac{1}{4} - \frac{1}{3}} = \lim\limits_{x \to 0^+} x^{-\frac{1}{12}} = \lim\limits_{x \to 0^+} \dfrac{1}{\sqrt[12]{x}} = \infty$,不符合题意;

若 $k = \dfrac{1}{4}$,则 $\lim\limits_{x \to 0^+} x^{\frac{1}{4} - k} = \lim\limits_{x \to 0^+} x^0 = 1$,$\lim\limits_{x \to 0^+} x^{\frac{1}{3} - \frac{1}{4}} = \lim\limits_{x \to 0^+} x^{\frac{1}{12}} = \lim\limits_{x \to 0^+} \sqrt[12]{x} = 0$.

所以 $\lim\limits_{x \to 0^+} \dfrac{\sqrt[4]{x} + \sqrt[3]{x}}{\sqrt[4]{x}} = \lim\limits_{x \to 0^+} (1 + \sqrt[12]{x}) = 1$ 符合题意,因此,$k = \dfrac{1}{4}$.

故应填 $\dfrac{1}{4}$.

> **【名师点评】** 本题虽然是 "$\dfrac{0}{0}$" 型,但不能使用洛必达法则.可先经过变形,变成两个幂函数,然后讨论两个幂函数的极限.

**例 5** $\lim\limits_{x \to 0} \dfrac{3\sin x + x^2 \cos \dfrac{1}{x}}{(1 + \cos x)\ln(1 + x)} = $ _____.

**解** 原式 $= \lim\limits_{x \to 0} \dfrac{1}{1 + \cos x} \cdot \lim\limits_{x \to 0} \dfrac{3\sin x + x^2 \cos \dfrac{1}{x}}{\ln(1 + x)}$

$= \dfrac{1}{2} \cdot \lim\limits_{x \to 0} \dfrac{3\sin x + x^2 \cos \dfrac{1}{x}}{x}$

$= \dfrac{1}{2} \lim\limits_{x \to 0} \left( \dfrac{3\sin x}{x} + x \cos \dfrac{1}{x} \right) = \dfrac{3}{2}$.

故应填 $\dfrac{3}{2}$.

### 考点四 利用极限的四则运算法则计算 "$\dfrac{\infty}{\infty}$" 型未定式

> **【考点分析】** 若分子、分母的极限都为 "$\infty$",这种极限为 "$\dfrac{\infty}{\infty}$" 型未定式,此时可使用下面的结论:设 $a_0 \neq 0, b_0 \neq 0, m, n$ 为自然数,对于分式函数,有
>
> $$\lim\limits_{x \to \infty} \dfrac{a_0 x^m + a_1 x^{m-1} + \cdots + a_m}{b_0 x^n + b_1 x^{n-1} + \cdots + b_n} = \begin{cases} \dfrac{a_0}{b_0}, & \text{当 } m = n \text{ 时}, \\ 0, & \text{当 } m < n \text{ 时}, \\ \infty, & \text{当 } m > n \text{ 时}. \end{cases}$$
>
> 在计算中,分子、分母同除以 $x$ 的最高次幂,俗称 "抓大头".

**例 1** 求极限 $\lim\limits_{x \to \infty} \dfrac{2x^2 + 3x - 3}{x^2 - x + 1}$.

**解** 分子、分母同除以 $x^2$ 得 $\lim\limits_{x \to \infty} \dfrac{2x^2 + 3x - 3}{x^2 - x + 1} = \lim\limits_{x \to \infty} \dfrac{2 + \dfrac{3}{x} - \dfrac{3}{x^2}}{1 - \dfrac{1}{x} + \dfrac{1}{x^2}} = 2$.

**例2** 求极限 $\lim\limits_{n\to\infty}\dfrac{3^n}{5^n}=$ _____.

A. $\dfrac{3}{5}$          B. $\dfrac{5}{3}$          C. 1          D. 0

**解** 该数列极限为"$\dfrac{\infty}{\infty}$"型的不定式，$\lim\limits_{n\to\infty}\dfrac{3^n}{5^n}=\lim\limits_{n\to\infty}\left(\dfrac{3}{5}\right)^n=0$.

故应选 D.

**例3** $n$ 为正整数，$a$ 为某实数，$a\neq 0$，且 $\lim\limits_{n\to\infty}\dfrac{x^{2021}}{x^n-(x-1)^n}=\dfrac{1}{a}$，则 $n=$ _____，且 $a=$ _____.

**解** 由 $\lim\limits_{x\to\infty}\dfrac{x^{2021}}{x^n-(x-1)^n}=\lim\limits_{x\to\infty}\dfrac{x^{2021}}{nx^{n-1}-\dfrac{n(n-1)}{2}x^{n-2}+\cdots+(-1)^{n+1}}$ 存在，知 $x^{n-1}$ 与 $x^{2021}$ 同阶，从而 $n=2022$.

并由此时极限值 $\dfrac{1}{n}=\dfrac{1}{a}$，得 $a=2022$.

故应填 2022，2022.

## 考点 五 利用极限的四则运算法则计算"$\infty-\infty$"型未定式

**【考点分析】**利用极限的四则运算法则计算"$\infty-\infty$"型未定式的极限，通常采用通分或分子有理化的化简方法.

**例1** 求极限 $\lim\limits_{x\to -1}\left(\dfrac{1}{x+1}-\dfrac{3}{x^3+1}\right)$.

**解** 对求极限的函数先通分得

$$\lim\limits_{x\to -1}\left(\dfrac{1}{x+1}-\dfrac{3}{x^3+1}\right)=\lim\limits_{x\to -1}\dfrac{x^2-x+1-3}{x^3+1}=\lim\limits_{x\to -1}\dfrac{x^2-x-2}{x^3+1}=\lim\limits_{x\to -1}\dfrac{(x-2)(x+1)}{(x+1)(x^2-x+1)}$$
$$=\lim\limits_{x\to -1}\dfrac{x-2}{x^2-x+1}=-1.$$

**例2** 求极限 $\lim\limits_{x\to\infty}(\sqrt{x+1}-\sqrt{x})=$ _____.

**解** 利用分子有理化求解得

$$\lim\limits_{x\to\infty}(\sqrt{x+1}-\sqrt{x})=\lim\limits_{x\to +\infty}\dfrac{1}{\sqrt{x+1}+\sqrt{x}}=0.$$

故应填 0.

**例3** 求极限 $\lim\limits_{n\to\infty}(\sqrt{n+\sqrt{n}}-\sqrt{n-\sqrt{n}})$.

**解** 利用分子有理化可得

$$\lim\limits_{n\to +\infty}(\sqrt{n+\sqrt{n}}-\sqrt{n-\sqrt{n}})=\lim\limits_{n\to\infty}\dfrac{(\sqrt{n+\sqrt{n}}-\sqrt{n-\sqrt{n}})(\sqrt{n+\sqrt{n}}+\sqrt{n-\sqrt{n}})}{\sqrt{n+\sqrt{n}}+\sqrt{n-\sqrt{n}}}$$
$$=\lim\limits_{n\to\infty}\dfrac{2\sqrt{n}}{\sqrt{n+\sqrt{n}}+\sqrt{n-\sqrt{n}}}=\lim\limits_{n\to\infty}\dfrac{2}{\sqrt{1+\sqrt{\dfrac{1}{n}}}+\sqrt{1-\sqrt{\dfrac{1}{n}}}}$$
$$=\dfrac{2}{\sqrt{1+0}+\sqrt{1+0}}=1.$$

**例4** 求极限 $\lim\limits_{n\to\infty}[\sqrt{1+2+\cdots+n}-\sqrt{1+2+\cdots+(n-2)}]$.

**解** 利用分子有理化可得

$$\lim\limits_{n\to\infty}[\sqrt{1+2+\cdots+n}-\sqrt{1+2+\cdots+(n-2)}]=\lim\limits_{n\to\infty}\dfrac{n-1+n}{\sqrt{1+2+\cdots+n}+\sqrt{1+2+\cdots+(n-2)}}$$
$$=\lim\limits_{n\to\infty}\dfrac{(2n-1)}{\left[\sqrt{\dfrac{(1+n)n}{2}}+\sqrt{\dfrac{(n-1)(n-2)}{2}}\right]}=\dfrac{2}{\sqrt{\dfrac{1}{2}}+\sqrt{\dfrac{1}{2}}}=\sqrt{2}.$$

**【名师点评】**含根式的数列极限问题,一般应先有理化,无分母的,分母可以看作1;求当 $n \to \infty$ 时的极限时,同除以分子、分母的最高次幂.

**例 5**　求 $\lim\limits_{x \to \infty} \dfrac{\sqrt{4x^2 + x - 1} + x + 1}{\sqrt{x^2 + \sin x}}$.

**解**　原式 $= \lim\limits_{x \to \infty} \dfrac{3x^2 - x - 2}{\sqrt{x^2 + \sin x}\,(\sqrt{4x^2 + x - 1} - x - 1)}$

$$= \lim\limits_{x \to \infty} \dfrac{3 - \dfrac{1}{x} - \dfrac{2}{x^2}}{-\sqrt{1 + \dfrac{\sin x}{x^2}}\left(-\sqrt{4 + \dfrac{1}{x} - \dfrac{1}{x^2}} - 1 - \dfrac{1}{x}\right)} = 1.$$

**【名师点评】**本题若使用洛必达法则,则会出现

$$\lim\limits_{x \to \infty} \dfrac{\sqrt{4x^2 + x - 1} + x + 1}{\sqrt{x^2 + \sin x}} = \lim\limits_{x \to \infty} \dfrac{\dfrac{8x + 1}{2\sqrt{4x^2 + x - 1}} + 1}{\dfrac{2x + \cos x}{2\sqrt{x^2 + \sin x}}},$$

达不到化简求解的目的,故不适合使用洛必达法则.

另外,还可采用如下解法:

$$\lim\limits_{x \to \infty} \dfrac{\sqrt{4x^2 + x - 1} + x + 1}{\sqrt{x^2 + \sin x}} = \lim\limits_{x \to \infty} \dfrac{-\sqrt{4 + \dfrac{1}{x} - \dfrac{1}{x^2}} + 1 + \dfrac{1}{x}}{-\sqrt{1 + \dfrac{\sin x}{x^2}}} = \dfrac{-\sqrt{4} + 1 + 0}{-\sqrt{1 + 0}} = 1.$$

此方法不考虑分式极限的形式,直接对分子、分母同时除以 $x$,因为 $x \to -\infty$,所以变形时要注意分子、分母中的平方根的符号.

## 考点六　利用极限的四则运算法则计算"$0 \cdot \infty$"型未定式

**【考点分析】**对含有无理式的"$0 \cdot \infty$"型的极限问题,先进行分子或分母的有理化(即分子、分母同乘无理式的共轭式),再对分子、分母同除以最高次数项.

**例 1**　求极限 $\lim\limits_{x \to +\infty} x \cdot (\sqrt{x^2 + 3} - \sqrt{x^2 - 1})$.

**解**　乘上共轭根式,化为"$\dfrac{\infty}{\infty}$"型,即

$$\lim\limits_{x \to +\infty} x \cdot (\sqrt{x^2 + 3} - \sqrt{x^2 - 1}) = \lim\limits_{x \to +\infty} \dfrac{4x}{\sqrt{x^2 + 3} + \sqrt{x^2 - 1}} = \lim\limits_{x \to +\infty} \dfrac{4}{\sqrt{1 + \dfrac{3}{x^2}} + \sqrt{1 - \dfrac{1}{x^2}}} = 2.$$

**例 2**　求极限 $\lim\limits_{x \to -\infty} x \cdot (\sqrt{x^2 + 100} + x)$.

**解**　$\lim\limits_{x \to -\infty} x \cdot (\sqrt{x^2 + 100} + x) = \lim\limits_{x \to -\infty} \dfrac{100x}{\sqrt{x^2 + 100} - x} = \lim\limits_{x \to -\infty} \dfrac{100}{-\sqrt{1 + \dfrac{100}{x^2}} - 1} = -50.$

**【名师点评】**对于无理式求极限,可先进行分子或分母的有理化,再观察极限的存在情况.对于该题,先进行分子的有理化,极限变成了"$\dfrac{\infty}{\infty}$"型,但是不适合使用洛必达法则.由于分母是无理式,于是对分式的分子、分母同时除以分母的最高次数项,从而使其变成能够求解的形式.

如果使用洛必达法则,就会出现

$$\lim_{x\to-\infty}\frac{100x}{\sqrt{x^2+100}-x}=\lim_{x\to-\infty}\frac{100}{\frac{x}{\sqrt{x^2+100}}-1}=\lim_{x\to-\infty}\frac{100\sqrt{x^2+100}}{x-\sqrt{x^2+100}}=\lim_{x\to-\infty}\frac{\frac{100x}{\sqrt{x^2+100}}}{1-\frac{x}{\sqrt{x^2+100}}}$$

$$=\lim_{x\to-\infty}\frac{100x}{\sqrt{x^2+100}-x},$$ 又回到了原式,没有达到求解的目的.

## 考点七 直接利用极限的四则运算法则计算

**【考点分析】**对于数列和的极限,要注意先判断是无穷多项之和还是有限项之和. 如果是有限项和的极限,可以用极限的四则运算法则求解.

**例1** 求极限 $\lim_{n\to\infty}(\sqrt[n]{1}+\sqrt[n]{2}+\cdots+\sqrt[n]{2012})$.

**解** 利用数列极限的四则运算法则可得

$$\lim_{n\to\infty}(\sqrt[n]{1}+\sqrt[n]{2}+\cdots+\sqrt[n]{2012})=\lim_{n\to\infty}1^{\frac{1}{n}}+\lim_{n\to\infty}2^{\frac{1}{n}}+\cdots+\lim_{n\to\infty}2012^{\frac{1}{n}}=1+1+\cdots+1=2012.$$

**【名师点评】**注意:此题并不是无穷项相加,而是 2012 项相加,所以可以使用极限四则运算的加法法则.

**例2** 求极限 $\lim_{n\to\infty}\dfrac{n+(-1)^n}{n}=$ _____.

A. 1          B. 0          C. ∞          D. 不存在

**解** 数列变形后可得

$$\lim_{n\to\infty}\frac{n+(-1)^n}{n}=\lim_{n\to\infty}\left[1+\frac{(-1)^n}{n}\right]=1.$$

故应选 A.

**【名师点评】**计算数列极限的基础题目时,应牢记 $\lim_{n\to\infty}\dfrac{1}{n}=0,\lim_{n\to\infty}\alpha^n=0(0<\alpha<1),\lim_{n\to\infty}\dfrac{(-1)^n}{n}=0$ 等.

## 考点八 先合并再求极限

**【考点分析】**对于数列和的极限,要注意先判断是无穷多项之和还是有限项之和. 如果是无穷多项之和,可以利用数列相应的求和方法,求和后再求极限;对于不好用公式直接求和的无穷多项数列之和,可以考虑利用夹逼准则(夹逼准则内容参见第一章第三节)求数列极限.

**例1** 设 $x_n=\dfrac{1}{3}+\dfrac{1}{5}+\cdots+\dfrac{1}{4n^2-1}$,求 $\lim_{n\to\infty}x_n$.

**解** 因为 $\dfrac{1}{4n^2-1}=\dfrac{1}{(2n-1)(2n+1)}=\dfrac{1}{2}\left(\dfrac{1}{2n-1}-\dfrac{1}{2n+1}\right)$,

所以 $\lim_{n\to\infty}x_n=\lim_{n\to\infty}\left(\dfrac{1}{3}+\dfrac{1}{5}+\cdots+\dfrac{1}{4n^2-1}\right)$

$$=\lim_{n\to\infty}\frac{1}{2}\left[\left(1-\frac{1}{3}\right)+\left(\frac{1}{3}-\frac{1}{5}\right)+\cdots+\left(\frac{1}{2n-1}-\frac{1}{2n+1}\right)\right]$$

$$=\lim_{n\to\infty}\left[\frac{1}{2}\left(1-\frac{1}{2n+1}\right)\right]$$

$$=\frac{1}{2}-\lim_{n\to\infty}\frac{1}{2n+1}$$

$$=\frac{1}{2}.$$

**例 2** 求极限 $\lim\limits_{n\to\infty}\dfrac{\frac{1}{2011}+\frac{1}{2011^2}+\cdots+\frac{1}{2011^n}}{\frac{1}{2012}+\frac{1}{2012^2}+\cdots+\frac{1}{2012^n}}$.

**解** 使用等比数列求和公式后可得

$$\lim\limits_{n\to\infty}\dfrac{\frac{1}{2011}+\frac{1}{2011^2}+\cdots+\frac{1}{2011^n}}{\frac{1}{2012}+\frac{1}{2012^2}+\cdots+\frac{1}{2012^n}}=\dfrac{\lim\limits_{n\to\infty}\dfrac{\frac{1}{2011}\left[1-\left(\frac{1}{2011}\right)^n\right]}{1-\frac{1}{2011}}}{\lim\limits_{n\to\infty}\dfrac{\frac{1}{2012}\left[1-\left(\frac{1}{2012}\right)^n\right]}{1-\frac{1}{2012}}}=\dfrac{\frac{1}{2010}}{\frac{1}{2011}}=\dfrac{2011}{2010}.$$

**【名师点评】**求数列和式极限时,要能灵活运用等差数列的求和公式 $1+2+\cdots+n=\dfrac{n(n+1)}{2}$ 和等比数列的求和公式 $q^1+q^2+\cdots+q^n=\dfrac{q(1-q^n)}{1-q}$ 等.

**例 3** 求极限 $\lim\limits_{n\to\infty}\left[\dfrac{1}{1\times3}+\dfrac{1}{3\times5}+\cdots+\dfrac{1}{(2n-1)(2n+1)}\right]$.

**解**

$$\lim\limits_{n\to\infty}\left[\dfrac{1}{1\times3}+\dfrac{1}{3\times5}+\cdots+\dfrac{1}{(2n-1)(2n+1)}\right]$$
$$=\dfrac{1}{2}\lim\limits_{n\to\infty}\left(\dfrac{1}{1}-\dfrac{1}{3}+\dfrac{1}{3}-\dfrac{1}{5}+\cdots+\dfrac{1}{2n-1}-\dfrac{1}{2n+1}\right)$$
$$=\dfrac{1}{2}\lim\limits_{n\to\infty}\left(1-\dfrac{1}{2n+1}\right)$$
$$=\dfrac{1}{2}.$$

**【名师点评】**此题中数列的和可以用裂项相加法求解.

**例 4** 设 $f(x)=\mathrm{e}^x$,求极限 $\lim\limits_{n\to\infty}\dfrac{1}{n^2}\ln[f(1)f(2)\cdots f(n)]$.

**解** 因为 $f(x)=\mathrm{e}^x$,所以

$$\ln[f(1)f(2)\cdots f(n)]=\ln(\mathrm{e}\cdot\mathrm{e}^2\cdots\cdot\mathrm{e}^n)=\ln(\mathrm{e}^{1+2+\cdots+n}),$$

则

$$\lim\limits_{n\to\infty}\dfrac{1}{n^2}\ln[f(1)f(2)\cdots f(n)]=\lim\limits_{n\to\infty}\dfrac{1}{n^2}\ln(\mathrm{e}\cdot\mathrm{e}^2\cdots\cdot\mathrm{e}^n)=\lim\limits_{n\to\infty}\dfrac{1}{n^2}\ln(\mathrm{e}^{1+2+\cdots+n})$$
$$=\lim\limits_{n\to\infty}\dfrac{1}{n^2}\ln\left[\mathrm{e}^{\frac{(1+n)n}{2}}\right]=\lim\limits_{n\to\infty}\dfrac{1}{n^2}\cdot\dfrac{n(n+1)}{2}=\dfrac{1}{2}.$$

## 考点九 已知极限求参数

**【考点分析】**在分式中,分母趋于 0,分子必须趋于 0 才能有有限极限.

**例 1** 已知 $\lim\limits_{x\to\infty}\left(\dfrac{x^2}{x+1}-ax-b\right)=0$,其中 $a,b$ 是常数,则 _____.

A. $a=1,b=1$      B. $a=-1,b=1$      C. $a=1,b=-1$      D. $a=-1,b=-1$

**解** 由 $\lim\limits_{x\to\infty}\left(\dfrac{x^2}{x+1}-ax-b\right)=\lim\limits_{x\to\infty}\dfrac{(1-a)x^2-(a+b)x-b}{x+1}$

$$=\lim\limits_{x\to\infty}\dfrac{(1-a)x-(a+b)-\frac{b}{x}}{1+\frac{1}{x}}=0$$

可知,当且仅当 $\begin{cases} 1-a=0, \\ a+b=0 \end{cases}$ 时上式成立,因此 $a=1, b=-1$.

故应选 C.

**例2** 若 $\lim\limits_{x \to 3} \dfrac{x^2-2x+k}{x-3}=4$,求 $k$ 的值.

**解** 由于当 $x \to 3$ 时,分母 $(x-3) \to 0$,又因为分式的极限存在,所以当 $x \to 3$ 时,$\lim\limits_{x \to 3}(x^2-2x+k)=0$,解得 $k=-3$.

**例3** 若 $\lim\limits_{x \to 0} \dfrac{\sin x}{e^x-a}(\cos x-b)=5$,则 $a=$ _____,$b=$ _____.

**解** 由 $\lim\limits_{x \to 0} \sin x(\cos x-b)=0$ 知,$\lim\limits_{x \to 0}(e^x-a)=0$,从而 $a=1$.

而 $\lim\limits_{x \to 0} \dfrac{\sin x}{e^x-a}(\cos x-b)=\lim\limits_{x \to 0} \dfrac{\sin x}{e^x-1}(\cos x-b)=1-b=5$,解得 $b=-4$.

故应填 $1, -4$.

## 考点真题解析

### 考点一  极限的概念与性质

**真题1** (2015 经管类,2010 会计) 若 $\lim\limits_{x \to x_0} f(x)$ 存在,则 $f(x)$ 在点 $x_0$ 处 _____.

A. 一定有定义                        B. 一定没有定义

C. 可以有定义,也可以没有定义           D. 以上都不对

**解** $\lim\limits_{x \to x_0} f(x)$ 是研究自变量从点 $x_0$ 左右两侧无限趋近于点 $x_0$ 时,函数的变化趋势.$\lim\limits_{x \to x_0} f(x)$ 存在与否与点 $x_0$ 处的函数值 $f(x_0)$ 无关.

故应选 C.

### 考点二  极限的四则运算法则

**真题1** (2021 高数二) 求极限 $\lim\limits_{x \to \infty}\left(\dfrac{x^2+2}{x-1}-x\right)$.

**解** $\lim\limits_{x \to \infty}\left(\dfrac{x^2+2}{x-1}-x\right)=\lim\limits_{x \to \infty} \dfrac{x^2+2-x^2+x}{x-1}=\lim\limits_{x \to \infty} \dfrac{x+2}{x-1}=1$.

**真题2** (2020 高数二) 求极限 $\lim\limits_{x \to 2}\left(\dfrac{1}{x^2-3x+2}-\dfrac{1}{x-2}\right)$.

**解** $\lim\limits_{x \to 2}\left(\dfrac{1}{x^2-3x+2}-\dfrac{1}{x-2}\right)=\lim\limits_{x \to 2} \dfrac{2-x}{(x-1)(x-2)}=\lim\limits_{x \to 2} \dfrac{-1}{x-1}=-1$.

**真题3** (2020 高数一) 求极限 $\lim\limits_{x \to \infty}\left(\dfrac{x^3+3x^2}{x^2+x+2}-x\right)$.

**解** $\lim\limits_{x \to \infty}\left(\dfrac{x^3+3x^2}{x^2+x+2}-x\right)=\lim\limits_{x \to \infty} \dfrac{2x^2-2x}{x^2+x+2}=\lim\limits_{x \to \infty} \dfrac{2-\dfrac{2}{x}}{1+\dfrac{1}{x}+\dfrac{2}{x^2}}=\dfrac{2-0}{1+0+0}=2$.

**真题4** (2017 工商) 极限 $\lim\limits_{x \to 2} \dfrac{x^2-4}{x-2}=$ _____.

A. 1                  B. 2                  C. 3                  D. 4

**解** $\lim\limits_{x \to 2} \dfrac{x^2-4}{x-2}=\lim\limits_{x \to 2} \dfrac{(x+2)(x-2)}{x-2}=\lim\limits_{x \to 2}(x+2)=4$.

故应选 D.

**真题5** (2017 会计) 已知极限 $\lim\limits_{x \to +\infty}\left(\dfrac{x^2}{x+1}-x-a\right)=2$,则常数 $a$ 是 _____.

A. 1                  B. 2                  C. $-2$               D. $-3$

**解**　由已知 $\lim\limits_{x\to+\infty}\left(\dfrac{x^2}{x+1}-x-a\right)=\lim\limits_{x\to+\infty}\dfrac{(-1-a)x-a}{x+1}=2$，解得 $-1-a=2,a=-3$.

故应选 D.

**真题6**（2016 会计、国贸、电子商务、工商管理）极限 $\lim\limits_{n\to\infty}\left(\dfrac{1+2+3+\cdots+n}{n}-\dfrac{n}{2}\right)=$＿＿＿＿＿.

A. 1　　　　　　　　B. $\dfrac{1}{2}$　　　　　　　　C. $\dfrac{1}{3}$　　　　　　　　D. $\infty$

**解**　使用等差数列求和公式后可得

$$\lim_{n\to\infty}\left(\frac{1+2+3+\cdots+n}{n}-\frac{n}{2}\right)=\lim_{n\to\infty}\frac{2(1+2+3+\cdots+n)-n^2}{2n}=\lim_{n\to\infty}\frac{(1+n)n-n^2}{2n}=\frac{1}{2}.$$

故应选 B.

**真题7**（2017 会计）求极限 $\lim\limits_{x\to\infty}(\sqrt{n^2+n}-n)$.

**解**　分子有理化后得

$$\lim_{x\to\infty}(\sqrt{n^2+n}-n)=\lim_{x\to\infty}\frac{n}{\sqrt{n^2+n}+n}=\lim_{x\to\infty}\frac{1}{\sqrt{1+\dfrac{1}{n}}+1}=\frac{1}{2}.$$

### 考点三　求极限杂例

**真题1**（2014 会计、国贸、电气、电子、电商，2012 机械）已知 $\lim\limits_{x\to0}\dfrac{x}{f(3x)}=2$，则 $\lim\limits_{x\to0}\dfrac{f(2x)}{x}=$＿＿＿＿＿.

A. 2　　　　　　　　B. $\dfrac{3}{2}$　　　　　　　　C. $\dfrac{2}{3}$　　　　　　　　D. $\dfrac{1}{3}$

**解**　由 $\lim\limits_{x\to0}\dfrac{x}{f(3x)}=2$，得 $\lim\limits_{x\to0}\dfrac{3x}{f(3x)}=6$，所以 $\lim\limits_{u\to0}\dfrac{u}{f(u)}=6$，即 $\lim\limits_{u\to0}\dfrac{f(u)}{u}=\dfrac{1}{6}$，

因此 $\lim\limits_{x\to0}\dfrac{f(2x)}{x}=2\lim\limits_{x\to0}\dfrac{f(2x)}{2x}=2\lim\limits_{u\to0}\dfrac{f(u)}{u}=\dfrac{1}{3}$.

故应选 D.

### 考点方法综述

1. 讨论函数极限是否存在与函数定义之间的关系常以选择题型出现，应充分理解函数讨论自变量趋于某点时极限与函数在该点处定义无确定联系.

2. 函数特别是分段函数讨论自变量趋于某点时极限，应充分考虑到函数趋近点两侧定义的异同，利用左右极限讨论其存在性：$\lim\limits_{x\to x_0}f(x)=A\Leftrightarrow\lim\limits_{x\to x_0^-}f(x)=\lim\limits_{x\to x_0^+}f(x)=A$.

3. 极限存在则极限值为确定的常数，利用这个结论可以计算相关的极限.

## 第三节　极限存在准则、两个重要极限

### 考纲内容解读

**一、新大纲基本要求**

1. 理解夹逼准则和单调有界收敛准则；

2. 熟练掌握两个重要极限 $\lim\limits_{x\to0}\dfrac{\sin x}{x}=1$ 和 $\lim\limits_{x\to\infty}\left(1+\dfrac{1}{x}\right)^x=\mathrm{e}$，并会用它们求函数的极限.

**二、新大纲名师解读**

在专升本考试中,本节的知识点包括:

1.夹逼准则;

2.第一重要极限;

3.第二重要极限.

夹逼准则是求极限运算中的难点,两个重要极限在专升本考试中属于重点内容,必须牢记公式,熟练应用.

## 考点内容解析

**一、极限存在准则**

**1. 夹逼准则**

**定理1(数列极限的夹逼准则)** 如果数列$\{x_n\},\{y_n\}$及$\{z_n\}$满足下列条件:

(1)$y_n \leqslant x_n \leqslant z_n, n=1,2,\cdots$;

(2)$\lim\limits_{n\to\infty} y_n = \lim\limits_{n\to\infty} z_n = a$,

则数列$\{x_n\}$的极限存在,且$\lim\limits_{n\to\infty} x_n = a$.

**定理2(函数极限的夹逼准则)** 设函数$f(x),g(x),h(x)$在$x_0$的某去心邻域$\mathring{U}(x_0,\delta)$(或$|x|>M$)内有定义,且满足下列条件:

(1)当$x \in \{x \mid 0<|x-x_0|<\delta\}$(或$|x|>M$)时,有$g(x) \leqslant f(x) \leqslant h(x)$成立;

(2)$\lim\limits_{\substack{x\to x_0 \\ (x\to\infty)}} g(x) = \lim\limits_{\substack{x\to x_0 \\ (x\to\infty)}} h(x) = a$,

则$\lim\limits_{\substack{x\to x_0 \\ (x\to\infty)}} f(x)$存在,且$\lim\limits_{\substack{x\to x_0 \\ (x\to\infty)}} f(x) = a$.

**【名师解析】**夹逼准则不仅告诉我们怎么判定一个函数(数列)极限是否存在,同时也给我们提供了一种新的求极限的方法.即为了求得某一比较困难的函数(数列)极限,可找两个极限相同且易求出极限的函数(或数列),将其夹在中间,那么这个函数(数列)的极限必存在,且等于这个共同的极限.

**2. 单调有界准则**

单调递增数列和单调递减数列统称为单调数列.

**定理3(单调有界原理)** 单调有界数列必有极限.

**【名师解析】**由于单调递增数列$\{x_n\}$是有下界的(任何小于或等于首项的常数都可以作为数列$\{x_n\}$的下界),因此我们说任何有上界的单调递增数列有极限.同理,任何有下界的单调递减数列有极限.

**二、两个重要极限**

**1. 第一重要极限** $\lim\limits_{x\to 0} \dfrac{\sin x}{x} = 1$.

推广式 $\lim\limits_{u(x)\to 0} \dfrac{\sin u(x)}{u(x)} = 1$.

**【名师解析】**①上式中的$u(x)(u(x) \neq 0)$既可以表示自变量$x$,又可以是$x$的函数,而$u(x) \to 0$表示当$x \to x_0$(或$x \to \infty$)时,必有$u(x) \to 0$,即当$u(x)$的极限值为0时,上式的极限值才是1;

②第一重要极限是"$\dfrac{0}{0}$"型的未定式,如果极限式中含有三角函数或反三角函数,应优先考虑第一重要极限.

**2. 第二重要极限** $\lim\limits_{x\to\infty} \left(1+\dfrac{1}{x}\right)^x = \mathrm{e}$.

变形式　　$\lim_{x \to 0}(1+x)^{\frac{1}{x}} = \mathrm{e}$ 或 $\lim_{n \to \infty}\left(1+\dfrac{1}{n}\right)^n = \mathrm{e}$.

推广式　　$\lim_{u(x) \to 0}\left[1+u(x)\right]^{\frac{1}{u(x)}} = \mathrm{e}$ 或者 $\lim_{u(x) \to \infty}\left[1+\dfrac{1}{u(x)}\right]^{u(x)} = \mathrm{e}$.

#### 考点例题分析

### 考点 一　夹逼准则

**【考点分析】** 在近几年的专升本考试真题中,考查利用夹逼准则求极限的类型一般是数列和求极限.对于无法通过公式求和的数列,可将数列的和进行适当的放缩,这是难点,一般是本着能求和的目的进行放缩.

注意:放缩后的不等式两端的数列和极限存在且相等.

**例 1**　设 $x_n = \dfrac{1}{\sqrt{n^2+1}} + \dfrac{1}{\sqrt{n^2+2}} + \cdots + \dfrac{1}{\sqrt{n^2+n}}$,则 $\lim_{x \to \infty} x_n = $ _____.

**解**　此题不容易求出数列的和,因此考虑将和式放大或者缩小后用夹逼准则求极限.

因为 $\dfrac{n}{\sqrt{n^2+n}} \leqslant \dfrac{1}{\sqrt{n^2+1}} + \dfrac{1}{\sqrt{n^2+2}} + \cdots + \dfrac{1}{\sqrt{n^2+n}} \leqslant \dfrac{n}{\sqrt{n^2+1}}$,

而 $\lim_{n \to \infty} \dfrac{n}{\sqrt{n^2+1}} = 1$,$\lim_{n \to \infty} \dfrac{n}{\sqrt{n^2+n}} = 1$,

所以由夹逼准则得 $\lim_{n \to \infty}\left(\dfrac{1}{\sqrt{n^2+1}} + \dfrac{1}{\sqrt{n^2+2}} + \cdots + \dfrac{1}{\sqrt{n^2+n}}\right) = 1$.

**例 2**　求极限 $\lim_{n \to \infty}\left(\dfrac{1}{n^2+n-1} + \dfrac{2}{n^2+n-2} + \cdots + \dfrac{n}{n^2+n-n}\right)$.

**解**　因为 $\dfrac{1+2+\cdots+n}{n^2+n-1} \leqslant \dfrac{1}{n^2+n-1} + \dfrac{2}{n^2+n-2} + \cdots + \dfrac{n}{n^2+n-n} \leqslant \dfrac{1+2+\cdots+n}{n^2+n-n}$,

而 $\lim_{n \to \infty} \dfrac{1+2+\cdots+n}{n^2+n-n} = \lim_{n \to \infty} \dfrac{\frac{(1+n)n}{2}}{n^2+n-n} = \dfrac{1}{2}$,$\lim_{n \to \infty} \dfrac{1+2+\cdots+n}{n^2+n-1} = \lim_{n \to \infty} \dfrac{\frac{(1+n)n}{2}}{n^2+n-1} = \dfrac{1}{2}$,

所以由夹逼准则得 $\lim_{n \to \infty}\left(\dfrac{1}{n^2+n-1} + \dfrac{2}{n^2+n-2} + \cdots + \dfrac{n}{n^2+n-n}\right) = \dfrac{1}{2}$.

**例 3**　利用极限存在准则证明:$\lim_{n \to \infty}\left(\dfrac{n}{n^2+\pi} + \dfrac{n}{n^2+2\pi} + \cdots + \dfrac{n}{n^2+n\pi}\right) = 1$.

**解**　因为 $\dfrac{n^2}{n^2+n\pi} \leqslant \dfrac{n}{n^2+\pi} + \dfrac{n}{n^2+2\pi} + \cdots + \dfrac{n}{n^2+n\pi} \leqslant \dfrac{n^2}{n^2+\pi}$,

而 $\lim_{n \to \infty} \dfrac{n^2}{n^2+n\pi} = 1$,$\lim_{n \to \infty} \dfrac{n^2}{n^2+\pi} = 1$,

所以由夹逼准则得 $\lim_{n \to \infty}\left(\dfrac{n}{n^2+\pi} + \dfrac{n}{n^2+2\pi} + \cdots + \dfrac{n}{n^2+n\pi}\right) = 1$.

**例 4**　证明 $\lim_{n \to \infty} \int_0^1 \dfrac{x^n \sin^3 x}{1+\sin^3 x}\mathrm{d}x = 0$.

**证**　因为 $0 \leqslant \int_0^1 \dfrac{x^n \sin^3 x}{1+\sin^3 x}\mathrm{d}x \leqslant \int_0^1 x^n \mathrm{d}x$,

又因为 $\lim_{n \to \infty} \int_0^1 x^n \mathrm{d}x = \lim_{n \to \infty} \dfrac{1}{n+1} = 0$,

所以由夹逼准则得 $\lim_{n \to \infty} \int_0^1 \dfrac{x^n \sin^3 x}{1+\sin^3 x}\mathrm{d}x = 0$.

**【名师点评】** 本题很难直接求得定积分的结果,但是通过使用夹逼准则,问题就可以迎刃而解.先使用放缩法将被积函数适当放缩,然后用定积分的不等式性质进行证明.

## 考点二　第一重要极限

【考点分析】第一重要极限的常用形式为 $\lim\limits_{x\to 0}\dfrac{\sin x}{x}=1$ 或 $\lim\limits_{x\to\infty}x\sin\dfrac{1}{x}=0$.

**例1**　求极限 $\lim\limits_{x\to 0}\dfrac{x-\sin 3x}{x+\sin 3x}$.

**解**
$$\lim_{x\to 0}\frac{x-\sin 3x}{x+\sin 3x}=\lim_{x\to 0}\frac{\dfrac{1}{3}-\dfrac{\sin 3x}{3x}}{\dfrac{1}{3}+\dfrac{\sin 3x}{3x}}=\frac{\dfrac{1}{3}-1}{\dfrac{1}{3}+1}=-\frac{1}{2}.$$

**例2**　求极限 $\lim\limits_{x\to 0}\dfrac{x^2\sin\dfrac{1}{x}}{\tan x}$.

**解**　根据第一重要极限及无穷小与有界函数之积仍为无穷小得

$$\lim_{x\to 0}\frac{x^2\sin\dfrac{1}{x}}{\tan x}=\lim_{x\to 0}\frac{x}{\sin x}\cdot\lim\cos x\cdot\lim_{x\to 0}x\sin\frac{1}{x}=0.$$

【名师点评】该极限为"$\dfrac{0}{0}$"型未定式,也可先使用无穷小的等价替换(当 $x\to 0$ 时,$\tan x\sim x$)进行化简,故又可解为
$$\lim_{x\to 0}\frac{x^2\sin\dfrac{1}{x}}{\tan x}=\lim_{x\to 0}\frac{x^2\sin\dfrac{1}{x}}{x}=\lim_{x\to 0}x\sin\frac{1}{x}=0.$$

**例3**　$\lim\limits_{x\to\infty}\dfrac{3x^2+5}{5x+3}\sin\dfrac{2}{x}=$ _____.

**解**　原式 $=\lim\limits_{x\to\infty}\dfrac{2(3x^2+5)}{(5x+3)x}\cdot\dfrac{\sin\dfrac{2}{x}}{\dfrac{2}{x}}=\dfrac{6}{5}$.

故应填 $\dfrac{6}{5}$.

【名师点评】本题也可以先使用无穷小的等价替换(当 $x\to\infty$ 时,$\sin\dfrac{2}{x}\sim\dfrac{2}{x}$)进行化简,故又可解为
$$\lim_{x\to\infty}\frac{3x^2+5}{5x+3}\sin\frac{2}{x}=\lim_{x\to\infty}\frac{3x^2+5}{5x+3}\cdot\frac{2}{x}=2\lim_{x\to\infty}\frac{3x^2+5}{5x^2+3x}=\frac{6}{5}.$$

## 考点三　第二重要极限

【考点分析】第二重要极限是求极限方法中非常重要的方法之一,也是考试中常考的题型.利用第二重要极限计算极限需遵循以下原则:

(1)幂指函数是"$1^\infty$"型未定式;

(2)第二重要极限的基本形式为 $\lim\limits_{x\to\infty}\left(1+\dfrac{1}{x}\right)^x=\mathrm{e}$ 或 $\lim\limits_{x\to 0}(1+x)^{\frac{1}{x}}=\mathrm{e}$;

(3)推广式为 $\lim\limits_{\varphi(x)\to\infty}\left[1+\dfrac{1}{\varphi(x)}\right]^{\varphi(x)}=\mathrm{e}$.

**例 1**　求极限 $\lim\limits_{x\to\infty}\left(1+\dfrac{1}{3x}\right)^{x}$.

**解**　将函数变形并应用第二重要极限可得

$$\lim_{x\to\infty}\left(1+\frac{1}{3x}\right)^{x}=\lim_{x\to\infty}\left(1+\frac{1}{3x}\right)^{3x\cdot\frac{1}{3}}=\lim_{x\to\infty}\left[\left(1+\frac{1}{3x}\right)^{3x}\right]^{\frac{1}{3}}=\left[\lim_{x\to\infty}\left(1+\frac{1}{3x}\right)^{3x}\right]^{\frac{1}{3}}=\mathrm{e}^{\frac{1}{3}}.$$

**例 2**　$\lim\limits_{n\to\infty}\left(\dfrac{n+1}{n+2}\right)^{n}=$ _____.

**解**　$\lim\limits_{n\to\infty}\left(\dfrac{n+1}{n+2}\right)^{n}=\lim\limits_{n\to\infty}\left(\dfrac{n+2-1}{n+2}\right)^{n}=\lim\limits_{n\to\infty}\left(1-\dfrac{1}{n+2}\right)^{n}=\lim\limits_{n\to\infty}\left(1-\dfrac{1}{n+2}\right)^{-(n+2)\left(-\frac{n}{n+2}\right)}=\mathrm{e}^{-1}=\dfrac{1}{\mathrm{e}}.$

故应填 $\dfrac{1}{\mathrm{e}}$.

**例 3**　若 $\lim\limits_{x\to\infty}\left(\dfrac{x+a}{x-a}\right)^{x}=\mathrm{e}$,求常数 $a$.

**解**　由于 $\lim\limits_{x\to\infty}\left(\dfrac{x+a}{x-a}\right)^{x}=\lim\limits_{x\to\infty}\left(1+\dfrac{2a}{x-a}\right)^{\frac{x-a}{2a}\cdot\frac{2ax}{x-a}}=\left[\lim\limits_{x\to\infty}\left(1+\dfrac{2a}{x-a}\right)^{\frac{x-a}{2a}}\right]^{\lim\limits_{x\to\infty}\frac{2ax}{x-a}}=\mathrm{e}^{2a}=\mathrm{e}$,

可得 $2a=1,a=\dfrac{1}{2}$.

> **【名师点评】**化成第二重要极限标准形式的顺序:先凑底数 $1+\dfrac{1}{\varphi(x)}$,再凑指数 $\varphi(x)$ 与底数中的 $\dfrac{1}{\varphi(x)}$ 互为倒数,指数变形一般是先乘除后加减.

**例 4**　求极限 $\lim\limits_{x\to\infty}x^{2}\left[\ln(x^{2}+1)-2\ln x\right]=$ _____.

**解**　$\lim\limits_{x\to\infty}x^{2}\left[\ln(x^{2}+1)-2\ln x\right]=\lim\limits_{x\to\infty}x^{2}\ln\left(1+\dfrac{1}{x^{2}}\right)=\lim\limits_{x\to\infty}\ln\left(1+\dfrac{1}{x^{2}}\right)^{x^{2}}=\ln\lim\limits_{x\to\infty}\left(1+\dfrac{1}{x^{2}}\right)^{x^{2}}=\ln\mathrm{e}=1.$

> **【名师点评】**先利用对数的性质 $\log_{a}\dfrac{M}{N}=\log_{a}M-\log_{a}N$, $\log_{a}N^{b}=b\log_{a}N$ 整理成幂指函数的形式,进而利用复合函数求极限的运算法则 $\lim f\left[\varphi(x)\right]=f\left[\lim\varphi(x)\right]$,对内层函数利用第二重要极限.
>
> 另外,由于当 $x\to\infty$ 时,$\dfrac{1}{x^{2}}\to0$,$\ln\left(1+\dfrac{1}{x^{2}}\right)\sim\dfrac{1}{x^{2}}$,故还可使用等价无穷小替换进行计算,则
>
> $$\lim_{x\to+\infty}x^{2}\left[\ln(x^{2}+1)-2\ln x\right]=\lim_{x\to+\infty}x^{2}\ln\left(1+\frac{1}{x^{2}}\right)=\lim_{x\to+\infty}x^{2}\cdot\frac{1}{x^{2}}=1.$$

## 考点真题解析

### 考点一　第一重要极限

**真题 1**　(2019 机械、交通、电气、电子、土木) 极限 $\lim\limits_{x\to1}\dfrac{\sin(x^{2}-1)}{x-1}=$ _____.

A. 1　　　　　　　　B. $\dfrac{1}{2}$　　　　　　　　C. 2　　　　　　　　D. 0

**解**　$\lim\limits_{x\to1}\dfrac{\sin(x^{2}-1)}{x-1}=\lim\limits_{x\to1}\dfrac{\sin(x^{2}-1)}{x^{2}-1}\cdot(x+1)=\lim\limits_{x\to1}(x+1)=2.$

故应选 C.

**真题 2**　(2017 会计) 极限 $\lim\limits_{x\to0}\dfrac{\sin(\pi+x)-\sin(\pi-x)}{x}=$ _____.

A. $-1$　　　　　　　　B. $-2$　　　　　　　　C. 1　　　　　　　　D. 0

**解**　对分子利用三角函数的恒等变形可得

$$\lim_{x \to 0} \frac{\sin(\pi + x) - \sin(\pi - x)}{x} = \lim_{x \to 0} \frac{-\sin x - \sin x}{x} = -2 \lim_{x \to 0} \frac{\sin x}{x} = -2.$$

故应选 B.

**真题 3** (2017 国贸) 求极限 $\lim\limits_{x \to 0} \dfrac{1 - \cos 2x}{x \sin x}$.

**解法一** 利用公式 $\cos 2x = 1 - 2\sin^2 x$ 和第一个重要极限 $\lim\limits_{x \to 0} \dfrac{\sin x}{x} = 1$ 可得

$$\lim_{x \to 0} \frac{1 - \cos 2x}{x \sin x} = \lim_{x \to 0} \frac{2\sin^2 x}{x \sin x} = \lim_{x \to 0} \frac{2\sin x}{x} = 2.$$

**解法二** 利用等价无穷小替换, 当 $x \to 0$ 时, $(1 - \cos 2x) \sim \dfrac{1}{2}(2x)^2$, $\sin x \sim x$, 因此可得

$$\lim_{x \to 0} \frac{1 - \cos 2x}{x \sin x} = \lim_{x \to 0} \frac{2x^2}{x \cdot x} = 2.$$

**解法三** 利用等价无穷小替换和洛必达法则可得

$$\lim_{x \to 0} \frac{1 - \cos 2x}{x \sin x} = \lim_{x \to 0} \frac{1 - \cos 2x}{x^2} = \lim_{x \to 0} \frac{2 \cdot \sin 2x}{2x} = 2.$$

## 考点 二 第二重要极限

**真题 1** (2021 高数二) 已知 $\lim\limits_{x \to \infty} \left(\dfrac{x - a}{x}\right)^x = 2$, 则 $a = \underline{\hspace{2cm}}$.

**解** 由于 $\lim\limits_{x \to \infty} \left(\dfrac{x - a}{x}\right)^x = \lim\limits_{x \to \infty} \left(1 - \dfrac{a}{x}\right)^x = \lim\limits_{x \to \infty} \left(1 + \dfrac{-a}{x}\right)^{\left(-\frac{x}{a}\right) \cdot (-a)} = e^{-a} = 2$,

故 $-a = \ln 2$, $a = -\ln 2$.

故应填 $-\ln 2$.

> **【名师点评】** 在客观题中使用第二重要极限时, 使用结论 $\lim\limits_{x \to \infty} \left(1 + \dfrac{a}{x}\right)^{bx+c} = e^{ab}$, 将会起到事半功倍的效果.

**真题 2** (2021 高数一) 求极限 $\lim\limits_{x \to \infty} \left(\dfrac{x + 3}{x + 1}\right)^x$.

**解** $\lim\limits_{x \to \infty} \left(\dfrac{x + 3}{x + 1}\right)^x = \lim\limits_{x \to \infty} \left[\left(1 + \dfrac{2}{x + 1}\right)^{\frac{x+1}{2}}\right]^{\frac{2x}{x+1}} = \left[\lim\limits_{x \to \infty} \left(1 + \dfrac{2}{x + 1}\right)^{\frac{x+1}{2}}\right]^{\lim\limits_{x \to \infty} \frac{2x}{x+1}} = e^2.$

**真题 3** (2020 高数三) 极限 $\lim\limits_{x \to 0} (1 - 2x)^{\frac{1}{x}} = \underline{\hspace{2cm}}$.

**解** $\lim\limits_{x \to 0} (1 - 2x)^{\frac{1}{x}} = \lim\limits_{x \to 0} \left[(1 - 2x)^{-\frac{1}{2x}}\right]^{-2} = e^{-2}.$

故应填 $e^{-2}$.

**真题 4** (2019 财经类) 极限 $\lim\limits_{x \to \infty} \left(\dfrac{x - 1}{x}\right)^{3x} = \underline{\hspace{2cm}}$.

**解** 由第二重要极限得

$$\lim_{x \to \infty} \left(\frac{x - 1}{x}\right)^{3x} = \lim_{x \to \infty} \left(1 - \frac{1}{x}\right)^{(-x)(-3)} = e^{-3}.$$

故应填 $e^{-3}$.

**真题 5** (2018 财经类) 极限 $\lim\limits_{x \to \infty} \left(\dfrac{x - 1}{x + 1}\right)^x = \underline{\hspace{2cm}}$.

A. $-e$          B. $e$          C. $-e^{-2}$          D. $e^{-2}$

**解** $\lim\limits_{x \to \infty} \left(\dfrac{x - 1}{x + 1}\right)^x = \lim\limits_{x \to \infty} \left[\left(1 + \dfrac{-2}{x + 1}\right)^{\frac{x+1}{-2}}\right]^{\frac{-2x}{x+1}} = e^{\lim\limits_{x \to \infty} \frac{-2x}{x+1}} = e^{-2}.$

故应选 D.

**真题 6** (2017 工商) 若 $\lim\limits_{x \to \infty} \left(1 + \dfrac{k}{x}\right)^{2x} = e^4$, 则 $k = \underline{\hspace{2cm}}$.

**解** 因为 $\lim\limits_{x\to\infty}\left(1+\dfrac{k}{x}\right)^{2x}=\lim\limits_{x\to\infty}\left(1+\dfrac{k}{x}\right)^{\frac{x}{k}\cdot 2k}=e^{2k}=e^4$，则 $k=2$.

故应填 2.

**真题7** （2016 经管类）若 $\lim\limits_{x\to\infty}\left(1+\dfrac{k}{x}\right)^{-3x}=e^{-1}$，则 $k=$ _____.

**解** 由于 $\lim\limits_{x\to\infty}\left(1+\dfrac{k}{x}\right)^{-3x}=\lim\limits_{x\to\infty}\left(1+\dfrac{k}{x}\right)^{\frac{x}{k}\cdot(-3k)}=e^{-3k}=e^{-1}$，因此 $k=\dfrac{1}{3}$.

故应填 $\dfrac{1}{3}$.

## 考点方法综述

1. 对于"$\dfrac{0}{0}$"型未定式，如果极限式中含有三角函数或反三角函数，应优先考虑第一重要极限. 公式可推广为 $\lim\limits_{\varphi(x)\to 0}\dfrac{\sin[\varphi(x)]}{\varphi(x)}=1$，如 $\lim\limits_{t\to 0}\dfrac{\sin t}{t}=1,\lim\limits_{x\to 0}\dfrac{\sin kx}{kx}=1(k\neq 0)$.

2. 若函数为"$u(x)^{v(x)}$"型幂指函数，且极限形式为"$1^{\infty}$"型未定式，则可以考虑使用第二重要极限. 其中 $u(x)^{v(x)}$ 需要化成标准形式：$\lim\limits_{\varphi(x)\to\infty}\left[1+\dfrac{1}{\varphi(x)}\right]^{\varphi(x)}(\varphi(x)\to\infty)$ 或 $\lim\limits_{\varphi(x)\to 0}[1+\varphi(x)]^{\frac{1}{\varphi(x)}}(\varphi(x)\to 0)$.

在凑成标准型的过程中，应注意凑的顺序：先凑底数为 $1+\dfrac{1}{\varphi(x)}$，再凑指数为 $\varphi(x)$，与底数中的 $\dfrac{1}{\varphi(x)}$ 互为倒数，且指数在变形中要保持恒等，一般是先乘除后加减，指数中有因式需求极限的要单独求.

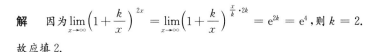

### 第四节　无穷小与无穷大、无穷小的比较

## 考纲内容解读

**一、新大纲基本要求**

> 1. 理解无穷小量、无穷大量的概念；
> 2. 掌握无穷小量的性质、无穷小量与无穷大量的关系；
> 3. 会比较无穷小量的阶（高阶、低阶、同阶和等价）.

**二、新大纲名师解读**

> 在专升本考试中，本节的主要知识点有以下几方面：
> 1. 无穷小、无穷大的定义；
> 2. 无穷小的性质；
> 3. 无穷小与无穷大的关系；
> 4. 无穷小的比较；
> 5. 等价无穷小替换定理.

## 考点内容解析

**一、无穷小**

**1. 无穷小的定义**

**定义 1**　如果 $\lim\limits_{x\to x_0}f(x)=0$，则称函数 $f(x)$ 为当 $x\to x_0$ 时的**无穷小**.

【名师解析】(1)一个变量是否为无穷小,除了与变量本身有关外,还与自变量的变化趋势有关.例如 $\lim\limits_{x \to \infty} \dfrac{1}{x} = 0$,即当 $x \to \infty$ 时,$\dfrac{1}{x}$ 为无穷小;但因为 $\lim\limits_{x \to 1} \dfrac{1}{x} = 1 \neq 0$,所以当 $x \to 1$ 时,$\dfrac{1}{x}$ 不是无穷小.

(2)无穷小不是绝对值很小的常数,而是在自变量的某种变化趋势下,函数的绝对值趋近于0的变量.特别地,常数 0 可以看成任何一个变化过程中的无穷小.

**2. 极限与无穷小之间的关系**

**定理 1** $\lim\limits_{x \to x_0} f(x) = A$ 的充分必要条件是 $f(x) = A + \alpha$,其中 $\alpha = \alpha(x)$ 是 $x \to x_0$ 的无穷小,即 $\lim\limits_{x \to x_0} \alpha(x) = 0$.

**3. 无穷小的性质**

**性质 1**  有限个无穷小的代数和是无穷小;

**性质 2**  有限个无穷小的乘积是无穷小;

**性质 3**  有界函数与无穷小的乘积是无穷小.

**推论**  常数与无穷小的乘积是无穷小.

【名师解析】无穷多个无穷小的代数和不一定是无穷小. 比如,和式 $\dfrac{1}{n^2 + n + 1} + \dfrac{2}{n^2 + n + 2} + \cdots + \dfrac{n}{n^2 + n + n}$ 中的每一项均为无穷小,但 $\lim\limits_{n \to \infty} \left( \dfrac{1}{n^2 + n + 1} + \dfrac{2}{n^2 + n + 2} + \cdots + \dfrac{n}{n^2 + n + n} \right) = \dfrac{1}{2}$.

**二、无穷大**

**定义 2**  当 $x \to x_0$ 时,如果函数 $f(x)$ 的绝对值无限增大,则称当 $x \to x_0$ 时 $f(x)$ 为**无穷大**,记作 $\lim\limits_{x \to x_0} f(x) = \infty$.

【名师解析】(1)无穷大是变量,它不是很大的数,不要将无穷大与很大的数(如 $10^{1000}$)混淆.

(2)无穷大是没有极限的变量,但无极限的变量不一定是无穷大. 比如 $\lim\limits_{x \to 0} \sin \dfrac{1}{x}$ 不存在,但当 $x \to 0$ 时,$\sin \dfrac{1}{x}$ 不是无穷大.

(3)无穷大一定无界,但无界函数不一定是无穷大.

(4)无穷大分为正无穷大与负无穷大,分别记为 $+\infty$ 和 $-\infty$. 例如,$\lim\limits_{x \to \frac{\pi}{2}^-} \tan x = +\infty$,$\lim\limits_{x \to \infty} (-x^2 + 1) = -\infty$.

**三、无穷小量与无穷大量的关系**

**定理 2**  设函数 $y = f(x)$ 在点 $x_0$ 的某一去心邻域有定义,当 $x \to x_0$ 时,

(1)若 $f(x)$ 是无穷大,则 $\dfrac{1}{f(x)}$ 是无穷小;

(2)若 $f(x)$ 是无穷小,且 $f(x) \neq 0$,则 $\dfrac{1}{f(x)}$ 是无穷大.

**四、无穷小的比较**

**定义 3**  设 $\alpha, \beta$ 是自变量在同一变化过程中的两个无穷小,且 $\alpha \neq 0$,

(1)如果 $\lim \dfrac{\beta}{\alpha} = 0$,则称 $\beta$ 是比 $\alpha$ 高阶的无穷小,记作 $\beta = o(\alpha)$.

(2)如果 $\lim \dfrac{\beta}{\alpha} = \infty$,则称 $\beta$ 是比 $\alpha$ 低阶的无穷小.

(3)如果 $\lim \dfrac{\beta}{\alpha} = c (c \neq 0)$,则称 $\beta$ 与 $\alpha$ 是同阶无穷小.

特别地,当 $c = 1$,即 $\lim \dfrac{\beta}{\alpha} = 1$ 时,则称 $\beta$ 与 $\alpha$ 是等价无穷小,记作 $\beta \sim \alpha$.

(4)如果 $\lim \dfrac{\beta}{\alpha^k} = c (c \neq 0, k \in \mathbf{N}^+)$,则称 $\beta$ 是关于 $\alpha$ 的 $k$ 阶无穷小.

**五、等价无穷小替换**

**定理 3**　若 $\alpha,\beta$ 是同一自变量变化过程中的无穷小,且 $\alpha \sim \alpha',\beta \sim \beta',\lim\dfrac{\beta'}{\alpha'}$ 存在,则

$$\lim\frac{\beta}{\alpha}=\lim\frac{\beta'}{\alpha'}.$$

**【名师解析】**(1)定理说明,在求极限的过程中,可以把积或商中的无穷小用与之等价的无穷小替换,从而达到简化运算的目的.

(2)在加减运算中一般不能使用等价无穷小替换.

(3)当 $x\to 0$ 时,常用的等价无穷小有:

$x \sim \sin x \sim \arcsin x \sim \tan x \sim \arctan x \sim \ln(1+x) \sim e^x-1;a^x-1 \sim x\ln a(a>0,a\neq 1);$

$1-\cos x \sim \dfrac{1}{2}x^2;(1+x)^\alpha-1 \sim \alpha x(\alpha\neq 0,$ 且 $\alpha$ 为常数$).$

上述常用的等价无穷小中,变量 $x$ 换成无穷小函数 $u(x)$ 或无穷小数列 $\{x_n\}$,结论仍然成立.

## 考点一　无穷小、无穷大的定义

**【考点分析】**无穷小量与无穷大量研究的仍然是极限问题,在专升本考试中,此考点一般会结合无穷小的性质进行考查,以客观题的形式出现.

**例 1**　下列命题中正确的是 _____.

A. 无穷小量是个绝对值非常小的数　　　　　　　B. 无穷大量是个绝对值非常大的数

C. 无穷小量的倒数是无穷大量　　　　　　　　　D. 无穷大量的倒数是无穷小量

**解**　由无穷小量与无穷大量的定义容易判断选项 A,B 错误;

由无穷小与无穷大的倒数关系容易判断选项 C 错误,而选项 D 是正确的.

故应选 D.

**例 2**　设 $x\to x_0$ 时,$f(x)$ 和 $g(x)$ 都是无穷小量,则下列结论中不一定正确的是 _____.

A. $f(x)+g(x)$ 是无穷小量　　　　　　　　　　B. $f(x)\cdot g(x)$ 是无穷小量

C. $f(x)^{g(x)}$ 是无穷小量　　　　　　　　　　D. $h(x)=\begin{cases}f(x), & x>x_0,\\ g(x), & x<x_0\end{cases}$ 是无穷小量

**解**　由无穷小的性质,有限个无穷小的代数和仍是无穷小,有限个无穷小的乘积仍是无穷小,则当 $x\to x_0$ 时,由 $f(x),g(x)$ 都是无穷小量,可知 $f(x)+g(x),f(x)\cdot g(x)$ 都是无穷小量,故选项 A,B 一定正确;选项 D,当 $x\to x_0$ 时,由 $f(x),g(x)$ 都是无穷小量,则 $\lim\limits_{x\to x_0^+}h(x)=\lim\limits_{x\to x_0^+}f(x)=0,\lim\limits_{x\to x_0^-}h(x)=\lim\limits_{x\to x_0^-}g(x)=0,$ 从而 $\lim\limits_{x\to x_0}h(x)=0,$ 即 $h(x)=\begin{cases}f(x), & x>x_0,\\ g(x), & x<x_0\end{cases}$ 是无穷小量,故 D 一定正确;选项 C,由 $f(x),g(x)$ 都是无穷小量,则 $f(x)^{g(x)}$ 为"$0^0$"型未定式,需经过具体计算来判断 $f(x)^{g(x)}$ 是否为无穷小量.

故应选 C.

**例 3**　函数 $f(x)=x\sin x$ _____.

A. 当 $x\to\infty$ 时为无穷大　　　　　　　　　　B. 在 $(-\infty,+\infty)$ 内为周期函数

C. 在 $(-\infty,+\infty)$ 内无界　　　　　　　　　D. 当 $x\to\infty$ 时有有限极限

**解**　当 $x\to\infty$ 时,$f(x)=x\sin x$ 是无界量,但不是无穷大,$x\to\infty$ 时函数的绝对值一直增大才是无穷大,而该函数图像是振荡的. 因此 $\lim\limits_{x\to\infty}x\sin x$ 也不存在,所以当 $x\to\infty$ 时没有有限极限(其中,所谓"有限极限"指极限为常数).

在 $(-\infty,+\infty)$ 内,$y=\sin x$ 是周期为 $2\pi$ 的周期函数,但 $f(x)=x\sin x$ 不是周期函数.

故应选 C.

**例 4** 当 $x \to 0$ 时, 变量 $\dfrac{1}{x^2}\sin\dfrac{1}{x}$ 是 _____.

A. 无穷小量          B. 无穷大量

C. 有界的, 但不是无穷小量      D. 无界的, 但不是无穷大量

**解** 显然当 $x \to 0$ 时, $\dfrac{1}{x^2}\sin\dfrac{1}{x}$ 不是无穷小量, 故 A 错误;

取 $x_k = \dfrac{1}{2k\pi}$, 则 $f(x_k) = (2k\pi)^2\sin(2k\pi) = 0$. 故当 $x \to 0$ 时, $f(x)$ 不是无穷大量, 故 B 错误;

取 $x_k = \dfrac{1}{2k\pi+\dfrac{\pi}{2}}$, 则 $f(x_k) = \left(2k\pi+\dfrac{\pi}{2}\right)^2\sin\left(2k\pi+\dfrac{\pi}{2}\right) \to \infty$, 显然 $\dfrac{1}{x^2}\sin\dfrac{1}{x}$ 无界, 故 C 错误.

故应选 D.

> **【名师点评】** 判断一个变量是否为无穷小量或无穷大量, 除了用定义判断外, 还常用反证法. 比如, 构造该变量中一个特殊的子列, 使之不符合无穷小量或无穷大量的定义. 该题在判断该变量不是无穷大量以及无界时, 均使用了构造反例的方法. 因此, 根据变量的特点, 构造合适的子列尤为重要.

## 考点 二 无穷小与无穷大的关系

> **【考点分析】** 无穷大量和无穷小量互为倒数的关系, 一定要注意条件: 只有当 $f(x)$ 为无穷小量且 $f(x) \neq 0$ 时, $\dfrac{1}{f(x)}$ 才为无穷大量.

**例 1** 求极限 $\lim\limits_{x \to 1}\dfrac{2x-3}{x^2-5x+4}$.

**解** 因为 $\lim\limits_{x \to 1}\dfrac{x^2-5x+4}{2x-3} = \dfrac{1^2-5\times1+4}{2\times1-3} = 0$, 所以 $\lim\limits_{x \to 1}\dfrac{2x-3}{x^2-5x+4} = \infty$.

**例 2** 已知 $\lim\limits_{n \to \infty}a_n = 0$, 则当 $n \to \infty$ 时, $\dfrac{1}{a_n}$ 是否为无穷大量?

**解** 设 $a_n = \dfrac{1+(-1)^{n+1}}{n}$ $(n=1,2,\cdots)$, 则数列 $\{a_n\}$ 为 $2, 0, \dfrac{2}{3}, 0, \dfrac{2}{5}, 0, \cdots, \dfrac{2}{2n-1}, 0, \cdots$

显然 $\lim\limits_{n \to \infty}a_n = 0$, 即当 $n \to \infty$ 时, $a_n$ 是无穷小量. 但由于 $a_n$ 在变化过程中有无限多次取 0 值, $\dfrac{1}{a_n}$ $(n=1,2,\cdots)$ 无意义, 故当 $n \to \infty$ 时, $\dfrac{1}{a_n}$ 不是无穷大量.

## 考点 三 利用无穷小的性质求极限

> **【考点分析】** 无穷小的性质中 "无穷小与有界函数的乘积仍是无穷小" 这一性质考的题目较多, 须特别关注.
> 无穷小量具有下列性质:
> (1) 有限多个无穷小量之和仍是无穷小量;
> (2) 有限多个无穷小量之积仍是无穷小量;
> (3) 有界变量与无穷小量之积仍为无穷小量.

**例 1** $\lim\limits_{x \to \infty}\dfrac{\cos e^x}{x} = $ _____.

A. $\dfrac{\pi}{2}$        B. 0        C. 1        D. $\infty$

**解** 因为无穷小与有界变量的乘积仍为无穷小, 所以 $\lim\limits_{x \to \infty}\dfrac{\cos e^x}{x} = \lim\limits_{x \to \infty}\dfrac{1}{x}\cos e^x = 0$.

故应选 B.

【名师点评】当遇到形式为 $\lim f(x) \cdot g(x)$ 或 $\lim f(x) \cdot \dfrac{1}{g(x)}$,其中一部分 $\lim f(x)$ 不存在,但 $f(x)$ 为有界变量时,考虑能否使用无穷小与有界变量的乘积仍为无穷小这一性质,不能用极限四则运算法则.

**例 2** 下列等式中正确的是 _____.

A. $\lim\limits_{x \to \infty} \dfrac{\sin x}{x} = 1$

B. $\lim\limits_{x \to \infty} x \sin \dfrac{1}{x} = 1$

C. $\lim\limits_{x \to 0} x \sin \dfrac{1}{x} = 1$

D. $\lim\limits_{x \to 0} \dfrac{\sin \dfrac{1}{x}}{x} = 1$

**解** 选项 B 利用等价无穷小替换,当 $x \to \infty$ 时,$\dfrac{1}{x} \to 0$,$\sin \dfrac{1}{x} \to 0$,所以 $\sin \dfrac{1}{x} \sim \dfrac{1}{x}$,$\lim\limits_{x \to \infty} x \sin \dfrac{1}{x} = \lim\limits_{x \to \infty} x \cdot \dfrac{1}{x} = 1$;

选项 A 和 C 相同,都为无穷小与有界变量的乘积仍为无穷小,选项 D 极限不存在.

故应选 B.

【名师点评】注意区分第一重要极限和无穷小与有界变量的乘积仍为无穷小的应用.

**例 3** $\lim\limits_{x \to \infty}\left(\dfrac{\sin x}{x} + x \sin \dfrac{1}{x}\right) = $ _____.

A. $\dfrac{1}{2}$       B. $1$       C. $0$       D. 不存在

**解** 应用第一重要极限和无穷小乘有界变量仍是无穷小的性质可得

$$\lim_{x \to \infty}\left(\frac{\sin x}{x} + x \sin \frac{1}{x}\right) = \lim_{x \to \infty} \frac{\sin x}{x} + \lim_{x \to \infty} x \sin \frac{1}{x} = 0 + 1 = 1.$$

故应选 B.

**例 4** 若 $\lim\limits_{x \to x_0} f(x) = \infty$,$\lim\limits_{x \to x_0} g(x) = \infty$,下列极限正确的是 _____.

A. $\lim\limits_{x \to x_0}[f(x) + g(x)] = \infty$

B. $\lim\limits_{x \to x_0}[f(x) - g(x)] = 0$

C. $\lim\limits_{x \to x_0} \dfrac{1}{f(x) + g(x)} = 0$

D. $\lim\limits_{x \to x_0} k f(x) = \infty (k$ 为非零常数$)$

**解** 两个无穷小量之和仍为无穷小量,此性质不能推广到无穷大量.

例如,设 $f(x) = \dfrac{1}{x}$,$g(x) = 2 - \dfrac{1}{x}$,则 $\lim\limits_{x \to 0} f(x) = \lim\limits_{x \to 0} \dfrac{1}{x} = \infty$,$\lim\limits_{x \to 0} g(x) = \lim\limits_{x \to 0}\left(2 - \dfrac{1}{x}\right) = \infty$.

而 $f(x) + g(x) = 2$,$\lim\limits_{x \to 0}[f(x) + g(x)] = \lim\limits_{x \to 0} 2 = 2$,这表明当 $x \to 0$ 时,$f(x)$ 与 $g(x)$ 均为无穷大量,但是 $f(x) + g(x)$ 不是无穷大量,所以选项 A 不正确,同理选项 C 也不正确.

如果 $f(x) = \dfrac{1}{x}$,$g(x) = 2 + \dfrac{1}{x}$,$f(x) - g(x) = -2$,由前面可知:$\lim\limits_{x \to 0}[f(x) - g(x)] = -2 \neq 0$,应排除选项 B.

由极限的运算法则可知,$\lim\limits_{x \to 0} k f(x) = k \cdot \lim\limits_{x \to 0} f(x) = k \cdot \infty = \infty$.

故应选 D.

**例 5** 求 $\lim\limits_{x \to 0} \dfrac{\sin x + x^2 \sin \dfrac{1}{x}}{(1 + \cos x)\ln(1 + x)}$.

**解** $\lim\limits_{x \to 0} \dfrac{\sin x + x^2 \sin \dfrac{1}{x}}{(1 + \cos x)\ln(1 + x)} = \lim\limits_{x \to 0} \dfrac{1}{1 + \cos x} \cdot \lim\limits_{x \to 0} \dfrac{\sin x + x^2 \sin \dfrac{1}{x}}{x} = \dfrac{1}{2}\left(\lim\limits_{x \to 0} \dfrac{\sin x}{x} + \lim\limits_{x \to 0} x \sin \dfrac{1}{x}\right) = \dfrac{1}{2}.$

## 考点 四  无穷小的比较

**【考点分析】** 如果 $\lim \dfrac{\beta}{\alpha} = 0$,则称 $\beta$ 是比 $\alpha$ 高阶的无穷小,记作 $\beta = o(\alpha)$;

如果 $\lim \dfrac{\beta}{\alpha} = \infty$,则称 $\beta$ 是比 $\alpha$ 低阶的无穷小;

如果 $\lim \dfrac{\beta}{\alpha} = c \neq 0$,则称 $\beta$ 与 $\alpha$ 是同阶无穷小,记作 $\beta = O(\alpha)$;

如果 $\lim \dfrac{\beta}{\alpha^k} = c \neq 0$,则称 $\beta$ 是关于 $\alpha$ 的 $k$ 阶无穷小;

如果 $\lim \dfrac{\beta}{\alpha} = 1$,则称 $\beta$ 与 $\alpha$ 是等价无穷小,记作 $\beta \sim \alpha$.

**例1**  试确定当 $x \to 0$ 时,下列是对于 $x$ 的 3 阶无穷小的是 ＿＿＿＿.

A. $\sqrt[3]{x^2} - \sqrt{x}$      B. $\sqrt{a + x^3} - \sqrt{a}$      C. $x^3 + 0.0001x^2$      D. $\sqrt[3]{\tan x^3}$

**解**  因 $\lim\limits_{x \to 0} \dfrac{\sqrt{a+x^3} - \sqrt{a}}{x^3} = \lim\limits_{x \to 0} \dfrac{x^3}{x^3(\sqrt{a+x^3} + \sqrt{a})} = \dfrac{1}{2\sqrt{a}}$,

根据无穷小比较的定义,可知 $\sqrt{a+x^3} - \sqrt{a}$ 是关于 $x$ 的 3 阶无穷小.

故应选 B.

**例2**  下列函数在 $x \to 0$ 时与 $x^2$ 为同阶无穷小的是 ＿＿＿＿.

A. $2^x$      B. $2^x - 1$      C. $1 - \cos x$      D. $x - \sin x$

**解**  选项 A:$\lim\limits_{x \to 0} 2^x = 1 \neq 0$,所以当 $x \to 0$ 时,$2^x$ 根本不是一个无穷小量.

选项 B:因为 $\lim\limits_{x \to 0}(2^x - 1) = 0$,$\lim\limits_{x \to 0} \dfrac{2^x - 1}{x^2} = \lim\limits_{x \to 0} \dfrac{2^x \ln 2}{2x} = \infty$,所以二者不是同阶无穷小.

选项 C:因为 $\lim\limits_{x \to 0}(1 - \cos x) = 0$,$\lim\limits_{x \to 0} \dfrac{1 - \cos x}{x^2} = \lim\limits_{x \to 0} \dfrac{\frac{1}{2}x^2}{x^2} = \dfrac{1}{2}$,所以二者是同阶无穷小.

选项 D:因为 $\lim\limits_{x \to 0}(x - \sin x) = 0$,$\lim\limits_{x \to 0} \dfrac{x - \sin x}{x^2} = \lim\limits_{x \to 0} \dfrac{1 - \cos x}{2x} = 0$,所以二者不是同阶无穷小.

故应选 C.

**例3**  当 $x \to 1$ 时,$f(x) = \dfrac{1-x}{1+x}$ 与 $g(x) = 1 - \sqrt{x}$ 比较,会得出什么样的结论?

**解**  由 $\lim\limits_{x \to 1} \dfrac{f(x)}{g(x)} = 1$,知 $f(x) = \dfrac{1-x}{1+x}$ 与 $g(x) = 1 - \sqrt{x}$ 是等价无穷小.

**例4**  已知当 $x \to 0$ 时,$\sqrt{1 + ax^2} - 1$ 与 $\sin^2 x$ 是等价无穷小,求 $a$ 的值.

**解**  因为 $\lim\limits_{x \to 0} \dfrac{\sqrt{1+ax^2} - 1}{\sin^2 x} = \lim\limits_{x \to 0} \dfrac{\frac{1}{2}ax^2}{x^2} = \dfrac{a}{2} = 1$,

所以 $a = 2$.

## 考点 五  等价无穷小的讨论

**【考点分析】** 如果 $\lim \dfrac{\beta}{\alpha} = 1$,则称 $\beta$ 与 $\alpha$ 是等价无穷小,记作 $\beta \sim \alpha$.

**例1**  当 $x \to 0$ 时,下列变量与 $x$ 为等价无穷小量的是 ＿＿＿＿.

A. $\dfrac{\sin\sqrt{x}}{\sqrt{x}}$      B. $\dfrac{\sin x}{x}$      C. $x \sin \dfrac{1}{x}$      D. $\ln(1 + x)$

**解**　用等价无穷小的定义计算可知,选项 A,B 中的函数,当 $x \to 0$ 时均不是无穷小量,故应排除 A,B;

对于选项 C,$\lim\limits_{x \to 0} \dfrac{x \sin \frac{1}{x}}{x} = \lim \sin \frac{1}{x}$ 不存在,应排除 C;

由于 $\lim\limits_{x \to 0} \dfrac{\ln(1+x)}{x} = \lim\limits_{x \to 0} \ln(1+x)^{\frac{1}{x}} = \ln \lim\limits_{x \to 0}(1+x)^{\frac{1}{x}} = \ln e = 1$,所以当 $x \to 0$ 时,$\ln(1+x) \sim x$.

故应选 D.

**例 2**　设 $x \to 0$ 时,$\ln(1+x^k)$ 与 $x + \sqrt[3]{x}$ 为等价无穷小,求 $k$ 的值.

**解**　由已知,$\lim\limits_{x \to 0} \dfrac{\ln(1+x^k)}{x + \sqrt[3]{x}} = 1$,且 $x \to 0$ 时,$\ln(1+x^k) \sim x^k$,则

$$\lim\limits_{x \to 0} \dfrac{\ln(1+x^k)}{x + \sqrt[3]{x}} = \lim\limits_{x \to 0} \dfrac{x^k}{x + \sqrt[3]{x}} = \lim\limits_{x \to 0} \dfrac{x^{k-\frac{1}{3}}}{x^{\frac{2}{3}} + 1} = \lim\limits_{x \to 0} x^{k - \frac{1}{3}} = 1,当且仅当 k - \frac{1}{3} = 0 时成立,即 k = \frac{1}{3}.$$

**例 3**　若 $x \to 0$ 时,$(1 - ax^2)^{\frac{1}{4}} - 1$ 与 $x \sin x$ 是等价无穷小,则 $a = $ _____.

**解**　当 $x \to 0$ 时,$(1 - ax^2)^{\frac{1}{4}} - 1 \sim -\frac{1}{4} ax^2$,$x \sin x \sim x^2$,于是,根据题设有

$$\lim\limits_{x \to 0} \dfrac{(1 - ax^2)^{\frac{1}{4}} - 1}{x \sin x} = \lim\limits_{x \to 0} \dfrac{-\frac{1}{4} ax^2}{x^2} = -\frac{1}{4} a = 1,$$

所以 $a = -4$.

故应填 $-4$.

## 考点 六　利用等价无穷小替换定理求"$\frac{0}{0}$"型极限

**【考点分析】** 在求两个无穷小之比(即求"$\frac{0}{0}$"型)的极限时,分子、分母均可用适当的等价无穷小代替,从而使计算简便快捷.应用替换定理应注意以下几点:

1.应用等价无穷小时替换过程中,需熟记最常用的等价无穷小关系式.当 $x \to 0$ 时,常用的等价无穷小有:

(1) $\sin x \sim x$;　　　(2) $\tan x \sim x$;　　　(3) $1 - \cos x \sim \frac{1}{2} x^2$;　　　(4) $\arcsin x \sim x$;

(5) $\arctan x \sim x$;　　(6) $\ln(1+x) \sim x$;　　(7) $e^x - 1 \sim x$;　　　(8) $\sqrt{1+x} - 1 \sim \frac{1}{2} x$.

2.会使用变形式,如 $\sin[\varphi(x)] \sim \varphi(x) (\varphi(x) \to 0)$;

3.不忘条件 $x \to 0$ 或 $\varphi(x) \to 0$;

4.在替换过程中,只有乘除因子才能替换.

**例 1**　求 $\lim\limits_{x \to 0} \dfrac{\sin 2x}{\tan 5x}$.

**解**　因为当 $x \to 0$ 时,$\sin 2x \sim 2x$,$\tan 5x \sim 5x$,

所以 $\lim\limits_{x \to 0} \dfrac{\sin 2x}{\tan 5x} = \lim\limits_{x \to 0} \dfrac{2x}{5x} = \dfrac{2}{5}$.

**例 2**　求极限 $\lim\limits_{x \to 0} \dfrac{1 - \cos 2x}{x \sin x}$.

**解**　利用等价无穷小替换定理可得

$$\lim\limits_{x \to 0} \dfrac{1 - \cos 2x}{x \sin x} = \lim\limits_{x \to 0} \dfrac{\frac{1}{2}(2x)^2}{x^2} = \lim\limits_{x \to 0} \dfrac{2x^2}{x^2} = 2.$$

**例 3**　$\lim\limits_{x \to 0} \dfrac{\sin 2x}{x(x+2)} = $ _____.

A. 1　　　　　　　B. 0　　　　　　　C. $\infty$　　　　　　　D. 2

**解**  $\lim\limits_{x\to 0}\dfrac{\sin 2x}{x(x+2)}=\lim\limits_{x\to 0}\dfrac{2x}{x(x+2)}=\lim\limits_{x\to 0}\dfrac{2}{x+2}=1.$

故应选 A.

**例 4**  求极限 $\lim\limits_{x\to 0}\dfrac{\sin x+x^2\sin\dfrac{1}{x}}{(1+\cos x)\ln(1+x)}.$

**解**  $\lim\limits_{x\to 0}\dfrac{\sin x+x^2\sin\dfrac{1}{x}}{(1+\cos x)\ln(1+x)}=\lim\limits_{x\to 0}\dfrac{1}{1+\cos x}\cdot\lim\limits_{x\to 0}\dfrac{\sin x+x^2\sin\dfrac{1}{x}}{x}$

$$=\dfrac{1}{2}\left(\lim\limits_{x\to 0}\dfrac{\sin x}{x}+\lim\limits_{x\to 0}x\sin\dfrac{1}{x}\right)=\dfrac{1}{2}.$$

## 考点七  利用等价无穷小替换定理求"$0\cdot\infty$"型极限

【考点分析】利用等价无穷小替换定理求"$0\cdot\infty$"型极限可以使计算过程变得简单,求解的关键是能找出可以替换的因式.

**例 1**  $\lim\limits_{n\to\infty}3^n\ln\left(1+\dfrac{x}{3^n}\right)=\underline{\qquad}.$

**解**  $\lim\limits_{n\to\infty}3^n\ln\left(1+\dfrac{x}{3^n}\right)=\lim\limits_{n\to\infty}3^n\cdot\dfrac{x}{3^n}=x.$（等价无穷小量替换）

故应填 $x$.

**例 2**  求极限 $\lim\limits_{n\to\infty}2^n\sin\dfrac{x}{2^n}(x\neq 0).$

**解法一**  化为"$\dfrac{0}{0}$"型,用第一重要极限计算.

$$\lim\limits_{n\to\infty}2^n\sin\dfrac{x}{2^n}=\lim\limits_{n\to\infty}\dfrac{\sin\dfrac{x}{2^n}}{\dfrac{x}{2^n}}\cdot x=x.$$

**解法二**  用等价无穷小量代换.

$$\lim\limits_{n\to\infty}2^n\sin\dfrac{x}{2^n}=\lim\limits_{n\to\infty}2^n\cdot\dfrac{x}{2^n}=x.$$

**例 3**  求极限 $\lim\limits_{x\to+\infty}\ln(1+2^x)\ln\left(1+\dfrac{3}{x}\right).$

**解**  $\lim\limits_{x\to+\infty}\ln(1+2^x)\ln\left(1+\dfrac{3}{x}\right)=\lim\limits_{x\to+\infty}\left[\ln 2^x(2^{-x}+1)\right]\cdot\dfrac{3}{x}$

$$=\lim\limits_{x\to+\infty}\left[x\ln 2+\ln(1+2^{-x})\right]\cdot\dfrac{3}{x}$$

$$=3\ln 2+\lim\limits_{x\to+\infty}2^{-x}\cdot\dfrac{3}{x}=3\ln 2.$$

【名师点评】该题我们也可以考虑用洛必达法则进行求解. 首先极限类型是"$0\cdot\infty$"型,其中的无穷小量 $\ln\left(1+\dfrac{3}{x}\right)$ 可以先用 $\dfrac{3}{x}$ 等价代换. 即

$$\lim\limits_{x\to+\infty}\ln(1+2^x)\ln\left(1+\dfrac{3}{x}\right)=\lim\limits_{x\to+\infty}\ln(1+2^x)\cdot\dfrac{3}{x}=3\lim\limits_{x\to+\infty}\dfrac{\ln(1+2^x)}{x},$$

极限变成了"$\dfrac{\infty}{\infty}$"型,然后用洛必达法则求解如下:

$$\lim\limits_{x\to+\infty}\ln(1+2^x)\ln\left(1+\dfrac{3}{x}\right)=\lim\limits_{x\to+\infty}\ln(1+2^x)\cdot\dfrac{3}{x}=3\lim\limits_{x\to+\infty}\dfrac{\ln(1+2^x)}{x}$$

$$=3\lim\limits_{x\to+\infty}\dfrac{\ln 2\cdot 2^x}{1+2^x}=3\ln 2\lim\limits_{x\to+\infty}\dfrac{2^x}{1+2^x}=3\ln 2\lim\limits_{x\to+\infty}\dfrac{1}{1+\dfrac{1}{2^x}}=3\ln 2.$$

## 考点真题解析

### 考点 一　无穷小与无穷大

**真题 1**　(2021 高数三) 当 $x \to 0$ 时, 以下函数是无穷小量的是 _____.

A. $1 - \sqrt[3]{x}$　　　　B. $1 - e^x$　　　　C. $1 - \sin x$　　　　D. $1 - \tan x$

**解**　因为 $\lim\limits_{x \to 0}(1 - e^x) = 0$,

故应选 B.

**真题 2**　(2020 高数二) 当 $x \to 0$ 时, 以下函数是无穷小量的是 _____.

A. $x^2 + 1$　　　　B. $\sqrt{x + 1}$　　　　C. $\sin x$　　　　D. $\cos x$

**解**　因为 $\lim\limits_{x \to 0}\sin x = 0$,

故应选 C.

**真题 3**　(2020 高数一) 当 $x \to 0$ 时, 以下函数是无穷小量的是 _____.

A. $e^x$　　　　B. $\ln(x + 2)$　　　　C. $\sin x$　　　　D. $\cos x$

**解**　对于 A, $\lim\limits_{x \to 0}e^x = 1$; 对于 B, $\lim\limits_{x \to 0}\ln(x + 2) = \ln 2$; 对于 C, $\lim\limits_{x \to 0}\sin x = 0$; 对于 D, $\lim\limits_{x \to 0}\cos x = 1$.

故应选 C.

**真题 4**　(2018 财经) $\lim\limits_{x \to 0}\dfrac{x^2 \sin\dfrac{1}{x}}{\tan x} = $ _____.

**解**　$\lim\limits_{x \to 0}\dfrac{x^2 \sin\dfrac{1}{x}}{\tan x} = \lim\limits_{x \to 0}\dfrac{x}{\tan x} \cdot \lim\limits_{x \to 0}x \sin\dfrac{1}{x} = 1 \times 0 = 0.$

故应填 0.

**真题 5**　(2017 国贸) $\lim\limits_{x \to \infty}x \sin\dfrac{1}{x} = $ _____.

**解**　因为当 $x \to \infty$ 时, $\dfrac{1}{x} \to 0$, 则 $\sin\dfrac{1}{x} \sim \dfrac{1}{x}$, 所以由等价无穷小替换定理得

$$\lim\limits_{x \to \infty}x \sin\dfrac{1}{x} = \lim\limits_{x \to \infty}x \cdot \dfrac{1}{x} = 1.$$

故应填 1.

**真题 6**　(2013 经管类) $\lim\limits_{x \to \infty}\dfrac{x - \sin x}{x + \sin x} = $ _____.

**解**　分子、分母同除以 $x$ 可得

$$\lim\limits_{x \to \infty}\dfrac{x - \sin x}{x + \sin x} = \lim\limits_{x \to \infty}\dfrac{1 - \dfrac{\sin x}{x}}{1 + \dfrac{\sin x}{x}} = \dfrac{\lim\limits_{x \to \infty}\left(1 - \dfrac{\sin x}{x}\right)}{\lim\limits_{x \to \infty}\left(1 + \dfrac{\sin x}{x}\right)} = 1.$$

故应填 1.

**真题 7**　(2010 国贸、电商) 已知当 $x \to 0$ 时, $f(x)$ 是无穷大量, 下列变量中, 当 $x \to 0$ 时一定是无穷小量的是 _____.

A. $x f(x)$　　　　B. $\dfrac{1}{f(x)}$　　　　C. $f(x) - \dfrac{1}{x}$　　　　D. $x + f(x)$

**解**　在自变量的同一变化过程中, 无穷大的倒数是无穷小.

故应选 B.

**【名师点评】** 本题应用了无穷小 (非零) 和无穷大互为倒数的性质.

## 考点 二 无穷小的比较

**真题1** (2019 财经类)已知当 $x \to 0$ 时,$(1+ax^2)^{\frac{1}{3}} - 1$ 与 $1 - \cos x$ 是等价无穷小,则常数 $a = $ _____.

**解** 当 $x \to 0$ 时,$(1+ax^2)^{\frac{1}{3}} - 1 \sim \frac{1}{3} ax^2$,$1 - \cos x \sim \frac{1}{2} x^2$,于是根据题设,有

$$\lim_{x \to 0} \frac{(1+ax^2)^{\frac{1}{3}} - 1}{1 - \cos x} = \lim_{x \to 0} \frac{\frac{1}{3} ax^2}{\frac{1}{2} x^2} = \frac{2}{3} a = 1, \text{即 } a = \frac{3}{2}.$$

故应填 $\frac{3}{2}$.

**真题2** (2010 国贸、电商)判断:当 $x \to 0$ 时,$\sin^2 x$ 与 $x^2$ 是等价无穷小. _____.

**解** 因为 $\sin^2 x = (\sin x)^2$,又因为当 $x \to 0$ 时,$\sin x \sim x$,所以 $\sin^2 x \sim x^2$.

故应填正确.

## 考点 三 等价无穷小替换定理

**真题1** (2019 财经类)$\lim\limits_{x \to 0} \dfrac{\ln(1-2x)}{\sin 3x} = $ _____.

**解** 使用等价无穷小替换,因为当 $x \to 0$ 时,$\ln(1-2x) \sim -2x$,$\sin 3x \sim 3x$,

所以 $\lim\limits_{x \to 0} \dfrac{\ln(1-2x)}{\sin 3x} = \lim\limits_{x \to 0} \dfrac{-2x}{3x} = -\dfrac{2}{3}$.

故应填 $-\dfrac{2}{3}$.

**真题2** (2017 工商)求极限 $\lim\limits_{x \to \infty} \dfrac{2x - \sin x}{x + \sin x}$.

**解** $\lim\limits_{x \to \infty} \dfrac{2x - \sin x}{x + \sin x} = \lim\limits_{x \to \infty} \dfrac{2 - \dfrac{\sin x}{x}}{1 + \dfrac{\sin x}{x}} = \dfrac{2 - 0}{1 + 0} = 2.$

**真题3** (2016 机械、交通、电气、2013 经管类)$\lim\limits_{x \to 1} \dfrac{\sin(x^3 - 1)}{x - 1} = $ _____.

**解** 利用等价无穷小替换可得

$$\lim_{x \to 1} \frac{\sin(x^3 - 1)}{x - 1} = \lim_{x \to 1} \frac{x^3 - 1}{x - 1} = \lim_{x \to 1} \frac{(x-1)(x^2 + x + 1)}{x - 1} = \lim_{x \to 1} (x^2 + x + 1) = 3.$$

故应填 3.

### 考点方法综述

1. 无穷小量是在某一过程中,以 0 为极限的变量,而不是绝对值很小的数. 0 是唯一可以作为无穷小量的数.

2. 无穷小量与自变量的变化趋势有关.

3. 有限个无穷小的代数和是无穷小.

4. 有限个无穷小的乘积是无穷小.

5. 有界变量与无穷小的乘积是无穷小.

6. 无穷大量指的是在自变量的某一变化过程中,变量 $X$ 的绝对值 $|X|$ 一直在无限增大.

7. 无穷大量与无穷小量(0 除外)互为倒数关系.

8. 并非任何两个无穷小都能进行比较.

9. 乘、除因式可直接用其等价无穷小替换.

## 第五节　连　　续

### 考纲内容解读

**一、新大纲基本要求**

1. 理解函数连续性(包括左连续和右连续)的概念,掌握函数连续与左连续、右连续之间的关系,会求函数的间断点并判断其类型.

2. 掌握连续函数的四则运算和复合运算;理解初等函数在其定义区间内的连续性,并会利用连续性求极限.

3. 掌握闭区间上连续函数的性质(有界性定理、最大值和最小值定理、介值定理、零点定理),并会利用这些性质解决相关问题.

**二、新大纲名师解读**

在专升本考试中,本节主要考查的知识点有:

1. 函数连续性的判别;

2. 函数的间断点及其类型;

3. 闭区间上连续函数的性质.

连续函数是高等数学的主要研究对象,所以在专升本考试中对函数连续性的相关概念、性质的考查是重点.

### 考点内容解析

**一、函数连续的概念**

**1. 函数在一点处连续**

**定义 1**　设函数 $y = f(x)$ 在点 $x_0$ 的某邻域内有定义,如果当自变量 $x$ 有增量 $\Delta x$ 时,函数相应的有增量 $\Delta y$,若 $\lim\limits_{\Delta x \to 0} \Delta y = 0$,则称函数 $y = f(x)$ 在点 $x_0$ 处连续,$x_0$ 为 $f(x)$ 的连续点.

**定义 2**　设函数 $y = f(x)$ 在点 $x_0$ 的某邻域内有定义,若

$$\lim_{x \to x_0} f(x) = f(x_0),$$

则称函数 $y = f(x)$ 在点 $x_0$ 处连续.

**【名师解析】**函数 $y = f(x)$ 在点 $x_0$ 处连续必须满足三个条件:

(1) $y = f(x)$ 在点 $x_0$ 处有定义;

(2) $y = f(x)$ 在点 $x_0$ 处的极限存在,即 $\lim\limits_{x \to x_0} f(x) = A$;

(3) $y = f(x)$ 在点 $x_0$ 处的极限值等于函数值,即 $A = f(x_0)$.

**2. 函数在区间内的连续性**

**定义 3**　如果函数 $f(x)$ 在开区间 $(a,b)$ 内的每一点都连续,则称 $f(x)$ 在 $(a,b)$ 内连续;如果函数 $f(x)$ 在开区间 $(a,b)$ 内的每一点都连续,且在左端点 $x = a$ 处右连续,在右端点 $x = b$ 处左连续,则称 $f(x)$ 在闭区间 $[a,b]$ 上连续,并称 $[a,b]$ 是 $f(x)$ 的连续区间.

**注**　(1) $f(x)$ 在左端点 $x = a$ 处右连续是指满足 $\lim\limits_{x \to a^+} f(x) = f(a)$;

(2) $f(x)$ 在右端点 $x = b$ 处左连续是指满足 $\lim\limits_{x \to b^-} f(x) = f(b)$.

**3. 函数在一点处连续的充要条件**

**定理 1**　函数 $f(x)$ 在点 $x_0$ 处连续的**充要条件**是函数 $f(x)$ 在点 $x_0$ 处既左连续又右连续.

**二、函数的间断点**

**定义 4** 如果函数 $f(x)$ 在点 $x_0$ 处不连续，则称函数 $f(x)$ 在点 $x_0$ 处间断，点 $x_0$ 称为 $f(x)$ 的**间断点**.

> 【名师解析】如果函数 $f(x)$ 在点 $x_0$ 处有下列三种情形之一，则称点 $x_0$ 为 $f(x)$ 的间断点：
> (1) 在点 $x_0$ 处，$f(x)$ 没有定义；
> (2) $\lim\limits_{x \to x_0} f(x)$ 不存在；
> (3) 虽然 $f(x_0)$ 有定义，$\lim\limits_{x \to x_0} f(x)$ 存在，但 $\lim\limits_{x \to x_0} f(x) \neq f(x_0)$.

**1. 第一类间断点**

**定义 5** 函数 $f(x)$ 在点 $x_0$ 处的左、右极限 $f(x_0 - 0)$ 和 $f(x_0 + 0)$ 都存在的间断点，我们称为**第一类间断点**.

(1) **可去间断点**：在第一类间断点中，$\lim\limits_{x \to x_0} f(x)$ 存在的间断点.

> 【名师解析】这类间断点只能有两种情况：
> ① $f(x)$ 在点 $x_0$ 处无定义；
> ② $f(x)$ 在点 $x_0$ 处有定义，但 $\lim\limits_{x \to x_0} f(x) \neq f(x_0)$.

(2) **跳跃间断点**：在第一类间断点中，$f(x_0 - 0) \neq f(x_0 + 0)$ 的间断点.

**2. 第二类间断点**

**定义 6** $f(x_0 - 0)$ 和 $f(x_0 + 0)$ 中至少有一个不存在的间断点，我们称为**第二类间断点**. 分为如下两种：

(1) **无穷间断点**：在第二类间断点中，$f(x_0 - 0)$ 和 $f(x_0 + 0)$ 中至少有一个是无穷大的间断点；

(2) **振荡间断点**：在第二类间断点中，$\lim\limits_{x \to x_0} f(x)$ 不存在，且 $f(x)$ 无限振荡的间断点.

**三、连续函数的性质**

**定理 2** 基本初等函数在其定义域内连续.

**定理 3** 初等函数在其定义区间内都是连续的.

所谓定义区间是指包含在定义域内的区间.

**四、闭区间上连续函数的性质**

**1. 最大值与最小值定理**

如果函数 $f(x)$ 在闭区间 $[a,b]$ 上连续，则函数 $f(x)$ 在闭区间 $[a,b]$ 上一定有最大值与最小值（见图 1.3）.

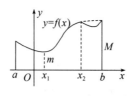

图 1.3

> 【名师解析】① 若把定理中的闭区间改成开区间，定理的结论不一定成立；
> ② 若函数 $f(x)$ 在闭区间内有间断点，定理的结论也不一定成立；
> ③ 在不满足定理的条件下，有的函数也可能取得最大值和最小值.

**2. 有界性定理**

闭区间上的连续函数一定在该区间上有界.

**3. 介值定理**

如果函数 $f(x)$ 在闭区间 $[a,b]$ 上连续，$m$ 和 $M$ 分别为 $f(x)$ 在 $[a,b]$ 上的最小值与最大值，则对介于 $m$ 与 $M$ 之间的任一实数 $c$（即 $m < c < M$），至少存在一点 $\xi \in (a,b)$，使得 $f(\xi) = c$.

如图 1.4 所示，连续曲线 $y = f(x)$ 与直线 $y = c$ 相交于三点，其横坐标分别为 $\xi_1, \xi_2, \xi_3$，则 $f(\xi_1) = f(\xi_2) = f(\xi_3) = c$.

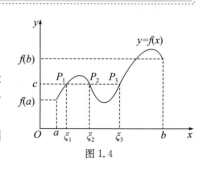

图 1.4

**4. 零点定理**

如果函数 $f(x)$ 在闭区间 $[a,b]$ 上连续,且 $f(a)$ 与 $f(b)$ 异号,则至少存在一点 $\xi \in (a,b)$,使得 $f(\xi) = 0$.

## 考点例题分析

### 考点一 讨论函数在区间上的连续性

**【考点分析】** 讨论函数在区间上的连续性主要考查分段函数在定义区间上的连续性,着重讨论的是分段点处的连续性.

**例1** 求下列函数的连续区间:

$$(1)\, f(x) = \begin{cases} 2x^2, & 0 \leqslant x < 1, \\ 4 - 2x, & 1 \leqslant x \leqslant 2; \end{cases} \qquad (2)\, f(x) = \begin{cases} x \cdot \cos \dfrac{1}{x}, & x \neq 0, \\ 1, & x = 0. \end{cases}$$

**解** (1) 因为 $\lim\limits_{x \to 1^-} f(x) = \lim\limits_{x \to 1^-} 2x^2 = 2$, $\lim\limits_{x \to 1^+} f(x) = \lim\limits_{x \to 1^+} (4 - 2x) = 2$,而 $f(1) = 2$,所以 $f(x)$ 在 $x = 1$ 处连续. 由于 $f(x)$ 在 $[0,1)$ 内连续,在 $[1,2]$ 上连续,所以 $f(x)$ 的连续区间为 $[0,2]$.

(2) 函数的分界点是 $x = 0$, $f(0) = 1$,由 $\lim\limits_{x \to 0} x \cdot \cos \dfrac{1}{x} = 0 \neq f(0)$,所以 $f(x)$ 在 $x = 0$ 处不连续,故函数的连续区间为 $(-\infty, 0) \bigcup (0, +\infty)$.

**例2** 讨论 $f(x) = \begin{cases} \dfrac{x}{1 + \mathrm{e}^{\frac{1}{x}}}, & x \neq 0, \\ 0, & x = 0 \end{cases}$ 的连续性.

**解** 当 $x \neq 0$ 时,显然 $f(x)$ 连续. 因此只需考虑 $x = 0$ 处的连续性. 因为

$$\lim_{x \to 0^-} f(x) = \lim_{x \to 0^-} \frac{x}{1 + \mathrm{e}^{\frac{1}{x}}} = \frac{0}{1 + 0} = 0,$$

$$\lim_{x \to 0^+} f(x) = \lim_{x \to 0^+} \frac{x}{1 + \mathrm{e}^{\frac{1}{x}}} = \lim_{x \to 0^+} x \cdot \frac{1}{1 + \mathrm{e}^{\frac{1}{x}}} = 0 \times 0 = 0,$$

而 $f(0) = 0$,所以 $\lim\limits_{x \to 0} f(x) = f(0)$,即 $f(x)$ 在 $x = 0$ 处连续.

因此,$f(x)$ 在 $(-\infty, +\infty)$ 内连续.

**例3** 设 $f(x) = \begin{cases} \dfrac{1}{x} \sin x, & x < 0, \\ k, & x = 0, \\ x \sin \dfrac{1}{x} + 1, & x > 0, \end{cases}$ 求常数 $k$ 的值,使函数 $f(x)$ 在定义域内连续.

**解** 因为 $\lim\limits_{x \to 0^-} f(x) = \lim\limits_{x \to 0^-} \dfrac{\sin x}{x} = 1$, $\lim\limits_{x \to 0^+} f(x) = \lim\limits_{x \to 0^+} (x \sin \dfrac{1}{x} + 1) = 1$,所以 $\lim\limits_{x \to 0} f(x) = 1$.

又因为 $f(0) = k$,要使函数 $f(x)$ 在定义域内连续,须 $\lim\limits_{x \to 0} f(x) = f(0)$,即 $k = 1$.

**【名师点评】** 此类题型为已知函数的连续性,求解题目中的未知常数,难点在于计算分段点处的两个单侧极限,需要用到极限计算中的方法,比如两个重要极限、无穷小的性质、有理化等方法.

**例4** 设函数 $f(x) = \begin{cases} \dfrac{x^2 \sin \dfrac{1}{x}}{\mathrm{e}^x - 1}, & x < 0, \\ b, & x = 0, \\ \dfrac{\ln(1 + 2x)}{x} + a, & x > 0, \end{cases}$ 当 $a =$ _____, $b =$ _____ 时,$f(x)$ 在 $(-\infty, +\infty)$ 内连续.

**解** 当 $x<0$ 时, $\dfrac{x^2\sin\dfrac{1}{x}}{\mathrm{e}^x-1}$ 有定义,函数 $f(x)$ 连续;当 $x>0$ 时, $\dfrac{\ln(1+2x)}{x}+a$ 有定义,函数 $f(x)$ 也连续;而在 $x=0$ 处,因为

$$\lim_{x\to0^-}f(x)=\lim_{x\to0^-}\frac{x^2\sin\dfrac{1}{x}}{\mathrm{e}^x-1}=\lim_{x\to0^-}\frac{x}{\mathrm{e}^x-1}\cdot\lim_{x\to0^-}x\sin\frac{1}{x}=0,$$

$$\lim_{x\to0^+}f(x)=\lim_{x\to0^+}\left[\frac{\ln(1+2x)}{x}+a\right]=\lim_{x\to0^+}\frac{2x}{x}+a=2+a,$$

因此,当 $2+a=b=0$,即 $a=-2,b=0$ 时, $f(x)$ 在 $(-\infty,+\infty)$ 内连续.

故应填 $-2,0$.

## 考点 二 分段函数 讨论分段点的连续性

**【考点分析】**讨论分段函数在分段点处的连续性是常考内容,需要分别对分段点处的左连续和右连续进行分析.

**例1** 设函数 $f(x)=\begin{cases}(1-x)^{\frac{1}{x}}, & x<0,\\ 2^x+k, & x\geqslant0\end{cases}$ 在 $x=0$ 处连续,则 $k=$ _____.

**解** 要使函数 $f(x)=\begin{cases}(1-x)^{\frac{1}{x}}, & x<0,\\ 2^x+k, & x\geqslant0\end{cases}$ 在 $x=0$ 处连续,则需 $\lim\limits_{x\to0^-}f(x)=\lim\limits_{x\to0^+}f(x)=f(0)$.

而 $\lim\limits_{x\to0^-}f(x)=\lim\limits_{x\to0^-}(1-x)^{\frac{1}{x}}=\mathrm{e}^{-1}$, $\lim\limits_{x\to0^+}f(x)=\lim\limits_{x\to0^+}(2^x+k)=1+k=f(0)$,则有 $\mathrm{e}^{-1}=1+k$,所以 $k=\mathrm{e}^{-1}-1$.

故应填 $\mathrm{e}^{-1}-1$.

**例2** 如果函数 $y=\begin{cases}-2, & x<-1,\\ x^2+ax-1, & -1\leqslant x\leqslant1,\\ 2, & x>1\end{cases}$ 在 $(-\infty,+\infty)$ 内连续,则 $a=$ _____.

A. 0      B. $\dfrac{1}{2}$      C. 1      D. 2

**解** 若 $f(x)$ 在 $(-\infty,+\infty)$ 内连续,则 $f(x)$ 在 $x=-1$ 和 $x=1$ 处连续,

所以 $\lim\limits_{x\to1^-}(x^2+ax-1)=a=\lim\limits_{x\to1^+}2=f(1)$,即 $a=2$.

故应选 D.

**例3** 设 $f(x)=\begin{cases}x^2-1, & x<0,\\ x, & 0\leqslant x\leqslant1,\\ 2-x, & 1<x\leqslant2,\end{cases}$ 则 $f(x)$ 在 _____.

A. $x=0,x=1$ 处都间断        B. $x=0,x=1$ 处都连续

C. $x=0$ 处间断,在 $x=1$ 处连续     D. $x=0$ 处连续,在 $x=1$ 处间断

**解** 判断分段函数在分段点处的连续性,只需按照函数在一点连续的定义及间断点的定义去判断即可.

在 $x=0$ 处,左极限 $f(0-0)=0^2-1=-1$,右极限 $f(0+0)=0$,因为左极限不等于右极限,即 $f(0-0)\neq f(0+0)$,所以 $x=0$ 为 $f(x)$ 的间断点;

在 $x=1$ 处, $f(1-0)=1$, $f(1+0)=2-1=1$,且 $f(1)=1$,因为 $f(1-0)=f(1+0)=f(1)$,所以 $x=1$ 为 $f(x)$ 的连续点.

故应选 C.

**【名师点评】**判别函数在某一定点处是否连续,主要是根据函数在某点处连续性的定义,即 $\lim\limits_{x\to x_0}f(x)=f(x_0)$. 上式表示函数 $f(x)$ 在 $x_0$ 处有定义、有极限且其函数值和极限值相等. 判别分段函数在分界点处的连续性时,经常用到的是下面的重要条件: $f(x)$ 在 $x_0$ 处连续 $\Leftrightarrow f(x)$ 在 $x_0$ 处既左连续又右连续.

**例 4**　设 $a > 0$，且 $f(x) = \begin{cases} \dfrac{2\sin x + 1}{x^2 + 1}, & x \geqslant 0, \\[3mm] \dfrac{\sqrt{a} - \sqrt{a-x}}{2x}, & x < 0, \end{cases}$　求使 $f(x)$ 在 $x = 0$ 处连续的 $a$ 的值.

**解**　要使 $f(x)$ 在 $x = 0$ 处连续，就必须满足 $\lim\limits_{x \to 0^+} f(x) = \lim\limits_{x \to 0^-} f(x) = f(0)$.

由 $f(0) = 1$ 且 $\lim\limits_{x \to 0^+} f(x) = \lim\limits_{x \to 0^+} \dfrac{2\sin x + 1}{x^2 + 1} = 1$，$\lim\limits_{x \to 0^-} f(x) = \lim\limits_{x \to 0^-} \dfrac{\sqrt{a} - \sqrt{a-x}}{2x} = \lim\limits_{x \to 0^-} \dfrac{a - (a-x)}{2x(\sqrt{a} + \sqrt{a-x})} = \dfrac{1}{4\sqrt{a}}$，

得 $\dfrac{1}{4\sqrt{a}} = 1$，解得 $a = \dfrac{1}{16}$.

## 考点 三　利用连续性的定义求极限

**【考点分析】**若函数 $f(x)$ 为初等函数，根据初等函数的连续性知，初等函数在其定义域内的每一点都连续，所以求初等函数定义域内点的极限可以转化为求该点的函数值.

**例 1**　求 $\lim\limits_{x \to 2} \sqrt{x^2 + 3x - 4}$.

**解**　因为函数 $y = \sqrt{x^2 + 3x - 4}$ 是初等函数，定义域为 $(-\infty, -4) \bigcup (1, +\infty)$，点 $x = 2$ 在定义域内，于是由函数的连续性可知

$$\lim\limits_{x \to 2} \sqrt{x^2 + 3x - 4} = \sqrt{2^2 + 3 \times 2 - 4} = \sqrt{6}.$$

**例 2**　求 $\lim\limits_{x \to 0} \sqrt{\dfrac{\lg(100 + x)}{a^x + \arcsin x}}$.

**解**　由于 $\sqrt{\dfrac{\lg(100 + x)}{a^x + \arcsin x}}$ 是一个初等函数，在其定义域内连续，而 $x = 0$ 属于它的定义域，

所以 $\lim\limits_{x \to 0} \sqrt{\dfrac{\lg(100 + x)}{a^x + \arcsin x}} = \sqrt{\dfrac{\lg(100 + 0)}{a^0 + \arcsin 0}} = \sqrt{\dfrac{2}{1 + 0}} = \sqrt{2}$.

**例 3**　试证 $\lim\limits_{x \to 0} \dfrac{\ln(1 + x)}{x} = 1$.

**证**　$\lim\limits_{x \to 0} \dfrac{\ln(1 + x)}{x} = \lim\limits_{x \to 0} \ln(1 + x)^{\frac{1}{x}} = \ln\left[\lim\limits_{x \to 0} (1 + x)^{\frac{1}{x}}\right] = \ln e = 1$.

## 考点 四　抽象函数连续性的讨论

**【考点分析】**设 $f(x)$ 在 $x = 2$ 处连续，且 $\lim\limits_{x \to 2} \dfrac{f(x) - 3}{x - 2}$ 存在，则 $f(2) = $ _____ .

**解**　由 $\lim\limits_{x \to 2} \dfrac{f(x) - 3}{x - 2}$ 存在，得 $\lim\limits_{x \to 2}[f(x) - 3] = 0$，从而 $\lim\limits_{x \to 2} f(x) = 3$. 同时，由 $f(x)$ 在 $x = 2$ 处连续，根据连续的定义得 $f(2) = \lim\limits_{x \to 2} f(x)$，所以 $f(2) = 3$.

故应填 3.

## 考点 五　间断点及间断点的分类

**【考点分析】**间断点的类型也是重点考查的内容，要掌握各类间断点的定义.

**例 1**　$x = 1$ 为函数 $y = \dfrac{x^4 - 1}{x^3 - 1}$ 的 _____ 间断点.

**解**　因为 $y = \dfrac{x^4 - 1}{x^3 - 1} = \dfrac{(x^2 + 1)(x + 1)(x - 1)}{(x - 1)(x^2 + x + 1)} = \dfrac{(x^2 + 1)(x + 1)}{x^2 + x + 1} (x \neq 1)$，

所以 $\lim\limits_{x\to 1}y=\lim\limits_{x\to 1}\dfrac{(x^2+1)(x+1)}{x^2+x+1}=\dfrac{2\times 2}{3}=\dfrac{4}{3}$，所以 $x=1$ 为函数 $y=\dfrac{x^4-1}{x^3-1}$ 的可去间断点.

故应填可去.

**例 2** 函数 $y=\dfrac{x}{\tan x}$ 的间断点为 _____.

**解** 使 $y=\dfrac{x}{\tan x}$ 没有意义的点即为其间断点，因为当 $x=0$ 和 $x=\dfrac{k\pi}{2}(k\in\mathbf{Z})$ 时，即 $x=\dfrac{k\pi}{2}(k\in\mathbf{Z})$ 时，

函数 $y=\dfrac{x}{\tan x}$ 无意义，故所求间断点为 $x=\dfrac{k\pi}{2}(k\in\mathbf{Z})$.

故应填 $x=\dfrac{k\pi}{2}(k\in\mathbf{Z})$.

**【名师点评】** 讨论间断点时，可以采用数形结合的方法，结合正切函数 $\tan x$ 的图像考察函数无意义的点.

**例 3** 设函数 $f(x)=\begin{cases}\sin\dfrac{1}{x}, & x>0,\\ x-1, & x\leqslant 0,\end{cases}$ 函数 $f(x)$ 的间断点是 _____，间断点的类型是 _____.

**解** 因为 $\sin\dfrac{1}{x}$ 在 $x=0$ 处没有定义，且 $\lim\limits_{x\to 0}\sin\dfrac{1}{x}$ 不存在，所以 $x=0$ 为第二类间断点.

故应填 $x=0$ 和第二类间断点.

**例 4** 设函数 $f(x)=\dfrac{\sqrt{1+x}-\sqrt{1-x}}{2(\mathrm{e}^x-1)}$，对 $f(x)$ 补充定义，使 $f(x)$ 在 $x=0$ 处连续.

**解** 因为 $f(x)$ 在 $x=0$ 处无定义，且

$$\lim_{x\to 0}f(x)=\lim_{x\to 0}\frac{\sqrt{1+x}-\sqrt{1-x}}{2x}=\lim_{x\to 0}\frac{(1+x)-(1-x)}{2x(\sqrt{1+x}+\sqrt{1-x})}=\lim_{x\to 0}\frac{1}{\sqrt{1+x}+\sqrt{1-x}}=\frac{1}{2},$$

所以，可补充定义 $f(0)=\dfrac{1}{2}$，使得 $f(x)$ 在 $x=0$ 处连续.

**例 5** $f(x)=\dfrac{\dfrac{1}{x}-\dfrac{1}{x+1}}{\dfrac{1}{x-1}-\dfrac{1}{x}}$ 的第一类间断点为 _____.

**解** $f(x)=\dfrac{\dfrac{1}{x}-\dfrac{1}{x+1}}{\dfrac{1}{x-1}-\dfrac{1}{x}}$ 的间断点为 $x=0,x=1,x=-1$，

分别求这三个点处的函数极限：

$$\lim_{x\to 0}f(x)=\lim_{x\to 0}\frac{\dfrac{1}{x}-\dfrac{1}{x+1}}{\dfrac{1}{x-1}-\dfrac{1}{x}}=\lim_{x\to 0}\frac{x-1}{x+1}=-1;$$

$$\lim_{x\to 1}f(x)=\lim_{x\to 1}\frac{\dfrac{1}{x}-\dfrac{1}{x+1}}{\dfrac{1}{x-1}-\dfrac{1}{x}}=\lim_{x\to 1}\frac{x-1}{x+1}=0;$$

$$\lim_{x\to -1}f(x)=\lim_{x\to -1}\frac{\dfrac{1}{x}-\dfrac{1}{x+1}}{\dfrac{1}{x-1}-\dfrac{1}{x}}=\lim_{x\to -1}\frac{x-1}{x+1}=\infty.$$

其中，极限存在的为第一类间断点，极限不存在的为第二类间断点. 由此可得第一类间断点为 $x=0,x=1$.

故应填 $x=0,x=1$.

## 考点六　闭区间上连续函数的性质

**【考点分析】** 闭区间上连续函数的性质,主要考查的是零点定理,都是以证明题的形式出现,证明题是同学们的薄弱项,因此要注意把握定理的基本内容.

**例 1**　若 $f(x)$ 在 $[a,b]$ 上连续,且 $f(a)<a,f(b)>b$,证明:在 $(a,b)$ 内至少存在一点 $\xi$,使得 $f(\xi)=\xi$.

**分析**　欲证 $f(\xi)=\xi$,即证 $f(x)-x=0$ 以 $\xi$ 为零点.

**证**　设 $F(x)=f(x)-x$,显然 $F(x)$ 在 $[a,b]$ 上连续.

又因为 $F(a)=f(a)-a<0$,而 $F(b)=f(b)-b>0$,

根据零点定理,至少存在一点 $\xi\in(a,b)$,使得 $F(\xi)=0$,即 $f(\xi)=\xi$.

考点真题解析

### 考点二　函数的连续性

**真题 1** （2021 高数二）已知函数 $f(x)=\begin{cases}\dfrac{ax}{\sqrt{1+x}-1}, & x>0, \\ 2b+1, & x=0, \\ b+2\cos x, & x<0,\end{cases}$ 在 $x=0$ 处连续,求实数 $a$ 与 $b$ 的值.

**解**　由已知,$f(0^+)=\lim_{x\to0^+}f(x)=\lim_{x\to0^+}\dfrac{ax}{\sqrt{1+x}-1}=\lim_{x\to0^+}\dfrac{ax(\sqrt{1+x}+1)}{x}=2a$,

$f(0^-)=\lim_{x\to0^-}f(x)=\lim_{x\to0^-}(b+2\cos x)=2+b$,

因为函数 $f(x)$ 在 $x=0$ 处连续,且 $f(0)=2b+1$,

所以 $\begin{cases}2a=2b+1, \\ 2+b=2b+1,\end{cases}$ 解得 $\begin{cases}a=\dfrac{3}{2}, \\ b=1.\end{cases}$

**真题 2** （2020 高数二）已知函数 $f(x)=\begin{cases}x^2-b, & x>0, \\ 1, & x=0, \\ ae^x+b, & x<0,\end{cases}$ 在 $x=0$ 处连续,求实数 $a,b$ 的值.

**解**　由已知,$f(0^+)=\lim_{x\to0^+}f(x)=\lim_{x\to0^+}(x^2-b)=-b$,

$f(0^-)=\lim_{x\to0^-}f(x)=\lim_{x\to0^-}(ae^x+b)=a+b$,

因为函数 $f(x)$ 在 $x=0$ 处连续,且 $f(0)=1$,所以 $\begin{cases}-b=1, \\ a+b=1,\end{cases}$ 解得 $\begin{cases}a=2, \\ b=-1.\end{cases}$

**真题 3** （2017 工商）设 $f(x)=\begin{cases}x\sin\dfrac{1}{x}+1, & x\neq0, \\ k, & x=0\end{cases}$ 在 $x=0$ 处连续,则常数 $k=$ _____.

**解**　因为 $\lim_{x\to0}f(x)=\lim_{x\to0}\left(x\sin\dfrac{1}{x}+1\right)=1$,而 $f(x)$ 在 $x=0$ 处连续,所以 $k=1$.

故应填 1.

**真题 4** （2017 国贸）设函数 $f(x)=\begin{cases}\dfrac{x^2-2x-3}{x+1}, & x\neq-1, \\ a, & x=-1\end{cases}$ 在 $x=-1$ 处连续,则 $a=$ _____.

A. $-4$ B. $-2$ C. $0$ D. $4$

**解**　因为 $f(x)$ 在 $x=-1$ 处连续,所以 $\lim_{x\to-1}f(x)=f(-1)=a$.

又因为 $\lim_{x\to-1}f(x)=\lim_{x\to-1}\dfrac{x^2-2x-3}{x+1}=\lim_{x\to-1}\dfrac{(x-3)(x+1)}{x+1}=\lim_{x\to-1}(x-3)=-4$,

所以 $a=-4$.

故应选 A.

**真题 5** (2014 经济) 已知 $f(x)=\begin{cases}\left(\dfrac{1+x}{1-x}\right)^{\frac{1}{x}}, & 0<x<1,\\ a, & x=0\end{cases}$ 是连续函数,则 $a=$ _____.

**解** 因为 $f(x)$ 为连续函数,所以 $f(x)$ 在 $x=0$ 处连续,因此 $\lim\limits_{x\to0^{+}}f(x)=f(0)=a.$

又因为 $\lim\limits_{x\to0^{+}}f(x)=\lim\limits_{x\to0^{+}}\left(\dfrac{1+x}{1-x}\right)^{\frac{1}{x}}=\lim\limits_{x\to0^{+}}\dfrac{(1+x)^{\frac{1}{x}}}{(1-x)^{\frac{1}{x}}}=\dfrac{\lim\limits_{x\to0^{+}}(1+x)^{\frac{1}{x}}}{\lim\limits_{x\to0^{+}}(1-x)^{\frac{1}{x}}}=\dfrac{e}{e^{-1}}=e^{2}$,即 $a=e^{2}.$

故应填 $e^{2}$.

**真题 6** (2017 会计) 设函数 $f(x)=\begin{cases}\dfrac{\sin ax}{x}, & x>0,\\ 1-ae^{x}, & x\leqslant0,\end{cases}$ 在 $x=0$ 处连续,则 $a=$ _____.

**解** 由已知,$\lim\limits_{x\to0^{+}}f(x)=\lim\limits_{x\to0^{+}}\dfrac{\sin ax}{x}=a$,$\lim\limits_{x\to0^{-}}f(x)=\lim\limits_{x\to0^{-}}(1-ae^{x})=1-a$,

因为 $f(x)$ 在 $x=0$ 处连续,所以 $\lim\limits_{x\to0^{+}}f(x)=\lim\limits_{x\to0^{-}}f(x)=f(0)$,即 $a=1-a$,所以 $a=\dfrac{1}{2}$.

故应填 $\dfrac{1}{2}$.

**真题 7** (2013 经管类,2011 计算机) 设函数 $f(x)=\begin{cases}e^{ax}-a, & x\leqslant0,\\ x+a\cos2x, & x>0\end{cases}$ 为 $(-\infty,+\infty)$ 上的连续函数,则 $a=$ _____.

**解** 由于 $f(x)$ 为 $(-\infty,+\infty)$ 上的连续函数,所以 $f(x)$ 在 $x=0$ 处连续,故 $\lim\limits_{x\to0^{-}}f(x)=\lim\limits_{x\to0^{+}}f(x)=f(0).$
因为 $f(0)=1-a$,$\lim\limits_{x\to0^{-}}f(x)=\lim\limits_{x\to0^{-}}(e^{ax}-a)=1-a$,$\lim\limits_{x\to0^{+}}f(x)=\lim\limits_{x\to0^{+}}(x+a\cos2x)=a$,
因此 $1-a=a$,解得 $a=\dfrac{1}{2}$.

故应填 $\dfrac{1}{2}$.

## 考点 二 函数的间断点及其分类

**真题 1** (2021 高数二) 已知函数 $f(x)=\dfrac{x+2}{x^{2}-4}$,则 $x=2$ 是 $f(x)$ 的 _____.

A. 连续点      B. 可去间断点      C. 跳跃间断点      D. 无穷间断点

**解** 当 $x=2$ 时,函数 $f(x)=\dfrac{x+2}{x^{2}-4}$ 无意义,且 $\lim\limits_{x\to2}\dfrac{x+2}{x^{2}-4}=\lim\limits_{x\to2}\dfrac{1}{x-2}=\infty$,

故应选 D.

**真题 2** (2021 高数三) 已知函数 $f(x)=\dfrac{x+2}{x^{2}-x}$,则 $x=0$ 是 $f(x)$ 的 _____ 间断点.

**解** 当 $x=0$ 时,函数 $f(x)=\dfrac{x+2}{x^{2}-x}$ 无意义,且 $\lim\limits_{x\to0}\dfrac{x+2}{x^{2}-x}=\infty$,

故应填无穷.

**真题 3** (2020 高数三) $x=1$ 是函数 $y=\dfrac{x-1}{x^{2}-1}$ 的 _____.

A. 连续点      B. 可去间断点      C. 跳跃间断点      D. 无穷间断点

**解** 当 $x=1$ 时,函数 $y=\dfrac{x-1}{x^{2}-1}$ 无意义,且 $\lim\limits_{x\to1}\dfrac{x-1}{x^{2}-1}=\lim\limits_{x\to1}\dfrac{1}{x+1}=\dfrac{1}{2}$,

故应选 B.

**真题 4** (2019 财经类) $x=0$ 是函数 $f(x)=\dfrac{\tan x}{x}$ 的第 _____ 类间断点.

**解**  因为 $\lim\limits_{x \to 0} \dfrac{\tan x}{x} = 1$，所以 $x = 1$ 是函数 $f(x) = \dfrac{\tan x}{x}$ 的第一类间断点.

故应填一.

**真题5**  (2014 会计、国贸、电气、电子、电商、2012 机械) 函数 $f(x) = \begin{cases} -x + 1, & 0 \leqslant x < 1, \\ 1, & x = 1, \\ -x + 3, & 1 < x \leqslant 2 \end{cases}$ 的间断点

是 _____.

A. 0       B. 1       C. 2       D. 3

**解**  因为 $\lim\limits_{x \to 1^-} f(x) = \lim\limits_{x \to 1^-}(-x + 1) = 0$，$\lim\limits_{x \to 1^+} f(x) = \lim\limits_{x \to 1^+}(-x + 3) = 2$，所以 $x = 1$ 是间断点.

故应选 B.

### 考点 三  闭区间上连续函数性质的应用

**真题1**  (2020 高数一) 设函数 $f(x)$ 在 $[0, 1]$ 上连续，且 $f(1) = 1$，证明：对于任意实数 $\lambda \in (0, 1)$，存在 $\xi \in (0, 1)$，

使得 $f(\xi) = \dfrac{\lambda}{\xi^2}$.

**证**  对于任意的实数 $\lambda \in (0, 1)$，令 $F(x) = x^2 f(x) - \lambda$，$x \in [0, 1]$，则 $F(x)$ 在 $[0, 1]$ 上连续，且
$$F(0) = -\lambda < 0, \quad F(1) = f(1) - \lambda = 1 - \lambda > 0.$$

由连续函数的零点定理，存在 $\xi \in (0, 1)$，使得 $F(\xi) = 0$，即 $\xi^2 f(\xi) - \lambda = 0$，从而 $f(\xi) = \dfrac{\lambda}{\xi^2}$.

**真题2**  (2018 财经类) 方程 $x^3 + 2x - 5 = 0$ 在下列哪个区间上至少有一个实根？ _____.

A. $\left(0, \dfrac{1}{2}\right)$      B. $\left(\dfrac{1}{2}, 1\right)$      C. $(1, 2)$      D. $(-1, 0)$

**解**  设 $f(x) = x^3 + 2x - 5$，则 $f(x)$ 在区间 $[1, 2]$ 上连续，

又因为 $f(1) = 1^3 + 2 - 5 = -2 < 0$，$f(2) = 2^3 + 2 \times 2 - 5 = 7 > 0$，

由零点定理可知，方程 $x^3 + 2x - 5 = 0$ 在 $(1, 2)$ 上至少有一个实根.

故应选 C.

---

考 点 方 法 综 述

连续与间断的问题实质上还是极限问题.

1. 由于初等函数在定义区间上连续，因此，对初等函数求间断点，只需找出其定义区间的端点，而间断点的类型可通过讨论相应极限确定.

2. 分段函数在分界点的连续性一般要考虑其左、右极限.

3. 确定间断点的类型，一般应先求左、右极限再判断.

4. 抽象函数的连续性应根据题中条件用定义处理.

5. 若函数以极限形式给出，应先求极限再讨论连续性.

6. 闭区间上连续函数的性质中最常考的是零点定理，往往用来证明方程根的存在性. 对于这类题目，通过给出的方程构造函数是至关重要的一步. 函数确定后，才能验证它是否满足零点定理的两个条件，从而得出方程在给定区间内至少有一个根.

**注**：零点定理只能证明在给定区间内方程根的存在性，并不能确定根的个数，所以有时候需要结合函数的单调性或者根据代数方程的基本定理，证明方程根的唯一性.

## 第一章检测训练 A

**一、单选题**

1. 下列各组函数中，是相同函数的是 _____.

A. $f(x) = \ln x^2$ 和 $g(x) = 2\ln x$        B. $f(x) = |x|$ 和 $g(x) = (\sqrt{x})^2$

C. $f(x) = x$ 和 $g(x) = (\sqrt{x})^2$         D. $f(x) = \dfrac{|x|}{x}$ 和 $g(x) = 1$

2. 函数 $y = |x\cos(-x)|$ 是 _____.

A. 有界函数        B. 偶函数        C. 单调函数        D. 周期函数

3. 设函数 $g(x) = 1 + x$，且当 $x \neq 0$ 时，$f[g(x)] = \dfrac{1-x}{x}$，则 $f\left(\dfrac{1}{2}\right) =$ _____.

A. $-1$        B. $-2$        C. $-4$        D. $-3$

4. 已知函数 $f(x) = \dfrac{|x|}{x}$，则 $\lim\limits_{x \to 0} f(x) =$ _____.

A. 1        B. $-1$        C. 0        D. 不存在

5. $\lim\limits_{x \to 0} \dfrac{\sin 3x}{\sin 5x} =$ _____.

A. $\dfrac{3}{5}$        B. 1        C. 0        D. $\infty$

6. $\lim\limits_{x \to \infty}\left(1 + \dfrac{1}{x}\right)^{3x+5} =$ _____.

A. $e^3$        B. $e^{-3}$        C. $e^2$        D. $e^{-2}$

7. 当 $x \to 0$ 时，下列是对于 $x$ 的三阶无穷小的是 _____.

A. $\sqrt[3]{x^2} - \sqrt[3]{x}$        B. $\sqrt{1 + x^3} - 1$        C. $x^3 + 0.0002x^2$        D. $\sqrt[3]{\sin x^3}$

8. 如果函数 $y = \begin{cases} -2, & x < -1, \\ x^2 + ax - 1, & -1 \leqslant x \leqslant 1, \\ 2, & x > 1 \end{cases}$ 在 $(-\infty, +\infty)$ 内连续，则 $a =$ _____.

A. 0        B. $\dfrac{1}{2}$        C. 1        D. 2

9. $x = \dfrac{\pi}{2}$ 是函数 $y = \dfrac{x}{\tan x}$ 的 _____.

A. 连续点        B. 可去间断点        C. 跳跃间断点        D. 第二类间断点

10. 数列 $x_n = (-1)^n \cdot \dfrac{n+1}{n}$ _____.

A. 有极限 1        B. 有极限 $-1$        C. 发散        D. 无法确定

**二、填空题**

1. 函数 $y = \sqrt{5-x} + \lg(x-1)$ 的定义域为 _____.

2. 函数 $f(x) = 2^{x-1}$ 的反函数 $f^{-1}(x) =$ _____.

3. 设 $f(x)$ 为奇函数，且 $F(x) = f(x) \cdot \left(\dfrac{1}{a^x + 1} - \dfrac{1}{2}\right)$，其中 $a$ 为不等于1的正常数，则函数 $F(x)$ 是 _____（奇、偶、非奇非偶）函数.

4. 极限 $\lim\limits_{n \to \infty}(\sqrt{n + 3\sqrt{n}} - \sqrt{n - \sqrt{n}}) =$ _____.

5. 求极限 $\lim\limits_{x \to \infty}\left(\dfrac{x-1}{x}\right)^{2x} =$ _____.

6. $\lim\limits_{x \to 0} \dfrac{1 - \cos x}{x^2} =$ _____.

7. $x = 1$ 为函数 $y = \dfrac{x^2 - 1}{x - 1}$ 的 _____ 间断点.

8. 函数 $y = \dfrac{\ln(x-3)}{(x-1)(x+2)}$ 的连续范围是 _____.

9. 设 $f(x) = \lim\limits_{t \to \infty}\left(1 + \dfrac{x}{t}\right)^{2t}$，则 $f(\ln 2) =$ _____.

10. 求极限 $\lim\limits_{x \to 2} \dfrac{\sin(x^2 - 4)}{x - 2} =$ _____.

### 三、计算题

1. 求极限 $\lim\limits_{x \to +\infty} (\sqrt{x-5} - \sqrt{x})$.

2. 求极限 $\lim\limits_{x \to 0} (1 + \tan x)^{\cot x}$.

3. 求极限 $\lim\limits_{x \to \infty} \left(\dfrac{x+2}{x-2}\right)^{x+2}$.

4. 求极限 $\lim\limits_{n \to \infty} \left(1 - \dfrac{1}{n^2}\right)^n$.

5. 求极限 $\lim\limits_{x \to 0} x^2 \sin \dfrac{1}{x}$.

6. 求极限 $\lim\limits_{x \to 0^+} \dfrac{1 - \sqrt{\cos x}}{x(1 - \cos \sqrt{x})}$.

7. 求极限 $\lim\limits_{x \to 16} \dfrac{\sqrt[4]{x} - 2}{\sqrt{x} - 4}$.

8. 求极限 $\lim\limits_{x \to \infty} \dfrac{3x^2 + x - 7}{2x^2 - x + 4}$.

9. 求极限 $\lim\limits_{x \to \infty} \dfrac{5^n - 4^{n-1}}{5^{n+1} + 3^{n+2}}$.

10. 求极限 $\lim\limits_{x \to -1} \left(\dfrac{1}{x+1} - \dfrac{3}{x^3+1}\right)$.

### 四、解答题

设 $f(x) = \begin{cases} \dfrac{1}{x} \sin x, & x < 0, \\ k, & x = 0, \\ x \sin \dfrac{1}{x} + 1, & x > 0, \end{cases}$ 求常数 $k$ 的值,使函数 $f(x)$ 在定义域内连续.

### 五、证明题

1. 证明方程 $x^3 - 9x - 1 = 0$ 恰有 3 个实根.

2. 证明函数 $f(x) = e^x - x - 2$ 在区间 $(0,2)$ 内至少存在一点 $x_0$,使得 $e^{x_0} - 2 = x_0$.

## 第一章检测训练 B

### 一、单选题

1. 函数 $y = \sqrt{2 - x^2} + \arcsin \dfrac{x-2}{3}$ 的定义域是 _____.

 A. $(-1, \sqrt{2})$    B. $[-1, \sqrt{2}]$    C. $(-1, \sqrt{2}]$    D. $[-1, \sqrt{2})$

2. 设 $f(x) = \begin{cases} |\sin x|, & |x| < 1, \\ 0, & |x| \geqslant 1, \end{cases}$ 则 $f\left(-\dfrac{\pi}{4}\right) = $ _____.

 A. $0$    B. $1$    C. $\dfrac{\sqrt{2}}{2}$    D. $-\dfrac{\sqrt{2}}{2}$

3. 若函数 $f(x) = \dfrac{a^x - a^{-x}}{2}$,则 $f(x)$ 是 _____.

 A. 奇函数    B. 偶函数    C. 非奇非偶函数    D. 周期函数

4. $\lim\limits_{x \to 2} \dfrac{x^2 - 4}{x - 2} = $ _____.

 A. $1$    B. $2$    C. $3$    D. $4$

5. $\lim\limits_{x \to 0} \dfrac{\sin 2x}{\tan 7x} = $ _____.

 A. $\dfrac{7}{2}$    B. $\dfrac{2}{7}$    C. $0$    D. $\infty$

6. $\lim\limits_{x \to 0} (1 - 2x)^{\frac{1}{x}} = $ _____.

 A. $e$    B. $e^{-1}$    C. $e^2$    D. $e^{-2}$

7. 当 $x \to 0$ 时,下列与 $x + x^3$ 为等价无穷小量的是 _____.

 A. $x^{-1}$    B. $1$    C. $x$    D. $x^2$

8. 设函数 $f(x) = \begin{cases} \dfrac{\sin 3x}{x}, & x \neq 0, \\ a, & x = 0 \end{cases}$ 在 $x = 0$ 处连续,则 $a$ 等于 _____.

 A. $-1$    B. $1$    C. $2$    D. $3$

9. 设 $f(x) = \begin{cases} 0, & x \leqslant 0, \\ \dfrac{e^x - 1 - x}{2x}, & 0 < x \leqslant 1, \\ e^x - 1, & x > 1, \end{cases}$ 则 $f(x)$ 的间断点个数为 _____.

A. 0             B. 1             C. 2             D. 3

10. $\lim\limits_{x \to \infty} \dfrac{e^x - e^{-x}}{e^x + e^{-x}}$ _____.

A. 不存在          B. 为 $\infty$          C. 为 1          D. 不确定

**二、填空题**

1. 若函数 $f(x) = \sqrt{x^2}$ 与 $g(x) = x$ 表示同一个函数,则它们的定义域是 _____.

2. 若函数 $f(x) = e^x, g(x) = \sin x$,则 $f[g(x)] = $ _____.

3. 函数 $f(x) = x \cdot \dfrac{a^x - 1}{a^x + 1}$ 的图像关于 _____ 对称.

4. $\lim\limits_{n \to \infty}\left(\dfrac{1}{4} + \dfrac{1}{28} + \cdots + \dfrac{1}{9n^2 - 3n - 2}\right) = $ _____.

5. 极限 $\lim\limits_{x \to 0} \dfrac{(x^2 + 1)\sin x}{2x^3 + x} = $ _____.

6. $\lim\limits_{x \to 0}(1 - x)^{\frac{1}{2x}} = $ _____.

7. $\lim\limits_{n \to \infty} 3^n \sin \dfrac{x}{3^n} = $ _____.

8. $x = 0$ 为函数 $f(x) = \begin{cases} x - 1, & x < 0, \\ 0, & x = 0, \\ x + 1, & x > 0 \end{cases}$ 的 _____ 间断点.

9. 函数 $f(x) = \begin{cases} 1, & x \leqslant -1, \\ 1 + x, & -1 < x \leqslant 0, \\ 2x \sin \dfrac{1}{x}, & x > 0 \end{cases}$ 的连续区间是 _____.

10. $\lim\limits_{n \to \infty}\left[\sqrt{1 + 2 + \cdots + n} - \sqrt{1 + 2 + \cdots + (n - 1)}\right] = $ _____.

**三、计算题**

1. 求极限 $\lim\limits_{x \to \infty} \dfrac{2x^2 + 3x - 3}{x^2 - x + 1}$.          2. 求极限 $\lim\limits_{x \to 0} \dfrac{\arcsin x}{x}$.

3. 求极限 $\lim\limits_{x \to \infty}\left(\dfrac{x + 3}{x - 5}\right)^x$.          4. 求极限 $\lim\limits_{n \to \infty}\left(\dfrac{n - 2}{n + 2}\right)^n$.

5. 求极限 $\lim\limits_{n \to \infty}\left(\dfrac{1}{n^2 + n + 1} + \dfrac{2}{n^2 + n + 2} + \cdots + \dfrac{n}{n^2 + n + n}\right)$.      6. 求极限 $\lim\limits_{x \to 0} \dfrac{\sin 2x}{x(x + 2)}$.

7. 求极限 $\lim\limits_{x \to 0} \ln(1 + x)^{\frac{1}{x}}$.          8. 求极限 $\lim\limits_{x \to 0} \dfrac{x^2(e^x - 1)}{(1 - \cos x)\sin 2x}$.

9. 求极限 $\lim\limits_{x \to 0} \dfrac{\sin^2 x}{x^2(1 + \cos x)}$.          10. 求极限 $\lim\limits_{x \to 4} \dfrac{\sqrt{2x + 1} - 3}{\sqrt{x - 2} - \sqrt{2}}$.

**四、解答题**

设 $a > 0$,且 $f(x) = \begin{cases} \dfrac{2\sin x + 1}{x^2 + 1}, & x \geqslant 0, \\ \dfrac{\sqrt{a} - \sqrt{a - x}}{2x}, & x < 0, \end{cases}$ 求 $a$ 的值,使得 $f(x)$ 在 $x = 0$ 处连续.

**五、证明题**

1. 利用零点定理证明方程 $x^3 - 3x^2 - x + 3 = 0$ 在区间 $(-2, 0), (0, 2), (2, 4)$ 内各有一个实根.

2. 证明方程 $x \cdot 2^x = 1$ 至少有一个小于 1 的正根.

# 第二章　　导数与微分

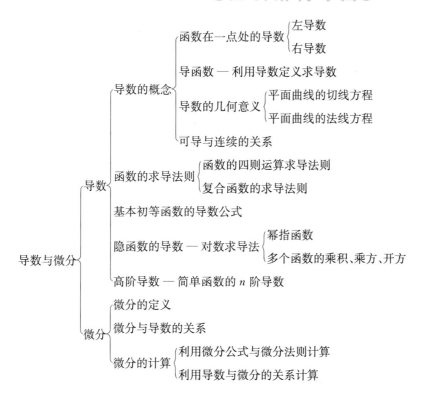

**一、新大纲基本要求**

1.理解导数的概念及几何意义；

2.会用定义求函数在一点处的导数(包括左导数和右导数)；

3.会求平面曲线上某点的切线方程和法线方程；

4.理解函数的可导性与连续性之间的关系.

**二、新大纲名师解读**

在专升本考试中,本节主要的考点包括：

1.导数的定义；

2.导数的几何意义；

3.函数可导性与连续性的关系.

导数是一元函数微分学的基本概念,反映了函数相对于自变量变化而变化的快慢程度,即函数的变化率,在科学、工程技术及经济等领域中有着极为广泛的应用,在专升本考试中也是重要的考点.

考 点 内 容 解 析

**一、导数的概念**

**1. 函数在一点的导数**

设函数 $y = f(x)$ 在点 $x_0$ 的某邻域内有定义,当自变量 $x$ 在 $x_0$ 处有增量 $\Delta x$ 时,相应的函数增量为

$$\Delta y = f(x_0 + \Delta x) - f(x_0).$$

如果当 $\Delta x \to 0$ 时,极限 $\lim\limits_{\Delta x \to 0} \dfrac{\Delta y}{\Delta x}$ 存在,则称函数 $y = f(x)$ 在 $x_0$ 处可导,并把这个极限值称为函数 $y = f(x)$ 在 $x_0$ 处的导数,记作

$$f'(x_0), \quad y'\Big|_{x=x_0}, \quad \frac{\mathrm{d}f}{\mathrm{d}x}\Big|_{x=x_0} \quad \text{或} \quad \frac{\mathrm{d}y}{\mathrm{d}x}\Big|_{x=x_0},$$

即

$$f''(x_0) = \lim_{\Delta x \to 0} \frac{\Delta y}{\Delta x} = \lim_{\Delta x \to 0} \frac{f(x_0 + \Delta x) - f(x_0)}{\Delta x}. \tag{2.1}$$

当 $\Delta x \to 0$ 时,若这个比值的极限不存在,则称函数 $y = f(x)$ 在 $x_0$ 处不可导.

**【名师解析】**(1) 式(2.1)中自变量的增量 $\Delta x$ 也常用 $h$ 来表示,因此式(2.1)也可以写作

$$f'(x_0) = \lim_{h \to 0} \frac{f(x_0 + h) - f(x_0)}{h}. \tag{2.2}$$

(2) 在式(2.1)中,令 $x = x_0 + \Delta x$,则上式又可写作

$$f'(x_0) = \lim_{x \to x_0} \frac{f(x) - f(x_0)}{x - x_0}. \tag{2.3}$$

**2. 函数在一点的左、右导数**

设函数 $y = f(x)$ 在 $x < x_0$ 的某邻域内有定义,如果当 $\Delta x \to 0^-$ 时,极限 $\lim\limits_{\Delta x \to 0^-} \dfrac{f(x + \Delta x) - f(x)}{\Delta x}$ 存在,则称此极限值为函数 $y = f(x)$ 在 $x_0$ 处的左导数,记为

$$f'_-(x_0) = \lim_{\Delta x \to 0^-} \frac{f(x_0 + \Delta x) - f(x_0)}{\Delta x} = \lim_{x \to x_0^-} \frac{f(x) - f(x_0)}{x - x_0}; \tag{2.4}$$

同理,右导数为

$$f'_+(x_0) = \lim_{\Delta x \to 0^+} \frac{f(x_0 + \Delta x) - f(x_0)}{\Delta x} = \lim_{x \to x_0^+} \frac{f(x) - f(x_0)}{x - x_0}. \tag{2.5}$$

左导数和右导数统称为单侧导数.

在专升本考试中,判别分段函数在分段点处的可导性是常考题型,除了要掌握左、右导数的定义,还需熟练掌握下面的定理:

**定理1**　函数 $y = f(x)$ 在点 $x_0$ 可导的充分必要条件是函数 $y = f(x)$ 在点 $x_0$ 处的左导数与右导数都存在且相等.

**【名师解析】**求分段函数在分段点的导数必须用导数的定义式求,如果在分段点左右两侧表达式不同,要分别用定义式求该点的左、右导数,根据左、右导数的情况再判断分段点处是否可导.

**3. 导函数**

如果函数 $y = f(x)$ 在 $(a, b)$ 内的每一点都可导,即在 $(a, b)$ 内每一点的导数都存在,则称 $y = f(x)$ 在 $(a, b)$ 内可导. 此时对区间内的任一点 $x$,都对应着 $f(x)$ 的一个确定的导数值,也就确定了一个函数关系,这个函数称为函数 $f(x)$ 的导函数(简称为导数),记作

$$f'(x), \quad y'(x), \quad \frac{\mathrm{d}y}{\mathrm{d}x} \quad \text{或} \quad \frac{\mathrm{d}f(x)}{\mathrm{d}x}.$$

**【名师解析】**导数与导函数的关系:

$f'(x_0)$ 是导函数 $f'(x)$ 在点 $x_0$ 的函数值,即 $f'(x_0) = f'(x)\Big|_{x=x_0}$.

**二、可导与连续的关系**

由导数 $f'(x_0)$ 的定义可知,如果导数 $f'(x_0)$ 存在,则当 $\Delta x \to 0$ 时,必有

$$\Delta y = f(x_0 + \Delta x) - f(x_0) \to 0,$$

即函数 $f(x)$ 在点 $x_0$ 处连续,所以可导与连续的关系是:

**定理 2**　如果函数 $y = f(x)$ 在点 $x_0$ 处可导,那么它在点 $x_0$ 处一定连续.

这个定理的逆定理不成立,即

函数 $y = f(x)$ 在点 $x_0$ 处连续,但它在点 $x_0$ 处不一定可导.

## 考点例题分析

### 考点 一　导数定义式的应用

**【考点分析】** 在近几年的专升本考试中,考查导数的定义时,经常出现如下两种题型:

① 已知函数 $f(x)$ 在 $x = x_0$ 处可导,并且 $f'(x_0) = A$,求 $\lim\limits_{h \to 0} \dfrac{f(x_0 + ah) - f(x_0 - bh)}{h}$(其中 $a, b, A$ 为常数).

② 已知函数 $f(x)$ 在 $x = x_0$ 处可导,且 $\lim\limits_{h \to 0} \dfrac{f(x_0 + ah) - f(x_0 - bh)}{h} = A$(其中 $a, b, A$ 为常数),求 $f'(x_0)$.

两种题型,归根结底都是对导数定义式的应用.

**例 1**　已知函数 $f(x)$ 在点 $x_0$ 处可导,则 $\lim\limits_{\Delta x \to 0} \dfrac{f(x_0 - 2\Delta x) - f(x_0)}{\Delta x} = $ _____.

A. $-2f'(x_0)$　　　　　B. $2f'(-x_0)$　　　　　C. $2f'(x_0)$　　　　　D. 不存在

**解**　由导数的定义可知

$$\lim\limits_{\Delta x \to 0} \frac{f(x_0 - 2\Delta x) - f(x_0)}{\Delta x} = -2 \lim\limits_{\Delta x \to 0} \frac{f(x_0 - 2\Delta x) - f(x_0)}{-2\Delta x} = -2f'(x_0).$$

故应选 A.

**例 2**　已知 $f'(x_0) = -1$,则 $\lim\limits_{h \to 0} \dfrac{h}{f(x_0) - f(x_0 - 3h)} = $ _____.

**解**　由导数的定义得

$$\lim\limits_{h \to 0} \frac{h}{f(x_0) - f(x_0 - 3h)} = \lim\limits_{h \to 0} \frac{1}{\dfrac{f(x_0) - f(x_0 - 3h)}{h}} = \frac{1}{3} \lim\limits_{h \to 0} \frac{1}{\dfrac{f(x_0 - 3h) - f(x_0)}{-3h}} = \frac{1}{3f'(x_0)} = -\frac{1}{3}.$$

故应填 $-\dfrac{1}{3}$.

**例 3**　设 $f(0) = 0$,$f'(0)$ 存在,则 $\lim\limits_{x \to 0} \dfrac{f(2x)}{x} = $ _____.

A. $0$　　　　　　　B. $1$　　　　　　　C. $2f'(0)$　　　　　　　D. $f(0)$

**解**　因为 $f(0) = 0$,$\lim\limits_{x \to 0} \dfrac{f(2x)}{x} = 2 \lim\limits_{x \to 0} \dfrac{f(0 + 2x) - f(0)}{2x} = 2f'(0)$,

故应选 C.

**例 4**　已知 $f(x)$ 可导,且 $\lim\limits_{x \to 0} \dfrac{f(1 + x) - f(1 - x)}{x} = 1$,则 $f'(1) = $ _____.

A. $2$　　　　　　　B. $1$　　　　　　　C. $0$　　　　　　　D. $\dfrac{1}{2}$

**解**　根据导数的定义可知

$$\lim\limits_{x \to 0} \frac{f(1 + x) - f(1 - x)}{x} = \lim\limits_{x \to 0} \left[ \frac{f(1 + x) - f(1)}{x} + \frac{f(1 - x) - f(1)}{-x} \right] = 2f'(1) = 1,$$

所以 $f'(1) = \dfrac{1}{2}$.

故应选 D.

**例 5** 设 $f(x) = x(x-1)(x-2)\cdots(x-2010)$,则 $f'(0) = $ _____.

**解** 根据导数的定义得

$$f'(0) = \lim_{x \to 0} \frac{f(x) - f(0)}{x - 0} = \lim_{x \to 0}(x-1)(x-2)\cdots(x-2010) = 2010!.$$

故应填 2010!.

**例 6** 已知函数 $f(x) = (x-a)\varphi(x)$,其中 $\varphi(x)$ 在 $x=a$ 处连续,求 $f'(a)$.

**解** 使用导数的定义可得

$$f'(a) = \lim_{x \to a} \frac{f(x) - f(a)}{x - a} = \lim_{x \to a} \frac{(x-a)\varphi(x) - 0}{x - a} = \lim_{x \to a} \varphi(x),$$

而根据函数连续的定义有 $\lim_{x \to a} \varphi(x) = \varphi(a)$,

故 $f'(a) = \varphi(a)$.

**【名师点评】**本题属于易错题,常见的错误解法如下:

因为 $f'(x) = [(x-a)\varphi(x)]' = \varphi(x) + (x-a)\varphi'(x)$,所以有 $f'(a) = \varphi(a)$.

本解法错误的根源在于已知条件中未告知 $\varphi(x)$ 是可导函数,所以不能用求导法则直接计算导数.

## 考点二 导数的几何意义

**【考点分析】**利用导数的几何意义求函数在某点处的切线方程和法线方程是考查的主要内容,根据导数的几何意义可知,$f'(x_0)$ 在几何上表示曲线 $y = f(x)$ 在点 $(x_0, f(x_0))$ 处的切线斜率.

① 曲线 $y = f(x)$ 在点 $(x_0, f(x_0))$ 处的**切线方程**为 $y - y_0 = f'(x_0)(x - x_0)$;

② 曲线 $y = f(x)$ 在点 $(x_0, f(x_0))$ 处的**法线方程**为 $y - y_0 = -\dfrac{1}{f'(x_0)}(x - x_0)$(注:$f'(x_0) \neq 0$);

③ 如果 $y = f(x)$ 在点 $(x_0, f(x_0))$ 处的导数为 0,则在此点处的**切线方程**为 $y = y_0$,**法线方程**为 $x = x_0$;

④ 两条直线平行并且斜率存在,则两条直线的斜率相等.

**例 1** 曲线 $y = x^2$ 在点 $(1,1)$ 处的法线方程为 _____.

    A. $y = x$          B. $y = -\dfrac{x}{2} + \dfrac{3}{2}$          C. $y = \dfrac{x}{2} + \dfrac{3}{2}$          D. $y = -\dfrac{x}{2} - \dfrac{3}{2}$

**解** 因 $y' = 2x$,$y'\big|_{x=1} = 2$,法线斜率为 $k_{法} = -\dfrac{1}{2}$,则所求法线方程 $y - 1 = -\dfrac{1}{2}(x-1)$,

即 $y = -\dfrac{x}{2} + \dfrac{3}{2}$.

故应选 B.

**【名师点评】**需要注意的是,如果法线与切线均存在斜率,那么法线的斜率为切线斜率的负倒数.而切线斜率的求法,前面已经做了详细的叙述,此处我们就不再重复.

**例 2** 曲线 $y = \ln x^2$ 在 $x = e$ 处的切线方程为 _____.

**解** 因为 $y' = \dfrac{2}{x}$,$y'\big|_{x=e} = \dfrac{2}{e}$,当 $x = e$ 时,$y = 2$,所以切线方程为 $y - 2 = \dfrac{2}{e}(x-e)$,

即 $y = \dfrac{2}{e}x$.

故应填 $y = \dfrac{2}{e}x$.

**例 3** 曲线 $y = x^3 - 3x$ 上,切线平行于 $x$ 轴的切点为 _____.

    A. $(0,0)$          B. $(1,-2)$          C. $(-1,-2)$          D. $(2,2)$

**解** 利用函数在某点处的导数就是函数在该点处的斜率求解.因为 $y' = 3x^2 - 3$,当 $y' = 0$ 时,$x = \pm 1$,所以切点为 $(1,-2)$,$(-1,2)$.

故应选 B.

**例 4** 设 $f(x)$ 是可导的偶函数,且 $\lim\limits_{h\to 0}\dfrac{f(1-2h)-f(1)}{h}=2$,则曲线 $y=f(x)$ 在 $x=-1$ 处法线方程的斜率为 _____.

**解** 由于 $f(x)$ 是可导的偶函数,故 $f(-x)=f(x)$.

于是 $2=\lim\limits_{h\to 0}\dfrac{f(1-2h)-f(1)}{h}=\lim\limits_{h\to 0}\dfrac{f(-1+2h)-f(-1)}{h}=2f'(-1)$,

所以 $f'(-1)=1$,即在 $x=-1$ 处的切线斜率为 1. 故 $y=f(x)$ 在 $x=-1$ 处法线方程的斜率为 $-1$.

故应填 $-1$.

**例 5** 设周期函数 $f(x)$ 在 $(-\infty,+\infty)$ 内可导,周期为 4,又 $\lim\limits_{x\to 0}\dfrac{f(1)-f(1-x)}{2x}=-1$,则曲线 $y=f(x)$ 在点 $(5,f(5))$ 处的切线斜率为 _____.

A. $\dfrac{1}{2}$ 　　　　　 B. 0 　　　　　 C. $-1$ 　　　　　 D. 1

**解** 根据导数的定义知 $\lim\limits_{x\to 0}\dfrac{f(1)-f(1-x)}{2x}=\dfrac{1}{2}f'(1)=-1$,从而 $f'(1)=-2$.

而由题设,$f(x)$ 以 4 为周期,可得 $f'(5)=f'(4+1)=f'(1)=-2$.

故应选 D.

## 考点 三　分段函数在分段点处的导数

**【考点分析】** 在专升本考试中,判别分段函数在分段点处的可导性是常考题型,除了要掌握左、右导数的定义,还需熟练掌握下面的定理:

**定理** 函数 $y=f(x)$ 在点 $x_0$ 可导的充分必要条件是函数 $y=f(x)$ 在点 $x_0$ 处的左导数与右导数都存在且相等.

**例 1** 设 $f(x)=\begin{cases}\dfrac{2}{3}x^3, & x\leqslant 1,\\ x^2, & x>1,\end{cases}$ 则 $f(x)$ 在 $x=1$ 处的 _____.

A. 左、右导数都存在 　　　　　　　　　　 B. 左导数存在,但右导数不存在
C. 左导数不存在,但右导数存在 　　　　　 D. 左、右导数都不存在

**解** $f(x)$ 在 $x=1$ 处的左导数为 $f'_-(1)=\lim\limits_{x\to 1^-}\dfrac{\dfrac{2}{3}x^3-\dfrac{2}{3}}{x-1}=2$,

$f(x)$ 在 $x=1$ 处的右导数为 $f'_+(1)=\lim\limits_{x\to 1^+}\dfrac{x^2-\dfrac{2}{3}}{x-1}=\infty$,

从而左导数存在,右导数不存在.

故应选 B.

**例 2** 设 $f(x)=\begin{cases}\dfrac{1-e^{x^2}}{x}, & x\neq 0,\\ 0, & x=0,\end{cases}$ 则 $f'(0)=$ _____.

**解** 根据导数的定义得

$$f'(0)=\frac{f(x)-f(0)}{x}=\lim\limits_{x\to 0}\frac{\dfrac{1-e^{x^2}}{x}-0}{x}=\lim\limits_{x\to 0}\frac{1-e^{x^2}}{x^2}=\lim\limits_{x\to 0}\frac{-x^2}{x^2}=-1.$$

故应填 $-1$.

**例 3** 设 $f(x)=\begin{cases}ax^2+b, & x\geqslant 1,\\ x\cos\dfrac{\pi}{2}x, & x<1,\end{cases}$ $f(x)$ 在 $x=1$ 处可导,则 $a=$ _____,$b=$ _____.

**解** 要使 $f(x)$ 在 $x=1$ 处可导,则 $f(x)$ 必须在 $x=1$ 处连续,即 $\lim\limits_{x\to 1^-}f(x)=\lim\limits_{x\to 1^+}f(x)=f(1)$,

也即 $a+b=0$,从而 $b=-a$.

$f(x)$ 在 $x=1$ 处可导,则必有 $f'_-(1)=f'_+(1)$.

由于 $f'_-(1)=\lim\limits_{x\to 1^-}\dfrac{x\cos\frac{\pi}{2}x-(a+b)}{x-1}=\lim\limits_{x\to 1^-}\dfrac{x\sin\left[\frac{\pi}{2}(x-1)\right]}{x-1}=-\dfrac{\pi}{2}$,

$f'_+(1)=\lim\limits_{x\to 1^+}\dfrac{ax^2+b-(a+b)}{x-1}=\lim\limits_{x\to 1^+}\dfrac{a(x^2-1)}{x-1}=2a$,

故 $2a=-\dfrac{\pi}{2}$,则 $a=-\dfrac{\pi}{4}$,从而 $b=\dfrac{\pi}{4}$.

故应填 $-\dfrac{\pi}{4},\dfrac{\pi}{4}$.

**【名师点评】**需要特别注意的是,分段函数在其分界点处的导数只能通过定义法求解,不能采用其他方法.

**例4** 设函数 $f(x)$ 有连续的导函数,$f(0)=0$ 且 $f'(0)=b$,若函数 $F(x)=\begin{cases}\dfrac{f(x)+a\sin x}{x}, & x\neq 0,\\ A, & x=0\end{cases}$ 在 $x=0$ 处

连续,则常数 $A=$ _____.

**解** 因为 $\lim\limits_{x\to 0}F(x)=\lim\limits_{x\to 0}\dfrac{f(x)+a\sin x}{x}=\lim\limits_{x\to 0}\left[\dfrac{f(x)-f(0)}{x}+\dfrac{a\sin x}{x}\right]=f'(0)+a=b+a$,

又因为 $\lim\limits_{x\to 0}F(x)=F(0)=A$,所以有 $A=a+b$.

故应填 $a+b$.

**【名师点评】**上述解法只利用了 $f(0)=0$ 且 $f'(0)=b$,未完全利用已知条件"函数 $f(x)$ 有连续的导函数",若利用该条件,本题还可利用洛必达法则求解,解法如下:

$$\lim\limits_{x\to 0}F(x)=\lim\limits_{x\to 0}\dfrac{f(x)+a\sin x}{x}=\lim\limits_{x\to 0}(f'(x)+a\cos x)=f'(0)+a=b+a.$$

## 考点 四 可导与连续的关系

**【考点分析】**对极限、连续、可导及可微这些概念和它们之间的关系,现总结如下:

① 函数 $f(x)$ 在某点极限存在,在此点未必连续;

② 函数 $f(x)$ 在某点连续,在此点未必可导;

③ 函数 $f(x)$ 在某点可导与可微是等价的;

④ 函数 $f(x)$ 在某点可导,必在此点连续;

⑤ 函数 $f(x)$ 在某点连续,必在此点存在极限.

**例1** 设 $f(x)=\begin{cases}x\mathrm{e}^{\frac{1}{x}}, & x\neq 0,\\ 0, & x=0,\end{cases}$ 则 $f(x)$ 在 $x=0$ 处 _____.

A. 极限不存在  B. 极限存在但不连续  C. 连续但不可导  D. 可导

**解** 因为 $\lim\limits_{x\to 0^+}x\mathrm{e}^{\frac{1}{x}}=\lim\limits_{t\to +\infty}\dfrac{\mathrm{e}^t}{t}=\lim\limits_{t\to +\infty}\mathrm{e}^t=+\infty$,故 $\lim\limits_{x\to 0^+}x\mathrm{e}^{\frac{1}{x}}$ 不存在.

故应选 A.

**例2** 设 $f(x)=\begin{cases}x\cos\dfrac{2}{x}, & x>0,\\ 2x^2, & x\leqslant 0,\end{cases}$ 则 $f(x)$ 在 $x=0$ 处 _____.

A. 极限不存在  B. 极限存在但不连续  C. 连续但不可导  D. 可导

**解**　因为 $\lim\limits_{x \to 0^-} 2x^2 = 0$,$\lim\limits_{x \to 0^+} x \cos \dfrac{2}{x} = 0$,所以函数在 $x = 0$ 处连续,

又因为 $\lim\limits_{x \to 0^-} \dfrac{2x^2 - 0}{x} = \lim\limits_{x \to 0^-} 2x = 0$,$\lim\limits_{x \to 0^+} \dfrac{x \cos \dfrac{2}{x} - 0}{x} = \lim\limits_{x \to 0^+} \cos \dfrac{2}{x}$ 不存在,

所以函数在 $x = 0$ 处连续但不可导.

故应选 C.

**例 3**　函数 $f(x)$ 在点 $x_0$ 处可导是 $f(x)$ 在点 $x_0$ 处连续的 _____（充分、必要、充要）条件.

**解**　一元函数可导与连续的关系:可导必连续,连续不一定可导,所以可导是连续的充分不必要条件.

故应填充分.

**例 4**　若函数 $f(x)$ 在点 $x_0$ 处可导,则函数 $|f(x)|$ 在点 $x_0$ 处 _____.

A. 必定可导　　　　　　B. 必定不可导　　　　　　C. 必定连续　　　　　　D. 必定不连续

**解**　因为函数 $f(x)$ 在点 $x_0$ 处可导,则函数 $f(x)$ 在点 $x_0$ 处连续,即 $\lim\limits_{x \to x_0} f(x) = f(x_0)$,

于是 $\lim\limits_{x \to x_0} |f(x)| = |\lim\limits_{x \to x_0} f(x)| = |f(x_0)|$. 即函数 $|f(x)|$ 在点 $x_0$ 处必定连续.

对于选项 A,取 $f(x) = x$ 在 $x = 0$ 处可导,但是 $|f(x)| = |x|$ 在 $x = 0$ 处不可导;

对于选项 B,取 $f(x) = x^2$ 在 $x = 0$ 处可导,但是 $|f(x)| = |x^2| = x^2$ 在 $x = 0$ 处也可导.

故应选 C.

## 考点真题解析

### 考点 一　导数的定义

**真题 1**　(2019 财经类)若函数 $f(x)$ 在 $x_0$ 处可导,则极限 $\lim\limits_{\Delta x \to 0} \dfrac{f(x_0 + 3\Delta x) - f(x_0)}{\Delta x}$ 可表示为 _____.

A. $-f'(x_0)$ 　　　　　B. $3f'(x_0)$ 　　　　　C. $\dfrac{1}{3} f'(x_0)$ 　　　　　D. $-3f'(x_0)$

**解**　根据导数的定义可得

$$\lim\limits_{\Delta x \to 0} \dfrac{f(x_0 + 3\Delta x) - f(x_0)}{\Delta x} = 3 \lim\limits_{\Delta x \to 0} \dfrac{f(x_0 + 3\Delta x) - f(x_0)}{3\Delta x} = 3f'(x_0).$$

故应选 B.

**真题 2**　(2018 财经类)设函数 $f(x)$ 在 $x_0$ 处可导,且 $\lim\limits_{\Delta x \to 0} \dfrac{f(x_0 - 2\Delta x) - f(x_0)}{\Delta x} = 1$,则 $f'(x_0) = $ _____.

A. $-\dfrac{1}{2}$ 　　　　　B. $\dfrac{1}{2}$ 　　　　　C. 2 　　　　　D. $-2$

**解**　因为函数 $f(x)$ 在 $x_0$ 处可导,所以有

$$\lim\limits_{\Delta x \to 0} \dfrac{f(x_0 - 2\Delta x) - f(x_0)}{\Delta x} = -2 \lim\limits_{\Delta x \to 0} \dfrac{f(x_0 - 2\Delta x) - f(x_0)}{-2\Delta x} = -2f'(x_0) = 1,$$

解得 $f'(x_0) = -\dfrac{1}{2}$.

故应选 A.

**真题 3**　(2017 工商)设 $f(x) = x^2$,则 $\lim\limits_{\Delta x \to 0} \dfrac{f(a) - f(a - \Delta x)}{\Delta x} = $ _____.

A. $2a$ 　　　　　B. $-2a$ 　　　　　C. $a$ 　　　　　D. $a^2$

**解**　根据导数的定义知

$$\lim\limits_{\Delta x \to 0} \dfrac{f(a) - f(a - \Delta x)}{\Delta x} = \lim\limits_{\Delta x \to 0} \dfrac{f(a - \Delta x) - f(a)}{-\Delta x} = f'(a) = 2a.$$

故应选 A.

**【名师点评】** 因为题目中给出了具体的函数表达式,所以我们自然会想到可以直接代入函数表达式解答:

$$\lim_{\Delta x \to 0} \frac{f(a) - f(a - \Delta x)}{\Delta x} = \lim_{\Delta x \to 0} \frac{a^2 - (a - \Delta x)^2}{\Delta x} = \lim_{\Delta x \to 0}(2a - \Delta x) = 2a.$$

**真题 4** (2014 工商) 设函数 $f(x)$ 在点 $x = 0$ 处可导,且 $f'(0) = 2$,则 $\lim_{h \to 0} \frac{f(6h) - f(h)}{h} = $ _____.

**解** 根据导数的定义可知

$$\lim_{h \to 0} \frac{f(6h) - f(h)}{h} = \lim_{h \to 0}\left[ 6 \frac{f(0 + 6h) - f(0)}{6h} - \frac{f(0 + h) - f(0)}{h} \right]$$
$$= 6f'(0) - f'(0) = 5f'(0) = 10.$$

故应填 10.

**真题 5** (2015 会计、国贸、电商,2010 会计) 设函数 $f(x) = \begin{cases} x^2, & x \leqslant 1, \\ ax + b, & x > 1 \end{cases}$ 在 $x = 1$ 处可导,求 $a, b$ 的值.

**解** 因为 $f(x)$ 在 $x = 1$ 处可导,所以 $f(x)$ 在 $x = 1$ 处连续.

由 $\lim_{x \to 1^-} f(x) = \lim_{x \to 1^+} f(x) = f(1)$,解得 $a + b = 1$.

$$f'_-(1) = \lim_{x \to 1^-} \frac{f(x) - f(1)}{x - 1} = \lim_{x \to 1^-} \frac{x^2 - 1}{x - 1} = \lim_{x \to 1^-}(x + 1) = 2,$$
$$f'_+(1) = \lim_{x \to 1^+} \frac{f(x) - f(1)}{x - 1} = \lim_{x \to 1^+} \frac{ax + b - 1}{x - 1} = \lim_{x \to 1^+} \frac{a}{1} = a.$$

因为 $f(x)$ 在 $x = 1$ 处可导,故 $f'_+(1) = f'_-(1)$,即 $a = 2$,从而解得 $b = -1$.

**【名师点评】** 解此类问题的基本思路是:由分段函数在其分段点可导得函数在该点连续,根据连续的判别方法可建立一个方程;而在分段点的导数则按导数的定义或者左、右导数的定义求解,根据可导性建立一个方程,从而得到关于未知量的方程组,进而求得结果.

## 考点 二 导数的几何意义

**真题 1** (2021 高数二) 曲线 $xy + \ln y - 1 = 0$ 在点 $(1,1)$ 处的法线方程是 _____.

**解** 在等式两边同时对 $x$ 求导,得 $y + xy' + \frac{1}{y} \cdot y' = 0$,

当 $x = 1, y = 1$ 时,$1 + y'(1) + y'(1) = 0$,所以 $y(1) = -\frac{1}{2}$.

故曲线 $xy + \ln y - 1 = 0$ 在点 $(1,1)$ 处的法线方程是 $y - 1 = 2(x - 1)$,即 $2x - y - 1 = 0$.
故应填 $2x - y - 1 = 0$.

**真题 2** (2020 高数二) 曲线 $y = 2x + \ln x$ 在点 $(1,2)$ 处的切线斜率为 _____.

**解** 因为 $y' = (2x + \ln x)' = 2 + \frac{1}{x}$,所以 $y'(1) = 2 + 1 = 3$.

故应填 3.

**真题 3** (2019 财经类) 函数 $y = \sqrt{2x}$ 在 $x = 1$ 处的切线方程为 _____.

A. $y - \sqrt{2} = \frac{\sqrt{2}}{2}x - 1$ 　　　　　　B. $y - \sqrt{2} = \sqrt{2}x - 1$

C. $y - \sqrt{2} = -\frac{\sqrt{2}}{2}x - 1$ 　　　　　　D. $y - \sqrt{2} = -\sqrt{2}x - 1$

**解** 由于当 $x = 1$ 时,$y = \sqrt{2}$,故曲线过点 $(1, \sqrt{2})$. 又根据导数的几何意义有 $y = \sqrt{2x}$ 在点 $(1, \sqrt{2})$ 处的切线斜率

$k = y'(1) = \frac{\sqrt{2}}{2\sqrt{x}}\Big|_{x=1} = \frac{\sqrt{2}}{2}$,于是切线方程为 $y - \sqrt{2} = \frac{\sqrt{2}}{2}x - 1$.

故应选 A.

**真题 4**　（2018 财经类）曲线 $y = 2\sin x + x^2$ 上横坐标 $x = 0$ 处的切线方程为 _____.

A. $x - y = 0$　　　　B. $x - y = 1$　　　　C. $2x - y = 0$　　　　D. $2x - y = 1$

**解**　因为 $y' = (2\sin x + x^2)' = 2\cos x + 2x$，于是 $y'(0) = 2$.

又因为 $y(0) = 0$，代入切线方程得 $y = 2x$，即 $2x - y = 0$.

故应选 C.

---

【名师点评】在专升本考试中,求切线方程是常考的知识点,其求解步骤为:

① 求切点坐标;

② 求导函数,并进一步求得在切点处的导数;

③ 代入切线方程公式求解.

---

**真题 5**　（2017 电商）曲线 $y = x\ln x$ 的平行于直线 $x - y + 1 = 0$ 的切线方程为 _____.

A. $y = x - 1$　　　　B. $y = -(x+1)$　　　　C. $y = (\ln x - 1)(x - 1)$　　　D. $y = x$

**解**　由曲线 $y = x\ln x$ 的切线平行于直线 $x - y + 1 = 0$ 可得,其斜率 $k = 1$.

对曲线 $y = x\ln x$ 求导,得 $y' = (x\ln x)' = \ln x + 1 = 1$，则 $x = 1$，故所求的切线方程为 $y = x - 1$.

故应选 A.

**真题 6**　（2011 会计）曲线 $y = x^2 + 6x + 4$ 在 $x = -2$ 处的法线方程是 _____.

**解**　因为切点为 $(-2, -4)$，$y' = 2x + 6$，$y'(-2) = 2$，所以法线斜率为 $k = -\dfrac{1}{2}$.

由点斜式可得法线方程为 $y + 4 = -\dfrac{1}{2}(x + 2)$，即 $x + 2y + 10 = 0$.

故应填 $x + 2y + 10 = 0$.

---

【名师点评】根据导数的几何意义,曲线上某点处的导数值即为该点处切线的斜率,曲线上的切线斜率与其对应法线的斜率乘积为 $-1$,因此求切线方程、法线方程都要先求出曲线上相应点处的导数值.

---

## 考点 三　可导与连续的关系

**真题 1**　（2019 财经类）函数 $f(x) = |x - 1|$ 在 $x = 1$ 处 _____.

A. 不连续　　　　B. 有水平切线　　　　C. 连续但不可导　　　　D. 可微

**解**　根据函数连续的定义有 $\lim\limits_{x \to 1^+}(x - 1) = \lim\limits_{x \to 1^-}(1 - x) = f(1) = 0$，故 $f(x)$ 在 $x = 1$ 处连续;

根据导数的定义有 $f'_+(1) = \lim\limits_{x \to 1^+}\dfrac{x - 1}{x - 1} = 1$，$f'_-(1) = \lim\limits_{x \to 1^-}\dfrac{-x + 1}{x - 1} = -1$，

由于 $f'_+(1) \neq f'_-(1)$，故 $f(x)$ 在 $x = 1$ 处不可导.

故应选 C.

**真题 2**　（2015 会计,国贸,电商,2010 会计）函数 $f(x)$ 在 $x_0$ 处连续是 $f(x)$ 在该点可导的 _____.

A. 充分非必要条件　　　　　　　　B. 必要非充分条件

C. 充要条件　　　　　　　　　　　D. 既非充分条件又非必要条件

**解**　函数在一点可导,一定在该点连续,但连续不一定可导.

故应选 B.

---

【名师点评】在专升本考试中,函数在某点存在极限、连续、可导及可微这些概念之间的关系出现的频率较高,现总结如下:

① 函数在某点极限存在,在此点未必连续;

② 函数在某点连续,在此点未必可导;

③ 函数在某点可导与可微是等价的;

④ 函数在某点可导,必在此点连续;

⑤ 函数在某点连续,必在此点存在极限.

---

**真题 3** (2014 工商) 已知 $f(x) = \begin{cases} x\sin\dfrac{1}{x}, & 0 < x < 1, \\ 0, & x \leqslant 0, \end{cases}$ 证明 $f(x)$ 在 $x = 0$ 处连续但不可导.

**证** 因为

$$f(x) = \begin{cases} x\sin\dfrac{1}{x}, & 0 < x < 1, \\ 0, & x \leqslant 0, \end{cases}$$

所以

$$\lim_{x \to 0^+} f(x) = \lim_{x \to 0^+} x\sin\frac{1}{x} = 0 = f(0), \lim_{x \to 0^-} f(x) = \lim_{x \to 0^-} 0 = 0 = f(0),$$

因此 $f(x)$ 在 $x = 0$ 处连续.

又因为

$$f'_-(0) = \lim_{x \to 0^-} \frac{f(x) - f(0)}{x - 0} = 0, f'_+(0) = \lim_{x \to 0^+} \frac{f(x) - f(0)}{x - 0} = \lim_{x \to 0^+}\sin\frac{1}{x},$$

该极限不存在.

所以 $f(x)$ 在 $x = 0$ 处不可导.

## 考 点 方 法 综 述

1.利用导数的定义式求极限,或已知某增量之比形式的极限求某点的导数是常考题型.可以总结出以下题型:

(1) 函数 $f(x)$ 在 $x = x_0$ 处可导且 $f'(x_0) = A$, 求 $\lim\limits_{h \to 0} \dfrac{f(x_0 + ah) - f(x_0 + bh)}{h}$.

其中 $A, a, b$ 为常数,且 $a, b$ 不同时为零.

$$\lim_{h \to 0} \frac{f(x_0 + ah) - f(x_0 + bh)}{h} = \lim_{h \to 0}\left[ a\,\frac{f(x_0 + ah) - f(x_0)}{ah} - b\,\frac{f(x_0 + bh) - f(x_0)}{bh} \right]$$
$$= (a - b)f'(x_0) = (a - b)A.$$

(2) 已知 $\lim\limits_{h \to 0} \dfrac{f(x_0 + ah) - f(x_0 + bh)}{h} = A, a, b$ 是不同时为零的常数,则 $f'(x_0) = \dfrac{A}{a - b}$.

在函数 $f(x)$ 在 $x = x_0$ 处可导的前提下,可直接使用结论快速得出结果,起到事半功倍的效果.

2. $f'(x_0)$ 在几何上表示曲线 $y = f(x)$ 在点 $M(x_0, f(x_0))$ 处的切线斜率.

曲线 $y = f(x)$ 在点 $M$ 处的**切线方程**为 $y - y_0 = f'(x_0)(x - x_0)$;

曲线 $y = f(x)$ 在点 $M$ 处的**法线方程**为 $y - y_0 = -\dfrac{1}{f'(x_0)}(x - x_0)$(注:$f'(x_0) \neq 0$).

若 $f'(x_0) = 0$,则 $y = f(x)$ 在 $M$ 处的**切线方程**为 $y = y_0$,法线方程为 $x = x_0$.

**注**:两条直线平行且斜率存在,则两条直线的斜率相等.

3.讨论分段函数在分界点处的可导性(**假设已经验证了函数在分界点连续**),必须用导数的定义.

**情形一** 设 $f(x) = \begin{cases} h(x), & x < x_0, \\ g(x), & x \geqslant x_0, \end{cases}$ 讨论其在 $x = x_0$ 处的可导性.

由于分界点 $x = x_0$ 两侧对应的函数表达式不同,由导数的定义可知

**左导数**:$f'_-(x_0) = \lim\limits_{\Delta x \to 0^-} \dfrac{f(x_0 + \Delta x) - f(x_0)}{\Delta x} = \lim\limits_{x \to x_0^-} \dfrac{h(x) - g(x_0)}{x - x_0}$;

**右导数**:$f'_+(x_0) = \lim\limits_{\Delta x \to 0^+} \dfrac{f(x_0 + \Delta x) - f(x_0)}{\Delta x} = \lim\limits_{x \to x_0^+} \dfrac{g(x) - g(x_0)}{x - x_0}$.

当 $f'_-(x_0) = f'_+(x_0)$ 时,$f(x)$ 在 $x = x_0$ 处可导,且 $f'(x_0) = f'_-(x_0) = f'_+(x_0)$;

当 $f'_-(x_0) \neq f'_+(x_0)$ 时,$f(x)$ 在 $x = x_0$ 处不可导.

**情形二** 设 $f(x) = \begin{cases} h(x), & x \neq x_0, \\ A, & x = x_0, \end{cases}$ 讨论其在 $x = x_0$ 处的可导性.

由于分界点 $x = x_0$ 两侧对应的函数表达式不同,由导数的定义可知

$$f'(x_0) = \lim_{\Delta x \to 0} \frac{f(x_0 + \Delta x) - f(x_0)}{\Delta x} = \lim_{\Delta x \to 0} \frac{h(x_0 + \Delta x) - A}{\Delta x},$$

一般不需分别求左、右导数.

## 第二节　导数的四则运算法则及复合函数的求导法则

### 一、新大纲基本要求

1. 熟练掌握导数的四则运算法则；

2. 熟练掌握复合函数的求导法则；

3. 熟练掌握基本初等函数的导数公式.

### 二、新大纲名师解读

在专升本考试中,本节主要考查以下内容:

1. 导数的四则运算法则；

2. 复合函数的求导法则.

本部分内容主要考查学生对求导法则的掌握情况,特别是复合函数的求导法则,在专升本考试中是重点.

### 一、导数的四则运算法则

设函数 $u(x), v(x)$ 在点 $x$ 处可导,则函数

$$u(x) \pm v(x), \quad u(x) \cdot v(x), \quad \frac{u(x)}{v(x)}(v(x) \neq 0)$$

在点 $x$ 处也可导,且

(1) $[u(x) \pm v(x)]' = u'(x) \pm v'(x)$；

(2) $[u(x) \cdot v(x)]' = u'(x) \cdot v(x) + u(x) \cdot v'(x)$,特别地,$[Cu(x)]' = Cu'(x)(C$ 为常数)；

(3) $\left[\dfrac{u(x)}{v(x)}\right]' = \dfrac{u'(x) \cdot v(x) - u(x) \cdot v'(x)}{v^2(x)}$,特别地,$\left[\dfrac{1}{v(x)}\right]' = -\dfrac{v'(x)}{v^2(x)}$.

法则(2)可简记为

$$(uv)' = u'v + v'u.$$

**注**　法则(1)(2)可以推广到任意有限个可导函数相加减和相乘的情形.

例如,$(u \pm v \pm w)' = u' \pm v' \pm w'$,$(uvw)' = u'vw + v'uw + w'uv$.

### 二、复合函数的求导法则

如果函数 $u = \varphi(x)$ 在点 $x$ 处可导,函数 $y = f(u)$ 在对应点 $u = \varphi(x)$ 处可导,则复合函数 $y = f[\varphi(x)]$ 在点 $x$ 处也可导,且

$$\{f[\varphi(x)]\}' = f'(u) \cdot \varphi'(x) = f'[\varphi(x)] \cdot \varphi'(x),$$

或

$$\frac{\mathrm{d}y}{\mathrm{d}x} = \frac{\mathrm{d}y}{\mathrm{d}u} \cdot \frac{\mathrm{d}u}{\mathrm{d}x}.$$

即复合函数对自变量的导数等于函数对中间变量的导数乘以中间变量对自变量的导数. 此法则又称为复合函数的**链式法则**.

### 三、基本初等函数的求导公式

1. $(C)' = 0$($C$ 为常数);

2. $(x^a)' = ax^{a-1}$,特别地,$(\sqrt{x})' = \dfrac{1}{2\sqrt{x}}$,$\left(\dfrac{1}{x}\right)' = -\dfrac{1}{x^2}$;

3. $(\log_a x)' = \dfrac{1}{x\ln a}$,特别地,$(\ln x)' = \dfrac{1}{x}$;

4. $(a^x)' = a^x \ln a$,特别地,$(e^x)' = e^x$;

5. $(\sin x)' = \cos x$;

6. $(\cos x)' = -\sin x$;

7. $(\tan x)' = \dfrac{1}{\cos^2 x} = \sec^2 x$;

8. $(\cot x)' = -\dfrac{1}{\sin^2 x} = -\csc^2 x$;

9. $(\sec x)' = \sec x \tan x$;

10. $(\csc x)' = -\csc x \cot x$;

11. $(\arcsin x)' = \dfrac{1}{\sqrt{1-x^2}}$;

12. $(\arccos x)' = -\dfrac{1}{\sqrt{1-x^2}}$;

13. $(\arctan x)' = \dfrac{1}{1+x^2}$;

14. $(\text{arccot}\,x)' = -\dfrac{1}{1+x^2}$.

## 考点例题分析

### 考点一 导数的四则运算法则

**【考点分析】**在专升本考试中,本考点属于简单题型.但需要熟练掌握导数的基本公式和运算法则.

**例1** 若 $f(x) = e^{-x}\cos x$,则 $f'(0) = $ _____.

A. 2          B. 1          C. $-1$          D. $-2$

**解** 由 $f'(x) = -e^{-x}\cos x - e^{-x}\sin x$,得 $f'(0) = -e^{-0}\cos 0 - e^{-0}\sin 0 = -1$.

故应选 C.

**例2** 若 $y = e^x(\sin x + \cos x)$,则 $\dfrac{dy}{dx} = $ _____.

**解** 利用乘积的求导法则可得

$$y' = e^x(\sin x + \cos x) + e^x(\cos x - \sin x) = 2e^x \cos x.$$

故应填 $2e^x \cos x$.

**例3** 已知 $y = \sqrt{x\sqrt{x}} + x\tan x - e^2$,求 $y'$.

**解** 因为 $y = x^{\frac{3}{4}} + x\tan x - e^2$,所以 $y' = \dfrac{3}{4}x^{-\frac{1}{4}} + \tan x + x\sec^2 x$.

**【名师点评】**本题考查基本初等函数的求导公式.需要注意的是,首先要对复合函数 $\sqrt{x\sqrt{x}}$ 进行变形,化为幂函数 $x^{\frac{3}{4}}$,同时注意 $e^2$ 为常数函数,其导数为 0.

### 考点二 复合函数的求导法则

**【考点分析】**在专升本考试中,复合函数的求导是常考的典型题型,需熟练掌握法则.

**例1** 已知 $y = \ln\tan\dfrac{x}{2}$,求 $\dfrac{dy}{dx}$.

**解** $\dfrac{dy}{dx} = \left(\ln\tan\dfrac{x}{2}\right)' = \cot\dfrac{x}{2} \cdot \sec^2\dfrac{x}{2} \cdot \dfrac{1}{2} = \dfrac{1}{2}\cot\dfrac{x}{2} \cdot \sec^2\dfrac{x}{2} = \dfrac{1}{\sin x} = \csc x$.

**例2** 设 $y = \sin\dfrac{2x}{1+x^2}$,求 $\dfrac{dy}{dx}$.

**解** $\dfrac{dy}{dx} = \cos\dfrac{2x}{1+x^2} \cdot \left(\dfrac{2x}{1+x^2}\right)' = \cos\dfrac{2x}{1+x^2} \cdot \dfrac{2(1+x^2) - 2x \cdot 2x}{(1+x^2)^2} = \dfrac{2(1-x^2)}{(1+x^2)^2}\cos\dfrac{2x}{1+x^2}$.

**例 3**　设 $y = (x + \mathrm{e}^{-\frac{x}{2}})^{\frac{2}{3}}$，则 $y'\big|_{x=0} = $ _____.

**解**　因为 $y' = \dfrac{2}{3}(x + \mathrm{e}^{-\frac{x}{2}})^{-\frac{1}{3}} \cdot (1 - \dfrac{1}{2}\mathrm{e}^{-\frac{x}{2}})$，所以 $y'\big|_{x=0} = \dfrac{2}{3} \cdot 1 \cdot \dfrac{1}{2} = \dfrac{1}{3}$.

故应填 $\dfrac{1}{3}$.

> **【名师点评】**求函数在某点处的导数，需要先求出函数的导函数，再将该点代入. 该题在求导函数时用到了复合函数的求导法则和导数的加法法则.

### 考点 三　求导四则运算法则与复合函数求导法则的综合运用

> **【考点分析】**在专升本考试中出现的初等函数求导题型，通常需要综合运用导数的四则运算法则与复合函数的求导法则.

**例 1**　已知 $y = \mathrm{e}^{3x}\cos^2 x + \sin\dfrac{\pi}{3}$，求 $y'$.

**解**　$y' = 3\mathrm{e}^{3x}\cos^2 x - 2\mathrm{e}^{3x}\cos x \sin x = 3\mathrm{e}^{3x}\cos^2 x - \mathrm{e}^{3x}\sin 2x$.

**例 2**　已知函数 $y = \dfrac{1}{2}\ln(1 + \mathrm{e}^{2x}) - x + \mathrm{e}^{-x}\arctan\mathrm{e}^x$，求 $y'$.

**解**　$y' = \dfrac{1}{2}\dfrac{2\mathrm{e}^{2x}}{1 + \mathrm{e}^{2x}} - 1 - \mathrm{e}^{-x}\arctan\mathrm{e}^x + \mathrm{e}^{-x} \cdot \dfrac{\mathrm{e}^x}{1 + \mathrm{e}^{2x}} = -\mathrm{e}^{-x}\arctan\mathrm{e}^x$.

**例 3**　设 $y = \mathrm{e}^{\tan\frac{1}{x}} \cdot \sin\dfrac{1}{x}$，求 $y'$.

**解**　利用复合函数的求导法则及求导的四则运算法则，有

$$y' = \mathrm{e}^{\tan\frac{1}{x}}\sec^2\dfrac{1}{x} \cdot \left(-\dfrac{1}{x^2}\right) \cdot \sin\dfrac{1}{x} + \mathrm{e}^{\tan\frac{1}{x}} \cdot \cos\dfrac{1}{x} \cdot \left(-\dfrac{1}{x^2}\right)$$

$$= -\dfrac{1}{x^2}\left(\sec^2\dfrac{1}{x} \cdot \sin\dfrac{1}{x} + \cos\dfrac{1}{x}\right)\mathrm{e}^{\tan\frac{1}{x}} = -\dfrac{1}{x^2}\mathrm{e}^{\tan\frac{1}{x}}\left(\cos\dfrac{1}{x} + \tan\dfrac{1}{x} \cdot \sec\dfrac{1}{x}\right).$$

**例 4**　设 $y = \arctan\mathrm{e}^x - \ln\sqrt{\dfrac{\mathrm{e}^{2x}}{\mathrm{e}^{2x} + 1}}$，则 $\dfrac{\mathrm{d}y}{\mathrm{d}x}\bigg|_{x=1} = $ _____.

**解**　因为 $y = \arctan\mathrm{e}^x - \dfrac{1}{2}\ln\mathrm{e}^{2x} + \dfrac{1}{2}\ln(\mathrm{e}^{2x} + 1) = \arctan\mathrm{e}^x - x + \dfrac{1}{2}\ln(\mathrm{e}^{2x} + 1)$，

故 $\dfrac{\mathrm{d}y}{\mathrm{d}x} = \dfrac{\mathrm{e}^x}{1 + \mathrm{e}^{2x}} - 1 + \dfrac{\mathrm{e}^{2x}}{\mathrm{e}^{2x} + 1} = \dfrac{\mathrm{e}^x - 1}{\mathrm{e}^{2x} + 1}$，从而 $\dfrac{\mathrm{d}y}{\mathrm{d}x}\bigg|_{x=1} = \dfrac{\mathrm{e} - 1}{\mathrm{e}^2 + 1}$.

故应填 $\dfrac{\mathrm{e} - 1}{\mathrm{e}^2 + 1}$.

> **【名师点评】**对于复杂的初等函数，在求导前需要先化简再求导，从而简化运算. 该题中的 $\ln\sqrt{\dfrac{\mathrm{e}^{2x}}{\mathrm{e}^{2x} + 1}}$ 部分，可以先利用对数函数的性质进行化简，然后利用复合函数的求导公式求解.
>
> $$\ln\sqrt{\dfrac{\mathrm{e}^{2x}}{\mathrm{e}^{2x} + 1}} = \ln\left(\dfrac{\mathrm{e}^{2x}}{\mathrm{e}^{2x} + 1}\right)^{\frac{1}{2}} = \dfrac{1}{2}\ln\left(\dfrac{\mathrm{e}^{2x}}{\mathrm{e}^{2x} + 1}\right) = \dfrac{1}{2}\ln\mathrm{e}^{2x} - \dfrac{1}{2}\ln(\mathrm{e}^{2x} + 1)$$
>
> $$= \ln\mathrm{e}^x - \dfrac{1}{2}\ln(\mathrm{e}^{2x} + 1) = x - \dfrac{1}{2}\ln(\mathrm{e}^{2x} + 1).$$

**例 5**　求 $y = (1 + x^2)^{\tan x}$ 的导数.

**解**　$y = (1 + x^2)^{\tan x}$ 可化为 $y = \mathrm{e}^{\tan x \cdot \ln(1 + x^2)}$，于是

$$y' = \left[\mathrm{e}^{\tan x \cdot \ln(1 + x^2)}\right]'$$

$$= e^{\tan x \cdot \ln(1+x^2)} \cdot \left[ \sec^2 x \ln(1+x^2) + \frac{\tan x \cdot 2x}{1+x^2} \right]$$

$$= (1+x^2)^{\tan x} \left[ \sec^2 x \ln(1+x^2) + \frac{2x}{1+x^2} \tan x \right].$$

【名师点评】本题类型是幂指函数求导. 对于幂指函数求导,其中一种解法是将其化为以 e 为底的指数,即指数化,如 $y = (1+x^2)^{\tan x} = e^{\ln(1+x^2)^{\tan x}} = e^{\tan x \cdot \ln(1+x^2)}$,也即化为复合函数再求导.

另一种解法是对数求导法. 对函数 $y = (1+x^2)^{\tan x}$ 的两端同时取自然对数,

即 $\ln y = \ln(1+x^2)^{\tan x}$,即 $\ln y = \tan x \cdot \ln(1+x^2)$,

在以上方程两端同时对 $x$ 求导,得 $\dfrac{1}{y} \cdot y' = \sec^2 x \ln(1+x^2) + \dfrac{\tan x \cdot 2x}{1+x^2}$

整理,得 $y' = y \left[ \sec^2 x \ln(1+x^2) + \dfrac{\tan x \cdot 2x}{1+x^2} \right]$,

即 $y' = (1+x^2)^{\tan x} \left[ \sec^2 x \ln(1+x^2) + \dfrac{\tan x \cdot 2x}{1+x^2} \right]$.

## 考点 四  抽象复合函数求导

【考点分析】抽象复合函数求导数是专升本考试中的典型题型,也是难点,需要重点练习.

**例1** 设 $f(x)$ 可导,$y = f(x^2+1)$,则 $\dfrac{dy}{dx} = $ _____.

A. $f(2+1)$　　　　　　B. $(x^2+1)f'(x^2+1)$　　　　C. $xf'(x^2+1)$　　　　　　D. $2xf'(x^2+1)$

**解** $\dfrac{dy}{dx} = \left[ f(x^2+1) \right]' = f'(x^2+1) \cdot (x^2+1)' = 2xf'(x^2+1)$.

故应选 D.

【名师点评】该题考查抽象复合函数求导. 对于 $y = f(x^2+1)$,令 $u = x^2+1$,由复合函数求导的链式法则,得

$$\frac{dy}{dx} = \frac{dy}{du} \cdot \frac{du}{dx} = f'(u) \cdot 2x = 2xf'(x^2+1).$$

**例2** 求函数 $y = 3^{f(\sqrt{x})}$ 的导数.

**解** $y' = 3^{f(\sqrt{x})} \cdot \ln 3 \cdot \left[ f(\sqrt{x}) \right]' = 3^{f(\sqrt{x})} \cdot \ln 3 \cdot f'(\sqrt{x})(\sqrt{x})' = \dfrac{\ln 3}{2\sqrt{x}} \cdot 3^{f(\sqrt{x})} f'(\sqrt{x})$.

【名师点评】求导中须注意函数 $y = 3^{f(\sqrt{x})}$ 的分层:$y = 3^u, u = f(v), v = \sqrt{x}$. 利用链式法则逐层求导.

**例3** 已知 $y = f\left(\dfrac{3x-2}{5x+2}\right)$,$f'(x) = \arctan x^2$,求 $\dfrac{dy}{dx}\Big|_{x=0}$.

**解** 因为 $\dfrac{dy}{dx} = f'\left(\dfrac{3x-2}{5x+2}\right) \cdot \dfrac{3(5x+2)-5(3x-2)}{(5x+2)^2} = \dfrac{16}{(5x+2)^2} \cdot \arctan\left(\dfrac{3x-2}{5x+2}\right)^2$,

故 $f'(0) = 4\arctan 1 = \pi$.

**例4** 设函数 $g(x)$ 可微,$h(x) = e^{1+g(x)}$,$h'(1) = 1$,$g(1) = 2$,则 $g(1) = $ _____.

A. $\ln 3 - 1$　　　　　　B. $-\ln 3 - 1$　　　　　　C. $-\ln 2 - 1$　　　　　　D. $\ln 2 - 1$

**解** 在 $h(x) = e^{1+g(x)}$ 两端同时对 $x$ 求导数,得 $h'(x) = e^{1+g(x)} \cdot g'(x)$.

将 $x = 1$ 代入上式,得 $h'(1) = e^{1+g(1)} \cdot g'(1) = 2 \cdot e^{1+g(1)} = 1$,解得 $g(1) = -\ln 2 - 1$.

故应选 C.

【名师点评】该题涉及函数在某点的导数及复合函数求导. 要求函数在某点的导数,通常是先求出该函数的导函数,再将该点代入. 在解题过程中要注意,对函数 $h(x) = e^{1+g(x)}$ 求导,利用了复合函数求导和导数的四则运算法则,从而得出 $h'(x) = e^{1+g(x)}[1+g(x)]' = e^{1+g(x)} \cdot g'(x)$.

## 考点 五 具有奇偶性的函数求导

**【考点分析】**具有奇偶性的函数的导数的如下性质要熟知:

① 奇函数的导数是偶函数;

② 偶函数的导数是奇函数.

**例 1** 若 $f(x)$ 为奇函数,且在区间 $(-a,a)$ 内可导,对任一 $x \in (-a,a)$,有 $f'(-x) = $ _____.

A. $-f'(x)$        B. $f'(x)$        C. $f'(x)$        D. $0$

**解** 因为 $f(-x) = -f(x)$,两边同时对 $x$ 求导,得 $-f'(-x) = -f'(x)$,即 $f'(-x) = f'(x)$.

故应选 C.

**【名师点评】**由此题结论 $f'(-x) = f'(x)$ 可知,奇函数的导函数是偶函数.同理,若函数 $f(x)$ 为偶函数,且在区间 $(-a,a)$ 内可导,因为 $f(-x) = f(x)$,两边同时对 $x$ 求导,得

$$-f'(-x) = f'(x),\ \text{即}\ f'(-x) = -f'(x).$$

则可得结论:偶函数的导函数是奇函数.

## 考点 六 分段函数求导

**【考点分析】**本考点和第一节中的考点三的区别在于本考点主要是计算分段函数的导函数,例题中出现的分段函数的表达式较为复杂,求导过程中需要用到求导的四则运算法则和复合函数的求导法则.由于分段函数求导数是难点,所以在本节中又单独作为一个考点列出.

**例 1** 讨论函数 $f(x) = \begin{cases} \dfrac{1}{\sin x} - \dfrac{\cos x}{x}, & x \neq 0, \\ 0, & x = 0 \end{cases}$ (1) 在 $x = 0$ 处的连续性和可导性;(2) 求导函数 $f'(x)$.

**解** (1) 根据连续的定义,结合洛必达法则及等价无穷小替换得

$$\lim_{x \to 0} f(x) = \lim_{x \to 0} \frac{x - \dfrac{1}{2}\sin 2x}{x\sin x} = \lim_{x \to 0} \frac{x - \dfrac{1}{2}\sin 2x}{x^2} = \lim_{x \to 0} \frac{x - \dfrac{1}{2}\sin 2x}{x^2}$$

$$= \lim_{x \to 0} \frac{1 - \cos 2x}{2x} = \lim_{x \to 0} \frac{\dfrac{1}{2}(2x)^2}{2x} = 0 = f(0),$$

故 $f(x)$ 在 $x = 0$ 处连续;

再根据导数的定义得

$$f'(0) = \lim_{x \to 0} \frac{x - \dfrac{1}{2}\sin 2x}{x^2\sin x} = \lim_{x \to 0} \frac{x - \dfrac{1}{2}\sin 2x}{x^3} = \lim_{x \to 0} \frac{1 - \cos 2x}{3x^2} = \lim_{x \to 0} \frac{2\sin 2x}{6x} = \frac{2}{3},$$

故 $f(x)$ 在 $x = 0$ 处可导.

(2) 因为 $x \neq 0$ 时,$f'(x) = -\dfrac{\cos x}{\sin^2 x} + \dfrac{x\sin x + \cos x}{x^2}$,

故 $f'(x) = \begin{cases} -\dfrac{\cos x}{\sin^2 x} + \dfrac{x\sin x + \cos x}{x^2}, & x \neq 0, \\ \dfrac{2}{3}, & x = 0. \end{cases}$

**【名师点评】**求分段函数的导函数时需注意:

在分界点处的导数必须用导数的定义 $f'(x_0) = \lim\limits_{x \to x_0} \dfrac{f(x) - f(x_0)}{x - x_0}$ 求解,若分界点左右两侧的函数表达式不一致,则需要分别求该点的左、右导数;

求不含分界点的每段上的导数,可用导数公式及运算法则.

本题中,当 $x \neq 0$ 时,求 $f(x) = \dfrac{1}{\sin x} - \dfrac{\cos x}{x}$ 不含分界点的导数时用到了导数的四则运算法则.

**例2** 设 $f(x) = \begin{cases} x^{\lambda}\cos\dfrac{1}{x}, & x \neq 0, \\ 0, & x = 0, \end{cases}$ 其导函数在 $x = 0$ 处连续,则 $\lambda$ 的取值范围是 _____.

**解** 当 $\lambda > 1$ 时,有 $f'(x) = \begin{cases} \lambda x^{\lambda-1}\cos\dfrac{1}{x} + x^{\lambda-2}\sin\dfrac{1}{x}, & x \neq 0, \\ 0, & x = 0. \end{cases}$

显然,当 $\lambda > 2$ 时,有 $\lim\limits_{x \to 0} f'(x) = 0 = f'(0)$,即其导函数在 $x = 0$ 处连续.

故应填 $\lambda > 2$.

---

**【名师点评】** 要求分段函数 $f(x) = \begin{cases} x^{\lambda}\cos\dfrac{1}{x}, & x \neq 0, \\ 0, & x = 0 \end{cases}$ 的导函数:当 $x \neq 0$ 时,$f'(x) = \left(x^{\lambda}\cos\dfrac{1}{x}\right)'$ 用到了导数的四则运算法则和复合函数的求导公式,即 $f'(x) = \lambda x^{\lambda-1}\cos\dfrac{1}{x} + x^{\lambda-2}\sin\dfrac{1}{x}$;

当 $x = 0$ 时,$f'(0) = \lim\limits_{x \to 0}\dfrac{x^{\lambda}\cos\dfrac{1}{x}}{x} = \lim\limits_{x \to 0}x^{\lambda-1}\cos\dfrac{1}{x}$,由于当 $x \to 0$ 时,$\cos\dfrac{1}{x}$ 的极限不存在,但是一个有界变量,因此 $\lim\limits_{x \to 0}x^{\lambda-1}\cos\dfrac{1}{x}$ 存在,当且仅当 $\lambda > 1$ 时,$\lim\limits_{x \to 0}x^{\lambda-1}\cos\dfrac{1}{x} = 0$.

即当 $\lambda > 1$ 时

$$f'(x) = \begin{cases} \lambda x^{\lambda-1}\cos\dfrac{1}{x} + x^{\lambda-2}\sin\dfrac{1}{x}, & x \neq 0, \\ 0, & x = 0. \end{cases}$$

同理,导函数在 $x = 0$ 处连续,即 $\lim\limits_{x \to 0}f'(x) = \lim\limits_{x \to 0}\left(\lambda x^{\lambda-1}\cos\dfrac{1}{x} + x^{\lambda-2}\sin\dfrac{1}{x}\right) = 0 = f'(0)$,当且仅当 $\lambda > 2$ 时,$\lim\limits_{x \to 0}\left(\lambda x^{\lambda-1}\cos\dfrac{1}{x} + x^{\lambda-2}\sin\dfrac{1}{x}\right) = 0$.

故 $\lambda > 2$.

---

**例3** 试确定 $a,b$ 的值,使函数 $f(x) = \begin{cases} 1+\ln(1-2x), & x \leqslant 0, \\ a + be^x, & x > 0 \end{cases}$ 在 $x = 0$ 处可导,并求出此时的 $f'(x)$.

**解** 要使函数 $f(x)$ 在 $x = 0$ 处可导,需满足 $f(x)$ 在 $x = 0$ 处连续,即 $\lim\limits_{x \to 0^-}f(x) = \lim\limits_{x \to 0^+}f(x) = f(0) = 1$,得 $a + b = 1$,即当 $a + b = 1$ 时,函数 $f(x)$ 在 $x = 0$ 处连续.

由导数的定义及 $a + b = 1$ 可知,

$f'_-(0) = \lim\limits_{x \to 0^-}\dfrac{f(x)-f(0)}{x} = \lim\limits_{x \to 0^-}\dfrac{[1+\ln(1-2x)]-1}{x} = -2$,

$f'_+(0) = \lim\limits_{x \to 0^+}\dfrac{f(x)-f(0)}{x} = \lim\limits_{x \to 0^-}\dfrac{(a+be^x)-1}{x} = \lim\limits_{x \to 0^-}\dfrac{(a+be^x)-(a+b)}{x} = \lim\limits_{x \to 0^-}\dfrac{b(e^x-1)}{x} = b$,

要使 $f(x)$ 在 $x = 0$ 处可导,应有 $f'_-(0) = f'_+(0) = b$,故 $a = 3$,

即当 $a = 3, b = -2$ 时,$f(x)$ 在 $x = 0$ 处可导,且 $f'(0) = -2$.

当 $x \leqslant 0$ 时,$f'(x) = [1+\ln(1-2x)]' = \dfrac{1}{1-2x}\cdot(-2) = -\dfrac{2}{1-2x}$;

当 $x > 0$ 时,$f'(x) = (3-2e^x)' = -2e^x$.

所以 $f'(x) = \begin{cases} -\dfrac{2}{1-2x}, & x \leqslant 0, \\ -2e^x, & x > 0. \end{cases}$

---

**【名师点评】** 确定参数的值使分段函数可导的问题,通常情况下分两步:一是利用函数在一点处可导的充要条件是其在该点的左导数与右导数均存在且相等;二是利用函数可导必连续,而函数在一点处连续的充要条件是其在该点的左极限与右极限均存在且相等,等于其函数值.

## 考点真题解析

### 考点一　导数的四则运算法则

**真题 1** (2020 高数三) $\left(\dfrac{\cos x}{x}\right)' = $ _____.

A. $\sin x$　　　　　　B. $-\sin x$　　　　　　C. $\dfrac{x\sin x + \cos x}{x^2}$　　　　　　D. $\dfrac{-x\sin x - \cos x}{x^2}$

**解**　由商的求导法则,可得 $\left(\dfrac{\cos x}{x}\right)' = \dfrac{-x\sin x - \cos x}{x^2}$.

故应选 D.

**真题 2** (2009 会计) 设函数 $f(x) = x\sin x$,则 $f'\left(\dfrac{\pi}{2}\right) = $ _____.

A. $0$　　　　　　B. $-1$　　　　　　C. $1$　　　　　　D. $\dfrac{\pi}{2}$

**解**　因为 $f'(x) = \sin x + x\cos x$,所以 $f'\left(\dfrac{\pi}{2}\right) = \sin\dfrac{\pi}{2} + \dfrac{\pi}{2}\cos\dfrac{\pi}{2} = 1$.

故应选 C.

> **【名师点评】** 本题类型是已知函数表达式,求函数在某点处的导数.需要先求出函数的导函数,再将点代入求值.
> 需要熟记导数的乘法法则:$[u(x) \cdot v(x)]' = u'(x) \cdot v(x) + u(x) \cdot v'(x)$.

### 考点二　导数的四则运算与复合函数的求导法则的综合应用

**真题 1** (2020 高数三) 已知函数 $y = x^2\ln(2x+1)$,求 $\dfrac{\mathrm{d}y}{\mathrm{d}x}\Big|_{x=1}$.

**解**　因为 $\dfrac{\mathrm{d}y}{\mathrm{d}x} = 2x\ln(2x+1) + \dfrac{2x^2}{2x+1}$,所以 $\dfrac{\mathrm{d}y}{\mathrm{d}x}\Big|_{x=1} = 2\ln3 + \dfrac{2}{3}$.

**真题 2** (2017 国贸) 已知函数 $y = \ln(x + \sqrt{a^2 + x^2})$,求 $y'$.

**解**　$y' = \dfrac{1}{x + \sqrt{a^2 + x^2}}(x + \sqrt{a^2 + x^2})' = \dfrac{1}{x + \sqrt{a^2 + x^2}}\left(1 + \dfrac{x}{\sqrt{a^2 + x^2}}\right)$

$= \dfrac{1}{x + \sqrt{a^2 + x^2}} \cdot \dfrac{x + \sqrt{a^2 + x^2}}{\sqrt{a^2 + x^2}} = \dfrac{1}{\sqrt{a^2 + x^2}}$.

**真题 3** (2017 会计) 已知函数 $y = \mathrm{e}^{\sin x} + \ln(1 + \sqrt{x})$,求 $y'$.

**解**　$y' = (\mathrm{e}^{\sin x})' + [\ln(1 + \sqrt{x})]' = \mathrm{e}^{\sin x} \cdot \cos x + \dfrac{(1 + \sqrt{x})'}{1 + \sqrt{x}} = \mathrm{e}^{\sin x} \cdot \cos x + \dfrac{1}{2(x + \sqrt{x})}$.

**真题 4** (2016 会计、国贸、电商、工商) 已知函数 $y = x^2\sin\dfrac{1}{x} + \dfrac{2x}{1-x^2}$,求 $y'$.

**解**　$y' = \left(x^2\sin\dfrac{1}{x}\right)' + \left(\dfrac{2x}{1-x^2}\right)'$

$= 2x\sin\dfrac{1}{x} + x^2\cos\dfrac{1}{x}\left(-\dfrac{1}{x^2}\right) + \dfrac{2(1-x^2) - 2x(-2x)}{(1-x^2)^2}$

$= 2x\sin\dfrac{1}{x} - \cos\dfrac{1}{x} + \dfrac{2(1+x^2)}{(1-x^2)^2}$.

**真题 5** (2015 会计、国贸、电商,2010 会计) 设 $f(x)$ 在区间 $(-t, t)$ 上为奇函数且可导,求证:在区间 $(-t, t)$ 上 $f'(x)$ 为偶函数.

**证**　因为 $f(x)$ 在 $(-t, t)$ 上为奇函数且可导,所以 $f(-x) = -f(x)$.

两边同时对 $x$ 求导,得 $f'(-x) \cdot (-1) = -f'(x)$,即 $f'(-x) = f'(x)$,所以 $f'(x)$ 在 $(-t, t)$ 上为偶函数.

**【名师点评】**本题考查了奇、偶函数求导的结论:可导的奇函数的导数是偶函数,可导的偶函数的导数是奇函数.此类题目在专升本考试中出现的频率不高,同学们在记住结论的基础上要学会证明.

**真题6** (2017 会计) 如果 $f(x)$ 为可导的奇函数,且 $f'(1)=2$,则 $f'(-1)=$ _____.

**解** 由已知,$f(-x)=-f(x)$,两边同时对 $x$ 求导,得

$$-f'(-x)=-f'(x),f'(-x)=f'(x),f'(-1)=f'(1)=2.$$

故应填 2.

## 考点方法综述

1.熟练掌握基本初等函数的求导公式.

2.熟练掌握函数和、差、积、商的求导法则.

3.计算复合函数的导数,关键是弄清复合函数的构造,即该函数是由哪些基本初等函数或简单函数经过怎样的过程复合而成的.求导时,要按复合次序由外向内一层一层求导,直到对自变量求导为止.

4.对于抽象函数的求导,关键是理解记号的意义.如对 $y=f[\varphi(x)]$ 而言,$\{f[\varphi(x)]\}'$ 表示 $y$ 对 $x$ 求导,$f'[\varphi(x)]$ 表示对 $\varphi(x)$ 求导.故 $y'=\{f[\varphi(x)]\}'=f'[\varphi(x)]\varphi'(x)$.

# 第三节 隐函数的导数

## 考纲内容解读

**一、新大纲基本要求**

1.掌握隐函数求导法;

2.掌握对数求导法.

**二、新大纲名师解读**

最新颁布的山东省专升本公共课高等数学考试大纲对本节的要求是:

1.掌握隐函数的求导法;

2.掌握对数求导法.

隐函数求导是专升本考试中的典型题型,对许多学生来讲却是比较抽象的.本部分知识需在熟练掌握复合函数求导的基础上进行学习和练习.

## 考点内容解析

**一、隐函数的导数**

一般地,如果变量 $x$ 和 $y$ 满足方程 $F(x,y)=0$,在一定条件下,当 $x$ 在某区间 $I$ 内任意取定一个值时,相应地总有满足该方程的唯一的 $y$ 值存在,则称方程 $F(x,y)=0$ 在区间 $I$ 内确定了一个**隐函数**.

隐函数求导法的**基本思想**是:把方程 $F(x,y)=0$ 中的 $y$ 看作 $x$ 的函数,利用复合函数的求导法则,在方程两端同时对 $x$ 求导,然后解出 $y'$.

**二、对数求导法**

所谓**对数求导法**,就是先在 $y=f(x)$ 的两边同时取对数,然后借助隐函数求导法,在方程两边同时对 $x$ 求导,再整理出 $y$ 的导数.

对数求导法主要解决下面两种情形的函数求导数问题:

1.幂指函数求导,$y=u(x)^{v(x)}[u(x)>0]$.

2.由多个函数的积、商、幂构成的函数求导.

*考点例题分析*

## 考点一 隐函数的导数

【考点分析】隐函数求导法:在方程 $F(x,y)=0$ 中,将 $y$ 看作 $x$ 的函数,在方程两边同时对 $x$ 求导,得到一个含 $y'$ 的方程,解出 $y'$,即得到所求隐函数 $y$ 的导数.

注意:其中 $y$ 是 $x$ 的函数,$y$ 的函数是 $x$ 的复合函数.求 $y$ 对 $x$ 的导数时,要用复合函数的求导法则.

**例 1** 由方程 $x^2-y^2-4xy=0$ 确定的隐函数的导数 $\dfrac{\mathrm{d}y}{\mathrm{d}x}=$ _____.

**解** 在方程两边同时对 $x$ 求导,得 $2x-2y\dfrac{\mathrm{d}y}{\mathrm{d}x}-4y-4x\dfrac{\mathrm{d}y}{\mathrm{d}x}=0$,化简整理,得 $\dfrac{\mathrm{d}y}{\mathrm{d}x}=\dfrac{x-2y}{y+2x}$.

故应填 $\dfrac{x-2y}{y+2x}$.

**例 2** 设方程 $xy=\mathrm{e}^{x+y}$ 确定函数 $y=y(x)$,求 $y'(x)$.

**解** 在方程两边同时对 $x$ 求导,得 $y+xy'=\mathrm{e}^{x+y}(1+y')$,

解得 $y'=\dfrac{\mathrm{e}^{x+y}-y}{x-\mathrm{e}^{x+y}}$.

【名师点评】隐函数求导的结果中会同时出现 $x$ 和 $y$,而且从直观上来看,不同的解题方法导致最终结果在形式上可能不同,但是实质上是一样的,形式不同的结果可以互化. 比如,该题还可采用如下解法:

在方程两边同时取自然对数,得 $\ln x+\ln y=x+y$,

在方程两边同时对 $x$ 求导,得 $\dfrac{1}{x}+\dfrac{1}{y}\cdot y'=1+y'$,整理,得 $y'=\dfrac{y(1-x)}{x(y-1)}$.

**例 3** 设 $\mathrm{e}^y+\tan(2x-y)=\mathrm{e}^x$ 确定隐函数 $y=y(x)$,求 $\dfrac{\mathrm{d}y}{\mathrm{d}x}$.

**解** 在方程两边同时对 $x$ 求导,得 $\mathrm{e}^y\cdot y'+(2-y')\sec^2(2x-y)=\mathrm{e}^x$,

化简整理,得 $y'=\dfrac{\mathrm{d}y}{\mathrm{d}x}=\dfrac{\mathrm{e}^x-2\sec^2(2x-y)}{\mathrm{e}^y-\sec^2(2x-y)}$.

【名师点评】隐函数求导也可使用微分法,故该题还可采用如下解法:

在方程两边同时微分,得

$$\mathrm{e}^y\mathrm{d}y+\sec^2(2x-y)(2\mathrm{d}x-\mathrm{d}y)=\mathrm{e}^x\mathrm{d}x,$$

解之,得

$$[\mathrm{e}^y-\sec^2(2x-y)]\mathrm{d}y=[\mathrm{e}^x-2\sec^2(2x-y)]\mathrm{d}x.$$

于是

$$\frac{\mathrm{d}y}{\mathrm{d}x}=\frac{\mathrm{e}^x-2\sec^2(2x-y)}{\mathrm{e}^y-\sec^2(2x-y)}.$$

**例 4** 设方程 $\sqrt[x]{y}=\sqrt[y]{x}$ $(x>0,y>0)$ 确定函数 $y=f(x)$,求 $\dfrac{\mathrm{d}y}{\mathrm{d}x}$.

**解** 方程可以变形为 $y^{\frac{1}{x}}=x^{\frac{1}{y}}$,在方程两边同时取自然对数,得 $\dfrac{1}{x}\ln y=\dfrac{1}{y}\ln x$,

即 $y\ln y=x\ln x$.在方程两边同时对 $x$ 求导,得 $\dfrac{\mathrm{d}y}{\mathrm{d}x}\cdot\ln y+y\cdot\dfrac{1}{y}\cdot\dfrac{\mathrm{d}y}{\mathrm{d}x}=\ln x+x\cdot\dfrac{1}{x}$,

整理,得 $(\ln y+1)\dfrac{\mathrm{d}y}{\mathrm{d}x}=\ln x+1$,即 $\dfrac{\mathrm{d}y}{\mathrm{d}x}=\dfrac{\ln x+1}{\ln y+1}$.

【名师点评】该题目需要先变形为幂指函数 $y = u(x)v(x)$ 的形式,再对两边同时取对数,从而去掉指数,然后利用隐函数求导法求导.

该题中要注意:取完对数后,要将商式变形成乘积的形式,然后使用求导法则中的乘积的求导法则,而避免使用商的求导法则,因为相比较而言,使用乘积的求导法则不容易出错.

**例 5** 求由方程 $\arctan \dfrac{y}{x} = \ln \sqrt{x^2 + y^2}$ 确定的隐函数 $y = y(x)$ 的导数.

**解** 方程可化为 $2\arctan \dfrac{y}{x} = \ln(x^2 + y^2)$,

在方程两边同时对 $x$ 求导,得 $2 \cdot \dfrac{1}{1 + \left(\dfrac{y}{x}\right)^2} \cdot \dfrac{y' \cdot x - y}{x^2} = \dfrac{1}{x^2 + y^2} \cdot (2x + 2y \cdot y')$,

解之,得 $y' = \dfrac{x + y}{x - y}$.

【名师点评】该方程中的函数均为复合函数,求导时可先进行适当化简,再使用隐函数的求导法则进行求导.隐函数导数表达式中既含有自变量 $x$,又含有因变量 $y$,通常不能也无须求得只含自变量的表达式,而且表达式一般为分式的形式.

**例 6** 设由方程 $x^2 + xy + y^2 = 4$ 确定 $y$ 是 $x$ 的函数,求其曲线在点 $(2, -2)$ 处的切线方程.

**解** 将方程两边对 $x$ 求导,得 $2x + y + xy' + 2yy' = 0$,解得 $y' = -\dfrac{2x + y}{x + 2y}$,

由 $y' \Big|_{\substack{x=2 \\ y=-2}} = 1$,得曲线在点 $(2, -2)$ 处的切线方程为 $y - (-2) = 1 \cdot (x - 2)$,

即 $y = x - 4$.

【名师点评】该题目属于利用导数的几何意义求曲线的切线方程问题.需要先求导数,然后利用隐函数求导法求出 $y'$,将切点坐标代入,求出切线斜率,进而求出切线方程.

## 考点二 对数求导法

【考点分析】对数求导法主要解决下面两种情形的函数求导数问题:
(1) 幂指函数求导:$y = u(x)^{v(x)} \, [u(x) > 0]$;
(2) 由多个函数的积、商、幂构成的函数求导.

**例 1** 设 $y = x^x$,则 $\dfrac{dy}{dx} = $ _____.

**解** 对 $y = x^x$ 的两端取自然对数,得 $\ln y = x \ln x$,

两边对 $x$ 求导,得 $\dfrac{1}{y} y' = \ln x + 1$,整理,得 $y' = y(\ln x + 1)$,即 $y' = x^x(\ln x + 1)$.

故应填 $x^x(\ln x + 1)$.

【名师点评】本题是幂指函数求导的类型.对于幂指函数 $y = u(x)v(x) \, [u(x) > 0]$ 求导,有下列两种方法:
(1) 对数求导法 —— 两边同时取对数,得 $\ln y = v(x)\ln u(x)$,再按隐函数求导法求导;
(2) 化复合函数法 —— 利用对数公式把函数变形为 $y = e^{v(x)\ln u(x)}$,再按复合函数的求导法则求导数.

**例 2** 设 $y = \sqrt{\dfrac{x(x-1)}{(x^2+1)(x^3+1)}}$,求 $y'$.

**解** 两边取对数,得 $\ln y = \dfrac{1}{2}[\ln x + \ln(x-1) - \ln(x^2+1) - \ln(x^3+1)]$,

两边关于 $x$ 求导,得 $\dfrac{1}{y} \cdot y' = \dfrac{1}{2}\left(\dfrac{1}{x} + \dfrac{1}{x-1} - \dfrac{2x}{x^2+1} - \dfrac{3x^2}{x^3+1}\right)$,

所以 $y' = \dfrac{1}{2}\sqrt{\dfrac{x(x-1)}{(x^2+1)(x^3+1)}} \cdot \left(\dfrac{1}{x} + \dfrac{1}{x-1} - \dfrac{2x}{x^2+1} - \dfrac{3x^2}{x^3+1}\right)$.

**例 3**　设 $y = \sqrt{\mathrm{e}^{\frac{1}{x}}\sqrt{x\sqrt{\sin x}}}$,求 $y'$.

**解**　两边取对数,得 $\ln y = \dfrac{1}{2x} + \dfrac{1}{4}\ln x + \dfrac{1}{8}\ln\sin x$,两边关于 $x$ 求导,得 $\dfrac{y'}{y} = -\dfrac{1}{2x^2} + \dfrac{1}{4x} + \dfrac{\cos x}{8\sin x}$,

所以 $y' = \sqrt{\mathrm{e}^{\frac{1}{x}}\sqrt{x\sqrt{\sin x}}} \cdot \left(-\dfrac{1}{2x^2} + \dfrac{1}{4x} + \dfrac{\cos x}{8\sin x}\right) = \dfrac{1}{8}\sqrt{\mathrm{e}^{\frac{1}{x}}\sqrt{x\sqrt{\sin x}}} \cdot \left(\dfrac{2}{x} - \dfrac{4}{x^2} + \cot x\right)$.

> **【名师点评】** 该题目在两边取对数时,要注意层层去根号,最后一定要把 $y$ 的表达式代回结果中.

## 考点真题解析

### 考点一　隐函数的导数

**真题 1**　(2021 高数二)曲线 $xy + \ln y - 1 = 0$ 在点 $(1,1)$ 处的法线方程是 _____.

**解**　在方程两边同时对 $x$ 求导,得 $y + xy' + \dfrac{1}{y}y' = 0$,

解得 $y' = -\dfrac{y^2}{xy+1}$,将点 $(1,1)$ 代入得 $y'\Big|_{(1,1)} = -\dfrac{1}{2}$,

则法线方程为 $y - 1 = 2(x-1)$,即 $2x + y - 1 = 0$.

故应填 $2x + y - 1 = 0$.

**真题 2**　(2020 高数三)设 $y = y(x)$ 是由方程 $\mathrm{e}^y = x - y$ 所确定的隐函数,则 $y' = $ _____.

A. $\mathrm{e}^y + 1$ 　　　　　　　B. $1 - \mathrm{e}^y$ 　　　　　　　C. $\dfrac{1}{\mathrm{e}^y + 1}$ 　　　　　　　D. $\dfrac{1}{1 - \mathrm{e}^y}$

**解**　在方程两边同时对 $x$ 求导,得 $\mathrm{e}^y \cdot y' = 1 - y'$,解得 $y' = \dfrac{1}{\mathrm{e}^y + 1}$.

故应选 C.

**真题 3**　(2017 会计)设 $y = y(x)$ 是由方程 $x + y - \mathrm{e}^{2y} = \sin x$ 所确定的隐函数,求 $\dfrac{\mathrm{d}y}{\mathrm{d}x}$.

**解**　在方程两边同时对 $x$ 求导,得 $1 + \dfrac{\mathrm{d}y}{\mathrm{d}x} - \mathrm{e}^{2y} \cdot 2\dfrac{\mathrm{d}y}{\mathrm{d}x} = \cos x$,解得 $\dfrac{\mathrm{d}y}{\mathrm{d}x} = \dfrac{1 - \cos x}{2\mathrm{e}^{2y} - 1}$.

**真题 4**　(2017 工商)已知方程 $xy - \sin(\pi y^2) = 0$,求 $y'\Big|_{\substack{x=0 \\ y=1}}$.

**解**　在方程两边同时对 $x$ 求导,得 $y + xy' - \cos(\pi y^2)2\pi yy' = 0$,

解得 $y' = \dfrac{y}{2\pi y\cos(\pi y^2) - x}$,所以 $y'\Big|_{\substack{x=0 \\ y=1}} = -\dfrac{1}{2\pi}$.

**真题 5**　(2016 电子)设函数 $y = y(x)$ 由 $y^2 - 2xy + 9 = 0$ 确定,求 $y'$.

**解**　在方程两端同时对 $x$ 求导,得 $2y'y - 2y - 2xy' = 0$,解得 $y' = \dfrac{y}{y-x}$.

### 考点二　对数求导法

**真题 1**　(2018 电子信息、建筑、机械,2014 土木,2010 机械、工商,2009 工商)求函数 $y = x^{\sin x}$,$x > 0$ 的导数 $y'$.

**解**　在方程两边同取对数,得 $\ln y = \sin x \ln x$,

在方程两边同时对 $x$ 求导,得 $\dfrac{y'}{y} = \cos x \ln x + \dfrac{\sin x}{x}$,化简整理,得 $y' = \left(\cos x \ln x + \dfrac{\sin x}{x}\right)y$,

把 $y = x^{\sin x}$ 代入,得 $y' = x^{\sin x}\left(\cos x \ln x + \dfrac{\sin x}{x}\right)$.

**真题 2** (2011 计算机)求函数 $y = \left(\dfrac{x}{1+x}\right)^x (x > 0)$ 的导数.

**解** 在方程两边同时取对数,得 $\ln y = x[\ln x - \ln(1+x)]$,

在方程两边同时对 $x$ 求导,得 $\dfrac{1}{y}y' = \ln\left(\dfrac{x}{1+x}\right) + x\left(\dfrac{1}{x} - \dfrac{1}{1+x}\right) = \ln\left(\dfrac{x}{1+x}\right) + \dfrac{1}{1+x}$,

所以 $\dfrac{\mathrm{d}y}{\mathrm{d}x} = \left(\dfrac{x}{1+x}\right)^x\left[\ln\left(\dfrac{x}{1+x}\right) + \dfrac{1}{1+x}\right]$.

**【名师点评】**对于函数 $y = u(x)^{v(x)}[(u(x) > 0]$ 求导,有如下两种方法:
(1) 对数求导法:两边取对数,即 $\ln y = v(x)\ln u(x)$;
(2) 公式变形法:变形为复合指数函数,即 $y = \mathrm{e}^{v(x)\ln u(x)}$.

### 考点方法综述

1. 欲求由方程 $F(x, y) = 0$ 所确定的隐函数 $y = f(x)$ 的导数,要把方程中的 $x$ 看作自变量,而将 $y$ 视为 $x$ 的函数,方程中关于 $y$ 的函数便是 $x$ 的复合函数,用复合函数的求导法则,便可得到关于 $y'$ 的一次方程,从中解出 $y'$ 即为所求.

2. 求隐函数 $y = f(x)$ 在 $x_0$ 处的导数 $y'|_{x=x_0}$ 时,通常由原方程解出相应的 $y_0$,然后将点 $(x_0, y_0)$ 一起代入 $y'$ 的表达式中,便可求得 $y'|_{x=x_0}$.

3. 对数求导法常用于下列两类函数求导:(1)形如 $[u(x)]^{v(x)}$ 的幂指函数;(2)由多个因式乘除、乘方、开方混合运算所构成的函数,计算步骤是先取对数,再求导数.

**注:**幂指函数求导数还可以恒等变形为复合函数,利用复合函数的求导法则求解.

# 第四节 高阶导数

### 考纲内容解读

**一、新大纲基本要求**

1. 理解高阶导数的概念;
2. 会求简单函数的高阶导数.

**二、新大纲名师解读**

在专升本考试中,本节主要考查以下内容:
1. 计算函数的二阶、三阶导数;
2. 简单函数的 $n$ 阶导数.
高阶导数的计算,特别是 $n$ 阶导数的计算是难点,但在专升本考试中只要求掌握一些简单函数的 $n$ 阶导数计算即可.所以在学习中需要掌握一些简单函数 $n$ 阶导数的结论,这对于高阶导数的学习是非常有帮助的.

### 考点内容解析

**一、高阶导数的定义**

函数 $y = f(x)$ 的导数 $y' = f'(x)$ 一般来说仍然是关于 $x$ 的函数,因此可以继续对 $y' = f'(x)$ 求导,把 $y' = f'(x)$ 的导数称为函数 $y = f(x)$ 的二阶导数,记作 $y''$ 或 $\dfrac{\mathrm{d}^2 y}{\mathrm{d}x^2}$,即

$$f''(x) = \lim_{\Delta x \to 0} \frac{f'(x + \Delta x) - f'(x)}{\Delta x}.$$

函数 $f(x)$ 的二阶导数 $f''(x) = [f'(x)]'$ 实际上是函数 $f(x)$ 的变化率 $f'(x)$ 的变化率.

类似地,二阶导数的导数称为三阶导数,三阶导数的导数称为四阶导数……一般地,$n-1$ 阶导数的导数称为 $n$ **阶导数**,分别记作

$$y''',\quad y^{(4)},\quad \cdots,\quad y^{(n)} \qquad \text{或} \qquad \frac{\mathrm{d}^3 y}{\mathrm{d}x^3},\quad \frac{\mathrm{d}^4 y}{\mathrm{d}x^4},\quad \cdots,\quad \frac{\mathrm{d}^n y}{\mathrm{d}x^n}.$$

二阶及二阶以上的导数统称为函数的高阶导数.

**二、高阶导数的运算法则**

若函数 $u = u(x), v = v(x)$ 在点 $x$ 处具有 $n$ 阶导数,则 $u(x) \pm v(x), Cu(x)$($C$ 为常数)在点 $x$ 处具有 $n$ 阶导数,且

$$(u \pm v)^{(n)} = u^{(n)} \pm v^{(n)},$$
$$(Cu)^{(n)} = Cu^{(n)}.$$

求函数的高阶导数并非就是一次一次地求导这么简单,我们常需要将所求函数进行恒等变形,利用已知函数的高阶导数公式,并结合求导运算法则、变量代换或通过寻找规律来得到高阶导数的通项公式.

### 考点例题分析

**考点一　求二阶、三阶导函数(值)**

**【考点分析】**在专升本考试中,一般要求学生会计算函数的二阶导数. 要求二阶导数 $y''$,必须先求一阶导数 $y'$,再对 $y'$ 求 $x$ 的导数.

**例 1**　设 $f(x) = \mathrm{e}^x \sin x + \mathrm{e}^2$,求 $f''(x)$.

**解**　$f'(x) = \mathrm{e}^x(\sin x + \cos x)$,

$f''(x) = \mathrm{e}^x(\sin x + \cos x) + \mathrm{e}^x(\cos x - \sin x) = 2\mathrm{e}^x \cos x.$

**例 2**　设 $y = \ln \sqrt{1 + x^2}$,则 $y'' = $ _____.

**解**　因为 $y = \ln \sqrt{1 + x^2} = \frac{1}{2}\ln(1 + x^2)$,所以 $y' = \frac{x}{1 + x^2}$,$y'' = \left(\frac{x}{1 + x^2}\right)' = \frac{1 + x^2 - 2x^2}{(1 + x^2)^2} = \frac{1 - x^2}{(1 + x^2)^2}$.

故应填 $\dfrac{1 - x^2}{(1 + x^2)^2}$.

**【名师点评】**看到对数函数时,先利用对数的性质去根号化简,再利用复合函数的求导法则进行求导,这样可使计算量减少. 在使用商法则求二阶导数时,一定要注意法则的准确使用.

**例 3**　设 $y = x\ln(x + \sqrt{x^2 + a^2}) - \sqrt{x^2 + a^2}$,求 $y', y''$.

**解**　$y' = \ln(x + \sqrt{x^2 + a^2}) + x \cdot \dfrac{x}{x + \sqrt{x^2 + a^2}} \cdot \left(1 + \dfrac{2x}{2\sqrt{x^2 + a^2}}\right) - \dfrac{2x}{2\sqrt{x^2 + a^2}}$

$\qquad = \ln(x + \sqrt{x^2 + a^2}),$

$\qquad y'' = \dfrac{1}{x + \sqrt{x^2 + a^2}}\left(1 + \dfrac{x}{\sqrt{x^2 + a^2}}\right) = \dfrac{1}{\sqrt{x^2 + a^2}}.$

**例 4**　设 $y = \ln \sqrt{\dfrac{1 - x}{1 + x^2}}$,则 $y''\Big|_{x=0} = $ _____.

**解**　将函数变形,得 $y = \dfrac{1}{2}\left[\ln(1 - x) - \ln(1 + x^2)\right]$,

再连续求导两次,得 $y' = \dfrac{1}{2}\left(\dfrac{-1}{1 - x} - \dfrac{2x}{1 + x^2}\right)$,$y'' = \dfrac{1}{2}\left[-\dfrac{1}{(1 - x)^2} - \dfrac{2(1 - x^2)}{(1 + x^2)^2}\right]$,所以 $y''\Big|_{x=0} = -\dfrac{3}{2}$.

故应填 $-\dfrac{3}{2}$.

**【名师点评】**要求导数值,必须先求导函数.因为函数中有对数,故可先利用对数的性质去根号、变真数中的商式为同底的对数的差,避免了商的求导法则的使用,使得计算量减少.

**例5** 设 $y = \sin^4 x - \cos^4 x$,求 $y''$.

**解** 因为 $y = \sin^4 x - \cos^4 x = (\sin^2 x - \cos^2 x)(\sin^2 x + \cos^2 x) = \sin^2 x - \cos^2 x = -\cos 2x$,

所以 $y' = 2\sin 2x$,从而 $y'' = 4\cos 2x$.

**【名师点评】**对于较复杂的函数求导,可先对函数进行化简、变形,再求导.该函数中含有高次幂,且含有三角函数,故可考虑先利用三角函数关系式进行降幂化简,然后再求导.这样能够简化计算.

**例6** 设 $y = f(e^x)$($f$ 为二阶可导),则 $y'' = $ _____.

**解** $y' = e^x f'(e^x)$,$y'' = (e^x)^2 f''(e^x) + e^x f'(e^x)$.

故应填 $(e^x)^2 f''(e^x) + e^x f'(e^x)$.

**【名师点评】**这是抽象复合函数求导问题,由于已知 $f(x)$ 的二阶导数存在,故只需按导数法则逐阶求导即可.

## 考点二 求高阶导数的通项公式

**【考点分析】**求 $n$ 阶导数,是近几年的专升本考试中常考的知识点之一.

解题时,应先求低阶导数,由不完全归纳法归纳出 $n$ 阶导函数,然后将 $x = x_0$ 代入求导数值.求解高阶导数时要注意以下几点:

1. 为了使解题变得简单,在求导数前或者求完一阶导数后,能化简的先化简;

2. 导数可以多求几阶,以便于观察总结规律;

3. 求导时保留原始形式,以便于归纳.

**例1** 设 $y = (x+3)^n$($n$ 为正整数),则 $y^{(n)}(2) = $ _____.

A. $5^n$ B. $n!$ C. $5^n n$ D. $n$

**解** 因为 $y' = n(x+3)^{n-1}$,$y'' = n(n-1)(x+3)^{n-2}$,$y''' = n(n-1)(n-2)(x+3)^{n-3}$,$\cdots$,

$y^{(n)} = n(n-1)(n-2)\cdots 1 = n!$,所以 $y^{(n)}(2) = n!$.

故应选 B.

**例2** 设 $y = x^\mu$,求 $y^{(n)}$.

**解** $y' = \mu x^{\mu-1}$,$y'' = \mu(\mu-1)x^{\mu-2}$,$\cdots$

由不完全归纳法,得 $y^{(n)} = \mu(\mu-1)(\mu-2)\cdot\cdots\cdot(\mu-n+1)x^{\mu-n}$.

特别地,当 $\mu = n$ 时,即 $y = x^n$,其 $n$ 阶导数 $y^{(n)} = (x^n)^{(n)} = n!$;

当 $\mu = n+1$ 时,$y^{(n+1)} = (n!)^{(n)} = 0$,从而当 $n > \mu$ 时,$y^{(n+1)} = y^{(n+2)} = \cdots = 0$.

**【名师点评】**在专升本考试中,可把幂函数的高阶导数

$$(x^\mu)^{(n)} = \mu(\mu-1)(\mu-2)\cdot\cdots\cdot(\mu-n+1)x^{\mu-n}$$

作为公式使用.特别地,当 $\mu = n$ 时,即 $y = x^n$,其 $n$ 阶导数为

$$y^{(n)} = (x^n)^{(n)} = n!.$$

**例3** 设 $y = \ln x$,则 $y^{(n)} = $ _____.

A. $(-1)^n n! \ x^{-n}$ B. $(-1)^n (n-1)! \ x^{-2n}$

C. $(-1)^{n-1}(n-1)! \ x^{-n}$ D. $(-1)^{n-1} n! \ x^{-n+1}$

**解** 因为 $y' = \dfrac{1}{x} = x^{-1}$,$y'' = (-1)x^{-2}$,$y''' = (-1)(-2)x^{-3}$,$\cdots$

于是,$y^{(n)} = (-1)^{n-1}(n-1)! \ x^{-n}$.

故应选 C.

**【名师点评】**因为函数 $y = \ln x$ 的各阶导数中,"+""—"交替出现,故可归纳出 $y^{(n)}$ 中有 $(-1)^{n-1}$,然后再分别观察分子、分母的规律,进而使用不完全归纳法归纳出 $y^{(n)} = \dfrac{(-1)^{n-1}(n-1)!}{x^n}$.

上述解法中的各阶导数中含有分式,不便于观察规律. 我们可以在求完一阶导数后将其转化成幂函数,然后求各阶导数时原始的数据都保留,这样更容易观察出规律,故该题又可解为:

**解**　因为 $y' = \dfrac{1}{x} = x^{-1}, y'' = -x^{-2}, y''' = -2x^{-3}, y^{(4)} = 2 \cdot 3 x^{-4}, \cdots$

于是,由不完全归纳法可以得出 $y^{(n)} = (-1)n(n-1)!\ x^{-n}$.

**例 4**　设 $y = (x^2+1)^{10}(x^9+x^3+1)$,则 $y^{(30)} = $ _____.

**解**　$y$ 作为 $x$ 的多项式,其最高次项为 $x^{29}$,即 $y = x^{29} + $ 低于 29 次的各项.

故知 $y^{(29)} = 29!$,所以 $y^{(30)} = 0$.

故应填 0.

**【名师点评】**该题目需要先观察出函数的形式 —— 多项式函数,且最高次幂为 29,于是可以根据幂函数的 $n$ 阶导数公式 $(x^n)^{(n)} = n!$,得出 $(x^{29})^{(30)} = (n!)' = 0$.

## ▶考点真题解析◀

### 考点一　求二阶、三阶导数(值)

**真题 1**　(2020 高数三)已知函数 $f(x) = e^{2x}$,则 $f''(x) = $ _____.

**解**　因为 $f'(x) = 2e^{2x}$,所以 $f''(x) = 4e^{2x}$.

故应填 $4e^{2x}$.

**真题 2**　(2019 机械、交通、电气、电子、土木)求函数 $y = e^{2x}\sin 3x$ 的一阶及二阶导数.

**解**　$\dfrac{dy}{dx} = e^{2x}(2\sin 3x + 3\cos 3x)$,

$\dfrac{d^2 y}{dx^2} = \dfrac{d}{dx}\left(\dfrac{dy}{dx}\right) = \dfrac{d}{dx}\left[e^{2x}(2\sin 3x + 3\cos 3x)\right] = e^{2x}(-5\sin 3x + 12\cos 3x)$.

**真题 3**　(2017 电商)设函数 $y = xe^x$,则 $y'' = $ _____.

**解**　$y' = (xe^x)' = e^x + xe^x$,

$y'' = (e^x + xe^x)' = 2e^x + xe^x = (x+2)e^x$.

故应填 $(x+2)e^x$.

**真题 4**　(2014 工商管理)若 $y = x\sqrt{a^2-x^2} + a^2 \arcsin\dfrac{x}{a}$,求 $y''$.

**解**　因为 $y = x\sqrt{a^2-x^2} + a^2\arcsin\dfrac{x}{a}$,所以

$y' = \sqrt{a^2-x^2} - x\dfrac{2x}{2\sqrt{a^2-x^2}} + \dfrac{a^2}{\sqrt{1-\left(\dfrac{x}{a}\right)^2}} \cdot \dfrac{1}{a} = \sqrt{a^2-x^2} - \dfrac{x^2-a^2}{\sqrt{a^2-x^2}} = 2\sqrt{a^2-x^2}$,

于是 $y'' = \dfrac{-2x}{\sqrt{a^2-x^2}}$.

**真题 5**　(2015 会计、国贸、电商,2010 会计)若 $f(x) = x^2\ln x$,则 $f'''(2) = $ _____.

A. $\ln 2$　　　　　　　B. $4\ln 2$　　　　　　　C. 2　　　　　　　D. 1

**解**　根据题意,易求 $f'(x) = 2x\ln x + x$,从而有 $f''(x) = 2\ln x + 3$,进而有 $f'''(x) = \dfrac{2}{x}$,

所以 $f'''(2) = 1$.

故应选 D.

## 考点二 求高阶导数的通项公式

**真题1** (2017国贸)若函数 $y = a^x$,则 $y^{(n)} = $ _____.

**解** 因为 $y' = \ln a \cdot a^x, y'' = \ln a \cdot \ln a \cdot a^x = (\ln a)^2 \cdot a^x, y''' = (\ln a)^2 \cdot \ln a \cdot a^x = (\ln a)^3 \cdot a^x, \cdots$

所以由不完全归纳法得 $y^{(n)} = (\ln a)^n \cdot a^x$.

故应填 $(\ln a)^n \cdot a^x$.

求 $f(x)$ 的 $n$ 阶导数时,一般先求出前几阶导数,从中找出规律,从而得出 $f(x)$ 的 $n$ 阶导数表达式.

**真题2** (2016会计、国贸、电商、工商)若函数 $y = e^{ax}$,则 $y^{(n)}(1) = $ _____.

**解** 因为 $y' = ae^{ax}, y'' = a^2 e^{ax}, y''' = a^3 e^{ax}, \cdots, y^{(n)} = a^n e^{ax}$,所以 $y^{(n)}(1) = a^n e^a$.

故应填 $a^n e^a$.

**真题3** (2016电子)设 $y = x^n (n$ 为正整数$)$,则 $y^{(n)}(x) = $ _____.

A. 0          B. 1          C. $n!$          D. $n$

**解** $y' = nx^{n-1}, y'' = n(n-1)x^{n-2}, y'''(x) = n(n-1)(n-2)x^{n-3}, \cdots,$

$y^{(n)}(x) = n(n-1)(n-2)\cdots 1 = n!$.

故应选 C.

### 考点方法综述

求函数的 $n$ 阶导数通项时,先求低阶导数,从中找出规律,再由不完全归纳法归纳出 $n$ 阶导数的表达式.求解时要注意以下几点:

① 在求导数前或者求完一阶导数后,函数能化简的先化简,以便于计算;

② 导数可以多求几阶,以便于观察总结规律;

③ 求导时保留原始形式,以便于归纳.

# 第五节 微分及其应用

### 考纲内容解读

**一、新大纲基本要求**

1.理解微分的概念;

2.理解微分与导数的关系;

3.掌握微分运算法则,会求函数的一阶微分.

**二、新大纲名师解读**

在专升本考试中,本节主要考查以下内容:

1.微分的概念;

2.微分的计算;

3.可微与可导的关系.

微分是一元函数微分学中另一个重要的概念,它指的是当自变量有微小改变时,函数大体上改变了多少.微分的相关知识在专升本考试中也是必考的内容之一.

**考点内容解析**

**一、微分的概念**

**1. 微分的定义**

设函数 $y = f(x)$ 在 $x_0$ 的某邻域 $U(x_0)$ 内有定义, $x_0 + \Delta x \in U(x_0)$, 如果函数的增量 $\Delta y = f(x_0 + \Delta x) - f(x_0)$ 可表示为

$$\Delta y = A\Delta x + o(\Delta x),$$

其中 $A$ 是不依赖于 $\Delta x$ 的常数, $o(\Delta x)$ 是比 $\Delta x$ 高阶的无穷小, 则称函数 $y = f(x)$ 在点 $x_0$ 处**可微**, $A\Delta x$ 称为 $y = f(x)$ 在点 $x_0$ 处的**微分**, 记为 $\mathrm{d}y\Big|_{x=x_0}$, 即

$$\mathrm{d}y\Big|_{x=x_0} = A\Delta x.$$

如果函数 $f(x)$ 在区间 $(a, b)$ 内的每一点 $x$ 处都可微, 则称函数 $f(x)$ 在区间 $(a, b)$ 上可微. 函数 $f(x)$ 在区间 $(a, b)$ 上的微分记为

$$\mathrm{d}y = f'(x)\Delta x.$$

通常把自变量 $x$ 的改变量 $\Delta x$ 称为**自变量的微分**, 记作 $\mathrm{d}x$, 即 $\mathrm{d}x = \Delta x$. 则在任意点 $x$ 处函数的微分

$$\mathrm{d}y = f'(x)\Delta x = f'(x)\mathrm{d}x.$$

从微分的定义 $\mathrm{d}y = f'(x)\mathrm{d}x$ 可以推出, 函数的导数就是函数的微分与自变量的微分之商, 即 $f'(x) = \dfrac{\mathrm{d}y}{\mathrm{d}x}$, 因此导数又叫"**微商**".

**2. 函数在一点可微的充分必要条件**

函数 $y = f(x)$ 在点 $x_0$ 处可微的**充分必要条件**是该函数在点 $x_0$ 处可导, 且

$$\mathrm{d}y\Big|_{x=x_0} = f'(x_0)\mathrm{d}x.$$

**二、微分的几何意义**

如图 2.1 所示, 曲线 $y = f(x)$ 在点 $M(x, y)$ 处的横坐标 $x$ 有改变量 $\Delta x$ 时, $M$ 点处**切线纵坐标的改变量**为 $\mathrm{d}y = f'(x)\Delta x$. 当 $|\Delta x| \to 0$ 时, 点 $x$ 处函数的增量 $\Delta y$ 和函数的微分 $\mathrm{d}y$ 之差趋于 $0$.

**三、微分的计算**

根据微分的表达式 $\mathrm{d}y = f'(x)\mathrm{d}x$, 要计算函数的微分, 首先要计算函数的导数, 再乘以自变量的微分. 因此, 可得到如下的微分公式和微分运算法则.

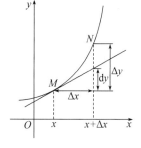

图 2.1

**1. 基本初等函数的微分公式**

$(1)\mathrm{d}C = 0;$

$(2)\mathrm{d}x^\mu = \mu x^{\mu-1}\mathrm{d}x;$

$(3)\mathrm{d}a^x = (a^x \ln a)\mathrm{d}x;$

$(4)\mathrm{d}e^x = e^x \mathrm{d}x;$

$(5)\mathrm{d}\log_a x = \dfrac{1}{x \ln a}\mathrm{d}x;$

$(6)\mathrm{d}\ln x = \dfrac{1}{x}\mathrm{d}x;$

$(7)\mathrm{d}\sin x = \cos x\,\mathrm{d}x;$

$(8)\mathrm{d}\cos x = -\sin x\,\mathrm{d}x;$

$(9)\mathrm{d}\tan x = \sec^2 x\,\mathrm{d}x;$

$(10)\mathrm{d}\cot x = -\csc^2 x\,\mathrm{d}x;$

$(11)\mathrm{d}\sec x = \sec x \tan x\,\mathrm{d}x;$

$(12)\mathrm{d}\csc x = -\csc x \cot x\,\mathrm{d}x;$

$(13)\mathrm{d}\arcsin x = \dfrac{1}{\sqrt{1-x^2}}\mathrm{d}x;$

$(14)\mathrm{d}\arccos x = -\dfrac{1}{\sqrt{1-x^2}}\mathrm{d}x;$

$(15)\mathrm{d}\arctan x = \dfrac{1}{1+x^2}\mathrm{d}x;$

$(16)\mathrm{d}\mathrm{arccot}\,x = -\dfrac{1}{1+x^2}\mathrm{d}x.$

**2. 微分的四则运算法则**

设 $u = u(x), v = v(x)$ 都是可微函数, 则

$(1)\mathrm{d}(u \pm v) = \mathrm{d}u \pm \mathrm{d}v;$

$(2)\mathrm{d}(uv) = v\mathrm{d}u + u\mathrm{d}v;$

$(3)\mathrm{d}(Cu) = C\mathrm{d}u(C$ 为常数$);$

$(4)\mathrm{d}\left(\dfrac{u}{v}\right) = \dfrac{v\mathrm{d}u - u\mathrm{d}v}{v^2}(v(x) \neq 0).$

**3.复合函数的微分法则**

设 $y = f(u), u = \varphi(x)$ 都可导,则复合函数 $y = f[\varphi(x)]$ 的微分为

$$dy = f'(u)du = f'[\varphi(x)]\varphi'(x)dx.$$

❀考点例题分析❀

## 考点一 微分的定义

**【考点分析】**

**定义** 设函数 $y = f(x)$ 在点 $x$ 处有导数 $f'(x)$,则称 $f'(x)\Delta x$ 为函数 $y = f(x)$ 在点 $x$ 处的微分,记作 $dy$ 或 $df(x)$,即 $dy = f'(x)\Delta x$,这时也称函数 $y = f(x)$ 在点 $x$ 处可微.

这个定义可简述为:函数的微分等于函数的导数与自变量增量的乘积.

**例 1** 设函数 $y = f(x), f'(x_0) = \dfrac{1}{2}$,则当 $\Delta x \to 0$ 时,$f(x)$ 在 $x = x_0$ 处的微分 $dy$ 是 _____.

A. 与 $\Delta x$ 等价的无穷小　　　　　　　　B. 与 $\Delta x$ 同阶但不等价的无穷小

C. 比 $\Delta x$ 高阶的无穷小　　　　　　　　D. 比 $\Delta x$ 低阶的无穷小

**解** 因 $\lim\limits_{\Delta x \to 0} \dfrac{dy}{\Delta x} = \lim\limits_{\Delta x \to 0} \dfrac{f'(x_0)\Delta x}{\Delta x} = f'(x_0) = \dfrac{1}{2}$,故当 $\Delta x \to 0$ 时,$dy$ 是与 $\Delta x$ 同阶但不等价的无穷小.

故应选 B.

**【名师点评】**本题考查的是微分的定义以及无穷小量的比较两个知识点.

函数 $y = f(x)$ 在点 $x_0$ 处的微分是 $dy\Big|_{x=x_0} = f'(x_0)\Delta x$,当 $\Delta x \to 0$ 时,$f(x)$ 在 $x = x_0$ 处的微分是一个无穷小量;

对于两个无穷小量 $\alpha, \beta$,若 $\lim \dfrac{\beta}{\alpha} = c \neq 0$,则称 $\beta$ 与 $\alpha$ 是同阶的无穷小.

**例 2** 设函数 $f(u)$ 可导,$y = f(x^2)$ 当自变量 $x$ 在 $x = -1$ 处取得增量 $\Delta x = -0.1$ 时,相应的函数增量 $\Delta y$ 的线性主部为 $0.1$,则 $f'(1) =$ _____.

A. $-1$　　　　　　B. $0.1$　　　　　　C. $1$　　　　　　D. $0.5$

**解** 根据微分的定义,有 $dy = f'(x^2) \cdot 2x dx$,即 $0.1 = f'(1) \times (-2) \times (-0.1)$,解得 $f'(1) = 0.5$.

故应选 D.

**例 3** "$f(x)$ 在点 $x = x_0$ 处可微",是"$f(x)$ 在点 $x = x_0$ 处连续"的 _____.

A. 充分且必要条件　　B. 必要非充分条件　　C. 充分非必要条件　　D. 既非充分也非必要条件

**解** 函数在一点可微,一定在该点连续.但函数在一点连续,不一定在该点可微.

故应选 C.

**【名师点评】**函数 $y = f(x)$ 在点 $x_0$ 处可微、可导、连续三者的关系如下:

1.函数 $y = f(x)$ 在点 $x_0$ 处可微与可导是等价的:可微必可导,可导必可微;

2.函数 $y = f(x)$ 在点 $x_0$ 处可导,必在此点连续;

3.函数 $y = f(x)$ 在点 $x_0$ 处连续,未必在此点可导.

## 考点二 微分的计算

**【考点分析】**求函数的微分,可以利用微分与导数的关系,先求导数,再写成微分的形式;也可以直接利用微分法则和微分公式求微分.

**例1** 设 $y = e^{-\frac{x}{2}}\cos 3x$,则 $dy =$ _____.

**解** $dy = (e^{-\frac{x}{2}}\cos 3x)'dx = \left(-\frac{1}{2}e^{-\frac{x}{2}}\cos 3x - 3e^{-\frac{x}{2}}\sin 3x\right)dx.$

故应填 $\left(-\frac{1}{2}e^{-\frac{x}{2}}\cos 3x - 3e^{-\frac{x}{2}}\sin 3x\right)dx.$

> **【名师点评】** 本题也可以用微分的四则运算法则计算:
>
> $$dy = d(e^{-\frac{x}{2}}\cos 3x) = \cos 3x\,de^{-\frac{x}{2}} + e^{-\frac{x}{2}}d\cos 3x$$
>
> $$= -\frac{1}{2}\cos 3x\,e^{-\frac{x}{2}}dx - 3e^{-\frac{x}{2}}\sin 3x\,dx = \left(-\frac{1}{2}\cos 3x\,e^{-\frac{x}{2}} - 3e^{-\frac{x}{2}}\sin 3x\right)dx.$$

**例2** 设 $y = \cos(\sin x)$,则 $dy =$ _____.

**解** $dy = y'dx = -\sin(\sin x)(\sin x)'dx = -\cos x\sin(\sin x)dx.$

故应填 $-\cos x\sin(\sin x)dx.$

> **【名师点评】** 本题考查复合函数的微分,除了用微分的定义求解外,还可以用一阶微分形式的不变性求解如下:
>
> $$d[\cos(\sin x)] = -\sin(\sin x)d\sin x = -\sin(\sin x)\cos x\,dx.$$

**例3** 已知 $y = x^{\sin x}$,则 $dy =$ _____.

**解** 方程两边同时取对数,得 $\ln y = \sin x\ln x$,

方程两边同时对 $x$ 求导,得 $\frac{1}{y}y' = \cos x\ln x + \sin x\cdot\frac{1}{x}$,

即 $y' = x^{\sin x}\left(\cos x\ln x + \frac{1}{x}\sin x\right)$,因此 $dy = x^{\sin x}\left(\cos x\ln x + \frac{\sin x}{x}\right)dx.$

故应填 $x^{\sin x}\left(\cos x\ln x + \frac{\sin x}{x}\right)dx.$

> **【名师点评】** 本题考查幂指函数求微分.还可以将函数 $y = x^{\sin x}$ 转化为复合函数 $y = e^{\sin x\ln x}$ 后,用复合函数求微分的方法求解.解法如下:
>
> $$de^{\sin x\ln x} = e^{\sin x\ln x}d(\sin x\ln x) = e^{\sin x\ln x}(\sin x\,d\ln x + \ln x\,d\sin x)$$
>
> $$= e^{\sin x\ln x}\left(\frac{\sin x}{x}dx + \ln x\cos x\,dx\right) = x^{\sin x}\left(\frac{\sin x}{x} + \ln x\cos x\right)dx.$$

**例4** 设函数 $y = y(x)$ 由方程 $2^{xy} = x + y$ 所确定,则 $dy\Big|_{x=0} =$ _____.

A. $\ln 2 - 1$      B. $\ln 2\cdot dx$      C. $(\ln 2 + 1)dx$      D. $(\ln 2 - 1)dx$

**解** 把 $x = 0$ 代入 $2^{xy} = x + y$,得 $y = 1$,

对方程两端关于 $x$ 求导得 $2^{xy}\cdot\ln 2\cdot(y + xy') = 1 + y'.$

令 $x = 0, y = 1$,得 $y'\Big|_{\substack{x=0\\y=1}} = \ln 2 - 1$,所以 $dy\Big|_{\substack{x=0\\y=1}} = y'dx\Big|_{\substack{x=0\\y=1}} = (\ln 2 - 1)dx.$

故应选 D.

> **【名师点评】** 本题也可以在方程 $2^{xy} = x + y$ 两端直接求微分,得 $2^{xy}\cdot\ln 2\cdot d(xy) = dx + dy.$
> 整理,得 $2^{xy}\cdot\ln 2\cdot(ydx + xdy) = dx + dy$,将 $x = 0, y = 1$ 代入方程,得 $\ln 2dx = dx + dy$,
> 解得 $dy = (\ln 2 - 1)dx.$

**例5** 设方程 $x = y^y$ 确定 $y$ 是 $x$ 的函数,则 $dy =$ _____.

A. $\frac{1}{x(1-\ln y)}dx$     B. $\frac{1}{x(1+\ln y)}dx$     C. $\frac{1}{1+\ln y}dx$     D. $\frac{1}{x(1+\ln y)}$

**解** 方程两边关于 $x$ 求导,得 $1 = e^{y\ln y}\left(y'\ln y + y\frac{1}{y}y'\right)$,

则 $y' = \dfrac{1}{y^y(1+\ln y)} = \dfrac{1}{x(1+\ln y)}$，从而 $\mathrm{d}y = y'\mathrm{d}x = \dfrac{1}{x(1+\ln y)}\mathrm{d}x$.

故应选 B.

> **【名师点评】** 本题是隐函数求微分的题型,但隐函数中又包含了幂指函数部分 $y^y$. 也可以先按照幂指函数求微分的方法,在方程 $x = y^y$ 两端同时取对数,得 $\ln x = y\ln y$.
>
> 再在隐函数方程两边取微分,得 $\dfrac{1}{x}\mathrm{d}x = y\mathrm{d}\ln y + \ln y\mathrm{d}y$,整理得 $\dfrac{1}{x}\mathrm{d}x = y \cdot \dfrac{1}{y}\mathrm{d}y + \ln y\mathrm{d}y$,
>
> 解得 $\mathrm{d}y = \dfrac{1}{x(1+\ln y)}\mathrm{d}x$.

**例6** 若 $f(u)$ 可导,且 $y = f(2^x)$,则 $\mathrm{d}y = $ _____.

A. $f'(2^x)\mathrm{d}x$          B. $f'(2^x)\mathrm{d}2^x$          C. $[f(2^x)]'\mathrm{d}2^x$          D. $f'(2^x)2^x\mathrm{d}x$

**解** $\mathrm{d}y = \mathrm{d}f(2^x) = [f(2^x)]'\mathrm{d}x = f'(2^x) \cdot (2^x)'\mathrm{d}x = f'(2^x)\mathrm{d}2^x$.

故应选 B.

> **【名师点评】** 本题考查抽象复合函数的微分. $y = f(2^x)$ 可分解为 $y = f(u)$, $u = 2^x$ 两层函数. 由一阶微分形式的不变性,知 $\mathrm{d}y = f'(u)\mathrm{d}u$,即 $\mathrm{d}y = f'(2^x)\mathrm{d}2^x$ 或 $\mathrm{d}y = f'(2^x) \cdot 2^x\ln 2\mathrm{d}x$.
>
> 本题涉及求复合函数的微分这个知识点. 求复合函数的微分既可以按照微分的定义 $\mathrm{d}y = f'(x)\mathrm{d}x$ 进行求解,实质上就是计算复合函数的导数 $f'(x)$;也可以按照复合函数一阶微分形式的不变性进行求解.

**例7** 设 $y = f(t)$, $t = \varphi(x)$ 都可微,则 $\mathrm{d}y = $ _____.

A. $f'(t)\mathrm{d}t$          B. $\varphi'(x)\mathrm{d}x$          C. $f'(t)\varphi'(x)\mathrm{d}t$          D. $f'(t)\mathrm{d}x$

**解** $\mathrm{d}y = f'(t)\mathrm{d}t$ 或 $\mathrm{d}y = f'(t)\varphi'(x)\mathrm{d}x$.

故应选 A.

> **【名师点评】** 本题考查一阶微分形式的不变性. 对于 $y = f(t)$ 来说,无论 $t$ 是自变量还是中间变量,函数的微分形式 $\mathrm{d}y = f'(t)\mathrm{d}t$ 都保持不变. 如果将 $y = f(t)$, $t = \varphi(x)$ 看作复合函数 $y = f[\varphi(x)]$,则由微分的定义,$\mathrm{d}y = y'\mathrm{d}x$.
>
> 再由复合函数的求导法则,知 $\mathrm{d}y = f'(t)\varphi'(x)\mathrm{d}x$. 而 $\varphi'(x)\mathrm{d}x = \mathrm{d}t$,故 $\mathrm{d}y = f'(t)\mathrm{d}t$.

**例8** 设 $y = f(\ln x)e^{f(x)}$,其中 $f$ 可微,则 $\mathrm{d}y = $ _____.

**解** 先求函数的导数,得

$$y' = [f(\ln x)]'e^{f(x)} + f(\ln x)[e^{f(x)}]' = f'(\ln x) \cdot \dfrac{1}{x} \cdot e^{f(x)} + f(\ln x)e^{f(x)} \cdot f'(x)$$

所以

$$\mathrm{d}y = y'\mathrm{d}x = e^{f(x)}\left[\dfrac{1}{x}f'(\ln x) + f'(x)f(\ln x)\right]\mathrm{d}x.$$

故应填 $e^{f(x)}\left[\dfrac{1}{x}f'(\ln x) + f'(x)f(\ln x)\right]\mathrm{d}x$.

> **【名师点评】** 本题是一道综合题目,既考查了微分的四则运算,又考查了复合函数的微分. 由微分的四则运算法则,得 $\mathrm{d}y = e^{f(x)}\mathrm{d}f(\ln x) + f(\ln x)\mathrm{d}e^{f(x)}$.
>
> 由复合函数的微分,得 $\mathrm{d}y = e^{f(x)} \cdot f'(\ln x)\mathrm{d}\ln x + f(\ln x) \cdot e^{f(x)}\mathrm{d}f(x)$.
>
> 整理,得 $\mathrm{d}y = e^{f(x)} \cdot \dfrac{f'(\ln x)}{x}\mathrm{d}x + f(\ln x) \cdot e^{f(x)}f'(x)\mathrm{d}x$.
>
> 即 $\mathrm{d}y = e^{f(x)}\left[\dfrac{1}{x}f'(\ln x) + f'(x)f(\ln x)\right]\mathrm{d}x$.

## 考点真题解析

### 考点一 微分的定义

**真题 1** （2015 会计、国贸、电商，2010 会计）判断：设函数 $y=f(x)$ 在点 $x_0$ 处可导，则 $y=f(x)$ 在 $x_0$ 处可微. _____.

**解** 一元函数在一点可导和可微是等价的.

故应填正确.

**真题 2** （2014 管理）一元函数中连续是可微的 _____ 条件.

A. 充分          B. 必要          C. 充要          D. 无关

**解** 一元函数中可微一定连续，连续不一定可微.（一元函数可导和可微是等价的.）

故应选 B.

### 考点二 微分的计算

**真题 1** （2020 高数三）函数 $y=x^3+\sqrt{x}$ 的微分 $\mathrm{d}y=$ _____.

A. $\left(3x^2+\dfrac{\sqrt{x}}{2}\right)\mathrm{d}x$      B. $\left(3x^2+\dfrac{1}{2\sqrt{x}}\right)\mathrm{d}x$      C. $\left(x^2+\dfrac{\sqrt{x}}{2}\right)\mathrm{d}x$      D. $\left(x^2+\dfrac{1}{2\sqrt{x}}\right)\mathrm{d}x$

**解** 因为 $y'=3x^2+\dfrac{1}{2\sqrt{x}}$，所以 $\mathrm{d}y=\left(3x^2+\dfrac{1}{2\sqrt{x}}\right)\mathrm{d}x$.

故应选 B.

**真题 2** （2019 财经类）设 $y=\cos(\sin x)$，则 $\mathrm{d}y=$ _____.

**解** $\mathrm{d}y=\mathrm{d}\cos(\sin x)=-\sin(\sin x)\mathrm{d}\sin x=-\sin(\sin x)\cos x\,\mathrm{d}x$.

故应填 $-\sin(\sin x)\cos x\,\mathrm{d}x$.

**真题 3** （2016 会计、国贸、电商、工商）设函数 $y=y(x)$ 由方程 $\mathrm{e}^{xy}=x-y$ 所确定，求 $\mathrm{d}y\Big|_{x=0}$.

**解** 方程两边同时对 $x$ 求导，得 $\mathrm{e}^{xy}(y+xy')=1-y'$，

整理，得 $y'=\dfrac{1-y\mathrm{e}^{xy}}{1+x\,\mathrm{e}^{xy}}$，所以 $\mathrm{d}y=\dfrac{1-y\mathrm{e}^{xy}}{1+x\,\mathrm{e}^{xy}}\mathrm{d}x$，

将 $x=0$ 代入原方程，得 $y=-1$，因此 $\mathrm{d}y\Big|_{x=0}=\dfrac{1-\mathrm{e}^0}{1+0}\mathrm{d}x=2\mathrm{d}x$.

## 考点方法综述

本节需理解微分的定义和几何意义，理解可微与可导的关系，同时还要掌握微分的计算法则. 归纳如下：

1. 函数微分的四则运算法则

(1) $\mathrm{d}(u\pm v)=\mathrm{d}u\pm\mathrm{d}v$；

(2) $\mathrm{d}(uv)=v\mathrm{d}u+u\mathrm{d}v$；

(3) $\mathrm{d}(Cu)=C\mathrm{d}u$；

(4) $\mathrm{d}\left(\dfrac{u}{v}\right)=\dfrac{v\mathrm{d}u-u\mathrm{d}v}{v^2}(v\neq 0)$.

2. 已知复合函数 $y=f[\varphi(x)]$，则关于 $x$ 的微分 $\mathrm{d}y=f'[\varphi(x)]\mathrm{d}\varphi(x)=f'[\varphi(x)]\cdot\varphi'(x)\mathrm{d}x$.

3. 求函数 $y=f(x)$ 的微分 $\mathrm{d}y=f'(x)\mathrm{d}x$ 的实质是求得导数 $f'(x)$ 后再表示为微分形式，但熟练掌握微分的基本公式和复合函数的微分法则，对于积分的学习非常有帮助.

## 第二章检测训练 A

**一、单选题**

1. 已知 $f(x)$ 连续，且 $\lim\limits_{x\to 1}\dfrac{f(x)-f(1)}{x-1}=2$，则 $f'(1)=$ _____.

A. 2          B. 1          C. 0          D. $\dfrac{1}{2}$

2. 设 $f(x)$ 在 $x_0$ 处可导,且 $f'(x_0)=2$,则 $\lim\limits_{h\to 0}\dfrac{f(x_0+2h)-f(x_0)}{h}=$ _____.

A. 4      B. 2      C. 1      D. 0

3. 设函数 $f(x)=\begin{cases}\dfrac{x}{1+e^{\frac{1}{x}}}, & x<0,\\[2mm] 0, & x=0,\\[2mm] \dfrac{2x}{1+e^x}, & x>0,\end{cases}$ 则函数在 $x=0$ 处的导数为 _____.

A. 1      B. 2      C. 3      D. 4

4. 设函数 $f(x)=\begin{cases}x\cos\dfrac{1}{x}, & x>0,\\[2mm] x^2, & x\leqslant 0,\end{cases}$ 则 $f(x)$ 在 $x=0$ 处 _____.

A. 极限不存在    B. 极限存在但不连续    C. 连续但不可导    D. 可导

5. 设 $f(x)$ 在 $x=x_0$ 处可导,则 _____ $=f'(x_0)$.

A. $\lim\limits_{h\to 0}\dfrac{f(x_0-h)-f(x_0)}{h}$      B. $\lim\limits_{h\to 0}\dfrac{f(x_0+2h)-f(x_0-h)}{h}$

C. $\lim\limits_{h\to 0}\dfrac{f(x_0+2h)-f(x_0+h)}{h}$      D. $\lim\limits_{h\to 0}\dfrac{f(x_0-2h)-f(x_0-h)}{h}$

6. 曲线 $y=\sin x$ 在点 $(\pi,0)$ 处的切线斜率是 _____.

A. 1      B. 2      C. $\dfrac{1}{2}$      D. $-1$

7. 过曲线 $y=\ln x$ 上点 $(1,0)$ 处的法线方程是 _____.

A. $x-y-1=0$    B. $x+y-1=0$    C. $x-y+1=0$    D. $x+y+1=0$

8. $(x^3)^{(5)}=$ _____.

A. $3!$      B. $5!$      C. 1      D. 0

9. 设 $y=x^n+e^x$,则 $y^{(n)}=$ _____.

A. $e^x$      B. $n!$      C. $n!+ne^x$      D. $n!+e^x$

10. 设某产品的需求量 $Q$ 与价格 $P$ 的函数关系为 $Q=a-bP(a,b>0$ 为常数$)$,则需求量 $Q$ 对价格 $P$ 的弹性是 _____.

A. $-b$    B. $-\dfrac{b}{a-b}\%$    C. $-\dfrac{b}{a-b}$    D. $-\dfrac{bP}{a-bP}$

## 二、填空题

1. $f(x)$ 在点 $x_0$ 的左导数 $f'_-(x_0)$ 及右导数 $f'_+(x_0)$ 都存在且相等是 $f(x)$ 在点 $x_0$ 可导的 _____ 条件.

2. 已知 $f(x)=x(x+1)(x+2)\cdots(x+100)$,则 $f'(0)=$ _____.

3. 设函数 $f(x)$ 有连续的导数,$f(0)=0$ 且 $f'(0)=b$,若函数 $F(x)=\begin{cases}\dfrac{f(x)+a\sin x}{x}, & x\neq 0,\\[2mm] A, & x=0,\end{cases}$ 在 $x=0$ 处连续,则常

数 $A=$ _____.

4. 曲线 $y=x^2+4x+3$ 在 $x=0$ 处的切线方程为 _____.

5. 若 $y=e^x(\sin x+\cos x)$,则 $\dfrac{\mathrm{d}y}{\mathrm{d}x}=$ _____.

6. 函数 $y=\left[\ln(1-x)\right]^2$ 的微分 $\mathrm{d}y=$ _____.

7. 设 $y=\ln(x+\sqrt{1+x^2})$,则 $y'''\big|_{x=\sqrt{3}}=$ _____.

8. 设 $y=f(x^2)$ 的二阶导数存在,则 $y''=$ _____.

9. 由方程 $x^2-y^2-4xy=0$ 确定的隐函数的导数 $\dfrac{\mathrm{d}y}{\mathrm{d}x}=$ _____.

10. 设 $f(x)$ 的 $n-1$ 阶导数 $f^{(n-1)}(x)=x\ln x$,则 $f^{(n)}(x)=$ _____.

**三、计算题**

1. 设 $f(x) = x(x+1)(x+2)\cdots(x+2012)$,求 $f'(0)$.

2. 设函数 $f(x)$ 在 $x=1$ 处可导,且 $f'(1)=2$,求 $\lim\limits_{x \to 1} \dfrac{f(4-3x)-f(1)}{x-1}$.

3. 求函数 $y = \cos 2x + x^{\ln x}$ 的导数.

4. 求函数 $y = 3\tan x + \sec x - 1$ 的导数.

5. 求函数 $y = \dfrac{1-x^3}{\sqrt[3]{x}}$ 的导数.

6. 求函数 $y = \dfrac{\cos 2x}{\cos x + \sin x}$ 的导数.

7. 求函数 $y = 2^{-x} + x^{-2} + e^x$ 的导数.

8. 求隐函数 $x^3 + y^3 - 3axy = a^3$ 的一阶导数 $y'$.

9. 由方程 $x^2 + xy + y^2 = 4$ 确定 $y$ 是 $x$ 的函数,求其曲线上点 $(2,-2)$ 处的切线方程.

10. 求函数 $y = \ln(1-x^2)$ 的二阶导数.

**四、证明题**

若 $f(x)$ 在 $x=0$ 处连续,且 $\lim\limits_{x \to 0} \dfrac{f(x)}{x}$ 存在,证明 $f(x)$ 在 $x=0$ 处可导.

## 第二章检测训练 B

**一、单选题**

1. 已知 $f'(0)=3$,则 $\lim\limits_{\Delta x \to 0} \dfrac{f(-\Delta x)-f(0)}{4\Delta x} = $ _____.

  A. $\dfrac{1}{4}$          B. $-\dfrac{1}{4}$          C. $\dfrac{3}{4}$          D. $-\dfrac{3}{4}$

2. 已知 $f(x)$ 可导,且 $\lim\limits_{x \to 0} \dfrac{f(1+2x)f-(1)}{x} = 1$,则 $f'(1) = $ _____.

  A. 2          B. 0          C. 1          D. $\dfrac{1}{2}$

3. 设 $f(x) = \begin{cases} \dfrac{2}{3}x^3, & x>1, \\ x^2, & x \leqslant 1, \end{cases}$ 则 $f(x)$ 在 $x=1$ 处 _____.

  A. 左、右导数均存在                 B. 左导数存在,右导数不存在

  C. 左导数不存在,右导数存在        D. 左、右导数均不存在

4. 设 $F(x) = \begin{cases} \dfrac{f(x)}{x}, & x \neq 0, \\ f(0), & x = 0, \end{cases}$ 其中 $f(x)$ 在 $x=0$ 处可导,$f'(0) \neq 0$,$f(0)=0$,则 $x=0$ 是 $F(x)$ 的 _____.

  A. 连续点                       B. 第一类间断点

  C. 第二类间断点                D. 连续点或间断点不能由此确定

5. 曲线 $y = \dfrac{1}{x}$ 在点 $\left(2, \dfrac{1}{2}\right)$ 处的切线方程为 _____.

  A. $x + 4y - 4 = 0$      B. $x - 4y - 4 = 0$      C. $4x + y - 4 = 0$      D. $4x - y - 4 = 0$

6. 已知曲线 $y = x^2 + x - 2$ 上点 $M$ 处的切线与直线 $y = 3x + 1$ 平行,则点 $M$ 的坐标为 _____.

  A. $(0,1)$          B. $(1,0)$          C. $(0,0)$          D. $(1,1)$

7. 设 $y = f(\cos x)$,则 $\dfrac{dy}{dx} = $ _____.

  A. $f'(\cos x)\sin x$      B. $f'(\cos x)\cos x$      C. $-f'(\cos x)\cos x$      D. $-f'(\cos x)\sin x$

8. 设 $y = \ln\sin x$,则 $y'' = $ _____.

  A. $\dfrac{1}{\sin^2 x}$          B. $-\dfrac{1}{\sin^2 x}$          C. $\dfrac{1}{\cos^2 x}$          D. $-\dfrac{1}{\cos^2 x}$

9. 设总收益函数 $R(Q) = 40Q - Q^2$,则当 $Q = 15$ 时的边际收益是 _____.

    A. 0                B. 10                C. 25                       D. 375

10. 设 $f(x) = e^2 + x$,则当 $\Delta x \rightarrow 0$ 时,$f(x + \Delta x) - f(x) =$ _____.

    A. $\Delta x$                    B. $e^2 + \Delta x$               C. $e^2$                    D. 0

**二、填空题**

1. 曲线 $y = \ln x$ 在点 _____ 处的切线平行于直线 $y = 2x - 3$.

2. 函数 $f(x)$ 在点 $x_0$ 处的左、右导数存在且 _____ 是函数在点 $x_0$ 可导的 _____ 条件.

3. 设函数 $f(x)$ 在 $x = 2$ 处可导,且 $f'(2) = 1$,则 $\lim\limits_{h \to 0} \dfrac{f(2+mh) - f(2-nh)}{h} =$ _____,其中 $m, n$ 不为零.

4. 设 $f(x) = 2^x \cdot x^3$,则 $f'(1) =$ _____.

5. 若函数 $y = -\dfrac{1}{2}\cos 2x$,则 $dy =$ _____.

6. 设 $f(x) = \begin{cases} x^3 + 2, & x < 1, \\ 3x, & x \geqslant 1, \end{cases}$ 则 $f'(1) =$ _____.

7. 若曲线 $y = f(x)$ 在点 $(x_0, f(x_0))$ 处的切线平行于直线 $y = 2x - 3$,则 $f'(x_0) =$ _____.

8. 由方程 $xy + \ln y = 0$ 可确定 $y$ 是 $x$ 的隐函数,则 $dy =$ _____ $dx$.

9. 设 $y = \ln\sqrt{\dfrac{1-x}{1+x^2}}$,则 $y''\Big|_{x=0} =$ _____.

10. 设 $y = f(e^x)$($f$ 为二阶可导),则 $y'' =$ _____.

**三、解答题**

1. 设函数 $f(x)$ 在 $x = 1$ 处可导,且 $f'(1) = 2$,求 $\lim\limits_{x \to 1} \dfrac{f(4-3x) - f(2-x)}{x-1}$.

2. 求函数 $y = \ln x + 3\log_2 x$ 的导数.

3. 求函数 $y = \sin x \cdot \cos x$ 的导数.

4. 已知 $y = x^2 e^{\frac{1}{x}}$,求 $y'$.

5. 求函数 $y = \ln\dfrac{\sqrt{x} \cdot \sin x}{1+x^2}$ 的一阶导数.

6. 求函数 $y = 2\sin(3x + 1) + e^2$ 的一阶导数.

7. 求函数 $y = \ln\sqrt{\dfrac{e^{2x}}{e^{2x}+1}}$ 的导数 $\dfrac{dy}{dx}$.

8. 求由方程 $xy - e^x + e^y = 0$ 确定的隐函数 $y$ 的导数 $\dfrac{dy}{dx}$ 及 $\dfrac{dy}{dx}\Big|_{x=0}$.

9. 求由方程 $xy = e^{x+y}$ 所确定的隐函数的导数 $\dfrac{dy}{dx}$.

10. 求函数 $y = e^{-x}\sin x$ 的二阶导数.

**四、证明题**

设 $f(x)$ 在 $(-\infty, +\infty)$ 内可导,证明:

(1) 若 $f(x)$ 为偶函数,则 $f'(-x)$ 为奇函数;

(2) 若 $f(x)$ 为奇函数,则 $f'(x)$ 为偶函数.

# 第三章 微分中值定理及其应用

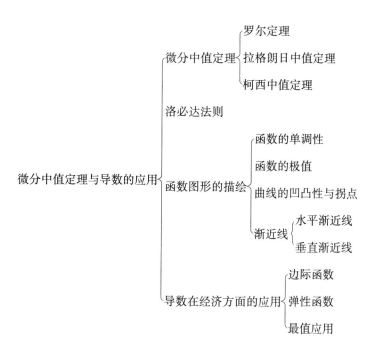

微分中值定理与导数的应用

- 微分中值定理
  - 罗尔定理
  - 拉格朗日中值定理
  - 柯西中值定理
- 洛必达法则
- 函数图形的描绘
  - 函数的单调性
  - 函数的极值
  - 曲线的凹凸性与拐点
  - 渐近线
    - 水平渐近线
    - 垂直渐近线
- 导数在经济方面的应用
  - 边际函数
  - 弹性函数
  - 最值应用

## 第一节 微分中值定理

**一、新大纲基本要求**

1. 理解罗尔定理、拉格朗日中值定理;
2. 会用罗尔定理和拉格朗日中值定理解决相关问题.

**二、新大纲名师解读**

在专升本考试中,本节主要考查以下内容:

1. 罗尔定理及其几何意义;

2. 拉格朗日中值定理;

3. 拉格朗日中值定理的几何意义.

微分中值定理搭建起了运用导数知识去研究函数性态的桥梁,是应用导数的局部性质去研究函数在某区间内的整体性质的重要工具. 在专升本考试中,对中值定理的中值的计算、利用中值定理证明相关等式和不等式等都是常见的题型.

◆ 考 点 内 容 解 析 ◆

**一、罗尔定理**

设函数 $f(x)$ 满足:

(1) 在闭区间 $[a,b]$ 上连续;

(2) 在开区间 $(a,b)$ 内可导;

(3) $f(a) = f(b)$,

则至少存在一点 $\xi \in (a,b)$,使得 $f'(\xi) = 0$.

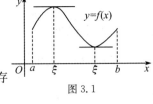

图 3.1

罗尔定理的几何意义是:在两端高度相同的一段连续曲线上,若除两端点外,处处都存在不垂直于 $x$ 轴的切线,则其中至少存在一条水平切线,如图 3.1 所示.

罗尔定理的代数意义是:当 $f(x)$ 可导时,在函数 $f(x)$ 的两个等值点之间至少存在方程 $f'(x) = 0$ 的一个根.

> **【名师解析】**(1) 定理中的 $\xi$ 不唯一,定理只表明 $\xi$ 的存在性;
>
> (2) 定理的条件是结论成立的充分条件而非必要条件. 即条件满足时结论一定成立;若条件不满足,结论可能成立也可能不成立.

**二、拉格朗日中值定理**

设函数 $f(x)$ 满足:

(1) 在闭区间 $[a,b]$ 上连续;

(2) 在开区间 $(a,b)$ 内可导,

则至少存在一点 $\xi \in (a,b)$,使得 $f'(\xi) = \dfrac{f(b) - f(a)}{b - a}$.

拉格朗日中值定理的结论也可以写作

$$f(b) - f(a) = f'(\xi)(b - a) \quad (a < \xi < b).$$

**推论 1** 设 $f(x)$ 在区间 $(a,b)$ 内可导,且 $f'(x) \equiv 0$,则 $f(x)$ 在 $(a,b)$ 内是常值函数.

**推论 2** 若在区间 $(a,b)$ 上 $f'(x) \equiv g'(x)$,则在 $(a,b)$ 上有 $f(x) - g(x) = C$($C$ 是常数).

> **【名师解析】**(1) 拉格朗日中值定理的几何意义为:在一段连续曲线上,若除两端点外处处都存在不垂直于 $x$ 轴的切线,则其中至少有一条切线平行于端点连线,如图 3.2 所示;
>
> (2) 拉格朗日中值定理是罗尔定理的一种推广,而罗尔定理是拉格朗日中值定理的一个特例;
>
> (3) 拉格朗日中值定理建立了函数与导数的等式关系,由此可以用导数来研究函数的性质.
>
> (4) 拉格朗日中值定理常用来证明"双边不等式",其推论 1 常用来证明"恒等式".

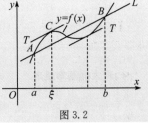

图 3.2

◆ 考 点 例 题 分 析 ◆

**考点 一　验证罗尔定理**

> **【考点分析】**此类题型在客观题中出现得较多,判断时要紧扣罗尔定理的三个条件:
>
> (1) 在闭区间 $[a,b]$ 上连续;
>
> (2) 在开区间 $(a,b)$ 内可导;
>
> (3) $f(a) = f(b)$.

**例 1** 下列函数中,在区间 $[-1,1]$ 上满足罗尔定理条件的是 _____.

A. $f(x) = \dfrac{1}{\sqrt{1 - x^2}}$ 　　　B. $f(x) = \sqrt{x^2}$ 　　　C. $f(x) = \sqrt[3]{x^2}$ 　　　D. $f(x) = x^2 + 1$

**解**　选项 A 在 $x=-1$ 和 $x=1$ 处不连续,选项 B,C 在 $x=0$ 处不可导,使用排除法,D 应为所选.事实上,可验证 $f(x)=x^2+1$ 满足罗尔定理的三个条件.

故应选 D.

---

**【名师点评】**本题直接考查罗尔定理的三个条件:①$f(x)$ 在 $[-1,1]$ 上连续;②$f(x)$ 在 $(-1,1)$ 内可导;
$$③f(-1)=f(1).$$

首先看函数的定义域是否包含 $[-1,1]$,排除 A 选项;

再看选项 B 中函数的导数,由于 $f(x)=\sqrt{x^2}=|x|=\begin{cases}-x, & x<0, \\ x, & x\geqslant0,\end{cases}$

于是 $f'_-(0)=\lim\limits_{x\to0^-}\dfrac{f(x)-f(0)}{x}=\lim\limits_{x\to0^-}\dfrac{-x-0}{x}=-1,$

而 $f'_+(0)=\lim\limits_{x\to0^+}\dfrac{f(x)-f(0)}{x}=\lim\limits_{x\to0^+}\dfrac{x-0}{x}=1,f'_-(0)\neq f'_+(0),$故可排除 B;

对于选项 C,由于 $\lim\limits_{x\to0}\dfrac{f(x)-f(0)}{x}=\lim\limits_{x\to0}\dfrac{x^{\frac{2}{3}}-0}{x}=\lim\limits_{x\to0}x^{-\frac{1}{3}}=\lim\limits_{x\to0}\dfrac{1}{x^{\frac{1}{3}}}=\infty,$故可排除 C.

于是应选 D.

---

**例 2**　判断函数 $f(x)=\ln\sin x\left(x\in\left[\dfrac{\pi}{6},\dfrac{5\pi}{6}\right]\right)$ 是否满足罗尔定理的条件,若满足,求出满足定理的 $\xi$.

**解**　在 $\left[\dfrac{\pi}{6},\dfrac{5\pi}{6}\right]$ 上,因为 $\sin x>0$,所以函数 $f(x)=\ln\sin x$ 在 $\left[\dfrac{\pi}{6},\dfrac{5\pi}{6}\right]$ 上有意义,且 $f(x)$ 是一个初等函数,从而是连续函数,它在 $\left(\dfrac{\pi}{6},\dfrac{5\pi}{6}\right)$ 内可导,其导数为 $f'(x)=(\ln\sin x)'=\dfrac{1}{\sin x}\cos x=\cot x.$

又因为 $f\left(\dfrac{5\pi}{6}\right)=\ln\sin\dfrac{5\pi}{6}=\ln\sin\left(\pi-\dfrac{\pi}{6}\right)=\ln\sin\dfrac{\pi}{6}=f\left(\dfrac{\pi}{6}\right)$,故 $f(x)$ 满足罗尔定理的条件.

由方程 $f'(\xi)=\cot\xi=0\left(\dfrac{\pi}{6}<\xi<\dfrac{5\pi}{6}\right)$,可解得 $\xi=\dfrac{\pi}{2}.$

## 考点二　利用罗尔定理讨论根的存在性

**【考点分析】**在专升本考试中,经常会出现讨论根的存在性问题,本考点主要是讨论函数的导数所构成的方程的根是否存在,要注意和零点定理的区别.

**例 1**　已知函数 $f(x)=(x-1)(x-2)(x-3)$,则方程 $f'(x)=0$ 有 _____ 个实根.
A. 0　　　　　　　　B. 1　　　　　　　　C. 3　　　　　　　　D. 2

**解**　因为 $f(1)=f(2)=f(3)$,则 $f(x)$ 在 $[1,2],[2,3]$ 上满足罗尔定理的条件,于是 $\exists\xi_1\in(1,2),\xi_2\in(2,3)$,使得 $f'(\xi_1)=f'(\xi_2)=0$,所以 $f'(x)=0$ 至少有两个实根.

又因为 $f'(x)=0$ 为二次方程,最多有两个实根,综上,方程 $f'(x)=0$ 有两个实根.

故应选 D.

**例 2**　设 $a_0,a_1,\cdots,a_n$ 是满足 $a_0+\dfrac{a_1}{2}+\dfrac{a_2}{3}+\cdots+\dfrac{a_n}{n+1}=0$ 的实数,证明多项式
$$f(x)=a_0+a_1x+a_2x^2+\cdots+a_nx^n$$
在 $(0,1)$ 内至少有一个零点.

**证**　设 $g(x)=a_0x+\dfrac{1}{2}a_1x^2+\cdots+\dfrac{1}{n+1}a_nx^{n+1}$,则 $g(x)$ 在 $[0,1]$ 上连续,在 $(0,1)$ 内可导,且 $g(0)=0=g(1)$,由罗尔定理得在 $(0,1)$ 内存在 $x$ 满足 $g'(x)=0$,即 $a_0+a_1x+\cdots+a_nx^n=0$.所以多项式 $f(x)=a_0+a_1x+a_2x^2+\cdots+a_nx^n$ 在 $(0,1)$ 内至少有一个零点.

**例 3**　不用求出函数 $f(x)=(x-2)(x-3)(x-4)(x-5)$ 的导数,说明方程 $f'(x)=0$ 有几个实根,并指出它们所在的区间.

**解**　由于 $f(x)$ 为多项式函数,所以 $f(x)$ 在定义域内连续、可导.

$f'(x)=(x-3)(x-4)(x-5)+(x-2)(x-4)(x-5)+(x-2)(x-3)(x-5)+(x-2)(x-3)(x-4)$.

显然 $f'(x)$ 在 $[2,5]$ 上连续,在 $(2,5)$ 内可导,且 $f(2)=f(3)=f(4)=f(5)=0$,则在 $[2,3]$,$[3,4]$,$[4,5]$ 上分别应用罗尔定理,可得在 $(2,3)$,$(3,4)$,$(4,5)$ 内各存在一点,使得 $f'(x)=0$.

又因为 $f'(x)=0$ 为一元三次方程,最多有三个根,于是方程 $f'(x)=0$ 恰好有三个实根,分别位于 $(2,3)$,$(3,4)$,$(4,5)$ 内.

**例 4** 若方程 $a_0x^n+a_1x^{n-1}+\cdots+a_{n-1}x=0$ 有一个正根 $x_0$,证明方程
$$a_0nx^{n-1}+a_1(n-1)x^{n-2}+\cdots+a_{n-1}=0$$
必有一个小于 $x_0$ 的正根.

**证** 令 $F(x)=a_0x^n+a_1x^{n-1}+\cdots+a_{n-1}x$,显然 $F(x)$ 在 $[0,x_0]$ 上连续,在 $(0,x_0)$ 内可导,

且 $F(0)=0$,$F(x_0)=a_0x_0^n+a_1x_0^{n-1}+\cdots+a_{n-1}x_0=0$.

由罗尔定理知,在 $(0,x_0)$ 内至少存在一点 $\xi$,使得 $F'(\xi)=0$,即 $a_0n\xi^{n-1}+a_1(n-1)\xi^{n-2}+\cdots+a_{n-1}=0$. 从而得证.

**【名师点评】** 由题意可知,要证明方程的根在 $(0,x_0)$ 内,若令 $F(x)=a_0x^n+a_1x^{n-1}+\cdots+a_{n-1}x$,则问题转化为 $F'(x)=0$ 时根的存在性,于是可考虑利用罗尔定理进行讨论.

## 考点三 构造辅助函数利用罗尔定理证明等式

**【考点分析】** 构造辅助函数是证明题中常用的方法,也是难点,所以单独作为一个考点列出,需强化练习.

**例 1** 设 $f(x)$ 在 $[0,1]$ 上连续,在 $(0,1)$ 内可导,且 $f(1)=0$,试证:至少存在一点 $\xi\in(0,1)$,使 $f'(\xi)=-\dfrac{2f(\xi)}{\xi}$.

**证** 作辅助函数 $\varphi(x)=x^2f(x)$,由已知条件可知,$\varphi(x)$ 在 $[0,1]$ 上满足罗尔定理的条件.

因此,至少存在一点 $\xi\in(0,1)$,使 $\varphi'(\xi)=\xi^2f'(\xi)+2\xi f(\xi)=0$.

由于 $\xi\neq0$,可知必有 $\xi f'(\xi)+2f(\xi)=0$,即 $f'(\xi)=-\dfrac{2f(\xi)}{\xi}$.

**【名师点评】** 显然 $f(x)$ 在 $[0,1]$ 上满足拉格朗日中值定理,但是问题的形式并不是拉格朗日定理的形式,因此需另辟蹊径. 为此,可先将问题变形为
$$\xi f'(\xi)+2f(\xi)=0. \qquad\qquad ①$$
如果令 $F'(\xi)=\xi f'(\xi)+2f(\xi)$,此时若能求出 $F(x)$,且 $F(x)$ 在 $[0,1]$ 上满足罗尔定理的条件,则问题易证. 然而 $F(x)$ 难以判定,但注意到 $\xi\neq0$,由式(1)有
$$\xi^2f'(\xi)+2\xi f(\xi)=0, \qquad\qquad ②$$
且式(1)与式(2)等价. 若记 $\Phi'(\xi)=\xi^2f'(\xi)+2\xi f(\xi)$,则易知 $\Phi(x)=x^2f(x)$,且 $\Phi(x)$ 在 $[0,1]$ 上满足罗尔定理的条件,于是问题得证.

**例 2** 如果 $f(x)$ 在 $[2,4]$ 上连续,在 $(2,4)$ 内可导,$f(2)=1$,$f(4)=4$,

求证:$\exists\xi\in(2,4)$,使得 $f'(\xi)=\dfrac{2f(\xi)}{\xi}$.

**证** 令 $F(x)=\dfrac{f(x)}{x^2}$,则 $F(x)$ 在 $[2,4]$ 上连续,在 $(2,4)$ 内可导,

故 $F'(x)=\dfrac{x^2f'(x)-2xf(x)}{x^4}=\dfrac{xf'(x)-2f(x)}{x^3}$.

又因为 $F(2)=\dfrac{f(2)}{4}=\dfrac{1}{4}$,$F(4)=\dfrac{f(4)}{16}=\dfrac{1}{4}$,

所以由罗尔定理得,$\exists\xi\in(2,4)$,使得 $F'(\xi)=0$,即 $\dfrac{\xi f'(\xi)-2f(\xi)}{\xi^3}=0$,

也即 $\xi f'(\xi)-2f(\xi)=0$,故 $f'(\xi)=\dfrac{2f(\xi)}{\xi}$ 成立.

**【名师点评】**看到要证明的结论"至少存在一点 $\xi \in (a,b)$ 使得 $f'(\xi) = \varphi(\xi)$",首先考虑构造辅助函数 $F(x)$,然后验证 $F(x)$ 满足罗尔定理的条件.

构造辅助函数常用常数变易法,其步骤为:

(1) 把结论中的 $\xi$ 换成 $x$;

(2) 通过恒等变形化为易于消除导数符号的形式;

(3) 利用观察法或积分求出全部原函数;

(4) 移项使等式一边为积分常数,把此常数变成函数,即为所构造的辅助函数.

**例 3** 若函数 $f(x)$ 在 $(a,b)$ 内具有二阶导数,且 $f(x_1) = f(x_2) = f(x_3)$,其中 $a < x_1 < x_2 < x_3 < b$,证明:在 $(x_1,x_3)$ 内至少存在一点 $\xi$,使 $f''(\xi) = 0$.

**证** 由于 $f(x)$ 在 $(a,b)$ 内具有二阶导数,所以 $f(x)$ 在 $[x_1,x_2]$ 上连续,在 $(x_1,x_2)$ 内可导.再根据题意,$f(x_1) = f(x_2)$,由罗尔定理知至少存在一点 $\xi_1$,使 $f'(\xi_1) = 0$.

同理,在 $[x_2,x_3]$ 上对函数 $f(x)$ 使用罗尔定理得,至少存在一点 $\xi_2 \in (x_2,x_3)$,使 $f'(\xi_2) = 0$.

由已知条件知 $f'(x)$ 在 $[\xi_1,\xi_2]$ 上连续,在 $(\xi_1,\xi_2)$ 内可导,且 $f'(\xi_1) = f'(\xi_2) = 0$,由罗尔定理知至少存在一点 $\xi \in (\xi_1,\xi_2)$,使 $f''(\xi) = 0$,而 $(\xi_1,\xi_2) \subset (x_1,x_3)$,故结论得证.

**【名师点评】**由要证结论即可看出需要利用罗尔定理进行证明,而由已知条件中给出的可导区间内三点处函数值相等,可得到 $f'(\xi_1) = f'(\xi_2) = 0$,于是再次利用罗尔定理进行证明即可得出结论.

**例 4** 若 $f(x)$ 在 $(a,b)$ 内具有四阶导数,且 $f(x_0) = f(x_1) = f(x_2) = f(x_3) = f(x_4)$,其中 $a < x_0 < x_1 < x_2 < x_3 < x_4 < b$,证明:在 $(a,b)$ 内至少存在一点 $\xi$,使 $f^{(4)}(\xi) = 0$.

**证** 因为 $f(x)$ 在 $(a,b)$ 内具有四阶导数,且 $f(x_0) = f(x_1) = f(x_2) = f(x_3) = f(x_4)$,所以 $f(x)$ 在区间 $[x_0,x_1]$,$[x_1,x_2]$,$[x_2,x_3]$,$[x_3,x_4]$ 上分别满足罗尔定理,于是存在 $\alpha_1 \in (x_0,x_1)$,$\alpha_2 \in (x_1,x_2)$,$\alpha_3 \in (x_2,x_3)$,$\alpha_4 \in (x_3,x_4)$,使 $f'(\alpha_i) = 0$,$i = 1,2,3,4$;

又由罗尔定理,存在 $\beta_1 \in (\alpha_1,\alpha_2)$,$\beta_2 \in (\alpha_2,\alpha_3)$,$\beta_3 \in (\alpha_3,\alpha_4)$,使 $f''(\beta_i) = 0$,$i = 1,2,3$;

再由罗尔定理,存在 $\gamma_1 \in (\beta_1,\beta_2)$,$\gamma_2 \in (\beta_2,\beta_3)$,使 $f'''(\gamma_i) = 0$,$i = 1,2$;

还由罗尔定理,存在 $\xi \in (\gamma_1,\gamma_2)$,使 $f^{(4)}(\xi) = 0$.

故结论得证.

**【名师点评】**此题为利用罗尔定理证明 $f^{(n)}(\xi) = 0$ 的类型,这是专升本考试中常考的知识点.证明时需要根据 $n$ 的值来选择应用零点定理还是罗尔定理,且可反复多次应用定理.

**例 5** 设函数 $f(x)$ 在 $[0,3]$ 上连续,在 $(0,3)$ 内可导,且 $f(0) + f(1) + f(2) = 3$,$f(3) = 1$,试证必存在 $\xi \in (0,3)$,使 $f'(\xi) = 0$.

**证** 因为 $f(x)$ 在 $[0,3]$ 上连续,所以 $f(x)$ 在 $[0,2]$ 上连续,且在 $[0,3]$ 上必有最大值 $M$ 和最小值 $m$,于是
$$m \leqslant f(0) \leqslant M, m \leqslant f(1) \leqslant M, m \leqslant f(2) \leqslant M,$$
故 $m \leqslant \dfrac{f(0) + f(1) + f(2)}{3} \leqslant M$. 由介值定理知,至少存在一点 $c \in [0,2]$,使
$$f(c) = \frac{f(0) + f(1) + f(2)}{3} = 1.$$

因为 $f(c) = 1 = f(3)$,且 $f(x)$ 在 $[c,3]$ 上连续,在 $(c,3)$ 内可导,所以由罗尔定理知,必存在 $\xi \in [c,3] \subset (0,3)$,使 $f'(\xi) = 0$.

**【名师点评】**由于要证明的结论中含有 $f'(\xi) = 0$,故考虑使用罗尔定理.该题目要巧妙使用 $f(0) + f(1) + f(2) = 3$ 这个条件,其中需要利用闭区间上连续函数的最值定理,进而使用介值定理得出 $f(c) = \dfrac{f(0) + f(1) + f(2)}{3} = 1 = f(3)$,从而可以使用罗尔定理得出结论.

## 考点 四 拉格朗日中值定理的中值确定

**【考点分析】**此类题型求解时,要先求出所给函数的导函数,然后令导函数等于所给区间端点处函数值的差与区间长度的比值,所求给定区间内的根即为所要求的中值.

**例 1** 在 $[-1,2]$ 上,函数 $f(x)=1-x^2$ 满足拉格朗日中值定理的 $\xi=$ _____.

A. 0        B. 1        C. $\dfrac{1}{2}$        D. 2

**解** 求 $f(x)$ 在 $[a,b]$ 上满足拉格朗日中值定理的 $\xi$,就是求 $f'(x)=\dfrac{f(b)-f(a)}{b-a}$ 在 $(a,b)$ 内的根.

故 $f'(\xi)=\dfrac{f(2)-f(-1)}{2-(-1)}=-1$,又因为 $f'(x)=-2x$,所以 $-2\xi=-1$,解得 $\xi=\dfrac{1}{2}$.

故应选 C.

**例 2** 对函数 $f(x)=\dfrac{1}{x}$ 在区间 $[1,2]$ 上应用拉格朗日中值定理得 $f(2)-f(1)=f'(\xi)$,则 $\xi=$ _____.(其中 $1<\xi<2$)

**解** 因为 $f(x)$ 在 $[1,2]$ 上连续且可导,所以由拉格朗日中值定理得 $\exists\xi\in(1,2)$ 使得
$$f(2)-f(1)=f'(\xi)(2-1),$$

即 $-\dfrac{1}{2}=f'(\xi)\times 1$,所以 $-\dfrac{1}{2}=-\dfrac{1}{\xi^2}$,

解得 $\xi_1=\sqrt{2}$ 和 $\xi_2=-\sqrt{2}$(舍去).

故应填 $\sqrt{2}$.

**【名师点评】**由已知条件可以明确看出函数 $f(x)$ 符合拉格朗日中值定理的条件,故求解该题直接使用拉格朗日中值定理: $\exists\xi\in(a,b)$,使得 $f(a)-f(b)=f'(\xi)(b-a)$.

**例 3** 试就函数 $f(x)=\ln x\,(x\in[1,\mathrm{e}])$ 验证拉格朗日中值定理.

**解** $f(x)=\ln x$ 是基本初等函数,在 $[1,\mathrm{e}]$ 上连续,在 $(1,\mathrm{e})$ 内可导,其导函数为 $f'(x)=\dfrac{1}{x}$.

拉格朗日公式此时为 $\dfrac{f(\mathrm{e})-f(1)}{\mathrm{e}-1}=f'(\xi)$.

而 $f(\mathrm{e})=\ln\mathrm{e}=1,f(1)=\ln 1=0,f'(\xi)=\dfrac{1}{\xi}$,故上式为 $\dfrac{1}{\mathrm{e}-1}=\dfrac{1}{\xi}$,即 $\xi=\mathrm{e}-1$.

易知 $1<\xi<\mathrm{e}$,所以拉格朗日中值定理的结论成立.

**【名师点评】**判断函数是否满足拉格朗日中值定理,主要看函数是否满足:(1) 在闭区间 $[a,b]$ 上连续,(2) 在开区间 $(a,b)$ 内可导,从而需要判断函数的连续性与可导性.

若要求满足定理的 $\xi$ 的值,则需要求出 $f'(\xi)=\dfrac{f(b)-f(a)}{b-a}$,从而求出 $\xi$,并且需要确认 $\xi$ 的值是否在所讨论的区间内.

**例 4** 验证函数 $f(x)=\begin{cases}1-x^2, & -1\leqslant x\leqslant 0,\\ 1+x^2, & 0\leqslant x\leqslant 1\end{cases}$ 在 $-1\leqslant x\leqslant 1$ 上是否满足拉格朗日中值定理,若满足,求出定理中的中值 $\xi$.

**证** 因为函数 $f(x)$ 在 $[0,1]$ 和 $[-1,0]$ 上连续且可导,从而只需验证 $f(x)$ 在 $x=0$ 处的连续性与可导性.

由于 $f(0+0)=\lim\limits_{x\to 0^+}(1+x^2)=1,f(0-0)=\lim\limits_{x\to 0^-}(1-x^2)=1,f(0)=1$,所以 $f(x)$ 在 $x=0$ 处连续.

又因为 $f'_+(0)=\lim\limits_{x\to 0^+}\dfrac{f(x)-f(0)}{x}=\lim\limits_{x\to 0^+}\dfrac{1+x^2-1}{x}=0$,

$$f'_-(0) = \lim_{x \to 0^-} \frac{f(x) - f(0)}{x} = \lim_{x \to 0^-} \frac{1 - x^2 - 1}{x} = 0,$$

从而 $f(x)$ 在 $x = 0$ 处可导.

因而 $f(x)$ 在 $[-1,1]$ 上连续,在 $(-1,1)$ 内可导,满足拉格朗日中值定理所需的条件,

此时存在 $\xi \in (-1,1)$,使得 $f'(\xi) = \dfrac{f(1) - f(-1)}{1 - (-1)}, \dfrac{f(1) - f(-1)}{1 - (-1)} = \dfrac{2 - 0}{2} = 1$.

因为 $f'(x) = \begin{cases} -2x, & -1 \leqslant x \leqslant 0, \\ 2x, & 0 \leqslant x \leqslant 1, \end{cases}$

故由 $2x = 1$,解得 $\xi_1 = \dfrac{1}{2}$;由 $-2x = 1$,解得 $\xi_2 = -\dfrac{1}{2}$.

所以满足定理的中值 $\xi$ 共有两个:$\xi_1 = \dfrac{1}{2}$ 和 $\xi_2 = -\dfrac{1}{2}$.

> **【名师点评】** 判断分段函数是否满足拉格朗日中值定理,首先要考虑函数在分界点处的连续性与可导性,并求出分段函数的导函数,进而得到方程 $f'(\xi) = C$,从而求出 $\xi$. 对于分段函数需要分段讨论.

## 考点 五 利用拉格朗日中值定理证明恒等式

> **【考点分析】** 利用拉格朗日中值定理证明恒等式是专升本考试中的常考题型,主要使用拉格朗日中值定理的推论:如果函数 $f(x)$ 在开区间 $(a,b)$ 内 $f'(x) \equiv 0$,则 $f(x) \equiv C$(其中 $C$ 为常数).

**例1** 若函数 $f(x)$ 在 $[a,b]$ 上连续,在 $(a,b)$ 内可导,则 _____.

A. 存在 $\theta \in (0,1)$,使得 $f(b) - f(a) = f'[\theta(b-a)](b-a)$

B. 存在 $\theta \in (0,1)$,使得 $f(b) - f(a) = f'[a + \theta(b-a)](b-a)$

C. 存在 $\theta \in (0,1)$,使得 $f(b) - f(a) = f'(\theta)(b-a)$

D. 存在 $\theta \in (0,1)$,使得 $f(b) - f(a) = f'[\theta(b-a)]$

**解** 当 $\theta \in (0,1)$ 时,$a + \theta(b-a) \in (a,b)$,由拉格朗日中值定理,得

$$f(b) - f(a) = f'[a + \theta(b-a)](b-a).$$

故应选 B.

**例2** 证明 $\arcsin x + \arccos x = \dfrac{\pi}{2}, x \in [-1,1]$.

**证** 设 $f(x) = \arcsin x + \arccos x, x \in [-1,1]$,

因 $f'(x) = \dfrac{1}{\sqrt{1-x^2}} - \dfrac{1}{\sqrt{1-x^2}} \equiv 0, x \in (-1,1)$,

故 $f(x) \equiv C$($C$ 为常数). 又因为 $f(0) = \dfrac{\pi}{2}$,可得 $C = \dfrac{\pi}{2}$,且 $f(\pm 1) = \dfrac{\pi}{2}$.

因此 $\arcsin x + \arccos x = \dfrac{\pi}{2}, x \in [-1,1]$.

> **【点评】** 利用拉格朗日中值定理证明恒等式是专升本考试中常考的知识点之一. 求解此类题型,主要是根据拉格朗日中值公式 $f(x) = f(x_0) + f'(\xi)(x - x_0)$,并由所构造辅助函数的导数 $f'(x) \equiv 0$ 推导出 $f(x)$ 恒等于某常数 $C$.

**例3** 设 $f(x)$ 在区间 $[a,b]$ 上连续,在 $(a,b)$ 内可导. 证明:在 $(a,b)$ 内至少存在一点 $\xi$,使 $\dfrac{bf(b) - af(a)}{b - a} = f(\xi) + \xi f'(\xi)$.

**证** 构造辅助函数 $F(x) = xf(x)$,则 $F(x)$ 在 $[a,b]$ 上满足拉格朗日中值定理的条件,从而在 $(a,b)$ 内至少存在一点 $\xi$,使 $\dfrac{F(b) - F(a)}{b - a} = F'(\xi)$. 因此可得 $\dfrac{bf(b) - af(a)}{b - a} = f(\xi) + \xi f'(\xi)$.

【名师点评】此题的关键是构造辅助函数 $F(x)$,我们从要证明的结论中考虑 $F(x)$ 的表达式,一般我们可以利用常数变易法,将结论中的 $\xi$ 换为 $x$,可得到 $F'(x)=f(x)+xf(x)$,于是可以得到 $F(x)=xf(x)$.

**例 4** 证明对于任何实数恒有 $\arctan x + \text{arccot} x = \dfrac{\pi}{2}$.

**证** 设 $f(x)=\arctan x + \text{arccot} x$,则在区间 $(+\infty,-\infty)$ 上恒有 $f'(x)=0$.

由拉格朗日中值定理的推论可知 $f(x)\equiv 0$.

又因为 $f(1)=\dfrac{\pi}{4}+\dfrac{\pi}{4}=\dfrac{\pi}{2}$,所以 $f(x)=C=\dfrac{\pi}{2}$.即对于任意的实数 $x$,恒有 $\arctan x + \text{arccot} x = \dfrac{\pi}{2}$.

【名师点评】由拉格朗日中值定理,在定义域内任取两点 $x_1,x_2$,不妨设 $x_1<x_2$,则有 $f(x_2)-f(x_1)=f'(\xi)(x_2-x_1)$.若 $f'(\xi)\equiv 0$,则 $f(x_2)-f(x_1)\equiv 0$,由 $x_1,x_2$ 的任意性可知,$f(x)$ 在定义域内的函数值恒等.

**例 5** 证明当 $-\infty<x<+\infty$ 时,$\arctan x = \arcsin \dfrac{x}{\sqrt{1+x^2}}$ 恒成立.

**证** 设 $g(x)=\arctan x - \arcsin \dfrac{x}{\sqrt{1+x^2}}$,则

$$g'(x)=\frac{1}{1+x^2}-\frac{\dfrac{\sqrt{1+x^2}-\dfrac{x^2}{\sqrt{1+x^2}}}{1+x^2}}{\sqrt{1-\left(\dfrac{x}{\sqrt{1+x^2}}\right)^2}}=0,$$

故 $g(x)=C$.

令 $x=0$,得 $g(0)=0$,所以 $g(x)=0$.结论得证.

【名师点评】在证明恒等式时,可以先使这个恒等式两边的式子相减为 0,构建出一个新的函数,然后利用常数的导数为 0 来证明这个恒等式成立.

# 考点 六 利用拉格朗日中值定理证明不等式

【考点分析】利用拉格朗日中值定理证明不等式主要是通过讨论定理中的中值 $\xi$ 的取值范围来证明不等式,在专升本考试中是常考题型,也是难点,需强化练习.

**例 1** 设 $0<a\leqslant b$,证明不等式 $\dfrac{b-a}{b}\leqslant \ln \dfrac{b}{a}\leqslant \dfrac{b-a}{a}$.

**证** 由于 $y=\ln x$ 在 $[a,b]$ 上连续,在 $(a,b)$ 内可导,所以满足拉格朗日中值定理,于是 $\exists \xi \in (a,b)$,使得

$$\ln \frac{b}{a}=\ln b - \ln a = \frac{1}{\xi}(b-a),a<\xi<b,$$

因为 $\dfrac{1}{b}<\dfrac{1}{\xi}<\dfrac{1}{a}$,所以 $\dfrac{1}{b}(b-a)<\ln \dfrac{b}{a}<\dfrac{1}{a}(b-a)$,即 $\dfrac{b-a}{b}<\ln \dfrac{b}{a}<\dfrac{b-a}{a}$.

结论得证.

【名师点评】根据题中不等式构造出一个相似函数 $f(x)=\ln x$ 并且定义区间 $(a,b)$,利用对数的四则运算法则,将对数式整理成拉格朗日中值定理所满足的形式,从而得出结论.

解此题的关键在于观察要证明的不等式,把对数式 $\ln \dfrac{b}{a}$ 拆分成 $\ln b - \ln a$,再利用拉格朗日公式来得出结论.

如何选取 $y=f(x)$ 在证明题中特别重要,选取得恰当可以起到事半功倍的效果.该题目还可解答为:

设 $f(x)=\ln x(x>0)$,则 $f'(x)=\dfrac{1}{x}$,在 $\left[1,\dfrac{b}{a}\right]$ 上对 $f(x)$ 应用拉格朗日中值定理,得 $\ln \dfrac{b}{a}=\ln \dfrac{b}{a}-\ln 1=\dfrac{1}{\xi}\left(\dfrac{b}{a}-1\right),1<\xi<\dfrac{b}{a}$,再由 $\dfrac{a}{b}<\dfrac{1}{\xi}<1$ 得 $\dfrac{b-a}{b}=\dfrac{a}{b}\left(\dfrac{b}{a}-1\right)<\ln \dfrac{b}{a}<\dfrac{b}{a}-1=\dfrac{b-a}{a}$.

**例 2**　设 $0<b<a$,利用拉格朗日中值公式证明不等式 $\dfrac{a-b}{a}<\ln\dfrac{a}{b}<\dfrac{a-b}{b}$.

**证**　令 $f(x)=\ln x(x>0)$,由于 $0<b<a$,则有函数 $f(x)=\ln x$ 在 $[b,a]$ 上连续,在 $(b,a)$ 内可导,由拉格朗日中值定理可知,在 $(b,a)$ 内至少存在一点 $\xi$,使得 $f(a)-f(b)=f'(\xi)(a-b)$,即 $\ln a-\ln b=\dfrac{1}{\xi}(a-b)$,

从而
$$\ln\dfrac{a}{b}=\dfrac{1}{\xi}(a-b). \tag{1}$$

由于 $0<b<\xi<a$,所以 $\begin{cases}0<\dfrac{1}{a}<\dfrac{1}{\xi}<\dfrac{1}{b},\\ a-b>0,\end{cases}$

即
$$\dfrac{a-b}{a}<\dfrac{1}{\xi}(a-b)<\dfrac{a-b}{b}, \tag{2}$$

由(1)(2)得
$$\dfrac{a-b}{a}<\ln\dfrac{a}{b}<\dfrac{a-b}{b}.$$

> **【名师点评】**利用拉格朗日中值定理证明不等式是专升本考试中常考的知识点之一,求解此类题型,主要是根据所要证明的不等式和拉格朗日公式的形式构造一个函数,并取定一个区间,然后对构造的函数在取定的区间上应用拉格朗日中值定理.

**例 3**　证明不等式 $\arctan x_2-\arctan x_1\leqslant x_2-x_1(x_1<x_2)$.

**证**　设 $f(x)=\arctan x$,由于 $f(x)$ 为基本初等函数,所以 $f(x)$ 在区间 $[x_1,x_2]$ 上连续,在 $(x_1,x_2)$ 内可导,即满足拉格朗日中值定理的条件,因此有 $\arctan x_2-\arctan x_1=\dfrac{1}{1+\xi^2}(x_2-x_1),\xi\in(x_1,x_2)$.

因为 $\dfrac{1}{1+\xi^2}\leqslant 1$,所以可得 $\arctan x_2-\arctan x_1\leqslant x_2-x_1$.

> **【名师点评】**首先构造辅助函数 $f(x)$,由要证的形式构成"形似"的函数区间,再运用拉格朗日公式来判断.

**例 4**　设函数 $y=f(x)$ 具有二阶导数,且 $f'(x)>0$,$f''(x)>0$,$\Delta x$ 为自变量 $x$ 在点 $x_0$ 处的增量,$\Delta y$ 与 $dy$ 分别为 $f(x)$ 在点 $x_0$ 处相应的增量与微分,若 $\Delta x>0$,则 _____.

A. $0<dy<\Delta y$ 　　　B. $0<\Delta y<dy$ 　　　C. $\Delta y<dy<0$ 　　　D. $dy<\Delta y<0$

**解**　当 $\Delta x>0$ 时,$\Delta y=f(x_0+\Delta x)-f(x_0)=f'(\xi)\Delta x$,其中 $x_0<\xi<x_0+\Delta x$,由 $f'(x)>0$,$f''(x)>0$ 得 $0<f'(x)<f'(\xi)$,所以 $0<dy=f'(x_0)\Delta x<f'(\xi)\Delta x=\Delta y$.

故应选 A.

> **【名师点评】**本题由四个选项可以看出,需要讨论的是 $\Delta y$ 与 $dy$ 的大小,首先考虑到微分定义中 $dy=f'(x_0)\cdot\Delta x$,其中有 $f'(x_0)$,于是考虑拉格朗日中值定理,取 $\xi\in(x_0,x_0+\Delta x)$,从而 $\Delta y=f(x_0+\Delta x)-f(x_0)=f'(\xi)\cdot\Delta x$,问题就转化为比较 $f'(x_0)$ 与 $f'(\xi)$ 的大小,而给出的条件中有 $f''(x)>0$,那么根据函数 $f'(x)$ 的单调性即可判断.

🕊️考点真题解析🕊️

## 考点一　罗尔定理及其几何意义

**真题 1**　(2021 高数二) 已知 $f(x)$ 在 $[0,1]$ 上连续,在 $(0,1)$ 内可导,且 $f(0)=0$,证明:至少存在一点 $\xi\in(0,1)$,使得 $f(\xi)=f'(\xi)\tan(1-\xi)$.

**证**　设 $F(x)=f(x)\sin(1-x)$,则函数 $F(x)$ 在 $[0,1]$ 上连续,在 $(0,1)$ 内可导,且 $F(0)=f(0)\sin 1=0$,$F(1)=f(1)\sin(1-1)=0$,由罗尔定理知,存在 $\xi\in(0,1)$,使得 $F'(\xi)=f'(\xi)\sin(1-\xi)-f(\xi)\cos(1-\xi)=0$,即 $f(\xi)=f'(\xi)\tan(1-\xi)$.

**真题2** (2020 高数二)设函数 $f(x)$ 在 $[1,2]$ 上连续,在 $(1,2)$ 内可导,且 $f(1)=4f(2)$,证明:存在 $\xi\in(1,2)$,使得 $2f(\xi)+\xi f'(\xi)=0$.

**证** 设函数 $F(x)=x^2f(x)$,则函数 $F(x)$ 在 $[1,2]$ 上连续,在 $(1,2)$ 内可导,且有 $F'(x)=2xf(x)+x^2f'(x)$.

因为 $F(1)=f(1)$,$F(2)=4f(2)$,所以 $F(1)=F(2)$.

由罗尔定理知,存在 $\xi\in(1,2)$,使得 $F'(\xi)=0$,即 $2\xi f(\xi)+\xi^2f'(\xi)=0$.

又因为 $\xi\neq 0$,所以 $2f(\xi)+\xi f'(\xi)=0$.

**真题3** (2021 高数一)已知 $f(x)$ 在 $[0,1]$ 上连续,在 $(0,1)$ 内可导,且 $f(0)=0$,$f(1)=1$.

证明:(1) 存在 $\xi_1\in(0,1)$,使得 $f'(\xi_1)=2\xi_1$;

(2) 存在 $\xi_2\in\left(0,\dfrac{1}{2}\right)$,$\xi_3\in\left(\dfrac{1}{2},1\right)$,使得 $f'(\xi_2)+f'(\xi_3)=2(\xi_2+\xi_3)$.

**证** 设 $F(x)=f(x)-x^2$,则函数 $F(x)$ 在 $[0,1]$ 上连续,在 $(0,1)$ 内可导,且
$$F'(x)=f'(x)-2x,\quad F(0)=f(0)=0,\quad F(1)=f(1)-1=0.$$

(1) 由罗尔定理知,存在 $\xi_1\in(0,1)$,使得 $F'(\xi_1)=f'(\xi_1)-2\xi_1=0$,即 $f'(\xi_1)=2\xi_1$;

(2) 对函数 $F(x)$ 在 $\left[0,\dfrac{1}{2}\right]$ 上使用拉格朗日中值定理知,存在 $\xi_2\in\left(0,\dfrac{1}{2}\right)$,使得

$$F'(\xi_2)=\frac{F\left(\dfrac{1}{2}\right)-F(0)}{\dfrac{1}{2}-0}=2F\left(\frac{1}{2}\right). \tag{1}$$

对函数 $F(x)$ 在 $\left[\dfrac{1}{2},1\right]$ 上使用拉格朗日中值定理知,存在 $\xi_3\in\left(\dfrac{1}{2},1\right)$,使得

$$F'(\xi_3)=\frac{F(1)-F\left(\dfrac{1}{2}\right)}{1-\dfrac{1}{2}}=-2F\left(\frac{1}{2}\right). \tag{2}$$

(1)(2) 两式相加,得 $F'(\xi_2)+F'(\xi_3)=0$,即 $f'(\xi_2)+f'(\xi_3)=2(\xi_2+\xi_3)$.

**真题4** (2019 公共课)设函数 $f(x)$ 在 $[0,1]$ 上可微,当 $0\leqslant x\leqslant 1$ 时,$0<f(x)<1$ 且 $f'(x)\neq 1$,证明:有且仅有一点 $x\in(0,1)$,使得 $f(x)=x$.

**证** 令函数 $F(x)=f(x)-x$,则 $F(x)$ 在 $[0,1]$ 上连续.

又由 $0<f(x)<1$ 知,$F(0)=f(0)-0>0$,$F(1)=f(1)-1<0$,由零点定理知,在 $(0,1)$ 内至少有一点 $x$,使得 $F(x)=0$,即 $f(x)=x$.

假设有两点 $x_1,x_2\in(0,1)$,$x_1\neq x_2$,使得 $f(x_1)=x_1$,$f(x_2)=x_2$,则由拉格朗日中值定理知,至少存在一点 $\xi\in(0,1)$,使得 $f'(\xi)=\dfrac{f(x_2)-f(x_1)}{x_2-x_1}=\dfrac{x_2-x_1}{x_2-x_1}=1$.

这与已知 $f'(x)\neq 1$ 矛盾.综上所述,命题得证.

**真题5** (2017 国贸)设 $f(x)=x(x+1)(x+3)$,则 $f'(x)=0$ 有 _____ 个实根.

A. 3  B. 2  C. 1  D. 0

**解法一** $f(x)$ 在区间 $[-3,-1]$ 上连续、可导,且 $f(-3)=f(-1)=0$,由罗尔定理知,至少存在一个 $\xi_1\in(-3,-1)$,使 $f'(\xi_1)=0$,故 $\xi_1$ 为 $f'(x)=0$ 的一个实根.

同理,在区间 $[-1,0]$ 上,$f(-1)=f(0)=0$,由罗尔定理知,至少存在一个 $\xi_2\in(-1,0)$,使 $f'(\xi_2)=0$,故 $\xi_2$ 也为 $f'(x)=0$ 的一个实根.

又因为 $f'(x)$ 是二次多项式函数,最多只有两个实根,故 $\xi_1,\xi_2$ 为 $f'(x)=0$ 的两个实根.

**解法二** 对 $f(x)=x(x+1)(x+3)=x^3+4x^2+3x$ 求导,得 $f'(x)=3x^2+8x+3$,

令 $f'(x)=3x^2+8x+3=0$,则 $\Delta=b^2-4ac=8^2-4\times3\times3=64-36=28>0$,

故 $f'(x)=0$ 有两个实根.

故应选 B.

**【点评】**在近几年的专升本考试中,考查罗尔定理在方程根的讨论中的应用时,其主要题型一般是 $f'(x)=0$ 的根的个数的确定.所考查的主要是罗尔定理的直接使用,要注意定理中区间 $[a,b]$ 的确定.

**真题6** (2015 会计、国贸、电商,2010 会计)设函数 $f(x)$ 在 $(a,b)$ 内有三阶导数,且 $f(x_1)=f(x_2)=f(x_3)=f(x_4)$,其中 $a<x_1<x_2<x_3<x_4<b$.

证明:在 $(a,b)$ 内至少存在一点 $\xi$,使得 $f'''(\xi)=0$.

**证** 因为 $f(x)$ 在 $(a,b)$ 内三阶可导,且 $f(x_1)=f(x_2)=f(x_3)=f(x_4)$,其中 $a<x_1<x_2<x_3<x_4<b$,所以 $f(x)$ 在 $(x_1,x_2)$,$(x_2,x_3)$,$(x_3,x_4)$ 上满足罗尔定理的条件.于是至少存在一点 $\xi_1\in(x_1,x_2)$,$\xi_2\in(x_2,x_3)$,$\xi_3\in(x_3,x_4)$,使得 $f'(\xi_1)=f'(\xi_2)=f'(\xi_3)=0$.

类似地,$f'(x)$ 在 $(\xi_1,\xi_2)$,$(\xi_2,\xi_3)$ 上也分别满足罗尔定理的条件,从而至少存在一点 $\eta_1\in(\xi_1,\xi_2)$,$\eta_2\in(\xi_2,\xi_3)$,使得 $f''(\eta_1)=f''(\eta_2)=0$.

进而得知 $f''(x)$ 在 $(\eta_1,\eta_2)$ 上满足罗尔定理的条件,所以至少存在一点 $\xi\in(\eta_1,\eta_2)$,使得 $f'''(\xi)=0$.

**【名师点评】**先将所证命题化为 $f^{(n)}(\xi)=0$ 的形式.当 $n=0$ 时,直接用连续函数的零点定理证明;

当 $n=1$ 时,应用罗尔定理证明;当 $n=2$ 时,对导函数 $f'(x)$ 应用罗尔定理证明;

当 $n>2$ 时,对高阶导函数反复应用罗尔定理.

## 考点 二　拉格朗日中值定理及其几何意义

**真题1** (2019 机械、交通、电气、电子、土木)证明:当 $x>0$ 时,$\dfrac{x}{1+x}<\ln(1+x)<x$.

**证** 设 $f(x)=\ln(1+x)$,显然 $f(x)$ 在区间 $[0,x]$ 上满足拉格朗日中值定理,所以有

$$f(x)-f(0)=f'(\xi)(x-0),0<\xi<x.$$

由于 $f(0)=0$,$f'(x)=\dfrac{1}{1+x}$,因此上式为 $\ln(1+x)=\dfrac{x}{1+\xi}$.

又由于 $0<\xi<x$,所以 $\dfrac{x}{1+x}<\dfrac{x}{1+\xi}<x$,即 $\dfrac{x}{1+x}<\ln(1+x)<x$.

**真题2** (2018 电子信息、建筑、机械)设 $0<b<a$,利用拉格朗日中值定理证明不等式 $\dfrac{a-b}{a}<\ln\dfrac{a}{b}<\dfrac{a-b}{b}$.

**证** 令 $f(x)=\ln x$,则函数 $f(x)=\ln x$ 在 $[b,a]$ 上连续,在 $(b,a)$ 内可导,由拉格朗日中值定理知,至少存在一点 $\xi\in(b,a)$,使得 $f(a)-f(b)=f'(\xi)(a-b)$,即 $\ln a-\ln b=\dfrac{1}{\xi}(a-b)$,也即 $\ln\dfrac{a}{b}=\dfrac{1}{\xi}(a-b)$. (1)

由于 $0<b<\xi<a$,所以 $0<\dfrac{1}{a}<\dfrac{1}{\xi}<\dfrac{1}{b}$ 且 $a-b>0$,从而

$$\dfrac{a-b}{a}<\dfrac{1}{\xi}(a-b)<\dfrac{a-b}{b}. \tag{2}$$

由(1)(2)得

$$\dfrac{a-b}{a}<\ln\dfrac{a}{b}<\dfrac{a-b}{b}.$$

### ✦ 考点方法综述 ✦

1.在高等数学(二)的考试中,本节以证明题型为主,主要考查:构造辅助函数后利用罗尔定理证明与 $\xi$ 有关的等式,利用拉格朗日中值定理证明联合不等式.在熟练掌握罗尔定理和拉格朗日中值定理基本内容的基础上再考虑相关的证明.

(1)罗尔定理:若函数 $f(x)$ 满足条件:(1)在闭区间 $[a,b]$ 上连续;(2)在开区间 $(a,b)$ 内可导;(3)$f(a)=f(b)$,则在 $(a,b)$ 内至少存在一点 $\xi(a<\xi<b)$,使得 $f'(\xi)=0$.

(2)拉格朗日中值定理:若函数 $f(x)$ 满足条件:(1)在闭区间 $[a,b]$ 上连续;(2)在开区间 $(a,b)$ 内可导,则在 $(a,b)$ 内至少存在一点 $\xi(a<\xi<b)$,使得 $f'(\xi)=\dfrac{f(b)-f(a)}{b-a}$.

注:罗尔定理是拉格朗日中值定理的特例,两个定理的条件都是充分而非必要条件.

2.构造辅助函数是难点,在高等数学(二)的考试中以证明与 $\xi$ 有关的等式为主,当欲证结论为"至少存在一点 $\xi \in (a,b)$,使得某个关于 $\xi$ 和 $f'(\xi)$ 构成的等式成立"时,其证明步骤一般为:第一步构造辅助函数 $F(x)$,第二步验证 $F(x)$ 满足罗尔定理的条件,而 $F(x)$ 的构造可以借助微分方程的求解方法.

## 第二节　洛必达法则

### 考纲内容解读

**一、新大纲基本要求**

1.熟练掌握洛必达法则;

2.会用洛必达法则求"$\dfrac{0}{0}$""$\dfrac{\infty}{\infty}$""$0 \cdot \infty$" 和"$\infty - \infty$"型未定式的极限.

**二、新大纲名师解读**

在专升本考试中,本节主要考查以下内容:

1.直接使用洛必达法则计算"$\dfrac{0}{0}$""$\dfrac{\infty}{\infty}$"型未定式的极限;

2.将"$0 \cdot \infty$""$\infty - \infty$"型未定式变形后使用洛必达法则.

洛必达法则是计算未定式极限的常用方法,在专升本考试中经常出现.

使用洛必达法则时要注意满足法则要求的条件,否则不能使用.例如,$\lim\limits_{x \to 0} \dfrac{x}{1 + \sin x}$ 不是"$\dfrac{0}{0}$"型未定式,利用极限四则运算法则容易得到 $\lim\limits_{x \to 0} \dfrac{x}{1 + \sin x} = 0$.

但若错误地运用洛必达法则,就会得到错误的结果:$\lim\limits_{x \to 0} \dfrac{x}{1 + \sin x} = \lim\limits_{x \to 0} \dfrac{1}{\cos x} = 1$.

另外也应指出,洛必达法则给出的是求"$\dfrac{0}{0}$"或"$\dfrac{\infty}{\infty}$"型未定式极限的一种方法,当定理条件满足时,所求极限存在(或为 $\infty$).当定理条件不满足时,所求极限不一定不存在.例如,$\lim\limits_{x \to \infty} \dfrac{x + \cos x}{x}$ 是"$\dfrac{\infty}{\infty}$"型未定式,因为 $\dfrac{(x + \cos x)'}{(x)'}$ $= 1 - \sin x$,当 $x \to +\infty$ 时极限不存在,所以定理的条件不满足,然而原式的极限却是存在的,即 $\lim\limits_{x \to \infty} \dfrac{x + \cos x}{x}$ $= \lim\limits_{x \to \infty} \left(1 + \dfrac{1}{x} \cos x\right) = 1$.

### 考点内容解析

**一、"$\dfrac{0}{0}$"型未定式**

**洛必达法则Ⅰ**　设 $f(x)$,$g(x)$ 在点 $x_0$ 的某一去心邻域内有定义,如果

(1) $\lim\limits_{x \to x_0} f(x) = 0$,$\lim\limits_{x \to x_0} g(x) = 0$;

(2) $f(x)$,$g(x)$ 在点 $x_0$ 的某邻域内可导,且 $g'(x) \neq 0$;

(3) $\lim\limits_{x \to x_0} \dfrac{f'(x)}{g'(x)}$ 存在(或无穷大),

那么

$$\lim_{x \to x_0} \frac{f(x)}{g(x)} = \lim_{x \to x_0} \frac{f'(x)}{g'(x)}.$$

**【名师解析】** ① 如果 $\lim\limits_{x \to x_0} \dfrac{f'(x)}{g'(x)}$ 还是 "$\dfrac{0}{0}$" 型未定式,且函数 $f'(x)$ 与 $g'(x)$ 满足洛必达法则 Ⅰ 中应满足的条件,则可继续使用洛必达法则,即有 $\lim\limits_{x \to x_0} \dfrac{f(x)}{g(x)} = \lim\limits_{x \to x_0} \dfrac{f'(x)}{g'(x)} = \lim\limits_{x \to x_0} \dfrac{f''(x)}{g''(x)}$.

以此类推,直到求出所要求的极限.

② 洛必达法则 Ⅰ 中,极限过程 $x \to x_0$ 换成 $x \to x_0^+$,$x \to x_0^-$ 或 $x \to \infty$,$x \to +\infty$,$x \to -\infty$,对于此种情形下的 "$\dfrac{0}{0}$" 型未定式,结论仍然成立.

③ 求解时尤其需注意洛必达法则的使用条件,如果不是未定式,就不能使用洛必达法则.

### 二、"$\dfrac{\infty}{\infty}$" 型未定式

**洛必达法则 Ⅱ** 设 $f(x)$,$g(x)$ 在点 $x_0$ 的某一去心邻域内有定义,如果

(1) $\lim\limits_{x \to x_0} f(x) = \infty$,$\lim\limits_{x \to x_0} g(x) = \infty$;

(2) $f(x)$,$g(x)$ 在点 $x_0$ 的某邻域内可导,且 $g'(x) \neq 0$;

(3) $\lim\limits_{x \to x_0} \dfrac{f'(x)}{g'(x)}$ 存在(或无穷大),

那么

$$\lim\limits_{x \to x_0} \frac{f(x)}{g(x)} = \lim\limits_{x \to x_0} \frac{f'(x)}{g'(x)}.$$

**【名师解析】** ① 如果 $\lim\limits_{x \to x_0} \dfrac{f'(x)}{g'(x)}$ 还是 "$\dfrac{\infty}{\infty}$" 型未定式,且函数 $f'(x)$ 与 $g'(x)$ 满足洛必达法则 Ⅱ 中应满足的条件,则可继续使用洛必达法则,即有 $\lim\limits_{x \to x_0} \dfrac{f(x)}{g(x)} = \lim\limits_{x \to x_0} \dfrac{f'(x)}{g'(x)} = \lim\limits_{x \to x_0} \dfrac{f''(x)}{g''(x)}$.

以此类推,直到求出所要求的极限.

② 洛必达法则 Ⅱ 中,若将极限过程 $x \to x_0$ 换成 $x \to x_0^+$,$x \to x_0^-$ 或 $x \to \infty$,$x \to +\infty$,$x \to -\infty$,对于此情形下的 "$\dfrac{\infty}{\infty}$" 型未定式,结论仍然成立.

③ 洛必达法则虽然是求未定式极限的一种有效的方法,但它不是万能的,有时也会失效,使用洛必达法则求不出极限并不意味着原极限一定不存在,可以改用其他方法求解.

### 三、其他类型的未定式

在求极限的过程中,遇到形如 "$0 \cdot \infty$" "$\infty - \infty$" "$0^0$" "$1^\infty$" "$\infty^0$" 型未定式时也可通过转化,化成 "$\dfrac{0}{0}$" 型或 "$\dfrac{\infty}{\infty}$" 型未定式后,再用洛必达法则进行计算.

#### 1. "$0 \cdot \infty$" 型未定式

设 $\lim\limits_{x \to x_0} f(x) = 0$,$\lim\limits_{x \to x_0} g(x) = \infty$,则 $\lim\limits_{x \to x_0} f(x) \cdot g(x)$ 就构成了 "$0 \cdot \infty$" 型未定式,它可以进行如下转化:

$$\lim\limits_{x \to x_0} f(x) \cdot g(x) = \lim\limits_{x \to x_0} \frac{f(x)}{\dfrac{1}{g(x)}} \left( \text{"} \frac{0}{0} \text{" 型} \right),$$

或

$$\lim\limits_{x \to x_0} f(x) \cdot g(x) = \lim\limits_{x \to x_0} \frac{g(x)}{\dfrac{1}{f(x)}} \left( \text{"} \frac{\infty}{\infty} \text{" 型} \right).$$

#### 2. "$\infty - \infty$" 型未定式

这种形式的未定式可以通过通分化简等方式转化为 "$\dfrac{0}{0}$" 型或 "$\dfrac{\infty}{\infty}$" 型未定式.

#### 3. "$0^0, 1^\infty, \infty^0$" 型未定式

可以通过取对数的方式进行如下转化:$\lim [f(x)]^{g(x)} = \lim e^{g(x) \ln f(x)} = e^{\lim g(x) \ln f(x)}$.

无论 $[f(x)]^{g(x)}$ 是上述三种类型中的哪一种,$\lim g(x) \ln f(x)$ 均为 "$0 \cdot \infty$" 型未定式.

考 点 例 题 分 析

## 考点 一　利用洛必达法则求"$\dfrac{0}{0}$"型未定式的极限

【考点分析】利用洛必达法则求"$\dfrac{0}{0}$"型未定式的极限,要注意使用条件的满足,洛必达法则与求极限的其他方法(比如等价无穷小替换)结合使用更方便快捷.

**例 1**　求极限 $\lim\limits_{x\to 0}\dfrac{x-\tan x}{x^2(e^x-1)}$.

**解**　由等价无穷小替换和洛必达法则得

$$\lim_{x\to 0}\frac{x-\tan x}{x^2(e^x-1)}=\lim_{x\to 0}\frac{x-\tan x}{x^3}=\lim_{x\to 0}\frac{1-\sec^2 x}{3x^2}=\lim_{x\to 0}\frac{-2\sec^2 x\tan x}{6x}=-\frac{1}{3}.$$

【名师点评】本题为计算"$\dfrac{0}{0}$"型未定式的极限,应首先考虑能否使用等价无穷小替换.当 $x\to 0$ 时,$e^x-1\sim x$,然后再应用洛必达法则.

**例 2**　求极限 $\lim\limits_{x\to 0}\dfrac{\tan x-x}{x^3}$.

**解**　$\lim\limits_{x\to 0}\dfrac{\tan x-x}{x^3}=\lim\limits_{x\to 0}\dfrac{\sec^2 x-1}{3x^2}=\lim\limits_{x\to 0}\dfrac{\tan^2 x}{3x^2}=\dfrac{1}{3}.$

【名师点评】本题为多个知识点的综合运用,合理运用公式会使计算变得简单.本解法第一步使用了洛必达法则,第二步利用了三角函数的公式 $\sec^2 x-1=\tan^2 x$,第三步使用了等价无穷小替换.

**例 3**　求极限 $\lim\limits_{x\to 0}\dfrac{x-\sin x}{x(e^{x^2}-1)}$.

**解**　由等价无穷小替换和洛必达法则得

$$\lim_{x\to 0}\frac{x-\sin x}{x(e^{x^2}-1)}=\lim_{x\to 0}\frac{x-\sin x}{x^3}=\lim_{x\to 0}\frac{1-\cos x}{3x^2}=\lim_{x\to 0}\frac{\dfrac{1}{2}x^2}{3x^2}=\frac{1}{6}.$$

**例 4**　求极限 $\lim\limits_{x\to 0}\dfrac{x-\sin x}{x^2\sin 2x}$.

**解**　利用洛必达法则和等价无穷小替换可得

$$\lim_{x\to 0}\frac{x-\sin x}{x^2\sin 2x}=\lim_{x\to 0}\frac{x-\sin x}{x^2\cdot 2x}=\lim_{x\to 0}\frac{1-\cos x}{6x^2}=\lim_{x\to 0}\frac{\dfrac{1}{2}x^2}{6x^2}=\frac{1}{12}.$$

【名师点评】求"$\dfrac{0}{0}$"型未定式的极限是专升本考试中常考的知识点.

若函数 $f(x)$ 及 $g(x)$ 满足洛必达法则,$\lim\dfrac{f'(x)}{g'(x)}$ 仍是未定式极限,只要此极限仍满足洛必达法则的使用条件,则可以再一次应用洛必达法则.只要满足洛必达法则的使用条件,洛必达法则就可以连续多次使用.

**例 5**　计算 $\lim\limits_{x\to\frac{\pi}{2}}\dfrac{\ln\sin x}{(\pi-2x)^2}$.

**解**　原式 $\overset{\frac{0}{0}}{=}\lim\limits_{x\to\frac{\pi}{2}}\dfrac{\dfrac{\cos x}{\sin x}}{2(\pi-2x)(-2)}=-\dfrac{1}{4}\lim\limits_{x\to\frac{\pi}{2}}\dfrac{1}{\sin x}\cdot\lim\limits_{x\to\frac{\pi}{2}}\dfrac{\cos x}{(\pi-2x)}=-\dfrac{1}{4}\lim\limits_{x\to\frac{\pi}{2}}\dfrac{\cos x}{(\pi-2x)}$

$$\overset{\frac{0}{0}}{=} -\frac{1}{4}\lim_{x\to\frac{\pi}{2}}\frac{-\sin x}{-2} = -\frac{1}{8}.$$

**【名师点评】** 以上解法连续多次应用洛必达法则. 本题还可应用等价无穷小替换, 设 $t = x - \frac{\pi}{2}$,

则 $\displaystyle\lim_{x\to\frac{\pi}{2}}\frac{\ln\sin x}{(\pi-2x)^2} = \lim_{t\to 0}\frac{\ln\sin\left(t+\frac{\pi}{2}\right)}{4t^2} = \lim_{t\to 0}\frac{\ln\cos t}{4t^2} = \lim_{t\to 0}\frac{\ln[1+(\cos t-1)]}{4t^2} = \lim_{t\to 0}\frac{\cos t-1}{4t^2} = \lim_{t\to 0}\frac{-\sin t}{8t} = -\frac{1}{8}.$

## 考点二　利用洛必达法则求"$\dfrac{\infty}{\infty}$"型未定式的极限

**【考点分析】** 利用洛必达法则求"$\dfrac{\infty}{\infty}$"型未定式的极限时, 与考点一的要求类似.

**例1** 求极限 $\displaystyle\lim_{x\to+\infty}\frac{\ln x}{x^a}\ (a>0).$

**解** 当 $x\to+\infty$ 时, $\ln x\to\infty$, 这是"$\dfrac{\infty}{\infty}$"型未定式, 可使用洛必达法则, 得

$$\lim_{x\to+\infty}\frac{\ln x}{x^a} \overset{\frac{\infty}{\infty}}{=} \lim_{x\to+\infty}\frac{\dfrac{1}{x}}{ax^{a-1}} = \lim_{x\to+\infty}\frac{1}{ax^a} = 0.$$

**【名师点评】** 本题也可设 $t = \ln x$, 则 $x = \mathrm{e}^t$, 于是 $\displaystyle\lim_{x\to+\infty}\frac{\ln x}{x^a} = \lim_{t\to+\infty}\frac{t}{\mathrm{e}^{at}} = \lim_{t\to+\infty}\frac{1}{a\mathrm{e}^{at}} = 0.$

**例2** 求极限 $\displaystyle\lim_{x\to+\infty}\frac{x^n}{\mathrm{e}^x}\ (n\ 是正整数).$

**解** 这是"$\dfrac{\infty}{\infty}$"型未定式, 接连使用洛必达法则 $n$ 次, 得

$$\lim_{x\to+\infty}\frac{x^n}{\mathrm{e}^x} \overset{\frac{\infty}{\infty}}{=} \lim_{x\to+\infty}\frac{nx^{n-1}}{\mathrm{e}^x} \overset{\frac{\infty}{\infty}}{=} \cdots \overset{\frac{\infty}{\infty}}{=} \lim_{x\to+\infty}\frac{n!}{\mathrm{e}^x} = 0.$$

**【名师点评】** 对于任意 $\mu > 0$, $\displaystyle\lim_{x\to+\infty}\frac{x^\mu}{\mathrm{e}^x} = 0$ 成立.

**例3** 求极限 $\displaystyle\lim_{x\to 0^+}\frac{\ln\cot x}{\ln x}.$

**解** $\displaystyle\lim_{x\to 0^+}\frac{\ln\cot x}{\ln x} \overset{\frac{\infty}{\infty}}{=} \lim_{x\to 0^+}\frac{\dfrac{1}{\cot x}\cdot\left(-\dfrac{1}{\sin^2 x}\right)}{\dfrac{1}{x}} = -\lim_{x\to 0^+}\frac{x}{\sin x\cos x} = -\lim_{x\to 0^+}\frac{x}{\sin x}\cdot\lim_{x\to 0^+}\frac{1}{\cos x} = -1.$

**【名师点评】** 在求未定式的极限时, 可以把洛必达法则与第二章中求极限的方法, 特别是在乘、除的情况下使用等价无穷小替换的方法结合起来, 以简化计算.

**例4** 求极限 $\displaystyle\lim_{x\to+\infty}\frac{\ln(x\ln x)}{x^a}\ (a>0).$

**解** 原式 $= \displaystyle\lim_{x\to+\infty}\frac{\ln x+\ln\ln x}{x^a} \overset{\frac{\infty}{\infty}}{=} \lim_{x\to+\infty}\frac{\dfrac{1}{x}+\dfrac{1}{x\ln x}}{ax^{a-1}} = \frac{1}{a}\lim_{x\to+\infty}\frac{\ln x+1}{x^a\ln x} = 0.$

### 考点三 利用洛必达法则求"$0 \cdot \infty$"型未定式的极限

【考点分析】将"$0 \cdot \infty$"型未定式中的其中一个函数取倒数,转化为"$\dfrac{0}{0}$"型或"$\dfrac{\infty}{\infty}$"型未定求解.

**例1** 设 $a > 0$,求极限 $\lim\limits_{x \to 0^+} x^a \ln x$.

**解** 当 $x \to 0^+$ 时,$x^a \to 0$,$\ln x \to -\infty$,这是"$0 \cdot \infty$"型未定式.

$$\lim_{x \to 0^+} x^a \ln x = \lim_{x \to 0^+} \frac{\ln x}{x^{-a}} \overset{\frac{\infty}{\infty}}{=} \lim_{x \to 0^+} \frac{\frac{1}{x}}{-ax^{-a-1}} = \lim_{x \to 0^+} \left(-\frac{1}{ax^{-a}}\right) = \lim_{x \to 0^+}\left(-\frac{1}{a}x^a\right) = 0.$$

【名师点评】若将"$0 \cdot \infty$"型未定式 $\lim\limits_{x \to 0^+} x^a \ln x$ 变成"$\dfrac{0}{0}$"型未定式 $\lim\limits_{x \to 0^+} \dfrac{x^a}{\frac{1}{\ln x}}$,将无法用洛必达法则进行计算.

这个例子说明,当 $x \to 0^+$ 时,尽管 $\ln x$ 是无穷大量,它与无穷小量 $x^a (a > 0)$ 的乘积仍是一个无穷小量.

由本题可看出,"$0 \cdot \infty$"型未定式可以通过把一个因式改写为倒数写在分母中的方法变形为"$\dfrac{0}{0}$"型或"$\dfrac{\infty}{\infty}$"型未定式.

**例2** $\lim\limits_{x \to 0^+} x \ln x = $ _____.

**解** 原式 $= \lim\limits_{x \to 0^+} \dfrac{\ln x}{\frac{1}{x}} \overset{\frac{\infty}{\infty}}{=} \lim\limits_{x \to 0^+} \dfrac{\frac{1}{x}}{-\frac{1}{x^2}} = 0.$

故应填 $0$.

**例3** 求极限 $\lim\limits_{x \to \infty} x^2(e^{\frac{1}{x^2}} - 1)$.

**解法一** 利用洛必达法则可得

$$\lim_{x \to \infty} x^2(e^{\frac{1}{x^2}} - 1) = \lim_{x \to \infty} \frac{e^{\frac{1}{x^2}} - 1}{\frac{1}{x^2}} = \lim_{x \to \infty} \frac{e^{\frac{1}{x^2}} \cdot \left(-2\frac{1}{x^3}\right)}{-2\frac{1}{x^3}} = \lim_{x \to \infty} e^{\frac{1}{x^2}} = 1.$$

**解法二** 利用等价无穷小替换可得

$$\lim_{x \to \infty} x^2(e^{\frac{1}{x^2}} - 1) = \lim_{x \to \infty} x^2 \cdot \frac{1}{x^2} = 1.$$

【名师点评】"$0 \cdot \infty$"型未定式可转化成"$\dfrac{0}{0}$"型或"$\dfrac{\infty}{\infty}$"型未定式后使用洛必达法则.巧用等价无穷小替换会使部分题目的计算量大大减少,比如本题的解法二显然比解法一计算要简单,所以要熟记常用等价无穷小的替换关系.

**例4** $\lim\limits_{x \to \infty} x^2\left(1 - \cos\dfrac{1}{x}\right) = $ _____.

**解** 利用洛必达法则可得

$$\lim_{x \to \infty} x^2\left(1 - \cos\frac{1}{x}\right) = \lim_{x \to \infty} \frac{1 - \cos\frac{1}{x}}{\frac{1}{x^2}} = \lim_{x \to \infty} \frac{\sin\frac{1}{x} \cdot \left(-\frac{1}{x^2}\right)}{(-2) \cdot \frac{1}{x^3}} = \lim_{x \to \infty} \frac{\sin\frac{1}{x}}{2 \cdot \frac{1}{x}} = \frac{1}{2}.$$

故应填 $\dfrac{1}{2}$.

**【名师点评】**本题我们还可采用等价无穷小替换，则 $\lim\limits_{x\to\infty}x^2\left(1-\cos\dfrac{1}{x}\right)=\lim\limits_{x\to\infty}x^2\cdot\dfrac{1}{2x^2}=\dfrac{1}{2}$，显然采用等价无穷小替换要简单."$0\cdot\infty$ 型"未定式的极限是专升本考试中常考的知识点."$0\cdot\infty$"型可以通过把一个因式改写为倒数写在分母中的方法变形为"$\dfrac{0}{0}$"型或者"$\dfrac{\infty}{\infty}$"型，然后合理运用等价无穷小替换和洛必达法则求出结果.

**例 5** 求极限 $\lim\limits_{x\to0}\dfrac{1}{x}\left(\dfrac{1}{\sin x}-\dfrac{1}{\tan x}\right)$.

**解** 利用等价无穷小替换及洛必达法则得

$$\text{原式}=\lim\limits_{x\to0}\dfrac{1}{x}\left(\dfrac{1}{\sin x}-\dfrac{\cos x}{\sin x}\right)=\lim\limits_{x\to0}\dfrac{1-\cos x}{x\sin x}=\lim\limits_{x\to0}\dfrac{1-\cos x}{x^2}\overset{\frac{0}{0}}{=}\lim\limits_{x\to0}\dfrac{\sin x}{2x}=\dfrac{1}{2}.$$

**【名师点评】**关于含有三角函数的式子求极限问题，也经常用到"切割化弦"，即通过商数关系及倒数关系将正切、余切、正割和余割化成关于正弦与余弦的式子.

## 考点 四 利用洛必达法则求"$\infty-\infty$"型未定式的极限

**【考点分析】**"$\infty-\infty$"型未定式，通常需要通分后再利用洛必达法则求极限.

**例 1** 求极限 $\lim\limits_{x\to0}\left(\dfrac{1}{\sin x}-\dfrac{1}{x}\right)$.

**解** $\lim\limits_{x\to0}\left(\dfrac{1}{\sin x}-\dfrac{1}{x}\right)=\lim\limits_{x\to0}\dfrac{x-\sin x}{x\sin x}=\lim\limits_{x\to0}\dfrac{x-\sin x}{x^2}=\lim\limits_{x\to0}\dfrac{1-\cos x}{2x}=\lim\limits_{x\to0}\dfrac{\frac{1}{2}x^2}{x}=0.$

**例 2** 求极限 $\lim\limits_{x\to1}\left(\dfrac{1}{\ln x}-\dfrac{1}{x-1}\right)$.

**解** $\lim\limits_{x\to1}\left(\dfrac{1}{\ln x}-\dfrac{1}{x-1}\right)=\lim\limits_{x\to1}\dfrac{x-1-\ln x}{(x-1)\ln x}=\lim\limits_{x\to1}\dfrac{1-\dfrac{1}{x}}{\ln x+1-\dfrac{1}{x}}=\lim\limits_{x\to1}\dfrac{\dfrac{1}{x^2}}{\dfrac{1}{x}+\dfrac{1}{x^2}}=\dfrac{1}{2}.$

**【名师点评】**等价无穷小替换与洛必达法则结合使用可得下面的解法：

$$\lim\limits_{x\to1}\left(\dfrac{1}{\ln x}-\dfrac{1}{x-1}\right)=\lim\limits_{x\to1}\dfrac{x-1-\ln x}{(x-1)\ln x}=\lim\limits_{x\to1}\dfrac{x-1-\ln x}{(x-1)\ln[1+(x-1)]}=\lim\limits_{x\to1}\dfrac{x-1-\ln x}{(x-1)^2}$$

$$=\lim\limits_{x\to1}\dfrac{1-\dfrac{1}{x}}{2(x-1)}=\lim\limits_{x\to1}\dfrac{x-1}{2x(x-1)}=\lim\limits_{x\to1}\dfrac{1}{2x}=\dfrac{1}{2}.$$

**例 3** 求极限 $\lim\limits_{x\to0}\left(\dfrac{1}{\sin x}-\dfrac{1}{e^x-1}\right)$.

**解** $\lim\limits_{x\to0}\left(\dfrac{1}{\sin x}-\dfrac{1}{e^x-1}\right)=\lim\limits_{x\to0}\left[\dfrac{e^x-1-\sin x}{\sin x(e^x-1)}\right]=\lim\limits_{x\to0}\left(\dfrac{e^x-1-\sin x}{x^2}\right)$

$$=\lim\limits_{x\to0}\left(\dfrac{e^x-\cos x}{2x}\right)=\lim\limits_{x\to0}\left(\dfrac{e^x+\sin x}{2}\right)=\dfrac{1}{2}.$$

**【名师点评】**遇到"$\infty-\infty$"型未定式时，一般先进行通分，再使用洛必达法则、等价无穷小替换等.

**例 4** 求极限 $\lim\limits_{x\to0}\left(\dfrac{1+x}{1-e^{-x}}-\dfrac{1}{x}\right)$.

**解** $\text{原式}=\lim\limits_{x\to0}\dfrac{x+x^2-1+e^{-x}}{x(1-e^{-x})}=\lim\limits_{x\to0}\dfrac{x+x^2-1+e^{-x}}{x^2}\overset{\frac{0}{0}}{=}\lim\limits_{x\to0}\dfrac{1+2x-e^{-x}}{2x}\overset{\frac{0}{0}}{=}\lim\limits_{x\to0}\dfrac{2+e^{-x}}{2}=\dfrac{3}{2}.$

**【名师点评】**本题常见错解为$\lim\limits_{x\to 0}\left(\dfrac{1+x}{1-e^{-x}}-\dfrac{1}{x}\right)=\lim\limits_{x\to 0}\left(\dfrac{1+x}{x}-\dfrac{1}{x}\right)=1$,不正确使用等价无穷小替换造成计算结果错误.

## 考点 五 利用洛必达法则求"$\infty^0$""$0^0$""$1^{+\infty}$"型等幂指函数的极限

**【说明】**"$0^0$""$\infty^0$""$1^\infty$"型未定式不属于高等数学(二)大纲要求范围,列出该考点是为了预防在考试中出现超纲的题型,且这三种未定式的恒等变形方法并不超纲,对相关知识点的学习大有裨益.

**例1** 求极限$\lim\limits_{x\to 0}(\cos x)^{\frac{1}{\ln(1+x^2)}}$.

**解** 原式$=e^{\lim\limits_{x\to 0}\frac{\ln\cos x}{\ln(1+x^2)}}$,而$\lim\limits_{x\to 0}\dfrac{\ln\cos x}{\ln(1+x^2)}\overset{\frac{0}{0}}{=}\lim\limits_{x\to 0}\dfrac{\ln\cos x}{x^2}=\lim\limits_{x\to 0}\dfrac{-\frac{\sin x}{\cos x}}{2x}=-\dfrac{1}{2}$,

所以原式$=e^{-\frac{1}{2}}=\dfrac{1}{\sqrt{e}}$.

**例2** 求极限$\lim\limits_{x\to 0^+}x^x$.

**解** 因为$\lim\limits_{x\to 0^+}x=0$,因此它是"$0^0$"型未定式.

设$y=x^x$,取对数得$\ln y=x\ln x$,当$x\to 0^+$时,$x\ln x$成为"$0\cdot\infty$"型未定式,

改写成$\dfrac{\ln x}{\frac{1}{x}}$的形式,化为"$\dfrac{\infty}{\infty}$"型未定式,使用洛必达法则得

$$\lim\limits_{x\to 0^+}\ln y=\lim\limits_{x\to 0^+}\dfrac{\ln x}{\frac{1}{x}}\overset{\frac{\infty}{\infty}}{=}\lim\limits_{x\to 0^+}\dfrac{\frac{1}{x}}{-\frac{1}{x^2}}=\lim\limits_{x\to 0^+}(-x)=0.$$

又因为$y=e^{\ln y}$,且$\lim\limits_{x\to 0^+}y=\lim\limits_{x\to 0^+}e^{\ln y}=e^{\lim\limits_{x\to 0^+}\ln y}=e^0=1$,故$\lim\limits_{x\to 0^+}x^x=1$.

**例3** 求极限$\lim\limits_{x\to 0}\left(1+\dfrac{1}{x}\right)^x=$ _____ .

**解** $\lim\limits_{x\to 0}\left(1+\dfrac{1}{x}\right)^x=\lim\limits_{x\to 0}e^{\ln\left(1+\frac{1}{x}\right)^x}=\lim\limits_{x\to 0}e^{x\ln\left(1+\frac{1}{x}\right)}=e^{\lim\limits_{x\to 0}\frac{\ln\left(1+\frac{1}{x}\right)}{\frac{1}{x}}}=e^{\lim\limits_{x\to 0}\frac{\left[\ln\left(1+\frac{1}{x}\right)\right]'}{\left(\frac{1}{x}\right)'}}=e^0=1.$

故应填1.

**【名师点评】**本题要特别注意:

(1) 本题中的幂指函数不是"$1^\infty$"型,不能用第二重要极限来求;

(2) 在解题过程中,$\lim\limits_{x\to 0}x\ln\left(1+\dfrac{1}{x}\right)$不能使用等价无穷小替换,因为当$x\to 0$时,$\dfrac{1}{x}\to\infty$,不是无穷小.

**例4** 求极限$\lim\limits_{x\to+\infty}\left(\dfrac{2}{\pi}\arctan x\right)^x$.

**解** $\lim\limits_{x\to+\infty}\left(\dfrac{2}{\pi}\arctan x\right)^x=\lim\limits_{x\to+\infty}e^{x\ln\left(\frac{2}{\pi}\arctan x\right)}=e^{\lim\limits_{x\to+\infty}\frac{\ln\left(\frac{2}{\pi}\arctan x\right)}{\frac{1}{x}}}=e^{\lim\limits_{x\to+\infty}\frac{1}{\frac{2}{\pi}\arctan x}\cdot\frac{1}{1+x^2}\cdot(-x^2)}=e^{\frac{2}{\pi}}.$

**【名师点评】**对于形如$u(x)^{v(x)}$的幂指函数求极限时,经常将幂指函数形式变形为$u(x)^{v(x)}=e^{v(x)\ln u(x)}$,再采用合适解法求极限.

**例5** 若$a>0,b>0$,且均为常数,求极限$\lim\limits_{x\to 0}\left(\dfrac{a^x+b^x}{2}\right)^{\frac{3}{x}}$.

**解** 设$y=\left(\dfrac{a^x+b^x}{2}\right)^{\frac{3}{x}}$,则

$$\lim_{x \to 0} \ln y = 3 \lim_{x \to 0} \frac{\ln(a^x + b^x) - \ln 2}{x} = 3 \lim_{x \to 0} \frac{\frac{a^x \ln a + b^x \ln b}{a^x + b^x} - 0}{1} = \frac{3}{2} \ln(ab) = \ln(ab)^{\frac{3}{2}}.$$

所以 $\lim_{x \to 0} \ln y = e^{\ln(ab)^{\frac{3}{2}}} = (ab)^{\frac{3}{2}}.$

## 考点 六 利用洛必达法则讨论无穷小的比较

**例 1** 设 $x \to 0$ 时，$e^{\tan x} - e^x$ 与 $x^n$ 是同阶无穷小，则 $n = $ _____.

A. 1          B. 2          C. 3          D. 4

**解** 因为 $\lim_{x \to 0} \frac{e^{\tan x} - e^x}{x^n} = \lim_{x \to 0} \frac{e^x (e^{\tan x - x} - 1)}{x^n} = \lim_{x \to 0} \frac{e^{\tan x - x} - 1}{x^n} = \lim_{x \to 0} \frac{\tan x - x}{x^n}$

$$\overset{\frac{0}{0}}{=} \lim_{x \to 0} \frac{\sec^2 x - 1}{n x^{n-1}} = \lim_{x \to 0} \frac{1 - \cos^2 x}{n x^{n-1}} = \frac{1}{n} \lim_{x \to 0} \frac{\sin^2 x}{x^{n-1}} = \frac{1}{n} \lim_{x \to 0} \frac{x^2}{x^{n-1}},$$

所以 $n - 1 = 2$，即 $n = 3$.

故应选 C.

**例 2** 若当 $x \to 0$ 时，$\alpha(x) = k x^2$ 与 $\beta(x) = \sqrt{1 + x \arcsin x} - \sqrt{\cos x}$ 是等价无穷小，则 $k = $ _____.

**解** 由题设，$\lim_{x \to 0} \frac{\beta(x)}{\alpha(x)} = \lim_{x \to 0} \frac{\sqrt{1 + x \arcsin x} - \sqrt{\cos x}}{k x^2} = \lim_{x \to 0} \frac{x \arcsin x + 1 - \cos x}{k x^2 (\sqrt{1 + x \arcsin x} + \sqrt{\cos x})}$

$$= \frac{1}{2k} \lim_{x \to 0} \frac{x \arcsin x + 1 - \cos x}{x^2} = \frac{3}{4k} = 1,$$

解得 $k = \frac{3}{4}$.

故应填 $\frac{3}{4}$.

**例 3** 设函数 $f(x)$ 在 $x = 0$ 的某邻域内具有一阶连续导数，且 $f(0) \neq 0, f'(0) \neq 0$，若 $a f(h) + b f(2h) - f(0)$ 在 $h \to 0$ 时是比 $h$ 高阶的无穷小，试确定 $a, b$ 的值.

**解** 由题设条件知 $\lim_{h \to 0} [a f(h) + b f(2h) - f(0)] = (a + b - 1) f(0) = 0$.

由于 $f(0) \neq 0$，故必有 $a + b - 1 = 0$.

又由洛必达法则，有 $0 = \lim_{h \to 0} \frac{a f(h) + b f(2h) - f(0)}{h} = \lim_{h \to 0} \frac{a f'(h) + 2b f'(2h)}{1} = (a + 2b) f'(0)$,

因 $f'(0) \neq 0$，故 $a + 2b = 0$，解方程组 $\begin{cases} a + b - 1 = 0, \\ a + 2b = 0, \end{cases}$ 于是得 $\begin{cases} a = 2, \\ b = -1. \end{cases}$

**【名师点评】** 若 $f(x)$ 在 $x = 0$ 处可导，其他条件不变，也可解出 $a, b$ 的值. 根据题意，我们首先能得到 $\lim_{h \to 0} [a f(h) + b f(2h) - f(0)] = (a + b - 1) f(0) = 0$，又因为 $f(0) \neq 0$，于是 $a + b - 1 = 0$，也即 $a + b = 1$. 由于 $a f(h) + b f(2h) - f(0)$ 在 $h \to 0$ 时是比 $h$ 高阶的无穷小，进而可以得出 $\lim_{h \to 0} \frac{a f(h) + b f(2h) - f(0)}{h} = 0$，上式不满足洛必达法则的条件，只能用导数的定义继续求解，

$$\lim_{h \to 0} \frac{a f(h) + b f(2h) - f(0)}{h} = \lim_{h \to 0} \frac{a f(h) + b f(2h) - (a + b) f(0)}{h}$$

$$= a \lim_{h \to 0} \frac{f(0 + h) - f(0)}{h} + 2b \lim_{h \to 0} \frac{f(0 + 2h) - f(0)}{2h} = (a + 2b) f'(0),$$

最后求得 $a = 2, b = -1$.

## 考点 七 利用洛必达法则讨论函数的连续性

**【考点分析】** 对于函数连续性的讨论，依然需要进行极限的讨论，故离不开洛必达法则的使用.

**例 1** 若 $f(x) = \begin{cases} \dfrac{\sin 2x + e^{2ax} - 1}{x}, & x \neq 0, \\ a, & x = 0 \end{cases}$ 在 $(-\infty, +\infty)$ 上连续,则 $a = $ _____.

**解** 若 $f(x)$ 在 $(-\infty, +\infty)$ 上连续,则 $f(x)$ 在 $x = 0$ 处连续,

即 $\lim\limits_{x \to 0} f(x) = \lim\limits_{x \to 0} \dfrac{\sin 2x + e^{2ax} - 1}{x} \overset{\frac{0}{0}}{=} \lim\limits_{x \to 0} \dfrac{2\cos 2x + 2a e^{2ax}}{1} = 2 + 2a$,所以 $2 + 2a = a$,则 $a = -2$.

故应填 $-2$.

**例 2** 求极限 $\lim\limits_{t \to x} \left( \dfrac{\sin t}{\sin x} \right)^{\frac{x}{\sin t - \sin x}}$. 记此极限为 $f(x)$,求函数 $f(x)$ 的间断点,并指出其类型.

**解** 因为 $f(x) = e^{\lim\limits_{t \to x} \frac{x}{\sin t - \sin x} \ln \frac{\sin t}{\sin x}}$,而 $\lim\limits_{t \to x} \dfrac{x}{\sin t - \sin x} \ln \dfrac{\sin t}{\sin x} = \lim\limits_{t \to x} x \cdot \dfrac{\frac{\sin t}{\sin t}}{\cos t} = \dfrac{x}{\sin x}$,故 $f(x) = e^{\frac{x}{\sin x}}$.

由于 $\lim\limits_{x \to 0} f(x) = \lim\limits_{x \to 0} e^{\frac{x}{\sin x}} = e$,所以 $x = 0$ 是函数 $f(x)$ 的第一类(或可去)间断点;

$x = k\pi (k = \pm 1, \pm 2, \cdots)$ 是 $f(x)$ 的第二类(或无穷)间断点.

**例 3** 设 $f(x) = \dfrac{1}{\pi x} + \dfrac{1}{\sin \pi x} + \dfrac{1}{\pi(1-x)}$,$x \in \left[ \dfrac{1}{2}, 1 \right)$,试补充定义 $f(1)$,使得 $f(x)$ 在 $\left[ \dfrac{1}{2}, 1 \right)$ 上连续.

**解** 令 $y = 1 - x$,有 $\lim\limits_{x \to 1^-} f(x) = \dfrac{1}{\pi} + \lim\limits_{x \to 1^-} \dfrac{\pi(1-x) - \sin \pi x}{\pi(1-x)\sin \pi x} = \dfrac{1}{\pi} + \lim\limits_{y \to 0^+} \dfrac{\pi y - \sin \pi y}{\pi y \sin \pi y}$

$= \dfrac{1}{\pi} + \lim\limits_{y \to 0^+} \dfrac{\pi y - \sin \pi y}{\pi^2 y^2} = \dfrac{1}{\pi} + \lim\limits_{y \to 0^+} \dfrac{\pi - \pi \cos \pi y}{2\pi^2 y}$

$= \dfrac{1}{\pi} + \lim\limits_{y \to 0^+} \dfrac{\pi^2 \sin \pi y}{2\pi^2} = \dfrac{1}{\pi}$.

由于 $f(x)$ 在 $\left[ \dfrac{1}{2}, 1 \right)$ 上连续,因此定义 $f(1) = \dfrac{1}{\pi}$,就可使 $f(x)$ 在 $\left[ \dfrac{1}{2}, 1 \right)$ 上连续.

**【名师点评】** 易观察出当 $x = 1$ 时,$f(x)$ 无意义. 补充定义使 $f(x)$ 在 $\left[ \dfrac{1}{2}, 1 \right)$ 上连续,也就是求 $f(x)$ 左连续的问题,即求 $\lim\limits_{x \to 1^-} f(x)$. 在运算过程中,需要使用洛必达法则及等价无穷小替换.

## 考点八 利用洛必达法则计算含积分上限函数型的极限

**【考点分析】** 含有积分上限函数的极限运算,如果是 "$\dfrac{0}{0}$" 型或 "$\dfrac{\infty}{\infty}$" 型未定式,首先考虑洛必达法则的使用.

**例 1** 计算极限 $\lim\limits_{x \to 0} \dfrac{\int_0^x (\sin t)^2 \, dt}{\ln(1 + x^3)}$.

**解** $\lim\limits_{x \to 0} \dfrac{\int_0^x (\sin t)^2 \, dt}{\ln(1 + x^3)} = \lim\limits_{x \to 0} \dfrac{\int_0^x (\sin t)^2 \, dt}{x^3} = \lim\limits_{x \to 0} \dfrac{(\sin x)^2}{3x^2} = \lim\limits_{x \to 0} \dfrac{x^2}{3x^2} = \dfrac{1}{3}$.

**例 2** 求极限 $\lim\limits_{x \to 0} \dfrac{\int_0^x \left( 3\sin t + t^2 \cos \frac{1}{t} \right) dt}{(1 + \cos x) \int_0^x \ln(1 + t) \, dt}$.

**解** $\lim\limits_{x \to 0} \dfrac{\int_0^x \left( 3\sin t + t^2 \cos \frac{1}{t} \right) dt}{(1 + \cos x) \int_0^x \ln(1 + t) \, dt} = \dfrac{1}{2} \lim\limits_{x \to 0} \dfrac{\int_0^x \left( 3\sin t + t^2 \cos \frac{1}{t} \right) dt}{\int_0^x \ln(1 + t) \, dt} = \dfrac{1}{2} \lim\limits_{x \to 0} \dfrac{3\sin x + x^2 \cos \frac{1}{x}}{\ln(1 + x)}$

$= \dfrac{1}{2} \lim\limits_{x \to 0} \dfrac{3\sin x + x^2 \cos \frac{1}{x}}{x} = \dfrac{1}{2} \lim\limits_{x \to 0} \left( 3 \dfrac{\sin x}{x} + x \cdot \cos \dfrac{1}{x} \right) = \dfrac{3}{2}$.

【名师点评】先提出非零因子 $\lim\limits_{x\to 0}\dfrac{1}{(1+\cos x)}=\dfrac{1}{2}$. 当 $x\to 0$ 时,若未定式中含有 $\sin\dfrac{1}{x}$, $\cos\dfrac{1}{x}$ 等项,往往不能直接使用洛必达法则,须利用无穷小量乘有界变量仍为无穷小量的结论.

**例 3** 设函数 $f(x)$ 连续,且 $f(0)\neq 0$,求极限 $\lim\limits_{x\to 0}\dfrac{\displaystyle\int_0^x(x-t)f(t)\mathrm{d}t}{x\displaystyle\int_0^x f(x-t)\mathrm{d}t}$.

**解** 原式 $=\lim\limits_{x\to 0}\dfrac{x\displaystyle\int_0^x f(t)\mathrm{d}t-\int_0^x tf(t)\mathrm{d}t}{x\displaystyle\int_0^x f(x-t)\mathrm{d}t}\xlongequal{\text{令}x-t=u}\lim\limits_{x\to 0}\dfrac{x\displaystyle\int_0^x f(t)\mathrm{d}t-\int_0^x tf(t)\mathrm{d}t}{x\displaystyle\int_0^x f(u)\mathrm{d}u}$

$\xlongequal{\frac{0}{0}}\lim\limits_{x\to 0}\dfrac{\displaystyle\int_0^x f(t)\mathrm{d}t+xf(x)-xf(x)}{\displaystyle\int_0^x f(u)\mathrm{d}u+xf(x)}=\lim\limits_{x\to 0(\xi\to 0)}\dfrac{xf(\xi)}{xf(\xi)+xf(x)}$

$=\dfrac{f(0)}{f(0)+f(0)}=\dfrac{1}{2}$,其中 $0<\xi<x$.

### ◥ 考 点 真 题 解 析 ◤

## 考点 一 利用洛必达法则计算 "$\dfrac{0}{0}$" 型未定式的极限

**真题 1** (2021 高数二) 求极限 $\lim\limits_{x\to 0}\dfrac{x^3}{x-\tan x}$.

**解** $\lim\limits_{x\to 0}\dfrac{x^3}{x-\tan x}=\lim\limits_{x\to 0}\dfrac{3x^2}{1-\sec^2 x}=3\lim\limits_{x\to 0}\dfrac{x^2}{-\tan^2 x}=-3$.

**真题 2** (2021 高数三) 求极限 $\lim\limits_{x\to 0}\dfrac{x^3+x^4}{x-\sin x}$.

**解** 由洛必达法则和等价无穷小替换得

$\lim\limits_{x\to 0}\dfrac{x^3+x^4}{x-\sin x}=\lim\limits_{x\to 0}\dfrac{3x^2+4x^3}{1-\cos x}=\lim\limits_{x\to 0}\dfrac{3x^2+4x^3}{\dfrac{x^2}{2}}=\lim\limits_{x\to 0}(6+8x)=6$.

**真题 3** (2020 高数三) 求极限 $\lim\limits_{x\to 0}\dfrac{\mathrm{e}^x+x-1}{2x}$.

**解** $\lim\limits_{x\to 0}\dfrac{\mathrm{e}^x+x-1}{2x}=\lim\limits_{x\to 0}\dfrac{\mathrm{e}^x+1}{2}=1$.

**真题 4** (2019 财经类) 求极限 $\lim\limits_{x\to 0}\dfrac{x-\sin x}{\tan^3 x}$.

**解** $\lim\limits_{x\to 0}\dfrac{x-\sin x}{\tan^3 x}=\lim\limits_{x\to 0}\dfrac{x-\sin x}{x^3}=\lim\limits_{x\to 0}\dfrac{1-\cos x}{3x^2}=\lim\limits_{x\to 0}\dfrac{\dfrac{1}{2}\cdot x^2}{3x^2}=\dfrac{1}{6}$.

**真题 5** (2018 财经类) 极限 $\lim\limits_{x\to 1}\dfrac{x^4+2x^2-3}{x^2-3x+2}=$ _____.

**解** 根据洛必达法则, $\lim\limits_{x\to 1}\dfrac{x^4+2x^2-3}{x^2-3x+2}=\lim\limits_{x\to 1}\dfrac{4x^3+4x}{2x-3}=-8$.

故应填 $-8$.

【名师点评】我们也可以通过因式分解的方法解答本题,解法如下:

$\lim\limits_{x\to 1}\dfrac{x^4+2x^2-3}{x^2-3x+2}=\lim\limits_{x\to 1}\dfrac{(x^2+3)(x+1)(x-1)}{(x-2)(x-1)}=\lim\limits_{x\to 1}\dfrac{(x^2+3)(x+1)}{x-2}=-8$.

**考点 二** 利用洛必达法则计算"$\dfrac{\infty}{\infty}$"型未定式的极限

**真题 1** (2021 高数三) 极限 $\lim\limits_{x\to+\infty}\dfrac{\sqrt{x-1}}{e^x}=$ _____.

A. 0                    B. 1                    C. 2                    D. $+\infty$

**解**　由洛必达法则知 $\lim\limits_{x\to+\infty}\dfrac{\sqrt{x-1}}{e^x}=\lim\limits_{x\to+\infty}\dfrac{1}{2e^x\sqrt{x-1}}=0.$

故应选 A.

**真题 2** (2020 高数三) 极限 $\lim\limits_{x\to+\infty}\dfrac{\ln x}{x+2}=$ _____.

A. 0                    B. 1                    C. 2                    D. $+\infty$

**解**　由洛必达法则得 $\lim\limits_{x\to+\infty}\dfrac{\ln x}{x+2}=\lim\limits_{x\to+\infty}\dfrac{\dfrac{1}{x}}{1}=0.$

故应选 A.

**考点 三** 利用洛必达法则计算"$0\cdot\infty$"型未定式的极限

**真题 1** (2014 机械,2012 会计、电气) 求极限 $\lim\limits_{x\to+\infty}x[\ln(x-2)-\ln(x+1)]$.

**解法一**　恒等变形后利用洛必达法则可得

$$\lim\limits_{x\to+\infty}x[\ln(x-2)-\ln(x+1)]=\lim\limits_{x\to+\infty}\dfrac{\ln(x-2)-\ln(x+1)}{\dfrac{1}{x}}=\lim\limits_{x\to+\infty}\dfrac{\dfrac{1}{x-2}-\dfrac{1}{x+1}}{-\dfrac{1}{x^2}}=-3.$$

**解法二**　恒等变形后利用等价无穷小替换可得

$$\lim\limits_{x\to+\infty}x[\ln(x-2)-\ln(x+1)]=\lim\limits_{x\to+\infty}x\ln\left(\dfrac{x-2}{x+1}\right)=\lim\limits_{x\to+\infty}x\ln\left(1+\dfrac{-3}{x+1}\right)=\lim\limits_{x\to+\infty}x\cdot\dfrac{-3}{x+1}=-3.$$

**考点 四** 利用洛必达法则计算"$\infty-\infty$"型未定式的极限

**真题 1** (2018 财经类,2013 计算机,2011 会计) 求极限 $\lim\limits_{x\to0}\left(\dfrac{1}{\sin^2x}-\dfrac{1}{x^2}\right)$.

**解**　$\lim\limits_{x\to0}\left(\dfrac{1}{\sin^2x}-\dfrac{1}{x^2}\right)=\lim\limits_{x\to0}\dfrac{x^2-\sin^2x}{x^2\sin^2x}=\lim\limits_{x\to0}\dfrac{x^2-\sin^2x}{x^4}$

$$=\lim\limits_{x\to0}\dfrac{2x-\sin2x}{4x^3}=\lim\limits_{x\to0}\dfrac{1-\cos2x}{6x^2}=\lim\limits_{x\to0}\dfrac{\dfrac{1}{2}\cdot4x^2}{6x^2}=\dfrac{1}{3}.$$

【名师点评】本题还可采用如下方法计算:

$$\lim\limits_{x\to0}\left(\dfrac{1}{\sin^2x}-\dfrac{1}{x^2}\right)=\lim\limits_{x\to0}\dfrac{x^2-\sin^2x}{x^2\sin^2x}=\lim\limits_{x\to0}\dfrac{(x+\sin x)(x-\sin x)}{x^4}$$

$$=\lim\limits_{x\to0}\dfrac{x+\sin x}{x}\lim\limits_{x\to0}\dfrac{x-\sin x}{x^3}=2\lim\limits_{x\to0}\dfrac{1-\cos x}{3x^2}=2\lim\limits_{x\to0}\dfrac{\sin x}{6x}=\dfrac{1}{3}.$$

**真题 2** (2016 经管类,2014 交通) 求极限 $\lim\limits_{x\to1}\left(\dfrac{x}{x-1}-\dfrac{1}{\ln x}\right)$.

**解**　$\lim\limits_{x\to1}\left(\dfrac{x}{x-1}-\dfrac{1}{\ln x}\right)=\lim\limits_{x\to1}\dfrac{x\ln x-(x-1)}{(x-1)\ln x}=\lim\limits_{x\to1}\dfrac{\ln x+1-1}{\dfrac{x-1}{x}+\ln x}=\lim\limits_{x\to1}\dfrac{\ln x}{1-\dfrac{1}{x}+\ln x}=\lim\limits_{x\to1}\dfrac{\dfrac{1}{x}}{\dfrac{1}{x^2}+\dfrac{1}{x}}=\dfrac{1}{2}.$

**【名师点评】**本题若将等价无穷小替换与洛必达法则结合使用，计算过程将更简单，计算量将减少.

$$\lim_{x\to 1}\left(\frac{x}{x-1}-\frac{1}{\ln x}\right)=\lim_{x\to 1}\frac{x\ln x-(x-1)}{(x-1)\ln x}=\lim_{x\to 1}\frac{x\ln x-(x-1)}{(x-1)\ln[1+(x-1)]}=\lim_{x\to 1}\frac{x\ln x-(x-1)}{(x-1)^2}$$

$$=\lim_{x\to 1}\frac{1+\ln x-1}{2(x-1)}=\lim_{x\to 1}\frac{\ln x}{2(x-1)}=\lim_{x\to 1}\frac{\ln[1+(x-1)]}{2(x-1)}=\frac{1}{2}.$$

**真题3**　（2016 电子，2015 理工类，2013 经管类）求极限 $\lim\limits_{x\to 0}\left(\dfrac{1}{2x}-\dfrac{1}{e^{2x}-1}\right)$.

**解**　$\lim\limits_{x\to 0}\left(\dfrac{1}{2x}-\dfrac{1}{e^{2x}-1}\right)=\lim\limits_{x\to 0}\dfrac{e^{2x}-1-2x}{2x(e^{2x}-1)}=\lim\limits_{x\to 0}\dfrac{e^{2x}-1-2x}{4x^2}=\lim\limits_{x\to 0}\dfrac{2e^{2x}-2}{8x}=\lim\limits_{x\to 0}\dfrac{2e^{2x}}{4}=\dfrac{1}{2}.$

**【名师点评】**求"$\infty-\infty$"型未定式的极限是专升本考试中常考的知识点之一，解题中应先通分，通分之后一般先考虑能否应用等价无穷小替换，然后运用洛必达法则或者连续多次运用洛必达法则得出结论.

## 考点五　利用洛必达法则计算含积分上限函数型的极限

**真题1**　（2010 工商）计算极限 $\lim\limits_{x\to 0}\dfrac{\displaystyle\int_0^x(\sin t)^2\mathrm{d}t}{e^{x^3}-1}$.

**解**　利用等价无穷小替换和洛必达法则可得

$$\lim_{x\to 0}\frac{\displaystyle\int_0^x(\sin t)^2\mathrm{d}t}{e^{x^3}-1}=\lim_{x\to 0}\frac{\displaystyle\int_0^x(\sin t)^2\mathrm{d}t}{x^3}=\lim_{x\to 0}\frac{(\sin x)^2}{3x^2}=\lim_{x\to 0}\frac{x^2}{3x^2}=\frac{1}{3}.$$

**真题2**　（2009 会计）求极限 $\lim\limits_{x\to 0}\dfrac{\displaystyle\int_0^{x^2}t^{\frac{3}{2}}\mathrm{d}t}{\displaystyle\int_0^x t(t-\sin t)\mathrm{d}t}$.

**解**　利用洛必达法则可得

$$\lim_{x\to 0}\frac{\displaystyle\int_0^{x^2}t^{\frac{3}{2}}\mathrm{d}t}{\displaystyle\int_0^x t(t-\sin t)\mathrm{d}t}=\lim_{x\to 0}\frac{x^3\cdot 2x}{x(x-\sin x)}=\lim_{x\to 0}\frac{2x^3}{x-\sin x}=\lim_{x\to 0}\frac{6x^2}{1-\cos x}=12.$$

**【名师点评】**求函数极限时要先判断其是否为未定式，当判断是"$\dfrac{0}{0}$"型未定式，并且未定式中含有变上限积分时，一般首先想到的是洛必达法则，然后使用变上限积分函数求导定理 $\left[\displaystyle\int_0^x f(t)\mathrm{d}t\right]'=f(x)$.

### 考点方法综述

利用洛必达法则求未定式极限时的注意事项如下：

（1）洛必达法则只能适用于"$\dfrac{0}{0}$"型和"$\dfrac{\infty}{\infty}$"型的未定式，其他的未定式须先化简变形成"$\dfrac{0}{0}$"型或"$\dfrac{\infty}{\infty}$"型才能运用该法则.

（2）只要条件具备，可以连续使用洛必达法则.

（3）洛必达法则可以和其他求未定式的方法结合使用.

（4）洛必达法则的条件是充分的，但不必要. 在某些特殊情况下洛必达法则可能失效，此时应寻求其他解法，例如

$$\lim_{x\to+\infty}\frac{\sqrt{1+x^2}}{x}=\lim_{x\to+\infty}\frac{\dfrac{2x}{2\sqrt{1+x^2}}}{1}=\lim_{x\to+\infty}\frac{x}{1+x^2}\overset{\frac{\infty}{\infty}}{=}\lim_{x\to+\infty}\frac{1}{\dfrac{2x}{2\sqrt{1+x^2}}}=\lim_{x\to+\infty}\frac{\sqrt{1+x^2}}{x},$$

使用洛必达法则无法求出极限，可以使用下面的方法计算：$\lim\limits_{x\to+\infty}\dfrac{\sqrt{1+x^2}}{x}=\lim\limits_{x\to+\infty}\sqrt{\dfrac{1}{x^x}+1}=1.$

# 第三节　函数的单调性与极值

## 考纲内容解读

**一、新大纲基本要求**

1. 理解函数极值的概念;
2. 掌握用导数判断函数的单调性和求函数极值的方法;
3. 会利用函数的单调性证明不等式.

**二、新大纲名师解读**

在专升本考试中,本节主要考查以下内容:
1. 讨论函数的单调性并求极值;
2. 利用函数的单调性证明简单不等式.

判别函数的单调性,计算函数的极值,利用单调性证明简单不等式,都是专升本考试中典型的题型.

## 考点内容解析

**一、函数的单调性**

**1. 函数单调性的判定定理**

设函数 $f(x)$ 在区间 $I$ 上可导,对一切 $x \in I$ 有

(1) 若 $f'(x) > 0$,则函数 $f(x)$ 在 $I$ 上单调增加;

(2) 若 $f'(x) < 0$,则函数 $f(x)$ 在 $I$ 上单调减少.

函数 $f(x)$ 在某区间内单调增加(减少)时,在个别点 $x_0$ 处,可以有 $f'(x_0) = 0$.例如,函数 $y = x^3$ 在区间 $(-\infty, +\infty)$ 内是单调增加的,而 $y'(x) = 3x^2 \geqslant 0$,当且仅当 $x = 0$ 时,$y'(0) = 0$.

对此,有更一般性的结论:

在函数 $f(x)$ 的可导区间 $I$ 内,若 $f'(x) \geqslant 0$ 或 $f'(x) \leqslant 0$(等号仅在有限个点处成立),则函数 $f(x)$ 在 $I$ 内单调增加或单调减少.

**2. 讨论函数单调性的步骤**

(1) 确定 $f(x)$ 的定义域;

(2) 求 $f'(x)$,并求出 $f(x)$ 单调区间内所有可能的分界点(包括驻点、$f'(x)$ 不存在的点、$f(x)$ 的间断点),并根据分界点把定义域分成相应的区间;

(3) 判断一阶导数 $f'(x)$ 在各区间内的符号,从而判断函数在各区间中的单调性.

**二、函数的极值**

**1. 极值的定义**

设 $f(x)$ 在点 $x_0$ 的某邻域 $U(x_0, \delta)$ 内有定义,若 $U(x_0, \delta)$ 内异于 $x_0$ 的点 $x$ 都满足:

(1) $f(x) < f(x_0)$,则称 $f(x_0)$ 为函数的极大值,$x_0$ 称作极大值点;

(2) $f(x) > f(x_0)$,则称 $f(x_0)$ 为函数的极小值,$x_0$ 称作极小值点.

函数的极大值和极小值统称为函数的极值,使函数取得极值的点称作极值点.

**【名师解析】**(1)极大值和极小值都是局部概念,在一个区间内,函数可能存在多个极值,函数在某个区间上的极大值不一定大于极小值.

(2)在极值点处,函数的导数为零或者导数不存在.

(3)由极值的定义知,函数的极值只能在区间内部取得,不能在区间端点上取得.

**2.极值的判别法**

**定理1(极值存在的必要条件)**　若可导函数 $y=f(x)$ 在点 $x_0$ 处取得极值,则点 $x_0$ 一定是其驻点,即 $f'(x_0)=0$.

> **【名师解析】**(1) 在 $f'(x_0)$ 存在时,$f'(x_0)=0$ 不是极值存在的充分条件,即函数的驻点不一定是函数的极值点.例如,$x=0$ 是函数 $y=x^3$ 的驻点但不是极值点.
>
> (2) 函数在导数不存在的点处也可能取得极值.例如,$y=|x|$ 在 $x=0$ 处导数不存在,但函数在该点取得极小值 $y(0)=0$.

**定理2(极值存在的第一充分条件)**　设函数 $f(x)$ 在 $x_0$ 处连续,在 $x_0$ 的某邻域 $U(x_0,\delta)$ 内可导,如果满足:

(1) 当 $x_0-\delta<x<x_0$ 时,$f'(x)>0$;当 $x_0<x<x_0+\delta$ 时,$f'(x)<0$,则 $f(x)$ 在 $x_0$ 处取得极大值;

(2) 当 $x_0-\delta<x<x_0$ 时,$f'(x)<0$;当 $x_0<x<x_0+\delta$ 时,$f'(x)>0$,则 $f(x)$ 在 $x_0$ 处取得极小值;

(3) 当 $x$ 在点 $x_0$ 左右两侧取值时,$f'(x)$ 的符号不发生改变,则 $f(x)$ 在点 $x_0$ 处无极值.

> **【名师解析】**求函数极值的步骤如下:
>
> (1) 确定函数的连续区间(初等函数即为定义域);
>
> (2) 求导数 $f'(x)$,并求出函数的驻点和导数不存在的点;
>
> (3) 利用极值存在的第一充分条件依次判断这些点是不是函数的极值点;
>
> (4) 求出各极值点处的函数值,即得 $f(x)$ 的全部极值.

**定理3(极值存在的第二充分条件)**　设函数 $f(x)$ 在点 $x_0$ 处二阶可导,且 $f'(x_0)=0$,则

(1) 若 $f''(x_0)<0$,则 $f(x_0)$ 是 $f(x)$ 的极大值;

(2) 若 $f''(x_0)>0$,则 $f(x_0)$ 是 $f(x)$ 的极小值;

(3) 当 $f''(x_0)=0$ 时,$f(x_0)$ 有可能是极值也有可能不是极值.

> **【名师解析】**(1) 定理3适用的范围比定理2要小,它只适用于驻点的判定,不能判定导数不存在的点是否为极值点,但对某些题目来讲,应用此定理可以使题目的解答更简捷.
>
> (2) 当 $f'(x_0)=f''(x_0)=0$ 时,定理3失效.

**考点一　讨论函数的单调性**

> **【考点分析】**利用函数单调性的判定定理,讨论函数的单调性.

**例1**　函数 $y=\dfrac{x}{\ln x}$ 的单调增加区间是 _____.

**解**　求函数 $y=\dfrac{x}{\ln x}$ 的导数,$y'=\dfrac{\ln x-1}{(\ln x)^2}$,而函数的单调增加区间需要 $y'>0$,即 $\ln x-1>0$,解得 $x>\mathrm{e}$.

故应填 $(\mathrm{e},+\infty)$.

**例2**　当 $\dfrac{\pi}{6}<x\leqslant\dfrac{\pi}{2}$ 时,$f(x)=\dfrac{\sin x}{x}$ 是 _____(填"单调增加"或"单调减少")函数.

**解**　先求 $f(x)=\dfrac{\sin x}{x}$ 的导数 $f'(x)=\dfrac{x\cos x-\sin x}{x^2}$,令 $g(x)=x\cos x-\sin x$,从而 $g'(x)=-x\sin x$.

当 $\dfrac{\pi}{6}<x\leqslant\dfrac{\pi}{2}$ 时,$g'(x)<0$,即 $g(x)<g\left(\dfrac{\pi}{6}\right)=\dfrac{\pi}{6}\cos\dfrac{\pi}{6}-\sin\dfrac{\pi}{6}=\dfrac{1}{2}\cdot\dfrac{\sqrt{3}\pi-6}{6}<0$,

从而 $f'(x)<0$,故函数 $f(x)$ 单调减少.

故应填单调减少.

**【名师点评】**本题为选择性填空,可用特殊值法判断:

因为 $f\left(\dfrac{\pi}{4}\right)=\dfrac{2\sqrt{2}}{\pi},f\left(\dfrac{\pi}{2}\right)=\dfrac{2}{\pi}$,而 $\dfrac{\pi}{4}<\dfrac{\pi}{2}$ 且 $f\left(\dfrac{\pi}{4}\right)>f\left(\dfrac{\pi}{2}\right)$,所以 $f(x)$ 单调减少.

**例 3** 函数 $y=x^2-2x$ 的单调区间是 _____.

A. $(-\infty,+\infty)$ 单调增加                         B. $(-\infty,+\infty)$ 单调减少

C. $(1,+\infty)$ 单调减少,$(-\infty,1)$ 单调增加        D. $(1,+\infty)$ 单调增加,$(-\infty,1)$ 单调减少

**解** 因为 $y=x^2-2x$,所以 $y'=2x-2$.令 $y'=0$,则 $x=1$.

当 $x\in(-\infty,1)$ 时,$y'<0$,函数 $y=x^2-2x$ 单调减少;

当 $x\in(1,+\infty)$ 时,$y'>0$,函数 $y=x^2-2x$ 单调增加.

故应选 D.

**【名师点评】**函数单调区间的求解是专升本考试中的基本题型,并且是考试重点.其本质是通过求导数来判断,结论如下:

已知函数 $f(x)$ 在 $[a,b]$ 上连续,在 $(a,b)$ 内可导,

(1) 若在 $(a,b)$ 内 $f'(x)>0$,则 $f(x)$ 在 $[a,b]$ 上单调增加;

(2) 若在 $(a,b)$ 内 $f'(x)<0$,则 $f(x)$ 在 $[a,b]$ 上单调减少.

**例 4** 曲线 $y=(x+6)\mathrm{e}^{\frac{1}{x}}$ 的单调减少区间的个数为 _____.

A. 0                 B. 1                 C. 3                 D. 2

**解** $y'=\mathrm{e}^{\frac{1}{x}}-\dfrac{x+6}{x^2}\mathrm{e}^{\frac{1}{x}}=\mathrm{e}^{\frac{1}{x}}\left(1-\dfrac{x+6}{x^2}\right)$,令 $y'=0$,则 $x_1=3,x_2=-2$;$x_3=0$ 时导数不存在.

列表,得

| $x$ | $(-\infty,-2)$ | $-2$ | $(-2,0)$ | $0$ | $(0,3)$ | $3$ | $(3,+\infty)$ |
|-----|------|------|------|------|------|------|------|
| $y'$ | $+$ | $0$ | $-$ | 不存在 | $-$ | $0$ | $+$ |
| $y$ | 单调增加 | 极小值 | 单调减少 | 不是极值 | 单调减少 | 极大值 | 单调增加 |

由此可得,单调减少区间有两个,分别为 $(-2,0),(0,3)$.

故应选 D.

**【名师点评】**求单调区间的步骤是:

(1) 明确定义域,并找出无定义的端点;

(2) 找出使 $f'(x)=0$ 的点(驻点)及导数不存在但函数有意义的点(称这些点为极值疑点);

(3) 把上面列出的全部点按大小列入表中,它们把定义域分割成若干区间,分别根据每个区间上导数的符号判断其单调性.

## 考点 二    利用单调性证明不等式

**【考点分析】**利用导数的性质证明不等式是一种常用方法.解题的关键在于根据要证的结论构造适当的辅助函数,把不等式的证明转化为利用导数来研究函数的特性.因此用导数证明不等式的本质是构造辅助函数.

**例 1** 证明:当 $x>1$ 时,$2\sqrt{x}>3-\dfrac{1}{x}$.

**证** 令 $f(x)=2\sqrt{x}-3+\dfrac{1}{x}$,则 $f(1)=0,f'(x)=\dfrac{1}{\sqrt{x}}-\dfrac{1}{x^2}$.

因为当 $x>1$ 时,$f'(x)>0$,$f(x)$ 单调增加,所以当 $x>1$ 时,$f(x)>f(1)=0$,

即当 $x>1$ 时,$2\sqrt{x}>3-\dfrac{1}{x}$ 成立.

**例 2** 证明：当 $x>0$ 时，$\dfrac{x}{\sqrt{1+x}}>\ln(1+x)$.

**证** 令 $f(x)=\dfrac{x}{\sqrt{1+x}}-\ln(1+x)$，则 $f(0)=0$，

$$f'(x)=\frac{\sqrt{1+x}-\dfrac{x}{2\sqrt{1+x}}}{1+x}-\frac{1}{1+x}=\frac{2+x-2\sqrt{1+x}}{2(1+x)\sqrt{1+x}}=\frac{(\sqrt{1+x}-1)^2}{2(1+x)\sqrt{1+x}},$$

所以当 $x>0$ 时，$f(x)>0$，$f(x)$ 为单调增加函数，因此 $f(x)>f(0)=0$，

即当 $x>0$ 时，$\dfrac{x}{\sqrt{1+x}}>\ln(1+x)$.

**【名师点评】**利用函数的单调性证明不等式的一般步骤为：
(1) 移项(有时需要再作其他简单变形)，使不等式一端为 0，另一端为 $f(x)$；
(2) 求 $f'(x)$，并验证 $f(x)$ 在指定区间的增减性；
(3) 求出区间端点的函数值(或极限值)，进行比较即得所证.

**例 3** 证明：当 $x>0$ 时，$\ln(1+x)>x-\dfrac{x^2}{2}$.

**证** 设 $f(x)=\ln(1+x)-x+\dfrac{x^2}{2}$，则 $f'(x)=\dfrac{1}{1+x}-1+x=\dfrac{x^2}{1+x}>0,(x>0)$，

故当 $x>0$ 时，$f(x)$ 单调增加，又因为 $f(0)=0$，因此当 $x>0$ 时，$f(x)>f(0)=0$.

即当 $x>0$ 时，$\ln(1+x)>x-\dfrac{x^2}{2}$.

**【名师点评】**利用函数的单调性证明不等式也是专升本考试的知识点之一. 该类型题目求解的关键在于根据不等式构造合适的函数，从而转化成根据函数的单调性判断函数值之间的关系.

**例 4** 设 $\mathrm{e}<a<b$，证明 $a^b>b^a$.

**证** 要证 $b>a>\mathrm{e}$ 时，$a^b>b^a$，可在不等式两边取对数，即证 $b\ln a>a\ln b$，整理得 $\dfrac{\ln a}{a}>\dfrac{\ln b}{b}$.

令 $f(x)=\dfrac{\ln x}{x}$，$x>\mathrm{e}$，则 $f'(x)=\dfrac{1-\ln x}{x^2}<0(x>\mathrm{e})$，即当 $x>\mathrm{e}$ 时，$f(x)$ 单调减少.

因此，当 $b>a>\mathrm{e}$ 时，$f(a)>f(b)$，即 $\dfrac{\ln a}{a}>\dfrac{\ln b}{b}$，结论得证.

## 考点 三 利用单调性讨论根的个数

**【考点分析】**讨论函数的零点问题，或者方程的根的问题是一类问题，实际上都可转化为函数图形与 $x$ 轴的交点问题. 而函数与 $x$ 轴的交点可通过函数的单调性来解决.

判断连续函数 $f(x)$ 在区间 $(a,b)$ 上的零点时，若 $f(a)$(或 $\lim\limits_{x\to a^+}f(x)$)与 $f(b)$(或 $\lim\limits_{x\to b^-}f(x)$)异号，则由零点定理知，$f(x)$ 在区间 $(a,b)$ 上至少有一个零点. 但若函数 $f(x)$ 在区间 $(a,b)$ 上的单调性不一致，则需要根据函数 $f(x)$ 的单调性以及在区间 $(a,b)$ 上的极值符号来判断具体的零点个数.

**例 1** 当 $a$ 取下列哪个值时，函数 $f(x)=2x^3-9x^2+12x-a$ 恰有两个不同的零点？_____.
A. 2          B. 4          C. 6          D. 8

**解** 因为 $f'(x)=6x^2-18x+12=6(x-1)(x-2)$，从而 $f(x)$ 可能的极值点为 $x=1,x=2$，且 $f(1)=5-a$，$f(2)=4-a$，可见当 $a=4$ 时，函数 $f(x)$ 恰有两个不同的零点.

故应选 B.

**【名师点评】**令 $f'(x)=6x^2-18x+12=6(x-1)(x-2)=0$,得 $f(x)$ 可能的极值点为 $x=1,x=2$.而当 $x<1$ 时,$f'(x)>0$,即函数单调增加;当 $1<x<2$ 时,$f'(x)<0$,即函数单调减少;当 $x>2$ 时,$f'(x)>0$,即函数单调增加.且 $f(1)-f(2)=(5-a)-(4-a)=1>0$,即 $f(1)>f(2)$.根据题意要求,函数 $f(x)$ 恰有两个不同的零点,由以上分析得知,当且仅当 $f(2)=0$ 时成立,即 $4-a=0$,解得 $a=4$.

**例 2** 设常数 $k>0$,则函数 $f(x)=\ln x-\dfrac{x}{e}+k$ 在 $(0,+\infty)$ 内的零点个数为 _____.

A. 3      B. 2      C. 1      D. 0

**解** 因 $\lim\limits_{x\to 0^+}f(x)=-\infty,\lim\limits_{x\to+\infty}f(x)=-\infty$,而 $f'(x)=\dfrac{1}{x}-\dfrac{1}{e}=0$,

且当 $0<x<e$ 时,$f'(x)>0$,$f(x)$ 单调增加;当 $x>e$ 时,$f'(x)<0$,$f(x)$ 单调减少,

而 $f(e)=k>0$,所以 $f(x)$ 在 $(0,e)$ 内有一个零点,在 $(e,+\infty)$ 内有一个零点.

故应选 B.

## 考点 四　求函数的极值

**【考点分析】**求函数的极值实际上就是找函数单调增减区间的分界点.因此,在专升本考试中出现的求函数极值的题目,我们可以根据函数特点选择求极值的第一充分条件或第二充分条件求解.若函数的二阶导数存在且易求,我们首选求极值的第二充分条件,但在该方法中需要注意,当函数在驻点处的二阶导数不存在时,第二充分条件失效,我们要转而使用第一充分条件.第一充分条件的解题方法与求函数的单调区间一致,通过列表可以看出函数的极值点,进而求出极值.

**例 1** 判断:若函数 $f(x)$ 在区间 $(a,b)$ 内仅有一个极值点,则该点不一定是驻点. _____.

**解** 若函数 $y=f(x)$ 在点 $x=x_0$ 处取得极大值,则 $x_0$ 可能是驻点,也可能是不可导点.

故应填正确.

**【名师点评】**驻点与极值点的关系如下:

(1) 驻点未必是极值点.例如,$f(x)=x^3$ 在 $x=0$ 处,$f'(0)=0$,但 $x=0$ 不是极值点.

(2) 导数不存在的点也有可能是极值点.例如,$f(x)=|x|$ 在 $x=0$ 处,$f'(0)$ 不存在,但取得极小值.

(3) 驻点和导数不存在的点统称为可能的极值点.

**例 2** 若函数 $f(x)$ 在点 $x_0$ 处有极大值,则在点 $x_0$ 的某充分小邻域内,函数 $f(x)$ 在点 $x_0$ 的左侧和右侧的变化情况是 _____.

A. 左侧上升、右侧下降        B. 左侧下降、右侧上升

C. 左、右侧均先降后升        D. 不能确定

**解** 若函数 $f(x)$ 在点 $x_0$ 处有极大值,由极大值图像可得:在点 $x_0$ 的邻域内,函数在点 $x_0$ 的左侧上升、右侧下降.

故应选 A.

**例 3** 求函数 $y=x^3-3x^2-9x+5$ 的单调区间与极值.

**解** 函数的定义域为 $(-\infty,+\infty)$,$y'=3x^2-6x-9=3(x-3)(x+1)$.

令 $y'=0$,得驻点 $x_1=-1,x_2=3$;

当 $x\in(-\infty,-1)\cup(3,+\infty)$ 时,$y'>0$,函数 $y=x^3-3x^2-9x+5$ 单调增加;

当 $x\in[-1,3]$ 时,$y'<0$,函数 $y=x^3-3x^2-9x+5$ 单调减少.

从而当 $x=-1$ 时,$y_{极大值}=10$;当 $x=3$ 时,$y_{极小值}=-22$.

**例 4** 求函数 $y=\dfrac{\ln^2 x}{x}$ 的极值.

**解** $y'=\dfrac{(2-\ln x)\ln x}{x^2}$,令 $y'=0$,得 $x_1=1,x_2=e^2$.

列表,得

| $x$ | $(0,1)$ | 1 | $(1,\mathrm{e}^2)$ | $\mathrm{e}^2$ | $(\mathrm{e}^2,+\infty)$ |
|---|---|---|---|---|---|
| $y'$ | $-$ | 0 | $+$ | 0 | $-$ |
| $y$ | 单调减少 | 极小值0 | 单调增加 | 极大值$\dfrac{4}{\mathrm{e}^2}$ | 单调减少 |

由上表知,该函数的极小值为 $y(1)=0$,极大值为 $y(\mathrm{e}^2)=\dfrac{4}{\mathrm{e}^2}$.

### 考点真题解析

#### 考点 一　函数的单调性

真题 1　(2021 高数三)函数 $f(x)=\mathrm{e}^x-5x$ 的单调增加区间是 _____.

A. $(-\infty,\ln5)$　　　　B. $(-\infty,\ln5]$　　　　C. $[\ln5,+\infty)$　　　　D. $(\ln5,+\infty)$

解　由题意知,$f'(x)=\mathrm{e}^x-5\geqslant0$,解得 $x\geqslant\ln5$.

故应选 C.

真题 2　(2020 高数三)下列区间中,是函数 $y=\sin x$ 的单调增加区间的是 _____.

A. $\left[0,\dfrac{\pi}{2}\right]$　　　　B. $[0,\pi]$　　　　C. $\left[\dfrac{\pi}{2},\pi\right]$　　　　D. $\left[\pi,\dfrac{3\pi}{2}\right]$

解　由函数图像可知,$\sin x$ 在 $\left[0,\dfrac{\pi}{2}\right]$ 上单调增加.

故应选 A.

真题 3　(2015 会计、国贸、电商,2010 会计)$y=2x^2-\ln x$ 的单调减少区间为 _____.

A. $\left(0,\dfrac{1}{2}\right)$　　　　B. $\left(-\infty,\dfrac{1}{2}\right)$　　　　C. $\left(\dfrac{1}{2},+\infty\right)$　　　　D. $\left(-\dfrac{1}{2},0\right)$

解　因为 $y=2x^2-\ln x$,所以 $y'=4x-\dfrac{1}{x}$.令 $y'=4x-\dfrac{1}{x}<0$,又因为 $x>0$,解得 $0<x<\dfrac{1}{2}$.

故应选 A.

#### 考点 二　求函数的极值

真题 1　(2021 高数一)设 $k>0$,求函数 $f(x)=\ln(1+x)+kx^2-x$ 的极值点,并判断是极大值还是极小值.

解　函数 $f(x)=\ln(1+x)+kx^2-x$ 的定义域为 $(-1,+\infty)$,且

$$f'(x)=[\ln(1+x)+kx^2-x]'=\frac{1}{1+x}+2kx-1=\frac{x(2kx+2k-1)}{1+x},$$

令 $f'(x)=0$,得驻点 $x_1=0$,$x_2=\dfrac{1-2k}{2k}$.

又因为 $f''(x)=-\dfrac{1}{(1+x)^2}+2k$,所以 $f''(0)=2k-1$,$f''\left(\dfrac{1-2k}{2k}\right)=2k(1-2k)$.

(1) 当 $0<k<\dfrac{1}{2}$ 时,$f''(0)=2k-1<0$,$f''\left(\dfrac{1-2k}{2k}\right)=2k(1-2k)>0$.

由极值存在的第二充分条件知 $x=0$ 是极大值点,极大值为 $f(0)=0$;

$x=\dfrac{1-2k}{2k}$ 是极小值点,极小值为 $f\left(\dfrac{1-2k}{2k}\right)=\dfrac{4k^2-1}{4k}-\ln2k$.

(2) 当 $k>\dfrac{1}{2}$ 时,$f''(0)=2k-1>0$,$f''\left(\dfrac{1-2k}{2k}\right)=2k(1-2k)<0$.

由极值存在的第二充分条件知 $x=0$ 是极小值点,极小值为 $f(0)=0$;

$x=\dfrac{1-2k}{2k}$ 是极大值点,极大值为 $f\left(\dfrac{1-2k}{2k}\right)=\dfrac{4k^2-1}{4k}-\ln2k$.

(3) 当 $k = \dfrac{1}{2}$ 时,$f'(x) = \dfrac{x^2}{1+x} > 0$,所以函数 $f(x)$ 在定义域 $(-1, +\infty)$ 上单调增加,所以无极值点.

**真题 2** (2020 高数三)求函数 $f(x) = 2x^3 - 3x^2 - 12x + 5$ 的极值,并判断是极大值还是极小值.

**解** 函数的定义域为 $(-\infty, +\infty)$,$f'(x) = 6x^2 - 6x - 12$,令 $f'(x) = 0$,得驻点 $x_1 = -1$,$x_2 = 2$.
因为在 $(-\infty, -1)$ 内,$f'(x) > 0$;在 $(-1, 2)$ 内,$f'(x) < 0$;在 $(2, +\infty)$ 内,$f'(x) > 0$,
故 $x = -1$ 为极大值点,极大值为 $f(-1) = 12$;$x = 2$ 为极小值点,极小值为 $f(2) = -15$.

**真题 3** (2013 会计、国贸、电商、工商)若函数 $y = f(x)$ 在点 $x = x_0$ 处取得极大值,则 _____.

A. $f'(x_0) = 0$  
B. $f''(x_0) < 0$  
C. $f'(x_0) = 0$ 且 $f''(x_0) < 0$  
D. $f'(x_0) = 0$ 或 $f'(x_0)$ 不存在

**解** 若函数 $y = f(x)$ 在点 $x = x_0$ 处取得极大值,则 $x_0$ 可能是驻点,也可能是不可导点,所以 $f'(x_0) = 0$ 或 $f'(x_0)$ 不存在.
故应选 D.

## 考点 三 利用函数的单调性证明简单不等式

**真题 1** (2020 高数一)证明:当 $x > 1$ 时,$x + \ln x > 4\sqrt{x} - 3$.

**证** 令 $f(x) = x + \ln x - 4\sqrt{x} + 3$,$x \in [1, +\infty)$,则 $f(x)$ 在 $[1, +\infty)$ 上可导,

且当 $x \in [1, +\infty)$ 时,$f'(x) = 1 + \dfrac{1}{x} - \dfrac{2}{\sqrt{x}} = \left(1 - \dfrac{1}{\sqrt{x}}\right)^2 > 0$,所以 $f(x)$ 在 $[1, +\infty)$ 上单调增加.

从而当 $x > 1$ 时,有 $f(x) > f(1) = 0$,即 $x + \ln x > 4\sqrt{x} - 3$.

**真题 2** (2019 公共课)证明:当 $x > 0$ 时,$\ln(1+x) > \dfrac{\arctan x}{1+x}$.

**证** 令函数 $f(x) = (1+x)\ln(1+x) - \arctan x$,

因为当 $x > 0$ 时,$f'(x) = \ln(1+x) + 1 - \dfrac{1}{1+x^2} = \ln(1+x) + \dfrac{x^2}{1+x^2} > 0$,

故 $f(x)$ 在 $[0, +\infty)$ 上连续且单调增加,因此 $f(x) > f(0) = 0$.
即 $(1+x)\ln(1+x) - \arctan x > 0$,所以原不等式成立.

### 考点方法综述

1. 求 $y = f(x)$ 的单调区间的步骤是:
(1) 求函数的定义域;
(2) 找出使 $f'(x) = 0$ 的点(驻点)与一阶导数不存在的点;
(3) 把上面列出的全部点按大小列入表中,它们把定义域分割成若干区间,分别根据每个区间上导数的符号判断其单调性.

2. 求极值点的步骤是:
(1) 求出函数 $y = f(x)$ 可能的极值点(驻点和一阶导数不存在的点).
(2) 逐个判别上述可能的极值点是极大值还是极小值,判别方法有两个:
① 函数极值存在的第一充分条件:设函数 $f(x)$ 在点 $x_0$ 处连续,在点 $x_0$ 的去心邻域内可导,当 $x$ 由小增大经过 $x_0$ 时,如果
a. $f'(x)$ 由正变负,那么 $f(x_0)$ 是函数 $f(x)$ 的极大值;
b. $f'(x)$ 由负变正,那么 $f(x_0)$ 是函数 $f(x)$ 的极小值;
c. $f'(x)$ 的符号不变,则 $f(x)$ 在点 $x_0$ 处没有极值.
② 函数极值存在的第二充分条件:设函数 $f(x)$ 在点 $x_0$ 处二阶可导,且 $f'(x_0) = 0$,$f''(x_0) \neq 0$,则
a. 若 $f''(x_0) < 0$,则 $f(x_0)$ 是 $f(x)$ 的极大值;
b. 若 $f''(x_0) > 0$,则 $f(x_0)$ 是 $f(x)$ 的极小值.
注:当 $x_0$ 为不可导点或 $f''(x_0) = 0$ 时,使用极值存在的第一充分条件判别.

# 第四节　函数的最值及其应用

## 考纲内容解读

### 一、新大纲基本要求

1. 掌握函数最大值和最小值的求法及其应用；
2. 理解边际函数、弹性函数的概念及其实际意义，并会求解简单的应用问题.

### 二、新大纲名师解读

在专升本考试中，本节主要考查以下内容：
1. 计算函数的最大值和最小值；
2. 边际成本、边际收益、边际利润及其经济学意义；
3. 函数最值在经济学中的应用；
4. 需求弹性及其经济学意义.

本节内容在高等数学（二）的命题中主要考查连续函数在区间上的最值以及最值在经济方面的应用问题，属于必考知识点，需熟练掌握.

## 考点内容解析

### 一、闭区间上连续函数的最值

设函数 $f(x)$ 在闭区间 $[a,b]$ 上连续，根据闭区间上连续函数的性质（最值定理），$f(x)$ 在 $[a,b]$ 上一定存在最值. 而且，如果函数的最值是在区间内部取得的话，那么其最值点也一定是极值点；当然，函数的最值点也可能取在区间的端点上.

因此，可以按照如下步骤来求给定闭区间上函数的最值：

(1) 在给定区间上，求出函数所有可能的极值点：驻点和导数不存在的点；

(2) 求出函数在所有驻点、导数不存在的点和区间端点处的函数值；

(3) 比较这些函数值的大小，最大者即为函数在该区间上的最大值，最小者即最小值.

### 二、实际应用中的最值

在实际应用中，求最值问题首先需要建立一个目标函数，再求这个函数的最大值或最小值.

对于实际问题，往往根据问题的性质就可以断定函数 $f(x)$ 在定义区间内部存在着最大值或最小值. 理论上可以证明这样一个结论：在实际问题中，若函数 $f(x)$ 的定义域是开区间，且在此开区间内只有一个驻点 $x_0$，而最值又存在，则可以直接确定该驻点 $x_0$ 就是最值点，$f(x_0)$ 即为相应的最值.

### 三、导数在经济分析中的应用

求实际问题中的最值问题，需要熟记常见的经济学函数，再根据求最值的方法解题.

#### 1. 边际分析

(1) 边际成本：设某产品的总成本函数为 $C = C(Q)$，其中 $Q$ 为产量，则生产 $Q$ 个单位产品时的边际成本为

$$C' = C'(Q) = \frac{\mathrm{d}C(Q)}{\mathrm{d}Q}.$$

边际成本值 $C'(Q_0)$ 称为产量为 $Q_0$ 时的边际成本，它表示当产量达到 $Q_0$ 时，再生产一个单位的产品所增加的成本.

(2) 边际收益：设总收益函数为 $R = R(Q) = PQ$，$P$ 为价格，$Q$ 为销售量，则销售 $Q$ 个单位产品时的边际收益为

$$R' = R'(Q) = \frac{\mathrm{d}R(Q)}{\mathrm{d}Q},$$

边际收益值 $R'(Q_0)$ 称为销售量为 $Q_0$ 时的边际收益，它表示当销售量为 $Q_0$ 时，多销售一个单位产品增加或减少的收益.

(3)边际利润:设总利润函数为 $L = L(Q) = R(Q) - C(Q)$,则销售 $Q$ 个单位产品时的边际利润为

$$L' = L'(Q) = \frac{\mathrm{d}L(Q)}{\mathrm{d}Q},$$

边际利润值 $L'(Q_0)$ 称为销售量为 $Q_0$ 时的边际利润,它表示当销售量为 $Q_0$ 时,多销售一个单位产品增加或减少的利润.

**2. 函数的相对变化率 —— 函数的弹性**

设函数 $y = f(x)$ 在 $x$ 处可导,函数的相对改变量 $\frac{\Delta y}{y} = \frac{f(x + \Delta x) - f(x)}{f(x)}$ 与自变量的相对改变量 $\frac{\Delta x}{x}$ 之比 $\dfrac{\frac{\Delta y}{y}}{\frac{\Delta x}{x}}$ 称

为函数 $y = f(x)$ 从 $x$ 到 $x + \Delta x$ 两点间的弹性.

当 $\Delta x \to 0$ 时,$\dfrac{\frac{\Delta y}{y}}{\frac{\Delta x}{x}}$ 的极限称为 $f(x)$ 在 $x$ 处的弹性,记作 $\varepsilon_{yx}$,即 $\varepsilon_{yx} = \lim\limits_{\Delta x \to 0} \dfrac{\frac{\Delta y}{y}}{\frac{\Delta x}{x}} = y' \cdot \frac{x}{y}$,

由于 $\varepsilon_{yx}$ 是 $x$ 的函数,故也称它为 $f(x)$ 的弹性函数.

**3. 需求弹性**

设某商品的需求函数 $Q = f(P)$ 在 $P = P_0$ 处可导,则 $-\dfrac{\Delta Q / Q_0}{\Delta P / P_0}$ 称为该商品在 $P = P_0$ 与 $P = P_0 + \Delta P$ 两点间的需

求弹性,记作

$$\bar{\eta}(P_0, P_0 + \Delta P) = -\frac{\Delta Q}{\Delta P} \cdot \frac{P_0}{Q_0},$$

$$\lim_{\Delta P \to 0} \left( -\frac{\Delta Q / Q_0}{\Delta P / P_0} \right) = -f'(P_0) \frac{P_0}{f(P_0)}$$

称为该商品在 $P = P_0$ 处的需求弹性,记作

$$\eta \bigg|_{P = P_0} = \eta(P_0) = -f'(P_0) \frac{P_0}{f(P_0)}.$$

需求弹性表示了在当前价格 $P_0$ 下,价格上涨(下跌)1%,引起需求量下降(上涨)百分之几.

## 考点例题分析

### 考点一 函数的最大值、最小值

> **【考点分析】**求函数在闭区间上的最值,这类题目在这几年的专升本考试中出现频率并不高,一般以客观题出现. 求解过程中一定要把可能出现最值的点找全,包括驻点、导数不存在的点以及端点,不要遗漏.

**例1** 函数 $y = x^2 \ln x$ 在 $[1, e]$ 上的最大值是 _____.

A. $e^2$        B. $e$        C. $0$        D. $e^{-2}$

**解** 在 $[1, e]$ 上,因为 $y' = 2x \ln x + x = x(2\ln x + 1) > 0$,所以函数单调增加,右端点对应的函数值即为最大值,即 $f(e) = e^2$ 为最大值.

故应选 A.

> **【名师点评】**若 $f(x)$ 在 $[a, b]$ 上单调增加(或单调减少),则在端点处取得最值. 闭区间 $[a, b]$ 上连续函数 $f(x)$ 最值的求解步骤:
> (1) 找出函数 $f(x)$ 在 $(a, b)$ 内的所有可能极值点(驻点和导数不存在的点);
> (2) 求函数 $f(x)$ 在可能极值点及区间端点处的函数值;
> (3) 比较这些函数值的大小,其中最大者与最小者就是函数在区间 $[a, b]$ 上的最大值和最小值.

**例2** 函数 $f(x) = 2x(x - 6)^2$ 在区间 $[-2, 4]$ 上的最大值为 _____.

**解** $f'(x) = 2(x - 6)^2 + 4x(x - 6) = 6(x - 6)(x - 2).$

令 $f'(x)=0$，则 $6(x-6)(x-2)=0$，解得 $x=2$ 或 $x=6$(舍去).

$f''(x)=4(x-6)+4(x-6)+4x=12x-48$，

当 $x=2$ 时，$f''(2)=-24<0$，故 $f(x)$ 在 $x=2$ 处取得极大值，$f(2)=64$；

当 $x=-2$ 时，$f(x)=-256$；当 $x=4$ 时，$f(4)=32$. 比较得，$f(x)$ 在 $[-2,4]$ 上的最大值为 64.

故应填 64.

【名师点评】本题在判断极值点时，利用了极值判定的第二充分条件.

**例 3** 求函数 $f(x)=x+\dfrac{3}{2}x^{\frac{2}{3}}$ 在区间 $\left[-8,\dfrac{1}{8}\right]$ 上的最大值与最小值.

**解** $f'(x)=1+x^{-\frac{1}{3}}$，令 $f'(x)=0$，解得驻点 $x=-1$. 又因为 $f(x)$ 有不可导点 $x=0$，它们均在区间 $\left(-8,\dfrac{1}{8}\right)$ 内，且

$$f(0)=0, f(-1)=\frac{1}{2}, f(-8)=-2, f\left(\frac{1}{8}\right)=\frac{1}{2}.$$

比较后知，函数的最大值点是 $x_1=-1, x_2=\dfrac{1}{8}$，最大值为 $f(-1)=f\left(\dfrac{1}{8}\right)=\dfrac{1}{2}$；

函数的最小值点是左端点 $x=-8$，最小值为 $f(-8)=-2$.

【名师点评】解题过程中要注意对函数的整理：

对于 $f'(x)=1+x^{-\frac{1}{3}}=0$，即 $f'(x)=1+\dfrac{1}{\sqrt[3]{x}}=\dfrac{\sqrt[3]{x}+1}{\sqrt[3]{x}}=0$，即 $\sqrt[3]{x}+1=0$，解得驻点 $x=-1$.

由分母知，$x=0$ 为 $f(x)$ 的不可导点.

## 考点 二　导数在经济分析中的应用

【考点分析】最值在经济方面的应用，主要是求最大利润问题. 根据题意列出总利润函数，按照最大利润原则解决即可. 最大利润原则需满足下面两个条件

(1) $L'(q)=R'(q)-C'(q)=0$，解得 $q=q_0$；

(2) $L''(q_0)=R''(q_0)-C''(q_0)<0$.

**例 1** 生产某产品的固定成本是 1 万元，而可变成本与日产量(单位：吨)的立方成正比，已知日产量是 20 吨时，总成本为 1.004 万元，问日产量为多少时才能使每吨的平均成本最小？

**解** 设日产量为 $q$，由题意得总成本 $C(q)=1+kq^3$，且 $1.004=1+20^3k$，

所以 $k=5\times10^{-7}$，即 $C(q)=1+5\times10^{-7}q^3$，则 $\overline{C}(q)=\dfrac{C(q)}{q}=\dfrac{1+5\times10^{-7}q^3}{q}=\dfrac{1}{q}+5\times10^{-7}q^2$，

所以 $\overline{C}'(q)=-\dfrac{1}{q^2}+10^{-6}q$，令 $\overline{C}'(q)=0$，解得 $q=100$.

由于驻点只有一个，其一定也是最值点，所以日产量为 100 吨时平均成本最小.

**例 2** 某工厂每月生产某种商品的个数与需要的总费用的函数关系为 $10+2x+\dfrac{x^2}{4}$(费用单位：万元). 若将这些商品以每个 9 万元售出，问每月生产多少个商品时利润最大？最大利润是多少？

**解** 设每月生产 $x$ 个商品时利润最大.

由题意得：成本 $C(x)=10+2x+\dfrac{x^2}{4}$，收益 $R(x)=9x$，

则利润 $L(x)=9x-\left(10+2x+\dfrac{x^2}{4}\right)=-\dfrac{x^2}{4}+7x-10$.

令 $L'(x)=-\dfrac{1}{2}x+7=0$，解得 $x=14$.

因为 $L''(x) = -\dfrac{1}{2}, L''(14) = -\dfrac{1}{2} < 0$，所以 $x = 14$ 为极大值点.

由实际问题得，利润一定有最大值，因此 $x = 14$ 也是最大值点，求得 $L_{\max} = 39$(万元).

所以，每月生产 14 个商品时利润最大，最大利润为 39 万元.

> **【名师点评】** 在实际问题中，若分析可知确实存在最大值或最小值，所讨论区间内又仅有一个可能的极值点，那么这个点处的函数值一定是最大值或最小值.

**例 3**　设需求量 $q$ 对价格 $p$ 的函数为 $q(p) = 100\mathrm{e}^{-\frac{p}{2}}$，则需求弹性为 $E_p = $ _____.

**解**　$E_p = \dfrac{p}{q(p)} \cdot q'(p) = \dfrac{p}{100\mathrm{e}^{-\frac{p}{2}}} \cdot (100\mathrm{e}^{-\frac{p}{2}})' = -\dfrac{p}{2}$.

故应填 $-\dfrac{p}{2}$.

> **【名师点评】** 注意弹性函数的概念：$f(x)$ 的弹性函数 $E_x = f'(x) \cdot \dfrac{x}{f(x)}$.

**例 4**　设某商场每月需某种商品 2500 件，每件的成本价为 150 元，每件的库存费用为 $150 \times 16\%$ 元/年，而每次的订货费为 100 元，问每批进货多少件时这两项费用之和最低？

**解**　设每批进货量为 $x$ 件，并设每日的销售量变化不大，故

每月库存费用 $=$ 平均库存量 $\times$ 每件库存费 $= \dfrac{x}{2} \cdot \dfrac{150 \times 0.16}{12} = x$，

所以每月的库存费和订货费总计为 $y = x + 100 \cdot \dfrac{2500}{x} = x + \dfrac{250000}{x}(0 < x < 2500)$.

因题目是要求出函数 $y(x)$ 的最小值，令 $y' = 1 - \dfrac{250000}{x^2} = 0$，得 $x^2 = 250000$，故函数有唯一的驻点 $x_0 = 500$.

由于 $y'' = \dfrac{500000}{x^3} > 0$，所以 $y(x_0) = 1000$ 为函数 $y(x)$ 的极小值，并且也是最小值，

即当每批的进货量为 500 件时，这两项费用之和最低，共 1000 元.

> **【名师点评】** 本题若能正确列出目标函数的表达式，再求该函数的最小值问题，按求最值的常规方法比较容易计算. 其中目标函数的表达式中涉及物流学中库存量的相关概念. 如果销售量是均匀的，则平均库存量是进货量的一半. 即若进货量是 $x$，则平均库存量为 $\dfrac{x}{2}$，且每月库存费用 $=$ 平均库存量 $\times$ 每件库存费. 若不清楚平均库存量的概念，在列目标函数的表达式时则容易出错，同学们需注意.

## 考点 三　导数的应用杂例

> **【考点分析】** 在实际应用中求最值问题时，首先应建立目标函数，然后求导找驻点. 表示实际问题的函数在所讨论的区间(不一定是闭区间)内只有一个可能的极值点时，则该实际问题一定在该点处取得所求的最大或最小值. 对于一些几何问题，可先画出大致图形，然后根据题意列出目标函数的正确表达式.

**例 1**　要做一个容积为 $V$(定值)的有盖的圆柱形容器，问怎么设计才能使用料最省？

**解**　设圆柱形容器的底面半径为 $x(x > 0)$、高为 $h$、表面积为 $S$.

因为 $V = \pi x^2 h$，所以 $h = \dfrac{V}{\pi x^2}$，于是 $S = 2\pi x^2 + 2\pi x h = 2\pi x^2 + 2\pi x \cdot \dfrac{V}{\pi x^2} = 2\pi x^2 + \dfrac{2V}{x}$，

从而 $S' = 4\pi x - \dfrac{2V}{x^2}$，令 $S' = 0$，得 $x = \sqrt[3]{\dfrac{V}{2\pi}}$，

唯一的驻点 $x = \sqrt[3]{\dfrac{V}{2\pi}}$ 是函数的最小值点，此时高为 $h = 2\sqrt[3]{\dfrac{V}{2\pi}}$.

即当圆柱形容器的底面半径为 $\sqrt[3]{\dfrac{V}{2\pi}}$、高为 $2\sqrt[3]{\dfrac{V}{2\pi}}$ 时,容器用料最省.

**【名师点评】**本题在计算过程中需注意对函数的整理:

令 $S'=4\pi x-\dfrac{2V}{x^2}=0$,即 $S'=\dfrac{4\pi x^3-2V}{x^2}=0$,整理得 $4\pi x^3-2V=0$,解得 $x=\sqrt[3]{\dfrac{V}{2\pi}}$.而由题意知,$h=\dfrac{V}{\pi x^2}$,

即 $h=\dfrac{V}{\pi\left(\sqrt[3]{\dfrac{V}{2\pi}}\right)^2}=\dfrac{\dfrac{V}{\pi}}{\left(\dfrac{V}{2\pi}\right)^{\frac{2}{3}}}=2\cdot\dfrac{\left(\dfrac{V}{2\pi}\right)}{\left(\dfrac{V}{2\pi}\right)^{\frac{2}{3}}}=2\left(\dfrac{V}{2\pi}\right)^{\frac{1}{3}}=2\sqrt[3]{\dfrac{V}{2\pi}}$.

**例 2**　现有边长为 96 厘米的正方形纸板,将其四角各剪去一个大小相同的小正方形,折成无盖纸箱,问剪去的小正方形边长为多少时做成的无盖纸箱容积最大?

**解**　设剪去的小正方形的边长为 $x$ 厘米$(0<x<48)$,则折成的无盖纸箱的容积为 $V=x(96-2x)^2$.

令 $\dfrac{\mathrm{d}V}{\mathrm{d}x}=(96-2x)^2-4x(96-2x)=(96-2x)\cdot(96-6x)=0$,得 $x=16,x=48$(舍去).

唯一的驻点一定是函数的最值点,所以根据实际问题的意义可知,当四角剪去边长为 16 厘米的小正方形时纸箱的容积最大.

**例 3**　某工厂需要围建一个面积为 512 平方米的矩形堆料场,一边可以利用原有的墙壁,其他三边需要砌新的墙壁.问堆料场的长和宽各为多少时,才能使砌墙所用的材料最省?

**解**　设宽为 $x$ 米,则长为 $\dfrac{512}{x}$ 米,新砌墙的总长度为 $y=2x+\dfrac{512}{x}$,则 $y'=2-\dfrac{512}{x^2}$.

令 $y'=0$,得 $x=16,x=-16$(舍去),则 $\dfrac{512}{x}=32$.

由实际问题可知,唯一的极值点一定是最值点,即 $x=16$ 为最小值点.

所以,当堆料场的长为 32 米、宽为 16 米时砌墙所用的材料最省.

**例 4**　在抛物线 $y=x^2$(第一象限部分)上求一点,使过该点的切线与直线 $y=0,x=8$ 相交所围成的三角形的面积最大.

**解**　设切点为 $(x_0,x_0^2),x_0>0$,则切线方程为 $y-x_0^2=2x_0(x-x_0)$,

即 $y=2x_0x-x_0^2$,则切线与 $x$ 轴的交点为 $\left(\dfrac{x_0}{2},0\right)$.

又因为当 $x=8$ 时,$y=2x_0\cdot 8-x_0^2=16x_0-x_0^2$,

所以三角形的面积为 $S=\dfrac{1}{2}\times$底$\times$高$=\dfrac{1}{2}\left(8-\dfrac{x_0}{2}\right)(16x_0-x_0^2)=\dfrac{1}{4}(16-x_0)^2\cdot x_0$,

$S'=-\dfrac{1}{2}(16-x_0)x_0+\dfrac{1}{4}(16-x_0)^2=\dfrac{1}{4}(16-x_0)(16-3x_0)$.

令 $S'(x_0)=0$,得 $x_0=16$(舍去)或 $x_0=\dfrac{16}{3}$.

所以当 $x_0=\dfrac{16}{3}$ 时三角形的面积最大,该点为 $\left(\dfrac{16}{3},\dfrac{256}{9}\right)$.

**【名师点评】**求实际问题中函数最值的关键在于目标函数的建立.本题在建立目标函数时,建议同学们根据题意先画出函数图形,以明确要求的三角形的各边位置以及各个顶点的位置关系.

## 考点真题解析

### 考点一　函数的最值

**真题 1**　(2019 机械、交通、电气、电子、土木) 函数 $f(x)=2x^3-9x^2+12x+1$ 在区间 $[0,2]$ 上的最大值点与最小

值点分别是 _____.

A. 1,0         B. 1,2         C. 2,0         D. 2,1

**解** $f(x)$ 的定义域为 **R**, $f'(x)=6x^2-18x+12=6(x^2-3x+2)$, 令 $f'(x)=0$, 得驻点 $x_1=1,x_2=2$. 由 $f(0)=1,f(1)=6,f(2)=5$ 得, $f(x)$ 在区间 $[0,2]$ 上的最大值点与最小值点分别为 1 和 0.

故应选 A.

**真题 2** （2017 电商）函数 $f(x)=x+2\sqrt{x}$ 在区间 $[0,4]$ 上的最大值是 _____.

**解** 因为 $f'(x)=(x+2\sqrt{x})'=1+\dfrac{1}{\sqrt{x}}>0$, 则 $f(x)$ 在 $x=0$ 处不可导, 并且 $f(x)$ 无驻点, 计算 $f(0)=0,$ $f(4)=8$.

故应填 8.

## 考点 二   导数在经济分析中的应用及其他应用

**真题 1** （2021 高数二）生产某种设备的固定成本为 1000 万元, 每生产一台成本增加 20 万元. 已知需求价格函数 $P(Q)=200-Q$, 问销量 $Q$ 为多少时, 总利润 $L$ 最大? 最大利润是多少?

**解** 由题意得, 总成本函数为 $C(Q)=20Q+1000$, 总收益函数为 $R(Q)=(200-Q)\cdot Q$,

所以总利润函数 $L(Q)=(200-Q)\cdot Q-(20Q+1000)=-Q^2+180Q-1000$.

令 $L'(Q)=-2Q+180=0$, 解得 $Q=90$, 且 $L''(90)=-2<0$, 所以当销量 $Q=90$ 时, 利润最大, 最大利润为 $L(90)=7100$ 万元.

**真题 2** （2020 高数二）假设某产品的市场需求量 $Q$（单位: 吨）与销售价格 $p$（单位: 万元）的关系为 $Q(p)=45-3p$, 其总成本函数 $C(Q)=20+3Q$, 问 $p$ 为何值时利润最大? 最大利润是多少?

**解** 由题意得, 总利润函数为 $L(p)=pQ-C(Q)=-3p^2+54p-155$,

因为 $\dfrac{\mathrm{d}L}{\mathrm{d}p}=-6p+54$, 令 $\dfrac{\mathrm{d}L}{\mathrm{d}p}=0$, 得 $p=9$, 且 $\left.\dfrac{\mathrm{d}^2L}{\mathrm{d}p^2}\right|_{p=9}=-6<0$, 所以当 $p$ 为 9 万元时利润最大, 最大利润为 $L(9)=88$ 万元.

**真题 3** （2019 财经类）设某种商品每天生产的数量 $x$（件）与其总成本 $C$（元）的关系为 $C(x)=0.2x^2+2x+20$, 如果这种商品的销售单价为 18 元, 且产品可以全部售出, 求总利润函数 $L(x)$, 并求每天生产多少件产品时才能获得最大利润, 最大利润是多少.

**解** 销售 $x$ 件商品得到的总利润为 $L(x)=18x-(0.2x^2+2x+20)=-0.2x^2+16x-20$,

$L'(x)=-0.4x+16$, 由 $L'(x)=0$, 得 $x=40$, 而 $L''(40)=-0.4<0$;

所以每天生产 40 件产品时才能获得最大利润, 最大利润为 $L(40)=300$ 元.

**真题 4** （2018 财经类）某企业每月生产 $x$ 吨产品的总成本为

$$C(x)=\frac{1}{100}x^2+30x+900(\text{元})(x>0),$$

求每月生产多少吨产品时平均成本最低, 最低成本是多少.

**解** 因为平均成本函数为 $\overline{C}(x)=\dfrac{C(x)}{x}=\dfrac{1}{100}x+30+\dfrac{900}{x}$,

所以 $\overline{C}'(x)=\dfrac{1}{100}-\dfrac{900}{x^2}$.

令 $\overline{C}'(x)=0$, 得 $x_1=300,x_2=-300$（舍去）, 则函数 $\overline{C}(x)$ 在 $(0,+\infty)$ 内仅有一个驻点 $x=300$,

所以每月生产 300 吨产品时平均成本最低. 最低成本 $\overline{C}(300)=\dfrac{1}{100}\times 300^2+30\times 300+900=10800(\text{元})$.

> **【名师点评】** 该题目已知成本函数 $C(x)$, $x$ 为产量, 要求平均成本的最小值, 即要求 $\dfrac{C(x)}{x}$ 的最小值.

**真题5** （2017 会计）已知某产品的需求函数 $Q=28-2p$ 和总成本函数 $C(Q)=30+2Q$，其中 $Q$ 为销售量，$p$ 为价格，求当 $p$ 为多少时可获得最大利润.

**解**　由题意知，利润函数为 $L(p)=pQ-C(Q)=p(28-2p)-[30+2(28-2p)]$
$$=-2p^2+32p-86,$$
令 $L'(p)=-4p+32=0$，解得唯一驻点 $p=8$，又因为 $L''(8)=-4<0$，故 $L(8)=42$ 为极大值亦为最大值.
即当 $p=8$ 时可获得最大利润 42.

**真题6** （2016 会计、国贸、电商、工商）假设某企业生产的一种产品的市场需求量 $Q$（件）与其价格 $p$（元）的关系为 $Q(p)=120-8p$，其总成本函数为 $C(Q)=100+5Q$. 问：当 $p$ 为多少时企业所获的利润最大，最大利润是多少？

**解**　企业的利润函数 $L(p)=pQ-C=p(120-8p)-[100+5(120-8p)]=-8p^2+160p-700$，
$L'(p)=-16p+160$，令 $L'(p)=0$，得 $p=10$.
由于利润函数的驻点只有一个，则唯一的驻点即是利润函数的最大值点.

此时，最大利润为 $L(10)=-8\times10^2+160\times10-700=100$. 即当每件产品的定价为 10 元时，企业的获利最大，利润为 100 元.

**真题7** （2017 电商）设某产品的总成本函数和总收入函数分别为 $C(x)=3+2\sqrt{x}$ 和 $R(x)=\dfrac{5x}{x+1}$，其中 $x$ 为该产品的销售量，求产品的边际成本、边际收入和边际利润.

**解**　边际成本 $C'(x)=\dfrac{1}{\sqrt{x}}$，边际收入 $R'(x)=\dfrac{5}{(x+1)^2}$，

边际利润 $L'(x)=R'(x)-C'(x)=\dfrac{5}{(x+1)^2}-\dfrac{1}{\sqrt{x}}$.

---

**【名师点评】**该题目要明确经济学中的几个概念：
(1) 边际成本：成本函数 $C(x)$ 的导数 $C'(x)$ 称为边际成本；
(2) 边际收入：收入函数 $R(x)$ 的导数 $R'(x)$ 称为边际收入；
(3) 边际利润：利润函数 $L(x)$ 的导数 $L'(x)$ 称为边际利润，且 $L'(x)=R'(x)-C'(x)$.

---

**真题8** （2009 国贸）有一个尺寸为 8 厘米×5 厘米的长方形厚纸，在它的四角各剪去一个相同的小正方形，把四边折起成一个无盖盒子，要使纸盒的容积最大，问剪去的小正方形的边长应为多少？

**解**　设剪去的小正方形的边长为 $x$ 厘米（$0<x<2.5$），
则纸盒的容积为 $V=(8-2x)(5-2x)x=40x-26x^2+4x^3$.

令 $V'=40-52x+12x^2=0$，解得 $x_1=1,x_2=\dfrac{10}{3}$（舍去）.

因为 $V''=-52+24x$，则 $V''(1)<0$，所以 $x=1$ 为极大值点，由于极值点只有一个，故也是最大值点.
所以当四角剪去边长为 1 厘米的小正方形时纸盒的容积最大.

## 考点方法综述

1. 求函数 $y=f(x)$ 在给定闭区间上最值的步骤：
(1) 在给定区间上求出函数的所有可能极值点：驻点和导数不存在的点；
(2) 求出函数在所有驻点、导数不存在的点和区间端点处的函数值；
(3) 比较这些函数值的大小，最大者即函数在该区间的最大值，最小者即最小值.
特别地：① 如果函数 $f(x)$ 在闭区间 $[a,b]$ 上连续且单调，则最值必在端点处取得；
② 如果函数 $f(x)$ 在开区间 $(a,b)$ 内连续，则不一定有最值. 但如果连续函数 $f(x)$ 在开区间 $(a,b)$ 内有唯一的极大（小）值，则该唯一的极大（小）值即为最大（小）值.

2. 最值在经济方面的应用，主要是求最大利润问题. 根据题意列出总利润函数，按照最大利润原则解决即可. 最大利润原则需满足下面两个条件：
(1) $L'(q)=R'(q)-C'(q)=0$，解得 $q=q_0$；

$(2)L''(q_0)=R''(q_0)-C''(q_0)<0.$

3.在实际问题(非经济应用问题)中,需根据题意列出目标函数,令目标函数的导数等于零,解得唯一驻点,唯一驻点即为最值点.

# 第五节　曲线的凹凸性、拐点与渐近线

## 考纲内容解读

**一、新大纲基本要求**

1.会用导数判断曲线的凹凸性;

2.会求曲线的拐点;

3.会求水平渐近线与垂直渐近线.

**二、新大纲名师解读**

在专升本考试中,本节主要考查以下几方面的内容:

1.曲线的凹凸性;

2.曲线的拐点;

3.曲线的水平渐近线与垂直渐近线.

本节考点解题步骤比较固定,需要考生牢记凹凸性的判别方法与步骤、拐点的求解方法以及渐近线的定义.

## 考点内容解析

**一、曲线的凹凸性与拐点**

**1.曲线凹凸性的定义**

设函数 $f(x)$ 在区间 $I$ 上连续,如果对 $I$ 上的任意两点 $x_1$ 和 $x_2$,总有

$$f\left(\frac{x_1+x_2}{2}\right)<\frac{f(x_1)+f(x_2)}{2},$$

则称在区间 $I$ 上的图形是凹的,区间 $I$ 称为凹区间,如图 3.3 所示;如果总有

$$f\left(\frac{x_1+x_2}{2}\right)>\frac{f(x_1)+f(x_2)}{2}$$

则称在区间 $I$ 上的图形是凸的,区间 $I$ 称为凸区间,如图 3.4 所示.

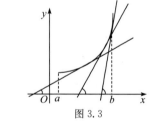

图 3.3

**2.曲线凹凸性的判定定理**

设函数 $f(x)$ 在 $[a,b]$ 上连续,在 $(a,b)$ 内二阶可导,那么

(1) 若对 $\forall x\in(a,b)$,$f''(x)>0$,则 $f(x)$ 在 $[a,b]$ 上的图形是凹的;

(2) 若对 $\forall x\in(a,b)$,$f''(x)<0$,则 $f(x)$ 在 $[a,b]$ 上的图形是凸的.

**3.拐点的定义**

曲线上凹凸区间的分界点称为曲线的拐点.

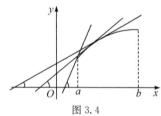

图 3.4

【名师解析】拐点是位于曲线上而不是坐标轴上的点,因此应表示为 $(x_0,f(x_0))$.而 $x=x_0$ 仅是拐点的横坐标,若要表示拐点,还必须算出相应的纵坐标 $f(x_0)$.

**4.曲线凹凸性与拐点的求解步骤**

(1) 确定函数的连续区间(初等函数即为定义域);

(2) 求出函数的二阶导数,并解出使二阶导数为零的点和二阶导数不存在的点,划分连续区间;

(3) 依次判断每个区间上二阶导数的符号,利用定理,确定每个区间的凹凸性,并进一步求出拐点坐标.

**二、曲线的渐近线**

如果曲线上的一点沿着曲线趋于无穷远时,该点与某条直线的距离趋于零,则称此直线为曲线的渐近线.

**1. 水平渐近线**

如果曲线 $y = f(x)$ 的定义域是无限区间,且有 $\lim\limits_{x \to -\infty} f(x) = b$ 或 $\lim\limits_{x \to +\infty} f(x) = b$,则直线 $y = b$ 为曲线 $y = f(x)$ 的渐近线,称为水平渐近线.

**2. 垂直渐近线**

设曲线 $y = f(x)$ 在 $x = a$ 的一个去心邻域(或左邻域,或右邻域)内有定义,如果 $\lim\limits_{x \to a^-} f(x) = \infty$ 或 $\lim\limits_{x \to a^+} f(x) = \infty$,则直线 $x = a$ 称为曲线 $y = f(x)$ 的垂直渐近线.

 考点例题分析

## 考点 一　曲线的凹凸性

> **【考点分析】**曲线的凹凸性须用下面的判定定理来判别.
>
> **定理**　设函数 $f(x)$ 在区间 $(a,b)$ 内具有二阶导数,那么
>
> (1) 如果 $x \in (a,b)$ 时,恒有 $f''(x) > 0$,则曲线 $y = f(x)$ 在 $(a,b)$ 内是凹的;
>
> (2) 如果 $x \in (a,b)$ 时,恒有 $f''(x) < 0$,则曲线 $y = f(x)$ 在 $(a,b)$ 内是凸的.

**例 1**　若在区间 $(a,b)$ 内,导数 $f'(x) < 0$,二阶导数 $f''(x) > 0$,则函数 $f(x)$ 在该区间内是 _____.

A. 单调增加的,曲线是凸的　　　　　　　　　　　　B. 单调增加的,曲线是凹的

C. 单调减少的,曲线是凸的　　　　　　　　　　　　D. 单调减少的,曲线是凹的

**解**　由函数的单调性知,$f'(x) < 0$ 时,$f(x)$ 单调减少;由函数的凹凸性知,$f''(x) > 0$ 时,$f(x)$ 向下凹.

故应选 D.

> **【名师点评】**如果函数 $y = f(x)$ 在区间 $(a,b)$ 内是凹的,则其上每一点处的切线斜率随着 $x$ 的增加而增加,即此时 $f'(x)$ 是单调增加函数.

**例 2**　求 $y = \dfrac{4(x+1)}{x^2} - 2$ 的单调区间、极值、凹凸区间和拐点.

**解**　该函数的定义域为 $(-\infty, 0) \cup (0, +\infty)$.

$y' = \dfrac{-4x-8}{x^3}$,令 $y' = 0$,解得 $x = -2$;$y'' = \dfrac{8x+24}{x^4}$,令 $y'' = 0$,解得 $x = -3$.

列表,得

| $x$ | $(-\infty, -3)$ | $-3$ | $(-3, -2)$ | $-2$ | $(-2, 0)$ | $(0, +\infty)$ |
|---|---|---|---|---|---|---|
| $y'$ | $-$ | | $-$ | $0$ | $+$ | $+$ |
| $y''$ | $-$ | | $+$ | | $+$ | $+$ |
| $f(x)$ | 单调减少、凸 | 拐点 $\left(-3, -\dfrac{26}{9}\right)$ | 单调减少、凹 | 极小值 $-3$ | 单调增加、凹 | 单调减少、凹 |

综上,该函数的单调增加区间为 $(-2, 0)$,单调减少区间为 $(-\infty, -2) \cup (0, +\infty)$,有极小值 $f(-2) = -3$;凹区间为 $(-3, 0) \cup (0, +\infty)$,凸区间为 $(-\infty, -3)$,拐点为 $\left(-3, -\dfrac{26}{9}\right)$.

**例 3**　函数 $y = |1 + \sin x|$ 在区间 $(\pi, 2\pi)$ 内的图形是 _____.

A. 凹的　　　　　　　B. 凸的　　　　　　　C. 既是凹的又是凸的　　　　　D. 直线

**解**　当 $x \in (\pi, 2\pi)$ 时,$-1 \leqslant \sin x \leqslant 0$,从而 $0 \leqslant \sin x + 1 \leqslant 1$,所以

$y = |1 + \sin x| = 1 + \sin x$,$y' = \cos x$,$y'' = -\sin x > 0$,从而函数 $y = |1 + \sin x|$ 在 $(\pi, 2\pi)$ 内为凹的.

故应选 A.

**【名师点评】**由函数图形凹凸性的定义知,如果函数的图形是凹的,则在曲线上任取两点连线,该线段位于曲线之上.我们可以根据函数 $y=|1+\sin x|=1+\sin x$ 的图像得知函数在区间 $(\pi,2\pi)$ 内的图形是凹的.

## 考点 二　曲线的拐点

**【考点分析】**由于拐点是曲线凸弧与凹弧的分界点,所以拐点的左右两侧 $f''(x)$ 必然异号;其次,当 $f''(x)$ 改变符号时,必定经过 $f''(x)=0$ 的点或 $f''(x)$ 不存在的点.考察这些点两侧 $f''(x)$ 的符号,若 $f''(x)$ 在点 $x_0$ 左右两侧的符号相反,则点 $(x_0,f(x_0))$ 是拐点;若 $f''(x)$ 在点 $x_0$ 左右两侧的符号相同,则点 $(x_0,f(x_0))$ 不是拐点.

**例 1**　曲线 $y=x^2-x^3$ 的拐点是 _____.

**解**　由 $y=x^2-x^3$,得 $y'=2x-3x^2$,$y''=2-6x$,

令 $y''=0$,得 $x=\dfrac{1}{3}$.当 $x<\dfrac{1}{3}$,$y''<0$;当 $x>\dfrac{1}{3}$,$y''>0$.于是拐点为 $\left(\dfrac{1}{3},\dfrac{2}{27}\right)$.

故应填 $\left(\dfrac{1}{3},\dfrac{2}{27}\right)$.

**【名师点评】**需要注意的是,拐点必须是函数在定义域内的点,并且位于此点左右两侧的二阶导数异号.

**例 2**　若点 $(1,3)$ 为 $y=ax^3+bx^2$ 的拐点,则 $a,b$ 的值分别为 _____.

A. $a=-6,b=3$　　　　B. $a=-\dfrac{3}{2},b=\dfrac{9}{2}$　　　　C. $a=0,b=3$　　　　D. $a=3,b=0$

**解**　将拐点 $(1,3)$ 代入 $y=ax^3+bx^2$,得 $a+b=3$,再求 $y'=3ax^2+2bx$,$y''=6ax+2b$,

因为在拐点处 $y''=0$,将拐点 $(1,3)$ 代入得 $6a+2b=0$,联立方程解得 $a=-\dfrac{3}{2},b=\dfrac{9}{2}$.

故应选 B.

**【名师点评】**拐点存在的必要条件是"若 $f''(x_0)$ 存在,$(x_0,f(x_0))$ 是曲线的拐点,则 $f''(x_0)=0$",而函数 $y=ax^3+bx^2$ 在任意点都存在二阶导数,也即在拐点处的二阶导数必为 0.

**例 3**　曲线 $y=(x-1)^2(x-3)^2$ 的拐点个数为 _____.

A. 2　　　　　　　　B. 1　　　　　　　　C. 0　　　　　　　　D. 3

**解**　$y'=2(x-1)(x-3)^2+2(x-1)^2(x-3)$,$y''=4(3x^2-12x+11)=0$.

解得 $y''=0$ 有两个根,且根两侧的二阶导数异号.

故应选 A.

**例 4**　设 $f(x)=|x(x-1)|$,则 _____.

A. $x=0$ 是 $f(x)$ 的极值点,但 $(0,0)$ 不是曲线 $y=f(x)$ 的拐点

B. $x=0$ 不是 $f(x)$ 的极值点,但 $(0,0)$ 是曲线 $y=f(x)$ 的拐点

C. $x=0$ 是 $f(x)$ 的极值点,且 $(0,0)$ 是曲线 $y=f(x)$ 的拐点

D. $x=0$ 不是 $f(x)$ 的极值点,且 $(0,0)$ 也不是曲线 $y=f(x)$ 的拐点

**解**　$f(x)$ 在 $x=0$ 附近的表达式为 $f(x)=\begin{cases}x(x-1), & x<0, \\ x(1-x), & 0\leqslant x<1,\end{cases}$ 从而 $f'(x)=\begin{cases}2x-1, & x<0, \\ \text{不存在}, & x=0, \\ 1-2x, & x>0.\end{cases}$

由于 $f'(0)$ 不存在,且 $f'(x)$ 在 $x=0$ 左右两边符号改变,故 $x=0$ 是 $f(x)$ 的极值点.

又由于 $f''(0)$ 不存在,且 $f''(x)$ 在 $x=0$ 左右两边符号改变,所以 $(0,0)$ 是 $y=f(x)$ 的拐点.

故应选 C.

## 考点 三 曲线的渐近线

【考点分析】在专升本考试中,曲线的渐近线主要是考查水平渐近线和垂直渐近线:

对于这类题,我们只需根据水平渐近线及垂直渐近线的定义,判断相应的极限.该类型题目以选择题、填空题的形式出现.

**例1** 曲线 $y = x\ln\left(2 + \dfrac{1}{x}\right)$ 的渐近线为 _____.

**解** 因为 $\lim\limits_{x\to\infty}f(x) = \lim\limits_{x\to\infty}x\ln\left(2 + \dfrac{1}{x}\right) = \infty$,故该曲线没有水平渐近线;

又因为 $\lim\limits_{x\to 0}f(x) = \lim\limits_{x\to 0}x\ln\left(2 + \dfrac{1}{x}\right) = \lim\limits_{x\to 0}\dfrac{\ln\left(2 + \dfrac{1}{x}\right)}{\dfrac{1}{x}} = 0$,故 $x = 0$ 不是垂直渐近线;

因为 $\lim\limits_{x\to -\frac{1}{2}}f(x) = \lim\limits_{x\to -\frac{1}{2}}x\ln\left(2 + \dfrac{1}{x}\right) = \infty$,所以 $x = -\dfrac{1}{2}$ 是曲线的垂直渐近线.

故应填 $x = -\dfrac{1}{2}$.

**例2** 当 $x > 0$ 时,曲线 $y = x\sin\dfrac{1}{x}$ _____.

A. 没有水平渐近线        B. 仅有水平渐近线

C. 仅有垂直渐近线        D. 既有水平渐近线,又有垂直渐近线

**解** 因为 $\lim\limits_{x\to\infty}f(x) = \lim\limits_{x\to\infty}x\sin\dfrac{1}{x} = 1$,故该曲线有水平渐近线 $y = 1$;

又因为 $\lim\limits_{x\to 0}f(x) = \lim\limits_{x\to 0}x\sin\dfrac{1}{x} = 0$,故 $x = 0$ 不是垂直渐近线.

故应选 B.

【名师点评】若极限 $\lim\limits_{x\to\infty}f(x)$, $\lim\limits_{x\to -\infty}f(x)$, $\lim\limits_{x\to +\infty}f(x)$ 有一个存在,假设极限值为 $a$,则直线 $y = a$ 为曲线 $y = f(x)$ 的水平渐近线.

**例3** 曲线 $y = \dfrac{1}{x^2 - 3x + 2}$ 有 _____.

A. 水平渐近线 $y = 0$,垂直渐近线 $x = 1$,$x = 2$

B. 水平渐近线 $y = 0$,无垂直渐近线

C. 垂直渐近线 $y = 1$,$y = 2$,水平渐近线 $x = 0$

D. 垂直渐近线 $x = 1$,$x = 2$,无水平渐近线

**解** 因为 $\lim\limits_{x\to\infty}\dfrac{1}{x^2 - 3x + 2} = 0$,所以该曲线有水平渐近线 $y = 0$;

因为 $\lim\limits_{x\to 1}\dfrac{1}{x^2 - 3x + 2} = \lim\limits_{x\to 2}\dfrac{1}{x^2 - 3x + 2} = \infty$,所以该曲线有垂直渐近线 $x = 1$,$x = 2$.

故应选 A.

【名师点评】若直线 $x = b$ 为曲线 $y = f(x)$ 的垂直渐近线,则极限
$$\lim\limits_{x\to b}f(x) = \infty(\text{或} \lim\limits_{x\to b^-}f(x) = \infty, \lim\limits_{x\to b^+}f(x) = \infty)$$
必有一个成立.

## 考点真题解析

### 考点一 曲线的凹凸性及拐点

**真题 1** (2021 高数二) 曲线 $y = x^3 - 3x^2 + 3$ 的拐点是 _____.

A. $(-1, -1)$      B. $(0, 3)$      C. $(1, 1)$      D. $(2, -1)$

**解** 因为 $y' = 3x^2 - 6x$，$y'' = 6x - 6$，令 $y'' = 0$，得 $x = 1$. 又因为在 $x = 1$ 的左右两侧 $y''$ 异号，所以曲线 $y = x^3 - 3x^2 + 3$ 的拐点是 $(1, 1)$.

故应选 C.

**真题 2** (2020 高数一) 曲线 $y = 2x^3 + 3x^2 - 1$ 的拐点是 _____.

A. $\left(-\dfrac{1}{2}, -\dfrac{1}{2}\right)$      B. $\left(\dfrac{1}{2}, -\dfrac{1}{2}\right)$      C. $(-1, 0)$      D. $(0, -1)$

**解** 因为 $y' = 6x^2 + 6x$，$y'' = 12x + 6$，令 $y'' = 0$，得 $x = -\dfrac{1}{2}$，又因为在 $x = -\dfrac{1}{2}$ 的左右两侧 $y''$ 异号，所以曲线 $y = 2x^3 + 3x^2 - 1$ 的拐点是 $\left(-\dfrac{1}{2}, -\dfrac{1}{2}\right)$.

故应选 A.

**真题 3** (2019 财经类) 设 $f(x)$ 在 $[a, b]$ 上连续，在 $(a, b)$ 内具有一阶、二阶导数，且 $f'(x) > 0$，$f''(x) < 0$，则 $f(x)$ 在 $[a, b]$ 上是 _____.

A. 单调减少且凹的      B. 单调增加且凹的      C. 单调减少且凸的      D. 单调增加且凸的

**解** 根据函数单调性的一阶判别准则知 $f'(x) > 0$ 时，函数单调增加；根据函数凹凸性的判别准则知 $f''(x) < 0$ 时，函数为凸弧.

故应选 D.

**真题 4** (2014 机械,2012 电气、会计) 曲线 $y = \sin x$ 在区间 $(0, 2\pi)$ 内的拐点是 _____.

**解** 因为 $y = \sin x$，所以 $y' = \cos x$，$y'' = -\sin x$. 令 $y'' = 0$，解得 $x = \pi$.

当 $0 < x < \pi$ 时，$y'' < 0$；当 $\pi < x < 2\pi$ 时，$y'' > 0$. 所以 $(\pi, 0)$ 为拐点.

故应填 $(\pi, 0)$.

注:拐点是连续曲线上凸弧和凹弧的分界点,拐点是曲线上的点,必须用 $(x_0, f(x_0))$ 表示.

**真题 5** (2010 国贸、电商) 已知 $f(x) = |x^{\frac{1}{3}}|$，则 $x = 0$ 是 $f(x)$ 的 _____.

A. 间断点      B. 极小值点      C. 极大值点      D. 拐点

**解** 因为 $f(x) = |x^{\frac{1}{3}}| = \begin{cases} x^{\frac{1}{3}}, & x > 0, \\ 0, & x = 0, \\ -x^{\frac{1}{3}}, & x < 0, \end{cases}$ 由于 $\lim\limits_{x \to 0^+} f(x) = \lim\limits_{x \to 0^+} x^{\frac{1}{3}} = 0$，$\lim\limits_{x \to 0^-} f(x) = \lim\limits_{x \to 0^-} (-x^{\frac{1}{3}}) = 0$，$f(0) = 0$，于是 $f(x)$ 在 $x = 0$ 处连续，排除选项 A. 当 $x > 0$ 时，$f'(x) = \dfrac{1}{3} x^{-\frac{2}{3}} > 0$；当 $x < 0$ 时，$f'(x) = -\dfrac{1}{3} x^{-\frac{2}{3}} < 0$. 可知 $f(x)$ 在 $x = 0$ 处取极小值，则选项 B 正确，排除选项 C.

继续求二阶导数得，当 $x > 0$ 时，$f''(x) = -\dfrac{2}{9} x^{-\frac{5}{3}} < 0$；当 $x < 0$ 时，$f''(x) = \dfrac{2}{9} x^{-\frac{5}{3}} < 0$. 所以 $x = 0$ 不是拐点，排除选项 D.

故应选 B.

**真题 6** (2009 会计) 讨论 $y = x\mathrm{e}^{-x}$ 的增减性、凹凸性、极值和拐点.

**解** 因为 $y' = \mathrm{e}^{-x}(1 - x)$，则驻点为 $x = 1$；因为 $y'' = \mathrm{e}^{-x}(x - 2)$，则二阶导数为零的点为 $x = 2$.

则列表讨论 $y'$，$y''$ 在各区间上的符号如下:

| $x$ | $(-\infty,1)$ | $1$ | $(1,2)$ | $2$ | $(2,+\infty)$ |
|---|---|---|---|---|---|
| $y'$ | $+$ | $0$ | $-$ | $-$ | $-$ |
| $y''$ | $-$ | $-$ | $-$ | $0$ | $+$ |
| $f(x)$ | 单调增加、凸 | 极大值 $\mathrm{e}^{-1}$ | 单调减少、凸 | 拐点 $(2,2\mathrm{e}^{-2})$ | 单调减少、凹 |

所以,单调增加区间为$(-\infty,1)$,单调减少区间为$(1,+\infty)$,极大值为$f(1)=\mathrm{e}^{-1}$;

凹区间为$(2,+\infty)$,凸区间为$(-\infty,2)$,拐点为$(2,2\mathrm{e}^{-2})$.

**【名师点评】**求函数拐点的步骤为:

(1) 求出函数的定义域;

(2) 求$y',y''$,并求出使$y''=0$的点,以及$y''$不存在的点;

(3) 上述点把定义域分割成若干子区间,讨论每个子区间内$y''$的符号,并根据符号的正负得出每个子区间内曲线的凹凸性;

(4) 如果曲线在某点连续,并且在该点左右两侧的凹凸性不相同,那么该点便为曲线的拐点.

## 考点二　求曲线的渐近线

**真题 1** （2020高数）以直线$y=0$为水平渐近线的曲线是 _____.

A. $y=\mathrm{e}^x$　　B. $y=\ln x$　　C. $y=\tan x$　　D. $y=x^3$

**解**　因为$\lim\limits_{x\to-\infty}\mathrm{e}^x=0$,所以直线$y=0$为$y=\mathrm{e}^x$的水平渐近线.

故应选A.

**真题 2** （2016电子）曲线$y=\dfrac{x^2-2x+2}{x-1}$的垂直渐近线的方程是 _____.

A. $x=1$　　B. $y=1$　　C. $x=0$　　D. $y=0$

**解**　因为$\lim\limits_{x\to1}y=\lim\limits_{x\to1}\dfrac{x^2-2x+2}{x-1}=\infty$,所以曲线的垂直渐近线的方程是$x=1$.

故应选A.

**【名师点评】**由垂直渐近线的定义知,我们只要讨论极限$\lim\limits_{x\to1}y=\lim\limits_{x\to1}\dfrac{x^2-2x+2}{x-1}$即可.

**真题 3** （2016计算机）求$f(x)=\dfrac{2x+1}{3x+2}$的水平渐近线和垂直渐近线.

**解**　由$\lim\limits_{x\to\infty}f(x)=\lim\limits_{x\to\infty}\dfrac{2x+1}{3x+2}=\dfrac{2}{3}$,可得$y=\dfrac{2}{3}$是$f(x)$的水平渐近线.

由$\lim\limits_{x\to-\frac{2}{3}}f(x)=\lim\limits_{x\to-\frac{2}{3}}\dfrac{2x+1}{3x+2}=\infty$,可得$x=-\dfrac{2}{3}$是$f(x)$的垂直渐近线.

**【名师点评】**对于本题中的水平渐近线,根据定义我们只需讨论极限$\lim\limits_{x\to\infty}f(x)$是否存在即可.

**真题 4** （2011计算机）曲线$y=\ln(1+\mathrm{e}^x)$的渐近线为 _____.

**解**　因为$\lim\limits_{x\to-\infty}\ln(1+\mathrm{e}^x)=\ln1=0$,所以该曲线有水平渐近线为$y=0$.

故应填$y=0$.

**【名师点评】**曲线$y=\ln(1+\mathrm{e}^x)$没有垂直渐近线.

**真题5** （2018公共课）曲线 $y = e^{\frac{1}{x}} \arctan \dfrac{x^2 + x + 1}{(x-1)(x+2)}$ 的渐近线条数为 _____.

A. 0　　　　　　　　B. 1　　　　　　　　C. 3　　　　　　　　D. 2

**解**　因为 $\lim\limits_{x \to \infty} e^{\frac{1}{x}} \arctan \dfrac{x^2 + x + 1}{(x-1)(x+2)} = e^0 \cdot \arctan 1 = 1 \cdot \dfrac{\pi}{4} = \dfrac{\pi}{4}$，所以 $y = \dfrac{\pi}{4}$ 为其水平渐近线；

又因为 $\lim\limits_{x \to 0^+} e^{\frac{1}{x}} \arctan \dfrac{x^2 + x + 1}{(x-1)(x+2)} = +\infty \cdot \arctan\left(-\dfrac{1}{2}\right) = -\infty$，于是 $x = 0$ 为其垂直渐近线.

故应选 D.

**【名师点评】** 我们注意到 $\lim\limits_{x \to 1^+} e^{\frac{1}{x}} \arctan \dfrac{x^2 + x + 1}{(x-1)(x+2)} = \dfrac{\pi e}{2}$，$\lim\limits_{x \to 1^-} e^{\frac{1}{x}} \arctan \dfrac{x^2 + x + 1}{(x-1)(x+2)} = -\dfrac{\pi e}{2}$，

于是 $x = 1$ 不是其垂直渐近线；

同样地，$\lim\limits_{x \to -2^+} e^{\frac{1}{x}} \arctan \dfrac{x^2 + x + 1}{(x-1)(x+2)} = -\dfrac{\pi e^{\frac{1}{2}}}{2}$，$\lim\limits_{x \to -2^-} e^{\frac{1}{x}} \arctan \dfrac{x^2 + x + 1}{(x-1)(x+2)} = \dfrac{\pi e^{\frac{1}{2}}}{2}$，

从而 $x = -2$ 也不是其垂直渐近线.

### 考点方法综述

本节主要考查曲线的凹凸性、拐点和渐近线,在考试中经常以客观题形式出现.

**1. 曲线的凹凸性判定定理**

设函数 $y = f(x)$ 在闭区间 $[a,b]$ 上连续,在开区间 $(a,b)$ 内二阶可导,则

(1) 在 $(a,b)$ 内,若 $f''(x) > 0$,那么曲线 $y = f(x)$ 在 $[a,b]$ 上是凹的；

(2) 在 $(a,b)$ 内,若 $f''(x) < 0$,那么曲线 $y = f(x)$ 在 $[a,b]$ 上是凸的.

**2. 拐点**

(1) 必要条件:若 $f''(x_0)$ 存在,$(x_0, f(x_0))$ 是曲线的拐点,则 $f''(x_0) = 0$；

(2) 充分条件:在连续曲线上,若 $f''(x)$ 在 $x_0$ 的左右两侧异号,则点 $(x_0, f(x_0))$ 是拐点.

**3. 判定曲线的凹凸性或求函数的凹凸区间、拐点的步骤**

(1) 确定函数的连续区间(初等函数即为定义域)；

(2) 求出函数的二阶导数,并解出二阶导数为零的点和二阶导数不存在的点,划分连续区间；

(3) 依次判断每个区间上二阶导数的符号,利用判定定理,确定每个区间上的凹凸性,并进一步求出拐点坐标.

**4. 曲线的渐近线**

(1) 若函数 $y = f(x)$ 的定义区间为无限区间,且 $\lim\limits_{x \to \infty} f(x) = C$(或 $\lim\limits_{x \to +\infty} f(x) = C$,$\lim\limits_{x \to -\infty} f(x) = C$),则称直线 $y = C$ 为曲线 $y = f(x)$ 的水平渐近线.

(2) 若函数 $y = f(x)$ 在点 $x_0$ 处间断,且 $\lim\limits_{x \to x_0} f(x) = \infty$(或 $\lim\limits_{x \to x_0^-} f(x) = \infty$,$\lim\limits_{x \to x_0^+} f(x) = \infty$),则称直线 $x = x_0$ 为曲线 $y = f(x)$ 的垂直渐近线.

## 第三章检测训练 A

**一、选择题**

1. 下列函数中,在区间 $[-1,1]$ 上满足罗尔定理条件的是 _____.

　　A. $f(x) = x - \dfrac{1}{x}$　　　　　　　　　　　B. $f(x) = \dfrac{1}{x}$

　　C. $f(x) = 1 - x^2$　　　　　　　　　　　D. $f(x) = 1 - |x|$

2. 若函数 $y = f(x)$ 在点 $x_0$ 处可导,且 $f(x_0)$ 是函数 $f(x)$ 的极大值,则 _____.

　　A. $f'(x_0) < 0$　　　　　　　　　　　　　B. $f'(x_0) > 0$

　　C. $f'(x_0) = 0$ 且 $f''(x_0) > 0$　　　　　　D. $f'(x_0) = 0$

3. 函数 $f(x) = 2x^3 - 9x^2 + 12x + 1$ 在区间 $[0,2]$ 上的最大值点与最小值点分别是 _____.

　　A. 1,0　　　　　　　B. 1,2　　　　　　　C. 2,0　　　　　　　D. 2,1

4. 设 $f(x)$ 在 $(-\infty,+\infty)$ 内可导,且对任意 $x_1,x_2$,当 $x_1>x_2$ 时,都有 $f(x_1)>f(x_2)$,则 _____.

    A. 对任意 $x$,$f'(x)>0$
                  B. 对任意 $x$,$f'(-x)\leqslant 0$

    C. 函数 $f(-x)$ 单调增加
                  D. 函数 $-f(-x)$ 单调增加

5. 函数 $y=|x-1|+2$ 的极小值点是 _____.

    A. 0                   B. 1                   C. 2                   D. 3

6. 设 $y=f(x)$ 是满足方程 $y''+y'-e^{\sin x}=0$ 的解,且 $f'(x_0)=0$,则 $f(x)$ 在 _____.

    A. $x_0$ 的某邻域内单调增加
                  B. $x_0$ 的某邻域内单调减少

    C. $x_0$ 处取得极小值
                  D. $x_0$ 处取得极大值

7. 设 $f(x_0)$ 为 $f(x)$ 在 $[a,b]$ 上的最大值,则 _____.

    A. $f'(x_0)=0$         B. $f'(x_0)$ 不存在         C. $x_0$ 为区间端点         D. 以上均不正确

8. 若 $f(x)$ 在 $(a,b)$ 内满足 $f'(x)>0$,$f''(x)>0$,则 $f(x)$ 在 $(a,b)$ 内 _____.

    A. 单调增加且是凹的     B. 单调增加且是凸的     C. 单调减少且是凹的     D. 单调减少且是凸的

9. 曲线 $y=\dfrac{x^2-2x+2}{x-1}$ 的垂直渐近线的方程是 _____.

    A. $x=1$                   B. $y=1$                   C. $x=0$                   D. $y=0$

10. 曲线 $y=e^{\frac{1}{x}}\arctan\dfrac{x^2+x+1}{(x-1)(x+2)}$ 的渐近线条数为 _____.

    A. 0                   B. 1                   C. 3                   D. 2

**二、填空题**

1. 若函数 $f(x)=x^3+2x$ 在区间 $[0,1]$ 上满足拉格朗日中值定理,则 $\xi=$ _____.

2. 极限 $\lim\limits_{x\to 0}\dfrac{x-x\cos x}{x-\sin x}=$ _____.

3. 极限 $\lim\limits_{x\to 0}\dfrac{\displaystyle\int_0^{2x}\ln(1+t)\mathrm{d}t}{1-\cos(2x)}=$ _____.

4. 函数 $f(x)=2x^3-9x^2+12x$ 的单调减少区间为 _____.

5. 函数 $y=(x-2)^3$ 的驻点是 _____.

6. 设函数 $y=2x^2+ax+3$ 在点 $x=1$ 处取得极小值,则 $a=$ _____.

7. 曲线 $y=e^{-x^3}$ 有 _____ 拐点.

8. 曲线 $y=\ln(1+e^x)$ 的渐近线为 _____.

9. 函数 $f(x)=x^{\frac{4}{3}}$ 的图形的凹区间是 _____.

10. $|\sin x-\sin y|$ 与 $|x-y|$ 的关系为 _____.

**三、解答题**

1. 求极限 $\lim\limits_{x\to 0}\dfrac{(1+x)^a-1}{x}$($a$ 为任何实数).
    2. 求极限 $\lim\limits_{x\to 0}\dfrac{\tan x-x}{\sin x-x}$.

3. 计算:$\lim\limits_{x\to 0}\dfrac{\ln(1+x^2)}{\sec x-\cos x}$.
    4. 计算:$\lim\limits_{x\to 0}\dfrac{\arctan x-x}{\ln(1+2x^3)}$.

5. 求极限 $\lim\limits_{x\to\frac{\pi}{2}^-}\dfrac{\ln\cot x}{\tan x}$.
    6. 计算:$\lim\limits_{x\to 1}\left(\dfrac{1}{x-1}-\dfrac{1}{\ln x}\right)$.

7. 求极限 $\lim\limits_{x\to\infty}x^{\frac{1}{x}}$.

8. 已知 $f(x)=\begin{cases}(\cos x)^{x^{-2}}, & x\neq 0,\\ a, & x=0\end{cases}$ 在 $x=0$ 处连续,求 $a$ 的值.

9. 求函数 $y=x^{\frac{2}{3}}-\dfrac{2}{3}x$ 的单调区间和极值.

10. 求 $f(x)=\dfrac{2x+1}{3x+2}$ 的水平渐近线和垂直渐近线.

**四、应用题**

1. 设某厂生产的某种产品的销售收益为 $R(x)=3\sqrt{x}$，而成本函数 $C(x)=1+\dfrac{1}{36}x^2$，求使总利润最大时的产量 $x$ 和最大总利润.

2. 某车间要靠墙壁盖一间长方形小屋，现在存砖只有能够砌成 20 米长的墙壁. 问：应围成怎样的长方形才能使这间小屋的面积最大?

**五、证明题**

1. 证明：当 $x>0$ 时，$\dfrac{x}{1+x}<\ln(1+x)<x$.

2. 证明：当 $x>0$ 时，$\ln(1+x)>\dfrac{\arctan x}{1+x}$.

3. 设函数 $f(x)$ 在 $[0,1]$ 上可微，当 $0\leqslant x\leqslant 1$ 时 $0<f(x)<1$ 且 $f'(x)\neq 1$，证明有且仅有一点 $x\in(0,1)$，使得 $f(x)=x$.

4. 设函数 $f(x)$ 在区间 $[0,1]$ 上有三阶导数，且 $f(0)=f(1)=0$，设 $F(x)=x^3 f(x)$，试证：在 $(0,1)$ 内存在一个 $\xi$，使得 $F'''(\xi)=0$.

5. 设 $0<a<b$，证明不等式：$\dfrac{1}{b}<\dfrac{1}{b-a}\ln\dfrac{b}{a}<\dfrac{1}{a}$.

# 第三章检测训练 B

**一、选择题**

1. 若函数 $y=x^3+2x$ 在区间 $[0,1]$ 上满足拉格朗日中值定理的条件，则定理中的 $\xi=$ _____.

    A. $\pm\dfrac{1}{\sqrt{3}}$      B. $\dfrac{1}{\sqrt{3}}$      C. $-\dfrac{1}{\sqrt{3}}$      D. $\sqrt{3}$

2. 当 $x=1$ 时，函数 $y=x^2-2px+q$ 达到极值，则 $p=$ _____.

    A. 0      B. 1      C. 2      D. $-1$

3. 设 $f(x)=x\sin x+\cos x$，下列命题中正确的是 _____.

    A. $f(0)$ 是极大值，$f\left(\dfrac{\pi}{2}\right)$ 是极小值      B. $f(0)$ 是极小值，$f\left(\dfrac{\pi}{2}\right)$ 是极大值

    C. $f(0)$ 是极大值，$f\left(\dfrac{\pi}{2}\right)$ 也是极大值      D. $f(0)$ 是极小值，$f\left(\dfrac{\pi}{2}\right)$ 也是极小值

4. 已知函数 $y=f(x)$ 对一切 $x$ 满足 $xf''(x)+3x[f'(x)]^2=1-e^{-x}$，若 $f'(x_0)=0(x_0\neq 0)$，则 _____.

    A. $f(x_0)$ 是 $f(x)$ 的极小值

    B. $f(x_0)$ 是 $f(x)$ 的极大值

    C. $(x_0,f(x_0))$ 是曲线 $y=f(x)$ 的拐点

    D. $f(x_0)$ 不是 $f(x)$ 的极值，$(x_0,f(x_0))$ 也不是曲线 $y=f(x)$ 的拐点

5. 函数 $y=2\ln\dfrac{x+3}{x}-3$ 的水平渐近线方程为 _____.

    A. $y=2$      B. $y=1$      C. $y=-3$      D. $y=0$

6. 曲线 $y=x^3-x^2$ _____.

    A. 没有拐点      B. 有两个拐点      C. 有一个拐点      D. 有三个拐点

7. 若点 $(0,1)$ 是曲线 $y=ax^3+bx^2+c$ 的拐点，则有 _____.

    A. $a=1,b=-3,c=1$      B. $a$ 为任意值，$b=0,c=1$

    C. $a=1,b=0,c$ 为任意值      D. $a,b$ 为任意值，$c=1$

8. 函数 $y=\dfrac{\sin x}{x(x-1)}$ 的垂直渐近线是 _____.

    A. $x=1$      B. $x=0$      C. $x=2$      D. $x=-1$

9. 已知曲线 $y=x^3+ax^2-9x+4$ 在 $x=1$ 处有拐点，则 $a=$ _____.

    A. 3      B. 2      C. $-2$      D. $-3$

10. 若函数 $y=f(x)$ 满足 $f'(x_0)=0$，则 $x=x_0$ 必为 $f(x)$ 的 _____.

    A. 极大值点      B. 极小值点      C. 驻点      D. 拐点

**二、填空题**

1. 函数 $y = 1 - x$ 在 $[-1, 3]$ 上满足拉格朗日中值定理的点 $\xi$ 等于 _____.

2. 极限 $\lim\limits_{x \to 1} \dfrac{\arcsin(x^2 - 1)}{\ln x} = $ _____.

3. 极限 $\lim\limits_{t \to 0} \dfrac{\int_0^t x \sin x \, \mathrm{d}x}{t^3} = $ _____.

4. 函数 $y = 3x - x^3$ 的单调增加区间是 _____.

5. 函数 $f(x)$ 在点 $x_0$ 处可微, $f'(x_0) = 0$ 是点 $x_0$ 为极值点的 _____ 条件.

6. 函数 $f(x) = 3x - x^2$ 的极值点是 _____.

7. 设函数 $y = f(x)$ 在区间 $I$ 内可导, 如果 $f'(x)$ _____, 则曲线在区间 $I$ 内是单调减少的.

8. 曲线 $y = \dfrac{2x^2 - 100x}{(x+1)^2}$ 的水平渐近线为 _____.

9. 函数 $y = -x^3 + x^2$ 的凸区间是 _____.

10. 函数 $y = -\dfrac{x}{\ln x}$ 的单调减少区间是 _____.

**三、解答题**

1. 求极限 $\lim\limits_{x \to 0} \dfrac{\mathrm{e}^x - 1}{x^2 - x}$.

2. 计算极限 $\lim\limits_{x \to 0} \dfrac{x - \sin x}{x^3}$.

3. 计算极限 $\lim\limits_{x \to 0} \dfrac{\sqrt{1+x} + \sqrt{1-x} - 2}{x^2}$.

4. 求极限 $\lim\limits_{x \to 0} \dfrac{\sin^2 x - x^2 \cos^2 x}{x(\mathrm{e}^{2x} - 1)\ln(1 + \tan^2 x)}$.

5. 求极限 $\lim\limits_{x \to \frac{\pi}{2}} (\sec x - \tan x)$.

6. 确定常数 $a, b, c$ 的值, 使 $\lim\limits_{x \to 0} \dfrac{ax - \sin x}{\int_0^x \dfrac{\ln(1 + t^3)}{t} \mathrm{d}t} = c \, (c \neq 0)$.

7. 求函数 $y = x^3 - 3x^2 - 9x + 3$ 的极值.

8. 设 $f(x) = \begin{cases} -x^3, & x < 0, \\ x \arctan x, & x \geqslant 0. \end{cases}$

   (1) 求 $f'(0)$;

   (2) 确定 $f(x)$ 的单调增减区间.

9. 设 $y = f(x)$ 是方程 $y'' - 2y' + 4y = 0$ 的一个解, 若 $f(x_0) > 0$, 且 $f'(x_0) = 0$, 试判定 $x_0$ 是不是 $f(x)$ 的极值点. 如果 $x_0$ 为 $f(x)$ 的极值点, 是极大值点还是极小值点?

10. 求曲线 $y = \ln(x^2 + 1)$ 的凹凸区间和拐点.

**四、应用题**

1. 某立体声收音机厂商测定, 为了销售一新款立体声收音机 $x$ 台, 每台的价格 (单位: 元) 必须是 $p(x) = 800 - x$. 厂商还决定, 生产 $x$ 台的总成本为 $C(x) = 2000 + 10x$. 为使利润最大化, 厂商必须生产多少台? 最大利润是多少?

2. 求斜边长为定长 $l$ 的直角三角形的最大面积.

**五、证明题**

1. 证明不等式: 当 $-1 < x < 0$ 时, $\ln(1 + x) < x - \dfrac{x^2}{2}$.

2. 证明不等式: 当 $0 < b \leqslant a$ 时, $\ln \dfrac{a}{b} \geqslant \dfrac{a - b}{a}$.

3. 证明: 当 $x > 0, 0 < a < 1$ 时, $x^a - ax \leqslant 1 - a$.

4. 设函数 $f(x)$ 在 $[0, 1]$ 上连续, 在 $(0, 1)$ 内可微, 且 $f(0) = f(1) = 0, f\left(\dfrac{1}{2}\right) = 1$.

   证明: (1) 存在 $\xi \in \left(\dfrac{1}{2}, 1\right)$, 使得 $f(\xi) = \xi$;

   (2) 存在 $\eta \in (0, \xi)$, 使得 $f'(\eta) = f(\eta) - \eta + 1$.

5. 设 $a_1, a_2, \cdots, a_n$ 满足 $a_1 - \dfrac{a_2}{3} + \dfrac{a_3}{5} + \cdots + (-1)^{n-1} \dfrac{a_n}{2n-1} = 0, a_i \in \mathbf{R}, i = 1, 2, 3, \cdots, n$.

   证明: 方程 $a_1 \cos x + a_2 \cos 3x + \cdots + a_n \cos(2n-1)x = 0$ 在 $\left(0, \dfrac{\pi}{2}\right)$ 内至少有一个实根.

# 第四章　不定积分

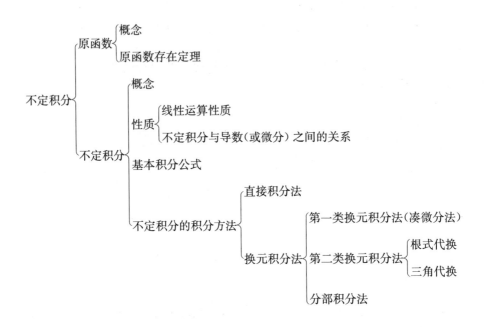

$$
不定积分
\begin{cases}
原函数
\begin{cases}
概念 \\
原函数存在定理
\end{cases} \\
\\
不定积分
\begin{cases}
概念 \\
性质
\begin{cases}
线性运算性质 \\
不定积分与导数（或微分）之间的关系
\end{cases} \\
基本积分公式 \\
不定积分的积分方法
\end{cases}
\end{cases}
$$

不定积分的积分方法
- 直接积分法
- 换元积分法
  - 第一类换元积分法（凑微分法）
  - 第二类换元积分法
    - 根式代换
    - 三角代换
- 分部积分法

## 第一节　不定积分的概念与性质

### 考纲内容解读

**一、新大纲基本要求**

1.理解原函数与不定积分的概念；

2.了解原函数存在定理；

3.掌握不定积分的性质.

**二、新大纲名师解读**

在专升本考试中，本节主要考查以下内容：

1.原函数的概念与性质；

2.不定积分的概念与性质；

3.不定积分的计算（利用公式和性质计算简单的不定积分）.

不定积分是积分学中的一个基本概念，在本节中要求掌握其概念及性质，还要特别注意不定积分与导数（或微分）的互逆运算关系，为后续积分学习奠定基础.

## 考点内容解析

**一、原函数**

**定义 1**　设 $F(x),f(x)$ 是定义在区间 $I$ 上的函数,若对任意的 $x \in I$,都有
$$F^{'}(x) = f(x), 或 dF(x) = f(x)dx,$$
则称 $F(x)$ 是 $f(x)$ 在区间 $I$ 上的一个原函数.

**定理 1(原函数存在定理)**　若函数 $f(x)$ 在区间 $I$ 上连续,则在该区间上一定存在可导函数 $F(x)$,使得对任意的 $x \in I$,都有 $F^{'}(x) = f(x)$,即区间上的连续函数一定有原函数.

**定理 2**　设函数 $F(x)$ 是 $f(x)$ 在区间 $I$ 上的一个原函数,那么 $f(x)$ 在区间 $I$ 上的任意一个原函数可以表示为 $F(x) + C$,其中 $C$ 是任意常数.

**二、不定积分的概念**

**定义 2**　如果 $F(x)$ 是 $f(x)$ 在区间 $I$ 上的一个原函数,则 $f(x)$ 在区间 $I$ 上带有任意常数 $C$ 的原函数 $F(x) + C$ 称为 $f(x)$ 在区间 $I$ 上的**不定积分**,记作 $\int f(x)dx$,即

$$\int f(x)dx = F(x) + C,$$

其中,$\int$ 称为积分号,$f(x)$ 称为**被积函数**,$f(x)dx$ 称为**被积表达式**,$x$ 称为**积分变量**,任意常数 $C$ 称为**积分常数**.

**三、不定积分的几何意义**

对于确定的常数 $C$,$F(x) + C$ 表示坐标平面上一条确定的曲线;当 $C$ 取不同的值时,$F(x) + C$ 表示一族积分曲线. 由 $\int f(x)dx = F(x) + C$ 可知,$f(x)$ 的不定积分是一族积分曲线,这些曲线都可以通过一条曲线向上或向下平移而得到,它们在具有相同横坐标的点处有互相平行的切线(见图 4.1).

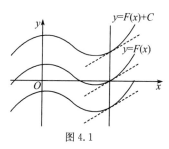

图 4.1

**四、不定积分的性质**

**性质 1**　(1) $\left[\int f(x)dx\right]^{'} = f(x)$,或 $d\left[\int f(x)dx\right] = f(x)dx$;

(2) $\int F^{'}(x)dx = F(x) + C$,或 $\int dF(x) = F(x) + C$.

**【名师解析】** 在不计积分常数的意义下,求不定积分与求微分的运算互为逆运算.

**性质 2**　$\int kf(x)dx = k\int f(x)dx (k$ 为非零常数).

**【名师解析】** 计算不定积分时,被积函数中非零的常数因子可以移到积分号的外面.

**性质 3**　$\int [f_1(x) \pm f_2(x)]dx = \int f_1(x)dx \pm \int f_2(x)dx$.

**【名师解析】** 两个函数和或者差的不定积分等于它们不定积分的和或者差.

**五、基本积分公式表**

1. $\int k dx = kx + C (k$ 为常数);

2. $\int x^{\mu} dx = \dfrac{1}{\mu + 1}x^{\mu+1} + C(\mu \neq -1)$;

3. $\int \dfrac{1}{x} dx = \ln |x| + C$;

4. $\int a^x dx = \dfrac{a^x}{\ln a} + C$;

5. $\int e^x dx = e^x + C$;

6. $\int \sin x \, dx = -\cos x + C$;

7. $\int \cos x \, dx = \sin x + C$;

8. $\int \sec^2 x \, dx = \tan x + C$;

9. $\int \csc^2 x \, dx = -\cot x + C$;

10. $\int \sec x \tan x \, dx = \sec x + C$;

11. $\int \csc x \cot x \, dx = -\csc x + C$;

12. $\int \frac{1}{1+x^2} dx = \arctan x + C = -\text{arccot} x + C$;

13. $\int \frac{1}{\sqrt{1-x^2}} dx = \arcsin x + C = -\arccos x + C$.

## 考点例题分析

### 考点一 原函数的概念与性质

【考点分析】在近几年的专升本考试中,有一类直接考查原函数的概念的题型.在这类题目中,要搞清楚所给函数之间的关系,通过求导确定正确答案.任意两个原函数之间仅相差一个常数.

**例 1** 下列函数中,不是 $\sin 2x$ 的原函数的是 _____.

A. $\sin^2 x$      B. $-\cos^2 x$      C. $-\dfrac{\cos 2x}{2}$      D. $\sin x \cos x$

**解** 选项 A:$(\sin^2 x)' = 2\sin x \cos x = \sin 2x$;选项 B:$(-\cos^2 x)' = -2\cos x \cdot (-\sin x) = \sin 2x$;

选项 C:$\left(-\dfrac{\cos 2x}{2}\right)' = -\dfrac{1}{2}(\cos 2x)' = \sin 2x$;

选项 D:$(\sin x \cos x)' = \left(\dfrac{1}{2}\sin 2x\right)' = \cos 2x$,所以不是 $\sin 2x$ 的原函数.

故应选 D.

**例 2** 若 $F(x)$ 是 $f(x)$ 的一个原函数,$C$ 为常数,则下列函数中仍是 $f(x)$ 的原函数的是 _____.

A. $F(Cx)$      B. $F(x+C)$      C. $CF(x)$      D. $F(x)+C$

**解** 选项 A:$[F(Cx)]' = CF'(x)$;选项 B:$[F(x+C)]' = F'(x+C)$;选项 C:$[CF(x)]' = CF'(x)$;

选项 D:$[F(x)+C]' = F'(x) = f(x)$.

故应选 D.

**例 3** 设函数 $f(x),g(x)$ 均可导,且同为 $F(x)$ 的原函数,且有 $f(0)=5,g(0)=2$,则 $f(x)-g(x)=$ _____.

**解** 因为 $f'(x)=g'(x)=F(x)$,所以 $f(x)-g(x)=C$.因为当 $x=0$ 时,$f(0)-g(0)=C$,所以由已知条件得 $C = f(0)-g(0)=5-2=3$.

故应填 3.

**例 4** 设 $f(x)$ 在区间 $I$ 内连续,则 $f(x)$ 在 $I$ 内 _____.

A. 必存在导函数      B. 必存在原函数      C. 必有界      D. 必有极值

**解** 根据可导和连续的关系可得,可导必连续,连续不一定可导,所以选项 A 错;由定积分存在的条件可知,连续的函数必有原函数,所以选项 B 正确;开区间上的连续函数不一定有界,所以选项 C 错;如果区间 $I$ 内 $f(x)$ 的单调性不改变,则无极值,所以选项 D 错.

故应选 B.

**例 5**　下列命题中正确的是

(1) 如果函数 $y = f(x)$ 在点 $x$ 处可导,则函数在该点必连续;

(2) 连续函数一定有原函数;

(3) 有界的数列一定收敛;

(4) 如果函数 $y = f(x)$ 在点 $x$ 处连续,则函数在该点必可导.

A. (1)(2)(4)　　　　　　B. (1)(2)　　　　　　C. (2)(3)　　　　　　D. (1)(3)(4)

**解**　可导必连续,故(1)正确;但连续却不一定可导,故(4)错误;连续函数一定有原函数,故(2)正确;单调有界的数列才收敛,故(3)错误.

故选 B.

## 考点 二　不定积分的概念

**【考点分析】** 本考点主要考查不定积分的概念,$f(x)$ 原函数的全体称为 $f(x)$ 的不定积分,即 $\int f(x)\mathrm{d}x = F(x)+C$.

**例 1**　设 $\int f(x)\mathrm{d}x = \ln(x+\sqrt{1+x^2})+C$,则 $f(x) = $ _____.

A. $\dfrac{x}{\sqrt{1+x^2}}$　　　　　B. $\dfrac{1}{\sqrt{1+x^2}}$　　　　　C. $\dfrac{1}{1+x}$　　　　　D. $\dfrac{1}{1+x^2}$

**解**　根据不定积分的定义,可得 $f(x) = \left[\ln(x+\sqrt{1+x^2})+C\right]' = \dfrac{1}{\sqrt{1+x^2}}$.

故应选 B.

**例 2**　如果等式 $\int f(x)\mathrm{e}^{\frac{1}{x}}\mathrm{d}x = -\mathrm{e}^{\frac{1}{x}}+C$,则函数 $f(x)$ 等于 _____.

A. $-\dfrac{1}{x}$　　　　　B. $-\dfrac{1}{x^2}$　　　　　C. $\dfrac{1}{x}$　　　　　D. $\dfrac{1}{x^2}$

**解**　因为 $\int f(x)\mathrm{d}x = F(x)+C$,则有 $F'(x) = f(x)$,

因此 $f(x)\mathrm{e}^{\frac{1}{x}} = (-\mathrm{e}^{\frac{1}{x}})' = -\dfrac{1}{x^2}\mathrm{e}^{\frac{1}{x}}$,比较等式两边可知 $f(x) = -\dfrac{1}{x^2}$.

故应选 B.

**【名师点评】** 此题考查的仍是原函数与被积函数关系的问题. 注意:对积分结果求完导数之后,要进一步比较其与被积函数的关系,从而求出 $f(x)$ 的表达式.

**例 3**　设 $f'(\cos^2 x) = \sin^2 x$,且 $f(0) = 0$,则 $f(x)$ 等于 _____.

A. $\cos x + \dfrac{1}{2}\cos^2 x$　　　　　B. $\cos^2 x - \dfrac{1}{2}\cos^4 x$　　　　　C. $x + \dfrac{1}{2}x^2$　　　　　D. $x - \dfrac{1}{2}x^2$

**解**　因为 $f'(\cos^2 x) = \sin^2 x$,即 $\dfrac{\mathrm{d}f(\cos^2 x)}{\mathrm{d}\cos^2 x} = \sin^2 x = 1 - \cos^2 x$,

用 $x$ 替换式中的 $\cos^2 x$,则有 $\dfrac{\mathrm{d}f(x)}{\mathrm{d}x} = 1 - x$,积分得 $f(x) = x - \dfrac{x^2}{2} + C$.

当 $x = 0$ 时,$f(0) = 0$,代入上式得 $C = 0$.

故应选 D.

## 考点 三　不定积分的性质

**【考点分析】** 求不定积分与求导数或微分互为逆运算.

(1) $\left[\int f(x)\mathrm{d}x\right]' = f(x)$ 或 $\mathrm{d}\int f(x)\mathrm{d}x = f(x)\mathrm{d}x$;

(2) $\int F'(x)\mathrm{d}x = F(x)+C$ 或 $\int \mathrm{d}F(x) = F(x)+C$.

也就是说,不定积分的导数(或微分)等于被积函数(或被积表达式);一个函数的导数(或微分)的不定积分与这个函数相差一个任意常数.

**例1** 求 $\int d \int d f(x)$.

**解** 由不定积分的性质,知 $\int d f(x) = f(x) + C$,于是 $d \int d f(x) = d f(x)$,

从而 $\int d \int d f(x) = \int d f(x) = f(x) + C$.

**例2** 设 $f(x)$ 在 $(-\infty, +\infty)$ 内连续,则 $\dfrac{d}{dx}\left[\int f(x)dx\right] = $ _____.

**解** 因为积分与微分是互逆的运算,所以 $\dfrac{d}{dx}\left[\int f(x)dx\right] = f(x)$,

故应填 $f(x)$.

**例3** 设 $\int F'(x)dx = \int G'(x)dx$,则下列结论中错误的是 _____.

A. $F(x) = G(x)$      B. $F(x) = G(x) + C$      C. $F'(x) = G'(x)$      D. $d\int F'(x)dx = d\int G'(x)dx$

**解** 由不定积分的性质,可得 $\int F'(x)dx = F(x) + C_1$,$\int G'(x)dx = G(x) + C_2$,其中 $C_1, C_2$ 都是任意常数,

所以有 $F(x) + C_1 = G(x) + C_2$,即 $F(x) = G(x) + C$(其中 $C = C_2 - C_1$),此即选项 B.

而结论 B,C,D 是互相等价的,所以错误的是 A.

故应选 A.

---

## 考点真题解析

### 考点一 原函数及不定积分的概念

**真题1** (2009 国贸,2014 土木) 设函数 $f(x)$ 的一个原函数为 $\dfrac{1}{x}$,则 $f'(x) = $ _____.

A. $-\dfrac{1}{x^2}$      B. $\dfrac{2}{x^3}$      C. $\dfrac{1}{x}$      D. $\ln|x|$

**解** 由原函数的概念,知 $f(x) = \left(\dfrac{1}{x}\right)' = -\dfrac{1}{x^2}$,所以 $f'(x) = \dfrac{2}{x^3}$.

故应选 B.

**真题2** (2010 会计,2015 经管) 判断:设 $F(x)$ 为 $f(x)$ 在区间 $I$ 上的一个原函数,则 $F(x^2)$ 是 $f(x^2)$ 在这区间上的一个原函数. _____.

**解** 因为 $F'(x) = f(x)$,根据复合函数的求导法则得 $\left[F(x^2)\right]' = F'(x^2) \cdot 2x = 2xf(x^2) \neq f(x^2)$,所以 $F(x^2)$ 不是 $f(x^2)$ 在区间 $I$ 上的一个原函数.

故应填错误.

**真题3** (2017 会计) 如果函数 $f(x)$ 的导函数是 $\sin x$,则 $f(x)$ 的一个原函数为 _____.

A. $1 + \sin x$      B. $x - \sin x$      C. $x + \cos x$      D. $1 - \cos x$

**解** 因为 $f'(x) = \sin x$,所以 $f(x) = \int \sin x \, dx = -\cos x + C_1$,

从而有 $\int f(x)dx = \int(-\cos x + C_1)dx = -\sin x + C_1 x + C_2$.

故应选 B.

### 考点二 原函数及不定积分的性质

**真题1** (2020 高数三) 不定积分 $\int f'(x)dx = $ _____.

A. $f(x)$      B. $f'(x)$      C. $f(x) + C$      D. $f'(x) + C$

**解** 由不定积分的定义,可得 $\int f'(x)dx = f(x) + C$.

故应选 C.

**真题 2** （2017 国贸）C 为任意常数，且 $F'(x) = f(x)$，则下列等式成立的是 _____.

A. $\int F'(x)\mathrm{d}x = f(x) + C$　　B. $\int f'(x)\mathrm{d}x = F(x) + C$　　C. $\int F(x)\mathrm{d}x = F'(x) + C$　　D. $\int f(x)\mathrm{d}x = F(x) + C$

**解**　由不定积分的性质，一个可导函数，先对其求导，再求不定积分，结果只差一个常数 C，故选项 A 与 B 不正确. 因为已知 $\int F(x)\mathrm{d}x$ 是求 $F(x)$ 的不定积分，$F'(x)$ 不是 $F(x)$ 的一个原函数，故选项 C 不正确. 由题意，$F'(x) = f(x)$，$F(x)$ 是 $f(x)$ 的一个原函数，故选项 D 正确.

故应选 D.

## 考点 三　不定积分与求导（或微分）互为逆运算

**真题 1** （2018 财经）设 $f'(x^2) = \dfrac{1}{x}(x>0)$，则 $f(x) =$ _____.

**解**　设 $t = x^2 (t>0)$，因为 $x>0$，解得 $x = \sqrt{t}$，于是 $f'(t) = \dfrac{1}{\sqrt{t}}(t>0)$，也就是 $f'(x) = \dfrac{1}{\sqrt{x}}(x>0)$.

所以 $f(x) = \int f'(x)\mathrm{d}x = 2\sqrt{x} + C$.

故应填 $2\sqrt{x} + C$.

**真题 2** （2018 财经）若 $\int f(x)\mathrm{d}x = x^2\mathrm{e}^{2x} + C$，则 $f(x) =$ _____.

A. $2x\mathrm{e}^{2x}$　　　　　　B. $4x\mathrm{e}^{2x}$　　　　　　C. $2x^2\mathrm{e}^{2x}$　　　　　　D. $2x\mathrm{e}^{2x}(x+1)$

**解**　根据不定积分的定义，可得 $f(x) = (x^2\mathrm{e}^{2x} + C)' = 2x\mathrm{e}^{2x} + 2x^2\mathrm{e}^{2x} = 2x\mathrm{e}^{2x}(x+1)$.

故应选 D.

**真题 3** （2017 工商）设 $\int f(x)\mathrm{d}x = -\sin x + C$，则 $f(x) =$ _____.

A. $\sin x$　　　　　　B. $-\sin x$　　　　　　C. $\cos x$　　　　　　D. $-\cos x$

**解**　$f(x) = \left[\int f(x)\mathrm{d}x\right]' = (-\sin x + C)' = -\cos x$.

故应选 D.

## 考点方法综述

1. 原函数与不定积分的概念和它们之间的关系是常考的题型之一，它们经常结合起来考查，要理解并掌握两个基本概念，且熟练掌握不定积分与求导（或微分）之间的互逆运算关系.

2. 不定积分的线性性质

(1) $\int kf(x)\mathrm{d}x = k\int f(x)\mathrm{d}x\ (k \neq 0)$;

(2) $\int [f(x) \pm g(x)]\mathrm{d}x = \int f(x)\mathrm{d}x \pm \int g(x)\mathrm{d}x$;

推广式：$\int [f_1(x) \pm f_2(x) \pm \cdots \pm f_n(x)]\mathrm{d}x = \int f_1(x)\mathrm{d}x \pm \int f_2(x)\mathrm{d}x \pm \cdots \pm \int f_n(x)\mathrm{d}x$.

# 第二节　换元积分法

## 考纲内容解读

**一、新大纲基本要求**

1. 熟练掌握不定积分的基本公式;

2. 熟练掌握不定积分的第一、第二类换元法.

**二、新大纲名师解读**

在专升本考试中,本节主要考查以下内容:
1. 直接积分法;
2. 第一类换元积分法(凑微分);
3. 第二类换元积分法.
这三种方法也是计算不定积分的基础,要熟练地掌握各方法的特点和适用范围.

## 考点内容解析

**一、第一类换元积分法**

**定理1** 设 $f(u)$ 具有原函数 $F(u)$,且 $u=\varphi(\pi)$ 是可导函数,则

$$\int f[\varphi(x)] \cdot \varphi'(x) dx = F[\varphi(x)] + C.$$

该公式称为**第一换元公式**.

一般地,若求不定积分 $\int g(x) dx$,如果被积函数 $g(x)$ 可以写成 $f[\varphi(x)] \cdot \varphi'(x)$,即可用此方法解决,过程如下:

$$\int g(x) dx = \int f[\varphi(x)] d\varphi(x) \xrightarrow{u=\varphi(x)} \int f(u) du = F(u) + C \xrightarrow{u=\varphi(x)} F[\varphi(x)] + C.$$

上述求不定积分的方法称为**第一类换元积分法**,它是复合函数微分法的逆运算.上式中由 $\varphi'(x) dx$ 凑成微分 $d\varphi(x)$ 是关键的一步,因此,第一类换元积分法又称为**凑微分法**.要掌握此方法,大家必须能灵活运用微分(或导数) 公式及基本积分公式.

为了便于使用,下面总结出几种常用的凑微分求解的积分形式:

$(1) f(au+b) du = \dfrac{1}{a} \int f(au+b) d(au+b) (a \neq 0)$;

$(2) f(au^n+b) u^{n-1} du = \dfrac{1}{na} \int f(au^n+b) d(au^n+b) (a \neq 0, n \neq 0)$;

$(3) f(a^u+b) a^u du = \dfrac{1}{\ln a} \int f(a^u+b) d(a^u+b) (a > 0 \text{ 且 } a \neq 1)$;

$(4) f(\sqrt{u}) \dfrac{1}{\sqrt{u}} du = 2 \int f(\sqrt{u}) d(\sqrt{u})$;

$(5) f\left(\dfrac{1}{u}\right) \dfrac{1}{u^2} du = -\int f\left(\dfrac{1}{u}\right) d\left(\dfrac{1}{u}\right)$;

$(6) f(\ln u) \dfrac{1}{u} du = \int f(\ln u) d(\ln u)$;

$(7) f(\sin u) \cos u \, du = \int f(\sin u) d(\sin u)$;

$(8) f(\cos u) \sin u \, du = -\int f(\cos u) d(\cos u)$;

$(9) f(\tan u) \sec^2 u \, du = \int f(\tan u) d(\tan u)$;

$(10) f(\arcsin u) \dfrac{1}{\sqrt{1-u^2}} du = \int f(\arcsin u) d(\arcsin u)$;

$(11) f\left(\arctan \dfrac{u}{a}\right) \dfrac{1}{a^2+x^2} du = \dfrac{1}{a} \int f\left(\arctan \dfrac{u}{a}\right) d\left(\arctan \dfrac{u}{a}\right) (a > 0)$;

$(12) \dfrac{f'(u)}{f(u)} du = \ln |f(u)| + C$.

**二、第二类换元积分法**

**定理2** 设 $x = \psi(t)$ 是单调的可导函数,且 $\psi'(t) \neq 0$,又设 $f[\psi(t)] \psi'(t)$ 的一个原函数为 $\Phi(t)$,则

$$\int f(x)\mathrm{d}x = \Phi[\psi^{-1}(x)] + C,$$

该公式称为**第二换元公式**.

一般地,求积分 $\int f(x)\mathrm{d}x$ 时,如果设 $x = \psi(t)$,且 $x = \psi(t)$ 满足定理 2 的条件,则根据第二换元公式求积分的过程如下:

$$\int f(x)\mathrm{d}x \xrightarrow{x = \psi(t)} \int f[\psi(t)]\psi'(t)\mathrm{d}t = \Phi(t) + C \xrightarrow{t = \psi^{-1}(x)} \Phi[\psi^{-1}(x)] + C.$$

**【名师解析】**换元后还最后需要还原为原变量的函数. 第二类换元法经常用于被积函数中出现根式,且无法用直接积分法和第一类换元法计算的题目.

利用第二类换元积分法处理被积函数中含有根式的问题时,通过变量代换实现有理化. 现将被积函数中含有根式类型的不定积分换元归纳如下:

(1) 含有根式 $\sqrt[n]{ax+b}$ 时,令 $\sqrt[n]{ax+b} = t$;

(2) 同时含有根式 $\sqrt[m_1]{x}$ 和根式 $\sqrt[m_2]{x}$($m_1, m_2 \in \mathbf{Z}^+$)时,令 $x = t^m$,其中 $m$ 是 $m_1, m_2$ 的最小公倍数;

(3) 含有根式 $\sqrt{a^2 - x^2}$($a > 0$)时,令 $x = a\sin t$;

(4) 含有根式 $\sqrt{a^2 + x^2}$($a > 0$)时,令 $x = a\tan t$;

(5) 含有根式 $\sqrt{x^2 - a^2}$($a > 0$)时,令 $x = a\sec t$;

其中,方法(3)(4)(5)称为三角换元. 另外,当被积函数的分母次幂较高时,也经常用**倒代换**,利用它可以消去被积函数分母中的变量 $x$.

在基本积分公式表中,可再添加如下几个常用的积分公式(其中常数 $a > 0$):

(1) $\displaystyle\int \frac{1}{\sqrt{a^2 - x^2}}\mathrm{d}x = \arcsin\frac{x}{a} + C$;

(2) $\displaystyle\int \frac{1}{a^2 + x^2}\mathrm{d}x = \frac{1}{a}\arctan\frac{x}{a} + C$;

(3) $\displaystyle\int \frac{1}{a^2 - x^2}\mathrm{d}x = \frac{1}{2a}\ln\left|\frac{a+x}{a-x}\right| + C$;

(4) $\displaystyle\int \tan x\,\mathrm{d}x = -\ln|\cos x| + C$;

(5) $\displaystyle\int \cot x\,\mathrm{d}x = \ln|\sin x| + C$;

(6) $\displaystyle\int \sec x\,\mathrm{d}x = \ln|\sec x + \tan x| + C$;

(7) $\displaystyle\int \csc x\,\mathrm{d}x = \ln|\csc - \cot x| + C$;

(8) $\displaystyle\int \frac{1}{\sqrt{x^2 \pm a^2}}\mathrm{d}x = \ln|x + \sqrt{x^2 \pm a^2}| + C$;

(9) $\displaystyle\int \sqrt{a^2 - x^2}\,\mathrm{d}x = \frac{a^2}{2}\arcsin\frac{x}{a} + \frac{x}{2}\sqrt{a^2 - x^2} + C$.

**考点例题分析**

### 考点 一　使用不定积分的基本公式计算

**【考点分析】**在计算简单函数的不定积分时,经常结合不定积分的公式和性质进行计算,若不能直接使用公式及性质,常常先进行函数恒等变形,特别是三角函数的恒等变形,变形后再结合不定积分的公式和性质进行计算.

**例 1** $\displaystyle\int 3^x \, e^x \, dx = $ _____.

**解** 根据积分公式得 $\displaystyle\int 3^x \, e^x \, dx = \int (3e)^x \, dx = \frac{3^x \, e^x}{1 + \ln 3} + C.$

故应填 $\dfrac{3^x \, e^x}{1 + \ln 3} + C.$

**例 2** $\displaystyle\int x(1 + 2x)^2 \, dx = $ _____.

**解** 根据不定积分公式可得 $\displaystyle\int x(1 + 2x)^2 \, dx = \int (4x^3 + 4x^2 + x) \, dx = x^4 + \frac{4}{3}x^3 + \frac{x^2}{2} + C.$

故应填 $x^4 + \dfrac{4}{3}x^3 + \dfrac{x^2}{2} + C.$

**例 3** 求 $\displaystyle\int \cos^2 \frac{x}{2} \, dx.$

**解** 根据倍角公式和直接积分法计算不定积分可得

$$\int \cos^2 \frac{x}{2} \, dx = \frac{1}{2} \int (\cos x + 1) \, dx = \frac{1}{2} (\sin x + x) + C.$$

> **【名师点评】** 三角函数的倍角公式：$\cos x = 2\cos^2 \dfrac{x}{2} - 1 = 1 - 2\sin^2 \dfrac{x}{2} = \cos^2 \dfrac{x}{2} - \sin^2 \dfrac{x}{2}.$

**例 4** 求 $\displaystyle\int \tan^2 x \, dx.$

**解** $\displaystyle\int \tan^2 x \, dx = \int (\sec^2 x - 1) \, dx = \tan x - x + C.$

**例 5** 求 $\displaystyle\int \frac{1}{\sin^2 \frac{x}{2} \cos^2 \frac{x}{2}} \, dx.$

**解** $\displaystyle\int \frac{1}{\sin^2 \frac{x}{2} \cos^2 \frac{x}{2}} \, dx = \int \frac{1}{\left(\frac{\sin x}{2}\right)^2} \, dx = \int 4 \csc^2 x \, dx = -4\cot x + C.$

> **【名师点评】** 本题主要考查三角函数的二倍角公式 $\sin x = 2\sin \dfrac{x}{2} \cos \dfrac{x}{2}$、倒数关系 $\dfrac{1}{\sin x} = \csc x$ 以及基本积分公式 $\displaystyle\int \csc^2 x \, dx = -\cot x + C.$

## 考点 二 利用分项法计算不定积分

> **【考点分析】** 在计算不定积分时，经常用到初等数学中的函数恒等变形，特别是三角函数的恒等变形，变形后再结合不定积分的公式和性质进行计算．此类题目中的难点在于函数的恒等变形．

**例 1** 求 $\displaystyle\int \frac{1 + x + x^2}{x(1 + x^2)} \, dx.$

**解** $\displaystyle\int \frac{1 + x + x^2}{x(1 + x^2)} \, dx = \int \frac{(1 + x^2) + x}{x(1 + x^2)} \, dx = \int \frac{1}{x} \, dx + \int \frac{1}{1 + x^2} \, dx = \ln |x| + \arctan x + C.$

**例 2** 求 $\displaystyle\int \frac{x^4}{1 + x^2} \, dx.$

**解** $\displaystyle\int \frac{x^4}{1 + x^2} \, dx = \int \frac{(x^4 - 1) + 1}{1 + x^2} \, dx = \int (x^2 - 1) \, dx + \int \frac{1}{1 + x^2} \, dx = \frac{x^3}{3} - x + \arctan x + C.$

**例 3** 计算不定积分 $\displaystyle\int \frac{\cos x}{1 + \cos x} \, dx.$

**解法一**　对被积函数作恒等变形：$\dfrac{\cos x}{1+\cos x}=\dfrac{\cos x(1-\cos x)}{(1+\cos x)(1-\cos x)}=\dfrac{\cos x-\cos^2 x}{\sin^2 x}$，

则 $\displaystyle\int\dfrac{\cos x}{1+\cos x}dx=\int\dfrac{\cos x(1-\cos x)}{(1+\cos x)(1-\cos x)}dx=\int\dfrac{\cos x-\cos^2 x}{\sin^2 x}dx$

$$=\int\dfrac{\cos x}{\sin^2 x}dx-\int\dfrac{1-\sin^2 x}{\sin^2 x}dx=\int\dfrac{1}{\sin^2 x}d\sin x-\int\csc^2 x\,dx+x$$

$$=-\dfrac{1}{\sin x}+\cot x+x+C.$$

**解法二**　对被积函数作恒等变形：$\dfrac{\cos x}{1+\cos x}=\dfrac{\cos x+1-1}{1+\cos x}=1-\dfrac{1}{1+\cos x}$，

则 $\displaystyle\int\dfrac{\cos x}{1+\cos x}dx=\int\dfrac{\cos x+1-1}{1+\cos x}dx=\int\left(1-\dfrac{1}{1+\cos x}\right)dx$

$$=x-\int\dfrac{1-\cos x}{1-\cos^2 x}dx=x-\int\dfrac{1}{\sin^2 x}dx+\int\dfrac{\cos x}{\sin^2 x}dx$$

$$=x+\cot x-\dfrac{1}{\sin x}+C.$$

**例 4**　求 $\displaystyle\int\dfrac{1}{\sin^2 x\cos^2 x}dx$.

**解**　$\displaystyle\int\dfrac{1}{\sin^2 x\cos^2 x}dx=\int\dfrac{\sin^2 x+\cos^2 x}{\sin^2 x\cos^2 x}dx=\int\dfrac{1}{\cos^2 x}dx+\int\dfrac{1}{\sin^2 x}dx=\tan x-\cot x+C.$

> **【名师点评】** 本题还可充分利用三角函数的二倍角公式：
>
> $$\int\dfrac{1}{\sin^2 x\cos^2 x}dx=\int\dfrac{4}{\sin^2 2x}dx=2\int\csc^2 2x\,d(2x)=-2\cot 2x+C.$$

## 考点三　利用 $\dfrac{1}{x}dx=d\ln x$ 计算不定积分

> **【考点分析】** 第一类换元积分法是复合函数微分法的逆运算，由于它是将被积式通过变形直接凑为基本积分表中的形式，因此习惯上也称之为凑微分法.

**例 1**　设 $f(x)=e^{-x}$，则 $\displaystyle\int\dfrac{f'(\ln x)}{x}dx=$ _____.

**解**　利用第一类换元积分法和不定积分的性质可得

$$\int\dfrac{f'(\ln x)}{x}dx=\int f'(\ln x)d(\ln x)=f\ln x+C=e^{-\ln x}+C=\dfrac{1}{x}+C.$$

故应填 $\dfrac{1}{x}+C$.

**例 2**　$\displaystyle\int\dfrac{1}{x(1-2\ln x)}dx=$ _____.

**解**　利用第一类换元积分法和不定积分的性质可得

$$\int\dfrac{1}{x(1-2\ln x)}dx=\int\dfrac{1}{1-2\ln x}d\ln x=-\dfrac{1}{2}\int\dfrac{1}{1-2\ln x}d(1-2\ln x)=-\dfrac{1}{2}\ln\mid 1-2\ln x\mid+C.$$

故应填 $-\dfrac{1}{2}\ln\mid 1-2\ln x\mid+C$.

**例 3**　计算不定积分 $\displaystyle\int\dfrac{1}{x^2-1}dx$.

**解**　因为被积函数 $\dfrac{1}{x^2-1}=\dfrac{1}{2}\left(\dfrac{1}{x-1}-\dfrac{1}{x+1}\right)$，则

$$\int\dfrac{1}{x^2-1}dx=\dfrac{1}{2}\int\left(\dfrac{1}{x-1}-\dfrac{1}{x+1}\right)dx=\dfrac{1}{2}\left[\int\dfrac{1}{x-1}d(x-1)-\int\dfrac{1}{x+1}d(x+1)\right]=\dfrac{1}{2}\ln\mid\dfrac{x-1}{x+1}\mid+C.$$

**【名师点评】**本题为有理函数的积分,需要对被积函数做适当的变形然后拆成简单的、熟悉的函数再逐项进行求解,应尽量避免烦琐的计算.

**例4** 已知 $f(e^x)=x+1$,则 $\int\dfrac{f(x)}{x}dx$ _____.

**解** 令 $e^x=t$,所以 $x=\ln t$,于是 $f(t)=\ln t+1$,也即 $f(x)=\ln x+1$,

从而 $\int\dfrac{f(x)}{x}dx=\int\dfrac{\ln x+1}{x}dx=\int(\ln x+1)d\ln x=\dfrac{1}{2}\ln^2 x+\ln x+C$.

故应填 $\dfrac{1}{2}\ln^2 x+\ln x+C$.

**【名师点评】**对于本题而言,我们也可以采用"凑"的方法来解决.

$$\int\dfrac{f(x)}{x}dx=\int f(e^{\ln x})d\ln x=\int(\ln x+1)d\ln x=\dfrac{1}{2}\ln^2 x+\ln x+C.$$

## 考点 四 关于 $e^x$ 的不定积分

**【考点分析】**关于 $e^x$ 的不定积分,主要用到积分公式 $\int e^{\varphi(x)}d\varphi(x)=e^{\varphi(x)}+C$.

**例1** $\int xe^{x^2}dx=$ _____.

**解** 根据第一类换元积分法得

$$\int xe^{x^2}dx=\dfrac{1}{2}\int e^{x^2}dx^2=\dfrac{1}{2}e^{x^2}+C.$$

故应填 $\dfrac{1}{2}e^{x^2}+C$.

**例2** 计算 $\int\dfrac{xe^x}{(1+x)^2}dx$.

**解** 因为 $\left(\dfrac{e^x}{1+x}\right)'=\dfrac{xe^x}{(1+x)^2}$,则 $\int\dfrac{xe^x}{(1+x)^2}dx=\int\left(\dfrac{e^x}{1+x}\right)'dx=\dfrac{e^x}{1+x}+C$.

**例3** 求 $\int\dfrac{e^{3\sqrt{x}}}{\sqrt{x}}dx$.

**解** 由于 $d\sqrt{x}=\dfrac{1}{2}\dfrac{dx}{\sqrt{x}}$,因此 $\int\dfrac{e^{3\sqrt{x}}}{\sqrt{x}}dx=2\int e^{3\sqrt{x}}d\sqrt{x}=\dfrac{2}{3}\int e^{3\sqrt{x}}d(3\sqrt{x})=\dfrac{2}{3}e^{3\sqrt{x}}+C$.

## 考点 五 有关三角函数的不定积分

**【考点分析】**有关三角函数的不定积分,经常用到关于三角函数的如下关系:平方关系、倍角公式、积化和差等.

**例1** 求 $\int\sin^2 x\cos^3 x dx$.

**解** 根据三角函数的性质和第一类换元积分法可得

$$\int\sin^2 x\cos^3 x dx=\int\sin^2 x\cos^2 x\cdot\cos x dx=\int\sin^2 x(1-\sin^2 x)d\sin x=\dfrac{1}{3}\sin^3 x-\dfrac{1}{5}\sin^5 x+C.$$

**例2** $\int\dfrac{\tan x}{\sqrt{\cos x}}dx=$ _____.

A. $\dfrac{1}{\sqrt{\cos x}}+C$ 　　B. $\dfrac{2}{\sqrt{\cos x}}+C$ 　　C. $-\dfrac{1}{\sqrt{\cos x}}+C$ 　　D. $-\dfrac{2}{\sqrt{\cos x}}+C$

**解** $\int\dfrac{\tan x}{\sqrt{\cos x}}dx=\int\dfrac{\sin x}{\sqrt{\cos x}\cdot\cos x}dx=-\int(\cos x)^{-\frac{3}{2}}d\cos x=\dfrac{2}{\sqrt{\cos x}}+C$.

故应选 B.

**例3**　求 $\int \sin^3 x \, \mathrm{d}x$.

**解**　$\int \sin^3 x \, \mathrm{d}x = \int \sin^2 x \sin x \, \mathrm{d}x = -\int (1 - \cos^2 x) \mathrm{d}(\cos x) = -\int \mathrm{d}(\cos x) + \int \cos^2 x \, \mathrm{d}(\cos x)$

$$= -\cos x + \frac{1}{3} \cos^3 x + C.$$

**例4**　求 $\int \sin x \sin 3x \, \mathrm{d}x$.

**解**　利用三角函数的积化和差公式 $2\sin\alpha \sin\beta = \cos(\alpha - \beta) - \cos(\alpha + \beta)$,

可得 $\int \sin x \sin 3x \, \mathrm{d}x = \frac{1}{2} \int (\cos 2x - \cos 4x) \mathrm{d}x = \frac{1}{2} \left[ \frac{1}{2} \int \cos 2x \, \mathrm{d}(2x) - \frac{1}{4} \int \cos 4x \, \mathrm{d}(4x) \right]$

$$= \frac{1}{8}(2\sin 2x - \sin 4x) + C.$$

**例5**　求 $\int \dfrac{\mathrm{d}x}{\sin^2 x + 5\cos^2 x}$.

**解**　$\int \dfrac{\mathrm{d}x}{\sin^2 x + 5\cos^2 x} = \int \dfrac{\mathrm{d}x}{\cos^2 x \, (5 + \tan^2 x)} = \int \dfrac{\sec^2 x \, \mathrm{d}x}{5 + \tan^2 x} = \int \dfrac{\mathrm{d}\tan x}{(\sqrt{5})^2 + \tan^2 x}$

$$= \frac{1}{\sqrt{5}} \arctan \frac{\tan x}{\sqrt{5}} + C.$$

## 考点六　凑微分杂例

**例1**　设 $f(x)$ 为连续函数, $\int f(x) \mathrm{d}x = F(x) + C$, 则下列选项正确的是 _____.

A. $\int f(ax + b) \mathrm{d}x = F(ax + b) + C$ 　　　　　B. $\int f(x^n) x^{n-1} \mathrm{d}x = F(x^n) + C$

C. $\int f(\ln ax) \dfrac{1}{x} \mathrm{d}x = F(\ln ax) + C, a \neq 0$ 　　　　　D. $\int f(\mathrm{e}^{-x}) \mathrm{e}^{-x} \mathrm{d}x = F(\mathrm{e}^{-x}) + C$

**解**　对于选项 A, 令 $ax + b = u$, 由于 $\dfrac{\mathrm{d}[F(u) + C]}{\mathrm{d}x} = F'(u) u' = f(u) u' = af(ax + b)$, 则选项 A 错误;

对于选项 B, 令 $x^n = u$, 由于 $\dfrac{\mathrm{d}[F(u) + C]}{\mathrm{d}x} = F'(u) u' = f(u) u' = nx^{n-1} f(x^n)$, 则选项 B 错误;

对于选项 C, 令 $\ln ax = u$, 由于 $\dfrac{\mathrm{d}[F(u) + C]}{\mathrm{d}x} = F'(u) u' = f(u) u' = \dfrac{1}{x} f(\ln ax)$, 则选项 C 正确;

对于选项 D, 令 $\mathrm{e}^{-x} = u$, 由于 $\dfrac{\mathrm{d}[F(u) + C]}{\mathrm{d}x} = F'(u) u' = f(u) u' = -\mathrm{e}^{-x} f(\mathrm{e}^{-x})$, 则选项 D 错误.

故应选 C.

**例2**　求 $\int \tan^3 x \sec x \, \mathrm{d}x$.

**解**　$\int \tan^3 x \sec x \, \mathrm{d}x = \int \tan^2 x (\sec x \tan x \, \mathrm{d}x) = \int (\sec^2 x - 1) \mathrm{d}\sec x = \dfrac{1}{3} \sec^3 x - \sec x + C.$

## 考点七　第二类换元积分法中的三角代换

**例1**　求不定积分 $\int \dfrac{\mathrm{d}x}{(1 - x^2)^{\frac{3}{2}}}$.

**解**　令 $x = \sin t$, $t \in \left( -\dfrac{\pi}{2}, \dfrac{\pi}{2} \right)$, 则 $\mathrm{d}x = \cos t \, \mathrm{d}t$, 于是

原式 $= \int \dfrac{\cos t}{(1 - \sin^2 t)^{\frac{3}{2}}} \mathrm{d}t = \int \dfrac{\cos t}{(\cos^2 t)^{\frac{3}{2}}} \mathrm{d}t = \int \dfrac{1}{\cos^2 t} \mathrm{d}t = \int \sec^2 t \, \mathrm{d}t = \tan t + C = \dfrac{x}{\sqrt{1 - x^2}} + C.$

**例2**　求 $\int x^3 \cdot \sqrt{1 + x^2} \, \mathrm{d}x$.

**解法一**　设 $x = \tan t$, 则 $\mathrm{d}x = \sec^2 t \, \mathrm{d}t$, 于是

$$\int x^3 \cdot \sqrt{1+x^2}\,\mathrm{d}x = \int \tan^3 t \cdot \sec^3 t\,\mathrm{d}t = \int \tan^2 t \cdot \sec^2 t\,\mathrm{d}(\sec t)$$

$$= \int (\sec^4 t - \sec^2 t)\,\mathrm{d}(\sec t) = \frac{1}{5}\sec^5 t - \frac{1}{3}\sec^3 t + C$$

$$= \frac{1}{5}(1+x^2)^{\frac{5}{2}} - \frac{1}{3}(1+x^2)^{\frac{3}{2}} + C = \frac{1}{15}(3x^4 + x^2 - 2)\sqrt{1+x^2} + C.$$

**解法二** $\displaystyle\int x^3 \cdot \sqrt{1+x^2}\,\mathrm{d}x = \frac{1}{2}\int x^2 \cdot \sqrt{1+x^2}\,\mathrm{d}x^2 = \frac{1}{2}\int (1+x^2-1)\cdot\sqrt{1+x^2}\,\mathrm{d}(1+x^2-1)$

$$= \frac{1}{2}\int (1+x^2)^{\frac{3}{2}}\,\mathrm{d}(1+x^2) - \frac{1}{2}\int (1+x^2)^{\frac{1}{2}}\,\mathrm{d}(1+x^2)$$

$$= \frac{1}{5}(1+x^2)^{\frac{5}{2}} - \frac{1}{3}(1+x^2)^{\frac{3}{2}} + C = \frac{1}{15}(3x^4 + x^2 - 2)\sqrt{1+x^2} + C.$$

**例3** $\displaystyle\int \frac{x^2\,\mathrm{d}x}{(x^2-a^2)^{\frac{3}{2}}} = \underline{\hspace{3cm}}.$

A. $\dfrac{x}{\sqrt{x^2-a^2}} - \ln|x+\sqrt{x^2-a^2}| + C$ 

B. $-\dfrac{x}{\sqrt{x^2-a^2}} - \ln|x+\sqrt{x^2-a^2}| + C$

C. $\dfrac{x}{\sqrt{x^2-a^2}} + \ln|x+\sqrt{x^2-a^2}| + C$ 

D. $-\dfrac{x}{\sqrt{x^2-a^2}} + \ln|x+\sqrt{x^2-a^2}| + C$

**解** 作正割代换，令 $x = a\sec t\,(0 < t < \frac{\pi}{2})$，

把 $(x^2-a^2)^{\frac{3}{2}} = a^3(\sec^2 t - 1)^{\frac{3}{2}} = a^3\tan^3 t$，$\mathrm{d}x = a\cdot\sec t\cdot\tan t\,\mathrm{d}t$ 代入积分中得

$$\int \frac{x^2\,\mathrm{d}x}{(x^2-a^2)^{\frac{3}{2}}} = \int \frac{a^2\sec^2 t}{a^3\tan^3 t}a\cdot\sec t\cdot\tan t\,\mathrm{d}t = \int \frac{\mathrm{d}t}{\sin^2 t\cos t} = \int \frac{\sin^2 t + \cos^2 t}{\sin^2 t\cos t}\,\mathrm{d}t$$

$$= \int \frac{\cos t}{\sin^2 t}\,\mathrm{d}t + \int \frac{\mathrm{d}t}{\cos t} = -\frac{1}{\sin t} + \ln|\sec t + \tan t| + C_1$$

画一个直角三角形，使它的一个锐角为 $t$，斜边为 $x$（见图 4.2），

这时，$\sin t = \dfrac{\sqrt{x^2-a^2}}{x}$，$\tan t = \dfrac{\sqrt{x^2-a^2}}{a}$，

于是所求积分为 $\displaystyle\int \frac{x^2\,\mathrm{d}x}{(x^2-a^2)^{\frac{3}{2}}} = -\frac{x}{\sqrt{x^2-a^2}} + \ln|x+\sqrt{x^2-a^2}| + C$，

其中 $C = C_1 - \ln a$.

故应选 D.

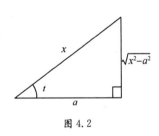

图 4.2

## 考点八 第二类换元积分法中的其他代换

【考点分析】在专升本考试中，第二类换元积分法主要是解决去根号的问题，其中若被积函数中含有 $\sqrt[n]{ax+b}$ 的形式，可以直接作变量代换 $\sqrt[n]{ax+b} = t$.

**例1** 求 $\displaystyle\int \frac{x}{\sqrt{x-3}}\,\mathrm{d}x$.

**解** 因为 $\displaystyle\int \frac{x}{\sqrt{x-3}}\,\mathrm{d}x$ 中有根式 $\sqrt{x-3}$，则令 $t = \sqrt{x-3}$，即 $x = t^2 + 3\,(t>0)$，

此时 $\mathrm{d}x = 2t\,\mathrm{d}t$，于是 $\displaystyle\int \frac{x}{\sqrt{x-3}}\,\mathrm{d}x = \int \frac{t^2+3}{t}2t\,\mathrm{d}t = 2\int (t^2+3)\,\mathrm{d}t = 2\left(\frac{t^3}{3}+3t\right)+C$，

再将 $t = \sqrt{x-3}$ 代回整理，得 $\displaystyle\int \frac{x}{\sqrt{x-3}}\,\mathrm{d}x = \frac{2}{3}(x-3)^{\frac{3}{2}} + 6(x-3)^{\frac{1}{2}} + C$.

【名师点评】本题也可用第一类换元积分法求解：

$$\int \frac{x}{\sqrt{x-3}}\,\mathrm{d}x = \int \frac{x-3+3}{\sqrt{x-3}}\,\mathrm{d}x = \int \left(\sqrt{x-3} + \frac{3}{\sqrt{x-3}}\right)\mathrm{d}(x-3) = \frac{2}{3}(x-3)^{\frac{3}{2}} + 6(x-3)^{\frac{1}{2}} + C.$$

**例2**　计算 $\displaystyle\int \frac{\mathrm{d}x}{(2-x)\sqrt{1-x}}$.

**解**　$\displaystyle\int \frac{\mathrm{d}x}{(2-x)\sqrt{1-x}} \xlongequal{\sqrt{1-x}=t} \int \frac{-2t}{(1+t^2)t}\mathrm{d}t = -2\int \frac{1}{1+t^2}\mathrm{d}t$

$$= -2\arctan t + C = -2\arctan\sqrt{1-x} + C.$$

**例3**　求 $\displaystyle\int x^3\sqrt{3-2x^2}\,\mathrm{d}x$.

**解**　根据第二类换元积分法得 $\displaystyle\int x^3\sqrt{3-2x^2}\,\mathrm{d}x = \frac{1}{2}\int x^2\sqrt{3-2x^2}\,\mathrm{d}x^2 = \frac{1}{2}\int u\sqrt{3-2u}\,\mathrm{d}u$.

令 $\sqrt{3-2u}=t$，则 $u=\dfrac{3-t^2}{2}$，$\mathrm{d}u=-t\mathrm{d}t$，于是

$$\frac{1}{2}\int u\sqrt{3-2u}\,\mathrm{d}u = \frac{1}{2}\int \frac{3-t^2}{2}\cdot t\cdot(-t)\mathrm{d}t = -\frac{1}{4}\int(3t^2-t^4)\mathrm{d}t$$

$$= -\frac{1}{4}t^3 + \frac{1}{20}t^5 + C = -\frac{1}{4}(3-2x^2)^{\frac{3}{2}} + \frac{1}{20}(3-2x^2)^{\frac{5}{2}} + C.$$

**例4**　求 $\displaystyle\int \frac{\mathrm{d}x}{\sqrt{x}(1+\sqrt[3]{x})}$.

**解**　为了除去根号，设 $x=t^6(t>0)$，则 $t=\sqrt[6]{x}$，这时

$$\int \frac{\mathrm{d}x}{\sqrt{x}(1+\sqrt[3]{x})} = \int \frac{\mathrm{d}t^6}{t^3(1+t^2)} = \int \frac{6t^5\mathrm{d}t}{t^3(1+t^2)} = 6\int \frac{t^2}{1+t^2}\mathrm{d}t = 6\int \frac{t^2+1-1}{1+t^2}\mathrm{d}t$$

$$= 6\int\left(1-\frac{1}{1+t^2}\right)\mathrm{d}t = 6(t-\arctan t) + C = 6(\sqrt[6]{x}-\arctan\sqrt[6]{x}) + C.$$

$$= \frac{2}{3}(x-3)^{\frac{3}{2}} + 6(x-3)^{\frac{1}{2}} + C.$$

---

**【名师点评】** 如果被积函数中出现了 $\sqrt[n]{x}$ 和 $\sqrt[m]{x}$，我们一般先求得 $n$ 和 $m$ 的最小公倍数 $a$，令 $x=t^a$，这样就可以把被积函数中的根号去掉，然后再选取合适的方法求解不定积分.

---

## ✦ 考点真题解析 ✦

### 考点一　不定积分的基本公式

**真题1** （2019 财经类）不定积分 $\displaystyle\int(2^x-x^3)\mathrm{d}x$ 的结果为 _____.

A. $2^x\ln2 - 3x^2 + C$　　　　B. $\dfrac{2^x}{\ln2}-\dfrac{x^4}{4}+C$　　　　C. $2^x\ln2-\dfrac{x^4}{4}+C$　　　　D. $\dfrac{2^x}{\ln2}-3x^2+C$

**解**　$\displaystyle\int(2^x-x^3)\mathrm{d}x = \int 2^x\mathrm{d}x - \int x^3\mathrm{d}x = \frac{2^x}{\ln2}-\frac{x^4}{4}+C.$

故应选 B.

### 考点二　不定积分的第一类换元积分法

**真题1** （2021 高数二）求不定积分 $\displaystyle\int \frac{\sin^2 x\cos x}{1+4\sin^2 x}\mathrm{d}x$.

**解**　$\displaystyle\int \frac{\sin^2 x\cos x}{1+4\sin^2 x}\mathrm{d}x = \int \frac{\sin^2 x}{1+4\sin^2 x}\mathrm{d}\sin x = \int \frac{\sin^2 x+\frac{1}{4}-\frac{1}{4}}{1+4\sin^2 x}\mathrm{d}\sin x = \frac{1}{4}\sin x - \frac{1}{4}\int \frac{1}{1+4\sin^2 x}\mathrm{d}\sin x$

$$= \frac{1}{4}\sin x - \frac{1}{4}\int \frac{\mathrm{d}(2\sin x)}{1^2+(2\sin x)^2}\cdot\frac{1}{2} = \frac{1}{4}\sin x - \frac{1}{8}\arctan 2\sin x + C.$$

**真题 2** (2021 高数三) 已知 $\int f(x)\mathrm{d}x = F(x) + C$，则 $\int f(3x+2)\mathrm{d}x = $ _____.

A. $F(3x+2)+C$      B. $3F(3x+2)+C$      C. $\dfrac{1}{2}F(3x+2)+C$      D. $\dfrac{1}{3}F(3x+2)+C$

**解** $\int f(3x+2)\mathrm{d}x = \dfrac{1}{3}\int f(3x+2)\mathrm{d}(3x+2) = \dfrac{1}{3}F(3x+2)+C.$

故应选 D.

**真题 3** (2020 高数二) 求不定积分 $\int \dfrac{1+\ln x}{x}\mathrm{d}x.$

**解** $\int \dfrac{1+\ln x}{x}\mathrm{d}x = \int \dfrac{1}{x}\mathrm{d}x + \int \dfrac{\ln x}{x}\mathrm{d}x = \ln x + \int \ln x\,\mathrm{d}\ln x = \ln x + \dfrac{1}{2}\ln^2 x + C.$

**真题 4** (2020 高数三) 求不定积分 $\int \dfrac{2x^2\cos 4x - 3}{x^2}\mathrm{d}x.$

**解** $\int \dfrac{2x^2\cos 4x - 3}{x^2}\mathrm{d}x = 2\int \cos 4x\,\mathrm{d}x - 3\int \dfrac{1}{x^2}\mathrm{d}x = \dfrac{1}{2}\sin 4x + \dfrac{3}{x} + C.$

**真题 5** (2011 会计) 求不定积分 $\int \dfrac{1}{e^x + e^{-x}}\mathrm{d}x.$

**解** 原式 $= \int \dfrac{e^x}{e^{2x}+1}\mathrm{d}x = \int \dfrac{1}{(e^x)^2+1}\mathrm{d}e^x = \arctan e^x + C.$

**真题 6** (2010 工商) $\int x\,2^{-x^2}\mathrm{d}x = $ _____.

**解** 根据第一类换元积分法得 $\int x\,2^{-x^2}\mathrm{d}x = -\dfrac{1}{2}\int 2^{-x^2}\mathrm{d}(-x^2) = -\dfrac{2^{-x^2}}{2\ln 2} + C.$

故应填 $-\dfrac{2^{-x^2}}{2\ln 2} + C.$

**真题 7** (2010 工商) 计算不定积分 $\int \dfrac{x^2-1}{x^4+1}\mathrm{d}x.$

**解** 根据第一类换元积分法得

$$\int \dfrac{x^2-1}{x^4+1}\mathrm{d}x = \int \dfrac{1-\dfrac{1}{x^2}}{x^2+\dfrac{1}{x^2}}\mathrm{d}x = \int \dfrac{\left(x+\dfrac{1}{x}\right)'}{\left(x+\dfrac{1}{x}\right)^2-2}\mathrm{d}x$$

$$= \int \dfrac{1}{\left(x+\dfrac{1}{x}\right)^2-2}\mathrm{d}\left(x+\dfrac{1}{x}\right) \xlongequal{\text{令}u=x+\frac{1}{x}} \int \dfrac{1}{u^2-2}\mathrm{d}u = \int \dfrac{1}{(u-\sqrt{2})(u+\sqrt{2})}\mathrm{d}u$$

$$= \dfrac{1}{2\sqrt{2}}\int \left(\dfrac{1}{u-\sqrt{2}} - \dfrac{1}{u+\sqrt{2}}\right)\mathrm{d}u = \dfrac{1}{2\sqrt{2}}\ln\left|\dfrac{u-\sqrt{2}}{u+\sqrt{2}}\right| + C$$

$$= \dfrac{1}{2\sqrt{2}}\ln\left|\dfrac{x^2-\sqrt{2}x+1}{x^2+\sqrt{2}x+1}\right| + C.$$

**真题 8** (2018 财经类) 不定积分 $\int \dfrac{\mathrm{d}x}{x(x+1)}$ 的结果为 _____.

A. $\ln\left|\dfrac{x+1}{x}\right| + C$      B. $\ln\left|\dfrac{x}{x+1}\right| + C$      C. $\ln\dfrac{x+1}{x} + C$      D. $\ln\dfrac{x}{x+1} + C$

**解** $\int \dfrac{\mathrm{d}x}{x(x+1)} = \int \left(\dfrac{1}{x} - \dfrac{1}{x+1}\right)\mathrm{d}x = \ln|x| - \ln|x+1| + C = \ln\left|\dfrac{x}{x+1}\right| + C.$

故应选 B.

**真题 9** (2016 电子) 求不定积分 $\int \dfrac{\mathrm{d}x}{x(1+2\ln x)}.$

**解** $\int \dfrac{\mathrm{d}x}{x(1+2\ln x)} = \int \dfrac{\mathrm{d}\ln x}{1+2\ln x} = \dfrac{1}{2}\int \dfrac{1}{1+2\ln x}\mathrm{d}(1+2\ln x) = \dfrac{1}{2}\ln|1+2\ln x| + C.$

**真题 10**　(2017 电商) $\displaystyle\int f'\left(\dfrac{1}{x}\right)\dfrac{1}{x^2}\,dx$ 的结果是 _____.

A. $f\left(-\dfrac{1}{x}\right)+C$　　　　B. $-f\left(-\dfrac{1}{x}\right)+C$　　　　C. $f\left(\dfrac{1}{x}\right)+C$　　　D. $-f\left(\dfrac{1}{x}\right)+C$

**解**　根据第一类换元分法可得

$$\int f'\left(\frac{1}{x}\right)\frac{1}{x^2}\,dx\,dx=-\int f'\left(\frac{1}{x}\right)d\frac{1}{x}=-f\left(\frac{1}{x}\right)+C.$$

故应选 D.

**真题 11**　(2016 经管) 如果 $f(x)=e^x$，则 $\displaystyle\int\dfrac{f'(\ln x)}{x}\,dx=$ _____.

A. $-\dfrac{1}{x}+C$　　　　　B. $-x+C$　　　　　C. $\dfrac{1}{x}+C$　　　　　D. $x+C$

**解法一**　利用第一类换元积分法和不定积分的性质可得

$$\int\frac{f'(\ln x)}{x}\,dx=\int f'(\ln x)\,d\ln x\xrightarrow{\text{令}u=\ln x}\int f'(u)\,du=f(u)+C=f(\ln x)+C=e^{\ln x}+C=x+C.$$

**解法二**　根据导数的定义可得 $f'(x)=e^x$，$f'(\ln x)=e^{\ln x}=x$，

代入原式，得 $\displaystyle\int\frac{f'(\ln x)}{x}\,dx=\int\frac{x}{x}\,dx=x+C.$

故应选 D.

> **【名师点评】**本题是考查第一类换元积分法和不定积分性质的综合题. 凑微分法是非常有用的，常用的凑微分公式见本节总结的积分形式.

### 考点 三　不定积分的第二类换元积分法

**真题 1**　(2018 财经类) 求不定积分 $\displaystyle\int\dfrac{\cos\sqrt{x}}{\sqrt{x}}\,dx$.

**解**　令 $t=\sqrt{x}\,(t>0)$，则 $x=t^2$，$dx=2t\,dt$，则 $\displaystyle\int\frac{\cos\sqrt{x}}{\sqrt{x}}\,dx=\int\frac{\cos t}{t}\cdot 2t\,dt=2\int\cos t\,dt=2\sin t+C$，

回代 $t=\sqrt{x}$，得 $\displaystyle\int\frac{\cos\sqrt{x}}{\sqrt{x}}\,dx=2\sin\sqrt{x}+C.$

**真题 2**　(2014 工商) 求不定积分 $\displaystyle\int\sqrt{e^x-1}\,dx$.

**解**　设 $\sqrt{e^x-1}=t$，则 $x=\ln(t^2+1)$，$dx=\dfrac{2t}{t^2+1}\,dt$，于是

$$\int\sqrt{e^x-1}\,dx=\int\frac{2t^2}{t^2+1}\,dt=2\int\frac{t^2+1-1}{t^2+1}=2\int\left(1-\frac{1}{t^2+1}\right)=2t-2\arctan t+C$$
$$=2\sqrt{e^x-1}-2\arctan\sqrt{e^x-1}+C.$$

#### ❧ 考点方法综述 ❧

**第一类换元积分法(凑微分法)**　第一类换元积分法是计算不定积分最基本的方法之一，它的特点是利用一阶微分形式的不变性，将被积函数凑成基本公式中的形式，然后再套用公式，即

$$\text{原式}\xrightarrow{\text{恒等变形}}\int f[\varphi(x)]\varphi'(x)\,dx\xrightarrow{\text{凑微分}}\int f[\varphi(x)]\,d\varphi(x)\xrightarrow{\text{换元}\,\varphi(x)=u}\int f(u)\,du\xrightarrow{\text{利用公式}}F(u)+C$$
$$\xrightarrow{\text{回代}\,u=\varphi(x)}F[\varphi(x)]+C.$$

凑微分法是非常有用的，下面介绍一些常用的凑微分的等式.

(1) $\displaystyle\int f(ax+b)\,dx=\dfrac{1}{a}\int f(ax+b)\,d(ax+b)\quad(a\neq 0)$，　　　　　$u=ax+b$；

$(2)\int f(\ln x)\dfrac{1}{x}\mathrm{d}x=\int f(\ln x)\mathrm{d}(\ln x),\qquad\qquad u=\ln x;$

$(3)\int f\left(\dfrac{1}{x}\right)\dfrac{1}{x^{2}}\mathrm{d}x=-\int f\left(\dfrac{1}{x}\right)\mathrm{d}\left(\dfrac{1}{x}\right),\qquad u=\dfrac{1}{x};$

$(4)\int f(\sqrt{x})\dfrac{1}{\sqrt{x}}\mathrm{d}x=2\int f(\sqrt{x})\mathrm{d}(\sqrt{x}),\qquad u=\sqrt{x};$

$(5)\int f(\mathrm{e}^{x})\mathrm{e}^{x}\mathrm{d}x=\int f(\mathrm{e}^{x})\mathrm{d}(\mathrm{e}^{x}),\qquad\qquad u=\mathrm{e}^{x};$

$(6)\int f(\sin x)\cos x\mathrm{d}x=\int f(\sin x)\mathrm{d}(\sin x),\qquad u=\sin x;$

$(7)\int f(\cos x)\sin x\mathrm{d}x=-\int f(\cos x)\mathrm{d}(\cos x),\qquad u=\cos x;$

$(8)\int f(\tan x)\sec^{2}x\mathrm{d}x=\int f(\tan x)\mathrm{d}(\tan x),\qquad u=\tan x;$

$(9)\int f(\arctan x)\dfrac{1}{1+x^{2}}\mathrm{d}x=\int f(\arctan x)\mathrm{d}(\arctan x),\qquad u=\arctan x;$

$(10)\int f(\arcsin x)\dfrac{1}{\sqrt{1-x^{2}}}\mathrm{d}x=\int f(\arcsin x)\mathrm{d}(\arcsin x),\qquad u=\arcsin x.$

## 第三节　分部积分法

### 考纲内容解读

**一、新大纲基本要求**

熟练掌握不定积分的分部积分法.

**二、新大纲名师解读**

在专升本考试中,本节主要考查以下内容:

1.不定积分的分部积分法;

2.分部积分公式:$\int u\mathrm{d}v=uv-\int v\mathrm{d}u$.

在专升本考试中,分部积分法是常考的一个基本方法,主要用来解决两个不同类型函数乘积的不定积分计算.

### 考点内容解析

**定理**　设 $u=u(x),v=v(x)$ 在区间 $I$ 上都有连续的导数,则有

$$\int u(x)v'(x)\mathrm{d}x=u(x)v(x)-\int u'(x)v(x)\mathrm{d}x,$$

简记为

$$\int uv'\mathrm{d}x=uv-\int u'v\,\mathrm{d}x,$$

或

$$\int u\mathrm{d}v=uv-\int v\,\mathrm{d}u.$$

上述公式被称为**分部积分公式**,其实质是求函数乘积的导数的逆过程.如果求 $\int uv'\mathrm{d}x$ 有困难,而求 $\int u'v\,\mathrm{d}x$ 比较容易,分部积分公式就可以起到化难为易的转化作用.

分部积分法应用的基本步骤可归纳为：

$$\int f(x)\mathrm{d}x = \int uv'\mathrm{d}x = \int u\mathrm{d}v = uv - \int v\mathrm{d}u = uv - \int u'v\mathrm{d}x.$$

分部积分法的关键在于适当地选取 $u$ 和 $\mathrm{d}v$. 选取 $u$ 和 $\mathrm{d}v$ 时一般要考虑下面两点：

(1) 由 $v'(x)\mathrm{d}x$ 要容易求得 $v$；　　　　　　　(2) $\int v\mathrm{d}u$ 要比 $\int u\mathrm{d}v$ 容易积分.

> **【名师解析】** (1) 如果被积函数是幂函数与正（余）弦函数或指数函数的乘积，可用分部积分法，并选幂函数为 $u$，正（余）弦函数或指数函数选作 $v'$，并可以多次使用分部积分法.
>
> (2) 如果被积函数是幂函数与反三角函数或对数函数的乘积，可用分部积分法，并选反三角函数或对数函数为 $u$，幂函数选作 $v'$.
>
> (3) 如果被积函数只有一个，且不能用积分公式直接积分，可以考虑应用分部积分法，将唯一的被积函数视为分部积分公式中的 $u$ 函数，将 $\mathrm{d}x$ 视为 $\mathrm{d}v$，直接利用分部积分公式求解.
>
> (4) 如果被积函数为指数函数与三角函数乘积的不定积分，多次应用分部积分后得到一个关于所求积分的方程（产生循环的结果），通过求解方程得到不定积分，这一方法也称为"循环积分法". 需要注意的是：多次使用分部积分时，$u$ 和 $v'$ 的选取类型要与第一次的保持一致，否则将回到原积分；求解方程得到不定积分后一定要加上积分常数.

## 考点例题分析

### 考点一 被积函数中含有三角函数

> **【考点分析】** 使用分部积分法时，关键在于正确地寻找公式中的 $v$，此时须先找到 $v'$. 在分部积分法中主要遇到的是两种不同类型的函数乘积进行积分运算，我们将基本初等函数按照"反、对、幂、三、指"的顺序进行排列，排序在后的看成是 $v'$.

**例 1** 求不定积分 $\int (x+1)\sin x\,\mathrm{d}x$.

**解** 根据分部积分法可得

$$\int (x+1)\sin x\,\mathrm{d}x = -\int (x+1)\mathrm{d}\cos x = -(x+1)\cos x + \int \cos x\,\mathrm{d}x = -(x+1)\cos x + \sin x + C.$$

**例 2** 求不定积分 $\int x^2\sin 2x\,\mathrm{d}x$.

**解**
$$\int x^2\sin 2x\,\mathrm{d}x = \int x^2\cdot\left(-\frac{1}{2}\right)\mathrm{d}\cos 2x = -\frac{1}{2}x^2\cos 2x + \frac{1}{2}\int \cos 2x\cdot 2x\,\mathrm{d}x$$
$$= -\frac{1}{2}x^2\cos 2x + \frac{1}{2}\int x\,\mathrm{d}\sin 2x = -\frac{1}{2}x^2\cos 2x + \frac{1}{2}x\sin 2x - \frac{1}{2}\int \sin 2x\,\mathrm{d}x$$
$$= -\frac{1}{2}x^2\cos 2x + \frac{1}{2}x\sin 2x + \frac{1}{4}\cos 2x + C.$$

**例 3** 计算 $\int \dfrac{\ln\cos x}{\cos^2 x}\mathrm{d}x$.

**解** 将被积函数中的 $\dfrac{1}{\cos^2 x}\mathrm{d}x$ 凑微分为 $\mathrm{d}\tan x$，利用分部积分公式得

$$\int \frac{\ln\cos x}{\cos^2 x}\mathrm{d}x = \int \ln\cos x\,\mathrm{d}(\tan x) = \tan x\cdot\ln(\cos x) - \int \tan x\left(-\frac{\sin x}{\cos x}\right)\mathrm{d}x$$
$$= \tan x\cdot\ln\cos x + \int (\sec^2 x - 1)\mathrm{d}x = \tan x\cdot\ln\cos x + \tan x - x + C.$$

**例 4** 计算 $\int \mathrm{e}^{2x}\cos \mathrm{e}^x\,\mathrm{d}x$.

**解** 先换元，然后再使用分部积分公式. 令 $\mathrm{e}^x = t$，则

$$\int \mathrm{e}^{2x}\cos \mathrm{e}^x\,\mathrm{d}x = \int \mathrm{e}^x\cos \mathrm{e}^x\,\mathrm{d}\mathrm{e}^x = \int t\cos t\,\mathrm{d}t = \int t\,\mathrm{d}\sin t = t\sin t - \int \sin t\,\mathrm{d}t = t\sin t + \cos t + C$$
$$= \mathrm{e}^x\sin \mathrm{e}^x + \cos \mathrm{e}^x + C.$$

## 考点 二 被积函数中含有反三角函数

【考点分析】该类型属于常用的分部积分 $y = \int P_n(x) \arctan x \, dx$ 型,一般选择 $u = \arctan x$,而 $v' = P_n(x)$. 然后利用分部积分公式求解.

**例 1** $\int \text{arccot} x \, dx = \underline{\hspace{2cm}}$.

**解** 将 $\text{arccot} x$ 看作 $u$,将 $dx$ 看作 $dv$,应用分部积分公式可得

$\int \text{arccot} x \, dx = x \text{arccot} x - \int x \cdot \dfrac{-1}{1+x^2} dx = x \text{arccot} x + \dfrac{1}{2} \int \dfrac{1}{1+x^2} d(1+x^2) = x \text{arccot} x + \dfrac{1}{2} \ln(1+x^2) + C$.

故应填 $x \text{arccot} x + \dfrac{1}{2} \ln(1+x^2) + C$.

**例 2** 不定积分 $\int \arctan \sqrt{x} \, dx = \underline{\hspace{2cm}}$.

**解** 利用分部积分法,注意到 $d(\arctan \sqrt{x}) = \dfrac{1}{1+x} d\sqrt{x}$,于是

$$\int \arctan \sqrt{x} \, dx = x \cdot \arctan \sqrt{x} - \int x \, d(\arctan \sqrt{x}) = x \cdot \arctan \sqrt{x} - \int \dfrac{x}{1+x} d(\sqrt{x})$$
$$= x \cdot \arctan \sqrt{x} - \sqrt{x} + \arctan \sqrt{x} + C = (x+1) \cdot \arctan \sqrt{x} - \sqrt{x} + C.$$

故应填 $(x+1) \cdot \arctan \sqrt{x} - \sqrt{x} + C$.

**例 3** 求 $\int x \arctan x \, dx$.

**解** 根据分部积分法可得

$$\int x \arctan x \, dx = \dfrac{1}{2} \int \arctan x \, dx^2 = \dfrac{1}{2} \left( x^2 \arctan x - \int \dfrac{x^2}{1+x^2} dx \right)$$
$$= \dfrac{1}{2} \left[ x^2 \arctan x - \int \left(1 - \dfrac{x^2}{1+x^2}\right) dx \right]$$
$$= \dfrac{1}{2} x^2 \arctan x - \dfrac{1}{2} x + \dfrac{1}{2} \arctan x + C.$$

**例 4** 求 $\int \dfrac{x^2 \arctan x}{1+x^2} dx$.

**解** 原式 $= \int \arctan x \, dx - \int \dfrac{\arctan x}{1+x^2} dx = x \arctan x - \int \dfrac{x}{1+x^2} dx - \dfrac{1}{2} (\arctan x)^2$

$\qquad = x \arctan x - \dfrac{1}{2} \ln(1+x^2) - \dfrac{1}{2} (\arctan x)^2 + C.$

## 考点 三 被积函数中含有指数函数

【考点分析】该类型属于常用的分部积分 $y = \int P_n(x) e^x \, dx$ 型,一般选择 $u = P_n(x)$,$dv = e^x dx$,其中 $P_n(x)$ 为 $n$ 次多项式.

**例 1** 已知 $f(\ln x) = x$,则 $\int x f(x) \, dx = \underline{\hspace{2cm}}$.

**解** 令 $\ln x = t$,则 $x = e^t$,$f(t) = e^t$,即 $f(x) = e^x$,所以有 $\int x f(x) \, dx = \int x e^x \, dx = x e^x - e^x + C$.

故应填 $x e^x - e^x + C$.

【名师点评】由于复合函数 $f(\ln x)$ 的表达式 $f(\ln x) = x$ 已知,我们可以通过换元法确定 $f(x)$ 的函数表达式. 从而将要求的积分化为 $\int x e^x \, dx$ 的形式,然后令 $u = e^x$,再利用分部积分公式求解.

**例 2**  求不定积分 $\int x\,\mathrm{e}^{-x}\,\mathrm{d}x$.

**解**  $\int x\,\mathrm{e}^{-x}\,\mathrm{d}x = -\int x\,\mathrm{d}\mathrm{e}^{-x} = -\left(x\,\mathrm{e}^{-x} - \int \mathrm{e}^{-x}\,\mathrm{d}x\right) = -x\,\mathrm{e}^{-x} - \mathrm{e}^{-x} + C$.

> **【名师点评】**使用分部积分法时,将被积函数中的 $\mathrm{e}^{-x}$ 看作 $v'$,即 $\mathrm{e}^{-x}\,\mathrm{d}x = -\mathrm{d}\mathrm{e}^{-x}$.

**例 3**  求不定积分 $\int x^2 \mathrm{e}^x\,\mathrm{d}x$.

**解**  根据分部积分公式可得

$$\int x^2 \mathrm{e}^x\,\mathrm{d}x = \int x^2\,\mathrm{d}\mathrm{e}^x = x^2 \mathrm{e}^x - \int \mathrm{e}^x\,\mathrm{d}x^2 = x^2 \mathrm{e}^x - 2\int x\,\mathrm{e}^x\,\mathrm{d}x = x^2 \mathrm{e}^x - 2\int x\,\mathrm{d}\mathrm{e}^x = x^2 \mathrm{e}^x - 2(x\,\mathrm{e}^x - \mathrm{e}^x) + C.$$

**例 4**  $\int \dfrac{x^2 \mathrm{e}^x}{(x+2)^2}\,\mathrm{d}x = $ _____.

**解**  取 $u(x) = x^2 \mathrm{e}^x$,$\dfrac{1}{(x+2)^2}\,\mathrm{d}x = \mathrm{d}\left(\dfrac{-1}{x+2}\right) = \mathrm{d}v(x)$,于是

$$\int \frac{x^2 \mathrm{e}^x}{(x+2)^2}\,\mathrm{d}x = \int x^2 \mathrm{e}^x\,\mathrm{d}\left(\frac{-1}{x+2}\right) = -\frac{x^2 \mathrm{e}^x}{x+2} - \int \left(\frac{-1}{x+2}\right)(2x\,\mathrm{e}^x + x^2 \mathrm{e}^x)\,\mathrm{d}x$$

$$= -\frac{x^2 \mathrm{e}^x}{x+2} + \int \left[\frac{1}{x+2}\,\mathrm{e}^x \cdot x \cdot (x+2)\right]\mathrm{d}x = -\frac{x^2 \mathrm{e}^x}{x+2} + \int x\,\mathrm{e}^x\,\mathrm{d}x$$

$$= -\frac{x^2 \mathrm{e}^x}{x+2} + x\,\mathrm{e}^x - \mathrm{e}^x + C.$$

故应填 $-\dfrac{x^2 \mathrm{e}^x}{x+2} + x\,\mathrm{e}^x - \mathrm{e}^x + C$.

> **【名师点评】**该题目中凑微分的形式不是常见类型,同学们需注意.

## 考点 四  被积函数中含有对数函数

> **【考点分析】**该类型属于常用的分部积分 $y = \int P_n(x)\ln x\,\mathrm{d}x$ 型,一般选择 $u = \ln x$,而 $v' = P_n(x)$.

**例 1**  求 $\int \ln x\,\mathrm{d}x$.

**解**  设 $u = \ln x$,$\mathrm{d}v = \mathrm{d}x$,则 $\mathrm{d}u = \dfrac{1}{x}\,\mathrm{d}x$,$v = x$.

于是应用分部积分公式可得 $\int \ln x\,\mathrm{d}x = x\ln x - \int x \cdot \dfrac{\mathrm{d}x}{x} = x\ln x - x + C$.

**例 2**  计算 $\int \dfrac{\ln x}{\sqrt{x}}\,\mathrm{d}x$.

**解**  根据分部积分法可得

$$\int \frac{\ln x}{\sqrt{x}}\,\mathrm{d}x = 2\int \ln x\,\mathrm{d}\sqrt{x} = 2\left(\sqrt{x}\ln x - \int \sqrt{x} \cdot \frac{1}{x}\,\mathrm{d}x\right) = 2\sqrt{x}\ln x - 4\sqrt{x} + C.$$

**例 3**  计算 $\int (x+1)\ln x\,\mathrm{d}x$.

**解**  根据分部积分公式可得

$$\int (x+1)\ln x\,\mathrm{d}x = \frac{1}{2}\int \ln x\,\mathrm{d}(x+1)^2 = \frac{1}{2}(x+1)^2 \ln x - \frac{1}{2}\int (x+1)^2 \frac{1}{x}\,\mathrm{d}x$$

$$= \frac{1}{2}(x+1)^2 \ln x - \frac{1}{2}\int \left(x+2+\frac{1}{x}\right)\mathrm{d}x = \frac{1}{2}(x+1)^2 \ln x - \frac{x^2}{4} - x - \frac{1}{2}\ln|x| + C.$$

**例 4** 求 $\int \ln(x + \sqrt{x^2 + 1}) dx$.

**解** $\int \ln(x + \sqrt{x^2 + 1}) dx = x \cdot \ln(x + \sqrt{x^2 + 1}) - \int x \cdot \frac{1}{x + \sqrt{x^2 + 1}} \left(1 + \frac{x}{\sqrt{x^2 + 1}}\right) dx$

$$= x \ln(x + \sqrt{x^2 + 1}) - \int \frac{x}{\sqrt{x^2 + 1}} dx = x \ln(x + \sqrt{x^2 + 1}) - \sqrt{x^2 + 1} + C.$$

## 考点五 回归法

> **【考点分析】** 被积函数为指数函数与三角函数乘积的不定积分,多次应用分部积分后得到一个关于所求积分的方程(产生循环的结果),通过求解方程得到不定积分,这一方法也称为"循环积分法".需要注意的是:多次使用分部积分时,$u$ 和 $v'$ 的选取类型要与第一次的保持一致,否则将回到原积分;求解方程得到不定积分后一定要加上积分常数.

**例 1** 求 $\int e^x \sin x \, dx$.

**解** 设 $u = e^x, dv = \sin x \, dx$,那么 $du = e^x dx, v = -\cos x$.

于是 $\int e^x \sin x \, dx = -e^x \cos x + \int e^x \cos x \, dx$.

等式右端的积分与左端的积分是同一类型的.对右端的积分再用一次分部积分公式,即

$$\int e^x \cos x \, dx = \int e^x d\sin x = e^x \sin x - \int e^x \sin x \, dx,$$

于是 $\int e^x \sin x \, dx = -e^x \cos x + e^x \sin x - \int e^x \sin x \, dx$.

由于上式右端的第三项就是所求的积分 $\int e^x \sin x \, dx$,把它移到等号左端去,两端再同除以 2,得

$$\int e^x \sin x \, dx = \frac{1}{2} e^x (\sin x - \cos x) + C.$$

**例 2** 求 $\int e^{ax} \sin bx \, dx$.

**解** 设 $I = \int e^{ax} \sin bx \, dx$,根据分部积分公式可得

$I = -\frac{1}{b} \int e^{ax} d\cos bx = -\frac{1}{b} \left(e^{ax} \cos bx - a \int e^{ax} \cos bx \, dx\right)$

$= -\frac{1}{b} \left(e^{ax} \cos bx - \frac{a}{b} \int e^{ax} d\sin bx\right) = -\frac{1}{b} \left(e^{ax} \cos bx - \frac{a}{b} e^{ax} \sin bx + \frac{a^2}{b} \int e^{ax} \sin bx \, dx\right)$

$= -\frac{1}{b} \left(e^{ax} \cos bx - \frac{a}{b} e^{ax} \sin bx + \frac{a^2}{b} I\right).$

解方程得 $I = \int e^{ax} \sin bx \, dx = \frac{e^{ax}}{a^2 + b^2} (a \sin bx - b \cos bx) + C.$

**例 3** 计算 $\int \sec^3 x \, dx$.

**解** $\int \sec^3 x \, dx = \int \sec x \, d\tan x = \sec x \tan x - \int \tan x \, d\sec x = \sec x \tan x - \int \tan^2 x \sec x \, dx$

$$= \sec x \tan x - \int (\sec^2 x - 1) \sec x \, dx = \sec x \tan x - \int \sec^3 x \, dx + \int \sec x \, dx$$

$$= \sec x \tan x - \int \sec^3 x \, dx + \ln |\sec x + \tan x|.$$

移项得 $\int \sec^3 x \, dx = \frac{1}{2} (\sec x \tan x + \ln |\sec x + \tan x|) + C.$

## 考点六 其他类型

> **【考点分析】** 分部积分法可以连续多次使用.在计算过程中可能用到的积分方法不唯一,比如在分部积分法中可能用到第二类换元积分法或者凑微分法.需要特别指出的是,在遇到抽象函数计算积分时,经常考虑用分部积分法.

**例1**　设 $f(x)$ 的一个原函数为 $\mathrm{e}^{x^2}$，求 $\displaystyle\int xf''(x)\mathrm{d}x$.

**解**　$\displaystyle\int xf''(x)\mathrm{d}x = \int x\,\mathrm{d}f'(x) = xf'(x) - \int f'(x)\mathrm{d}x = xf'(x) - f(x) + C$，

由于 $f(x) = 2x\mathrm{e}^{x^2}$，则 $f'(x) = 2\mathrm{e}^{x^2} + 4x^2\mathrm{e}^{x^2}$，所以 $\displaystyle\int xf''(x)\mathrm{d}x = 4x^3\mathrm{e}^{x^2} + C$.

> **【名师点评】**当被积函数中含有抽象函数 $f'(x)$ 或者 $f''(x)$ 时，我们通常可将 $f'(x)$ 或 $f''(x)$ 与 $\mathrm{d}x$ 凑微分，凑成 $\mathrm{d}f(x)$ 或 $\mathrm{d}f'(x)$，然后按照分部积分公式进行求解.

**例2**　已知 $\dfrac{\sin x}{x}$ 是函数 $f(x)$ 的一个原函数，求 $\displaystyle\int x^3 f'(x)\mathrm{d}x$.

**解**　由于 $\dfrac{\sin x}{x}$ 是函数 $f(x)$ 的一个原函数，则有 $f(x) = \left(\dfrac{\sin x}{x}\right)' = \dfrac{x\cos x - \sin x}{x^2}$，

因此，$\displaystyle\int x^3 f'(x)\mathrm{d}x = x^3 f(x) - 3\int x^2 f(x)\mathrm{d}x = x^3 f(x) - 3\int x^2 \mathrm{d}\left(\dfrac{\sin x}{x}\right)$

$$= x^3 f(x) - 3\left(x^2\cdot\dfrac{\sin x}{x} - 2\int\sin x\,\mathrm{d}x\right) = x^3 f(x) - 3x\sin x - 6\cos x + C$$

$$= x^2\cos x - 4x\sin x - 6\cos x + C.$$

> **【名师点评】**在不定积分运算中，若被积函数中含有 $f'(x)$ 项，则一般考虑使用分部积分公式计算，令 $v = f(x)$.

**例3**　设 $f(\ln x) = \dfrac{\ln(1+x)}{x}$，求 $\displaystyle\int f(x)\mathrm{d}x$.

**解**　设 $\ln x = t$，则 $x = \mathrm{e}^t$，$f(t) = \dfrac{\ln(1+\mathrm{e}^t)}{\mathrm{e}^t}$，于是

$$\int f(x)\mathrm{d}x = \int\dfrac{\ln(1+\mathrm{e}^x)}{\mathrm{e}^x}\mathrm{d}x = -\int\ln(1+\mathrm{e}^x)\mathrm{d}\mathrm{e}^{-x} = -\mathrm{e}^{-x}\ln(1+\mathrm{e}^x) + \int\dfrac{1}{1+\mathrm{e}^x}\mathrm{d}x$$

$$= -\mathrm{e}^{-x}\ln(1+\mathrm{e}^x) + \int\left(1 - \dfrac{\mathrm{e}^x}{1+\mathrm{e}^x}\right)\mathrm{d}x = -\mathrm{e}^{-x}\ln(1+\mathrm{e}^x) + x - \ln(1+\mathrm{e}^x) + C$$

$$= x - (1+\mathrm{e}^{-x})\ln(1+\mathrm{e}^x) + C.$$

> **【名师点评】**本题是一道综合题目. 由于函数 $f(\ln x)$ 是复合函数形式，为求 $f(x)$ 的不定积分，需要先用变量代换的思想求出 $f(x)$ 的表达式. 在不定积分 $\displaystyle\int\dfrac{\ln(1+\mathrm{e}^x)}{\mathrm{e}^x}\mathrm{d}x$ 中，将 $\ln(1+\mathrm{e}^x)$ 看作 $u$，$\dfrac{1}{\mathrm{e}^x}\mathrm{d}x$ 凑微分为 $-\mathrm{d}\mathrm{e}^{-x}$，从而再用分部积分公式求解. 求解不定积分 $\displaystyle\int\dfrac{1}{1+\mathrm{e}^x}\mathrm{d}x$ 时，先将被积函数整理，然后利用凑微分法求解. 过程如下：
> $$\int\dfrac{1}{1+\mathrm{e}^x}\mathrm{d}x = \int\dfrac{1+\mathrm{e}^x - \mathrm{e}^x}{1+\mathrm{e}^x}\mathrm{d}x = \int\left(1 - \dfrac{\mathrm{e}^x}{1+\mathrm{e}^x}\right)\mathrm{d}x = x - \int\dfrac{1}{1+\mathrm{e}^x}\mathrm{d}(1+\mathrm{e}^x) = x - \ln(1+\mathrm{e}^x) + C.$$

❦ **考点真题解析** ❦

## 考点一　直接使用分部积分公式

**真题1**　（2021 高数一）求不定积分 $\displaystyle\int\dfrac{\ln(1+x^2)}{x^2}\mathrm{d}x$.

**解**　$\displaystyle\int\dfrac{\ln(1+x^2)}{x^2}\mathrm{d}x = -\int\ln(1+x^2)\mathrm{d}\left(\dfrac{1}{x}\right) = -\dfrac{\ln(1+x^2)}{x} + \int\dfrac{1}{x}\mathrm{d}\ln(1+x^2)$

$$= -\dfrac{\ln(1+x^2)}{x} + \int\dfrac{2}{1+x^2}\mathrm{d}x = -\dfrac{\ln(1+x^2)}{x} + 2\arctan x + C.$$

**真题2**　（2017 国贸）求不定积分 $\displaystyle\int x\mathrm{e}^x\mathrm{d}x$.

**解**　利用分部积分法可得 $\displaystyle\int x\mathrm{e}^x\mathrm{d}x = \int x\,\mathrm{d}\mathrm{e}^x = x\mathrm{e}^x - \int\mathrm{e}^x\mathrm{d}x = x\mathrm{e}^x - \mathrm{e}^x + C.$

**真题 3** （2017 工商）求不定积分 $\int x^2 e^{-x} dx$.

**解** 根据分部积分公式可得

$$\int x^2 e^{-x} dx = -\int x^2 de^{-x} = -x^2 e^{-x} + 2\int x e^{-x} dx = -x^2 e^{-x} - 2\int x de^{-x}$$

$$= -x^2 e^{-x} - 2x e^{-x} + 2\int e^{-x} dx = e^{-x}(-x^2 - 2x - 2) + C.$$

**真题 4** （2011 电气、机械，2021 会计，2014 交通）计算不定积分 $\int \dfrac{x}{\sin^2 x} dx$.

**解** 根据分部积分公式可得

$$\int \frac{x}{\sin^2 x} dx = \int x \csc^2 x \, dx = -\int x \, d\cot x = -x\cot x + \int \cot x \, dx = -x\cot x + \ln|\sin x| + C.$$

**真题 5** （2010 工商）$\int \arcsin x \, dx = $ _____.

**解** $\int \arcsin x \, dx = x\arcsin x - \int x \cdot \dfrac{1}{\sqrt{1-x^2}} dx = x\arcsin x + \dfrac{1}{2}\int \dfrac{1}{\sqrt{1-x^2}} d\left(\sqrt{1-x^2}\right)$

$$= x\arcsin x + \sqrt{1-x^2} + C.$$

故应填 $x\arcsin x + \sqrt{1-x^2} + C$.

## 考点二 作代换并使用分部积分公式的综合题

**真题 1** （2017 会计）求不定积分 $\int e^{\sqrt{2x}} dx$.

**解** 根据第二类换元积分法和分部积分法，令 $t = \sqrt{2x}$，则 $x = \dfrac{1}{2}t^2$，$dx = t\,dt$，于是

$$\int e^{\sqrt{2x}} dx = \int t e^t dt = \int t de^t = te^t - \int e^t dt = te^t - e^t + C = \sqrt{2x}\, e^{\sqrt{2x}} - e^{\sqrt{2x}} + C.$$

**真题 2** （2016 经济）求不定积分 $\int \dfrac{e^{\sqrt{x}}\sin\sqrt{x}}{2\sqrt{x}} dx$.

**解** 令 $\sqrt{x} = t$，则 $x = t^2$，$dx = 2t\,dt$，于是

原式 $= \int e^t \sin t \, dt = \int \sin t \, de^t = e^t \sin t - \int e^t \cos t \, dt = e^t \sin t - \int \cos t \, de^t$

$$= e^t \sin t - e^t \cos t + \int e^t d\cos t = e^t \sin t - e^t \cos t - \int e^t \sin t \, dt.$$

上式出现了 $\int e^t \sin t \, dt$ 的循环过程，可以设 $I = \int e^t \sin t \, dt$，则 $I = e^t \sin t - e^t \cos t - I$，解方程得

原式 $= I = \dfrac{1}{2}e^t(\sin t - \cos t) + C = \dfrac{1}{2}e^{\sqrt{x}}(\sin\sqrt{x} - \cos\sqrt{x}) + C$.

**真题 3** （2013 经管）求不定积分 $\int \dfrac{\ln(1+x)}{\sqrt{x}} dx$.

**解** 令 $\sqrt{x} = t$，则 $x = t^2$，$dx = 2t\,dt$，于是

$$\int \frac{\ln(1+x)}{\sqrt{x}} dx = \int \frac{\ln(1+t^2)}{t} \cdot 2t \, dt = 2\int \ln(1+t^2) dt = 2t\ln(1+t^2) - 2\int t \, d\ln(1+t^2)$$

$$= 2t\ln(1+t^2) - 4\int \frac{t^2}{1+t^2} dt = 2t\ln(1+t^2) - 4\int\left(1 - \frac{1}{1+t^2}\right) dt$$

$$= 2t\ln(1+t^2) - 4t + 4\arctan t + C = 2\sqrt{x}\ln(1+x) - 4\sqrt{x} + 4\arctan\sqrt{x} + C.$$

**真题 4** （2009 会计）已知 $f(x)$ 的一个原函数为 $(1+\sin x)\ln x$，求 $\int x f'(x) dx$.

**解** 根据原函数的概念得 $f(x) = [(1+\sin x)\ln x]' = \cos x \ln x + \dfrac{1+\sin x}{x}$.

根据分部积分公式和基本积分公式得

$$\int xf'(x)dx = \int xdf(x) = xf(x) - \int f(x)dx = x\cos x\ln x + 1 + \sin x - (1+\sin x)\ln x + C_1$$

$$= (x\cos x - 1 - \sin x)\ln x + \sin x + C, \text{其中} C = 1 + C_1.$$

**考点方法综述**

分部积分公式：$\int u\,dv = uv - \int v\,du.$

(1) 使用原则：$v$ 易求出，$\int v\,du$ 比 $\int u\,dv$ 易计算.

(2) 使用经验："反、对、幂、三、指"，前者为 $u$.

(3) 题目类型：分部化简，循环解出，递推公式.

## 第四章检测训练 A

**一、选择题**

1. 若 $\int f(x)dx = xe^{-2x} + C$（其中 $C$ 为常数），则 $f(x)$ 等于 _____.

   A. $-2xe^{-2x}$　　　B. $-2x^2e^{-2x}$　　　C. $(1-2x)e^{-2x}$　　　D. $(1-2x^2)e^{-2x}$

2. 下列等式不正确的是 _____.

   A. $\left[\int f(x)dx\right]' = f(x)$　　B. $d\left[\int f(x)dx\right] = f(x)dx$　　C. $\int f'(x)dx = f(x)$　　D. $\int df(x) = f(x) + C$

3. 设 $f(x)$ 的一个原函数是 $\sin x$，则 $\int xf'(x)dx =$ _____.

   A. $x\sin x + \cos x + C$　　B. $-\sin x - \cos x + C$　　C. $x\cos x - \sin x + C$　　D. $x\cos x + \sin x + C$

4. 下列各对函数中，是同一函数的原函数的是 _____.

   A. $\arctan x$ 与 $\operatorname{arccot} x$　　B. $\ln(x+5)$ 与 $\ln 5x$　　C. $\dfrac{3^x}{\ln 2}$ 与 $3^x + \ln 2$　　D. $\ln 3x$ 与 $\ln x$

5. 已知 $\int f(x)dx = x\sin x^2 + C$，则 $\int xf(x^2)dx =$ _____.

   A. $x\cos x^2 + C$　　B. $x\sin x^2 + C$　　C. $\dfrac{1}{2}x^2\sin x^4 + C$　　D. $\dfrac{1}{2}x^2\cos x^4 + C$

6. 不定积分 $\int \dfrac{\ln x}{x}dx =$ _____.

   A. $-\dfrac{1}{2}\ln^2 x + C$　　B. $-\ln x + C$　　C. $\dfrac{1}{2}\ln^2 x + C$　　D. $\ln x + C$

7. 设函数 $f(x)$ 的一个原函数为 $\dfrac{1}{x}$，则 $f'(x) =$ _____.

   A. $-\dfrac{1}{x^2}$　　　B. $\dfrac{2}{x^3}$　　　C. $\dfrac{1}{x}$　　　D. $\ln|x|$

8. $\int x^3 e^{x^2}dx =$ _____.

   A. $e^{x^2} + C$　　B. $e^{x^2}(x-1) + C$　　C. $\dfrac{1}{2}e^{x^2}(x^2-1) + C$　　D. $e^{x^2} + 1 + C$

9. $\int 2^{x+1}dx =$ _____.

   A. $2 \cdot 2^x\ln 2 + C$　　B. $\dfrac{2}{\ln 2} \cdot 2^x + C$　　C. $\dfrac{1}{2\ln 2} \cdot 2^x + C$　　D. $\dfrac{\ln 2}{2} \cdot 2^x + C$

10. 设 $f(x) = e^x$，则 $\int \dfrac{f'(\ln x)}{x}dx =$ _____.

   A. $-\ln x + C$　　B. $-\dfrac{1}{x} + C$　　C. $x + C$　　D. $\ln x + C$

**二、填空题**

1. 设 $f(x)$ 在 $(-\infty, +\infty)$ 内连续,则 $\dfrac{d}{dx}\left[\int f(x)dx\right] = $ _____.

2. 已知 $\int f(\sqrt{x})\dfrac{1}{\sqrt{x}}dx = x + \ln x + C$,则 $f(x) = $ _____.

3. 已知 $\int f(x)dx = \sin x \cos x + C$,则 $f(x) = $ _____.

4. $\int \sqrt{x}(x^2 - 5)dx = $ _____.

5. $\int \dfrac{dx}{16 + x^2} = $ _____.

6. $\int \dfrac{e^x}{2 + e^x}dx = $ _____.

7. $\int \dfrac{\ln x - 1}{x^2}dx = $ _____.

8. 设 $f'(\ln x) = 1 + 2\ln x$,且 $f(0) = 2$,则 $f(x) = $ _____.

9. 不定积分 $\int \dfrac{1 - \sin x}{x + \cos x}dx = $ _____.

10. 已知 $f(\ln x) = x$,则 $\int xf(x)dx = $ _____.

**三、解答题**

1. 设 $f'(\ln x) = 1 + x$,求 $f(x)$.

2. 若 $\int xf(x)dx = \arcsin x + C$,求 $I = \int \dfrac{1}{f(x)}dx$.

3. 求 $\int x\sqrt[3]{3 - 2x^2}dx$.

4. 计算不定积分 $\int \dfrac{e^x}{1 + e^x}dx$.

5. 求 $\int 2^x e^x dx$.

6. 求 $\int e^x 5^{-x}dx$.

7. 求 $\int x\sqrt{1 - x^2}dx$.

8. 求 $\int x^3 \cdot \sqrt{1 + x^2}dx$.

9. 计算 $\int x^2 \arctan x dx$.

10. 计算不定积分 $\int \dfrac{\arcsin\sqrt{x}}{\sqrt{x}}dx$.

11. 计算 $\int x\sin x dx$.

12. 求 $\int (\arcsin x)^2 dx$.

13. 计算 $\int \dfrac{\ln\ln x}{x}dx$.

14. 计算 $\int x^2 e^{-x}dx$.

15. 计算 $\int \dfrac{x + (\arctan x)^2}{1 + x^2}dx$.

## 第四章检测训练 B

**一、选择题**

1. 下列等式中,正确的是 _____.

    A. $\left[\int f(x)dx\right]' = f(x)$
    B. $d\left[\int f(x)dx\right] = f(x)$

    C. $\int F'(x)dx = f(x)$
    D. $d\left[\int f(x)dx\right] = f(x) + C$

2. 在区间 $(a, b)$ 内,如果 $f'(x) = g'(x)$,则下列各式中一定成立的是 _____.

    A. $f(x) = g(x)$
    B. $f(x) = g(x) + 1$

    C. $\left[\int f(x)dx\right]' = \left[\int g(x)dx\right]'$
    D. $\int f'(x)dx = \int g'(x)dx$

3. 若 $\ln x (x > 0)$ 是函数 $f(x)$ 的原函数,那么 $f(x)$ 的另一个原函数是 _____.

    A. $\ln ax (a > 0, x > 0)$
    B. $\dfrac{1}{a}\ln x (x > 0)$
    C. $\ln(x + a)(x + a > 0)$
    D. $\dfrac{1}{2}(\ln x)^2 (x > 0)$

4. $\int f'(2x)\,\mathrm{d}x = $ _____.

    A. $\dfrac{1}{2}f(2x)+1$          B. $f(2x)+1$          C. $\dfrac{1}{2}f(2x)+C$          D. $f(2x)+C$

5. 设 $a>0$,则 $\int \dfrac{1}{\sqrt{a^2-x^2}}\,\mathrm{d}x = $ _____.

    A. $\arctan x+1$          B. $\arctan x+C$          C. $\arcsin \dfrac{x}{a}+1$          D. $\arcsin \dfrac{x}{a}+C$

6. $\int x f(x^2) f'(x^2)\,\mathrm{d}x = $ _____.

    A. $\dfrac{1}{4}[f(x^2)]^2+C$                          B. $\dfrac{1}{4}[f(x^2)-f(x)]^2+C$

    C. $\dfrac{1}{4}[f(x^2)-x]^2+C$                  D. $\dfrac{1}{4}[f(x^2)+f(x)]^2+C$

7. 若 $f(x)$ 的导函数为 $\sin x$,则 $f(x)$ 的一个原函数是 _____.

    A. $1+\sin x$          B. $1-\sin x$          C. $1+\cos x$          D. $1-\cos x$

8. 设 $F(x)$ 是 $f(x)$ 的一个原函数,则 $\int \mathrm{e}^{-x} f(\mathrm{e}^{-x})\,\mathrm{d}x = $ _____.

    A. $F(\mathrm{e}^{-x})+C$          B. $-F(\mathrm{e}^{-x})+C$          C. $F(\mathrm{e}^{x})+C$          D. $-F(\mathrm{e}^{x})+C$

9. 下列各对函数中,是同一函数的原函数的是 _____.

    A. $\arctan x$ 与 $\operatorname{arccot}x$     B. $\ln(x+5)$ 与 $\ln 5x$     C. $\dfrac{3^x}{\ln 2}$ 与 $3^x+\ln 2$     D. $\ln 3x$ 与 $\ln x$

10. 设 $f'(x^2)=\ln x\ (x>0)$,则 $f(x)=$ _____.

    A. $x(\ln x-1)+C$        B. $x(\ln x+1)+C$        C. $\dfrac{x}{2}(\ln x-1)+C$        D. $\dfrac{x}{2}(\ln x+1)+C$

## 二、填空题

1. 已知 $\int f(x+1)\,\mathrm{d}x = x\mathrm{e}^{x+1}+C_1$,则 $f(x)=$ _____.

2. $\mathrm{d}\left[\int f(x)\,\mathrm{d}x\right] = $ _____.

3. $\int x\mathrm{e}^{-x^2}\,\mathrm{d}x = $ _____.

4. $\int \dfrac{\ln\sin x}{\sin^2 x}\,\mathrm{d}x = $ _____.

5. $\int \dfrac{\mathrm{d}x}{16+x^2} = $ _____.

6. 已知 $[\ln f(x)]' = \cos x$,且 $f(0)=1$,则 $f(x)=$ _____.

7. 已知 $f(\mathrm{e}^x)=x+1$,则 $\int \dfrac{f(x)}{x}\,\mathrm{d}x = $ _____.

8. $\mathrm{d}\left[\int f(x)\,\mathrm{d}x\right] = $ _____.

9. $\int x 2^{-x^2}\,\mathrm{d}x = $ _____.

10. $\int x^2 f''(x)\,\mathrm{d}x$ _____.

## 三、解答题

1. 求 $\int \sqrt{\dfrac{\arcsin x}{1-x^2}}\,\mathrm{d}x$.

2. 求 $\int \sqrt{x}\,(x^2-5)\,\mathrm{d}x$.

3. 求 $\int (\mathrm{e}^x - 3\cos x)\,\mathrm{d}x$.

4. 求 $\int \sin^2 \dfrac{x}{2}\,\mathrm{d}x$.

5. 求 $\int \dfrac{(\sqrt{a}-\sqrt{x})^2}{x}\,\mathrm{d}x$.

6. 求 $\int \sin^3 x \cos^2 x\,\mathrm{d}x$.

7. 设 $f'(\mathrm{e}^x)=1+\mathrm{e}^{3x}$，且 $f(1)=\dfrac{9}{4}$，求 $f(x)$.

8. 计算 $\displaystyle\int \dfrac{\arctan\dfrac{1}{x}}{1+x^2}\mathrm{d}x$.

9. 计算 $\displaystyle\int x^3\sqrt{4-x^2}\,\mathrm{d}x$.

10. 计算 $\displaystyle\int \dfrac{\ln x-1}{x^2}\mathrm{d}x$.

11. 求不定积分 $\displaystyle\int \dfrac{x\cos x}{\sin^3 x}\mathrm{d}x$.

12. 计算 $\displaystyle\int \arctan x\,\mathrm{d}x$.

13. 求不定积分 $\displaystyle\int \arcsin\sqrt{x}\,\mathrm{d}x$.

14. 计算 $\displaystyle\int \ln(x^2+1)\mathrm{d}x$.

15. 计算 $\displaystyle\int \mathrm{e}^{2x}\cos\mathrm{e}^x\,\mathrm{d}x$.

# 第五章　　定积分及其应用

知识结构导图

定积分及其应用
- 定积分的概念与性质
  - 定义
  - 几何意义
  - 定积分的可积条件
- 定积分的性质
- 微积分基本公式
  - 积分上限函数
  - 积分上限函数的导数
  - 牛顿 - 莱布尼茨公式
- 定积分的计算
  - 定积分的换元法
  - 定积分的分部积分法
- 定积分的应用
  - 求平面图形的面积
  - 定积分在经济方面的应用

## 第一节　　定积分的概念与性质

考纲内容解读

**一、新大纲基本要求**

1. 理解定积分的概念及几何意义,了解可积的条件;

2. 掌握定积分的性质.

**二、新大纲名师解读**

在专升本考试中,本节主要考查以下内容:

1. 定积分的概念;

2. 定积分的几何意义;

3. 定积分的性质.

定积分的概念与性质的考查在历年的专升本考试中属于基础题型. 考查方式有两种:一种是以选择题和填空题的形式出现,这种题目比较容易;另外一种是作为综合性题目中的一部分,其中积分中值定理经常会以证明题的形式出现,这种题目的综合性较强,需要熟练掌握定积分的概念、几何意义和定积分基本性质.

考点内容解析

**一、定积分的概念**

**1. 定积分的定义**

**定义 1**　设函数 $y = f(x)$ 在区间 $[a,b]$ 上有界,在 $[a,b]$ 内任意插入 $n-1$ 个分点
$$a = x_0 < x_1 < \cdots < x_{n-1} < x_n = b,$$
将区间 $[a,b]$ 分成 $n$ 个小区间 $[x_{i-1}, x_i](i = 1,2,\cdots,n)$,每个小区间的长度记为 $\Delta x_i = x_i - x_{i-1}(i = 1,2,\cdots,n)$,在每个小区间上任取一点 $\xi_i \in [x_{i-1}, x_i]$,作乘积 $f(\xi_i)\Delta x_i$,再求和 $\sum_{i=1}^{n} f(\xi_i)\Delta x_i$.

记 $\lambda = \max\{\Delta x_i\}(i=1,2,\cdots,n)$,取 $\lambda \to 0$ 时上述和式的极限 $\lim\limits_{\lambda \to 0}\sum\limits_{i=1}^{n}f(\xi_i)\Delta x_i$.

如果该极限存在,则称函数 $f(x)$ 在区间 $[a,b]$ 上可积,此极限值为函数 $f(x)$ 在区间 $[a,b]$ 上的**定积分**,记作

$$\int_a^b f(x)\mathrm{d}x,$$

即

$$\int_a^b f(x)\mathrm{d}x = \lim_{\lambda \to 0}\sum_{i=1}^{n}f(\xi_i)\Delta x_i,$$

其中 $f(x)$ 称为**被积函数**,$x$ 称为**积分变量**,$f(x)\mathrm{d}x$ 称为**被积表达式**,$[a,b]$ 称为**积分区间**,$a$ 称为**积分下限**,$b$ 称为**积分上限**,$\sum\limits_{i=1}^{n}f(\xi_i)\Delta x_i$ 称为 $f(x)$ 在 $[a,b]$ 上的**积分和**.

> **【名师解析】**(1) 定积分 $\int_a^b f(x)\mathrm{d}x$ 是一个数值,它只与被积函数 $f(x)$ 和积分区间 $[a,b]$ 有关,而与积分变量的符号无关,即 $\int_a^b f(x)\mathrm{d}x = \int_a^b f(t)\mathrm{d}t = \int_a^b f(u)\mathrm{d}u$.
>
> (2) 定积分是否存在,与区间的分法和每个小区间内 $\xi_i$ 的选取无关.

**2. 可积的条件**

**定理 2** (1) 函数 $f(x)$ 在闭区间 $[a,b]$ 上连续,则函数 $y=f(x)$ 在区间 $[a,b]$ 上可积;

(2) 函数 $f(x)$ 在闭区间 $[a,b]$ 上有界,且只有有限个间断点,则函数 $y=f(x)$ 在区间 $[a,b]$ 上可积.

**3. 定积分的性质**

按照定积分的定义,记号 $\int_a^b f(x)\mathrm{d}x$ 中的 $a,b$ 应满足关系 $a<b$,为了方便研究,我们规定:

(1) 当 $a=b$ 时,$\int_a^b f(x)\mathrm{d}x = 0$;

(2) 当 $a>b$ 时,$\int_a^b f(x)\mathrm{d}x = -\int_b^a f(x)\mathrm{d}x$.

**二、定积分的几何意义**

1. 当函数 $y=f(x)$ 在 $[a,b]$ 上非负时,定积分 $\int_a^b f(x)\mathrm{d}x$ 表示的是直线 $x=a$,$x=b$ 和 $x$ 轴所围成的曲边梯形的面积.

2. 当函数 $y=f(x)$ 在 $[a,b]$ 上非正时,定积分 $\int_a^b f(x)\mathrm{d}x$ 的值是一个负值,这时可以理解为是由函数 $y=f(x)$,直线 $x=a$,$x=b$ 和 $x$ 轴所围成的曲边梯形(在 $x$ 轴的下方)的面积的相反数.

3. 当函数 $y=f(x)$ 在区间 $[a,b]$ 上有正有负时,定积分 $\int_a^b f(x)\mathrm{d}x$ 表示由函数 $y=f(x)$,直线 $x=a$,$x=b$ 和 $x$ 轴所围成的图形各部分面积的代数和.例如,如图 5.1 所示,则有 $\int_a^b f(x)\mathrm{d}x = A_1 - A_2 + A_3$.

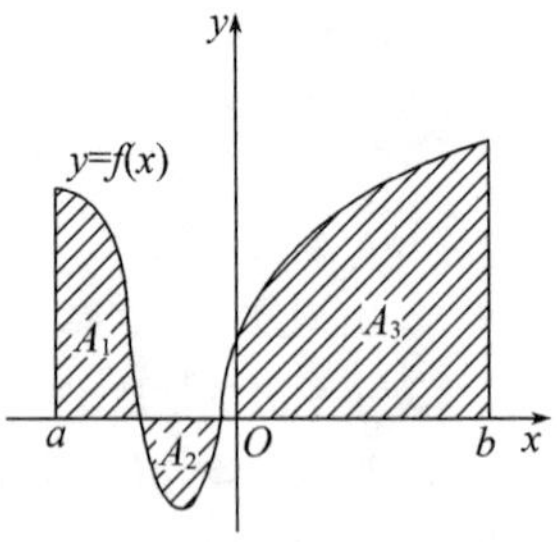

特别地,当 $f(x)=1$ 时,有 $\int_a^b \mathrm{d}x = b-a$.

**三、定积分的性质**

**性质 1** $\int_a^b [f(x) \pm g(x)]\mathrm{d}x = \int_a^b f(x)\mathrm{d}x \pm \int_a^b g(x)\mathrm{d}x$.

**性质 2** $\int_a^b kf(x)\mathrm{d}x = k\int_a^b f(x)\mathrm{d}x\,(k$ 是常数$)$.

**性质 3(区间可加性)** 设 $a,b,c$ 是三个任意的实数,函数 $f(x)$ 在 $[a,c]$,$[c,b]$,$[a,b]$ 上都可积,则

$$\int_a^b f(x)\mathrm{d}x = \int_a^c f(x)\mathrm{d}x + \int_c^b f(x)\mathrm{d}x.$$

**性质 4(保序性)** 若在区间 $[a,b]$ 上有 $f(x) \geqslant 0$,则 $\int_a^b f(x)\mathrm{d}x \geqslant 0$.

**推论 1** 若在区间 $[a,b]$ 上有 $f(x) \leqslant g(x)$,则 $\int_a^b f(x)\mathrm{d}x \leqslant \int_a^b g(x)\mathrm{d}x$.

**推论 2** 若 $f(x)$ 在区间 $[a,b]$ 上可积,则 $|f(x)|$ 在区间 $[a,b]$ 上可积,且 $\left|\int_a^b f(x)\mathrm{d}x\right| \leqslant \int_a^b |f(x)|\mathrm{d}x$.

图 5.1

**性质5(估值定理)**　设 $M$ 和 $m$ 分别是函数 $f(x)$ 在区间 $[a,b]$ 上的最大值和最小值,则

$$m(b-a) \leqslant \int_a^b f(x)\mathrm{d}x \leqslant M(b-a).$$

**性质6(定积分中值定理)**　设函数 $f(x)$ 在区间 $[a,b]$ 上连续,则在区间 $[a,b]$ 上至少存在一点 $\xi$,使得

$$\int_a^b f(x)\mathrm{d}x = f(\xi)(b-a).$$

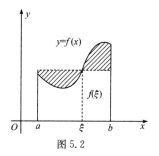

图 5.2

从几何意义上理解,性质6说明在以直线 $x=a,x=b$,曲线 $y=f(x)$ 以及 $x$ 轴所围成的曲边梯形的底边上至少可以找到一个点 $\xi$,使得曲边梯形的面积等于与曲边梯形同底且高为 $f(\xi)$ 的一个矩形的面积,如图5.2所示.

这里,数值 $\dfrac{1}{b-a}\int_a^b f(x)\mathrm{d}x$ 称为连续函数 $f(x)$ 在区间 $[a,b]$ 上的**平均值**. $f(\xi)$ 表示图中曲边梯形的平均高度.

## 考点例题分析

### 考点 一　定积分的概念

**【考点分析】**(1) 定积分 $\int_a^b f(x)\mathrm{d}x$ 与积分变量符号的选取无关,即 $\int_a^b f(x)\mathrm{d}x = \int_a^b f(t)\mathrm{d}t = \int_a^b f(u)\mathrm{d}u$.

(2) 定积分的性质:在闭区间 $[a,b]$ 上,若函数 $f(x) \equiv 1$,则 $\int_a^b f(x)\mathrm{d}x = \int_a^b \mathrm{d}x = b-a$.

**例1** $\int_a^b \mathrm{d}x = $ _____.

A. $b-a$ 　　　　　B. $a-b$ 　　　　　C. $a+b$ 　　　　　D. $ab$

**解**　$\int_a^b \mathrm{d}x$ 的被积函数为1,可省略,因此 $\int_a^b \mathrm{d}x = x \Big|_a^b = b-a$.

故应选 A.

**例2**　定积分 $\int_a^b f(x)\mathrm{d}x$ _____.

A. 与 $f(x)$ 无关 　　　B. 与区间 $[a,b]$ 无关 　　　C. 与变量 $x$ 采用的符号无关 　D. 是变量 $x$ 的函数

**解**　根据定积分的定义,定积分与积分变量无关,只取决于被积函数和积分区间. 定积分是一个常数,不是变量 $x$ 的函数.

故应选 C.

**例3**　下列等式中错误的是 _____.

A. $\int_a^b f(x)\mathrm{d}x + \int_b^a f(x)\mathrm{d}x = 0$ 　　B. $\int_a^b f(x)\mathrm{d}x = \int_a^b f(t)\mathrm{d}t$ 　　C. $\int_{-a}^a f(x)\mathrm{d}x = 0$ 　　　D. $\int_a^a f(x)\mathrm{d}x = 0$

**解**　只有 $f(x)$ 为奇函数时,$\int_{-a}^a f(x)\mathrm{d}x = 0$ 才成立.

故应选 C.

**【名师点评】**本题主要考查定积分的性质:

1.定积分的值只与被积函数、积分区间有关,与积分变量的符号无关,即 $\int_a^b f(x)\mathrm{d}x = \int_a^b f(t)\mathrm{d}t = \int_a^b f(u)\mathrm{d}u$. 故选项 B 正确.

2.定义中要求 $a<b$,若 $a>b,a=b$,则有如下规定:

(1) 当 $a>b$ 时,$\int_a^b f(x)\mathrm{d}x = -\int_b^a f(x)\mathrm{d}x$,即互换定积分的上、下限,定积分要变号;

(2) 当 $a=b$ 时,$\int_a^a f(x)\mathrm{d}x = 0$. 故选项 A,D 正确.

3.定积分是一个数,不定积分是一个函数的原函数的全体. 因此,定积分和不定积分是两个完全不同的概念.

## 考点二 定积分的几何意义

【考点分析】定积分 $\int_a^b f(x)\mathrm{d}x$ 表示由函数 $y = f(x)$,直线 $x = a$,$x = b$ 和 $x$ 轴所围成的图形各部分面积的代数和.

**例 1** 定积分 $\int_0^2 \sqrt{4-x^2}\,\mathrm{d}x$ 的值是 _____.

A. $2\pi$        B. $\pi$        C. $\dfrac{\pi}{2}$        D. $4\pi$

**解** 用积分的几何意义来解,相当于圆 $x^2 + y^2 = 4$ 的四分之一的面积,或者用第二类换元积分法.
故应选 B.

**例 2** 设在区间 $[a,b]$ 上,$f(x) > 0$,$f'(x) < 0$,$f''(x) > 0$.令 $S_1 = \int_a^b f(x)\mathrm{d}x$,$S_2 = f(b)(b-a)$,$S_3 = \dfrac{1}{2}\big[f(a) + f(b)\big](b-a)$,则 _____.

A. $S_2 < S_1 < S_3$     B. $S_1 < S_2 < S_3$     C. $S_3 < S_1 < S_2$     D. $S_2 < S_3 < S_1$

**解** 由 $f(x) > 0$,$f'(x) < 0$,$f''(x) > 0$,知曲线 $y = f(x)$ 在 $[a,b]$ 上单调减少且是凹的,于是有

$$f(x) > f(b),\quad f(x) < f(a) + \frac{f(b)-f(a)}{b-a}(x-a),\quad a < x < b.$$

从而 $S_1 = \int_a^b f(x)\mathrm{d}x > f(b)(b-a) = S_2$,

$$S_1 = \int_a^b f(x)\mathrm{d}x < \int_a^b \left[f(a) + \frac{f(b)-f(a)}{b-a}(x-a)\right]\mathrm{d}x = \frac{1}{2}\big[f(b) + f(a)\big](b-a) = S_3.$$

即 $S_2 < S_1 < S_3$.
故应选 A.

## 考点三 定积分的结果为常数

【考点分析】根据定积分的定义,定积分是一个极限值,是个常数.

**例 1** $\dfrac{\mathrm{d}}{\mathrm{d}x}\int_a^b \arctan x\,\mathrm{d}x = $ _____.

A. $\arctan x$        B. $\dfrac{1}{1+x^2}$        C. $\arctan b - \arctan a$        D. $0$

**解** 根据定积分的定义,定积分是一个极限值,是个常数,因此对常数求导恒为 0.
故应选 D.

**例 2** 设函数 $f(x)$ 是连续函数,满足 $f(x) = 3x^2 - \int_0^2 f(x)\mathrm{d}x - 2$,求 $f(x)$.

**解** 设 $\int_0^2 f(x)\mathrm{d}x = a$,则 $f(x) = 3x^2 - a - 2$.

对方程 $f(x) = 3x^2 - \int_0^2 f(x)\mathrm{d}x - 2$ 两端同时积分,得

$$\int_0^2 f(x)\mathrm{d}x = \int_0^2 (3x^2 - a - 2)\mathrm{d}x = (x^3 - ax - 2x)\Big|_0^2 = 4 - 2a,$$

即 $a = 4 - 2a$,解得 $a = \dfrac{4}{3}$,所以 $f(x) = 3x^2 - \dfrac{10}{3}$.

## 考点四 定积分的性质——可加性

【考点分析】设 $a,b,c$ 是三个任意的实数,函数 $f(x)$ 在 $[a,b]$,$[a,c]$,$[c,b]$ 上都可积,则
$$\int_a^b f(x)\mathrm{d}x = \int_a^c f(x)\mathrm{d}x + \int_c^b f(x)\mathrm{d}x.$$

**例 1** 设函数 $f(x)$ 仅在区间 $[0,4]$ 上可积,则必有 $\int_0^3 f(x)\mathrm{d}x =$ _____.

A. $\int_0^2 f(x)\mathrm{d}x + \int_2^3 f(x)\mathrm{d}x$ 　　　　　　B. $\int_0^{-1} f(x)\mathrm{d}x + \int_{-1}^3 f(x)\mathrm{d}x$

C. $\int_0^5 f(x)\mathrm{d}x + \int_5^3 f(x)\mathrm{d}x$ 　　　　　　D. $\int_0^{10} f(x)\mathrm{d}x + \int_{10}^3 f(x)\mathrm{d}x$

**解** 因为函数 $f(x)$ 仅在区间 $[0,4]$ 上可积,所以 $\int_0^3 f(x)\mathrm{d}x = \int_0^a f(x)\mathrm{d}x + \int_a^3 f(x)\mathrm{d}x$ 中的 $a \in [0,4]$,只有选项 A 正确.

故应选 A.

**例 2** 设 $f(x) = \begin{cases} 2x, & 0 \leqslant x \leqslant 1, \\ 1, & 1 \leqslant x \leqslant 4, \end{cases}$ 则 $\int_0^4 f(x)\mathrm{d}x =$ _____.

**解** 根据积分区间的可加性,得 $\int_0^4 f(x)\mathrm{d}x = \int_0^1 2x\mathrm{d}x + \int_1^4 \mathrm{d}x = 4$.

故应填 4.

## 考点五 定积分的性质 —— 保序性

**【考点分析】** 若在区间 $[a,b]$ 上有 $f(x) \leqslant g(x)$,则 $\int_a^b f(x)\mathrm{d}x \leqslant \int_a^b g(x)\mathrm{d}x$.

**例 1** 下列不等式成立的是 _____.

A. $\int_1^2 x^3\mathrm{d}x \leqslant \int_1^2 x^2\mathrm{d}x$ 　　B. $\int_0^1 x^2\mathrm{d}x \leqslant \int_0^1 x^3\mathrm{d}x$ 　　C. $\int_0^1 x^2\mathrm{d}x \geqslant \int_0^1 x^3\mathrm{d}x$ 　　D. $\int_1^2 \ln x\mathrm{d}x \leqslant \int_1^2 (\ln x)^2\mathrm{d}x$

**解** 当 $0 < x < 1$ 时, $x^2 \geqslant x^3$,根据定积分的保序性,知 $\int_0^1 x^2\mathrm{d}x \geqslant \int_0^1 x^3\mathrm{d}x$.

故应选 C.

**例 2** 设 $I_1 = \int_0^{\frac{\pi}{4}} x\mathrm{d}x, I_2 = \int_0^{\frac{\pi}{4}} \sqrt{x}\mathrm{d}x, I_3 = \int_0^{\frac{\pi}{4}} \sin x\mathrm{d}x$,则 $I_1, I_2, I_3$ 的关系是 _____.

A. $I_1 > I_2 > I_3$ 　　B. $I_1 > I_3 > I_2$ 　　C. $I_3 > I_1 > I_2$ 　　D. $I_2 > I_1 > I_3$

**解** 因为当 $0 < x < \dfrac{\pi}{4}$ 时, $\sqrt{x} > x > \sin x$,所以 $\int_0^{\frac{\pi}{4}} \sqrt{x}\mathrm{d}x > \int_0^{\frac{\pi}{4}} x\mathrm{d}x > \int_0^{\frac{\pi}{4}} \sin x\mathrm{d}x$,即 $I_2 > I_1 > I_3$.

故应选 D.

**例 3** 设 $M = \int_{-\frac{\pi}{2}}^{\frac{\pi}{2}} \dfrac{\sin x}{1+x^2}\cos^4 x\mathrm{d}x, N = \int_{-\frac{\pi}{2}}^{\frac{\pi}{2}} (\sin^3 x + \cos^4 x)\mathrm{d}x, P = \int_{-\frac{\pi}{2}}^{\frac{\pi}{2}} (x^2\sin^3 x - \cos^4 x)\mathrm{d}x$,则有 _____.

A. $P < M < N$ 　　B. $M < P < N$ 　　C. $N < M < P$ 　　D. $N < P < M$

**解** 根据定积分的性质,知 $M = 0, N = 2\int_0^{\frac{\pi}{2}} \cos^4 x\mathrm{d}x > 0, P = -2\int_0^{\frac{\pi}{2}} \cos^4 x\mathrm{d}x < 0$.

所以 $P < M < N$.

故应选 A.

**【名师点评】** 下面我们给出一个对实际计算很有帮助的结论:设 $f(x)$ 在闭区间 $[a,b]$ 上连续,

(1) 若 $f(x)$ 为偶函数,则 $\int_{-a}^a f(x)\mathrm{d}x = 2\int_0^a f(x)\mathrm{d}x$;

(2) 若 $f(x)$ 为奇函数,则 $\int_{-a}^a f(x)\mathrm{d}x = 0$.

利用以上结论我们常可以简化奇、偶函数在对称区间上的定积分计算.

**例 4** $\int_0^{\frac{\pi}{4}} \sin x\mathrm{d}x - \int_0^{\frac{\pi}{4}} \sin x^2\mathrm{d}x$ _____.

A. $> 0$ 　　　　　　B. $= 0$ 　　　　　　C. $< 0$ 　　　　　　D. $= 1$

**解** 当 $0 < x < \dfrac{\pi}{4}$ 时,$1 > x > x^2 > 0$,从而 $\sin x > \sin x^2$,

根据定积分的保序性,知 $\displaystyle\int_0^{\frac{\pi}{4}} \sin x \, dx > \int_0^{\frac{\pi}{4}} \sin x^2 \, dx$,即 $\displaystyle\int_0^{\frac{\pi}{4}} \sin x \, dx - \int_0^{\frac{\pi}{4}} \sin x^2 \, dx > 0$.

故应选 A.

## 考点六 定积分的性质 —— 估值定理

**【考点分析】** 利用估值定理估计定积分的值,首先求出被积函数在积分区间上的最值,然后根据估值定理求定积分的范围.

**例 1** 估计积分 $\displaystyle\int_{\frac{\pi}{4}}^{\frac{5\pi}{4}} (1 + \sin^2 x) \, dx$ 的值,下列结论正确的是 _____.

A. $\displaystyle \pi \leqslant \int_{\frac{\pi}{4}}^{\frac{5\pi}{4}} (1 + \sin^2 x) \, dx \leqslant 2\pi$ 　　　　　　 B. $\displaystyle 0 \leqslant \int_{\frac{\pi}{4}}^{\frac{5\pi}{4}} (1 + \sin^2 x) \, dx \leqslant \pi$

C. $\displaystyle \frac{\pi}{2} \leqslant \int_{\frac{\pi}{4}}^{\frac{5\pi}{4}} (1 + \sin^2 x) \, dx \leqslant \pi$ 　　　　　 D. $\displaystyle 0 \leqslant \int_{\frac{\pi}{4}}^{\frac{5\pi}{4}} (1 + \sin^2 x) \, dx \leqslant 2\pi$

**解** 由于 $1 \leqslant 1 + \sin^2 x \leqslant 2$,故 $\displaystyle\int_{\frac{\pi}{4}}^{\frac{5\pi}{4}} dx \leqslant \int_{\frac{\pi}{4}}^{\frac{5\pi}{4}} (1 + \sin^2 x) \, dx \leqslant 2 \int_{\frac{\pi}{4}}^{\frac{5\pi}{4}} dx$,即 $\displaystyle \pi \leqslant \int_{\frac{\pi}{4}}^{\frac{5\pi}{4}} (1 + \sin^2 x) \, dx \leqslant 2\pi$.

故应选 A.

**【名师点评】** 我们先计算出被积函数 $y = 1 + \sin^2 x$ 在区间 $\left[\dfrac{\pi}{4}, \dfrac{5\pi}{4}\right]$ 上的最小值与最大值,然后套用估值定理的公式即可.

**例 2** 证明:$\dfrac{2}{e^4} \leqslant \displaystyle\int_0^2 e^{-x^2} \, dx \leqslant 2$.

**证** 设 $f(x) = e^{-x^2}$,其导数 $f'(x) = -2x e^{-x^2} \leqslant 0 \quad (x \geqslant 0)$.

所以 $f(x)$ 在 $[0,2]$ 上单调减少,从而其最大、最小值分别为 $M = f(0) = e^0 = 1$,$m = f(2) = e^{-2^2} = e^{-4}$.

故 $\displaystyle\int_0^2 e^{-4} \, dx \leqslant \int_0^2 e^{-x^2} \, dx \leqslant \int_0^2 1 \, dx$.而 $\displaystyle\int_0^2 e^{-4} \, dx = e^{-4} \int_0^2 dx = \frac{2}{e^4}$,$\displaystyle\int_0^2 1 \, dx = 2$,所以 $\dfrac{2}{e^4} \leqslant \displaystyle\int_0^2 e^{-x^2} \, dx \leqslant 2$.

**【名师点评】** 此题旨在考查估值定理的应用,我们只需求出被积函数 $y = e^{-x^2}$ 在区间 $[0,2]$ 上的最小值与最大值,然后套用估值定理的公式即可.

**例 3** 估计积分值 $\displaystyle\int_{\frac{\pi}{4}}^{\frac{\pi}{2}} \frac{\sin x}{x} \, dx$ 有 _____.

A. $\displaystyle \frac{1}{2} \leqslant \int_{\frac{\pi}{4}}^{\frac{\pi}{2}} \frac{\sin x}{x} \, dx \leqslant \frac{\sqrt{2}}{2}$ 　　　　　 B. $\displaystyle 0 \leqslant \int_{\frac{\pi}{4}}^{\frac{\pi}{2}} \frac{\sin x}{x} \, dx \leqslant \frac{\sqrt{2}}{2}$

C. $\displaystyle 0 \leqslant \int_{\frac{\pi}{4}}^{\frac{\pi}{2}} \frac{\sin x}{x} \, dx \leqslant 1$ 　　　　　　 D. $\displaystyle \frac{1}{2} \leqslant \int_{\frac{\pi}{4}}^{\frac{\pi}{2}} \frac{\sin x}{x} \, dx \leqslant \frac{3}{2}$

**解** 设 $f(x) = \dfrac{\sin x}{x}$,在 $\left[\dfrac{\pi}{4}, \dfrac{\pi}{2}\right]$ 上,由 $\cos x > 0$,$x^2 > 0$,$\tan x > x$,可知

$$f'(x) = \frac{x \cos x - \sin x}{x^2} = \frac{\cos x (x - \tan x)}{x^2} < 0,$$

故 $f(x)$ 在 $\left[\dfrac{\pi}{4}, \dfrac{\pi}{2}\right]$ 上是单调减少函数,于是有 $f\left(\dfrac{\pi}{2}\right) \leqslant f(x) \leqslant f\left(\dfrac{\pi}{4}\right)$.又因为

$$m = f\left(\frac{\pi}{2}\right) = \frac{2}{\pi}, \quad M = f\left(\frac{\pi}{4}\right) = \frac{2\sqrt{2}}{\pi},$$

根据定积分的估值定理,有 $m\left(\dfrac{\pi}{2} - \dfrac{\pi}{4}\right) \leqslant \displaystyle\int_{\frac{\pi}{4}}^{\frac{\pi}{2}} \frac{\sin x}{x} \, dx \leqslant M\left(\dfrac{\pi}{2} - \dfrac{\pi}{4}\right)$,亦即 $\dfrac{1}{2} \leqslant \displaystyle\int_{\frac{\pi}{4}}^{\frac{\pi}{2}} \frac{\sin x}{x} \, dx \leqslant \frac{\sqrt{2}}{2}$.

故应选 A.

## 考点 七 定积分的性质 —— 积分中值定理

【考点分析】利用积分中值定理可以使积分号去掉,从而使问题简单化.

**例 1** 判断下列语句是否正确:若 $f(x)$ 在闭区间 $[a,b]$ 上有界,则在 $[a,b]$ 上至少存在一点 $\xi$,使得 $\int_a^b f(x)\mathrm{d}x = f(\xi)(b-a)$ 成立. _____.

**解** 积分中值定理要求的条件为:$f(x)$ 在闭区间 $[a,b]$ 上连续,则在 $[a,b]$ 上至少存在一点 $\xi$,使得 $\int_a^b f(x)\mathrm{d}x = f(\xi)(b-a)$ 成立.题设中缺少连续,于是本题错误.

故应填错误.

**例 2** 设函数 $f(x),g(x)$ 在 $[a,b]$ 上连续,且 $g(x)>0$,证明存在一点 $\xi \in [a,b]$,使得 $\int_a^b f(x)g(x)\mathrm{d}x = f(\xi)\int_a^b g(x)\mathrm{d}x$.

**证** 因为函数 $f(x),g(x)$ 在 $[a,b]$ 上连续,且 $g(x)>0$,故由最值原理知 $f(x)$ 在 $[a,b]$ 上有最大值 $M$ 和最小值 $m$,从而 $mg(x) \leqslant f(x)g(x) \leqslant Mg(x)$.

所以 $\int_a^b mg(x)\mathrm{d}x \leqslant \int_a^b f(x)g(x)\mathrm{d}x \leqslant \int_a^b Mg(x)\mathrm{d}x$,即 $m \leqslant \dfrac{\int_a^b f(x)g(x)\mathrm{d}x}{\int_a^b g(x)\mathrm{d}x} \leqslant M$.

根据介值定理,存在 $\xi \in [a,b]$,使得 $f(\xi) = \dfrac{\int_a^b f(x)g(x)\mathrm{d}x}{\int_a^b g(x)\mathrm{d}x}$,

也即存在一点 $\xi \in [a,b]$,使得 $\int_a^b f(x)g(x)\mathrm{d}x = f(\xi)\int_a^b g(x)\mathrm{d}x$.

## ❦考点真题解析❧

## 考点 一 定积分的概念

**真题 1** (2019 财经类) 设 $f(x)$ 连续,且 $f(x) = x + 2\int_0^1 f(x)\mathrm{d}x$,则 $\int_0^1 f(x)\mathrm{d}x =$ _____.

**解** 设 $2\int_0^1 f(x)\mathrm{d}x = a$,则 $f(x) = x + a$,对方程 $f(x) = x + 2\int_0^1 f(x)\mathrm{d}x$ 两边同时积分,得

$$\int_0^1 f(x)\mathrm{d}x = \int_0^1 (x+a)\mathrm{d}x = \left(\frac{x^2}{2} + ax\right)\Big|_0^1 = \frac{1}{2} + a,$$

即 $\frac{1}{2} + a = \frac{a}{2}$,解得 $a = -\frac{1}{2}$.

故应填 $-\frac{1}{2}$.

**真题 2** (2010 土木,2010 工商) $\dfrac{\mathrm{d}}{\mathrm{d}x}\left(\int_1^e e^{-x^2}\mathrm{d}x\right) =$ _____.

**解** 定积分是个常数,对常数求导恒为零.

故应填 0.

## 考点 二 定积分的几何意义

**真题 1** (2010 土木,2010 工商) $\int_a^b f(x)\mathrm{d}x$ 表示曲边梯形:$x=a,x=b,y=0,y=f(x)$ 的 _____.

A. 周长      B. 面积      C. 质量      D. 面积值的代数和

**解** 根据定积分的几何意义,$\int_a^b f(x)\mathrm{d}x$ 表示面积值的代数和.

故应选 D.

## 考点 三 定积分的性质

**真题 1** (2021 高数一) 若函数 $f(x)$ 在 $[0,1]$ 上连续, $\int_0^1 f(x)\mathrm{d}x = 1$, 求 $\int_{-1}^1 f(|x|)\mathrm{d}x = $ _____.

**解** $\int_{-1}^1 f(|x|)\mathrm{d}x = 2\int_0^1 f(|x|)\mathrm{d}x = 2\int_0^1 f(x)\mathrm{d}x = 2 \times 1 = 2.$

故应填 2.

**真题 2** (2021 高数三) 已知函数 $f(x)$, $g(x)$ 在 $[0,1]$ 上连续, $g(x) > f(x) > 0$, 下列各式不成立的是 _____.

A. $\int_0^1 g^2(x)\mathrm{d}x > \int_0^1 f^2(x)\mathrm{d}x$ 　　　　　　B. $\int_0^1 g^2(x)\mathrm{d}x > \int_0^1 f^2(x)\mathrm{d}x$

C. $\int_0^1 \dfrac{1}{f(x)}\mathrm{d}x > \int_0^1 \dfrac{1}{g(x)}\mathrm{d}x$ 　　　　　　D. $\int_0^1 \dfrac{1}{f(x)}\mathrm{d}x < \int_0^1 \dfrac{1}{g(x)}\mathrm{d}x$

**解** 因为 $g(x) > f(x) > 0$, 所以 $\dfrac{1}{f(x)} > \dfrac{1}{g(x)}$, 由定积分的保序性可知 $\int_0^1 \dfrac{1}{f(x)}\mathrm{d}x > \int_0^1 \dfrac{1}{g(x)}\mathrm{d}x.$

故应选 C.

**真题 3** (2021 高数三) 若 $\int_0^2 f(x)\mathrm{d}x = 2$, $\int_0^4 f(x)\mathrm{d}x = 5$, 则 $\int_4^2 f(x)\mathrm{d}x = $ _____.

**解** $\int_4^2 f(x)\mathrm{d}x = \int_4^0 f(x)\mathrm{d}x + \int_0^2 f(x)\mathrm{d}x = -\int_0^4 f(x)\mathrm{d}x + \int_0^2 f(x)\mathrm{d}x = -5 + 2 = -3.$

故应填 $-3$.

**真题 4** (2020 高数二) 若 $\int_a^b f(x)\mathrm{d}x = 2$, $\int_a^b g(x)\mathrm{d}x = 1$, 则 $\int_a^b [3f(x) - 2g(x)]\mathrm{d}x = $ _____.

A. 1 　　　　　　B. 2 　　　　　　C. 3 　　　　　　D. 4

**解** 由定积分的运算性质, 得 $\int_a^b [3f(x) - 2g(x)]\mathrm{d}x = 3\int_a^b f(x)\mathrm{d}x - 2\int_a^b g(x)\mathrm{d}x = 3 \times 2 - 2 \times 1 = 4.$

故应选 D.

**真题 5** (2018 财经类) 函数 $f(x)$ 在闭区间 $[1,3]$ 上连续, 并在该区间上平均值是 6, 则 $\int_1^3 f(x)\mathrm{d}x = $ _____.

**解** 由积分中值定理可知 $\int_1^3 f(x)\mathrm{d}x = 6 \times (3 - 1) = 12.$

故应填 12.

### ❖ 考点方法综述 ❖

定积分的概念、几何意义和性质是专升本考试中的基本题型, 要求我们熟练掌握以下知识点:

1. 定积分的概念

$$\int_a^b f(x)\mathrm{d}x = \lim_{\lambda \to 0} \sum_{i=1}^n f(\xi_i)\Delta x_i.$$

**注:** 定积分是一个数, 只取决于被积函数和积分区间, 与积分变量用什么符号表示无关.

$$\int_a^b f(x)\mathrm{d}x = \int_a^b f(t)\mathrm{d}t = \int_a^b f(u)\mathrm{d}u.$$

**特别地:** $\int_a^a f(x)\mathrm{d}x = 0$, $\int_b^a f(x)\mathrm{d}x = -\int_a^b f(x)\mathrm{d}x$, $\int_a^b \mathrm{d}x = b - a$.

2. 定积分的几何意义

$\int_a^b f(x)\mathrm{d}x$ 表示由 $y = f(x)$, 直线 $x = a$, $x = b$ 和 $x$ 轴所围成的图形各部分面积的代数和.

当函数 $y = f(x) \geqslant 0$ 时, 定积分 $\int_a^b f(x)\mathrm{d}x (\geqslant 0)$ 表示的是曲边梯形的面积;

当函数 $y = f(x) < 0$ 时, 定积分 $\int_a^b f(x)\mathrm{d}x$ 的值是一个负值, 表示曲边梯形面积的相反数.

当函数 $y = f(x)$ 在区间 $[a,b]$ 上有正有负时, 如图 5.2 所示, 则有

$$\int_a^b f(x)\mathrm{d}x = A_1 + A_3 - A_2$$

综上所述,曲线 $y = f(x)$,直线 $x = a$,$x = b$ 及 $x$ 轴所围成的平面图形的面积为 $S = \int_a^b |f(x)| \, \mathrm{d}x$.

根据定积分的几何意义有时可以简化计算.

### 3.定积分的性质

(1) $\int_a^b [f_1(x) \pm f_2(x) \pm \cdots \pm f_n(x)] \mathrm{d}x = \int_a^b f_1(x) \mathrm{d}x \pm \int_a^b f_2(x) \mathrm{d}x \pm \cdots \pm \int_a^b f_n(x) \mathrm{d}x$.

(2) $\int_a^b k f(x) \mathrm{d}x = k \int_a^b f(x) \mathrm{d}x$.

(3) 积分区间的可加性: $\int_a^b f(x) \mathrm{d}x + \int_b^c f(x) \mathrm{d}x = \int_a^c f(x) \mathrm{d}x$.

无论 $c \in [a, b]$ 还是 $c \notin [a, b]$,该性质均成立.

(4) 保序性:若在区间 $[a, b]$ 上有 $f(x) \geqslant 0$,则 $\int_a^b f(x) \mathrm{d}x \geqslant 0$.

**推论 1**　若在区间 $[a, b]$ 上有 $f(x) \leqslant g(x)$,则 $\int_a^b f(x) \mathrm{d}x \leqslant \int_a^b g(x) \mathrm{d}x$.

**注**:比较两个定积分的大小,通常考察在同一积分区间上两个被积函数的大小.

**推论 2**　若 $f(x)$ 在区间 $[a, b]$ 上可积,则 $|f(x)|$ 在区间 $[a, b]$ 上可积,且 $|\int_a^b f(x) \mathrm{d}x| \leqslant \int_a^b |f(x)| \, \mathrm{d}x$.

(5) 估值定理:若 $m \leqslant f(x) \leqslant M$,$x \in [a, b]$,则 $m(b - a) \leqslant \int_a^b f(x) \mathrm{d}x \leqslant M(b - a)$.

(6) 积分中值定理:若 $f(x)$ 在 $[a, b]$ 上连续,则 $\exists \xi \in (a, b)$,使得 $\int_a^b f(x) \mathrm{d}x = f(\xi)(b - a)$.

**注**: $f(x) = \dfrac{1}{b - a} \int_a^b f(x) \mathrm{d}x$ 称为 $f(x)$ 在 $[a, b]$ 上的平均值.

# 第二节　微积分基本公式

## 考纲内容解读

**一、新大纲基本要求**

1.理解积分上限函数,会求它的导数;

2.掌握牛顿－莱布尼茨公式.

**二、新大纲名师解读**

在专升本考试中,本节主要考查以下内容:

1.积分上限函数及其求导定理;

2.利用牛顿－莱布尼茨公式求定积分.

微积分基本公式是每年专升本考试的必考内容,其中变上限定积分求导数是难点,需要我们熟练掌握并灵活应用,也是我们本节学习的重点内容.

## 考点内容解析

### 一、积分上限函数

#### 1.积分上限函数的定义

设函数 $y = f(x)$ 在区间 $[a, b]$ 上连续,对任意 $x \in [a, b]$,有 $y = f(x)$ 在 $[a, x]$ 上连续,因此函数 $y = f(x)$ 在 $[a, x]$ 上可积,即定积分 $\int_a^x f(x) \mathrm{d}x$ 存在,如图 5.3 所示.这里,$x$ 既表示定积分上限又表示积分变量.由于定积分与积分变量

的记法无关,为将积分变量与积分上限区分开,可以把积分变量改用其他符号,则该定积分可改写为 $\int_a^x f(t)\,\mathrm{d}t$. 显然,该定积分的值由积分上限 $x$ 在区间 $[a,b]$ 上的取值决定,因此积分 $\int_a^x f(t)\,\mathrm{d}t$ 定义了一个在区间 $[a,b]$ 上的函数,称为**积分上限函数**,记作

图 5.3

$$\Phi(x) = \int_a^x f(t)\,\mathrm{d}t, \quad x \in [a,b].$$

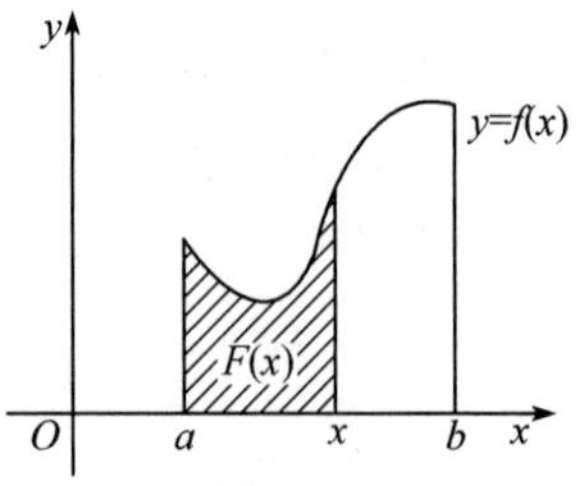

**2. 积分上限函数的性质**

**定理 1** 设函数 $y = f(x)$ 在区间 $[a,b]$ 上连续,则积分上限函数 $\Phi(x) = \int_a^x f(t)\,\mathrm{d}t$ 在区间 $[a,b]$ 上可导,且

$$\Phi'(x) = \left[\int_a^x f(t)\,\mathrm{d}t\right]' = f(x), \quad x \in [a,b].$$

**【名师解析】**上述定理表明,积分上限函数 $\Phi(x) = \int_a^x f(t)\,\mathrm{d}t$ 就是函数 $f(x)$ 的一个原函数,即连续函数一定存在原函数.

**二、微积分基本公式**

**定理 2** 设函数 $f(x)$ 在区间 $[a,b]$ 上连续,且 $F(x)$ 是 $f(x)$ 在该区间上的一个原函数,则

$$\int_a^b f(x)\,\mathrm{d}x = F(b) - F(a).$$

上式称为**微积分基本公式**,也称为**牛顿 - 莱布尼茨公式**.

**【名师解析】**(1)定理2揭示了定积分与被积函数的原函数或不定积分之间的关系,同时给出了求定积分简单而有效的方法:将求极限转化为求原函数.因此,只要找到被积函数的一个原函数,就可解决定积分的计算问题.

(2)通常将 $F(b) - F(a)$ 简记为 $F(x)\Big|_a^b$.

## 🕊 考点例题分析 🕊

### 考点 一 积分上限函数的导数

**【考点分析】1. 积分上限函数**

函数 $\Phi(x) = \int_a^x f(t)\,\mathrm{d}t\,(x \in [a,b])$ 称为积分上限函数,又称为可变上限函数.有时也将 $\Phi(x)$ 记为

$$\Phi(x) = \int_a^x f(x)\,\mathrm{d}x,$$

这里要特别指明的是,积分变量 $x$ 与上限变量 $x$ 无关.

例如,$\int_a^x x f(t)\,\mathrm{d}t = x\int_a^x f(t)\,\mathrm{d}t$,而 $\int_a^x x f(x)\,\mathrm{d}x \neq x\int_a^x f(x)\,\mathrm{d}x$.

前者积分号内的 $x$ 与积分变量 $t$ 无关,因此可作为常数因子提到积分号之外;而后者 $x f(x)$ 是被积函数,$x$ 是积分变量,故不能将常数因子提到积分号之外.为避免上限变量与积分变量相混,一般我们采用 $\Phi(x) = \int_a^x f(t)\,\mathrm{d}t$ 的形式.

**2. 积分上限函数求导定理**

如果函数 $f(x)$ 在闭区间 $[a,b]$ 上连续,则积分上限函数 $\Phi(x) = \int_a^x f(t)\,\mathrm{d}t$ 在 $[a,b]$ 上可导,且有

$$\Phi'(x) = \frac{\mathrm{d}}{\mathrm{d}x}\int_a^x f(t)\,\mathrm{d}t = f(x) \quad (x \in [a,b]).$$

同样地,可讨论积分下限函数 $\int_x^b f(t)\,\mathrm{d}t = -\int_b^x f(t)\,\mathrm{d}t$,因此有 $\left[\int_x^b f(t)\,\mathrm{d}t\right]' = \left[-\int_b^x f(t)\,\mathrm{d}t\right]' = -f(x)$.

**3. 原函数存在定理**

如果函数 $f(x)$ 在区间 $[a,b]$ 上连续,则函数 $\Phi(x)=\displaystyle\int_a^x f(t)\mathrm{d}t$ 是函数 $f(x)$ 在区间 $[a,b]$ 上的一个原函数.

**例1** 　设 $f(x)$ 在 $(-\infty,+\infty)$ 内连续,下面不是 $f(x)$ 的原函数的是 ＿＿＿＿.

A. $\displaystyle\int_0^x f(x)\mathrm{d}x+C$ 　　　　B. $\displaystyle\int_0^x f(t)\mathrm{d}t$ 　　　　C. $\displaystyle\int_0^x f(t)\mathrm{d}t+C$ 　　　　D. $\displaystyle\int_0^x f(t)\mathrm{d}x$

**解** 　因为 $\left[\displaystyle\int_0^x f(t)\mathrm{d}x\right]'=\left[f(t)\displaystyle\int_0^x \mathrm{d}x\right]'=[f(t)x]'=f(t)\neq f(x)$,所以 $\displaystyle\int_0^x f(t)\mathrm{d}x$ 不是 $f(x)$ 的原函数.

故应选 D.

**例2** 　设 $\displaystyle\int_1^x f(t)\mathrm{d}t=x^2+\ln x-1$,则 $f(x)=$ ＿＿＿＿.

**解** 　对 $\displaystyle\int_1^x f(t)\mathrm{d}t=x^2+\ln x-1$ 两边同时关于 $x$ 求导,得 $f(x)=2x+\dfrac{1}{x}$.

故应填 $2x+\dfrac{1}{x}$.

**例3** 　设 $f(x)$ 在 $(-\infty,+\infty)$ 内连续,且 $F'(x)=f(x)$,下面不是 $f(x)$ 的原函数的是 ＿＿＿＿.

A. $\displaystyle\int_0^x f(x)\mathrm{d}x$ 　　　　B. $\displaystyle\int_0^x f(t)\mathrm{d}t$ 　　　　C. $F(x)$ 　　　　D. $\displaystyle\int_0^x f(t)\mathrm{d}x$

**解** 　选项 A,B,C 中的导数都等于 $f(x)$,而选项 D 中,$\left[\displaystyle\int_0^x f(t)\mathrm{d}x\right]'=f(t)$.

故应选 D.

**例4** 　$\dfrac{\mathrm{d}}{\mathrm{d}x}\left(x\displaystyle\int_0^x \cos t^4\mathrm{d}t\right)=$ ＿＿＿＿.

A. $\displaystyle\int_0^x \cos t^4\mathrm{d}t$ 　　　　B. $-4x^4\displaystyle\int_0^x \sin t^4\mathrm{d}t$ 　　　　C. $\displaystyle\int_0^x \cos t^4\mathrm{d}t+x\cos x^4$ 　　　　D. $x\cos x^4$

**解** 　根据两个函数乘积的求导法则,得 $\dfrac{\mathrm{d}}{\mathrm{d}x}\left(x\displaystyle\int_0^x \cos t^4\mathrm{d}t\right)=\displaystyle\int_0^x \cos t^4\mathrm{d}t+x\cos x^4$.

故应选 C.

**例5** 　求 $\displaystyle\lim_{x\to 0}\dfrac{\displaystyle\int_0^{x^2}\cos t^2\mathrm{d}t}{x\sin x}$.

**解** 　$\displaystyle\lim_{x\to 0}\dfrac{\displaystyle\int_0^{x^2}\cos t^2\mathrm{d}t}{x\sin x}=\lim_{x\to 0}\dfrac{\displaystyle\int_0^{x^2}\cos t^2\mathrm{d}t}{x^2}\overset{\frac{0}{0}}{=}\lim_{x\to 0}\dfrac{\cos x^4\cdot 2x}{2x}=\lim_{x\to 0}\cos x^4=1$.

## 考点二 　积分上限函数的复合函数求导

**【考点分析】**(1) 如果 $f(x)$ 连续,$\varphi(x)$ 可导,则 $\left[\displaystyle\int_a^{\varphi(x)}f(t)\mathrm{d}t\right]'=f[\varphi(x)]\cdot\varphi'(x)$;

(2) 如果 $f(x)$ 连续,$\psi(x)$ 可导,则 $\left[\displaystyle\int_{\psi(x)}^b f(t)\mathrm{d}t\right]'=-f[\psi(x)]\cdot\psi'(x)$;

(3) 如果 $\varphi(x),\psi(x)$ 可导,则 $\left[\displaystyle\int_{\psi(x)}^{\varphi(x)}f(t)\mathrm{d}t\right]'=f[\varphi(x)]\cdot\varphi'(x)-f[\psi(x)]\cdot\psi'(x)$.

**例1** 　$\dfrac{\mathrm{d}}{\mathrm{d}x}\left(\displaystyle\int_0^{x^2}\sqrt{1+t^2}\,\mathrm{d}t\right)=$ ＿＿＿＿.

A. $\sqrt{1+x^2}$ 　　　　B. $\sqrt{1+x^4}$ 　　　　C. $2x\sqrt{1+x^4}$ 　　　　D. $2x\sqrt{1+x^2}$

**解** 　根据变上限定积分的求导公式可得

$$\dfrac{\mathrm{d}}{\mathrm{d}x}\left(\displaystyle\int_0^{x^2}\sqrt{1+t^2}\,\mathrm{d}t\right)=\sqrt{1+(x^2)^2}\cdot(x^2)'=2x\sqrt{1+x^4}.$$

故应选 C.

**例2** 若连续函数 $f(x)$ 满足 $\int_0^{x^3-1} f(t)\mathrm{d}t = x$，则 $f(7) = $ _____.

A. 1          B. 2          C. $\dfrac{1}{12}$          D. $\dfrac{1}{2}$

**解** 方程两边同时求导，得 $\left(\int_0^{x^3-1} f(t)\mathrm{d}t\right)' = x'$，

又因为 $\left[\int_0^{x^3-1} f(t)\mathrm{d}t\right]' = f(x^3-1)(x^3-1)' = 3x^2 f(x^3-1)$，

所以 $f(x^3-1) \cdot 3x^2 = 1$，则 $f(x^3-1) = \dfrac{1}{3x^2}$，令 $x=2$，则 $f(7) = \dfrac{1}{12}$.

故应选 C.

**例3** 设 $f(x)$ 是连续函数，则 $\dfrac{\mathrm{d}}{\mathrm{d}x}\int_{x^2}^{-1} f(t)\mathrm{d}t = $ _____.

A. $f(x^2)$       B. $2xf(x^2)$       C. $-f(x^2)$       D. $-2xf(x^2)$

**解** 由变下限积分的求导公式得 $\dfrac{\mathrm{d}}{\mathrm{d}x}\int_{x^2}^{-1} f(t)\mathrm{d}t = -f(x^2) \cdot 2x$.

故应选 D.

**例4** 求变限积分 $\int_{\sqrt{x}}^{x^2} \ln(1+t^2)\mathrm{d}t$ 的导数.

**解** $\left[\int_{\sqrt{x}}^{x^2} \ln(1+t^2)\mathrm{d}t\right]' = \ln[1+(x^2)^2](x^2)' - \ln[1+(\sqrt{x})^2](\sqrt{x})' = 2x\ln(1+x^4) - \dfrac{1}{2\sqrt{x}}\ln(1+x)$.

**例5** 设函数 $g(x)$ 连续，且 $f(x) = \dfrac{1}{2}\int_0^x (x-t)^2 g(t)\mathrm{d}t$，求 $f'(x)$.

**解** 变限积分求导数时，若被积函数中含有积分上限 $x$，应先通过化简，将 $x$ 提到积分号外，再对被积函数只含积分变量 $t$ 形式的积分求导.

因为 $f(x) = \dfrac{1}{2}\int_0^x (x-t)^2 g(t)\mathrm{d}t = \dfrac{x^2}{2}\int_0^x g(t)\mathrm{d}t - x\int_0^x tg(t)\mathrm{d}t + \dfrac{1}{2}\int_0^x t^2 g(t)\mathrm{d}t$，

所以 $f'(x) = x\int_0^x g(t)\mathrm{d}t + \dfrac{x^2}{2}g(x) - \int_0^x tg(t)\mathrm{d}t - x^2 g(x) + \dfrac{x^2}{2}g(x) = x\int_0^x g(t)\mathrm{d}t - \int_0^x tg(t)\mathrm{d}t$.

> **【名师点评】** 同学们必须正确理解 $\int_0^x f(t)\mathrm{d}t$ 中 $t$ 为变量，而 $x$ 相对 $t$ 是一个常数.

## 考点 三 积分上限函数的综合应用

> **【考点分析】** 本考点主要考查积分上限函数的求导定理.

**例1** 设 $f(x)$ 在 **R** 上连续，且在 $x \neq 0$ 时可导，则函数 $F(x) = x\int_0^x f(x)\mathrm{d}x$ _____.

A. $F'(0)$ 不存在                 B. $F'(x)$ 不存在

C. $F'(x)$ 连续                    D. $F'(0)$ 存在，但 $F''(0)$ 不存在

**解** 由变上限定积分的性质可知 $\left[\int_0^x f(x)\mathrm{d}x\right]' = f(x)$，则有

$$\lim_{x\to 0}\frac{F(x)-F(0)}{x} = \lim_{x\to 0}\frac{x\int_0^x f(x)\mathrm{d}x}{x} = \lim_{x\to 0}\int_0^x f(x)\mathrm{d}x = 0,$$

显然 $F(x)$ 可导，且 $F'(0) = 0$，故选项 A，B 错误.

又因为 $\lim_{x\to 0}\dfrac{F'(x)-F'(0)}{x} = \lim_{x\to 0}\dfrac{\int_0^x f(x)\mathrm{d}x + xf(x) - 0}{x} = \lim_{x\to 0}\left(\dfrac{\int_0^x f(x)\mathrm{d}x}{x} + f(x)\right)$

$$= \lim_{x\to 0}\frac{\int_0^x f(x)\mathrm{d}x}{x} + \lim_{x\to 0}f(x) = 2f(0),$$

故 $F''(0)$ 存在,且 $F''(0) = 2f(0)$,由排除法可知,选项 C 正确.

故应选 C.

**例 2** 设函数 $f(x) = \lim\limits_{n \to \infty} \dfrac{\mathrm{d}}{\mathrm{d}x}\left(\displaystyle\int_{-1}^{x} \dfrac{1+t}{1+t^{4n}}\mathrm{d}t\right)$,求 $f(x)$ 的间断点.

**解** 由于 $f(x) = \lim\limits_{n \to \infty} \dfrac{1+x}{1+x^{4n}} = \begin{cases} 0, & x < -1, \\ 0, & x = -1, \\ 1+x, & -1 < x < 1, \\ 1, & x = 1, \\ 0, & x > 1, \end{cases}$

故 $f(x)$ 的间断点为 $x = 1$.

**例 3** 设 $f(x)$ 在 $[a,b]$ 上连续,且单调增加,证明: $\displaystyle\int_a^b tf(t)\mathrm{d}t \geqslant \dfrac{a+b}{2}\int_a^b f(t)\mathrm{d}t$.

**证** 令 $F(x) = 2\displaystyle\int_a^x tf(t)\mathrm{d}t - (a+x)\int_a^x f(t)\mathrm{d}t$,

则 $F(b) = 2\displaystyle\int_a^b tf(t)\mathrm{d}t - (a+b)\int_a^b f(t)\mathrm{d}t$, $F(a) = 0$(下面只需证 $F(b) > F(a) = 0$).

因为 $F'(x) = 2xf(x) - \displaystyle\int_a^x f(t)\mathrm{d}t - (a+x)f(x) = (x-a)f(x) - \int_a^x f(t)\mathrm{d}t$

$$= f(x)\int_a^x \mathrm{d}t - \int_a^x f(t)\mathrm{d}t = \int_a^x f(x)\mathrm{d}t - \int_a^x f(t)\mathrm{d}t = \int_a^x [f(x) - f(t)]\mathrm{d}t,$$

且 $f(x)$ 单调增加,则当 $a < t < x$ 时,$f(x) > f(t)$,则 $F'(x) > 0$,$F(x)$ 在 $[a,b]$ 上单调增加,

故 $F(b) > F(a) = 0$,即 $\displaystyle\int_a^b tf(t)\mathrm{d}t \geqslant \dfrac{a+b}{2}\int_a^b f(t)\mathrm{d}t$.

**【名师点评】**此题为基本的证明题题型,一般地,证明积分等式或不等式,都应引入变限积分,将其转化成函数等式或不等式.本题令 $F(x) = 2\displaystyle\int_a^x tf(t)\mathrm{d}t - (a+x)\int_a^x f(t)\mathrm{d}t$,则求得 $F'(x) > 0$,然后根据判断函数单调性的方法判定单调性.

**例 4** 设 $f(x)$ 在 $[a,b]$ 上连续且单调减少,试证 $F(x) = \dfrac{1}{x-a}\displaystyle\int_a^x f(t)\mathrm{d}t$ 在 $(a,b)$ 内也是单调减少的函数.

**证** 因为 $F'(x) = \dfrac{f(x)(x-a) - \displaystyle\int_a^x f(t)\mathrm{d}t}{(x-a)^2}$, $x \in (a,b)$,

由积分中值定理得 $\displaystyle\int_a^x f(t)\mathrm{d}t = f(\xi)(x-a)$, $a \leqslant \xi \leqslant x$,

所以 $f(x)(x-a) - \displaystyle\int_a^x f(t)\mathrm{d}t = (x-a)[f(x) - f(\xi)]$.

又因为 $f(x)$ 在 $(a,b)$ 内单调减少,所以当 $a \leqslant \xi \leqslant x$ 时,有 $f(x) - f(\xi) \leqslant 0$,

从而有 $f(x)(x-a) - \displaystyle\int_a^x f(t)\mathrm{d}t \leqslant 0$,即有 $F'(x) \leqslant 0$, $x \in (a,b)$.

故 $F(x)$ 在 $(a,b)$ 内是单调减少的函数

**【名师点评】**要证明 $F(x) = \dfrac{1}{x-a}\displaystyle\int_a^x f(t)\mathrm{d}t$ 在区间 $(a,b)$ 内是单调减少的函数,实质上是证明 $F'(x) > 0$,所以首先要求出 $F'(x)$.

**例 5** 设 $f(x) = \begin{cases} \dfrac{2}{x^2}(1-\cos x), & x < 0, \\ 1, & x = 0, \\ \dfrac{1}{x}\displaystyle\int_0^x \cos t^2 \mathrm{d}t, & x > 0, \end{cases}$ 试讨论 $f(x)$ 在 $x = 0$ 处的连续性和可导性.

**解** (1) 由 $\lim\limits_{x\to 0^-}f(x)=\lim\limits_{x\to 0^-}\dfrac{2}{x^2}(1-\cos x)=\lim\limits_{x\to 0^-}\dfrac{\sin x}{x}=1$, $\lim\limits_{x\to 0^+}f(x)=\lim\limits_{x\to 0^+}\dfrac{1}{x}\int_0^x\cos t^2\,\mathrm{d}t=\lim\limits_{x\to 0^+}\cos x^2=1$,

可知函数 $f(x)$ 在 $x=0$ 处连续.

(2) 分别求函数 $f(x)$ 在 $x=0$ 处的左、右导数:

$$f'_-(0)=\lim_{x\to 0^-}\frac{\dfrac{2}{x^2}(1-\cos x)-1}{x}=\lim_{x\to 0^-}\frac{2(1-\cos x)-x^2}{x^3}\overset{\frac{0}{0}}{=}\lim_{x\to 0^-}\frac{2\sin x-2x}{3x^2}$$

$$\overset{\frac{0}{0}}{=}\lim_{x\to 0^-}\frac{2\cos x-2}{6x}\overset{\frac{0}{0}}{=}\lim_{x\to 0^-}\frac{-\sin x}{3}=0,$$

$$f'_+(0)=\lim_{x\to 0^+}\frac{\dfrac{1}{x}\int_0^x\cos t^2\,\mathrm{d}t-1}{x}=\lim_{x\to 0^+}\frac{\int_0^x\cos t^2\,\mathrm{d}t-x}{x^2}\overset{\frac{0}{0}}{=}\lim_{x\to 0^+}\frac{\cos x^2-1}{2x}\overset{\frac{0}{0}}{=}\lim_{x\to 0^+}\frac{-2x\sin x^2}{2}=0,$$

由于左、右导数都等于零,可见 $f(x)$ 在 $x=0$ 处可导,且 $f'(0)=0$.

【名师点评】分段函数在其分界点处的连续性及可导性的讨论,我们只能通过定义来解决,也即通过定义分别求得左、右极限以验证是否连续,通过定义求得左、右导数以验证是否可导.

### 考点 四 利用牛顿–莱布尼茨公式求定积分

【考点分析】牛顿–莱布尼茨公式的重要性在于建立了定积分和被积函数的原函数之间的关系,把计算定积分的问题转化为求不定积分的问题,为我们计算定积分提供了一种简便的方法.

**例1** $\displaystyle\int_0^\pi\sin x\,\mathrm{d}x=$ _____.

**解** $\displaystyle\int_0^\pi\sin x\,\mathrm{d}x=\big[-\cos x\big]_0^\pi=2.$

故应填 2.

**例2** 设 $f(x)=\begin{cases}2x+1,&x\leqslant 2,\\1+x^2,&2<x\leqslant 4,\end{cases}$ 求 $k(-2<k<2)$ 的值,使 $\displaystyle\int_k^3 f(x)\,\mathrm{d}x=\dfrac{40}{3}$.

**解** 由定积分的可加性可得

$$\int_k^3 f(x)\,\mathrm{d}x=\int_k^2(2x+1)\,\mathrm{d}x+\int_2^3(1+x^2)\,\mathrm{d}x=(x^2+x)\Big|_k^2+\left(x+\frac{x^3}{3}\right)\Big|_2^3$$

$$=6-(k^2+k)+\frac{22}{3}=\frac{40}{3}-(k^2+k).$$

即 $\dfrac{40}{3}-(k^2+k)=\dfrac{40}{3}$,因此 $k^2+k=0$,解得 $k=0,-1$.

**例3** 求定积分 $\displaystyle\int_0^{\frac{\pi}{2}}\sqrt{\cos x-\cos^3 x}\,\mathrm{d}x$.

**解** $\displaystyle\int_0^{\frac{\pi}{2}}\sqrt{\cos x-\cos^3 x}\,\mathrm{d}x=\int_0^{\frac{\pi}{2}}\sqrt{\cos x(1-\cos^2 x)}\,\mathrm{d}x=\int_0^{\frac{\pi}{2}}\sqrt{\cos x\,\sin^2 x}\,\mathrm{d}x=\int_0^{\frac{\pi}{2}}\sqrt{\cos x}\,\sin x$

$$=\int_0^{\frac{\pi}{2}}\sqrt{\cos x}\,\mathrm{d}(-\cos x)=-\frac{2}{3}(\cos x)^{\frac{3}{2}}\Big|_0^{\frac{\pi}{2}}=\frac{2}{3}.$$

**例4** 下列积分中,可直接用牛顿–莱布尼茨公式计算的是 _____.

A. $\displaystyle\int_0^5\frac{x\,\mathrm{d}x}{x^2+1}$ 　　　 B. $\displaystyle\int_{-1}^1\frac{x\,\mathrm{d}x}{\sqrt{1-x^2}}$ 　　　 C. $\displaystyle\int_{\frac{1}{e}}^{e}\frac{\mathrm{d}x}{x\ln x}$ 　　　 D. $\displaystyle\int_1^{+\infty}\frac{\mathrm{d}x}{x}$

**解** 选项 A 中的被积函数 $\dfrac{x}{x^2+1}$ 在 $[0,5]$ 上连续,且有原函数 $\dfrac{1}{2}\ln(x^2+1)$,故可直接应用牛顿–莱布尼茨公式;

选项 B 中的函数 $\dfrac{x}{\sqrt{1-x^2}}$ 在积分区间的端点处无定义,且在区间上无界;选项 C 中的函数 $\dfrac{1}{x\ln x}$ 在 $[e^{-1},e]$ 中有无穷

间断点 $x=1$;选项 D 中的积分区间是无限的,故均不能应用牛顿 - 莱布尼茨公式.

故应选 A.

## 考点真题解析

### 考点一 积分上限函数及其导数

**真题 1** (2021 高数二) 已知 $f(x)$ 为 $[1,+\infty)$ 上的连续函数,且 $F(x)=\int_1^{x^2}\frac{f(t)}{t}\mathrm{d}t,x\in[1,+\infty)$,则 $F'(x)=$ _____.

A. $2f(x)$ 　　　　　　　B. $2xf(x^2)$ 　　　　　　C. $\dfrac{f(x^2)}{x^2}$ 　　　　　　D. $\dfrac{2f(x^2)}{x}$

**解** $F'(x)=\dfrac{f(x^2)}{x^2}\cdot(x^2)'=\dfrac{f(x^2)}{x^2}\cdot2x=\dfrac{2f(x^2)}{x}$.

故应选 D.

**真题 2** (2020 高数三) $\dfrac{\mathrm{d}}{\mathrm{d}x}\int_0^x\tan t^2\mathrm{d}t=$ _____.

A. $2x\tan2x$ 　　　　　　B. $2x\tan x^2$ 　　　　　　C. $\tan2x$ 　　　　　　D. $\tan x^2$

**解** $\dfrac{\mathrm{d}}{\mathrm{d}x}\int_0^x\tan t^2\mathrm{d}t=\tan x^2$.

故应选 D.

**真题 3** (2019 财经) 设 $\varphi(x)=\int_0^{\ln x}t^2\mathrm{d}t$,则 $\varphi'(x)=$ _____.

**解** 根据积分上限函数的求导定理得 $\varphi'(x)=\left(\int_0^{\ln x}t^2\mathrm{d}t\right)'=(\ln x)^2\cdot(\ln x)'=\dfrac{\ln^2x}{x}$.

故应填 $\dfrac{\ln^2x}{x}$.

**真题 4** (2018 财经) 若函数 $f(x)$ 连续,且 $\int_0^{2x}f(t)\mathrm{d}t=1+x^3$,则 $f(8)=$ _____.

**解** 因为函数 $f(x)$ 连续,所以在 $\int_0^{2x}f(t)\mathrm{d}t=1+x^3$ 两边同时对 $x$ 求导,得 $2f(2x)=3x^2$,

于是 $f(8)=24$.

故应填 24.

**真题 5** (2017 机械) 设 $f(x)$ 在 $(-\infty,+\infty)$ 内连续,下面不是 $f(x)$ 的原函数的是 _____.

A. $\int_0^x f(x)\mathrm{d}x+C$ 　　B. $\int_0^x f(t)\mathrm{d}t$ 　　C. $\int_0^x f(t)\mathrm{d}t+C$ 　　D. $\int_0^x f(t)\mathrm{d}x$

**解** 因为 $\left[\int_0^x f(t)\mathrm{d}x\right]'=\left[f(t)\int_0^x\mathrm{d}x\right]'=[f(t)x]'=f(t)\neq f(x)$,所以 $\int_0^x f(t)\mathrm{d}x$ 不是 $f(x)$ 的原函数.

故应选 D.

**真题 6** (2017 工商) 若 $y=\int_0^x(t-1)^2(t+2)\mathrm{d}t$,则 $\dfrac{\mathrm{d}y}{\mathrm{d}x}\Big|_{x=0}=$ _____.

A. $-2$ 　　　　　　　B. 2 　　　　　　　C. $-1$ 　　　　　　　D. 1

**解** 由 $y'=\left[\int_0^x(t-1)^2(t+2)\mathrm{d}t\right]'=(x-1)^2(x+2)$,得 $y'(0)=2$.

故应选 B.

**真题 7** (2017 电子) $\dfrac{\mathrm{d}}{\mathrm{d}x}\left(x\int_0^x\sqrt{1+t^4}\,\mathrm{d}t\right)=$ _____.

A. $\int_0^x\sqrt{1+t^4}\,\mathrm{d}t$ 　B. $4x^4\int_0^x\sqrt{1+t^4}\,\mathrm{d}t$ 　C. $\int_0^x\sqrt{1+t^4}\,\mathrm{d}t+x\sqrt{1+x^4}$ 　D. $x\sqrt{1+x^4}$

**解** 根据积分上限函数的求导公式可得

$$\frac{\mathrm{d}}{\mathrm{d}x}\left(x\int_0^x\sqrt{1+t^4}\,\mathrm{d}t\right)=x'\int_0^x\sqrt{1+t^4}\,\mathrm{d}t+x\left(\int_0^x\sqrt{1+t^4}\,\mathrm{d}t\right)'=\int_0^x\sqrt{1+t^4}\,\mathrm{d}t+x\sqrt{1+x^4}.$$

故应选 C.

## 考点 二  计算与积分上限函数相关的极限

**真题 1** (2020 高数二) 求极限 $\lim\limits_{x\to 0}\dfrac{\int_0^x \sin t^2 \,\mathrm{d}t}{x^3}$.

**解**  $\lim\limits_{x\to 0}\dfrac{\int_0^x \sin t^2 \,\mathrm{d}t}{x^3} = \lim\limits_{x\to 0}\dfrac{\sin x^2}{3x^2} = \lim\limits_{x\to 0}\dfrac{x^2}{3x^2} = \dfrac{1}{3}$.

**真题 2** (2019 公共课) 设函数 $f(x)=\begin{cases}\dfrac{1}{x}\int_x^0 \dfrac{\sin 2t}{t}\,\mathrm{d}t, & x\neq 0,\\ a, & x=0\end{cases}$ 在 $x=0$ 处连续, 则 $a=$ _____.

**解**  $\lim\limits_{x\to 0}\dfrac{\int_x^0 \dfrac{\sin 2t}{t}\,\mathrm{d}t}{x} = \lim\limits_{x\to 0}\dfrac{-\dfrac{\sin 2x}{x}}{1} = -2\lim\limits_{x\to 0}\dfrac{\sin 2x}{2x} = -2$, 因为 $f(x)$ 在 $x=0$ 处连续, 所以 $a=-2$.
故应填 $-2$.

**真题 3** (2017 土木) 极限 $\lim\limits_{x\to 0}\dfrac{\int_0^{2x}\ln(1+t)\,\mathrm{d}t}{1-\cos(2x)}=$ _____.

**解**  利用等价无穷小替换和洛必达法则可得 $\lim\limits_{x\to 0}\dfrac{\int_0^{2x}\ln(1+t)\,\mathrm{d}t}{1-\cos(2x)} = \lim\limits_{x\to 0}\dfrac{2\ln(1+2x)}{2\sin(2x)} = \lim\limits_{x\to 0}\dfrac{2x}{2x} = 1$.
故应填 1.

**真题 4** (2010 土木、工商) 计算极限 $\lim\limits_{x\to 0}\dfrac{\int_0^x (\sin t)^2 \,\mathrm{d}t}{\ln(1+x^3)}$.

**解**  $\lim\limits_{x\to 0}\dfrac{\int_0^x (\sin t)^2 \,\mathrm{d}t}{\ln(1+x^3)} = \lim\limits_{x\to 0}\dfrac{\int_0^x (\sin t)^2 \,\mathrm{d}t}{x^3} = \lim\limits_{x\to 0}\dfrac{(\sin x)^2}{3x^2} = \lim\limits_{x\to 0}\dfrac{x^2}{3x^2} = \dfrac{1}{3}$.

## 考点 三  与积分上限函数有关的证明

**真题 1** (2013 计算机) 证明 $f(x) = x\mathrm{e}^{x^2}\int_0^{2x}\mathrm{e}^{t^2}\,\mathrm{d}t$ 在 $(-\infty, +\infty)$ 上为偶函数.

**证**  因 $x\mathrm{e}^{x^2}$ 在 $(-\infty, +\infty)$ 上为奇函数, 故只需证明 $\int_0^{2x}\mathrm{e}^{t^2}\,\mathrm{d}t$ 在 $(-\infty, +\infty)$ 上为奇函数即可.

设 $F(x)=\int_0^{2x}\mathrm{e}^{t^2}\,\mathrm{d}t$, 则 $F(-x)=\int_0^{-2x}\mathrm{e}^{t^2}\,\mathrm{d}t$, 令 $t=-u$, 则 $u=-t$, $\mathrm{d}t=-\mathrm{d}u$, 所以

$$F(-x)=\int_0^{-2x}\mathrm{e}^{t^2}\,\mathrm{d}t=-\int_0^{2x}\mathrm{e}^{(-u)^2}\,\mathrm{d}u=-\int_0^{2x}\mathrm{e}^{u^2}\,\mathrm{d}u=-\int_0^{2x}\mathrm{e}^{t^2}\,\mathrm{d}t=-F(x).$$

故 $\int_0^{2x}\mathrm{e}^{t^2}\,\mathrm{d}t$ 为奇函数, 所以 $f(x)=x\mathrm{e}^{x^2}\int_0^{2x}\mathrm{e}^{t^2}\,\mathrm{d}t$ 为偶函数, 原命题成立.

**真题 2** (2011 计算机) 已知 $f(x)$ 为连续的奇函数, 证明 $\int_0^x f(t)\,\mathrm{d}t$ 为偶函数.

**证**  设 $F(x)=\int_0^x f(t)\,\mathrm{d}t$, 则 $F(-x)=\int_0^{-x}f(t)\,\mathrm{d}t\xrightarrow{\text{令}\,t=-u}-\int_0^x f(-u)\,\mathrm{d}u=\int_0^x f(u)\,\mathrm{d}u=F(x)$.
所以 $\int_0^x f(t)\,\mathrm{d}t$ 为偶函数.

**真题 3** (2011 会计) 证明 $\int_0^x \dfrac{2+\sin t}{1+t}\,\mathrm{d}t=\int_x^1 \dfrac{1+t}{2+\sin t}\,\mathrm{d}t$ 在 $(0,1)$ 内有唯一的实根.

**证**  令 $f(x)=\int_0^x \dfrac{2+\sin t}{1+t}\,\mathrm{d}t-\int_x^1 \dfrac{1+t}{2+\sin t}\,\mathrm{d}t$, 显然 $f(x)$ 在 $[0,1]$ 上连续.

因为 $f(0)=-\int_0^1 \dfrac{1+t}{2+\sin t}\,\mathrm{d}t<0$, $f(1)=\int_0^1 \dfrac{2+\sin t}{1+t}\,\mathrm{d}t>0$,

所以由零点定理知, 在 $(0,1)$ 内, $f(x)=0$ 至少有一个实根.

又因为 $f'(x) = \dfrac{2+\sin x}{1+x} + \dfrac{1+x}{2+\sin x} > 0, x \in (0,1)$，所以 $f(x)$ 在 $(0,1)$ 内单调增加.

因此，在 $(0,1)$ 内，$f(x) = 0$ 至多有一个实根.

综上所述，方程 $\displaystyle\int_0^x \dfrac{2+\sin t}{1+t}\mathrm{d}t = \int_x^1 \dfrac{1+t}{2+\sin t}\mathrm{d}t$ 在 $(0,1)$ 内有唯一的实根.

## 考点 四　利用牛顿－莱布尼茨公式求定积分

**真题 1** （2019 机械、交通、电气、电子、土木）$\displaystyle\int_0^\pi \cos x\,\mathrm{d}x = $ _____.

**解** $\displaystyle\int_0^\pi \cos x\,\mathrm{d}x = \sin x\,\Big|_0^\pi = \sin\pi - \sin 0 = 0.$

故应填 0.

**真题 2** （2019 财经类）定积分 $\displaystyle\int_{-2}^0 |\,x+1\,|\,\mathrm{d}x$ 的值为 _____.

A. $-2$            B. $2$            C. $-1$            D. $1$

**解** $\displaystyle\int_{-2}^0 |\,x+1\,|\,\mathrm{d}x = \int_{-2}^{-1}(-x-1)\mathrm{d}x + \int_{-1}^0 (x+1)\mathrm{d}x = -\dfrac{x^2}{2}\Big|_{-2}^{-1} - x\Big|_{-2}^{-1} + \dfrac{x^2}{2}\Big|_{-1}^0 + x\Big|_{-1}^0 = 1.$

故应选 D.

**真题 3** （2009 国贸）设 $f(x) = \begin{cases} 2x, & 0 \leqslant x \leqslant 1, \\ 1, & 1 \leqslant x \leqslant 4, \end{cases}$ 则 $\displaystyle\int_0^4 f(x)\mathrm{d}x = $ _____.

**解** 根据积分区间的可加性和牛顿－莱布尼茨公式计算可得

$$\int_0^4 f(x)\mathrm{d}x = \int_0^1 2x\,\mathrm{d}x + \int_1^4 \mathrm{d}x = x^2\Big|_0^1 + x\Big|_1^4 = 4.$$

故应填 4.

### 考点方法综述

1. 积分上限函数（变上限定积分）的概念：若 $f(x)$ 在 $[a,b]$ 上连续，则 $F(x) = \displaystyle\int_a^x f(t)\mathrm{d}t, x \in [a,b]$.

2. 积分上限函数求导：$F'(x) = \left[\displaystyle\int_a^x f(t)\mathrm{d}t\right]' = f(x).$

推广：(1) 如果 $f(x)$ 连续，$\varphi(x)$ 可导，则 $\left[\displaystyle\int_a^{\varphi(x)} f(t)\mathrm{d}t\right]' = f[\varphi(x)] \cdot \varphi'(x)$；

(2) 如果 $f(x)$ 连续，$\psi(x)$ 可导，则 $\left[\displaystyle\int_{\psi(x)}^b f(t)\mathrm{d}t\right]' = -f[\psi(x)] \cdot \psi'(x)$；

(3) 如果 $\varphi(x), \psi(x)$ 可导，则 $\left[\displaystyle\int_{\psi(x)}^{\varphi(x)} f(t)\mathrm{d}t\right]' = f[\varphi(x)] \cdot \varphi'(x) - f[\psi(x)] \cdot \psi'(x).$

3. 牛顿－莱布尼茨公式：若 $f(x) \in C[a,b]$，且 $F'(x) = f(x)$，则 $\displaystyle\int_a^b f(x)\mathrm{d}x = F(x)\Big|_a^b = F(b) - F(a).$

# 第三节　定积分的换元积分法与分部积分法

### 考纲内容解读

**一、新大纲基本要求**

1. 熟练掌握定积分的换元积分法；

2. 熟练掌握定积分的分部积分法.

**二、新大纲名师解读**

在专升本考试中,本节主要考查以下内容:
1. 定积分的换元积分法;
2. 定积分的分部积分法;
3. 对称区间上函数的定积分.

定积分的计算是每年专升本考试必考的题目.定积分的计算与不定积分的计算的方法类似,它们的区别在于不定积分计算的最后结果是原函数的全体,定积分计算的最后结果是常数;不定积分换元求出积分后,需将变量还原为 $x$;而定积分在换元的同时,积分限也相应地变化,求出原函数后不需将变量还原,直接根据新变量的积分上、下限计算求得结果.注意:换元必须换限.

## 考点内容解析

**一、定积分的换元积分法**

**定理 1**　如果函数 $f(x)$ 在区间 $[a,b]$ 上连续,函数 $x = \varphi(t)$ 满足条件

(1) 当 $t \in [\alpha,\beta]$(或$[\beta,\alpha]$)时,$a \leqslant \varphi(t) \leqslant b$;

(2) $\varphi(t)$ 在区间 $[\alpha,\beta]$(或$[\beta,\alpha]$)上有连续的导数,且 $\varphi'(t) \neq 0$;

(3) $\varphi(\alpha) = a$,$\varphi(\beta) = b$,

则有**定积分换元公式**

$$\int_a^b f(x)\mathrm{d}x = \int_\alpha^\beta f[\varphi(t)]\varphi'(t)\mathrm{d}t.$$

【名师解析】(1) 定理 1 中的公式从左往右相当于不定积分中的第二类换元法,从右往左相当于不定积分中的第一类换元法(此时可以不换元,而直接凑微分).

(2) 与不定积分换元法不同,定积分在换元后不需要还原,只要把最终的数值计算出来即可.

(3) 采用换元法计算定积分时,如果换元,一定换限;不换元就不换限.

**二、定积分的分部积分法**

**定理 2**　设 $u(x)$,$v(x)$ 在 $[a,b]$ 上具有连续的导数,则

$$\int_a^b u(x)v'(x)\mathrm{d}x = u(x)v(x)\bigg|_a^b - \int_a^b u'(x)v(x)\mathrm{d}x.$$

简记为

$$\int_a^b u\mathrm{d}v = (uv)\bigg|_a^b - \int_a^b v\mathrm{d}u.$$

这就是**定积分的分部积分公式**.

**点火公式**:$I_n = \displaystyle\int_0^{\frac{\pi}{2}} \sin^n x\,\mathrm{d}x = \begin{cases} \dfrac{n-1}{n} \cdot \dfrac{n-3}{n-2} \cdot \cdots \cdot \dfrac{3}{4} \cdot \dfrac{1}{2} \cdot \dfrac{\pi}{2}, & n \text{ 是偶数}, \\[3mm] \dfrac{n-1}{n} \cdot \dfrac{n-3}{n-2} \cdot \cdots \cdot \dfrac{4}{5} \cdot \dfrac{2}{3}, & n \text{ 是奇数}. \end{cases}$

## 考点例题分析

### 考点一　使用凑微分法计算定积分

【考点分析】利用凑微分法计算定积分是常考题型,首先用不定积分的凑微分法求得一个原函数,然后利用牛顿 - 莱布尼茨公式计算求得结果.

**例1** 求 $\int_0^2 x\sqrt{1+2x^2}\,\mathrm{d}x$.

**解** 根据第一类换元积分法和牛顿-莱布尼茨公式可得

$$\int_0^2 x\sqrt{1+2x^2}\,\mathrm{d}x = \frac{1}{4}\int_0^2 \sqrt{1+2x^2}\,\mathrm{d}(1+2x^2) = \frac{1}{4}\cdot\frac{2}{3}(1+2x^2)^{\frac{3}{2}}\Big|_0^2 = \frac{13}{3}.$$

**【名师点评】** 定积分的换元积分法与不定积分的换元积分法有类似的公式. 如果用第一类换元法(凑微分法)求原函数,一般不用设出新变量,因此原积分限不变.

**例2** 积分 $\int_1^e \dfrac{\mathrm{d}x}{x\sqrt{1+\ln x}}$ 的值等于 _____.

**解** 根据第一类换元积分法和牛顿-莱布尼茨公式可得

$$\int_1^e \frac{1}{x\sqrt{1+\ln x}}\,\mathrm{d}x = \int_1^e \frac{1}{\sqrt{1+\ln x}}\,\mathrm{d}(1+\ln x) = 2\sqrt{1+\ln x}\,\Big|_1^e = 2(\sqrt{2}-1).$$

**【名师点评】** 若被积函数中含有 $\ln x$,可先设 $\ln x = t$,则 $x = e^t$,$\mathrm{d}x = \mathrm{d}e^t = e^t\mathrm{d}t$. 比如,本题的计算过程可写成

$$\int_1^e \frac{\mathrm{d}x}{x\sqrt{1+\ln x}} = \int_0^1 \frac{e^t\,\mathrm{d}t}{e^t\sqrt{1+t}} = \int_0^1 \frac{\mathrm{d}t}{\sqrt{1+t}} = 2\sqrt{1+t}\,\Big|_0^1 = 2(\sqrt{2}-1).$$

**例3** 求 $\int_0^1 \dfrac{\mathrm{d}x}{e^x+e^{-x}}$.

**解** 根据第一类换元积分法和牛顿-莱布尼茨公式可得:

$$\int_0^1 \frac{\mathrm{d}x}{e^x+e^{-x}} = \int_0^1 \frac{e^x}{e^{2x}+1}\,\mathrm{d}x = \int_0^1 \frac{1}{(e^x)^2+1}\,\mathrm{d}e^x = \arctan e^x\,\Big|_0^1 = \arctan e - \frac{\pi}{4}.$$

**例4** 设 $f(x) = \int_1^x \dfrac{1}{1+t}\,\mathrm{d}t\,(x>0)$,求 $f(x)-f\left(\dfrac{1}{x}\right)$.

**解** 根据第一类换元积分法和牛顿-莱布尼茨公式可得

$$f(x) = \int_1^x \frac{1}{1+t}\,\mathrm{d}t = \int_1^x \frac{1}{1+t}\,\mathrm{d}(1+t) = [\ln|1+t|]_1^x = \ln(1+x)-\ln 2,$$

$$f(x)-f\left(\frac{1}{x}\right) = \ln(1+x)-\ln 2 - \left[\ln\left(1+\frac{1}{x}\right)-\ln 2\right] = \ln(1+x)-\ln\frac{1+x}{x}$$

$$= \ln(1+x)-[\ln(1+x)-\ln x] = \ln x.$$

**例5** 已知 $\int_0^{\ln a} e^x\sqrt{3-2e^x}\,\mathrm{d}x = \dfrac{1}{3}$,求 $a$ 的值.

**解** 因为 $\int_0^{\ln a} e^x\sqrt{3-2e^x}\,\mathrm{d}x = -\dfrac{1}{2}\int_0^{\ln a} \sqrt{3-2e^x}\,\mathrm{d}(3-2e^x)$,令 $3-2e^x = t$,所以

$$\int_0^{\ln a} e^x\sqrt{3-2e^x}\,\mathrm{d}x = -\frac{1}{2}\int_1^{3-2a}\sqrt{t}\,\mathrm{d}t = -\frac{1}{2}\cdot\frac{2}{3}t^{\frac{3}{2}}\Big|_1^{3-2a} = -\frac{1}{3}\cdot\left[\sqrt{(3-2a)^3}-1\right].$$

由于 $\int_0^{\ln a} e^x\sqrt{3-2e^x}\,\mathrm{d}x = \dfrac{1}{3}$,故 $-\dfrac{1}{3}\cdot\left[\sqrt{(3-2a)^3}-1\right] = \dfrac{1}{3}$.

即 $\sqrt{(3-2a)^3} = 0$,也即 $3-2a = 0$,所以 $a = \dfrac{3}{2}$.

**【名师点评】** 事实上,本题我们可以把 $\int_0^{\ln a} e^x\sqrt{3-2e^x}\,\mathrm{d}x = \dfrac{1}{3}$ 看成关于 $a$ 的方程,两边同时对 $a$ 求导数,可得 $\dfrac{1}{a}e^{\ln a}\sqrt{3-2e^{\ln a}} = 0$,从而 $3-2a = 0$,也即 $a = \dfrac{3}{2}$.

## 考点 二 利用定积分的换元法计算

**【考点分析】**应用换元公式时要注意两点:

(1) 作换元 $x = \varphi(t)$ 时,不仅要像计算不定积分那样变换被积分表达式,积分上、下限也要随之作变换,即把对 $x$ 的积分的积分限 $a,b$ 相应地换成对 $t$ 积分的积分限 $\alpha,\beta$.

(2) 在求出 $f[\varphi(t)]\varphi'(t)$ 的一个原函数 $G(t)$ 后,不必像计算不定积分那样用 $x = \varphi(t)$ 的反函数 $t = \varphi^{-1}(x)$ 代入 $G(x)$,而只要直接计算 $G(\beta) - G(\alpha)$ 即可.这是定积分与不定积分换元法的不同之处,也是定积分换元法的优越性所在.

**例 1** 求定积分 $\int_1^2 \dfrac{\sqrt{x-1}}{x}\,dx$.

**解** 令 $\sqrt{x-1} = t$,则原式 $= \int_0^1 \dfrac{2t^2}{t^2+1}dt = 2\int_0^1\left(1 - \dfrac{1}{t^2+1}\right)dt = 2 - \dfrac{\pi}{2}$.

**例 2** 计算 $\int_0^4 \dfrac{x+2}{\sqrt{2x+1}}\,dx$.

**解** 根据第二类换元积分法和牛顿 - 莱布尼茨公式,令 $\sqrt{2x+1} = t$,则 $x = \dfrac{t^2-1}{2}$,$dx = t\,dt$. 当 $x = 0$ 时,$t = 1$;当 $x = 4$ 时,$t = 3$. 于是

$$\int_0^4 \frac{x+2}{\sqrt{2x+1}}\,dx = \int_1^3 \frac{\frac{t^2-1}{2}+2}{t}\cdot t\,dt = \frac{1}{2}\int_1^3 (t^2+3)\,dt = \frac{1}{2}\left[\frac{t^3}{3} + 3t\right]_1^3 = \frac{22}{3}.$$

**例 3** 设 $f(x) = \begin{cases} \dfrac{1}{2-x}, & x \leqslant 0, \\ \sin x, & x > 0, \end{cases}$ 求 $\int_0^2 f(x-1)dx$.

**解** 令 $x - 1 = t$,则 $\int_0^2 f(x-1)dx = \int_{-1}^1 f(t)dt = \int_{-1}^1 f(x)dx = \int_{-1}^0 \frac{1}{2-x}dx + \int_0^1 \sin x\,dx$

$$= -\ln(2-x)\Big|_{-1}^0 - \cos x\Big|_0^1 = -(\ln 2 - \ln 3) - \cos 1 + 1$$

$$= 1 - \cos 1 - \ln 2 + \ln 3.$$

**例 4** 证明:若 $f(x)$ 连续,则 $\int_0^\pi x f(\sin x)dx = \dfrac{\pi}{2}\int_0^\pi f(\sin x)dx$.

**证** 令 $t = \pi - x$,则 $\int_0^\pi x f(\sin x)dx = -\int_\pi^0 (\pi - t)f(\sin t)dt = \int_0^\pi (\pi - t)f(\sin t)dt$

$$= \int_0^\pi \pi f(\sin t)dt - \int_0^\pi t f(\sin t)dt = \pi\int_0^\pi f(\sin x)dx - \int_0^\pi x f(\sin x)dx.$$

于是 $\int_0^\pi x f(\sin x)dx = \dfrac{\pi}{2}\int_0^\pi f(\sin x)dx$.

**【名师点评】**本题也可采用其他方法证明:

因为 $\int_0^\pi x f(\sin x)dx - \dfrac{\pi}{2}\int_0^\pi f(\sin x)dx = \int_0^\pi \left(x - \dfrac{\pi}{2}\right)f(\sin x)dx$

$$\xrightarrow{\text{令}\frac{\pi}{2}-x=t} -\int_{\frac{\pi}{2}}^{-\frac{\pi}{2}} (-t)f(\cos t)dt = \int_{-\frac{\pi}{2}}^{\frac{\pi}{2}} (-t)f(\cos t)dt.$$

我们根据题意可知函数 $g(t) = -t f(\cos t)$ 是区间 $\left[-\dfrac{\pi}{2}, \dfrac{\pi}{2}\right]$ 上连续的奇函数,从而 $\int_{-\frac{\pi}{2}}^{\frac{\pi}{2}} (-t)f(\cos t)dt = 0$,也即命题得证.

## 考点 三 利用三角代换计算定积分

【考点分析】常用的三角换元如下:

(1) 若被积函数中含有 $\sqrt{a^2-x^2}$,令 $x=a\sin t$ 或 $x=a\cos t$;

(2) 若被积函数中含有 $\sqrt{x^2+a^2}$,令 $x=a\tan t$ 或 $x=a\cot t$;

(3) 若被积函数中含有 $\sqrt{x^2-a^2}$,令 $x=a\sec t$ 或 $x=a\csc t$.

**例 1** 计算定积分 $\int_0^a x^2\sqrt{a^2-x^2}\,\mathrm{d}x$.

**解** 根据第二类换元积分法,令 $x=a\sin t$,则 $\mathrm{d}x=a\cos t\,\mathrm{d}t$. 当 $x=0$ 时,$t=0$;当 $x=a$ 时,$t=\dfrac{\pi}{2}$.

所以 $\int_0^a x^2\sqrt{a^2-x^2}\,\mathrm{d}x=\int_0^{\frac{\pi}{2}}(a\sin t)^2\sqrt{a^2-a^2\sin^2 t}\cdot a\cos t\,\mathrm{d}t=a^4\int_0^{\frac{\pi}{2}}\sin^2 t\cos^2 t\,\mathrm{d}t=\dfrac{a^4}{4}\int_0^{\frac{\pi}{2}}\sin^2 2t\,\mathrm{d}t$

$$=\dfrac{a^4}{32}\int_0^{\frac{\pi}{2}}(1-\cos 4t)\,\mathrm{d}(4t)=\dfrac{a^4\pi}{16}.$$

**例 2** $\int_1^{\sqrt{2}}\dfrac{x^2}{(4-x^2)^{\frac{3}{2}}}\,\mathrm{d}x=$ _____.

A. $1-\dfrac{\sqrt{3}}{3}-\dfrac{\pi}{12}$         B. $1-\dfrac{\sqrt{3}}{3}+\dfrac{\pi}{12}$          C. $1$          D. $0$

**解** 令 $x=2\sin t$,则 $\mathrm{d}x=2\cos t\,\mathrm{d}t$. 当 $x=1$ 时,$t=\dfrac{\pi}{6}$;当 $x=\sqrt{2}$ 时,$t=\dfrac{\pi}{4}$,于是

$$\int_1^{\sqrt{2}}\dfrac{x^2}{(4-x^2)^{\frac{3}{2}}}\,\mathrm{d}x=\int_{\frac{\pi}{6}}^{\frac{\pi}{4}}\dfrac{4\sin^2 t}{(4-4\sin^2 t)^{\frac{3}{2}}}2\cos t\,\mathrm{d}t=\int_{\frac{\pi}{6}}^{\frac{\pi}{4}}(\sec^2 t-1)\,\mathrm{d}t=(\tan t-t)\Big|_{\frac{\pi}{6}}^{\frac{\pi}{4}}=1-\dfrac{\sqrt{3}}{3}-\dfrac{\pi}{12}.$$

故应选 A.

【名师点评】这里提一个同学们容易犯的规范性错误,在换元时,写成以下形式是错误的:

$$\int_1^{\sqrt{2}}\dfrac{x^2}{(4-x^2)^{\frac{3}{2}}}\,\mathrm{d}x=\int_1^{\sqrt{2}}\dfrac{4\sin^2 t}{(4-4\sin^2 t)^{\frac{3}{2}}}2\cos t\,\mathrm{d}t=\int_{\frac{\pi}{6}}^{\frac{\pi}{4}}(\sec^2 t-1)\,\mathrm{d}t,$$

即换元与换限必须同时进行.

**例 3** 证明 $\int_0^{\frac{\pi}{2}}\dfrac{\sin x}{\sin x+\cos x}\,\mathrm{d}x=\int_0^{\frac{\pi}{2}}\dfrac{\cos x}{\sin x+\cos x}\,\mathrm{d}x$.

**证** 令 $x=\dfrac{\pi}{2}-t$,则左端 $=\int_0^{\frac{\pi}{2}}\dfrac{\sin x}{\sin x+\cos x}\,\mathrm{d}x=\int_{\frac{\pi}{2}}^{0}\dfrac{\sin\left(\dfrac{\pi}{2}-t\right)}{\sin\left(\dfrac{\pi}{2}-t\right)+\cos\left(\dfrac{\pi}{2}-t\right)}\cdot(-\mathrm{d}t)$

$$=\int_0^{\frac{\pi}{2}}\dfrac{\cos t}{\sin t+\cos t}\,\mathrm{d}t=\int_0^{\frac{\pi}{2}}\dfrac{\cos x}{\sin x+\cos x}\,\mathrm{d}x=右端.$$

【名师点评】通过本题,我们还易求得如下结果:

$$\int_0^{\frac{\pi}{2}}\dfrac{\sin x}{\sin x+\cos x}\,\mathrm{d}x=\int_0^{\frac{\pi}{2}}\dfrac{\cos x}{\sin x+\cos x}\,\mathrm{d}x=\dfrac{\pi}{4}.$$

**例 4** 计算 $I=\int_0^a\dfrac{1}{x+\sqrt{a^2-x^2}}\,\mathrm{d}x$.

**解** 令 $x=a\sin\theta$,则 $\mathrm{d}x=a\cos\theta\,\mathrm{d}\theta$,于是 $I=\int_0^{\frac{\pi}{2}}\dfrac{\cos\theta}{\sin\theta+\cos\theta}\,\mathrm{d}\theta$.

再令 $\theta=\dfrac{\pi}{2}-t$,则 $\mathrm{d}\theta=-\mathrm{d}t$,于是 $I=\int_0^{\frac{\pi}{2}}\dfrac{\sin\theta}{\sin\theta+\cos\theta}\,\mathrm{d}\theta$.

所以 $I=\dfrac{1}{2}\left(\int_0^{\frac{\pi}{2}}\dfrac{\cos\theta}{\sin\theta+\cos\theta}\,\mathrm{d}\theta+\int_0^{\frac{\pi}{2}}\dfrac{\sin\theta}{\sin\theta+\cos\theta}\,\mathrm{d}\theta\right)=\dfrac{\pi}{4}.$

## 考点 四　使用定积分的分部积分公式计算

> 【考点分析】定积分的分部积分公式:设函数 $u=u(x),v=v(x)$ 在区间 $[a,b]$ 上有连续的导数,则 $(uv)'=u'v$
> $+uv'$,即 $uv'=(uv)'-u'v$,等式两端取 $x$ 由 $a$ 到 $b$ 的积分,可得 $\int_a^b uv'\mathrm{d}x=uv\Big|_a^b-\int_a^b u'v\mathrm{d}x$,
> 即 $\int_a^b u\mathrm{d}v=uv\Big|_a^b-\int_a^b v\mathrm{d}u$.

**例1**　求 $\int_0^{\frac{1}{2}}\arcsin x\,\mathrm{d}x$.

**解**　根据分部积分公式和牛顿 - 莱布尼茨公式计算定积分可得

$$\int_0^{\frac{1}{2}}\arcsin x\,\mathrm{d}x=x\arcsin x\Big|_0^{\frac{1}{2}}-\int_0^{\frac{1}{2}}x\cdot\frac{1}{\sqrt{1-x^2}}\mathrm{d}x=\frac{1}{2}\cdot\frac{\pi}{6}+\sqrt{1-x^2}\Big|_0^{\frac{1}{2}}=\frac{\pi}{12}+\frac{\sqrt{3}}{2}-1.$$

**例2**　求 $\int_0^\pi x\sin x\,\mathrm{d}x$.

**解**　利用分部积分公式和牛顿 - 莱布尼茨公式计算定积分可得

$$\int_0^\pi x\sin x\,\mathrm{d}x=-\int_0^\pi x\mathrm{d}\cos x=-x\cos x\Big|_0^\pi+\int_0^\pi\cos x\,\mathrm{d}x=-\pi\cos\pi+\sin x\Big|_0^\pi=\pi.$$

**例3**　求 $\int_0^1 x\ln(1+x)\mathrm{d}x$.

**解**　根据分部积分公式和牛顿 - 莱布尼茨公式计算定积分可得

$$\int_0^1 x\ln(1+x)\mathrm{d}x=\frac{1}{2}\int_0^1\ln(1+x)\mathrm{d}x^2=\frac{1}{2}x^2\ln(1+x)\Big|_0^1-\frac{1}{2}\int_0^1\frac{x^2}{1+x}\mathrm{d}x$$

$$=\frac{1}{2}x^2\ln(1+x)\Big|_0^1-\frac{1}{2}\int_0^1\frac{x^2-1+1}{1+x}\mathrm{d}x=\frac{1}{2}x^2\ln(1+x)\Big|_0^1-\frac{1}{2}\int_0^1\left(x-1+\frac{1}{x+1}\right)\mathrm{d}x$$

$$=\frac{1}{4}.$$

**例4**　已知 $f(x)=\mathrm{e}^{x^2}$,求 $\int_0^1 f'(x)f''(x)\mathrm{d}x$.

**解**　因为 $f(x)=\mathrm{e}^{x^2}$,所以 $f'(x)=2x\mathrm{e}^{x^2}$,于是

$$\int_0^1 f'(x)f''(x)\mathrm{d}x=\int_0^1 f'(x)\mathrm{d}f'(x)=\frac{[f'(1)]^2-[f'(0)]^2}{2}=2\mathrm{e}^2.$$

**例5**　设 $f(x)$ 在 $(-\infty,+\infty)$ 内具有连续的二阶导数,且 $f(0)=2,f(2)=4,f'(2)=6$,求 $\int_0^1 xf''(2x)\mathrm{d}x$.

**解**　令 $2x=u$,则 $\int_0^1 xf''(2x)\mathrm{d}x=\int_0^2\frac{u}{2}f''(u)\frac{1}{2}\mathrm{d}u=\frac{1}{4}\int_0^2 uf''(u)\mathrm{d}u$

$$=\frac{1}{4}\int_0^2 u\mathrm{d}f'(u)=\frac{1}{4}\left[uf'(u)\Big|_0^2-\int_0^2 f'(u)\mathrm{d}u\right]$$

$$=\frac{1}{4}\left[2f'(2)-f(u)\Big|_0^2\right]=\frac{1}{4}\left[2f'(2)-f(2)+f(0)\right]$$

$$=\frac{5}{2}.$$

## 考点 五　分段函数求定积分

> 【考点分析】分段函数求定积分的计算可根据定积分积分区间可加的性质:在闭区间 $[a,b]$ 上,如果 $a<c<b$,
> 那么 $\int_a^b f(x)\mathrm{d}x=\int_a^c f(x)\mathrm{d}x+\int_c^b f(x)\mathrm{d}x$.

**例1**　设 $f(x)=\begin{cases}x\mathrm{e}^{-x}, & x\leqslant 0,\\ 3x^2, & 0<x\leqslant 1,\end{cases}$ 求 $\int_{-3}^1 f(x)\mathrm{d}x$.

**解**　根据定积分的积分区间可加性和分部积分公式可得

$$\int_{-3}^{1} f(x)\mathrm{d}x = \int_{-3}^{0} x\,\mathrm{e}^{-x}\mathrm{d}x + \int_{0}^{1} 3x^2\mathrm{d}x = -\int_{-3}^{0} x\,\mathrm{d}(\mathrm{e}^{-x}) + x^3 \Big|_{0}^{1} = -x\,\mathrm{e}^{-x}\Big|_{-3}^{0} + \int_{-3}^{0} \mathrm{e}^{-x}\mathrm{d}x + 1 = -2\mathrm{e}^3.$$

**例 2**　计算 $\displaystyle\int_{0}^{\pi} \sqrt{\sin^3 x - \sin^5 x}\,\mathrm{d}x$.

**解**
$$\int_{0}^{\pi} \sqrt{\sin^3 x - \sin^5 x}\,\mathrm{d}x = \int_{0}^{\pi} \sin^{\frac{3}{2}} x \cdot |\cos x|\,\mathrm{d}x = \int_{0}^{\frac{\pi}{2}} \sin^{\frac{3}{2}} x \cos x\,\mathrm{d}x - \int_{\frac{\pi}{2}}^{\pi} \sin^{\frac{3}{2}} x \cos x\,\mathrm{d}x$$

$$= \frac{2}{5} \sin^{\frac{5}{2}} x \Big|_{0}^{\frac{\pi}{2}} - \frac{2}{5} \sin^{\frac{5}{2}} x \Big|_{\frac{\pi}{2}}^{\pi} = \frac{4}{5}.$$

**例 3**　求定积分 $\displaystyle\int_{-1}^{1} (|x|+x)\mathrm{e}^{-|x|}\,\mathrm{d}x$.

**解**　若积分区间对称,且被积函数拆成两项后,一项 $x\mathrm{e}^{-|x|}$ 为奇函数,另一项 $|x|\mathrm{e}^{-|x|}$ 为偶函数,则可以用性质(在对称区间上连续的奇函数积分为 0,偶函数积分为 2 倍的半区间上的积分)简化计算.

$$\int_{-1}^{1} (|x|+x)\mathrm{e}^{-|x|}\,\mathrm{d}x = \int_{-1}^{1} |x|\mathrm{e}^{-|x|}\,\mathrm{d}x + \int_{-1}^{1} x\mathrm{e}^{-|x|}\,\mathrm{d}x = \int_{-1}^{1} |x|\mathrm{e}^{-|x|}\,\mathrm{d}x + 0 = 2\int_{0}^{1} x\mathrm{e}^{-x}\,\mathrm{d}x = -2\int_{0}^{1} x\,\mathrm{d}\mathrm{e}^{-x}$$

$$= -2\left[ x\mathrm{e}^{-x}\Big|_{0}^{1} - \int_{0}^{1} \mathrm{e}^{-x}\,\mathrm{d}x \right] = 2(1 - 2\mathrm{e}^{-1}).$$

## 考点六　利用对称性计算定积分的值

【考点分析】设 $f(x)$ 在闭区间 $[a,b]$ 上连续,

(1) 若 $f(x)$ 为偶函数,则 $\displaystyle\int_{-a}^{a} f(x)\mathrm{d}x = 2\int_{0}^{a} f(x)\mathrm{d}x$;

(2) 若 $f(x)$ 为奇函数,则 $\displaystyle\int_{-a}^{a} f(x)\mathrm{d}x = 0$.

利用以上结论我们常可以简化计算奇、偶函数在对称区间上的定积分.

**例 1**　$\displaystyle\int_{-\frac{\pi}{2}}^{\frac{\pi}{2}} \frac{x^5 \cos x^3}{\sqrt{1+x^4}}\,\mathrm{d}x = $ _____.

**解**　因为被积函数 $y = \dfrac{x^5 \cos x^3}{\sqrt{1+x^4}}$ 是区间 $\left[-\dfrac{\pi}{2}, \dfrac{\pi}{2}\right]$ 上连续的奇函数,根据对称性可得积分值为 0.

故应填 0.

**例 2**　$\displaystyle\int_{-1}^{1} \frac{1 + x^5 \cos x^3}{1 + x^2}\,\mathrm{d}x = $ _____.

**解**　显然对于 $\forall x \in \mathbf{R}$,函数 $\dfrac{1}{1+x^2}$ 为偶函数,函数 $\dfrac{x^5 \cos x^3}{1+x^2}$ 为奇函数,并且以上两个函数在区间 $[-1,1]$ 上都连续,故有 $\displaystyle\int_{-1}^{1} \frac{1 + x^5 \cos x^3}{1 + x^2}\,\mathrm{d}x = \int_{-1}^{1} \frac{1}{1+x^2}\,\mathrm{d}x + \int_{-1}^{1} \frac{x^5 \cos x^3}{1+x^2}\,\mathrm{d}x = 2\int_{0}^{1} \frac{1}{1+x^2}\,\mathrm{d}x = 2\arctan x \Big|_{0}^{1} = 2 \times \frac{\pi}{4} = \frac{\pi}{2}$.

故应填 $\dfrac{\pi}{2}$.

**例 3**　设 $f(x)$ 是 $[-1,1]$ 上的连续函数,则 $\displaystyle\int_{-1}^{1} \frac{x^5 \cos x}{2 + x^4} f(x^2)\,\mathrm{d}x = $ _____.

**解**　对于对称区间上的定积分,可考虑利用定积分的对称公式求解.先判断被积函数的奇偶性:设 $g(x) = \dfrac{x^5}{2 + x^4}$, $h(x) = f(x^2) \cdot \cos x$,前者为奇函数,后者为偶函数.所以被积函数是奇函数,此函数显然在 $[-1,1]$ 上连续.由定积分的对称公式得积分值为 0.

故应填 0.

## 考点七　利用对称性讨论函数的性态

【考点分析】1. 对于对称区间上函数的定积分有如下结论:

设 $f(x)$ 在闭区间 $[-a,a]$ 上连续,

(1) 若 $f(x)$ 为偶函数,则 $\int_{-a}^{a} f(x)\mathrm{d}x = 2\int_{0}^{a} f(x)\mathrm{d}x$;

(2) 若 $f(x)$ 为奇函数,则 $\int_{-a}^{a} f(x)\mathrm{d}x = 0$.

2.对于对称区间上函数的定积分的计算分两步:首先判断被积函数的奇偶性,然后根据对称区间上定积分的公式进行求解.

**例** 设 $f(x)$ 为偶函数,则 $\varphi(x) = \int_{a}^{x} f(t)\mathrm{d}t$ 的奇偶性与 $a$ _____.

A. 有关          B. 无关          C. 可能有关          D. 都不对

**解** 因为 $\varphi(-x) = \int_{a}^{-x} f(t)\mathrm{d}t$,令 $t = -u$,则 $u = -t, \mathrm{d}t = -\mathrm{d}u$,那么

$$\varphi(-x) = \int_{a}^{-x} f(t)\mathrm{d}t = -\int_{-a}^{x} f(-u)\mathrm{d}u = -\int_{-a}^{x} f(u)\mathrm{d}u = -\int_{-a}^{x} f(t)\mathrm{d}t.$$

显然,当 $a = 0$ 时,函数 $\varphi(x)$ 为奇函数;当 $a \neq 0$ 时,函数 $\varphi(x)$ 为非奇非偶函数.故 $\varphi(x)$ 的奇偶性与 $a$ 有关.
故应选 A.

## 考点真题解析

### 考点一 定积分的换元积分法

**真题1** (2021 高数二) 求定积分 $\int_{1}^{5} \mathrm{e}^{\sqrt{2x-1}}\mathrm{d}x$.

**解** 令 $\sqrt{2x-1} = t$,则 $2x - 1 = t^2, 2\mathrm{d}x = 2t\mathrm{d}t$,于是 $\int_{1}^{5} \mathrm{e}^{\sqrt{2x-1}}\mathrm{d}x = \int_{1}^{3} \mathrm{e}^{t} \cdot t\mathrm{d}t = (t-1)\mathrm{e}^{t}\Big|_{1}^{3} = 2\mathrm{e}^3$.

**真题2** (2020 高数三) 求定积分 $\int_{1}^{4} \dfrac{1+\ln x}{\sqrt{x}}\mathrm{d}x$.

**解** 令 $\sqrt{x} = t$,则 $x = t^2, \mathrm{d}x = 2t\mathrm{d}t$.当 $x = 1$ 时,$t = 1$;当 $x = 4$ 时,$t = 2$.于是

$$\int_{1}^{4} \frac{1+\ln x}{\sqrt{x}}\mathrm{d}x = \int_{1}^{2} \frac{1+\ln t^2}{t} \cdot 2t\mathrm{d}t = 2\int_{1}^{2}(1+2\ln t)\mathrm{d}t = 2\int_{1}^{2}\mathrm{d}t + 4\int_{1}^{2}\ln t\,\mathrm{d}t$$

$$= 2 + 4t\ln t\Big|_{1}^{2} - 4\int_{1}^{2} t(\ln t)'\mathrm{d}t = 2 + 8\ln 2 - 4\int_{1}^{2}\mathrm{d}t = 8\ln 2 - 2.$$

**真题3** (2019 财经类) $\int_{0}^{2} \sqrt{4-x^2}\,\mathrm{d}x = $ _____.

**解** 根据第二类换元积分法,令 $x = 2\sin t$,则 $\mathrm{d}x = 2\cos t\,\mathrm{d}t$.当 $x = 0$ 时,$t = 0$;当 $x = 2$ 时,$t = \dfrac{\pi}{2}$.于是

$$\int_{0}^{2} \sqrt{4-x^2}\,\mathrm{d}x = \int_{0}^{\frac{\pi}{2}} \sqrt{4-4\sin^2 t} \cdot 2\cos t\,\mathrm{d}t = \int_{0}^{\frac{\pi}{2}} 4\cos^2 t\,\mathrm{d}t = 4\int_{0}^{\frac{\pi}{2}} \frac{1+\cos 2t}{2}\mathrm{d}t$$

$$= 2\int_{0}^{\frac{\pi}{2}}\mathrm{d}t + \int_{0}^{\frac{\pi}{2}}\cos 2t\,\mathrm{d}2t = 2t\Big|_{0}^{\frac{\pi}{2}} + \sin 2t\Big|_{0}^{\frac{\pi}{2}} = \pi.$$

故应填 $\pi$.

**真题4** (2018 财经类,2010 计算机) $\int_{0}^{1} \sqrt{1-x^2}\,\mathrm{d}x = $ _____.

**解** 根据第二类换元积分法,设 $x = \sin t$,则 $t = \arcsin x, \mathrm{d}x = \cos t\,\mathrm{d}t$.当 $x = 0$ 时,$t = 0$;当 $x = 1$ 时,$t = \dfrac{\pi}{2}$.于是

$$\int_{0}^{1} \sqrt{1-x^2}\,\mathrm{d}x = \int_{0}^{\frac{\pi}{2}} \sqrt{1-\sin^2 t}\cos t\,\mathrm{d}t = \int_{0}^{\frac{\pi}{2}} \cos^2 t\,\mathrm{d}t = \int_{0}^{\frac{\pi}{2}} \frac{1+\cos 2t}{2}\mathrm{d}t$$

$$= \left[\frac{1}{2}t + \frac{1}{4}\sin 2t\right]_{0}^{\frac{\pi}{2}} = \frac{\pi}{4}.$$

故应填 $\dfrac{\pi}{4}$.

【名师点评】定积分的求解与不定积分的求解类似,不同的是定积分换元一定要换限.本题采用的这种方法称为三角换元法.我们也可用定积分的几何意义来求解,$\int_0^1 \sqrt{1-x^2}\,dx$ 相当于圆 $x^2+y^2=1$ 的四分之一的面积,为 $\frac{\pi}{4}$.

**真题 5** (2011 会计) 求定积分 $\int_0^{\frac{\sqrt{2}}{2}} \frac{\arcsin x}{\sqrt{(1-x^2)^3}}\,dx$.

**解** 根据第二类换元积分法,设 $x=\sin t$,则 $t=\arcsin x$,$dx=\cos t\,dt$. 当 $x=0$ 时,$t=0$;当 $x=\frac{\sqrt{2}}{2}$ 时,$t=\frac{\pi}{4}$. 于是

$$\int_0^{\frac{\sqrt{2}}{2}} \frac{\arcsin x}{\sqrt{(1-x^2)^3}}\,dx = \int_0^{\frac{\pi}{4}} \frac{t}{\cos^3 t}\cdot\cos t\,dt = \int_0^{\frac{\pi}{4}} \frac{t}{\cos^2 t}\,dt = \int_0^{\frac{\pi}{4}} t\,d\tan t = \frac{\pi}{4}-\frac{1}{2}\ln 2.$$

**真题 6** (2009 国贸) 求定积分 $\int_0^1 e^{\sqrt{x}}\,dx$.

**解** 令 $\sqrt{x}=t$,则 $x=t^2$,$dx=2t\,dt$. 当 $x=0$ 时,$t=0$;当 $x=1$ 时,$t=1$.

根据分部积分法和牛顿 - 莱布尼茨公式可得 $\int_0^1 e^{\sqrt{x}}\,dx = 2\int_0^1 e^t t\,dt = 2\int_0^1 t\,de^t = 2\left(te^t\Big|_0^1 - e^t\Big|_0^1\right) = 2.$

【名师点评】此类题目通过换元 $\sqrt{x}=t$ 去掉根号,即 $\int_0^1 e^{\sqrt{x}}\,dx = 2\int_0^1 e^t t\,dt$,使被积函数变为 $P_n(x)e^x$ 的形式.对于 $\int_a^b P_n(x)e^x\,dx = \int_a^b P_n(x)\,de^x$,一般通过分部积分法和牛顿 - 莱布尼茨公式进行计算.

## 考点二 定积分的分部积分法

**真题 1** (2020 高数二) 求定积分 $\int_0^{\frac{\pi}{2}} (x-1)\cos x\,dx$.

**解**
$$\int_0^{\frac{\pi}{2}} (x-1)\cos x\,dx = \int_0^{\frac{\pi}{2}} (x-1)\,d\sin x = (x-1)\sin x\Big|_0^{\frac{\pi}{2}} - \int_0^{\frac{\pi}{2}} \sin x\,d(x-1) = \frac{\pi}{2}-1-\int_0^{\frac{\pi}{2}} \sin x\,dx$$

$$= \frac{\pi}{2}-1+\cos x\Big|_0^{\frac{\pi}{2}} = \frac{\pi}{2}-1-1 = \frac{\pi}{2}-2.$$

**真题 2** (2019 财经类) 求定积分 $\int_1^e x\ln x\,dx$.

**解**
$$\int_1^e x\ln x\,dx = \int_1^e \ln x\,d\frac{x^2}{2} = \frac{x^2}{2}\cdot\ln x\Big|_1^e - \int_1^e \frac{x^2}{2}\,d\ln x = \frac{e^2}{2}-\int_1^e \frac{x}{2}\,dx = \frac{e^2+1}{4}.$$

**真题 3** (2010 土木,2011 会计) 求定积分 $\int_{\frac{1}{e}}^e |\ln x|\,dx$.

**解** 根据积分区间的可加性和分部积分公式可得

$$\int_{\frac{1}{e}}^e |\ln x|\,dx = \int_{\frac{1}{e}}^1 (-\ln x)\,dx + \int_1^e \ln x\,dx = -\left(x\ln x\Big|_{\frac{1}{e}}^1 - \int_{\frac{1}{e}}^1 x\cdot\frac{1}{x}\,dx\right) + \left(x\ln x\Big|_1^e - \int_1^e x\cdot\frac{1}{x}\,dx\right)$$

$$= -(x\ln x-x)\Big|_{\frac{1}{e}}^1 + (x\ln x-x)\Big|_1^e = 2-\frac{2}{e}.$$

**真题 4** (2010 工商) 计算定积分 $\int_0^\pi x(\sin x)^3\,dx$.

**解** 根据分部积分公式和牛顿 - 莱布尼茨公式可得

$$\int_0^\pi x(\sin x)^3\,dx = -\int_0^\pi x\sin^2 x\,d\cos x = -\int_0^\pi x\,d\cos x + \int_0^\pi x\cos^2 x\,d\cos x$$

$$= -x\cos x\Big|_0^\pi + \int_0^\pi \cos x\,dx + \frac{1}{3}\int_0^\pi x\,d\cos^3 x$$

$$= \pi + \sin x\Big|_0^\pi + \frac{1}{3}\left[x\cos^3 x\Big|_0^\pi - \int_0^\pi \cos^3 x\,dx\right]$$

$$= \pi - \frac{\pi}{3} - \int_0^\pi \cos x(1-\sin^2 x)\mathrm{d}x = \frac{2\pi}{3} + \int_0^\pi (1-\sin^2 x)\mathrm{d}\sin x$$

$$= \frac{2\pi}{3} + \left(\sin x - \frac{\sin^3 x}{3}\right)\Big|_0^\pi = \frac{2\pi}{3}.$$

**真题 5** (2018 财经类) 设 $f(x) = \int_1^{x^2} \frac{\sin t}{t}\mathrm{d}t$,求 $\int_0^1 xf(x)\mathrm{d}x$.

**解** 由题意知 $f(1) = \int_1^1 \frac{\sin t}{t}\mathrm{d}t = 0$,$f'(x) = \left(\int_1^{x^2} \frac{\sin t}{t}\mathrm{d}t\right)' = \frac{\sin x^2}{x^2} \cdot 2x = \frac{2\sin x^2}{x}$,则

$$\int_0^1 xf(x)\mathrm{d}x = \frac{1}{2}\left[x^2 f(x)\Big|_0^1 - \int_0^1 x^2 f'(x)\mathrm{d}x\right] = -\int_0^1 x\sin x^2 \mathrm{d}x = \frac{1}{2}\cos x^2\Big|_0^1 = \frac{1}{2}(\cos 1 - 1).$$

## 考点 三 利用对称性计算定积分

**真题 1** (2018 财经类) 定积分 $\int_{-1}^1 \frac{x^4 \tan x}{2x^2 + \cos x}\mathrm{d}x$ 的值为 _____.

A. 0      B. 1      C. $-1$      D. 2

**解** 因为 $y = \frac{x^4 \tan x}{2x^2 + \cos x}$ 在 $[-1,1]$ 上是奇函数,所以 $\int_{-1}^1 \frac{x^4 \tan x}{2x^2 + \cos x}\mathrm{d}x = 0$.

故应选 A.

**真题 2** (2017 电子) $\int_{-1}^1 \frac{x^2 + x^5 \sin x^2}{1+x^2}\mathrm{d}x = $ _____.

**解**
$$\int_{-1}^1 \frac{x^2 + x^5 \sin x^2}{1+x^2}\mathrm{d}x = \int_{-1}^1 \frac{x^2}{1+x^2}\mathrm{d}x + \int_{-1}^1 \frac{x^5 \sin x^2}{1+x^2}\mathrm{d}x = 2\int_0^1 \frac{1+x^2-1}{1+x^2}\mathrm{d}x$$
$$= 2\int_0^1 \left(1 - \frac{1}{1+x^2}\right)\mathrm{d}x = 2(x - \arctan x)\Big|_0^1 = 2 - \frac{\pi}{2}.$$

故应填 $2 - \frac{\pi}{2}$.

**真题 3** (2017 电商) 下列定积分为零的是 _____.

A. $\int_{-\frac{\pi}{4}}^{\frac{\pi}{4}} \frac{\arctan x}{1+x^2}\mathrm{d}x$    B. $\int_{-\frac{\pi}{4}}^{\frac{\pi}{4}} x\arcsin x\mathrm{d}x$    C. $\int_{-1}^1 \frac{e^x + e^{-x}}{2}\mathrm{d}x$    D. $\int_{-1}^1 (x^2 + x)\sin x\mathrm{d}x$

**解** 根据对称区间上函数定积分的公式:$\int_{-a}^a f(x)\mathrm{d}x = \begin{cases} 0, & f(x) \text{ 为奇函数}, \\ 2\int_a^b f(x)\mathrm{d}x, & f(x) \text{ 为偶函数}, \end{cases}$ 其中 $f(x)$ 在 $[-a,a]$ 上

连续. 对于对称区间上函数的定积分,选项 A 的被积函数 $\frac{\arctan x}{1+x^2}$ 为奇函数,故 $\int_{-\frac{\pi}{4}}^{\frac{\pi}{4}} \frac{\arctan x}{1+x^2}\mathrm{d}x = 0$.

故应选 A.

**真题 4** (2010 机械) 计算 $\int_{-2}^2 (\sqrt{4-x^2} - x\cos^2 x)\mathrm{d}x$.

**解** 因为被积函数 $\sqrt{4-x^2}$ 是偶函数,$x\cos^2 x$ 是奇函数,所以根据对称区间上函数定积分的公式可得

$$\int_{-2}^2 (\sqrt{4-x^2} - x\cos^2 x)\mathrm{d}x = \int_{-2}^2 \sqrt{4-x^2}\mathrm{d}x - \int_{-2}^2 x\cos^2 x\mathrm{d}x = \int_{-2}^2 \sqrt{4-x^2}\mathrm{d}x = 2\pi.$$

**真题 5** (2014 工商) 定积分 $\int_{-1}^1 (x\sqrt{|x|} + \sqrt{1-x^2})\mathrm{d}x = $ _____.

**解** $\int_{-1}^1 (x\sqrt{|x|} + \sqrt{1-x^2})\mathrm{d}x = \int_{-1}^1 x\sqrt{|x|}\mathrm{d}x + \int_{-1}^1 \sqrt{1-x^2}\mathrm{d}x$,

其中 $\int_{-1}^1 x\sqrt{|x|}\mathrm{d}x$ 为奇函数,所以 $\int_{-1}^1 x\sqrt{|x|}\mathrm{d}x$ 为 0.

所以 $\int_{-1}^1 (x\sqrt{|x|} + \sqrt{1-x^2})\mathrm{d}x = \int_{-1}^1 \sqrt{1-x^2}\mathrm{d}x = \frac{\pi}{2}$(利用几何意义求半径为 1 的半圆面积).

故应填 $\frac{\pi}{2}$.

在专升本考试中,本节的考查内容较多,主要有:

1.用牛顿 - 莱布尼茨公式计算定积分的值.牛顿 - 莱布尼茨公式被称为微积分基本公式,是微积分中最重要的公式之一,通过原函数在积分区间端点处的函数值来计算定积分,把不定积分和定积分连接了起来.要熟练运用牛顿 - 莱布尼茨公式,很关键的一点在于要熟练掌握上一章中的基本积分公式.

2.定积分的分部积分法和换元积分法.对于大部分的积分题目,仅仅用积分公式是解决不了的,所以需要使用换元积分法和分部积分法.这两种方法在不定积分中已经学习过,应用在定积分中时要注意换元必须换限等事项.

3.对称区间上奇、偶函数的定积分值.近几年的考试中经常出现填空题,此类题型知识点相对简单.遇到定积分的积分区间是对称区间时,要重点验证被积函数的奇偶性.

# 第四节　　定积分的应用

**一、新大纲基本要求**

1.会用定积分表达和计算平面图形的面积;

2.会利用定积分求解经济分析中的简单应用问题.

**二、新大纲名师解读**

在专升本考试中,本节主要考查以下内容:

1.利用定积分计算平面直角坐标系下平面图形的面积;

2.定积分在经济方面的应用.

利用定积分计算平面直角坐标系下平面图形的面积一般以填空题或计算题的形式出现,定积分在经济方面的应用主要作为应用题型来考查.

**一、定积分在几何上的应用**

1.区域 $D$ 由连续曲线 $y = f(x)$ 和直线 $y = 0, x = a, x = b(a < b)$ 围成.

由定积分的定义,若 $f(x) \geqslant 0(a \leqslant x \leqslant b)$,则 $D$ 的面积为

$$A = \int_a^b f(x) \mathrm{d}x;$$

若 $f(x) \leqslant 0(a \leqslant x \leqslant b)$,则 $D$ 的面积为

$$A = -\int_a^b f(x) \mathrm{d}x.$$

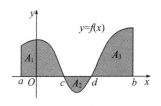

图 5.4

若曲线 $y = f(x)$ 如图 5.4 所示,即当 $x \in [a, c] \bigcup [d, b]$ 时,$f(x) \geqslant 0$;当 $x \in [c, d]$ 时,$f(x) \leqslant 0$,则图中三部分的面积为

$$A_1 = \int_a^c f(x)\mathrm{d}x, \quad A_2 = -\int_c^d f(x)\mathrm{d}x, \quad A_3 = \int_d^b f(x)\mathrm{d}x,$$

所以 $D$ 的面积为

$$A = A_1 + A_2 + A_3 = \int_a^c f(x)\mathrm{d}x - \int_c^d f(x)\mathrm{d}x + \int_d^b f(x)\mathrm{d}x$$

或

$$A = \int_a^b |f(x)| \mathrm{d}x.$$

由此可见,这时
$$\int_a^b f(x)dx = A_1 - A_2 + A_3.$$

这就是定积分几何意义中所说的定积分 $\int_a^b f(x)dx$ 是面积 $A_1, A_2, A_3$ 的代数和.

2. 区域 $D$ 由连续曲线 $y = f(x), y = g(x)$ 和直线 $x = a, x = b$ 围成,其中 $f(x) \leqslant g(x)(a \leqslant x \leqslant b)$(见图5.5). 不论 $f(x)$ 和 $g(x)$ 在 $[a,b]$ 上的符号如何变化,在给定的条件下,由图5.5易见 $D$ 的面积元素为
$$dA = [g(x) - f(x)]dx,$$

所以 $D$ 的面积为
$$A = \int_a^b [g(x) - f(x)]dx.$$

3. 区域 $D$ 由连续曲线 $x = \psi_1(y), x = \psi_2(y)$ 和直线 $y = c, y = d$ 围成,其中 $\psi_1(y) < \psi_2(y)(c \leqslant y \leqslant d)$(见图5.6). 这时,$D$ 的面积元素为
$$dA = [\psi_2(y) - \psi_1(y)]dy,$$

所以 $D$ 的面积为
$$A = \int_c^d [\psi_2(y) - \psi_1(y)]dy.$$

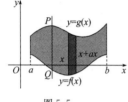
图 5.5

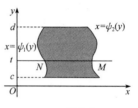
图 5.6

**二、定积分在经济方面的应用**

**1. 利用定积分求原经济函数问题**

由边际函数求总函数(即原函数),一般采用不定积分来解决,或者求一个变上限的定积分. 可以求总需求函数、总成本函数、总收益函数以及总利润函数.

设经济应用函数 $u(x)$ 的边际函数为 $u'(x)$,则有 $u(x) = u(0) + \int_0^x u'(t)dt$.

(1)已知边际成本函数 $C'(Q)$,计算总成本函数,则有

总成本函数 $C(Q) = \int_0^Q C'(t)dt + C(0) = \int_0^Q C'(t)dt + C_0$,其中 $C_0$ 为固定成本.

(2)已知边际收益函数 $R'(Q)$,计算总收益函数,则有

总收益函数 $R(Q) = \int_0^Q R'(t)dt + R(0) = \int_0^Q R'(t)dt$,当产量为 0 时,收益 $R(0) = 0$.

(3)已知边际利润函数 $L'(Q)$,计算总利润函数,则有

总利润函数 $L(Q) = \int_0^Q L'(t)dt + L(0) = \int_0^Q L'(t)dt - C_0$,于是 $L(0) = -C_0$,其中 $C_0$ 为固定成本.

**2. 已知变化率,利用定积分求总函数在某个范围的改变量**

(1)设总产量 $Q(t)$ 的变化率为 $Q'(t)$,则由 $t_1$ 到 $t_2$ 时间内生产的总产量为
$$Q = \int_{t_1}^{t_2} Q'(t)dt.$$

(2)已知边际成本函数 $C'(Q)$,计算产量 $Q$ 在区间 $[a,b]$ 上的总成本,则有
$$C(b) - C(a) = \int_a^b C'(Q)dQ.$$

(3)已知边际收益函数 $R'(Q)$,计算产量 $Q$ 在区间 $[a,b]$ 上的总收益,则有
$$R(b) - R(a) = \int_a^b R'(Q)dQ.$$

(4)已知边际利润函数 $L'(Q)$,计算产量 $Q$ 在区间 $[a,b]$ 上的总利润,则有
$$L(b) - L(a) = \int_a^b L'(Q)dQ.$$

考点一 求平面区域的面积

【考点分析】在平面直角坐标系中,求平面图形的面积的步骤为:

(1) 找出曲线与坐标轴或曲线之间的交点;

(2) 画出平面图形的草图;

(3) 观察草图,列出积分表达式,计算结果.

根据条件选择合适的面积公式.当平面图形为 $X$ 型区域时,参照图 5.7 计算面积;当平面图形为 $Y$ 型区域时,参照图 5.8 计算面积.

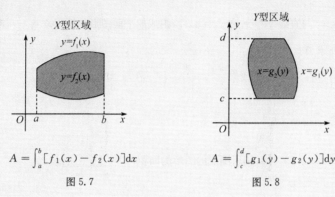

**例 1** 求抛物线 $y = \dfrac{1}{2}x^2$ 将圆 $x^2 + y^2 = 8$ 分割后形成的两部分的面积.

**解** 由题意画出图形(见图 5.9),联立 $\begin{cases} y = \dfrac{1}{2}x^2, \\ x^2 + y^2 = 8, \end{cases}$ 得 $x = \pm 2$.

一部分的面积

$$A_1 = 2\int_0^2 \left( \sqrt{8-x^2} - \frac{1}{2}x^2 \right) \mathrm{d}x = 2\int_0^2 \sqrt{8-x^2}\,\mathrm{d}x - \int_0^2 x^2\,\mathrm{d}x$$

$$= \int_0^{\frac{\pi}{4}} \sqrt{8}\cos t\,\mathrm{d}\sqrt{8}\sin t - \int_0^2 x^2\,\mathrm{d}x = 2\pi + 4 - \frac{8}{3} = 2\pi + \frac{4}{3}.$$

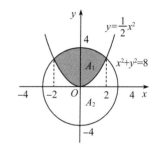

图 5.9

另一部分的面积 $A_2 = 8\pi - A_1 = 6\pi - \dfrac{4}{3}$.

**例 2** 求由曲线 $y = x^2$ 及 $y = 2 - x^2$ 所围成的平面图形的面积.

**解** 如图 5.10 所示,解方程组 $\begin{cases} y = x^2, \\ y = 2 - x^2, \end{cases}$ 得交点为 $(-1, 1)$ 和 $(1, 1)$,图形的面积为

$$A = \int_{-1}^1 \left[ (2 - x^2) - x^2 \right] \mathrm{d}x = 2\int_0^1 (2 - 2x^2)\,\mathrm{d}x = \frac{8}{3}.$$

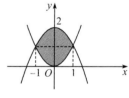

图 5.10

**例 3** 计算由抛物线 $y^2 = 2x$ 与直线 $y = x - 4$ 所围成的图形的面积.

**解** 围成的图形如图 5.11 所示,选 $y$ 为积分变量求解比较容易.

联立方程组,得 $\begin{cases} y^2 = 2x, \\ y = x - 4, \end{cases}$ 解得交点为 $(2, -2)$ 和 $(8, 4)$,则图形的面积为

$$A = \int_{-2}^4 \left[ (y+4) - \frac{1}{2}y^2 \right] \mathrm{d}y = \left( \frac{y^2}{2} + 4y - \frac{1}{6}y^3 \right) \Big|_{-2}^4 = 18.$$

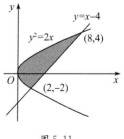

图 5.11

## 考点二 分区域求面积

**例1** 求介于 $y = x^2$, $y = \dfrac{x^2}{2}$ 与 $y = 2x$ 之间的图形面积.

**解** 围成的图形如图5.12所示,于是三条线的交点分别为 $(0,0)$, $(2,4)$, $(4,8)$,故所求面积为

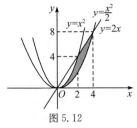

$$A = \int_0^2 \left( x^2 - \frac{x^2}{2} \right) dx + \int_2^4 \left( 2x - \frac{x^2}{2} \right) dx = 4.$$

图 5.12

**例2** 若由抛物线 $y = x^2$ 与直线 $y = x$ 和 $y = ax$ 所围成的平面图形的面积 $A = \dfrac{7}{6}$,求 $a$ 的值 $(a > 1)$.

**解** 如图5.13所示,所求面积为

$$A = \int_0^1 (ax - x) dx + \int_1^a (ax - x^2) dx = \frac{a-1}{2} x^2 \Big|_0^1 + \left( \frac{a}{2} x^2 - \frac{1}{3} x^3 \right) \Big|_1^a$$

$$= \frac{a-1}{2} + \frac{1}{6} a^3 - \frac{a}{2} + \frac{1}{3} = \frac{1}{6} a^3 - \frac{1}{6} = \frac{7}{6},$$

解得 $a = 2$.

**例3** 曲线 $y = -x^3 + x^2 + 2x$ 与 $x$ 轴所围成的图形的面积 $A = \underline{\quad\quad}$.

A. $\dfrac{1}{2}$          B. $\dfrac{37}{2}$          C. $\dfrac{37}{12}$          D. $\dfrac{7}{12}$

**解** 令 $y = -x^3 + x^2 + 2x = 0$,即 $x(x^2 - x - 2) = x(x-2)(x+1) = 0$,得 $x = -1, 0, 2$.

当 $-1 < x < 0$ 时,$y < 0$;当 $0 < x < 2$ 时,$y > 0$.所以

$$A = \int_{-1}^2 |y| dx = -\int_{-1}^0 y dx + \int_0^2 y dx = \int_{-1}^0 (x^3 - x^2 - 2x) dx + \int_0^2 (-x^3 + x^2 + 2x) dx$$

$$= \left( \frac{1}{4} x^4 - \frac{1}{3} x^3 - x^2 \right) \Big|_{-1}^0 + \left( -\frac{1}{4} x^4 + \frac{1}{3} x^3 + x^2 \right) \Big|_0^2$$

$$= -\frac{1}{4} - \frac{1}{3} + 1 - 4 + \frac{8}{3} + 4 = \frac{37}{12}.$$

故应选 C.

**例4** 求由 $y = \sin x$, $y = \cos x$, $x = 0$, $x = \dfrac{\pi}{2}$ 所围成的平面图形(图中阴影部分)的面积.

**解** 如图5.14所示,所求面积为

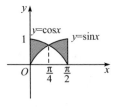

$$A = \int_0^{\frac{\pi}{2}} |\sin x - \cos x| dx = \int_0^{\frac{\pi}{4}} (\cos x - \sin x) dx + \int_{\frac{\pi}{4}}^{\frac{\pi}{2}} (\sin x - \cos x) dx$$

$$= (\sin x + \cos x) \Big|_0^{\frac{\pi}{4}} + (-\cos x - \sin x) \Big|_{\frac{\pi}{4}}^{\frac{\pi}{2}} = 2(\sqrt{2} - 1).$$

图 5.14

## 考点三 由切线及其他曲线围成的图形求面积

**例1**　在曲线 $y = x^2 (x > 0)$ 上求一点,使得曲线在该点处的切线与曲线以及 $x$ 轴所围成图形的面积为 $\frac{1}{12}$.

**解**　由题意画出图形(见图5.15),设所求点的坐标为 $(x_0, x_0^2)$,由于 $y' = 2x$,则切线斜率 $k = 2x_0$,切线方程为

$$y - x_0^2 = 2x_0(x - x_0),$$

令 $y = 0$,得 $x = \frac{x_0}{2}$,则切线、曲线及 $x$ 轴所围成图形的面积为

$$\int_0^{x_0} x^2 \mathrm{d}x - \frac{1}{2} \cdot \frac{x_0}{2} \cdot x_0^2 = \frac{1}{12}, 即 \frac{1}{3}x_0^3 - \frac{1}{4}x_0^3 = \frac{1}{12},$$

解得 $x_0 = 1$,故所求点的坐标为 $(1,1)$.

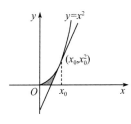

图 5.15

**例2**　若第一象限内由曲线 $y = \sqrt{x}$ 和它的一条切线 $L$ 及直线 $x = 0, x = 2$ 所围成的平面图形的面积最小,求直线 $L$.

**解**　由题意画出图形(见图5.16),设切点为 $(x_0, y_0)$,则 $y_0 = \sqrt{x_0}$.

因为 $y' = \frac{1}{2\sqrt{x}}$,所以 $y'(x_0) = \frac{1}{2\sqrt{x_0}}$,所以切线方程

$$y - \sqrt{x_0} = \frac{1}{2\sqrt{x_0}}(x - x_0), 即 y = \frac{\sqrt{x_0}}{2} + \frac{x}{2\sqrt{x_0}}.$$

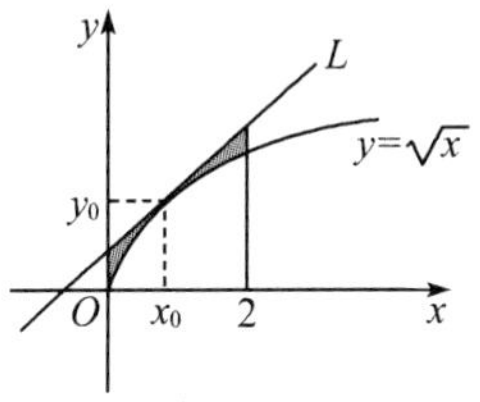

故面积为 $A = \int_0^2 \left( \frac{\sqrt{x_0}}{2} + \frac{x}{2\sqrt{x_0}} - \sqrt{x} \right) \mathrm{d}x = \left( \frac{\sqrt{x_0}}{2}x + \frac{x^2}{4\sqrt{x_0}} - \frac{2}{3}x^{\frac{3}{2}} \right) \Big|_0^2 = \sqrt{x_0} + \frac{1}{\sqrt{x_0}} - \frac{4}{3}\sqrt{2}.$

令 $A' = 0$,解得 $x_0 = 1$,唯一的驻点即为最值点.即 $x_0 = 1, y_0 = 1$ 时面积取得最小值.

因此,所求直线 $L$ 为 $y - 1 = \frac{1}{2}(x - 1)$,即 $y = \frac{1}{2}x + \frac{1}{2}$.

图 5.16

**例3**　在抛物线 $y = x^2 (0 \leqslant x \leqslant 1)$ 上找一点 $P$,使经过 $P$ 的水平直线与抛物线和直线 $x = 0, x = 1$ 所围成的区域的面积最小.

**解**　如图5.17所示,区域 $D$ 可分成 $D_1, D_2$ 两部分.

设抛物线上点 $P$ 的坐标为 $(t, t^2)(0 \leqslant t \leqslant 1)$,则 $D_1$ 的面积为

$$A_1 = \int_0^t (t^2 - x^2)\mathrm{d}x = \left( t^2 x - \frac{x^3}{3} \right) \Big|_0^t = \frac{2}{3}t^3,$$

$D_2$ 的面积为 $A_2 = \int_t^1 (x^2 - t^2)\mathrm{d}x = \left( \frac{x^3}{3} - t^2 x \right) \Big|_t^1 = \frac{2t^3}{3} - t^2 + \frac{1}{3}.$

所以 $D$ 的面积为

$$A(t) = A_1 + A_2 = \frac{4}{3}t^3 - t^2 + \frac{1}{3} \quad (0 \leqslant t \leqslant 1).$$

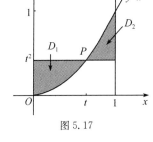

图 5.17

问题是求函数 $A(t)$ 在区间 $[0,1]$ 上的最小值.为此,先求 $A(t)(0 \leqslant t \leqslant 1)$ 的极值.

因为 $A'(t) = 4t^2 - 2t, A''(t) = 8t - 2$,函数 $A(t)$ 连续,无不可导点,在 $(0,1)$ 中有唯一的驻点 $t_0 = \frac{1}{2}$,且 $A''(t_0) = 2 > 0$,故 $t_0$ 是极小值点,从而 $A(t_0) = \frac{1}{4}$ 是 $A(t)$ 在 $(0,1)$ 内唯一的极小值,因此也是最小值,这时的点 $P$ 为 $\left( \frac{1}{2}, \frac{1}{4} \right)$.

**例4**　在第一象限内,求曲线 $y = -x^2 + 1$ 上的一点,使该点处的切线与所给曲线及两坐标轴所围成的图形面积最小,并求此最小面积.

**解**　设所求点为 $P(x, y)$,因为 $y' = -2x(x > 0)$,故过点 $P$ 的切线方程为 $Y - y = -2x(X - x)$.

由于切线在 $x$ 轴、$y$ 轴上的截距 $a, b$ 分别为 $a = \frac{x^2 + 1}{2x}, b = x^2 + 1$,故所求面积为

$$S(x) = \frac{1}{2}ab - \int_0^1 (-x^2 + 1)\mathrm{d}x = \frac{1}{4}\left( x^3 + 2x + \frac{1}{x} \right) - \frac{2}{3}.$$

令 $S'(x) = \frac{1}{4}\left( 3x - \frac{1}{x} \right) \cdot \left( x + \frac{1}{x} \right) = 0$,得驻点 $x_0 = \frac{1}{\sqrt{3}}$.再由 $S''\left( \frac{1}{\sqrt{3}} \right) > 0$ 知 $x_0 = \frac{1}{\sqrt{3}}$ 时,$S(x_0)$ 取得极小值.

由于当 $0 < x < 1$ 时,仅有此一个极小值点,故此极小值点即为 $S(x)$ 在 $0 < x < 1$ 上的最小值点.

又因为当 $x_0 = \frac{1}{\sqrt{3}}$ 时,$y_0 = \frac{2}{3}$,故所求点为 $\left( \frac{1}{\sqrt{3}}, \frac{2}{3} \right)$,所求最小面积为 $\frac{2}{9}(2\sqrt{3} - 3)$.

## 考点 四 有关面积的证明题

**例1** 证明:双曲线 $xy = 1$ 上任一点处的切线与两坐标轴所围成的三角形的面积均相等.

**证** 由题意画出图形(见图5.18),因为 $y = \dfrac{1}{x}$,则 $y' = -\dfrac{1}{x^2}$,则任意一点 $\left(x_0, \dfrac{1}{x_0}\right)$ 处的

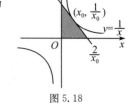

切线斜率 $k = -\dfrac{1}{x_0^2}$,切线方程为 $y - \dfrac{1}{x_0} = -\dfrac{1}{x_0^2}(x - x_0)$.

令 $y = 0$,得 $x = 2x_0$;令 $x = 0$,得 $y = \dfrac{2}{x_0}$.则面积 $A = \dfrac{1}{2} \left| 2x_0 \right| \cdot \left| \dfrac{2}{x_0} \right| = 2$ 为定值,

故题设命题成立.

图 5.18

**例2** 已知一抛物线过 $x = 2, y = x, xy = 1$,证明:该抛物线与两坐标轴所围成的图形的面积等于该抛物线与 $x$ 轴所围成的图形的面积.

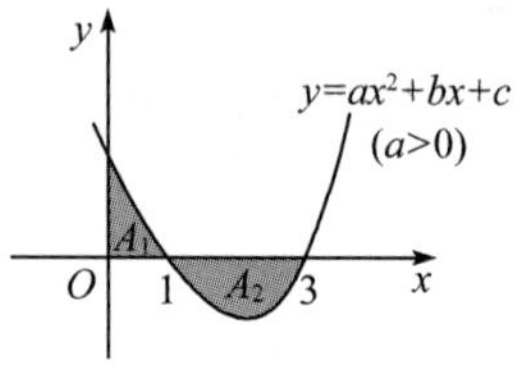

**证** 由题意画出图形(见图5.19),抛物线的方程可设为 $y = ax^2 + bx + c$.

因为抛物线过 $(1,0), (3,0)$ 两点,所以 $\begin{cases} a + b + c = 0, \\ 9a + 3b + c = 0, \end{cases}$ 解之得 $b = -4a, c = 3a$.

所以抛物线方程为 $y = ax^2 - 4ax + 3a$.

当 $a > 0$ 时,抛物线与两坐标轴围成的面积为

图 5.19

$$A_1 = \int_0^1 (ax^2 - 4ax + 3a)\,\mathrm{d}x = \left(\frac{1}{3}ax^3 - 2ax^2 + 3ax\right)\Big|_0^1 = \frac{1}{3}a - 2a + 3a = \frac{4}{3}a.$$

抛物线与 $x$ 轴围成的面积为

$$A_2 = -\int_1^3 (ax^2 - 4ax + 3a)\,\mathrm{d}x = -\left[\left(\frac{1}{3}ax^3 - 2ax^2 + 3ax\right)\Big|_1^3\right]$$

$$= -\left[\left(\frac{1}{3}a \times 27 - 2a \times 9 + 3a \times 3\right) - \left(\frac{1}{3}a - 2a + 3a\right)\right] = -\left[0 - \left(\frac{4}{3}a\right)\right] = \frac{4}{3}a.$$

因此 $S_1 = S_2$.同理 $a < 0$ 时,可证 $S_1 = S_2$.

因此抛物线与两坐标轴围成的面积等于该抛物线与 $x$ 轴围成的面积.

## 考点 五 定积分在经济方面的应用

**【考点分析】**设经济应用函数 $u(x)$ 的边际函数为 $u'(x)$,则有 $u(x) = u(0) + \int_0^x u'(t)\,\mathrm{d}t$.利用此公式可以求总成本函数、总收益函数、总利润函数,具体公式详见基本内容中定积分在经济方面的应用部分.

**例1** 设某种商品每天生产 $x$ 单位时,固定成本为20元,边际成本函数为 $C'(x) = 0.4x + 2$(元/单位),求总成本函数 $C(x)$.如果这种商品规定的销售单价为18元,且产品可以全部售出,求总利润函数 $L(x)$,并求每天生产多少单位时才能获得最大利润.

**解** 由已知条件可得每天生产 $x$ 单位时总成本函数为

$$C(x) = \int_0^x (0.4t + 2)\,\mathrm{d}t + C(0) = (0.2t^2 + 2t)\Big|_0^x + 20 = 0.2x^2 + 2x + 20.$$

设销售 $x$ 单位商品得到的总收益为 $R(x)$,根据题有 $R(x) = 18x$,从而利润函数为

$$L(x) = R(x) - C(x) = 18x - (0.2x^2 + 2x + 20) = -0.2x^2 + 16x - 20.$$

令 $L'(x) = -0.4x + 16 = 0$,解得 $x = 40$,而 $L''(40) = -0.4 < 0$,所以每天生产40单位时才能获得最大利润,最大利润为 $L(40) = -0.2 \times 40^2 + 16 \times 40 - 20 = 300$(元).

**【名师点评】**成本函数是边际成本函数的一个原函数,也即成本函数是边际成本函数在区间 $[0, x]$ 上的定积分.

**例2** 一厂生产某商品 $x$ 单位时,边际收益函数为 $R'(x) = 200 - \dfrac{x}{50}$(元/单位),试求生产 $x$ 单位时总收益 $R(x)$ 以及平均单位收益 $\overline{R}(x)$,并求生产这种产品2000单位时的总收益和平均单位收益.

**解**　因为总收益是边际收益函数在$[0,x]$上的定积分,所以生产$x$单位时的总收益为

$$R(x) = \int_0^x \left(200 - \frac{t}{50}\right) dt = \left(200t - \frac{t^2}{100}\right)\bigg|_0^x = 200x - \frac{x^2}{100},$$

则平均单位收益为$\overline{R}(x) = \frac{R(x)}{x} = 200 - \frac{x}{100}$;

当生产2000单位时,总收益为$R(2000) = 400000 - \frac{(2000)^2}{100} = 360000$(元),

平均单位收益为$\overline{R}(2000) = 180$(元).

**【名师点评】**解答本题时,首先要区分边际收益与平均收益:边际收益为收益函数的导数,平均收益为收益函数除以产品数量,二者不是相同的概念.收益函数是边际收益函数的一个原函数,也即收益函数是边际收益函数在区间$[0,x]$上的定积分.

## 考点真题解析

### 考点一　求平面图形的面积

**真题1**　(2021 高数二)直线$x = 4, y = 0$与曲线$y = \sqrt{x}$所围成的图形的面积$A = $_____.

**解**　直线$x = 4, y = 0$与曲线$y = \sqrt{x}$所围成的图形的面积为

$$S = \int_0^4 \sqrt{x}\, dx = x \cdot \sqrt{x}\bigg|_0^4 - \int_0^4 x \cdot \frac{1}{2\sqrt{x}}\, dx = 8 - \frac{1}{2}\int_0^4 \sqrt{x}\, dx = 8 - \frac{1}{2} \cdot \frac{2}{3}x^{\frac{3}{2}}\bigg|_0^4$$

$$= 8 - \frac{1}{3} \times 8 = \frac{16}{3}.$$

故应填$\frac{16}{3}$.

**真题2**　(2021 高数三)求由$y = \sin x\, (\frac{\pi}{4} \leqslant x \leqslant \pi), y = \cos x\, (\frac{\pi}{4} \leqslant x \leqslant \frac{\pi}{2})$与$x$轴所围成的图形的面积.

**解**　由题意知所求图形的面积为

$$A = \int_{\frac{\pi}{4}}^{\frac{\pi}{2}} (\sin x - \cos x) dx + \int_{\frac{\pi}{2}}^{\pi} \sin x\, dx = (-\cos x - \sin x)\bigg|_{\frac{\pi}{4}}^{\frac{\pi}{2}} - \cos x\bigg|_{\frac{\pi}{2}}^{\pi} = \sqrt{2}.$$

**真题3**　(2020 高数二)曲线$y = \frac{1}{x}$与直线$x = 1, x = 3$及$x$轴所围成的图形的面积$A = $_____.

**解**　由题意可得$A = \int_1^3 \frac{1}{x}\, dx = \ln x\bigg|_1^3 = \ln 3 - \ln 1 = \ln 3$.

故应填$\ln 3$.

**真题4**　(2020 高数三)求由曲线$y = \frac{1}{x}$与直线$y = x, y = \frac{1}{4}x$所围成的在第一象限内的图形的面积.

**解**　解方程组$\begin{cases} y = x, \\ y = \dfrac{1}{x}, \end{cases}$得到两组解$x = 1, y = 1$及$x = -1, y = -1$(含去);

解方程组$\begin{cases} y = \dfrac{1}{4}x, \\ y = \dfrac{1}{x}, \end{cases}$得到两组解$x = 2, y = \dfrac{1}{2}$及$x = -2, y = -\dfrac{1}{2}$(含去).

得交点为$(1,1)$和$\left(2, \frac{1}{2}\right)$.因此,所求图形的面积为

$$A = \int_0^1 \left(x - \frac{1}{4}x\right) dx + \int_1^2 \left(\frac{1}{x} - \frac{1}{4}x\right) dx = \frac{3}{8}x^2\bigg|_0^1 + \ln x\bigg|_1^2 - \frac{1}{8}x^2\bigg|_1^2 = \ln 2.$$

真题5　(2019 财经类)求由曲线 $y=x^2$ 与 $y=x^3$ 所围成的图形的面积.

解　两曲线的交点坐标为 $(0,0)$ 和 $(1,1)$,对变量 $x$ 积分,可得面积为

$$A=\int_0^1(x^2-x^3)\mathrm{d}x=\frac{x^3}{3}\Big|_0^1-\frac{x^4}{4}\Big|_0^1=\frac{1}{12}.$$

真题6　(2019 公共课)计算由 $y^2=9-x$,直线 $x=2$ 及 $y=-1$ 所围成的平面图形上面部分(面积大的部分)的面积 $A$.

解法一　所围成图形的面积为

$$A=\int_{-1}^{\sqrt7}(9-y^2)\mathrm{d}y-2\times(\sqrt7+1)=\left(9-\frac{1}{3}y^3\right)\Big|_{-1}^{\sqrt7}-2\sqrt7-2=\frac{14}{3}\sqrt7+\frac{20}{3}.$$

解法二　$A=\int_{-1}^{\sqrt7}(9-y^2-2)\mathrm{d}y=\left(7y-\frac{1}{3}y^3\right)\Big|_{-1}^{\sqrt7}=\frac{14}{3}\sqrt7+\frac{20}{3}.$

真题7　(2018 公共课)求 $y=x^2$ 上点 $(2,4)$ 处的切线与 $y=-x^2+4x+1$ 所围成的图形的面积.

解　由 $y-4=(x^2)'\big|_{x=2}(x-2)$,得 $y=4x-4$,

由 $\begin{cases}y=4x-4,\\ y=-x^2+4x+1,\end{cases}$ 得 $\begin{cases}x=-\sqrt5,\\ y=-4\sqrt5-4,\end{cases}$ 或 $\begin{cases}x=\sqrt5,\\ y=4\sqrt5-4,\end{cases}$

故面积 $A=\int_{-\sqrt5}^{\sqrt5}[-x^2+4x+1-(4x-4)]\mathrm{d}x=\frac{20}{3}\sqrt5.$

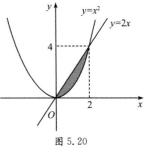

真题8　(2017 会计)设平面图形 $D$ 由曲线 $y=x^2$,$y=2x$ 所围成,求 $D$ 的面积 $S_D$.

解　如图 5.20 所示,所求面积 $S_D$ 为

$$S_D=\int_0^2(2x-x^2)\mathrm{d}x=\left(x^2-\frac{1}{3}x^3\right)\Big|_0^2=\frac{4}{3}.$$

图 5.20

真题9　(2017 国贸)求由抛物线 $y=3-x^2$ 与直线 $y=2x$ 所围成的图形的面积.

解　如图 5.21 所示,由于抛物线 $y=3-x^2$ 与直线 $y=2x$ 的交点为 $(-3,-6)$ 和 $(1,2)$,

于是所围成的图形的面积为

$$A=\int_{-3}^1(3-x^2-2x)\mathrm{d}x=\left(3x-\frac{x^3}{3}-x^2\right)\Big|_{-3}^1=\frac{32}{3}.$$

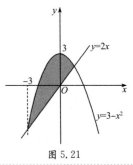

图 5.21

【名师点评】根据图形的形状,本题若采用纵坐标 $y$ 为积分变量,则计算比较烦琐,所以我们选择横坐标 $x$ 为积分变量.

真题10　(2011 会计)已知 $y=\ln x$ 与直线 $y=ax+b$ 相切于点 $(c,\ln c)$,其中 $2<c<4$.$y=\ln x$ 与直线 $y=ax+b$,$x=2$,$x=4$ 围成一个封闭图形.

(1) 求 $c$ 为何值时,该封闭图形的面积最小.

(2) 根据(1) 所求,求 $a,b$ 的值.

解　由题意画出图形(见图 5.22),由于 $y=\ln x$ 的切线为直线 $y=ax+b$,

因此 $y'\big|_{x=c}=\frac{1}{x}\big|_{x=c}=\frac{1}{c}=a$,所以 $a=\frac{1}{c}$,

又因为切点 $(c,\ln c)$ 在直线 $y=ax+b$ 上,因此 $\ln c=ac+b=1+b$,

所以 $b=\ln c-1$,故所求面积为

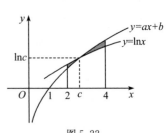

图 5.22

$$A=\int_2^4(ax+b-\ln x)\mathrm{d}x=\left(\frac{a}{2}x^2+bx\right)\Big|_2^4-\int_2^4\ln x\,\mathrm{d}x=(6a+2b)-(6\ln2-2)$$

$$= \frac{6}{c} + 2\ln c - 6\ln 2.$$

令 $A' = -\frac{6}{c^2} + \frac{2}{c} = 0$,解得 $c = 3$,所以 $a = \frac{1}{3}$,$b = \ln 3 - 1$.

由实际问题知,封闭图形的面积一定有最小值,所以唯一的驻点 $c = 3$ 即为最小值点.

即 $c = 3$ 时,该封闭图形的面积最小,且此时 $a = \frac{1}{3}$,$b = \ln 3 - 1$.

**【名师点评】** 根据图形的形状,我们可以知道本题求面积只能选横坐标 $x$ 为积分变量,不能选纵坐标 $y$ 为积分变量.在求曲线所围成的图形的面积时,选取合适的积分变量很重要.

曲线所围成的图形面积的最值问题是专升本考试的常考知识点之一,其本质是利用公式求解面积,然后利用实际问题一定存在最值,唯一的极值点就是最值点,进而求得最值.

## 考点 二　定积分在实际问题中的应用

**真题 1** (2019 财经类)一厂生产某商品 $x$ 单位时,边际收益函数为 $R'(x) = 200 - \frac{x}{50}$(元／单位),试求生产这种商品 2000 单位时的总收益为多少.

　　**解**　因为总收益是边际收益函数在 $[0, x]$ 上的定积分,所以生产 $x$ 单位时的总收益为

$$R(x) = \int_0^x \left(200 - \frac{t}{50}\right) \mathrm{d}t = \left(200t - \frac{t^2}{100}\right) \Big|_0^x = 200x - \frac{x^2}{100},$$

当生产 2000 单位时,总收益为 $R(2000) = 400000 - \frac{(2000)^2}{100} = 360000$(元).

**【名师点评】** 收益函数是边际收益函数的一个原函数,也即收益函数是边际收益函数在区间 $[0, x]$ 上的定积分.

**真题 2** (2018 财经类)设某产品在时刻 $t$ 总产量的变化率为 $f(t) = 100 + 12t - 0.6t^2$(单位／小时),求从 $t = 2$ 到 $t = 4$ 这两个小时的总产量.

　　**解**　因为总产量 $P(t)$ 是它的变化率的原函数,所以从 $t = 2$ 到 $t = 4$ 这两个小时的总产量为

$$\int_2^4 f(t) \mathrm{d}t = \int_2^4 (100 + 12t - 0.6t^2) \mathrm{d}t = (100t + 6t^2 - 0.2t^3) \Big|_2^4$$
$$= 100 \times (4 - 2) + 6 \times (4^2 - 2^2) - 0.2 \times (4^3 - 2^3)$$
$$= 100 \times 2 + 6 \times 12 - 0.2 \times 56$$
$$= 260.8(\text{单位}).$$

### 考点方法综述

高等数学(二)考试大纲对定积分的应用的要求是会计算平面图形的面积利用,会求解定积分经济方面的应用问题.

1.求平面直角坐标系下的平面图形的面积的步骤如下:

(1) 找出曲线与坐标轴或曲线之间的交点;

(2) 画出平面图形的草图;

(3) 观察草图,列出积分表达式,计算结果.

2.定积分在经济方面的应用可以通过将归纳出的结论代入相应的积分表达式进行计算.

## 第五章检测训练 A

**一、选择题**

1.设 $f(x)$ 在 $[a, b]$ 上连续,且 $\int_a^b f(x) \mathrm{d}x = 0$,则 _____.

A. 在 $[a, b]$ 的某个小区间上,$f(x) = 0$

B. $[a, b]$ 上的一切 $x$,均使 $f(x) = 0$

C. $[a, b]$ 内至少有一点 $x$,使 $f(x) = 0$

D. $[a, b]$ 内不一定有 $x$,使 $f(x) = 0$

2.下列不等式成立的是 _____.

A. $\int_1^2 x^2 \, dx > \int_1^2 x^3 \, dx$  B. $\int_1^2 \ln x \, dx < \int_1^2 (\ln x)^2 \, dx$

C. $\int_0^1 x \, dx > \int_0^1 \ln(1+x) \, dx$  D. $\int_0^1 e^x \, dx < \int_0^1 (1+x) \, dx$

3.设函数 $f(x)$ 与 $g(x)$ 在 $[0,1]$ 上连续,且 $f(x) \leqslant g(x)$,则对任何 $c \in (0,1)$,以下正确的是 _____.

A. $\int_{\frac{1}{2}}^c f(t) \, dt \geqslant \int_{\frac{1}{2}}^c g(t) \, dt$  B. $\int_{\frac{1}{2}}^c f(t) \, dt \leqslant \int_{\frac{1}{2}}^c g(t) \, dt$  C. $\int_c^1 f(t) \, dt \geqslant \int_c^1 g(t) \, dt$  D. $\int_c^1 f(t) \, dt \leqslant \int_c^1 g(t) \, dt$

4.设 $f(x) = \begin{cases} x^2, & x > 0, \\ x, & x \leqslant 0, \end{cases}$ 则 $\int_{-1}^1 f(x) \, dx = $ _____.

A. $2\int_{-1}^0 x \, dx$  B. $2\int_0^1 x^2 \, dx$  C. $\int_0^1 x^2 \, dx + \int_{-1}^0 x \, dx$  D. $\int_0^1 x \, dx + \int_{-1}^0 x^2 \, dx$

5.设 $\int_0^x f(t) \, dt = a^{3x}$,则 $f(x)$ 等于 _____.

A. $3a^{3x}$  B. $a^{3x} \ln a$  C. $3a^{3x-1}$  D. $3a^{3x} \ln a$

6.设 $f(x)$ 是连续函数,则 $\dfrac{d}{dx} \int_{2x}^{-1} f(t) \, dt = $ _____.

A. $f(2x)$  B. $2f(2x)$  C. $-f(2x)$  D. $-2f(2x)$

7.设 $\int_0^x (2t+3) \, dt = 4(x > 0)$,则 $x = $ _____.

A. 1  B. 2  C. 3  D. 4

8. $\int_{-\frac{\pi}{2}}^{\frac{\pi}{2}} |\sin x| \, dx = $ _____.

A. 0  B. $\pi$  C. $\dfrac{\pi}{2}$  D. 2

9.设 $\int_1^x f(t) \, dt = \dfrac{x^4}{2} - \dfrac{1}{2}$,则 $\int_1^4 \dfrac{1}{\sqrt{x}} f(\sqrt{x}) \, dx = $ _____.

A. 2  B. 7  C. 12  D. 15

10.设 $f(x) = \int_\pi^x \dfrac{\sin t}{t} \, dt$,则 $\int_0^\pi f(x) \, dx = $ _____.

A. $-2$  B. 2  C. 1  D. $-1$

**二、填空题**

1.判断下列语句是否正确:若 $f(x)$ 在闭区间 $[a,b]$ 上连续,则 $\int_a^b f(x) \, dx = \int_a^b f(t) \, dt$. _____.

2.设 $\int_2^x f(t) \, dt = \sin x^2 - \sin 4$,则 $f(x) = $ _____.

3.设 $y = \int_0^{x^2} \sin t \, dt$,则 $\dfrac{dy}{dx} = $ _____.

4. $\int_0^\pi \cos x \, dx = $ _____.

5.设 $f(x) = \begin{cases} x+1, & x \leqslant 1, \\ \dfrac{1}{2}x^2, & x > 1, \end{cases}$ 则 $\int_0^2 f(x) \, dx = $ _____.

6.设函数 $f(x) = \begin{cases} \dfrac{1}{x} \int_x^0 \dfrac{\sin 2t}{t} \, dt, & x \neq 0, \\ a, & x = 0 \end{cases}$ 在 $x = 0$ 处连续,则 $a = $ _____.

7. $\int_1^{e^3} \dfrac{1}{x \sqrt{1+\ln x}} \, dx = $ _____.

8. $\int_{-1}^1 x^3 \cos x \, dx = $ _____.

9. $\int_{-1}^1 \left[ (x^4+1)\sin x + x^2 \right] dx = $ _____.

10. $\int_{-1}^{1}(\mid x \mid + \sin^3 x)\mathrm{d}x = $ _____.

**三、解答题**

1. 设 $f(x)$ 为连续函数,且 $f(x) = x + 2\int_{0}^{1}f(t)\mathrm{d}t$,求 $f(x)$.

2. 估计积分 $\int_{2}^{0}\mathrm{e}^{x^2-x}\mathrm{d}x$ 的值.

3. 计算定积分 $\int_{1}^{2}\left(x + \dfrac{1}{x}\right)^2\mathrm{d}x$.

4. 计算定积分 $\int_{-2}^{-1}\dfrac{\mathrm{d}x}{x}$.

5. 求定积分 $\int_{-1}^{3}\mid 2 - x \mid\mathrm{d}x$.

6. 计算定积分 $\int_{-3}^{4}\max\{1, x^2\}\mathrm{d}x$.

7. 计算定积分 $\int_{0}^{2\pi}\mid \sin x \mid\mathrm{d}x$.

8. 求极限 $\lim\limits_{x\to 0}\dfrac{\int_{2x}^{0}\sin t^2\mathrm{d}t}{x^3}$.

9. 求极限 $\lim\limits_{x\to 0}\dfrac{\int_{0}^{x}(\sqrt{1+t} - \sqrt{1+\sin t})\mathrm{d}t}{2x^4}$.

10. 设 $F(x) = \begin{cases} \dfrac{\int_{0}^{x}tf(t)\mathrm{d}t}{x^2}, & x \neq 0 \\ 0, & x = 0, \end{cases}$ 其中 $f(x)$ 是具有连续导数的函数,且 $f(0) = 0$.

 (1) 研究 $F(x)$ 的连续性;

 (2) 求 $F'(x)$.

11. 计算定积分 $\int_{\mathrm{e}}^{\mathrm{e}^3}\dfrac{\sqrt{1+\ln x}}{x}\mathrm{d}x$.

12. 求定积分 $\int_{1}^{\mathrm{e}}x\ln x\mathrm{d}x$.

13. 求定积分 $\int_{\ln 2}^{\ln 4}\dfrac{\mathrm{d}x}{\sqrt{\mathrm{e}^x - 1}}$.

**四、应用题**

1. 求由曲线 $y = x^2$ 及 $y = \sqrt{x}$ 所围成的平面图形的面积.

2. 已知直线 $x = a$ 将抛物线 $x = y^2$ 与直线 $x = 1$ 围成的平面图形分成面积相等的两部分,求 $a$ 的值.

3. 计算由曲线 $y = \mid \ln x \mid$ 与直线 $x = \dfrac{1}{\mathrm{e}}$,$x = \mathrm{e}$ 及 $y = 0$ 所围成的区域的面积.

4. 设 $D$ 是由抛物线 $y = 1 - x^2$ 和 $x$ 轴、$y$ 轴及直线 $x = 2$ 所围成的区域,求 $D$ 的面积.

5. 过曲线 $y = \sqrt[3]{x}\ (x \geqslant 0)$ 上的点 $A$ 作切线,使该切线与曲线及 $x$ 轴所围成的平面图形的面积为 $\dfrac{3}{4}$,求点 $A$ 的坐标.

6. 已知生产 $x$ 个某种产品的边际收入函数为 $M = \dfrac{100}{(x + 100)^2} + 4000$,

 (1) 求生产 $x$ 个单位时的总收入函数;

 (2) 求该产品相应的需求函数(即平均价格).

**五、证明题**

设 $f(x)$ 在 $[a, b]$ 上连续且 $f(x) > 0$,证明方程 $\int_{a}^{x}f(t)\mathrm{d}t + \int_{b}^{x}\dfrac{1}{f(t)}\mathrm{d}t = 0$ 在 $[a, b]$ 内有且仅有一个实根.

# 第五章检测训练 B

**一、选择题**

1. $\int_0^1 e^x \, dx$ 与 $\int_0^1 e^{x^2} \, dx$ 相比,有关系式 _____.

    A. $\int_0^1 e^x \, dx < \int_0^1 e^{x^2} \, dx$          B. $\int_0^1 e^x \, dx > \int_0^1 e^{x^2} \, dx$

    C. $\int_0^1 e^x \, dx = \int_0^1 e^{x^2} \, dx$          D. $\left(\int_0^1 e^x \, dx\right)^2 < \int_0^1 e^{x^2} \, dx$

2. 设 $I_1 = \int_0^{\frac{\pi}{4}} \frac{\tan x}{x} dx$, $I_2 = \int_0^{\frac{\pi}{4}} \frac{x}{\tan x} dx$,则 _____.

    A. $I_1 > I_2 > 1$      B. $1 > I_1 > I_2$      C. $I_2 > I_1 > 1$      D. $1 > I_2 > I_1$

3. $\dfrac{d}{dx}\left(x \int_0^x \sqrt{1+t^4} \, dt\right) = $ _____.

    A. $\int_0^x \sqrt{1+t^4} \, dt$          B. $4x^4 \int_0^x \sqrt{1+t^4} \, dt$

    C. $\int_0^x \sqrt{1+t^4} \, dt + x\sqrt{1+x^4}$          D. $x\sqrt{1+x^4}$

4. $\dfrac{d}{dx} \int_0^{x^2} \sqrt{1+2t} \, dt = $ _____.

    A. $4x\sqrt{1+2x^2}$    B. $2x\sqrt{1+2x^2}$    C. $\dfrac{2x}{\sqrt{1+2x^2}}$    D. $2x\sqrt{1+2x}$

5. $\dfrac{d}{dx}\left(\int_0^{x^2} \dfrac{e^t}{\sqrt{1+t^2}} dt\right) = $ _____.

    A. $\dfrac{e^t}{\sqrt{1+t^2}}$    B. $\dfrac{e^{x^2}}{\sqrt{1+x^4}}$    C. $\dfrac{2x e^{x^2}}{\sqrt{1+x^4}}$    D. $\dfrac{e^{t^2}}{\sqrt{1+t^4}}$

6. 若 $\int_0^1 (2x+k) \, dx = 2$,则 $k = $ _____.

    A. 0        B. 1        C. 2        D. $\dfrac{1}{2}$

7. 下列等式不成立的是 _____.

    A. $\int_{-1}^1 \ln(\sqrt{1+x^2} - x) \, dx = 0$          B. $\int_{-1}^1 \sin\left(x + \dfrac{\pi}{2}\right) dx = 0$

    C. $\int_{-1}^1 (e^x - e^{-x}) \, dx = 0$          D. $\int_{-1}^1 \arctan x \, dx = 0$

8. $\int_{-1}^1 |x| \, dx = $ _____.

    A. 0        B. $\dfrac{1}{2}$        C. $\dfrac{3}{2}$        D. 1

9. 曲线 $y = x^2$ 与直线 $y = 1$ 所围成的图形的面积为 _____.

    A. $\dfrac{2}{3}$        B. $\dfrac{3}{4}$        C. $\dfrac{4}{3}$        D. 1

10. 从点 $(2,0)$ 引两条直线与曲线 $y = x^3$ 相切,则由此两条切线与曲线 $y = x^3$ 所围成的图形的面积 $A = $ _____.

    A. $\dfrac{27}{2}$        B. $\dfrac{27}{4}$        C. $\dfrac{17}{4}$        D. 1

**二、填空题**

1. 设 $\int_1^x f(t) \, dt = \sin^2 x - \ln x - \sin^2 1$,则 $f(x) = $ _____.

2. $\dfrac{d}{dx} \int_{\ln x}^2 \dfrac{dt}{1+t^2} = $ _____.

3. 设 $f(x)$ 是 $[-2,2]$ 上连续的偶函数,则 $\int_{-2}^2 \dfrac{x^6 \sin x}{2+x^4} f(x) \, dx = $ _____.

4. $\int_{-\frac{\pi}{2}}^{\frac{\pi}{2}} \frac{x^8 \sin x^3}{\sqrt{1+x^6}} dx = $ _____.

5. $\int_{-1}^{1} \frac{x^2 + x^5 \sin x^2}{1+x^2} dx = $ _____.

6. $\int_{-\frac{\pi}{2}}^{\frac{\pi}{2}} \frac{1}{1+\cos x} dx = $ _____.

7. $\int_{-1}^{1} |x| dx = $ _____.

8. 设 $f(x)$ 是 $[-2,2]$ 上的连续函数,则 $\int_{-1}^{1} \frac{x^3 \cos x}{2+x^4} f(x^2) dx = $ _____.

9. 设 $\int_{1}^{x} f(t) dt = \frac{x^4}{2} - \frac{1}{2}$,则 $\int_{1}^{4} \frac{1}{\sqrt{x}} f(\sqrt{x}) dx = $ _____.

10. 已知 $f(2) = \frac{1}{2}, f'(2) = 0$ 且 $\int_{0}^{2} f(x) dx = 1$,则 $\int_{0}^{1} x^2 f''(2x) dx = $ _____.

**三、解答题**

1. 设 $f(x) = x^3 - \int_{0}^{a} f(x) dx, a+1 \neq 0$,求 $\int_{0}^{a} f(x) dx$.

2. 估计定积分的值:$I = \int_{1}^{2} (2x^3 - x^4) dx$.

3. 计算定积分 $\int_{-1}^{\sqrt{3}} \frac{dx}{1+x^2}$.

4. 计算定积分 $\int_{4}^{9} \sqrt{x}(1+\sqrt{x}) dx$.

5. 计算定积分 $\int_{0}^{\frac{\pi}{3}} \frac{1+\sin^2 x}{\cos^2 x} dx$.

6. 求极限 $\lim\limits_{x \to 0} \frac{\int_{0}^{x} \arctan t \, dt}{1 - \cos x}$.

7. 设 $f(x) = \int_{0}^{x} t e^{-t^3} dt$,求 $f(x)$ 的极值.

8. 设 $f(x) = \begin{cases} \dfrac{\sin ax}{\sqrt{1-\cos x}}, & x < 0, \\ \sqrt{2}, & x = 0, \\ \dfrac{1}{x - \sin x} \int_{0}^{x} \dfrac{t^2}{\sqrt{b+t^2}} dt, & x > 0 \end{cases}$ 在 $x=0$ 处连续,求 $a, b$ 的值.

9. 计算定积分 $\int_{1}^{5} \frac{x-1}{1+\sqrt{2x-1}} dx$.

10. 计算定积分 $\int_{0}^{\sqrt{3}} \arctan x \, dx$.

11. 计算定积分 $\int_{1}^{2} x(\ln x)^2 dx$.

12. 计算定积分 $\int_{e}^{e^3} \frac{\sqrt{1+\ln x}}{x} dx$.

**四、应用题**

1. 求由曲线 $y = x^2$ 与 $y = 1 - x^2$ 所围成的图形的面积.

2. 求 $y = x^2$ 上点 $(2,4)$ 处的切线与 $y = -x^2 + 4x + 1$ 所围成的图形的面积.

3. 已知曲线 $y = \frac{x^2}{2}, y = \frac{1}{1+x^2}$ 与直线 $x = -\sqrt{3}, x = \sqrt{3}$ 所围成的图形如图

5.23 所示,求阴影部分面积的总和.

4. 在第一象限内,求曲线 $y = -x^2 + 1$ 上的一点,使该点处的切线与所给曲线及两坐标轴围成的图形面积最小,并求此最小面积.

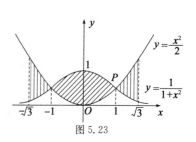
图 5.23

5. 已知某企业生产某种产品 $q$ 件时,$MC = 5$ 千元/件,$MR = 10 - 0.02q$ 千元/件,又知当 $q = 10$ 件时总成本为 250 千元,求最大利润.

6. 已知某产品生产 $x$ 个单位时,总收益的变化率(边际收益)为 $R' = R'(x) = 200 - \dfrac{x}{100}, x \geqslant 0$.

(1) 求生产 50 个单位时的总收益;

(2) 如果已经生产了 100 个单位,求再生产 100 个单位时的总收益.

**五、证明题**

证明:$\displaystyle\int_0^1 x^m (1-x)^n \mathrm{d}x = \int_0^1 x^n (1-x)^m \mathrm{d}x \ (m, n \in \mathbf{N})$.

# 第六章　　常微分方程

## 知识结构导图

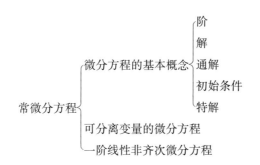

常微分方程
- 微分方程的基本概念
  - 阶
  - 解
  - 通解
  - 初始条件
  - 特解
- 可分离变量的微分方程
- 一阶线性非齐次微分方程

## 第一节　微分方程的一般概念与可分离变量的微分方程

### 考纲内容解读

**一、新大纲基本要求**

最新颁布的山东省专升本高等数学(二)考试大纲对本节的要求是：

1. 了解常微分方程的定义,理解微分方程的阶、解、通解、初始条件和特解等概念；

2. 掌握可分离变量微分方程的解法.

**二、新大纲名师解读**

在专升本考试中,本节主要考查以下内容：

1. 微分方程的基本概念；

2. 可分离变量的微分方程.

微分方程的阶、是否为线性微分方程和可分离变量的微分方程求解,通常以客观题形式考查,在学习中需加强对常微分方程相关概念的理解.

### 考点内容解析

**一、微分方程的基本概念**

**定义 1**　凡是含自变量、未知函数及其导数或微分的方程称为**微分方程**.

未知函数为一元函数的微分方程称为**常微分方程**；

未知函数含有两个或者两个以上的自变量的微分方程称为**偏微分方程**.

**定义 2**　微分方程中未知函数导数或微分的最高阶数称为**微分方程的阶**.

二阶及其以上的微分方程统称为**高阶微分方程**.

**定义 3**　微分方程中所含未知函数及其各阶导数均为一次幂时,则称该方程为**线性微分方程**.

$n$ 阶线性微分方程的一般形式为

$$y^{(n)} + a_1(x)y^{(n-1)} + \cdots + a_{n-1}(x)y' + a_n(x)y = f(x).$$

在线性微分方程中,若未知函数及其各阶导数的系数均为常数,则称该微分方程为**常系数线性微分方程**.

**定义4** 如果函数 $y = \varphi(x)$ 具有直到 $n$ 阶的导数,把 $\varphi(x)$ 代入 $F(x, y, y', \cdots, y^{(n)}) = 0$ 中使其成为恒等式,即

$$F[x, \varphi(x), \varphi'(x), \cdots, \varphi^{(n)}(x)] = 0,$$

则称函数 $y = \varphi(x)$ 为微分方程 $F(x, y, y', \cdots, y^{(n)}) = 0$ 的一个解.

若微分方程的解中含有相互独立任意常数的个数与微分方程的阶数相同,这样的解称为该微分方程的**通解**.

一般地,微分方程不含有任意常数的解称为微分方程的**特解**.

能够用来确定特解的条件,我们称之为**初始条件**. $n$ 阶微分方程的初始条件通常记作

$$y\Big|_{x=x_0} = y_0, \quad y'\Big|_{x=x_0} = y_1, \quad \cdots, \quad y^{(n-1)}\Big|_{x=x_0} = y_{n-1},$$

其中 $x_0, y_0, y_1, \cdots, y_{n-1}$ 是 $n+1$ 个常数. 带有初始条件的微分方程求解问题称为初值问题. 求微分方程的解的过程称为**解微分方程**.

**二、可分离变量的微分方程**

**1. 定义**

**可分离变量的微分方程**就是可以将变量 $x$ 和变量 $y$ 分别分离到等号两边的微分方程,这种方程一般具有如下形式:

$$y' = f(x) \cdot g(y),$$

其中 $f(x)$ 和 $g(y)$ 是连续函数.

**2. 可分离变量微分方程的计算步骤**

对上述可分离变量的微分方程通常采用如下步骤计算其通解:

(1) 用 $\dfrac{\mathrm{d}y}{\mathrm{d}x}$ 替换方程中的 $y'$;

(2) 分离变量,得

$$\frac{1}{g(y)}\mathrm{d}y = f(x)\mathrm{d}x \, (g(y) \neq 0);$$

(3) 两边积分,得

$$\int \frac{1}{g(y)}\mathrm{d}y = \int f(x)\mathrm{d}x;$$

(4) 设 $G(y), F(x)$ 分别是 $g(y), f(x)$ 的一个原函数,于是可得原方程的通解为

$$G(y) = F(x) + C \, (C \text{ 为任意常数}).$$

 **考点例题分析**

## 考点 一  微分方程的基本概念

**【考点分析】**常微分方程中需要掌握的基本概念有微分方程的阶、解、通解、初始条件、特解等.

(1) 微分方程:含有未知函数的导数(或微分)的方程.

(2) 常微分方程:微分方程中的未知函数是一元函数.

(3) 齐次微分方程:指的是自由项为零,非齐次微分方程指的是自由项非零.

(4) 阶:微分方程中出现的未知函数的导数的最高阶数.

(5) 解:将某个函数及其导数代入微分方程中,使该方程左边等于右边,则该函数为微分方程的解.

(6) 通解:方程的解中所含相互独立的任意常数的个数与方程的阶数相同的解.

(7) 特解:给方程通解中的任意常数以确定的值得到特解,即不包含任意常数的解.

**例1**  微分方程 $(y'')^5 + 2(y')^3 + xy^6 = 0$ 的阶数是 _____.

A. 1          B. 2          C. 3          D. 4

**解**  微分方程的阶数取决于方程中所含导数的最高阶数,与变量的次数无关.

故应选 B.

**例2**  微分方程 $y'' + 4xy + 7x = 0$ 是 _____.

A. 二阶线性齐次方程     B. 二阶线性非齐次方程     C. 齐次方程     D. 一阶微分方程

**解**  原方程可变形为 $y'' + 4xy = -7x$,其中 $y'', y$ 都是一次的,自由项非零,因此是二阶线性非齐次微分方程.

故应选 B.

**【名师点评】** 所谓线性微分方程,是指方程中关于未知函数 $y$ 及其所有阶导数的次数都是一次的.未知函数导数的阶数不能与未知函数的次数混淆.

**例 3** 下列方程为一阶微分方程是 _____.

A. $\left(\dfrac{\mathrm{d}y}{\mathrm{d}x}\right)^2 + \left(\dfrac{\mathrm{d}y}{\mathrm{d}x}\right)^3 + xy = 1 + x^2$　　　　B. $y'' + 3y' - 2y = \mathrm{e}^{x^2}$

C. $\dfrac{\mathrm{d}(xy)'}{\mathrm{d}x} = xy$　　　　D. $U\dfrac{\mathrm{d}^2 u}{\mathrm{d}t^2} + R\dfrac{\mathrm{d}u}{\mathrm{d}t} + \dfrac{u}{A} = f(t)$

**解** 选项 B,C,D 中微分方程的最高阶数都是二阶,因此不是一阶微分方程.注意: $\left(\dfrac{\mathrm{d}y}{\mathrm{d}x}\right)^2$ 与 $\dfrac{\mathrm{d}^2 y}{\mathrm{d}x^2}$ 含义不同,前者表示 $y$ 对 $x$ 的一阶导数的平方,后者表示 $y$ 对 $x$ 的二阶导数.

故应选 A.

**例 4** 函数 $y = C - \sin x$(其中 $C$ 是任意常数)是方程 $\dfrac{\mathrm{d}^2 y}{\mathrm{d}x^2} = \sin x$ 的 _____.

A. 通解　　　　B. 特解

C. 是解,但既非通解也非特解　　　　D. 不是解

**解** $y = C - \sin x$ 为原微分方程的解,但因含任意常数,所以不是特解;又因为独立任意常数的个数只有一个,所以不是通解.

故应选 C.

**【名师点评】** 微分方程的通解要求所含相互独立的任意常数的个数与方程的阶数相同.本题是二阶微分方程,故 $y = C - \sin x$ 不是通解.

## 考点 二 可分离变量的微分方程

**【考点分析】** 形如 $y' = f(x) \cdot g(y)$ 的可分离变量的微分方程通常采用如下步骤计算:

(1) 用 $\dfrac{\mathrm{d}y}{\mathrm{d}x}$ 替换方程中的 $y'$;

(2) 分离变量,得 $\dfrac{1}{g(y)}\mathrm{d}y = f(x)\mathrm{d}x\,(g(y) \neq 0)$;

(3) 两边积分,得 $\displaystyle\int \dfrac{1}{g(y)}\mathrm{d}y = \int f(x)\mathrm{d}x$;

(4) 设 $G(y), F(x)$ 分别是 $g(y), f(x)$ 的一个原函数,于是可得原方程的通解为
$$G(y) = F(x) + C\,(C \text{ 为任意常数}).$$

求得通解后,将初始条件代入通解,确定常数 $C$,即可得到满足该初始条件的特解.

**例 1** 微分方程 $(1 + \mathrm{e}^x)\mathrm{d}y = y\mathrm{e}^x\mathrm{d}x$ 的通解为 _____.

**解** 分离变量、两边积分,得 $\displaystyle\int \dfrac{1}{y}\mathrm{d}y = \int \dfrac{\mathrm{e}^x}{1 + \mathrm{e}^x}\mathrm{d}x$,

解得 $\ln y = \ln(1 + \mathrm{e}^x) + \ln C$,所以通解为 $y = C(1 + \mathrm{e}^x)$.

故应填 $y = C(1 + \mathrm{e}^x)$.

**【名师点评】** 本题在解题的分离变量步骤中没再考虑变量 $y$ 是否为零,以及步骤 $\ln y = \ln(1 + \mathrm{e}^x) + \ln C$ 中省略了绝对值,原因如下:

当 $y \neq 0$ 时,对方程 $(1 + \mathrm{e}^x)\mathrm{d}y = y\mathrm{e}^x\mathrm{d}x$ 分离变量、两边积分,得 $\displaystyle\int \dfrac{1}{y}\mathrm{d}y = \int \dfrac{\mathrm{e}^x}{1 + \mathrm{e}^x}\mathrm{d}x$.

解得 $\ln|y| = \ln(1 + \mathrm{e}^x) + \ln|C|\,(C \neq 0)$,整得 $|y| = |C|(1 + \mathrm{e}^x)\,(C \neq 0)$,即 $y = C(1 + \mathrm{e}^x)\,(C \neq 0)$.

当 $y = 0$ 时,显然也是方程的解.综合以上两种情况,方程的通解为 $y = C(1 + \mathrm{e}^x)$,其中 $C$ 可取任意常数.

**例2** 求方程 $\dfrac{\mathrm{d}y}{\mathrm{d}x} = \dfrac{xy}{1+x^2}$ 的通解.

**解** 分离变量,得 $\dfrac{1}{y}\mathrm{d}y = \dfrac{x}{1+x^2}\mathrm{d}x$,两边积分,得 $\displaystyle\int \dfrac{1}{y}\mathrm{d}y = \int \dfrac{x}{1+x^2}\mathrm{d}x$,

求解得 $\ln y = \dfrac{1}{2}\ln(1+x^2) + \ln C$,通解为 $y = C\sqrt{1+x^2}$.

> **【名师点评】**在求可分离变量微分方程的通解时,分离变量、两边积分后得到的原函数如果都是对数函数,积分后的任意常数 $C$ 常用 $\ln C$ 的形式代替.这样方便化简出更为简单的通解形式.另外,原函数如果出现对数函数,绝对值符号可以省略.

**例3** 微分方程 $x\dfrac{\mathrm{d}y}{\mathrm{d}x} = 2y$ 满足初值 $y\Big|_{x=1} = 2$ 的特解为 _____.

**解** 分离变量,得 $\dfrac{\mathrm{d}y}{y} = \dfrac{2}{x}\mathrm{d}x$,两边积分,得 $\displaystyle\int \dfrac{\mathrm{d}y}{y} = \int \dfrac{2}{x}\mathrm{d}x$,

解得 $\ln y = \ln x^2 + \ln C$,所以该方程的通解为 $y = Cx^2$.

由 $y\Big|_{x=1} = 2$ 得 $C = 2$,所以所求特解为 $y = 2x^2$.

故应填 $y = 2x^2$.

**例4** 已知微分方程 $\begin{cases} (1+e^x)yy' = e^x, \\ y\Big|_{x=0} = 0, \end{cases}$ 则其特解为 _____.

A. $y^2 = 2\ln(1+e^x) - 2\ln 2$ \qquad\qquad B. $y^2 = 2\ln(1+e^x) + 2\ln 2$

C. $y^2 = \ln(1+e^x) - 2\ln 2$ \qquad\qquad D. $y^2 = \ln(1+e^x) + 2\ln 2$

**解** 整理方程,得 $y' = \dfrac{e^x}{(1+e^x)\cdot y}$,

分离变量,得 $y\mathrm{d}y = \dfrac{e^x}{1+e^x}$,故 $y^2 = 2\ln(1+e^x) + C$,

将 $y\Big|_{x=0} = 0$ 代入得 $C = -2\ln 2$,故所求特解 $y^2 = 2\ln(1+e^x) - 2\ln 2$.

故应选 A.

> **【名师点评】**作为选择题,本题直接将条件 $y\Big|_{x=0} = 0$ 代入四个选项中验证即得结论.

**例5** 已知 $y = \dfrac{x}{\ln x}$ 是微分方程 $y' = \dfrac{y}{x} + \varphi\left(\dfrac{x}{y}\right)$ 的解,则 $\varphi\left(\dfrac{x}{y}\right)$ 的表达式为 _____.

A. $-\dfrac{y^2}{x^2}$ \qquad\qquad B. $\dfrac{y^2}{x^2}$ \qquad\qquad C. $-\dfrac{x^2}{y^2}$ \qquad\qquad D. $\dfrac{x^2}{y^2}$

**解** 将 $y = \dfrac{x}{\ln x}$ 代入微分方程 $y' = \dfrac{y}{x} + \varphi\left(\dfrac{x}{y}\right)$,得 $\dfrac{\ln x - 1}{\ln^2 x} = \dfrac{1}{\ln x} + \varphi(\ln x)$,

即 $\varphi(\ln x) = -\dfrac{1}{\ln^2 x}$,

令 $\ln x = u$,有 $\varphi(u) = -\dfrac{1}{u^2}$,所以 $\varphi\left(\dfrac{x}{y}\right) = -\dfrac{y^2}{x^2}$.

故应选 A.

## 考点真题解析

## 考点 一 微分方程的基本概念

**真题1** （2019 机械、交通、电气、电子、土木）下列方程中为一阶线性方程的是 _____.

A. $xy' + y^3 = 3$　　　　　　　　　　　　　　　　B. $yy' = 2x$

C. $2y\mathrm{d}x + (y^2 - 6x)\mathrm{d}y = 0$　　　　　　　　　D. $(2x - y)\mathrm{d}x - (x - 2y)\mathrm{d}y = 0$

**解**　选项 A 中含 $y^3$，不是线性；

选项 B 中含 $yy'$，不是线性；

选项 C 可以化为 $\dfrac{\mathrm{d}x}{\mathrm{d}y} - \dfrac{3}{y}x = -\dfrac{y}{2}$，可看作未知函数为 $x = g(y)$ 的一阶线性微分方程；

选项 D 无法化为一阶线性微分方程的标准形式，所以也不是一阶线性微分方程.

故应选 C.

> **【名师解析】**一阶线性微分方程中，"一阶"指未知函数的导数的最高阶数是一阶，"线性"指 $y,y'$ 的次数都是一次的. 一阶线性微分方程的标准形式为 $y' + P(x)y = Q(x)$ 或 $x' + P(y)x = Q(y)$.（一阶线性微分方程的定义参见本章第二节）.

**真题 2**　(2018 电子信息类、建筑类、机械类) 下列方程中为一阶线性微分方程的是 _____.

A. $yy' + y = x^2$　　　　B. $y' + y^2 = \cos x$　　　　C. $xy' + y = \sin x$　　　　D. $(y')^2 - xy = 1$

**解**　选项 A 中方程可变形为 $y' + 1 = \dfrac{1}{y}x^2$，不符合标准形式，所以为非线性；

选项 B 中出现了 $y^2$，所以为非线性；

选项 C 中方程可变形为 $y' + \dfrac{1}{x}y = \dfrac{\sin x}{x}$，符合一阶线性微分方程的标准形式；

选项 D 中出现了 $(y')^2$，所以为非线性.

故应选 C.

## 考点 二　可分离变量的微分方程

**真题 1**　(2021 年高数二) 求微分方程 $2y\mathrm{d}y - (1 + \cos x)(1 + y^2)\mathrm{d}x = 0$ 满足初值条件 $y\big|_{x=0} = 0$ 的特解.

**解**　分离变量，得 $\dfrac{2y}{1 + y^2}\mathrm{d}y = (1 + \cos x)\mathrm{d}x$，

两边同时积分，得 $\displaystyle\int \dfrac{2y}{1 + y^2}\mathrm{d}y = \int (1 + \cos x)\mathrm{d}x$，解得 $\ln(1 + y^2) = x + \sin x + C$（$C$ 为任意常数）.

将初值条件 $y\big|_{x=0} = 0$ 代入上式，解得 $C = 0$，故特解为 $\ln(1 + y^2) = x + \sin x$，即 $y^2 = \mathrm{e}^{x + \sin x} - 1$.

**真题 2**　(2020 高数二) 微分方程 $\dfrac{\mathrm{d}y}{\mathrm{d}x} = \dfrac{2x + \sin x}{\mathrm{e}^y}$ 的通解是 _____.

A. $\mathrm{e}^y = x^2 + \cos x + C$　　B. $\mathrm{e}^y = x^2 - \cos x + C$　　C. $\mathrm{e}^y = x^2 + \sin x + C$　　D. $\mathrm{e}^y = x^2 - \sin x + C$

**解**　分离变量，得 $\mathrm{e}^y\mathrm{d}y = (2x + \sin x)\mathrm{d}x$，

两边同时积分，得 $\displaystyle\int \mathrm{e}^y\mathrm{d}y = \int (2x + \sin x)\mathrm{d}x$，解得 $\mathrm{e}^y = x^2 - \cos x + C$（$C$ 为任意常数）.

故应选 B.

**真题 3**　(2009 国际贸易) 微分方程 $\dfrac{\mathrm{d}x}{y} + \dfrac{\mathrm{d}y}{x} = 0$ 的通解为 _____.

A. $x^2 + y^2 = C$　　　　B. $y = 2\mathrm{e}^{2x} + C$　　　　C. $y = \mathrm{e}^{2x} + C$　　　　D. $x^2 - y^2 = C$

**解**　将微分方程 $\dfrac{\mathrm{d}x}{y} + \dfrac{\mathrm{d}y}{x} = 0$ 分离变量，得 $y\mathrm{d}y = -x\mathrm{d}x$，

两边积分，得 $\displaystyle\int y\mathrm{d}y = -\int x\mathrm{d}x$，解得通解为 $x^2 + y^2 = C$.

故应选 A.

**真题 4**　(2017 电气，2009 会计、电气) 微分方程 $y' = 2xy$ 的通解是 $y = $ _____.

A. $C\mathrm{e}^{x^2}$　　　　　　B. $\mathrm{e}^{y^2} + C$　　　　　　C. $x^2 + C$　　　　　　D. $\mathrm{e}^x + C$

**解** 分离变量,得 $\dfrac{1}{y}\mathrm{d}y = 2x\,\mathrm{d}x$,

两边积分,得 $\displaystyle\int \dfrac{1}{y}\mathrm{d}y = \int 2x\,\mathrm{d}x$,解得 $\ln y = x^2 + C_1$,即通解为 $y = \mathrm{e}^{x^2+C_1} = C\mathrm{e}^{x^2}$.

故应选 A.

## 考点方法综述

1.理解常微分方程的相关概念.因为求微分方程涉及不定积分运算,所以通解中包括一组常数,这说明微分方程有无穷多个解.一般情况下,在附加一组初始条件后,从微分方程的通解中可唯一地确定一个特解,即初值问题的解.

2.绝大多数一阶常微分方程是无法用初等积分法求出其解的,只有少数微分方程才可用初等积分法求解.

3.可分离变量的微分方程是最简单的一阶微分方程,求通解的步骤为:

(1) 分离变量;(2) 两边积分;(3) 求得通解.

## 第二节 一阶线性微分方程及其应用

### 考纲内容解读

**一、新大纲基本要求**

掌握一阶线性微分方程的解法.

**二、新大纲名师解读**

在专升本考试中,本节主要考查阶线性微分方程的解法.

### 考点内容解析

**一、一阶线性齐次微分方程**

一阶线性齐次微分方程 $y' + P(x)y = 0$ 是 $y' + P(x)y = Q(x)$ 的特殊情形,它是可分离变量的微分方程.

对于一阶线性齐次微分方程 $y' + P(x)y = 0$ 的求解有两种常用方法:

(1) 利用分离变量法求其通解;

(2) 利用通解公式法求其通解.先化为标准形式确定 $P(x)$,再代入通解公式

$$y = C\mathrm{e}^{-\int P(x)\mathrm{d}x}.$$

上式可作为一阶线性齐次微分方程 $y' + P(x)y = 0$ 的**通解公式**.

**二、一阶线性非齐次微分方程**

由于 $y' + P(x)y = Q(x)$ 不是可分离变量的微分方程,考虑到其与对应的一阶线性齐次微分方程 $y' + P(x)y = 0$ 的左端相同,因此,可设想将 $y' + P(x)y = 0$ 的通解中的常数 $C$ 换成待定函数 $\Phi(x)$ 后得到 $y' + P(x)y = Q(x)$ 的解.

假设

$$y = \Phi(x)\mathrm{e}^{-\int P(x)\mathrm{d}x}$$

是 $y' + P(x)y = Q(x)$ 的解,将其代入方程 $y' + P(x)y = Q(x)$ 中,化简后得

$$\Phi'(x)\mathrm{e}^{-\int P(x)\mathrm{d}x} = Q(x),$$

即

$$\Phi'(x) = Q(x)\mathrm{e}^{\int P(x)\mathrm{d}x},$$

两端积分,得

$$\Phi(x)=\int Q(x)\mathrm{e}^{\int P(x)\mathrm{d}x}\mathrm{d}x+C,$$

故方程 $y'+P(x)y=Q(x)$ 的通解为

$$y=\left[\int Q(x)\mathrm{e}^{\int P(x)\mathrm{d}x}\mathrm{d}x+C\right]\mathrm{e}^{-\int P(x)\mathrm{d}x}\ \text{或}\ y=C\mathrm{e}^{-\int P(x)\mathrm{d}x}+\mathrm{e}^{-\int P(x)\mathrm{d}x}\int Q(x)\mathrm{e}^{\int P(x)\mathrm{d}x}\mathrm{d}x.$$

上式可作为一阶线性非齐次微分方程的**通解公式**.上述一阶线性非齐次微分方程通解的求解方法通常被称为**常数变易法**.

> **【名师解析】** 对于一阶线性非齐次微分方程 $y'+P(x)y=Q(x)$ 的求解有两种常用方法：
>
> (1) 先求出对应的齐次方程的通解,再利用常数变易法求其通解(先计算齐次方程的通解,再将常数变易为函数并求之,最后代入齐次方程的通解得非齐次方程的通解).
>
> (2) 直接利用非齐次方程的通解公式求其通解.先将方程化为标准型 $y'+P(x)y=Q(x)$,确定 $P(x),Q(x)$,再代入通解公式 $y=\left[\int Q(x)\mathrm{e}^{\int P(x)\mathrm{d}x}\mathrm{d}x+C\right]\mathrm{e}^{-\int P(x)\mathrm{d}x}$ 求解.注意:公式中的所有不定积分计算时均不需要再另加积分常数.

## 考点例题分析

### 考点一　一阶线性微分方程

> **【考点分析】** 一阶线性非齐次微分方程求通解的方法比较固定:① 常数变易法;② 公式法.
>
> 一般情况下采用公式法更为简单.需要注意的是,使用公式法时务必要将微分方程转换为一般形式,即 $y'+P(x)y=Q(x)$,然后正确找出公式中的 $P(x),Q(x)$,将其代入公式 $y=\mathrm{e}^{-\int P(x)\mathrm{d}x}\left[\int Q(x)\mathrm{e}^{\int P(x)\mathrm{d}x}\mathrm{d}x+C\right]$ 后求得结果.
>
> 需要特别强调的是,一阶线性微分方程 $y'+P(x)y=Q(x)$ 中 $y'$ 的系数必须为1,自由项必须放在方程的右端.

**例 1**　求微分方程 $\dfrac{\mathrm{d}y}{\mathrm{d}x}+3y=\mathrm{e}^{2x}$ 的通解.

**解**　可以直接利用一阶线性微分方程 $\dfrac{\mathrm{d}y}{\mathrm{d}x}+P(x)y=Q(x)$ 的通解公式来求,其中 $P(x)=3,Q(x)=\mathrm{e}^{2x}$,代入通解公式得

$$y=\mathrm{e}^{-\int P(x)\mathrm{d}x}\left[C+\int Q(x)\mathrm{e}^{\int P(x)\mathrm{d}x}\mathrm{d}x\right]=\mathrm{e}^{-\int 3\mathrm{d}x}\left(C+\int \mathrm{e}^{2x}\mathrm{e}^{\int 3\mathrm{d}x}\mathrm{d}x\right)=C\mathrm{e}^{-3x}+\mathrm{e}^{-3x}\int \mathrm{e}^{5x}\mathrm{d}x$$

$$=C\mathrm{e}^{-3x}+\frac{1}{5}\mathrm{e}^{2x}.$$

**例 2**　求微分方程 $y'=2x(y+1)$ 满足初始条件 $y(0)=0$ 的特解.

**解　方法一**　所给方程为可分离变量的方程,分离变量后,得 $\dfrac{\mathrm{d}y}{y+1}=2x\mathrm{d}x$,

两端积分,得 $\ln|y+1|=x^2+C_1$,即 $y+1=\pm\mathrm{e}^{C_1}\cdot\mathrm{e}^{x^2}$,

记 $C=\pm\mathrm{e}^{C_1}$,则所给方程的通解为 $y=C\mathrm{e}^{x^2}-1$.

由初始条件 $y(0)=0$,代入通解中得 $C=1$,于是所求特解为 $y=\mathrm{e}^{x^2}-1$.

**解　方法二**　先将方程化为一阶线性微分方程 $y'-2xy=2x$,得到 $P(x)=-2x,Q(x)=2x$,再代入通解公式

$$y=\mathrm{e}^{\int 2x\mathrm{d}x}\left[\int 2x\mathrm{e}^{\int(-2x)\mathrm{d}x}\mathrm{d}x+C\right]=\mathrm{e}^{x^2}\left(\int 2x\mathrm{e}^{-x^2}\mathrm{d}x+C\right)=C\mathrm{e}^{x^2}-1.$$

由初始条件 $y(0)=0$,代入通解中得 $C=1$,于是所求特解为 $y=\mathrm{e}^{x^2}-1$.

**例 3**　微分方程 $y'=\dfrac{y^2}{y^2+2xy-x}$ 的通解为 _____.

A. $x=y^2+Cy^2\mathrm{e}^{\frac{1}{y}}$　　　　　B. $x=y+Cy^2\mathrm{e}^{\frac{1}{y}}$　　　　　C. $x=y^2+C\mathrm{e}^{\frac{1}{y}}$　　　　　D. $x=y^2+Cy^2\mathrm{e}^{-\frac{1}{y}}$

**解** 将 $x$ 看作 $y$ 的函数,于是 $\dfrac{\mathrm{d}x}{\mathrm{d}y} - \dfrac{2y-1}{y^2}x = 1$,这是一阶线性微分方程,

所以由公式可得 $x = \mathrm{e}^{\int \frac{2y-1}{y^2}\mathrm{d}y}\left(\displaystyle\int \mathrm{e}^{-\int \frac{2y-1}{y^2}\mathrm{d}y}\mathrm{d}y + C\right) = y^2 + C'y^2\mathrm{e}^{\frac{1}{y}}$,即微分方程的通解为 $x = y^2 + C'y^2\mathrm{e}^{\frac{1}{y}}$.

故应选 A.

> **【名师点评】** 所给方程是一阶的,若视 $y$ 为因变量,则 $y' = \dfrac{y^2}{y^2 + 2xy - x}$ 是非线性微分方程,按照我们目前的知识无从求解. 因此,我们考虑将 $x$ 看作 $y$ 的函数,整理成 $\dfrac{\mathrm{d}x}{\mathrm{d}y} - \dfrac{2y-1}{y^2}x = 1$,这是一阶线性微分方程,故可以按照公式法求得通解.

### 考点 二 积分方程化为一阶微分方程求解

> **【考点分析】** 求解积分方程时,需要先对所给的积分方程两边的 $x$ 求导将其转换为微分方程,并从积分方程中寻找出初始条件,再按照微分方程的求解方法求解方程的特解.

**例 1** 已知可导函数 $f(x)$ 满足 $\cos x f(x) + 2\displaystyle\int_0^x f(t)\sin t\,\mathrm{d}t = x + 1$,求 $f(x)$.

**解** 方程两边求导并整理,得 $f'(x) + f(x)\tan x = \sec x$.

解此一阶线性非齐次微分方程,得 $f(x) = \sin x + C\cos x$.

由题意知初始条件为 $f(0) = 1$,把初始条件代入通解得 $f(x) = \sin x + \cos x$.

**例 2** 求在 $[0, +\infty)$ 上可微的函数 $f(x)$,使 $f(x) = \mathrm{e}^{-u(x)}$,其中 $u = \displaystyle\int_0^x f(t)\,\mathrm{d}t$.

**解** 由题意得 $\displaystyle\int_0^x f(t)\,\mathrm{d}t = -\ln f(x)$,等式两端求导,得 $f(x) = -\dfrac{f'(x)}{f(x)}$,

本题即为求微分方程 $f'(x) = -f^2(x)$ 满足初始条件 $f(0) = 1$ 的特解.

分离变量并积分,得 $\dfrac{1}{y} = x + C$,把初始条件代入上述通解,得 $C = 1$. 故所求函数为 $f(x) = \dfrac{1}{x+1}$.

### 考点真题解析

### 考点 一 一阶线性微分方程

**真题 1** (2020 高数一)求微分方程 $y' + y = \mathrm{e}^x + x$ 的通解.

**解** 所给微分方程为一阶线性微分方程,并且 $P(x) = 1, Q(x) = \mathrm{e}^x + x$,

由通解公式得

$$y = \mathrm{e}^{-\int P(x)\mathrm{d}x}\left[\int Q(x)\mathrm{e}^{\int P(x)\mathrm{d}x}\mathrm{d}x + C\right] = \mathrm{e}^{-\int 1\mathrm{d}x}\left[\int (\mathrm{e}^x + x)\mathrm{e}^{\int 1\mathrm{d}x}\mathrm{d}x + C\right]$$

$$= \mathrm{e}^{-x}\left[\int (\mathrm{e}^x + x)\mathrm{e}^x\mathrm{d}x + C\right] = \mathrm{e}^{-x}\left[\int (\mathrm{e}^{2x} + x\mathrm{e}^x)\mathrm{d}x + C\right]$$

$$= \mathrm{e}^{-x}\left(\frac{1}{2}\mathrm{e}^{2x} + x\mathrm{e}^x - \mathrm{e}^x + C\right)$$

$$= \frac{1}{2}\mathrm{e}^x + x - 1 + C\mathrm{e}^{-x}(C \text{ 为任意常数}).$$

**真题 2** (2020 高数二)求微分方程 $y' + y = \mathrm{e}^x + 1$ 的通解.

**解** 所给微分方程为一阶线性微分方程,并且 $P(x) = 1, Q(x) = \mathrm{e}^x + 1$,

由通解公式得

$$y = \mathrm{e}^{-\int P(x)\mathrm{d}x}\left[\int Q(x)\mathrm{e}^{\int P(x)\mathrm{d}x}\mathrm{d}x + C\right] = \mathrm{e}^{-\int 1\mathrm{d}x}\left[\int (\mathrm{e}^x + 1)\mathrm{e}^{\int 1\mathrm{d}x}\mathrm{d}x + C\right]$$

$$= e^{-x} \left[ \int (e^x + 1) e^x dx + C \right] = e^{-x} \left[ \int (e^{2x} + e^x) dx + C \right]$$

$$= e^{-x} \left( \frac{1}{2} e^{2x} + e^x + C \right)$$

$$= \frac{1}{2} e^x + 1 + C e^{-x} (C \text{ 为任意常数}).$$

**真题 3** (2014 经管类) 已知微分方程 $y' + y = x e^{-x}$,则满足初始条件 $y(0) = 2$ 的特解为 _____.

**解** 通解 $y = e^{-x} \left( \int x e^{-x} e^x dx + C \right) = e^{-x} \left( \frac{x^2}{2} + C \right)$,将 $y(0) = 2$ 代入,解得 $C = 2$,

所以满足该初始条件的特解为 $y = e^{-x} \left( \frac{x^2}{2} + 2 \right)$.

故应填 $y = e^{-x} \left( \frac{x^2}{2} + 2 \right)$.

**真题 4** (2009 会计) 求微分方程 $y' + 2xy = x e^{-x^2}$ 满足初始条件 $y \big|_{x=0} = 1$ 的特解.

**解** 本题是一阶线性微分方程,先用公式法求通解得

$$y = e^{-\int 2x dx} \left( \int x e^{-x^2} \cdot e^{\int 2x dx} dx + C \right) = e^{-x^2} \left( \int x dx + C \right) = e^{-x^2} \left( \frac{x^2}{2} + C \right)$$

又因为 $y \big|_{x=0} = 1$,代入解得 $C = 1$,

所以满足初始条件的特解为 $y = e^{-x^2} \left( \frac{x^2}{2} + 1 \right)$.

## 考点 二 积分方程化为一阶微分方程求解

**真题 1** (2014 计算机) 若 $f(x)$ 连续,且 $f(x) + 2 \int_0^x f(t) dt = x^2$,求方程的特解.

**解** 对 $f(x) + 2 \int_0^x f(t) dt = x^2$ 两边同时求导,得 $f'(x) + 2 f(x) = 2x$,

上述方程为线性非齐次微分方程,由通解公式得

$$f(x) = e^{-\int 2 dx} \left( \int 2x e^{\int 2 dx} dx + C \right) = e^{-2x} \left( \int 2x e^{2x} dx + C \right) = e^{-2x} \left( x e^{2x} - \frac{1}{2} e^{2x} + C \right).$$

因为 $f(0) = 0$,将其代入通解得 $C = \frac{1}{2}$.

所以得特解为 $f(x) = e^{-2x} \left( x e^{2x} - \frac{1}{2} e^{2x} + \frac{1}{2} \right) = x - \frac{1}{2} + \frac{1}{2} e^{-2x}$.

### 考 点 方 法 综 述

1.一阶线性齐次微分方程 $y' + P(x) y = 0$ 的求解方法:

(1) 利用分离变量法求其通解;

(2) 利用通解公式法求其通解:先化为标准形式确定 $P(x)$,再代入通解公式求解.

2.一阶线性非齐次微分方程 $y' + P(x) y = Q(x)$ 的求解方法:

(1) 常数变易法:先求出对应的齐次方程的通解,再利用常数变易法求其通解(先计算齐次方程的通解,再将常数变易为函数并求之,最后代入齐次方程的通解得非齐次方程的通解).

(2) 公式法:直接利用通解公式求其通解.先将方程化为标准型,确定 $P(x)$,$Q(x)$,再代入通解公式求解.注意:公式中的所有不定积分计算时均不需要再另加积分常数.

### 第六章检测训练 A

**一、选择题**

1.下列方程中为一阶线性方程的是 _____.

A. $x^2 y' + y^3 = 2$          B. $yy' = 3x$

C. $y\mathrm{d}x + (y^2 - 3x)\mathrm{d}y = 0$      D. $(3x - 2y)\mathrm{d}x - (2x - y)\mathrm{d}y = 0$

2. 微分方程 $xy' + y = \dfrac{1}{1+x^2}$ 满足 $y\big|_{x=\sqrt{3}} = \dfrac{\sqrt{3}}{9}\pi$ 的解在 $x=1$ 处的值为 _____.

  A. $\dfrac{\pi}{4}$       B. $\dfrac{\pi}{3}$       C. $\dfrac{\pi}{2}$       D. $\pi$

3. 下列是线性微分方程的是 _____.

  A. $y'' + (\ln x)y' + \cos xy = 0$      B. $y'' - 2y' + y^2 = \mathrm{e}^x$

  C. $y' - xy + 1 = \ln x$         D. $(y'')^2 - y' = 3x + 7$

4. 方程 $y' = y$ 满足初始条件 $y\big|_{x=0} = 2$ 的特解是 _____.

  A. $y = \mathrm{e}^x + 1$     B. $y = 2\mathrm{e}^x$     C. $y = 2\mathrm{e}^{2x}$     D. $y = \mathrm{e}^{2x}$

5. 若连续函数 $f(x)$ 满足关系式 $f(x) = \displaystyle\int_0^{2x}\left(\dfrac{t}{2}\right)\mathrm{d}t + \ln 2$, 则 $f(x) = $ _____.

  A. $\mathrm{e}^x\ln 2$     B. $\mathrm{e}^{2x}\ln 2$     C. $\mathrm{e}^x + \ln 2$     D. $\mathrm{e}^{2x} + \ln 2$

6. 函数 $y = C - \cos x$ (其中 $C$ 是任意常数) 是方程 $\dfrac{\mathrm{d}^2 y}{\mathrm{d}x^2} = \cos x$ 的 _____.

  A. 通解             B. 特解

  C. 是解, 但既非通解也非特解       D. 不是解

7. 通解为 $y = C_1\mathrm{e}^x + C_2 x$ 的微分方程是 _____.

  A. $(x+1)y'' - xy' + y = 0$      B. $(x-1)y'' + xy' + y = 0$

  C. $(x-1)y'' - xy' - y = 0$      D. $(x-1)y'' - xy' + y = 0$

8. 已知 $y = \dfrac{x}{\ln x}$ 是微分方程 $y' = \dfrac{y}{x} + \varphi\left(\dfrac{x}{y}\right)$ 的解, 则 $\varphi\left(\dfrac{x}{y}\right)$ 的表达式为 _____.

  A. $-\dfrac{y^2}{x^2}$      B. $\dfrac{y^2}{x^2}$      C. $-\dfrac{x^2}{y^2}$      D. $\dfrac{x^2}{y^2}$

9. 微分方程 $\dfrac{\mathrm{d}x}{y} + \dfrac{\mathrm{d}y}{x} = 0$ 的通解为 _____.

  A. $x^2 + y^2 = C$    B. $y = 2\mathrm{e}^{2x} + C$    C. $y = \mathrm{e}^{2x} + C$    D. $x^2 - y^2 = C$

10. 微分方程 $y' = \dfrac{y^2}{y^2 + 2xy - x}$ 的通解为 _____.

  A. $x = y^2 + Cy^2\mathrm{e}^{\frac{1}{y}}$   B. $x = y + Cy^2\mathrm{e}^{\frac{1}{y}}$   C. $x = y^2 + C\mathrm{e}^{\frac{1}{y}}$   D. $x = y^2 + Cy^2\mathrm{e}^{\frac{1}{y}}$

**二、填空题**

1. 已知函数 $y = y(x)$ 在任意点处的增量 $\Delta y = \dfrac{y\Delta x}{1+x^2} + \alpha$, 且当 $\Delta x \to 0$ 时, $\alpha$ 为 $\Delta x$ 的高阶无穷小. 若 $y(0) = \pi$, 则 $y(1) = $ _____.

2. 微分方程 $\dfrac{\mathrm{d}y}{\mathrm{d}x} = -\dfrac{x}{y}$ 的通解为 _____.

3. 微分方程 $x^2 y^{(4)} + (y')^3 = 1$ 的阶数是 _____.

4. 微分方程 $x\dfrac{\mathrm{d}y}{\mathrm{d}x} = 2y$ 满足初值 $y\big|_{x=1} = 2$ 的特解为 _____.

5. 微分方程 $(1 + \mathrm{e}^x)\mathrm{d}y = y\mathrm{e}^x\mathrm{d}x$ 的通解为 _____.

**三、解答题**

1. 求微分方程 $\dfrac{\mathrm{d}y}{\mathrm{d}x} = 2xy$ 的通解.

2. 求微分方程 $y' - y\tan x - \sec x = 0$ 的通解.

3. 求方程 $\dfrac{\mathrm{d}y}{\mathrm{d}x} = \dfrac{\mathrm{e}^x}{y + y^3}$ 的通解.

4. 求微分方程 $xy' + y = xe^x$ 满足 $y\big|_{x=1} = 1$ 的特解.

5. 解微分方程 $\begin{cases} \dfrac{\mathrm{d}y}{\mathrm{d}x} - xy = xe^{x^2}, \\ y(0) = 1. \end{cases}$

6. 求微分方程 $\dfrac{\mathrm{d}y}{\mathrm{d}x} = \dfrac{1}{x + y^2}$ 的通解.

7. 设 $y = e^x$ 是微分方程 $xy' + p(x)y = x$ 的一个解, 求此微分方程满足条件 $y\big|_{x=\ln 2} = 0$ 的特解.

8. 求方程 $\dfrac{\mathrm{d}y}{\mathrm{d}x} = \dfrac{e^x}{y + y^3}$ 的通解.

9. 求方程 $\dfrac{\mathrm{d}y}{\mathrm{d}x} = \dfrac{xy}{1 + x^2}$ 的通解.

10. 解微分方程 $\begin{cases} \dfrac{\mathrm{d}y}{\mathrm{d}x} - \dfrac{y}{x} = -x, \\ y(1) = 0. \end{cases}$

**四、应用题**

1. 已知某厂的纯利润 $L$ 对广告费 $x$ 的变化率与常数 $A$ 和纯利润 $L$ 之差成正比, 当 $x = 0$ 时, $L = L(0)$, 试求纯利润 $L$ 与广告费 $x$ 之间的关系.

2. 在某池塘内养鱼, 由于条件限制最多能养 1000 条. 已知鱼数 $y$ 是时间 $t$ 的函数 $y = y(t)$, 其变化率与鱼数 $y$ 和 $1000 - y$ 的乘积成正比. 现已知池塘内有鱼 100 条, 3 个月后池塘内有鱼 250 条, 求 $t$ 月后池塘内鱼数 $y(t)$ 的公式. 问 6 个月后池塘中有多少条鱼?

## 第六章检测训练 B

**一、选择题**

1. 微分方程 $xy'' + 2y' + x^2 y = 0$ 是 _____.
   A. 一阶线性微分方程　　　　B. 三阶线性微分方程　　　　C. 二阶线性微分方程　　　　D. 三阶非线性微分方程

2. 微分方程 $x\ln x\,\mathrm{d}y + (y - \ln x)\mathrm{d}x = 0$ 满足 $y\big|_{x=e} = 1$ 的特解为 _____.
   A. $\dfrac{1}{2}\left(\ln x + \dfrac{1}{\ln x}\right)$　　　B. $\dfrac{1}{2}\left(x + \dfrac{1}{\ln x}\right)$　　　C. $\dfrac{1}{2}\left(\ln x + \dfrac{1}{x}\right)$　　　D. $\dfrac{1}{2}\left(x + \dfrac{1}{x}\right)$

3. 下列微分方程中, 为一阶线性微分方程的是 _____.
   A. $\dfrac{\mathrm{d}y}{\mathrm{d}x} + \dfrac{y}{x} = 3(\ln x)y^2$　　　　　　　　B. $\dfrac{\mathrm{d}y}{\mathrm{d}x} - \dfrac{2y}{x+1} = (x+1)^{\frac{5}{2}}$

   C. $\dfrac{\mathrm{d}y}{\mathrm{d}x} = (x + y)^2$　　　　　　　　　　D. $xy' + y = y(\ln x + \ln y)$

4. 微分方程 $y(x + y)\mathrm{d}x = x^2\mathrm{d}y$ 是 _____.
   A. 可分离变量的方程　　　　B. 齐次方程　　　　C. 二阶方程　　　　D. 一阶线性方程

5. 微分方程 $(y'')^4 + 2(y')^2 + x^5 y = 0$ 的阶数是 _____.
   A. 1　　　　　　　　B. 2　　　　　　　　C. 3　　　　　　　　D. 4

6. 下列不是线性微分方程的是 _____.
   A. $y'' + (\ln x)y' + \cos x\,y = 0$　　　　　　　B. $y'' - 2y' + y^2 = e^x$
   C. $y' - xy + 1 = \ln x$　　　　　　　　　　D. $(y'')^2 - y' = 3x + 7$

7. 已知微分方程 $\begin{cases} (1 + e^x)yy' = e^x, \\ y\big|_{x=0} = 0, \end{cases}$ 则其特解为 _____.
   A. $y^2 = 2\ln(1 + e^x) - 2\ln 2$　　　　　　　B. $y^2 = 2\ln(1 + e^x) + 2\ln 2$
   C. $y^2 = \ln(1 + e^x) - 2\ln 2$　　　　　　　D. $y^2 = \ln(1 + e^x) + 2\ln 2$

8. 设非齐次线性微分方程 $y' + P(x)y = Q(x)$ 有两个不同的解 $y_1(x), y_2(x), C$ 为任意常数,则该方程的通解是 _____.

    A. $C[y_1(x) - y_2(x)]$                               B. $y_1(x) + C[y_1(x) - y_2(x)]$

    C. $C[y_1(x) + y_2(x)]$                                D. $y_1(x) + C[y_1(x) + y_2(x)]$

9. 若连续函数 $f(x)$ 满足关系式 $f(x) = \int_0^{2x} f\left(\dfrac{t}{2}\right) dt + \ln 2$,则 $f(x) = $ _____.

    A. $e^x \ln 2$            B. $e^{2x} \ln 2$            C. $e^x + \ln 2$            D. $e^{2x} + \ln 2$

10. 已知曲线 $y = f(x)$ 过点 $\left(0, -\dfrac{1}{2}\right)$,且其上任一点 $(x, y)$ 处的切线斜率为 $x\ln(1 + x^2)$,则 $f(x) = $ _____.

    A. $\dfrac{1}{2}(1 + x^2)[\ln(1 + x^2) + 1]$                 B. $\dfrac{1}{2}(1 + x^2)[\ln(1 + x^2) - 1]$

    C. $\dfrac{1}{3}(1 + x^2)[\ln(1 + x^2) - 1]$                 D. $\dfrac{1}{3}(1 + x^2)[\ln(1 + x^2) + 1]$

**二、填空题**

1. 微分方程 $(y'')^2 + \cos y' = 2x$ 的阶数为 _____.

2. 微分方程 $y' = \dfrac{y(1 - x)}{x}$ 的通解是 _____.

3. 微分方程 $(1 + e^x)dy = ye^x dx$ 的通解为 _____.

4. 微分方程 $x^2 y' + xy = y^2$ 满足初始条件 $y\Big|_{x=1} = 1$ 的特解为 _____.

5. 通过点 $(1, 1)$,且斜率处处为 $x$ 的曲线方程为 _____.

**三、解答题**

1. 求微分方程 $\dfrac{dy}{dx} = y\cos x$ 的通解.

2. 求微分方程 $(x^2 - y)dx - (x - y)dy = 0$ 的通解.

3. 求微分方程 $\dfrac{dy}{dx} - \dfrac{1}{x}y = x\sin x$ 的通解.

4. 求微分方程 $y' + y\tan x = \cos x$ 的通解.

5. 求微分方程 $y' = 2x(y + 1)$ 满足初始条件 $y(0) = 0$ 的特解.

6. 求微分方程 $\dfrac{dy}{dx} + \dfrac{1}{x}y = \dfrac{\sin x}{x}$ 的通解.

7. 求微分方程 $\sec^2 x \tan y \, dx + \sec^2 y \tan x \, dy = 0$ 的通解.

8. 求微分方程 $\dfrac{dy}{dx} = 1 + x + y^2 + xy^2$ 的通解.

9. 求微分方程 $x^2 dy + (2xy - x + 1)dx = 0$ 满足初始条件 $y\Big|_{x=1} = 0$ 的特解.

10. 已知连续函数 $f(x)$ 满足条件 $f(x) = \int_0^{3x} f\left(\dfrac{t}{3}\right) dt + e^{2x}$,求 $f(x)$.

**四、应用题**

1. 设某商品的需求价格弹性 $e = -k$($k$ 为常数),求该商品的需求函数 $D = f(P)$.

2. 已知某曲线经过点 $(1, 1)$,它的切线在纵轴上的截距等于切点的横坐标,求它的方程.

# 第七章　多元函数微积分

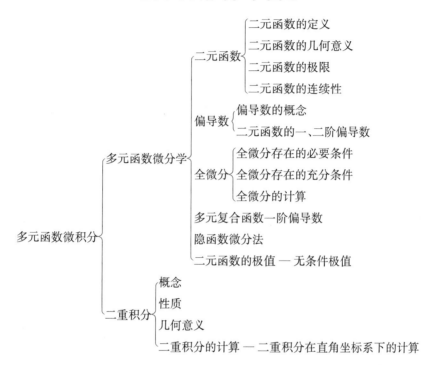

二元函数 ── 二元函数的定义
　　　　　 二元函数的几何意义
　　　　　 二元函数的极限
　　　　　 二元函数的连续性

偏导数 ── 偏导数的概念
　　　　　 二元函数的一、二阶偏导数

多元函数微分学

全微分 ── 全微分存在的必要条件
　　　　　 全微分存在的充分条件
　　　　　 全微分的计算

多元复合函数一阶偏导数

隐函数微分法

二元函数的极值 — 无条件极值

多元函数微积分

二重积分 ── 概念
　　　　　 性质
　　　　　 几何意义
　　　　　 二重积分的计算 — 二重积分在直角坐标系下的计算

## 第一节　二元函数的概念、偏导数与全微分

考纲内容解读

**一、新大纲基本要求**

1.了解二元函数的概念、几何意义及二元函数的极限与连续性概念；

2.理解二元函数偏导数和全微分的概念；

3.掌握二元函数的一阶、二阶偏导数的求法；

4.会求二元函数的全微分.

**二、新大纲名师解读**

在专升本考试中,本节主要考查以下内容：

1.求二元函数的定义域；

2.求二重极限；

3.偏导数与全微分的概念；

4.计算二元函数的一、二阶偏导数；

5.计算二元函数的全微分.

从历年的专升本考试中可以发现,计算二元函数的偏导数和全微分是常考内容.考生备考时要多做练习,做到熟能生巧.偏导数的计算跟一元函数的导数计算有相似之处,考生要熟练掌握基本的求导公式及求导方法.

考点内容解析

**一、二元函数的概念**

**1.二元函数的定义**

**定义1** 设 $D$ 是 $\mathbf{R}^2$ 中的一个平面点集,如果对于每个点 $P(x,y) \in D$,变量 $z$ 按照一定的对应法则 $f$ 总有唯一确定的数值与之对应,则称 $z$ 是 $x,y$ 的**二元函数**,记作

$$z = f(x,y),(x,y) \in D \text{ 或 } z = f(P),P \in D,$$

其中 $x,y$ 为自变量,$z$ 为因变量,点集 $D$ 叫作函数的**定义域**.

取定 $(x,y) \in D$,对应的 $f(x,y)$ 叫作 $(x,y)$ 所对应的函数值.全体函数值的集合,即

$$f(D) = \{z \mid z = f(x,y),(x,y) \in D\}$$

称为函数的**值域**,常记为 $R$ 或 $f(D)$.

二元函数在点 $P_0(x_0,y_0)$ 所取得的函数值记作 $z\Big|_{\substack{x=x_0 \\ y=y_0}}$ 或 $f(x_0,y_0)$ 或 $f(P_0)$.

二元及二元以上的函数统称为多元函数.

**2.二元函数的定义域**

(1) 二元函数 $z = f(x,y)$ 的定义域一般是 $xOy$ 面上的平面区域.

(2) 与一元函数类似,若函数的自变量具有某种实际意义,则根据它的实际意义来决定其取值范围,从而确定函数的定义域;对一般的用解析式表示的函数,使表达式有意义的自变量的取值范围,就是函数的定义域.

**3.二元函数的几何意义**

设函数 $z = f(x,y),(x,y) \in D$,$D$ 是 $xOy$ 平面上的区域.一般说来,它是一个曲面,该曲面在 $xOy$ 平面上的投影即为函数的定义域 $D$(见图 7.1).

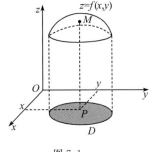

图 7.1

**二、二元函数的极限与连续性**

**1.二重极限**

**定义2** 设函数 $z = f(x,y)$ 在点 $P_0(x_0,y_0)$ 的某个邻域内有定义(在点 $P_0$ 可以没有定义),点 $P(x,y)$ 是该邻域内异于点 $P_0(x_0,y_0)$ 的任意一点.如果当点 $P(x,y)$ 以任意方式无限接近于点 $P_0(x_0,y_0)$ 时,函数 $f(x,y)$ 总是趋近于一个定常数 $A$,那么称 $A$ 为函数 $z = f(x,y)$ 当 $P(x,y)$ 趋近于 $P_0(x_0,y_0)$ 时的**极限**,记作

$$\lim_{\substack{x \to x_0 \\ y \to y_0}} f(x,y) = A \text{ 或 } \lim_{P \to P_0} f(P) = A.$$

**【名师解析】**(1)由该定义知,函数 $z = f(x,y)$ 在点 $P_0(x_0,y_0)$ 是否存在极限与函数在点 $P_0(x_0,y_0)$ 是否有定义无关.

(2)" $\lim\limits_{\substack{x \to x_0 \\ y \to y_0}} f(x,y) = A$ "要求点 $P$ 以任意方式趋近于点 $P_0$ 时,函数 $f(x,y)$ 都趋近于同一个常数 $A$,即常数 $A$ 与点 $P$ 趋近于点 $P_0$ 的方式无关.当 $P(x,y)$ 以不同方式趋近于 $P_0(x_0,y_0)$ 时,若函数 $f(x,y)$ 趋近于不同的值,则可断定函数 $f(x,y)$ 在点 $P_0(x_0,y_0)$ 的极限不存在.

(3)由于二元函数极限的定义与一元函数极限的定义形式是相同的,因此关于一元函数极限的运算法则等可推广到二元函数,这里不详述而直接使用.

**2.二元函数的连续性**

**定义3** 设函数 $z = f(x,y)$ 在点 $P_0(x_0,y_0)$ 的某个邻域内有定义,如果

$$\lim_{\substack{x \to x_0 \\ y \to y_0}} f(x,y) = f(x_0,y_0) \text{ 或 } \lim_{P \to P_0} f(P) = f(P_0),$$

那么称函数 $z = f(x,y)$ 在点 $P_0(x_0,y_0)$ 处连续,点 $P_0(x_0,y_0)$ 称为函数 $z = f(x,y)$ 的连续点.

**【名师解析】**函数 $f(x,y)$ 在点 $(x_0,y_0)$ 连续，即在该点处的**极限值恰等于函数值**；

如果函数 $z=f(x,y)$ 在区域 $D$ 内的每一点都连续，且在区域 $D$ 的边界上每一点都连续，那么称函数 $z=f(x,y)$ **在闭区域 $D$ 上连续**.

二元连续函数的**图形**是一个没有任何空隙和裂缝的曲面.

如果函数 $f(x,y)$ 在点 $(x_0,y_0)$ 不满足连续的定义，那么称这一点是函数的**不连续点**或**间断点**.

**性质 1（最大值和最小值定理）**　若 $f(x,y)$ 在有界闭区域 $D$ 上连续，则 $f(x,y)$ 在 $D$ 上必取得最大值与最小值.

**推论**　若 $f(x,y)$ 在有界闭区域 $D$ 上连续，则 $f(x,y)$ 在 $D$ 上有界.

**性质 2（介值定理）**　如果二元函数 $f(x,y)$ 在有界闭区域 $D$ 上连续，那么函数 $f(x,y)$ 在 $D$ 上必能取到介于它的最小值与最大值之间的任何数值.

**【名师解析】**在高等数学（二）的大纲中，仅要求对以上内容了解即可.

### 三、偏导数

#### 1. 偏导数的定义

**定义 4**　设函数 $z=f(x,y)$ 在点 $(x_0,y_0)$ 的某邻域内有定义，当 $y$ 固定在 $y_0$，而 $x$ 在 $x_0$ 处有增量 $\Delta x$ 时，相应的函数有增量 $f(x_0+\Delta x,y_0)-f(x_0,y_0)$，如果极限

$$\lim_{\Delta x\to 0}\frac{f(x_0+\Delta x,y_0)-f(x_0,y_0)}{\Delta x}$$

存在，则称此极限为函数 $z=f(x,y)$ 在点 $(x_0,y_0)$ 处对 $x$ 的偏导数，记作

$$\left.\frac{\partial z}{\partial x}\right|_{\substack{x=x_0\\y=y_0}},\quad \left.\frac{\partial f}{\partial x}\right|_{\substack{x=x_0\\y=y_0}},\quad \left.z_x\right|_{\substack{x=x_0\\y=y_0}}\quad 或 \quad f_x(x_0,y_0),$$

即

$$f_x(x_0,y_0)=\lim_{\Delta x\to 0}\frac{f(x_0+\Delta x,y_0)-f(x_0,y_0)}{\Delta x}.$$

类似地，如果极限 $\lim\limits_{\Delta y\to 0}\dfrac{f(x_0,y_0+\Delta y)-f(x_0,y_0)}{\Delta y}$ 存在，则称此极限为函数 $z=f(x,y)$ 在点 $P_0(x_0,y_0)$ 处对 $y$ 的**偏导数**，记作

$$\left.\frac{\partial z}{\partial y}\right|_{\substack{x=x_0\\y=y_0}},\quad \left.\frac{\partial f}{\partial y}\right|_{\substack{x=x_0\\y=y_0}},\quad \left.z_y\right|_{\substack{x=x_0\\y=y_0}}\quad 或 \quad f_y(x_0,y_0).$$

**注**　二元函数 $z=f(x,y)$ 在点 $P_0(x_0,y_0)$ 处对 $x$（或对 $y$）的偏导数，就是一元函数 $z=f(x,y_0)$ 在点 $x_0$ 处（或 $z=f(x_0,y)$ 在点 $y_0$ 处）的导数.

**定义 5**　若函数 $z=f(x,y)$ 在区域 $D$ 内的每一点 $(x,y)$ 处对 $x$ 的偏导数存在，那么这个偏导数就是 $x,y$ 的函数，称它为函数 $z=f(x,y)$ 对 $x$ 的**偏导函数**，记作

$$\frac{\partial z}{\partial x},\quad \frac{\partial f}{\partial x},\quad z_x\quad 或 \quad f_x(x,y).$$

类似地，可以定义函数 $z=f(x,y)$ 对 $y$ 的偏导函数，记作

$$\frac{\partial z}{\partial y},\quad \frac{\partial f}{\partial y},\quad z_y\quad 或 \quad f_y(x,y).$$

$f(x,y)$ 的偏导函数，通常简称为偏导数.

#### 2. 偏导数的求法

由于偏导数是将二元函数中的一个自变量固定不变，只让另一个自变量变化，求 $\dfrac{\partial f}{\partial x}$ 时，把 $y$ 看作常量而对 $x$ 求导；求 $\dfrac{\partial f}{\partial y}$ 时，把 $x$ 看作常量而对 $y$ 求导.因此，求偏导数问题仍然是求一元函数的导数问题.

函数 $z=f(x,y)$ 在点 $(x_0,y_0)$ 处对 $x$ 的偏导数 $f_x(x_0,y_0)$ 就是偏导数 $f_x(x,y)$ 在点 $(x_0,y_0)$ 处的函数值.

#### 3. 推广

类似地，可以定义二元以上的多元函数的偏导数.如三元函数 $u=f(x,y,z)$ 在点 $M_0(x_0,y_0,z_0)$ 处对 $x$ 的偏导

数为

$$\frac{\partial u}{\partial x}\bigg|_{\substack{x=x_0\\y=y_0\\z=z_0}} = f_x(x_0,y_0,z_0) = \lim_{\Delta x\to 0}\frac{f(x_0+\Delta x,y_0,z_0)-f(x_0,y_0,z_0)}{\Delta x}$$

函数 $z=f(x,y)$ 在点 $(x_0,y_0)$ 处对 $x$ 的偏导数 $f_x(x_0,y_0)$ 就是偏导数 $f_x(x,y)$ 在点 $(x_0,y_0)$ 处的函数值.

**4. 高阶偏导数**

**定义6** 设函数 $z=f(x,y)$ 在区域 $D$ 内具有偏导数 $\dfrac{\partial z}{\partial x}=f_x(x,y),\dfrac{\partial z}{\partial y}=f_y(x,y)$,那么在 $D$ 内 $f_x(x,y)$ 及 $f_y(x,y)$ 都是 $x,y$ 的二元函数. 如果这两个函数还存在偏导数,则称它们是函数 $z=f(x,y)$ 的二阶偏导数. 按照对变量求导次序的不同,有下列四个二阶偏导数:

$$\frac{\partial}{\partial x}\left(\frac{\partial z}{\partial x}\right)=\frac{\partial^2 z}{\partial x^2}=f_{xx}(x,y),\quad \frac{\partial}{\partial y}\left(\frac{\partial z}{\partial x}\right)=\frac{\partial^2 z}{\partial x\partial y}=f_{xy}(x,y),$$

$$\frac{\partial}{\partial x}\left(\frac{\partial z}{\partial y}\right)=\frac{\partial^2 z}{\partial y\partial x}=f_{yx}(x,y),\quad \frac{\partial}{\partial y}\left(\frac{\partial z}{\partial y}\right)=\frac{\partial^2 z}{\partial y^2}=f_{yy}(x,y),$$

其中 $f_{xy}$ 与 $f_{yx}$ 称为 $f(x,y)$ 的二阶混合偏导数. 同样地,可定义三阶、四阶……$n$ 阶偏导数.

二阶及二阶以上的偏导数统称为高阶偏导数.

**定理1** 如果函数 $z=f(x,y)$ 的两个二阶混合偏导数 $\dfrac{\partial^2 z}{\partial x\partial y}$ 和 $\dfrac{\partial^2 z}{\partial y\partial x}$ 在区域 $D$ 内连续,则在该区域内有

$$\frac{\partial^2 z}{\partial x\partial y}=\frac{\partial^2 z}{\partial y\partial x}.$$

**说明**:二阶混合偏导数在连续的条件下与求导的次序无关.

**四、全微分**

**1. 全微分的定义**

**定义7** 如果函数 $z=f(x,y)$ 在定义域 $D$ 内的点 $(x,y)$ 处的全增量

$$\Delta z=f(x+\Delta x,y+\Delta y)-f(x,y)$$

可表示成

$$\Delta z=A\Delta x+B\Delta y+o(\rho),$$

其中 $\rho=\sqrt{(\Delta x)^2+(\Delta y)^2}$,$A,B$ 是不依赖于 $\Delta x,\Delta y$,仅与 $x,y$ 有关的常数,则称函数 $z=f(x,y)$ 在 $(x,y)$ 处可微,$A\Delta x+B\Delta y$ 称为 $f(x,y)$ 在点 $(x,y)$ 处的**全微分**,记作

$$\mathrm{d}z=\mathrm{d}f=A\Delta x+B\Delta y.$$

若 $z=f(x,y)$ 在区域 $D$ 内处处可微,则称 $f(x,y)$ 在 $D$ 内可微,也称 $f(x,y)$ 是 $D$ 内的**可微函数**.

**2. 可微与偏导数存在、连续之间的关系**

**定理2** 如果函数 $z=f(x,y)$ 在点 $(x,y)$ 处可微,则函数在该点必连续.

**定理3(可微的必要条件)** 如果函数 $z=f(x,y)$ 在点 $(x,y)$ 处可微,则 $z=f(x,y)$ 在该点的两个偏导数 $\dfrac{\partial z}{\partial x},\dfrac{\partial z}{\partial y}$ 都存在,且有

$$\mathrm{d}z=\frac{\partial z}{\partial x}\Delta x+\frac{\partial z}{\partial y}\Delta y.$$

**定理4(可微的充分条件)** 如果函数 $z=f(x,y)$ 在点 $(x,y)$ 处的偏导数 $\dfrac{\partial z}{\partial x},\dfrac{\partial z}{\partial y}$ 存在且连续,则函数 $z=f(x,y)$ 在该点可微.

类似于一元函数微分的情形,规定自变量的微分等于自变量的改变量,即 $\mathrm{d}x=\Delta x,\mathrm{d}y=\Delta y$,于是 $f(x,y)$ 在点 $(x,y)$ 处的全微分又可记为

$$\mathrm{d}z=\frac{\partial z}{\partial x}\mathrm{d}x+\frac{\partial z}{\partial y}\mathrm{d}y.$$

## 考点一 二元函数的定义域

**【考点分析】**求二元函数的定义域与求一元函数的定义域一样,都是要找使解析式有意义的自变量的取值范围,若存在多种情况,则需要用相应的条件构造不等式组进行求解.

**例 1** 函数 $z = \ln(x^2 + y^2 - 4) + \sqrt{9 - x^2 - y^2}$ 的定义域为 _____.

**解** 根据题意知，$\begin{cases} x^2 + y^2 - 4 > 0 \\ 9 - x^2 - y^2 \geqslant 0, \end{cases}$ 所以 $4 < x^2 + y^2 \leqslant 9$.

故应填 $\{(x, y) \mid 4 < x^2 + y^2 \leqslant 9\}$.

**例 2** 函数 $z = \sqrt{y - x^2 + 1}$ 的定义域为 _____.

**解** 根据题意知，$\{(x, y) \mid y - x^2 + 1 \geqslant 0\}$.

故应填 $\{(x, y) \mid y - x^2 + 1 \geqslant 0\}$.

## 考点二 求函数的表达式

**【考点分析】**求二元函数的表达式时，主要需要弄清楚函数的结构，在解题过程中恰当地引入中间变量，可简化函数结构.

**例 1** 设 $f(x, y) = \dfrac{xy}{x^2 + y}$，则 $f\left(xy, \dfrac{x}{y}\right) = $ _____.

A. $\dfrac{xy}{x^2 + y}$ 　　　　 B. $\dfrac{y}{xy^3 + 1}$ 　　　　 C. $\dfrac{xy}{xy^2 + 1}$ 　　　　 D. $\dfrac{xy}{xy^3 + 1}$

**解** 令 $u = xy, v = \dfrac{x}{y}$. 则 $f\left(xy, \dfrac{x}{y}\right) = f(u, v) = \dfrac{uv}{u^2 + v} = \dfrac{xy \cdot \dfrac{x}{y}}{(xy)^2 + \dfrac{x}{y}} = \dfrac{xy}{xy^3 + 1}$.

故应选 D.

**【名师点评】**此题考查的是求二元复合函数的表达式，方法是引入中间变量. 令 $u = xy, v = \dfrac{x}{y}$，先把 $f\left(xy, \dfrac{x}{y}\right)$ 转化为 $f(u, v)$，而函数的对应关系与所用字母无关，故 $f(u, v) = \dfrac{uv}{u^2 + v}$，最后再把中间变量 $u, v$ 还原为 $x, y$ 的表达式. 解答此类问题的关键在于分清楚复合函数的复合结构，在解题过程中恰当地引入中间变量，最后再把中间变量还原回去.

**例 2** 设 $z = \sqrt{y} + f(\sqrt{x} - 1)$，且当 $y = 1$ 时 $z = x$，则 $f(y) = $ _____.

A. $\sqrt{y} - 1$ 　　　　 B. $y$ 　　　　 C. $y + 2$ 　　　　 D. $y(y + 2)$

**解** 由于当 $y = 1$ 时，$z = x$，故有 $x = 1 + f(\sqrt{x} - 1)$，即 $f(\sqrt{x} - 1) = x - 1 = (\sqrt{x} - 1)^2 + 2(\sqrt{x} - 1)$，所以 $f(y) = y^2 + 2y = y(y + 2)$.

故应选 D.

## 考点三 二元函数的极限

**【考点分析】**"$\lim\limits_{\substack{x \to x_0 \\ y \to y_0}} f(x, y) = A$"要求点 $P$ 以任意方式趋近于点 $P_0$ 时，函数 $f(x, y)$ 都趋近于同一个常数 $A$，即常数 $A$ 与点 $P$ 趋近于点 $P_0$ 的方式无关. 当 $P(x, y)$ 以不同方式趋近于 $P_0(x_0, y_0)$ 时，若函数 $f(x, y)$ 趋近于不同的值，则可断定函数 $f(x, y)$ 在点 $P_0(x_0, y_0)$ 的极限不存在. 而对于二元函数极限的求解，则类似于一元函数，可以利用两个重要极限、四则运算法则、无穷小性质等方法.

**例 1** $\lim\limits_{\substack{x \to 2 \\ y \to 0}} \dfrac{\sin xy}{y}$ 的值是 _____.

A. 2 　　　　 B. 0 　　　　 C. $\dfrac{1}{2}$ 　　　　 D. $\infty$

**解** $\lim\limits_{\substack{x \to 2 \\ y \to 0}} \dfrac{\sin xy}{y} = \lim\limits_{\substack{x \to 2 \\ y \to 0}} \dfrac{\sin xy}{xy} \cdot x = \lim\limits_{\substack{x \to 2 \\ y \to 0}} \dfrac{\sin xy}{xy} \cdot \lim\limits_{\substack{x \to 2 \\ y \to 0}} x = 2$.

故应选 A.

**【名师点评】**此题还可以利用无穷小的等价替换求解:$\lim\limits_{\substack{x \to 2 \\ y \to 0}} \dfrac{\sin xy}{y} = \lim\limits_{\substack{x \to 2 \\ y \to 0}} \dfrac{xy}{y} = \lim\limits_{\substack{x \to 2 \\ y \to 0}} x = 2.$

但是要注意:此题中若极限的前提变为$(x,y) \to (0,0)$,则不能使用第一重要极限求解,因为$\dfrac{\sin xy}{y}$中$x \in \mathbf{R}$,但是$\dfrac{\sin xy}{xy}$中$x \neq 0$.

**例2** 极限$\lim\limits_{\substack{x \to 0 \\ y \to 0}} \dfrac{2x^2 y}{x^4 + y^2}$ _____.

A. 不存在  B. 等于0  C. 等于1  D. 存在且等于0或1

**解** 当$(x,y)$沿着$y = 0$趋近于$(0,0)$时,$\lim\limits_{\substack{y = 0 \\ x \to 0}} \dfrac{2x^2 y}{x^4 + y^2} = 0.$

当$(x,y)$沿着$y = x^2$趋近于$(0,0)$时,$\lim\limits_{\substack{y = x^2 \\ x \to 0}} \dfrac{2x^2 y}{x^4 + y^2} = \lim\limits_{\substack{y = x^2 \\ x \to 0}} \dfrac{2x^2 x^2}{x^4 + (x^2)^2} = 1.$

所以$\lim\limits_{\substack{x \to 0 \\ y \to 0}} \dfrac{2x^2 y}{x^4 + y^2}$不存在.

故应选A.

**例3** 判断:极限$\lim\limits_{\substack{x \to 0 \\ y \to 0}} \dfrac{xy}{x^2 + y^2}$存在.

**解** 因为$\lim\limits_{\substack{x \to 0 \\ y = kx}} \dfrac{x \cdot kx}{x^2 + k^2 x^2} = \dfrac{k}{1 + k^2}$,根据极限存在的唯一性知,极限$\lim\limits_{\substack{x \to 0 \\ y \to 0}} \dfrac{xy}{x^2 + y^2}$不存在.

故错误.

**【名师点评】**判断二元函数的极限是否存在,我们通常用特殊路径来确定.对于不恒为常数的零次齐次函数,即形如$f(tx, ty) = f(x,y)$,且$f(x,y) \neq C$($C$为任意常数)的函数$f(x,y)$,可选取$y = kx$来说明.

**例4** 下列极限结果中,正确的是 _____.

A. $\lim\limits_{(x,y) \to (0,0)} \dfrac{xy}{x^2 + y^2} = 0$  B. $\lim\limits_{(x,y) \to (0,0)} \dfrac{x^2 y}{x^2 + y^2} = 0$  C. $\lim\limits_{(x,y) \to (0,0)} \dfrac{xy}{x + y} = 0$  D. $\lim\limits_{(x,y) \to (0,0)} \dfrac{x^2 y}{x + y} = 0$

**解** 因为$\lim\limits_{(x,y) \to (0,0)} \dfrac{xy}{x^2 + y^2} = \lim\limits_{\substack{x \to 0 \\ y = kx}} \dfrac{x \cdot kx}{x^2 + k^2 x^2} = \dfrac{k}{1 + k^2}$,

该极限值随着$k$的变化而变化,不是一个固定的常数,所以选项A错误.

选项C,可以让动点$(x,y)$沿着$y = x$,$y = x^2 - x$两条路径分别趋近于$(0,0)$,

求极限得$\lim\limits_{\substack{(x,y) \to (0,0) \\ (y = x)}} \dfrac{xy}{x + y} = \lim\limits_{x \to 0} \dfrac{x^2}{2x} = 0$,而$\lim\limits_{\substack{(x,y) \to (0,0) \\ (y = x^2 - x)}} \dfrac{xy}{x + y} = \lim\limits_{x \to 0} \dfrac{x(x^2 - x)}{x^2} = \lim\limits_{x \to 0}(x - 1) = -1.$

根据二元函数极限的定义,二元函数$f(x,y)$在点$(x_0, y_0)$处如果极限存在,必须是$(x,y)$以任何路径趋近于$(x_0, y_0)$时,$f(x,y)$都趋近于同一个确定的常数,而选项C中的极限沿两条不同的路径趋近于$(0,0)$时,趋近于不同的常数,故$\lim\limits_{(x,y) \to (0,0)} \dfrac{xy}{x + y}$不存在,所以选项C错误.

同理,对于选项D,$\lim\limits_{\substack{(x,y) \to (0,0) \\ (y = 0)}} \dfrac{x^2 y}{x + y} = \lim\limits_{x \to 0} \dfrac{0}{x} = 0$,$\lim\limits_{\substack{(x,y) \to (0,0) \\ (y = x^2 - x)}} \dfrac{x^2 y}{x + y} = \lim\limits_{x \to 0} \dfrac{x^2(x^3 - x)}{x^3} = \lim\limits_{x \to 0}(x^2 - 1) = -1$,

所以极限不存在,选项D错误.

故应选B.

**例5** $\lim\limits_{(x,y) \to (0,0)} \dfrac{xy}{\sqrt{xy + 4} - 2} = $ _____.

A. 4  B. 3  C. 2  D. 1

**解** $\lim\limits_{(x,y) \to (0,0)} \dfrac{xy}{\sqrt{xy + 4} - 2} = \lim\limits_{(x,y) \to (0,0)} \dfrac{xy(\sqrt{xy + 4} + 2)}{xy + 4 - 4} = \lim\limits_{(x,y) \to (0,0)} (\sqrt{xy + 4} + 2) = 2 + 2 = 4.$

故应选A.

【名师点评】此极限为"$\dfrac{0}{0}$"型,类似于一元函数求极限,可以先进行分母有理化,再化简求值.

## 考点 四　求二元函数的偏导数

【考点分析】(1)求二元函数的偏导数,即将两个自变量中的一个看作常数,对另一个变量求导数,这时的二元函数实际上可视为一元函数,因此在求偏导数时可利用一元函数的求导公式、运算法则去求解.

(2)求二元函数的二阶偏导数,就是对一阶偏导数继续求导,求导时要注意求偏导数的次序.

**例1**　若 $z = \mathrm{e}^{xy}\sin(x+y)$,则 $\dfrac{\partial z}{\partial x} = $ _____.

**解**　根据题意知,$\dfrac{\partial z}{\partial x} = y\mathrm{e}^{xy}\sin(x+y) + \mathrm{e}^{xy}\cos(x+y)$.

故应填 $y\mathrm{e}^{xy}\sin(x+y) + \mathrm{e}^{xy}\cos(x+y)$.

**例2**　求 $z = (x^2+y^2)^{xy}$ 的偏导数.

**解**　因为 $z = (x^2+y^2)^{xy} = \mathrm{e}^{\ln(x^2+y^2)^{xy}} = \mathrm{e}^{xy\ln(x^2+y^2)}$,

所以 $z_x = (x^2+y^2)^{xy}\left[y\ln(x^2+y^2) + \dfrac{2x^2y}{x^2+y^2}\right]$;

由 $x$,$y$ 的对称性,得 $z_y = (x^2+y^2)^{xy}\left[x\ln(x^2+y^2) + \dfrac{2xy^2}{x^2+y^2}\right]$.

**例3**　设 $z = x^y$,证明 $\dfrac{x}{y}\dfrac{\partial z}{\partial x} + \dfrac{1}{\ln x}\dfrac{\partial z}{\partial y} = 2z$.

**证**　因为 $\dfrac{\partial z}{\partial x} = yx^{y-1}$,$\dfrac{\partial z}{\partial y} = x^y\ln x$,

所以 $\dfrac{x}{y}\dfrac{\partial z}{\partial x} + \dfrac{1}{\ln x}\dfrac{\partial z}{\partial y} = \dfrac{x}{y}yx^{y-1} + \dfrac{1}{\ln x}x^y\ln x = x^y + x^y = 2x^y = 2z$.

**例4**　设 $u = \left(\dfrac{x}{y}\right)^z$,则 $\dfrac{\partial u}{\partial z} = $ _____.

A. $\left(\dfrac{x}{y}\right)^z\ln\dfrac{x}{y}$　　　　　B. $\left(\dfrac{x}{y}\right)^z\ln\dfrac{y}{x}$　　　　　C. $z\left(\dfrac{x}{y}\right)^{z-1}$　　　　　D. $\left(\dfrac{x}{y}\right)^{z-1}$

**解**　$\dfrac{\partial u}{\partial z} = \left(\dfrac{x}{y}\right)^z\ln\dfrac{x}{y}$.

故应选 A.

## 考点 五　求二元函数的偏导数值

【考点分析】函数 $z = f(x,y)$ 在点 $(x_0,y_0)$ 处对 $x$ 的偏导数 $f_x(x_0,y_0)$ 就是偏导数 $f_x(x,y)$ 在点 $(x_0,y_0)$ 处的函数值.

**例1**　函数 $z = x^3 + \dfrac{x}{y} - y^2$ 在点 $(1,2)$ 处对 $y$ 的偏导数为 _____.

A. $\dfrac{7}{2}$　　　　　　　B. $-\dfrac{17}{4}$　　　　　　　C. 1　　　　　　　D. $-2$

**解**　因为 $\dfrac{\partial z}{\partial y} = -\dfrac{x}{y^2} - 2y$,所以 $\dfrac{\partial z}{\partial y}\Big|_{(1,2)} = -\dfrac{17}{4}$.

故应选 B.

**例2**　若 $z = x^3 + 6xy + y^3$,则 $\dfrac{\partial z}{\partial x}\Big|_{\substack{x=1\\y=2}} = $ _____.

**解**　因为 $\dfrac{\partial z}{\partial x} = 3x^2 + 6y$,所以 $\dfrac{\partial z}{\partial x}\Big|_{\substack{x=1\\y=2}} = 3 + 6\times 2 = 15$.

故应填 15.

**例3** 已知 $f(x,y)=x+(y-1)\arcsin\sqrt{\dfrac{x}{y}}$，则 $f_x(2,1)=$ _____.

**解** 因为 $f(x,1)=x$，所以 $f_x(x,1)=1$, $f_x(2,1)=1$.

故应填 1.

**例4** 已知函数 $f(x,y)=x+y-\sqrt{x^2+y^2}$，则 $f(x,y)$ 在点 $(3,4)$ 处关于 $x$ 的偏导数为 _____.

A. $\dfrac{1}{2}$      B. $\dfrac{2}{5}$      C. $\dfrac{1}{5}$      D. 1

**解** 将 $y$ 当作常数，对 $x$ 求导，得

$$f_x(x,y)=1-\frac{1}{2}(x^2+y^2)^{-\frac{1}{2}}\cdot 2x=1-\frac{x}{\sqrt{x^2+y^2}},$$

$$f_x(3,4)=1-\frac{3}{\sqrt{3^2+4^2}}=1-\frac{3}{5}=\frac{2}{5}.$$

故应选 B.

## 考点六　求二元函数的二阶偏导数

**【考点分析】**函数 $z=f(x,y)$ 的偏导数仍是 $x,y$ 的二元函数，如果 $\dfrac{\partial z}{\partial x},\dfrac{\partial z}{\partial y}$ 对自变量 $x$ 和 $y$ 的偏导数存在，那么称它们是函数 $z=f(x,y)$ 的二阶偏导数. 依照对变量求偏导数的次序不同，有下列四个二阶偏导数：

$$\frac{\partial}{\partial x}\left(\frac{\partial z}{\partial x}\right)=\frac{\partial^2 z}{\partial x^2}=f_{xx}(x,y),\quad \frac{\partial}{\partial y}\left(\frac{\partial z}{\partial x}\right)=\frac{\partial^2 z}{\partial x\partial y}=f_{xy}(x,y),$$

$$\frac{\partial}{\partial x}\left(\frac{\partial z}{\partial y}\right)=\frac{\partial^2 z}{\partial y\partial x}=f_{yx}(x,y),\quad \frac{\partial}{\partial y}\left(\frac{\partial z}{\partial y}\right)=\frac{\partial^2 z}{\partial y^2}=f_{yy}(x,y),$$

其中 $f_{xy}(x,y),f_{yx}(x,y)$ 称为函数 $f(x,y)$ 的二阶混合偏导数，一般来说，它们未必相等；但如果二元函数的二阶混合偏导数在区域 $D$ 内连续，那么在该区域内这两个二阶混合偏导数必相等.

**例1** 若 $z=x^y$，则 $\dfrac{\partial^2 z}{\partial x\partial y}=$ _____.

**解** 根据题意，可求得 $\dfrac{\partial z}{\partial x}=yx^{y-1}$，于是 $\dfrac{\partial^2 z}{\partial x\partial y}=\dfrac{\partial}{\partial y}\left(\dfrac{\partial z}{\partial x}\right)=x^{y-1}(1+y\ln x)$.

故应填 $x^{y-1}(1+y\ln x)$.

**例2** 设 $u=\mathrm{e}^{\frac{x}{y}}$，求 $\dfrac{\partial^2 u}{\partial x\partial y}$.

**解** 由题意知，$\dfrac{\partial u}{\partial x}=\mathrm{e}^{\frac{x}{y}}\cdot\dfrac{1}{y}$，

于是 $\dfrac{\partial^2 u}{\partial x\partial y}=\mathrm{e}^{\frac{x}{y}}\cdot\left(-\dfrac{x}{y^2}\right)\cdot\dfrac{1}{y}+\mathrm{e}^{\frac{x}{y}}\cdot\left(-\dfrac{1}{y^2}\right)=-\dfrac{1}{y^2}\left(\dfrac{x}{y}+1\right)\mathrm{e}^{\frac{x}{y}}$.

**例3** 已知函数 $z=\ln\sqrt{x^2+y^2}$，求 $\dfrac{\partial^2 z}{\partial x^2}+\dfrac{\partial^2 z}{\partial y^2}$.

**解** $\dfrac{\partial z}{\partial x}=\dfrac{1}{\sqrt{x^2+y^2}}\cdot\dfrac{1}{2\sqrt{x^2+y^2}}\cdot 2x=\dfrac{x}{x^2+y^2}$,

$$\frac{\partial^2 z}{\partial x^2}=\left[\frac{x}{x^2+y^2}\right]_x'=\frac{(x^2+y^2)-2x^2}{(x^2+y^2)^2}=\frac{y^2-x^2}{(x^2+y^2)^2},$$

由 $x,y$ 的对称性，得 $\dfrac{\partial^2 z}{\partial y^2}=\dfrac{x^2-y^2}{(x^2+y^2)^2}$，所以 $\dfrac{\partial^2 z}{\partial x^2}+\dfrac{\partial^2 z}{\partial y^2}=0$.

**例4** 已知 $f(x,y)=x^2\arctan\dfrac{y}{x}-y^2\arctan\dfrac{x}{y}$，则 $\dfrac{\partial^2 f}{\partial x\partial y}=$ _____.

A. $\dfrac{x^2-y^2}{x^2+y^2}$      B. $\dfrac{x^2-2y^2}{x^2+y^2}$      C. $\dfrac{2x^2-y^2}{x^2+y^2}$      D. 1

**解**　因为 $\dfrac{\partial f}{\partial x} = 2x\arctan\dfrac{y}{x} + \dfrac{x^2}{1+\left(\dfrac{y}{x}\right)^2}\cdot\left(-\dfrac{y}{x^2}\right) - \dfrac{y^2}{1+\left(\dfrac{x}{y}\right)^2}\cdot\dfrac{1}{y}$

$$= 2x\arctan\dfrac{y}{x} - \dfrac{x^2 y}{x^2+y^2} - \dfrac{y^3}{x^2+y^2} = 2x\arctan\dfrac{y}{x} - y,$$

所以 $\dfrac{\partial^2 f}{\partial x \partial y} = \dfrac{2x}{1+\left(\dfrac{y}{x}\right)^2}\cdot\dfrac{1}{x} - 1 = \dfrac{x^2-y^2}{x^2+y^2}.$

故应选 A.

## 考点 七　二元函数的连续性与偏导数存在之间的关系

**【考点分析】** 对于二元函数来说:

(1) 可导性与连续性没有必然的联系;

(2) 已知可微则偏导数存在,但偏导存在不一定可微;

(3) 可微必连续;

偏导数存在并且连续,则函数必可微.

**例 1**　二元函数 $f(x,y)$ 在点 $(x_0,y_0)$ 处两个偏导数 $f_x(x_0,y_0),f_y(x_0,y_0)$ 存在是 $f(x,y)$ 在该点连续的_____.

A. 充分条件而非必要条件　　　　　　　　　B. 必要条件而非充分条件

C. 充分必要条件　　　　　　　　　　　　　D. 既非充分条件又非必要条件

**解**　由于对于多元函数,连续与偏导数存在之间没有必然联系,所以选项 D 正确.

故应选 D.

**【名师点评】** 对于一元函数来说,可导函数一定连续,但对于多元函数来说,偏导数存在函数却不一定连续.

**例 2**　函数 $z = f(x,y) = \begin{cases} \dfrac{xy}{x^2+y^2}, & x^2+y^2\neq 0, \\ 0, & x^2+y^2=0 \end{cases}$ 在点 $(0,0)$ 处_____.

A. 连续但不存在偏导数　　　　　　　　　　B. 存在偏导数但不连续

C. 既不存在偏导数又不连续　　　　　　　　D. 既存在偏导数又连续

**解**　因为 $\lim\limits_{\substack{x\to 0\\y=kx\to 0}} f(x,y) = \lim\limits_{\substack{x\to 0\\y=kx\to 0}}\dfrac{xy}{x^2+y^2} = \lim\limits_{x\to 0}\dfrac{x\cdot kx}{x^2+(kx)^2} = \lim\limits_{x\to 0}\dfrac{kx^2}{(1+k^2)x^2} = \dfrac{k}{1+k^2},$

随着 $k$ 取值的不同,$\dfrac{k}{1+k^2}$ 的值也不同,所以 $\lim\limits_{\substack{x\to 0\\y\to 0}}f(x,y)$ 不存在,故 $f(x,y)$ 在点 $(0,0)$ 处不连续;

又因为 $f_x(0,0) = \lim\limits_{\Delta x\to 0}\dfrac{f(0+\Delta x,0)-f(0,0)}{\Delta x} = \lim\limits_{\Delta x\to 0}\dfrac{0-0}{\Delta x} = 0,$

$\qquad\quad f_y(0,0) = \lim\limits_{\Delta y\to 0}\dfrac{f(0,0+\Delta y)-f(0,0)}{\Delta y} = \lim\limits_{\Delta y\to 0}\dfrac{0-0}{\Delta y} = 0,$

所以 $f(x,y)$ 在点 $(0,0)$ 处偏导数存在.

故应选 B.

**【名师点评】** 本题考查的是二元函数可导与连续的关系,这是专升本考试中常考的知识点.讨论连续性一般采取特殊路径法,讨论可导性需要利用可导性的定义来判断.

## 考 点 真 题 解 析

### 考点一 求偏导数

**真题 1** (2021 高数二) 已知函数 $z = \dfrac{\sin(xy)}{y}$，则 $\dfrac{\partial^2 z}{\partial x \partial y} = $ _____.

A. $-x\sin(xy)$          B. $x\sin(xy)$          C. $-x\cos(xy)$          D. $x\cos(xy)$

**解** $\dfrac{\partial z}{\partial x} = \dfrac{\cos(xy)}{y} \cdot y = \cos(xy)$，$\dfrac{\partial^2 z}{\partial x \partial y} = -x\sin(xy)$.

故应选 A.

**真题 2** (2020 高数二) 已知函数 $z = x\sin\dfrac{y}{x}$，求 $\dfrac{\partial^2 z}{\partial x \partial y}$.

**解** $\dfrac{\partial z}{\partial x} = \sin\dfrac{y}{x} + x\cos\dfrac{y}{x}\left(-\dfrac{y}{x^2}\right) = \sin\dfrac{y}{x} - \dfrac{y}{x}\cos\dfrac{y}{x}$，

$\dfrac{\partial^2 z}{\partial x \partial y} = \dfrac{1}{x}\cos\dfrac{y}{x} - \dfrac{1}{x}\cos\dfrac{y}{x} + \dfrac{y}{x} \cdot \dfrac{1}{x}\sin\dfrac{y}{x} = \dfrac{y}{x^2}\sin\dfrac{y}{x}$.

**真题 3** (2019 机械、交通、电气、电子、土木) 设 $z = x^y$，则 $\dfrac{\partial z}{\partial x} = $ _____.

**解** $\dfrac{\partial z}{\partial x} = yx^{y-1}$.

故应填 $yx^{y-1}$.

**真题 4** (2018 电子信息类、建筑类、机械类) 设 $z = x^2\sin 2y$，则 $\dfrac{\partial z}{\partial x} = $ _____.

**解** $\dfrac{\partial z}{\partial x} = 2x\sin 2y$.

故应填 $2x\sin 2y$.

**真题 5** (2017 交通) 若 $z = \ln\sqrt{x^2 + y^2}$，则 $x\dfrac{\partial z}{\partial x} + y\dfrac{\partial z}{\partial y} = $ _____.

**解** 因为 $z = \ln\sqrt{x^2 + y^2}$，所以

$\dfrac{\partial z}{\partial x} = \dfrac{1}{\sqrt{x^2+y^2}} \cdot \dfrac{1}{2\sqrt{x^2+y^2}} \cdot 2x = \dfrac{x}{x^2+y^2}$，

$\dfrac{\partial z}{\partial y} = \dfrac{1}{\sqrt{x^2+y^2}} \cdot \dfrac{1}{2\sqrt{x^2+y^2}} \cdot 2y = \dfrac{y}{x^2+y^2}$.

因此得 $x\dfrac{\partial z}{\partial x} + y\dfrac{\partial z}{\partial y} = \dfrac{x^2}{x^2+y^2} + \dfrac{y^2}{x^2+y^2} = 1$.

故应填 1.

**真题 6** (2017 电气) 设函数 $z = \arcsin(\sqrt{x^2+2y^2})$，求 $\dfrac{\partial z}{\partial x}, \dfrac{\partial z}{\partial y}$.

**解** $\dfrac{\partial z}{\partial x} = \dfrac{1}{\sqrt{1-(\sqrt{x^2+2y^2})^2}} \cdot \dfrac{2x}{2\sqrt{x^2+2y^2}} = \dfrac{x}{\sqrt{(1-x^2-2y^2)(x^2+2y^2)}}$，

$\dfrac{\partial z}{\partial y} = \dfrac{1}{\sqrt{1-x^2-2y^2}} \cdot \dfrac{4y}{2\sqrt{x^2+2y^2}} = \dfrac{2y}{\sqrt{(1-x^2-2y^2)(x^2+2y^2)}}$.

**真题 7** (2014 工商) 已知 $z = (1+xy)^y$，则 $\dfrac{\partial z}{\partial x}\Big|_{(1,2)} = $ _____.

**解** 因为 $z = (1+xy)^y$，所以 $\dfrac{\partial z}{\partial x}\Big|_{(1,2)} = y^2(1+xy)^{y-1}\Big|_{(1,2)} = 12$.

故应填 12.

真题 8　（2011 机械,2012 电气,会计……）设 $z = \mathrm{e}^x \cos 2y$,则 $\dfrac{\partial z}{\partial y} \bigg|_{\substack{x=1 \\ y=-\frac{\pi}{4}}} = $ _____.

**解**　因为 $\dfrac{\partial z}{\partial y} = -2\mathrm{e}^x \sin 2y$,所以 $\dfrac{\partial z}{\partial y} \bigg|_{\substack{x=1 \\ y=-\frac{\pi}{4}}} = -2\mathrm{e}\sin\dfrac{\pi}{2} = -2\mathrm{e}.$

故应填 $-2\mathrm{e}.$

## 考点二　求全微分

真题 1　（2020 高数……）已知函数 $z = x^2 \arctan(2y)$,则全微分 $\mathrm{d}z = $ _____.

**解**　根据题意知,$\dfrac{\partial z}{\partial x} = 2x \arctan(2y)$,$\dfrac{\partial z}{\partial y} = \dfrac{2x^2}{1+4y^2}$,于是 $\mathrm{d}z = 2x \arctan(2y)\mathrm{d}x + \dfrac{2x^2}{1+4y^2}\mathrm{d}y.$

故应填 $2x \arctan(2y)\mathrm{d}x + \dfrac{2x^2}{1+4y^2}\mathrm{d}y.$

真题 2　（2019 财经类……）设 $z = \cos(xy) + \ln(x^2 - xy + y^2)$,求 $\mathrm{d}z \bigg|_{(0,1)}.$

**解**　$\mathrm{d}z \bigg|_{(0,1)} = \dfrac{\partial z}{\partial x} \bigg|_{(0,1)} \mathrm{d}x + \dfrac{\partial z}{\partial y} \bigg|_{(0,1)} \mathrm{d}y.$

因为 $\dfrac{\partial z}{\partial x} = -y \sin(xy) + \dfrac{2x - y}{x^2 - xy + y^2}$,所以 $\dfrac{\partial z}{\partial x} \bigg|_{(0,1)} = -1;$

因为 $\dfrac{\partial z}{\partial y} = -x \sin(xy) + \dfrac{-x + 2y}{x^2 - xy + y^2}$,所以 $\dfrac{\partial z}{\partial y} \bigg|_{(0,1)} = 2.$

故 $\mathrm{d}z \bigg|_{(0,1)} = -\mathrm{d}x + 2\mathrm{d}y.$

真题 3　（2017 电气）若 $z = \ln(x^2 + y^2)$,则全微分 $\mathrm{d}z = $ _____.

**解**　由于 $\dfrac{\partial z}{\partial x} = \dfrac{2x}{x^2 + y^2}$,$\dfrac{\partial z}{\partial y} = \dfrac{2y}{x^2 + y^2}$,则 $\mathrm{d}z = \dfrac{2x}{x^2 + y^2}\mathrm{d}x + \dfrac{2y}{x^2 + y^2}\mathrm{d}y.$

故应填 $\dfrac{2x}{x^2 + y^2}\mathrm{d}x + \dfrac{2y}{x^2 + y^2}\mathrm{d}y.$

真题 4　（2016 电气）若 $z = x^2 + y^2$,则全微分 $\mathrm{d}z = $ _____.

**解**　因为 $\dfrac{\partial z}{\partial x} = 2x$,$\dfrac{\partial z}{\partial y} = 2y$,所以 $\mathrm{d}z = 2x\mathrm{d}x + 2y\mathrm{d}y.$

故应填 $2x\mathrm{d}x + 2y\mathrm{d}y.$

真题 5　（2013 会计,2012 电气,电子,电商……2012 机械……）求二元函数 $z = \mathrm{e}^{xy}$ 在点 $(2,1)$ 处的全微分.

**解**　根据题意知,$z_x = y\mathrm{e}^{xy}$,$z_x(2,1) = \mathrm{e}^2$,$z_y = x\mathrm{e}^{xy}$,$z_y(2,1) = 2\mathrm{e}^2$,

于是 $\mathrm{d}z \bigg|_{(2,1)} = \mathrm{e}^2 \mathrm{d}x + 2\mathrm{e}^2 \mathrm{d}y.$

## 考点三　连续、可导、可微的关系

真题 1　（2014 机械,交通,电气……）下列结论错误的是 _____.

A. 若 $f(x)$ 在 $x = x_0$ 处连续,则 $\lim\limits_{x \to x_0} f(x)$ 一定存在

B. 若 $f(x)$ 在 $x = x_0$ 处可微,则 $f(x)$ 在 $x = x_0$ 处可导

C. 若 $f(x)$ 在 $x = x_0$ 处有极小值,则 $f'(x_0) = 0$ 或者 $f'(x_0)$ 不存在

D. 若 $f(x,y)$ 在 $(x_0, y_0)$ 处可偏导,则 $f(x,y)$ 在 $(x_0, y_0)$ 处可全微分

**解**　一元函数连续则极限一定存在,可微与可导是等价的,并且极值点不是驻点就是导数不存在的点,故选项 A, B,C 都是正确的;而二元函数连续、偏导数存在、可微的关系如图 7.2 所示:

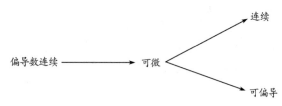

图 7.2

选项 D 中,$f(x,y)$ 在 $(x_0,y_0)$ 处可求偏导并且偏导数连续的话,才能推出 $f(x,y)$ 在 $(x_0,y_0)$ 处可微,不加连续的条件不一定能推出可微.

故应选 D.

**真题 2** （2010 电气）下列结论正确的是 _____.

A.若 $f(x)$ 在 $x=x_0$ 处连续,则 $f(x)$ 在 $x=x_0$ 处可导

B.若 $f(x)$ 在 $x=x_0$ 处可导,则 $f(x)$ 在 $x=x_0$ 处可微分

C.若 $f(x)$ 在 $x=x_0$ 处取极大值,则 $f'(x_0)=0$

D.若 $z=f(x,y)$ 在 $(x_0,y_0)$ 处可偏导,则在 $(x_0,y_0)$ 处可全微分

**解** 一元函数在一点可导和可微等价,可导(可微)一定连续,但连续不一定可导(可微).但二元函数偏导数存在且连续才能推出可全微分.另外,选项 C 中,若 $f(x)$ 在 $x=x_0$ 处取极大值,则 $f'(x_0)=0$ 或者 $f'(x_0)$ 不存在.

故应选 B.

## 考点方法综述

1.二元函数的概念、二元函数的极限与连续性以了解为主.

2.计算二元函数的偏导数是考试的重点.在计算偏导数的过程中,首先要明确偏导数的定义:

(1) 二元函数 $z=f(x,y)$ 在 $(x_0,y_0)$ 处的偏导数

① 对 $x$ 的偏导数,记作 $f_x(x_0,y_0)$,$z_x\big|_{\substack{x=x_0\\y=y_0}}$,$\dfrac{\partial f}{\partial x}\big|_{\substack{x=x_0\\y=y_0}}$,$\dfrac{\partial z}{\partial x}\big|_{\substack{x=x_0\\y=y_0}}$;

② 对 $y$ 的偏导数,记作 $f_y(x_0,y_0)$,$z_y\big|_{\substack{x=x_0\\y=y_0}}$,$\dfrac{\partial f}{\partial y}\big|_{\substack{x=x_0\\y=y_0}}$,$\dfrac{\partial z}{\partial y}\big|_{\substack{x=x_0\\y=y_0}}$.

(2) 二元函数 $z=f(x,y)$ 的偏导函数

① $\dfrac{\partial z}{\partial x}=\lim\limits_{\Delta x\to0}\dfrac{f(x+\Delta x,y)-f(x,y)}{\Delta x}$:视 $y$ 为常量,对 $x$ 求导;

② $\dfrac{\partial z}{\partial y}=\lim\limits_{\Delta y\to0}\dfrac{f(x,y+\Delta y)-f(x,y)}{\Delta y}$:视 $x$ 为常量,对 $y$ 求导.

3.求二元函数 $z=f(x,y)$ 在 $(x_0,y_0)$ 处的偏导数的方法:

(1) 求得二元函数 $z=f(x,y)$ 的偏导函数,然后将点 $(x_0,y_0)$ 代入.

(2) 先把 $y_0$ 代入二元函数得到 $z=f(x,y_0)$,求得关于 $x$ 的导数,然后将 $x=x_0$ 代入,从而求得 $f_x(x_0,y_0)$.同理可求得 $f_y(x_0,y_0)$.

4.高阶偏导数:

(1) $\dfrac{\partial}{\partial x}\left(\dfrac{\partial z}{\partial x}\right)=\dfrac{\partial^2 z}{\partial x^2}=f_{xx}(x,y)$;

(2) $\dfrac{\partial}{\partial y}\left(\dfrac{\partial z}{\partial x}\right)=\dfrac{\partial^2 z}{\partial x\partial y}=f_{xy}(x,y)$;

(3) $\dfrac{\partial}{\partial x}\left(\dfrac{\partial z}{\partial y}\right)=\dfrac{\partial^2 z}{\partial y\partial x}=f_{yx}(x,y)$;

(4) $\dfrac{\partial}{\partial y}\left(\dfrac{\partial z}{\partial y}\right)=\dfrac{\partial^2 z}{\partial y^2}=f_{yy}(x,y)$.

**注** 如果函数 $z=f(x,y)$ 的两个二阶混合偏导数 $\dfrac{\partial^2 z}{\partial x\partial y}$ 和 $\dfrac{\partial^2 z}{\partial y\partial x}$ 在区域 $D$ 内连续,则在该区域内有 $\dfrac{\partial^2 z}{\partial x\partial y}=\dfrac{\partial^2 z}{\partial y\partial x}$.

5.计算二元函数的全微分:$\mathrm{d}z=\dfrac{\partial z}{\partial x}\mathrm{d}x+\dfrac{\partial z}{\partial y}\mathrm{d}y$.

6.在多元函数中,可微、偏导数存在、连续及极限存在的关系:

(1) 偏导数连续,一定可微;反之不成立.

(2) 可微,则偏导数一定存在;反之不成立.

(3) 可微,则极限一定存在;反之不成立.

(4) 可微,则一定连续;反之不成立.

(5) 连续,则极限一定存在;反之不成立.

## 第二节　多元复合函数、隐函数的求导法则及二元函数的极值

### ❤考纲内容解读❤

**一、新大纲基本要求**

1.掌握复合函数一阶偏导数的求法;

2.掌握由方程 $F(x,y,z)=0$ 所确定的隐函数 $z=z(x,y)$ 的一阶偏导数的计算方法;

3.会求二元函数的无条件极值.

**二、新大纲名师解读**

在专升本考试中,本节主要考查以下内容:

1.复合函数的偏导数;

2.隐函数的偏导数;

3.二元函数的无条件极值.

### ❤考点内容解析❤

**一、多元复合函数的求导法则**

**定理 1**　设函数 $z=f(u,v)$,其中 $u=\varphi(x),v=\psi(x)$. 如果函数 $u=\varphi(x),v=\psi(x)$ 都在点 $x$ 可导,函数 $z=f(u,v)$ 在对应的点 $(u,v)$ 处具有连续偏导数,则复合函数 $z=f[\varphi(x),\psi(x)]$ 在 $x$ 处可导,且

$$\frac{\mathrm{d}z}{\mathrm{d}x}=\frac{\partial z}{\partial u}\frac{\mathrm{d}u}{\mathrm{d}x}+\frac{\partial z}{\partial v}\frac{\mathrm{d}v}{\mathrm{d}x}.$$

**推广**　定理可推广到复合函数的中间变量多于两个的情形. 比如 $z=f(u,v,w)$,而 $u=\varphi(x),v=\psi(x)$,$w=w(x)$,则

$$\frac{\mathrm{d}z}{\mathrm{d}x}=\frac{\partial z}{\partial u}\frac{\mathrm{d}u}{\mathrm{d}x}+\frac{\partial z}{\partial v}\frac{\mathrm{d}v}{\mathrm{d}x}+\frac{\partial z}{\partial w}\frac{\mathrm{d}w}{\mathrm{d}x}.$$

上式的导数称为**全导数**.

上述定理可借助复合关系图来理解和记忆,如图 7.3 所示.

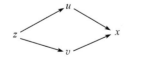 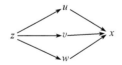

图 7.3

定理中的复合关系称为多元复合函数求导的**链式法则**.

**定理 2**　设 $z=f(u,v)$ 在 $(u,v)$ 处具有连续偏导数,函数 $u=u(x,y)$ 及 $v=v(x,y)$ 在点 $(x,y)$ 的两个偏导数都存在,则复合函数 $z=f[u(x,y),v(x,y)]$ 在 $(x,y)$ 处的两个偏导数都存在,且有

$$\frac{\partial z}{\partial x}=\frac{\partial z}{\partial u}\frac{\partial u}{\partial x}+\frac{\partial z}{\partial v}\frac{\partial v}{\partial x},$$

$$\frac{\partial z}{\partial y}=\frac{\partial z}{\partial u}\frac{\partial u}{\partial y}+\frac{\partial z}{\partial v}\frac{\partial v}{\partial y}.$$

**【名师解析】**(1) 求 $\dfrac{\partial z}{\partial x}$ 时,将 $y$ 看作常量,那么中间变量 $u$ 和 $v$ 是 $x$ 的一元函数,应用定理 1 即可得 $\dfrac{\partial z}{\partial x}$.

(2) 考虑到复合函数 $z = f[u(x,y), v(x,y)]$ 以及 $u = u(x,y)$ 与 $v = v(x,y)$ 都是 $x$,$y$ 的二元函数,所以应把全导数符号"d"改为偏导数符号"∂". 可借助图 7.4 理解.

(3) 定理 2 也可以推广到中间变量多于两个的情形. 例如,设 $u = \varphi(x,y)$,$v = \psi(x,y)$,$w = w(x,y)$ 的偏导数都存在,函数 $z = f(u,v,w)$ 可微,则复合函数
$$z = f[u(x,y), v(x,y), w(x,y)]$$
对 $x$ 和 $y$ 的偏导数都存在,且有如下链式法则:
$$\frac{\partial z}{\partial x} = \frac{\partial z}{\partial u}\frac{\partial u}{\partial x} + \frac{\partial z}{\partial v}\frac{\partial v}{\partial x} + \frac{\partial z}{\partial w}\frac{\partial w}{\partial x},$$
$$\frac{\partial z}{\partial y} = \frac{\partial z}{\partial u}\frac{\partial u}{\partial y} + \frac{\partial z}{\partial v}\frac{\partial v}{\partial y} + \frac{\partial z}{\partial w}\frac{\partial w}{\partial y}.$$

上述结论可借助图 7.4 理解.

(4) 特别地,对于下述情形:$z = f(u,x,y)$ 可微,而 $u = \varphi(x,y)$ 的偏导数存在,则复合函数
$$z = f[\varphi(x,y), x, y]$$
对 $x$ 和 $y$ 的偏导数都存在. 为了求出这两个偏导数,将 $f$ 中的三个变量看作中间变量:
$$u = \varphi(x,y), v = x, w = y.$$

此时,
$$\frac{\partial v}{\partial x} = 1, \frac{\partial v}{\partial y} = 0, \frac{\partial w}{\partial x} = 0, \frac{\partial w}{\partial y} = 1.$$

得
$$\frac{\partial z}{\partial x} = \frac{\partial f}{\partial x} + \frac{\partial f}{\partial u}\frac{\partial u}{\partial x},$$
$$\frac{\partial z}{\partial y} = \frac{\partial f}{\partial y} + \frac{\partial f}{\partial u}\frac{\partial u}{\partial y}.$$

上述结论可借助图 7.4 理解.

**注** 这里 $\dfrac{\partial z}{\partial x}$ 与 $\dfrac{\partial f}{\partial x}$ 的意义是不同的. $\dfrac{\partial f}{\partial x}$ 是把 $f(u,x,y)$ 中的 $u$ 与 $y$ 都看作常量时对 $x$ 的偏导数,而 $\dfrac{\partial z}{\partial x}$ 却是把二元复合函数 $f[\varphi(x,y), x, y]$ 中的 $y$ 看作常量对 $x$ 的偏导数.

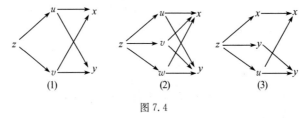

图 7.4

**二、隐函数的求导法则**

**定理 3** 设函数 $F(x,y)$ 在点 $P_0(x_0, y_0)$ 的某一邻域内有连续的偏导数且 $F(x_0, y_0) = 0$,$F_y(x_0, y_0) \neq 0$,则方程 $F(x,y) = 0$ 在点 $P_0(x_0, y_0)$ 的某邻域内唯一确定一个连续且具有连续导数的函数 $y = f(x)$,它满足条件 $y_0 = f(x_0)$,并且有
$$\frac{dy}{dx} = -\frac{F_x}{F_y}.$$

上式就是**隐函数的求导公式**. 这里仅对上式进行推导.

将函数 $y = f(x)$ 代入方程 $F(x,y) = 0$,得恒等式
$$F[x, f(x)] \equiv 0.$$
其左端可以看作是 $x$ 的一个复合函数,上式两端对 $x$ 求导,得
$$\frac{\partial F}{\partial x} + \frac{\partial F}{\partial y}\frac{dy}{dx} = 0.$$

由于 $F_y$ 连续,且 $F_y(x_0, y_0) \neq 0$,所以存在点 $P_0(x_0, y_0)$ 的一个邻域,在这个邻域内 $F_y \neq 0$,所以有

$$\frac{\mathrm{d}y}{\mathrm{d}x} = -\frac{F_x}{F_y}.$$

**定理 4**　设函数 $F(x, y, z)$ 在点 $P_0(x_0, y_0, z_0)$ 的某一邻域内具有连续的偏导数,且 $F(x_0, y_0, z_0) = 0$,$F_z(x_0, y_0, z_0) \neq 0$,则方程 $F(x, y, z) = 0$ 在点 $P_0(x_0, y_0, z_0)$ 的某一邻域内能唯一确定一个连续且具有连续偏导数的函数 $z = f(x, y)$,它满足条件 $z_0 = f(x_0, y_0)$,并且有

$$\frac{\partial z}{\partial x} = -\frac{F_x}{F_z}, \quad \frac{\partial z}{\partial y} = -\frac{F_y}{F_z}.$$

### 三、多元函数的极值

**1. 极值的定义**

**定义 1**　设函数 $z = f(x, y)$ 的定义域为 $D \subset \mathbf{R}^2$,$P_0(x_0, y_0)$ 为 $D$ 的内点. 若存在 $P_0(x_0, y_0)$ 的某个邻域 $U(P_0) \subset D$,对于该邻域内异于 $P_0(x_0, y_0)$ 的任意点 $(x, y)$,都有

$$f(x, y) < f(x_0, y_0)(\text{或 } f(x, y) > f(x_0, y_0)),$$

则称函数 $f(x, y)$ 在点 $P_0(x_0, y_0)$ 有**极大值**(或**极小值**)$f(x_0, y_0)$,点 $P_0(x_0, y_0)$ 称为函数 $f(x, y)$ 的**极大值点**(或**极小值点**).

极大值与极小值统称为函数的**极值**,使函数取得极值的点称为函数的**极值点**.

**2. 极值存在的必要条件**

**定理 5**　设函数 $z = f(x, y)$ 在点 $(x_0, y_0)$ 处的两个一阶偏导数都存在,若 $(x_0, y_0)$ 是 $f(x, y)$ 的极值点,则有

$$f_x(x_0, y_0) = 0, \quad f_y(x_0, y_0) = 0.$$

**3. 极值存在的充分条件**

**定理 6**　设函数 $z = f(x, y)$ 在点 $(x_0, y_0)$ 处的某个邻域内具有连续的二阶偏导数,且 $f_x(x_0, y_0) = 0$,$f_y(x_0, y_0) = 0$,记

$$A = f_{xx}(x_0, y_0), \quad B = f_{xy}(x_0, y_0), \quad C = f_{yy}(x_0, y_0),$$

则有

(1) 如果 $AC - B^2 > 0$,则 $f(x, y)$ 在点 $(x_0, y_0)$ 取得极值,且当 $A > 0$ 时,$f(x_0, y_0)$ 为极小值;当 $A < 0$ 时,$f(x_0, y_0)$ 为极大值.

(2) 如果 $AC - B^2 < 0$,则 $f(x, y)$ 在点 $(x_0, y_0)$ 不取极值.

(3) 如果 $AC - B^2 = 0$,则 $f(x, y)$ 在点 $(x_0, y_0)$ 可能取得极值,也可能不取极值.

**总结**:求函数极值的步骤如下:

(1) 计算函数 $z = f(x, y)$ 的偏导数 $f_x, f_y$,解方程组 $\begin{cases} f_x = 0, \\ f_y = 0, \end{cases}$ 求得驻点 $(x_0, y_0)$;

(2) 计算所有的二阶偏导数,在每一个驻点 $(x_0, y_0)$ 处,记

$$A = f_{xx}(x_0, y_0), \quad B = f_{xy}(x_0, y_0), \quad C = f_{yy}(x_0, y_0),$$

利用极值存在的充分条件判断其是否为极值点;

(3) 计算函数的极值.

## ✦考点例题分析✦

### 考点一　具体函数使用多元复合函数的求导法则求导

**【考点分析】**多元复合函数求偏导法 —— 链式法则:"同链相乘,异链相加".

(1) 若 $z = f(u, v)$,$u = \varphi(x, y)$,$v = \psi(x, y)$,则偏导数为

$$\frac{\partial z}{\partial x} = \frac{\partial z}{\partial u}\frac{\partial u}{\partial x} + \frac{\partial z}{\partial v}\frac{\partial v}{\partial x}, \quad \frac{\partial z}{\partial y} = \frac{\partial z}{\partial u}\frac{\partial u}{\partial y} + \frac{\partial z}{\partial v}\frac{\partial v}{\partial y};$$

(2) 若 $z = f(u, v)$,$u = \varphi(x)$,$v = \psi(x)$,则全导数为 $\dfrac{\mathrm{d}z}{\mathrm{d}x} = \dfrac{\partial z}{\partial u}\dfrac{\mathrm{d}u}{\mathrm{d}x} + \dfrac{\partial z}{\partial v}\dfrac{\mathrm{d}v}{\mathrm{d}x}$;

(3) 若 $z = f(u, x, y)$,$u = \varphi(x, y)$,则偏导数为 $\dfrac{\partial z}{\partial y} = \dfrac{\partial f}{\partial y} + \dfrac{\partial z}{\partial u}\dfrac{\partial u}{\partial y}$,$\dfrac{\partial z}{\partial y} = \dfrac{\partial f}{\partial x} + \dfrac{\partial z}{\partial u}\dfrac{\partial u}{\partial x}$.

实际上,$\dfrac{\partial z}{\partial x}$ 是在最终的二元复合函数 $z = f[\varphi(x, y), x, y]$ 中视 $y$ 为常量,对 $x$ 求偏导;$\dfrac{\partial f}{\partial x}$ 是在三元函数 $z = f(u, x, y)$(外函数)中视 $u, y$ 为常量,对 $x$ 求偏导.

**例 1** 设 $z = u^2 \ln v$, $u = \dfrac{x}{y}$, $v = 3x - 2y$, 求 $\dfrac{\partial z}{\partial x}, \dfrac{\partial z}{\partial y}$.

**解** 由多元复合函数的求导法则得

$$\frac{\partial z}{\partial x} = \frac{\partial z}{\partial u} \frac{\partial u}{\partial x} + \frac{\partial z}{\partial v} \frac{\partial v}{\partial x} = 2u \ln v \cdot \frac{1}{y} + \frac{u^2}{v} \cdot 3 = \frac{2x}{y^2} \ln(3x - 2y) + \frac{3x^2}{y^2(3x - 2y)},$$

$$\frac{\partial z}{\partial y} = \frac{\partial z}{\partial u} \frac{\partial u}{\partial y} + \frac{\partial z}{\partial v} \frac{\partial v}{\partial y} = 2u \ln v \cdot \left(-\frac{x}{y^2}\right) + \frac{u^2}{v} \cdot (-2) = -\frac{2x^2}{y^3} \ln(3x - 2y) - \frac{2x^2}{y^2(3x - 2y)}.$$

**【名师点评】**多元复合函数求偏导,需要根据链式法则,即"同链相乘,异链相加",最好画出复合路径图,辅助厘清变量之间的关系.

**例 2** 设 $z = u^2 v$, $u = \cos x$, $v = \sin x$, 求全导数 $\dfrac{\mathrm{d}z}{\mathrm{d}x}$.

**解** 由多元复合函数的求导法则得

$\dfrac{\mathrm{d}z}{\mathrm{d}x} = \dfrac{\partial z}{\partial u} \dfrac{\mathrm{d}u}{\mathrm{d}x} + \dfrac{\partial z}{\partial v} \dfrac{\mathrm{d}v}{\mathrm{d}x} = 2uv(-\sin x) + u^2 \cos x = -\sin 2x \sin x + \cos^3 x.$

**【名师点评】**首先通过已知条件画出复合路径图 $\begin{smallmatrix} & z & \\ u & & v \\ x & & x \end{smallmatrix}$ ,再根据路径图写出链式法则.

## 考点二　抽象多元复合函数的求导

**【考点分析】**在近几年的专升本考试中,对多元复合函数的偏导数知识点的考查为必考内容.这一类题型往往是含字母的抽象函数的求导,关键是要弄明白变量间的关系,然后按变量间的关系连线图求导.

**例 1** 已知 $z = f(xy, 2x + 3y)$, 其中 $f(u, v)$ 具有连续偏导数, 求 $\dfrac{\partial z}{\partial x}$.

**解** 设 $u = xy$, $v = 2x + 3y$, 则 $z = f(xy, 2x + 3y)$ 由 $z = f(u, v)$ 和 $u = xy$, $v = 2x + 3y$ 复合而成. 由多元复合函数的求导法则得 $\dfrac{\partial z}{\partial x} = \dfrac{\partial z}{\partial u} \dfrac{\partial u}{\partial x} + \dfrac{\partial z}{\partial v} \dfrac{\partial v}{\partial x} = f_u \cdot y + 2f_v$.

**例 2** 设 $z = xf\left(\dfrac{y}{x}\right)$, 若 $f(u)$ 可微, 求 $\dfrac{\partial z}{\partial x}, \dfrac{\partial z}{\partial y}$.

**解** 因为 $z = xf\left(\dfrac{y}{x}\right)$, 所以

$$\frac{\partial z}{\partial x} = f\left(\frac{y}{x}\right) + xf'\left(\frac{y}{x}\right)\left(-\frac{y}{x^2}\right) = f\left(\frac{y}{x}\right) - \frac{y}{x}f'\left(\frac{y}{x}\right),$$

$$\frac{\partial z}{\partial y} = x\left(\frac{1}{x}\right)f'\left(\frac{y}{x}\right) = f'\left(\frac{y}{x}\right).$$

**例 3** 设 $z = f(x^2 - y^2, \mathrm{e}^{xy})$, 其中 $f$ 具有一阶连续偏导数, 则 $\dfrac{\partial z}{\partial y} = $ _____.

A. $-2yf_1' + x\mathrm{e}^{xy}f_2'$ 　　　 B. $-yf_1' + x\mathrm{e}^{xy}f_2'$ 　　　 C. $2yf_1' + x\mathrm{e}^{xy}f_2'$ 　　　 D. $-2yf_1' - x\mathrm{e}^{xy}f_2'$

**解** 设 $u = x^2 - y^2$, $v = \mathrm{e}^{xy}$, 则 $z = f(x^2 - y^2, \mathrm{e}^{xy})$ 由 $u = x^2 - y^2$ 和 $v = \mathrm{e}^{xy}$ 复合而成.

由多元复合函数的求导法则得 $\dfrac{\partial z}{\partial y} = \dfrac{\partial z}{\partial u} \dfrac{\partial u}{\partial y} + \dfrac{\partial z}{\partial v} \dfrac{\partial v}{\partial y} = -2yf_1' + x\mathrm{e}^{xy}f_2'.$

故应选 A.

**例 4** 设 $z = f\left(xy, \dfrac{x}{y}\right) + g\left(\dfrac{y}{x}\right)$, 其中 $f, g$ 均可微, 则 $\dfrac{\partial z}{\partial x} = $ _____.

A. $yf_1' + \dfrac{1}{y}f_2' - \dfrac{y}{x^2}g'$ 　　 B. $yf_1' + \dfrac{1}{y}f_2' + \dfrac{y}{x^2}g'$ 　　 C. $yf_1' - \dfrac{1}{y}f_2' - \dfrac{y}{x^2}g'$ 　　 D. $yf_1' - \dfrac{1}{y}f_2' + \dfrac{y}{x^2}g'$

**解**　设 $u=xy,v=\dfrac{y}{x}$，则 $z=f\left(xy,\dfrac{x}{y}\right)+g\left(\dfrac{y}{x}\right)$ 由 $u=xy$ 和 $v=\dfrac{y}{x}$ 复合而成.

由多元复合函数的求导法则得

$$\frac{\partial z}{\partial x}=\frac{\partial z}{\partial u}\frac{\partial u}{\partial x}+\frac{\partial z}{\partial v}\frac{\partial v}{\partial x}=f'_1\cdot y+f'_2\cdot\frac{1}{y}+g'\cdot\left(-\frac{y}{x^2}\right)=yf'_1+\frac{1}{y}f'_2-\frac{y}{x^2}g'.$$

故应选 A.

**例 5**　已知 $z=f\left(x,\dfrac{y}{x}\right)$，令 $u=x,v=\dfrac{y}{x}$，则方程 $x\dfrac{\partial z}{\partial x}+y\dfrac{\partial z}{\partial y}=z$ 可化成新方程 _____.

A. $u\dfrac{\partial z}{\partial u}=z$ 　　　　B. $v\dfrac{\partial z}{\partial v}=z$ 　　　　C. $u\dfrac{\partial z}{\partial v}=z$ 　　　　D. $v\dfrac{\partial z}{\partial u}=z$

**解**　由多元复合函数的求导法则知

$$\frac{\partial z}{\partial x}=\frac{\partial z}{\partial u}\frac{\partial u}{\partial x}+\frac{\partial z}{\partial v}\frac{\partial v}{\partial x}=\frac{\partial z}{\partial u}-\frac{y}{x^2}\cdot\frac{\partial z}{\partial v},$$

$$\frac{\partial z}{\partial y}=\frac{\partial z}{\partial u}\frac{\partial u}{\partial y}+\frac{\partial z}{\partial v}\frac{\partial v}{\partial y}=\frac{1}{x}\cdot\frac{\partial z}{\partial v},$$

代入原方程得 $x\dfrac{\partial z}{\partial x}=z$，即 $u\dfrac{\partial z}{\partial x}=z$.

故应选 A.

> **【名师点评】**抽象的多元复合函数虽然给出了中间变量对自变量的具体函数表达式，但没有给出原来函数对中间变量的具体表达式，所以在解题时要对函数关系进行透彻的分析.

## 考点 三　多元隐函数的求导法则

> **【考点分析】**隐函数求偏导公式
>
> 由 $F(x,y)=0$ 确定的一元隐函数 $y=y(x)$ 的求导公式：$\dfrac{\mathrm{d}y}{\mathrm{d}x}=-\dfrac{F_x}{F_y}$；
>
> 由 $F(x,y,z)=0$ 确定的二元隐函数 $z=z(x,y)$ 的偏导公式：$\dfrac{\partial z}{\partial x}=-\dfrac{F_x}{F_z},\dfrac{\partial z}{\partial y}=-\dfrac{F_y}{F_z}$.

**例 1**　设函数 $z=z(x,y)$ 由方程 $z^3-3xyz=a^3$ 确定，求 $\dfrac{\partial z}{\partial x},\dfrac{\partial z}{\partial y}$ 及 $\mathrm{d}z$.

**解**　设 $F(x,y,z)=z^3-3xyz-a^3$，则 $F_x=-3yz,F_y=-3xz,F_z=3z^2-3xy$，

则 $\dfrac{\partial z}{\partial x}=-\dfrac{F_x}{F_z}=-\dfrac{-3yz}{3z^2-3xy}=\dfrac{yz}{z^2-xy},\dfrac{\partial z}{\partial y}=-\dfrac{F_y}{F_z}=-\dfrac{-3xz}{3z^2-3xy}=\dfrac{xz}{z^2-xy}$，

于是 $\mathrm{d}z=\dfrac{\partial z}{\partial x}\mathrm{d}x+\dfrac{\partial z}{\partial y}\mathrm{d}y=\dfrac{yz}{z^2-xy}\mathrm{d}x+\dfrac{xz}{z^2-xy}\mathrm{d}y$.

**例 2**　设 $z=f(x,y)$ 是由方程 $\mathrm{e}^{-xy}-2z=\mathrm{e}^z$ 给出的隐函数，则其在 $x=0,y=1$ 处关于 $x$ 的偏导数为 _____.

A. $\dfrac{1}{2}$ 　　　　B. $-\dfrac{1}{2}$ 　　　　C. $\dfrac{1}{3}$ 　　　　D. $-\dfrac{1}{3}$

**解**　设 $F(x,y,z)=\mathrm{e}^{-xy}-2z-\mathrm{e}^z$，则 $\dfrac{\partial z}{\partial x}=-\dfrac{F_x}{F_z}=\dfrac{-y\mathrm{e}^{-xy}}{\mathrm{e}^z+2}$，由 $x=0,y=1$ 得 $z=0$，

代入上式得 $\dfrac{\partial z}{\partial x}\bigg|_{x=0}=\dfrac{-y\mathrm{e}^{-xy}}{\mathrm{e}^z+2}\bigg|_{x=0}=-\dfrac{1}{3}$.

故应选 D.

**例 3**　设 $z=z(x,y)$ 是由方程 $\dfrac{x}{z}=\ln\dfrac{z}{y}$ 所确定的函数，则 $\dfrac{\partial z}{\partial y}=$ _____.

A. $\dfrac{z^2}{y(x+z)}$ 　　　　B. $\dfrac{x^2}{y(x+z)}$ 　　　　C. $\dfrac{z^2}{x(y+z)}$ 　　　　D. $\dfrac{y^2}{x+z}$

**解** 将所给方程两边对 $y$ 求导,得 $-\dfrac{x}{z^2}\cdot\dfrac{\partial z}{\partial y}=\dfrac{y\cdot\dfrac{\partial y}{\partial z}-z}{y^2}$,因此 $\dfrac{\partial z}{\partial y}=\dfrac{z^2}{y(x+z)}$.

故应选 A.

> **【名师点评】** 多元隐函数求导除了采用公式法,也可以用直接法:视 $y$ 为 $x$ 的函数,方程两边同时对 $x$ 求导.

**例 4** 设函数 $z=z(x,y)$ 由方程 $x^2+y^2+z^2=yf\left(\dfrac{z}{y}\right)$ 所确定,其中 $f(u)$ 可导,

证明:$(x^2-y^2-z^2)\dfrac{\partial z}{\partial x}+2xy\dfrac{\partial z}{\partial y}=2xz$.

**证** 方程 $x^2+y^2+z^2=yf\left(\dfrac{z}{y}\right)$ 两边对 $x$ 求偏导,得 $2x+2z\dfrac{\partial z}{\partial x}=y\cdot\dfrac{1}{y}\cdot\dfrac{\partial z}{\partial x}f'\left(\dfrac{z}{y}\right)$,

即 $\dfrac{\partial z}{\partial x}=\dfrac{2x}{f'\left(\dfrac{z}{y}\right)-2z}$.方程 $x^2+y^2+z^2=yf\left(\dfrac{z}{y}\right)$ 两边对 $y$ 求偏导,得

$$2y+2z\dfrac{\partial z}{\partial y}=f\left(\dfrac{z}{y}\right)+y\left(\dfrac{1}{y}\cdot\dfrac{\partial z}{\partial y}-\dfrac{z}{y^2}\right)f'\left(\dfrac{z}{y}\right),即\dfrac{\partial z}{\partial y}=\dfrac{y^2-x^2-z^2+zf'\left(\dfrac{z}{y}\right)}{y\left[f'\left(\dfrac{z}{y}\right)-2z\right]}.$$

于是 $(x^2-y^2-z^2)\dfrac{\partial z}{\partial x}+2xy\dfrac{\partial z}{\partial y}=(x^2-y^2-z^2)\dfrac{2x}{f'\left(\dfrac{z}{y}\right)-2z}+2xy\dfrac{y^2-x^2-z^2+zf'\left(\dfrac{z}{y}\right)}{y\left[f'\left(\dfrac{z}{y}\right)-2z\right]}$

$$=\dfrac{2xz}{f'\left(\dfrac{z}{y}\right)-2z}\left[f'\left(\dfrac{z}{y}\right)-2z\right]=2xz.$$

> **【名师点评】** 在近几年的考试中,多元隐函数求偏导数的知识点成了必考内容.这一类题目中经常出现含字母的抽象函数的求导,一般采取公式法求解,构造辅助函数,这样不容易混淆变量间的关系.

**例 5** 设函数 $z=z(x,y)$ 由方程 $z=\mathrm{e}^{2x-3z}+2y$ 确定,则 $3\dfrac{\partial z}{\partial x}+\dfrac{\partial z}{\partial y}=$ _____.

**解** 对方程两边关于 $x$ 求偏导数,得 $\dfrac{\partial z}{\partial x}=\mathrm{e}^{2x-3z}\left(2-3\dfrac{\partial z}{\partial x}\right)$,解得 $\dfrac{\partial z}{\partial x}=\dfrac{2\mathrm{e}^{2x-3z}}{1+3\mathrm{e}^{2x-3z}}$;

同理,对方程两边关于 $y$ 求偏导数,得 $\dfrac{\partial z}{\partial y}=\mathrm{e}^{2x-3z}\left(-3\dfrac{\partial z}{\partial y}\right)+2$,解得 $\dfrac{\partial z}{\partial y}=\dfrac{2}{1+3\mathrm{e}^{2x-3z}}$.

所以 $3\dfrac{\partial z}{\partial x}+\dfrac{\partial z}{\partial y}=\dfrac{6\mathrm{e}^{2x-3z}+2}{1+3\mathrm{e}^{2x-3z}}=2$.

故应填 2.

## 考点 四 多元函数的极值

> **【考点分析】** 求函数 $z=f(x,y)$ 极值的步骤如下:
> (1) 解方程 $f_x(x,y)=0$,$f_y(x,y)=0$,求出所有驻点;
> (2) 对于每一个驻点 $(x_0,y_0)$,求出二阶偏导数的值 $A,B,C$.
> (3) 确定 $AC-B^2$ 的符号,再判定是否为极值;
> (4) 考察函数 $z=f(x,y)$ 是否有导数不存在的点,若有,加以判别是否为极值点.

**例 1** 函数 $z=xy(1-x-y)$ 的极值点是 _____.

A. $(0,0)$      B. $(0,1)$      C. $(1,0)$      D. $\left(\dfrac{1}{3},\dfrac{1}{3}\right)$

**解** 因为 $\dfrac{\partial z}{\partial x}=y(1-2x-y)$,$\dfrac{\partial z}{\partial y}=x(1-x-2y)$,令 $\begin{cases}y(1-2x-y)=0,\\x(1-x-2y)=0,\end{cases}$

解得 $\begin{cases} x=0, \\ y=0, \end{cases} \begin{cases} x=0, \\ y=1, \end{cases} \begin{cases} x=1, \\ y=0, \end{cases} \begin{cases} x=\dfrac{1}{3}, \\ y=\dfrac{1}{3}. \end{cases}$

而 $\dfrac{\partial^2 z}{\partial x^2}=-2y,\dfrac{\partial^2 z}{\partial x \partial y}=1-2x-2y,\dfrac{\partial^2 z}{\partial y^2}=-2x,$ 当 $x=\dfrac{1}{3},y=\dfrac{1}{3}$ 时,

$A=\dfrac{\partial^2 z}{\partial x^2}\Big|_{(\frac{1}{3},\frac{1}{3})}=-\dfrac{2}{3},B=\dfrac{\partial^2 z}{\partial x \partial y}\Big|_{(\frac{1}{3},\frac{1}{3})}=-\dfrac{1}{3},C=\dfrac{\partial^2 z}{\partial y^2}\Big|_{(\frac{1}{3},\frac{1}{3})}=-\dfrac{2}{3},AC-B^2=\dfrac{4}{9}-\dfrac{1}{9}=\dfrac{1}{3}>0.$

又由于 $A<0$,因此点 $\left(\dfrac{1}{3},\dfrac{1}{3}\right)$ 是函数的极大值点.

容易验证,点 $(0,0),(0,1),(1,0)$ 都不是函数的极值点.

故应选 D.

**【名师点评】**根据极值点存在的充分条件,需要求出函数的一阶、二阶偏导数,并令一阶偏导数等于零,求出驻点,然后判断驻点是否为极值点.

**例2** 已知 $f(x,y)=x^3-y^3+3x^2+3y^2-9x$,则 $f(x,y)$ 的极小值为 _____.

A. $f(-3,2)=31$    B. $f(-3,2)=-5$    C. $f(1,0)=-5$    D. $f(1,0)=31$

**解** 由 $\begin{cases} \dfrac{\partial z}{\partial x}=3x^2+6x-9=0, \\ \dfrac{\partial z}{\partial y}=-3y^2+6y=0, \end{cases}$ 得 $\begin{cases} x_1=1, \\ y_1=0, \end{cases} \begin{cases} x_2=-3, \\ y_2=2, \end{cases}$

即函数驻点为 $(1,0),(1,2),(-3,0),(-3,2)$.

又因为 $\dfrac{\partial^2 z}{\partial x^2}=6x+6,\dfrac{\partial^2 z}{\partial x \partial y}=0,\dfrac{\partial^2 z}{\partial y^2}=-6y+6,$

于是在点 $(1,0)$ 处,$A=12,B=0,C=6,AC-B^2>0,A>0$,极小值 $f(1,0)=-5$;

在点 $(1,2)$ 处,$A=12,B=0,C=-6,AC-B^2<0$,无极值;

在点 $(-3,0)$ 处,$A=-12,B=0,C=6,AC-B^2<0$,无极值;

在点 $(-3,2)$ 处,$A=-12,B=0,C=-6,AC-B^2>0,A<0$,极大值 $f(-3,2)=31$.

故应选 C.

**例3** 函数 $z=e^{-x}(x-y^3+3y)$ 的极大值为 _____.

A. $f(-1,1)=e$    B. $f(3,-1)=e$    C. $f(-1,1)=-e$    D. $f(3,-1)=-e$

**解** 由 $\begin{cases} \dfrac{\partial z}{\partial x}=e^{-x}(1-x+y^3-3y)=0, \\ \dfrac{\partial z}{\partial y}=-3e^{-x}(y^2-1)=0, \end{cases}$ 得驻点 $P_1(-1,1),P_2(3,-1)$.

又因为 $\dfrac{\partial^2 z}{\partial x^2}=e^{-x}(x-y^3+3y-2),\dfrac{\partial^2 z}{\partial x \partial y}=3e^{-x}(y^2-1),\dfrac{\partial^2 z}{\partial y^2}=-6ye^{-x},$

于是在点 $P_1(-1,1)$ 处:$A=-e,B=0,C=-6e,AC-B^2=6e^2>0,A<0$,于是 $f(P_1)=e$ 为极大值;

在点 $P_2(3,-1)$ 处:$A=-e^{-3},B=0,C=6e^{-3},AC-B^2=-6e^{-6}<0$,则 $f(x,y)$ 在点 $(3,-1)$ 处无极值.

故应选 A.

## 考点真题解析

### 考点一　复合函数及隐函数的求导法则

**真题1** (2018 财经类) 设 $z=\ln(\sqrt{x}+\sqrt{y})$,则 $x\dfrac{\partial z}{\partial x}+y\dfrac{\partial z}{\partial y}=$ _____.

**解** 由 $z=\ln(\sqrt{x}+\sqrt{y})$,得 $\dfrac{\partial z}{\partial x}=\dfrac{1}{\sqrt{x}+\sqrt{y}}\dfrac{1}{2\sqrt{x}},\dfrac{\partial z}{\partial y}=\dfrac{1}{\sqrt{x}+\sqrt{y}}\dfrac{1}{2\sqrt{y}},$

于是 $x\dfrac{\partial z}{\partial x}+y\dfrac{\partial z}{\partial y}=\dfrac{1}{\sqrt{x}+\sqrt{y}}\dfrac{\sqrt{x}}{2}+\dfrac{1}{\sqrt{x}+\sqrt{y}}\dfrac{\sqrt{y}}{2}=\dfrac{1}{2}.$

故应填 $\dfrac{1}{2}$.

**真题 2** (2019 公共课) 设 $z=f(2x-y)+g(x,xy)$，其中函数 $f(w)$ 具有二阶导数，$g(u,v)$ 具有二阶连续偏导数，求 $\dfrac{\partial z}{\partial x}$ 与 $\dfrac{\partial^2 z}{\partial x\partial y}$.

**解** 由题意得 $w=2x-y, u=x, v=xy,$

则 $\dfrac{\partial z}{\partial x}=2f'+g_u+yg_v,\dfrac{\partial^2 z}{\partial x\partial y}=-2f''+x\cdot g_{uv}+g_v+xy\cdot g_{vv}.$

**真题 3** (2018 公共课) 设 $z=z(x,y)$ 是由 $F(x+mz,y+nz)=0$ 确定的函数，求 $\dfrac{\partial z}{\partial y}$.

**解** 令 $F(u,v)=0$，则 $u=x+mz, v=y+nz,$

于是 $\dfrac{\partial z}{\partial y}=-\dfrac{F_y}{F_z}=-\dfrac{F_u u_y+F_v v_y}{F_u u_z+F_v v_z}=-\dfrac{F_v}{mF_u+nF_v}.$

**真题 4** (2017 计算机) 设 $z=z(x,y)$ 是由 $x^2 z+2y^2 z^2+y=0$ 确定的函数，求 $\dfrac{\partial z}{\partial y}$.

**解** 令 $F(x,y,z)=x^2 z+2y^2 z^2+y,$

则 $\dfrac{\partial z}{\partial y}=-\dfrac{F_y}{F_z}=-\dfrac{4yz^2+1}{x^2+4y^2 z}.$

## 考点二 多元函数的极值

**真题 1** (2021 高数二) 求函数 $f(x,y)=\dfrac{1}{3}x^3+2x-3xy+\dfrac{3}{2}y^2$ 的极值，并判断是极大值还是极小值.

**解** 由 $\begin{cases}f_x(x,y)=x^2+2-3y=0,\\ f_y(x,y)=3y-3x=0,\end{cases}$ 解得驻点为 $(1,1),(2,2).$

又因为 $f_{xx}(x,y)=2x, f_{xy}(x,y)=-3, f_{yy}(x,y)=3,$

则在点 $(1,1)$ 处有 $A=f_{xx}\Big|_{(1,1)}=2, B=f_{xy}\Big|_{(1,1)}=-3, C=f_{yy}\Big|_{(1,1)}=3,$

于是 $AC-B^2=-3<0$，故在点 $(1,1)$ 处不存在极值.

则在点 $(2,2)$ 处有 $A=f_{xx}\Big|_{(2,2)}=4, B=f_{xy}\Big|_{(2,2)}=-3, C=f_{yy}\Big|_{(2,2)}=3,$

于是 $AC-B^2>0$，又由于 $A>0$，故在点 $(2,2)$ 处存在极小值 $f(2,2)=\dfrac{2}{3}.$

**真题 2** (2019 公共课) 求二元函数 $f(x,y)=x^2(2+y^2)+y\ln y$ 的极值.

**解** 由 $\begin{cases}f_x(x,y)=2x(2+y^2)=0,\\ f_y(x,y)=2x^2 y+\ln y+1=0\end{cases}$ 解得驻点为 $\left(0,\dfrac{1}{e}\right).$

又因为 $f_{xx}(x,y)=2(2+y^2), f_{xy}(x,y)=4xy, f_{yy}(x,y)=2x^2+\dfrac{1}{y},$

则 $A=f_{xx}\Big|_{(0,\frac{1}{e})}=2\left(2+\dfrac{1}{e^2}\right), B=f_{xy}\Big|_{(0,\frac{1}{e})}=0, C=f_{yy}\Big|_{(0,\frac{1}{e})}=e,$

于是 $AC-B^2>0$，又由于 $A>0$，故存在极小值 $f\left(0,\dfrac{1}{e}\right)=-\dfrac{1}{e}.$

**真题 3** (2014 会计、国贸、电气、电子、电商，2012 机械) 若可微函数 $z=f(x,y)$ 在点 $(x_0,y_0)$ 取得极小值，下列各项说法正确的是 _____.

A. $f(x_0,y)$ 在 $y=y_0$ 处的导数大于 0 　　　　B. $f(x_0,y)$ 在 $y=y_0$ 处的导数等于 0

C. $f(x_0,y)$ 在 $y=y_0$ 处的导数小于 0 　　　　D. $f(x_0,y)$ 在 $y=y_0$ 处的导数不存在

**解** 可微函数 $z=f(x,y)$ 在点 $(x_0,y_0)$ 取得极小值，则 $f'(x_0,y_0)=0$，因此 $f(x_0,y)$ 在 $y=y_0$ 处的导数等于 0.

故应选 B.

**【名师点评】** 真题考查的是二元函数极值存在的必要条件，这是专升本考试中常考的知识点. 对于定理的考查，关键是要记清楚定理的实质.

**真题 4** （2014 机械，2012 电气、会计）若函数 $f(x,y)$ 可微，$f_x(x_0,y_0)=0$，$f_y(x_0,y_0)=0$，则函数 $f(x,y)$ 在点 $(x_0,y_0)$ _____.

A. 可能有极值，也可能没有极值　　　　　B. 必有极值，可能是极大值也可能是极小值

C. 一定没有极值　　　　　　　　　　　　D. 必有极值，且为极小值

**解**　由多元函数极值存在的必要条件可得 $f(x,y)$ 在点 $(x_0,y_0)$ 可能有极值，也可能没有极值，需要进一步判断. 故应选 A.

## 考点方法综述

1. 多元复合函数求偏导法 —— 链式法则："同链相乘，异链相加".

(1) 若 $z=f(u,v)$，$u=\varphi(x,y)$，$v=\psi(x,y)$，则偏导数为 $\dfrac{\partial z}{\partial x}=\dfrac{\partial z}{\partial u}\dfrac{\partial u}{\partial x}+\dfrac{\partial z}{\partial v}\dfrac{\partial v}{\partial x}$，$\dfrac{\partial z}{\partial y}=\dfrac{\partial z}{\partial u}\dfrac{\partial u}{\partial y}+\dfrac{\partial z}{\partial v}\dfrac{\partial v}{\partial y}$；

(2) 若 $z=f(u,v)$，$u=\varphi(x)$，$v=\psi(x)$，则全导数为 $\dfrac{\mathrm{d}z}{\mathrm{d}x}=\dfrac{\partial z}{\partial u}\dfrac{\mathrm{d}u}{\mathrm{d}x}+\dfrac{\partial z}{\partial v}\dfrac{\mathrm{d}v}{\mathrm{d}x}$；

(3) 若 $z=f(u,x,y)$，$u=\varphi(x,y)$，则偏导数为 $\dfrac{\partial z}{\partial x}=\dfrac{\partial f}{\partial x}+\dfrac{\partial z}{\partial u}\dfrac{\partial u}{\partial x}$，$\dfrac{\partial z}{\partial y}=\dfrac{\partial f}{\partial y}+\dfrac{\partial z}{\partial u}\dfrac{\partial u}{\partial y}$.

实际上，$\dfrac{\partial z}{\partial x}$ 是在最终的二元复合函数 $z=f[\varphi(x,y),x,y]$ 中视 $y$ 为常量，对 $x$ 求偏导；$\dfrac{\partial f}{\partial x}$ 是在三元函数 $z=f(u,x,y)$（外函数）中视 $u,y$ 为常量，对 $x$ 求偏导.

2. 隐函数求偏导：由 $F(x,y)=0$ 确定的一元隐函数 $y=y(x)$ 的求导公式为 $\dfrac{\mathrm{d}y}{\mathrm{d}x}=-\dfrac{F_x}{F_y}$；由 $F(x,y,z)=0$ 确定的二元隐函数 $z=z(x,y)$ 的偏导公式为 $\dfrac{\partial z}{\partial x}=-\dfrac{F_x}{F_z}$，$\dfrac{\partial z}{\partial y}=-\dfrac{F_y}{F_z}$.

3. 二元函数无条件极值的步骤如下：

(1) 计算函数 $z=f(x,y)$ 的偏导数 $f_x,f_y$，解方程组 $\begin{cases} f_x=0, \\ f_y=0, \end{cases}$ 求得驻点 $(x_0,y_0)$；

(2) 计算所有的二阶偏导数，在每一个驻点 $(x_0,y_0)$ 处，记

$$A=f_{xx}(x_0,y_0),B=f_{xy}(x_0,y_0),C=f_{yy}(x_0,y_0);$$

利用极值存在的充分条件判断其是否为极值点；

(3) 计算函数的极值.

# 第三节　二重积分的概念及性质

## 考纲内容解读

**一、新大纲基本要求**

1. 理解二重积分的概念、性质；
2. 理解二重积分的几何意义.

**二、新大纲名师解读**

在专升本考试中，本节主要考查以下内容：
1. 二重积分的概念和几何意义；
2. 二重积分的性质.
在专升本考试中，本节主要考查二重积分的概念、性质和几何意义，以客观题的形式为主.

考点内容解析

**一、二重积分的定义**

**1. 曲顶柱体**

设有一立体,它的底是 $xOy$ 面上的有界闭区域 $D$,它的侧面是以 $D$ 的边界曲线为准线而母线平行于 $z$ 轴的柱面,它的顶是曲面 $z = f(x,y)$,其中 $f(x,y) \geqslant 0$ 且在 $D$ 上连续,这种立体称为**曲顶柱体**,如图 7.5 所示.

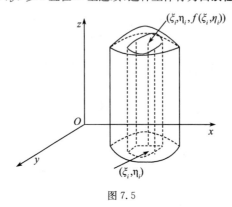

图 7.5

**2. 二重积分的定义**

设 $f(x,y)$ 是有界闭区域 $D$ 上的有界函数.把闭区域 $D$ 任意划分成 $n$ 个小闭区域 $\Delta\sigma_1, \Delta\sigma_2, \cdots, \Delta\sigma_n$,其中 $\Delta\sigma_i$ 表示第 $i$ 个小闭区域,也表示它的面积.在每个 $\Delta\sigma_i$ 上任取一点 $(\xi_i, \eta_i)$,作乘积 $f(\xi_i, \eta_i) \cdot \Delta\sigma_i (i = 1, 2 \cdots, n)$,并作和.令 $\lambda$ 表示各小闭区域的直径的最大值,如果极限

$$\lim_{\lambda \to 0} \sum_{i=1}^{n} f(\xi_i, \eta_i) \cdot \Delta\sigma_i$$

存在,则称函数 $f(x,y)$ 在闭区域 $D$ 上可积,此极限值为函数 $f(x,y)$ 在闭区域 $D$ 上的二重积分,记为 $\iint\limits_{D} f(x,y) \mathrm{d}\sigma$,即

$$\iint\limits_{D} f(x,y) \mathrm{d}\sigma = \lim_{\lambda \to 0} \sum_{i=1}^{n} f(\xi_i, \eta_i) \cdot \Delta\sigma_i.$$

其中 $f(x,y)$ 叫作**被积函数**,$f(x,y)\mathrm{d}\sigma$ 叫作**被积表达式**,$\mathrm{d}\sigma$ 叫作**面积元素**,$x$ 和 $y$ 叫作积分变量,$D$ 叫作积分区域,$\sum\limits_{i=1}^{n} f(\xi_i, \eta_i) \cdot \Delta\sigma_i$ 叫作积分和.

> **【名师解析】**(1) 如果 $f(x,y)$ 在闭区域 $D$ 上连续,则函数 $f(x,y)$ 在闭区域 $D$ 上的二重积分必定存在.
> (2) 若有界函数 $f(x,y)$ 在有界闭区域 $D$ 上除去有限个点或有限个光滑曲线外都连续,则函数 $f(x,y)$ 在 $D$ 上可积.

**二、二重积分的几何意义**

(1) 如果在区域 $D$ 上 $f(x,y) \geqslant 0$,那么 $\iint\limits_{D} f(x,y)\mathrm{d}\sigma$ 表示曲顶柱体的体积.

(2) 如果在区域 $D$ 上 $f(x,y) < 0$,二重积分的值是负的,曲顶柱体在 $xOy$ 面的下方,那么 $-\iint\limits_{D} f(x,y)\mathrm{d}\sigma$ 表示曲顶柱体的体积.

(3) 如果 $f(x,y)$ 在 $D$ 的某些部分区域上是正的,而在其他部分区域上是负的,那么二重积分 $\iint\limits_{D} f(x,y)\mathrm{d}\sigma$ 的值就等于在 $xOy$ 面上方的柱体体积值与在 $xOy$ 面下方的柱体体积值的相反数的**代数和**.

**三、二重积分的性质**

**性质 1** 被积函数的常数因子可以从二重积分号里提出来,即

$$\iint\limits_{D} kf(x,y)\mathrm{d}\sigma = k\iint\limits_{D} f(x,y)\mathrm{d}\sigma (k \text{ 为常数}).$$

**性质 2** 有限个函数的代数和的二重积分,等于各个函数的二重积分的代数和,即

$$\iint\limits_{D}[f(x,y)\pm g(x,y)]\mathrm{d}\sigma=\iint\limits_{D}f(x,y)\mathrm{d}\sigma\pm\iint\limits_{D}g(x,y)\mathrm{d}\sigma.$$

**性质 3**　如果闭区域 $D$ 被有限条曲线分为有限个互不重叠的部分闭区域,那么函数 $f(x,y)$ 在 $D$ 上的二重积分等于它在各部分闭区域上的二重积分的和.

**性质 4**　如果在 $D$ 上 $f(x,y)\equiv 1,\sigma$ 是 $D$ 的面积,那么

$$\sigma=\iint\limits_{D}1\mathrm{d}\sigma=\iint\limits_{D}\mathrm{d}\sigma.$$

这个性质的几何意义表示:高为 1 的平顶柱体的体积,在数值上就等于柱体的底面积.

**性质 5**　若在区域 $D$ 上恒有 $f(x,y)\leqslant g(x,y)$,则

$$\iint\limits_{D}f(x,y)\mathrm{d}\sigma\leqslant\iint\limits_{D}g(x,y)\mathrm{d}\sigma.$$

**推论 1**　若 $f(x,y)$ 在区域 $D$ 上可积,则 $\mid f(x,y)\mid$ 在区域 $D$ 上可积,且

$$\left|\iint\limits_{D}f(x,y)\mathrm{d}\sigma\right|\leqslant\iint\limits_{D}\mid f(x,y)\mid\mathrm{d}\sigma.$$

**推论 2**　如果在 $D$ 上 $f(x,y)\geqslant 0$,则 $\iint\limits_{D}f(x,y)\mathrm{d}\sigma\geqslant 0$.

**性质 6(估值定理)**　设 $M,m$ 分别是 $f(x,y)$ 在闭区域 $D$ 上的最大值与最小值,$\sigma$ 是 $D$ 的面积,则

$$m\sigma\leqslant\iint\limits_{D}f(x,y)\mathrm{d}\sigma\leqslant M\sigma.$$

**性质 7(二重积分中值定理)**　设 $f(x,y)$ 在闭区域 $D$ 上连续,$\sigma$ 是 $D$ 的面积,则在 $D$ 上至少存在一点 $(\xi,\eta)$,使

$$\iint\limits_{D}f(x,y)\mathrm{d}\sigma=f(\xi,\eta)\cdot\sigma.$$

## 考点例题分析

### 考点一　二重积分的概念、几何意义

【考点分析】要充分理解二重积分的概念和几何意义,考查形式以客观题为主.

**例 1**　$\iint\limits_{D}\mathrm{d}\sigma=$ _____,其中 $D$ 是以原点为圆心,半径为 5 的圆形区域.

**解**　被积函数为 1 的二重积分 $\iint\limits_{D}\mathrm{d}\sigma$ 的值即为区域 $D$ 的面积,即 $\iint\limits_{D}\mathrm{d}\sigma=\pi\cdot 5^2=25\pi$.

故应填 $25\pi$.

**例 2**　若积分区域 $D$ 为 $x^2+y^2\leqslant 2$,则 $\iint\limits_{D}x\mathrm{d}\sigma=$ _____.

A. $2\pi$ 　　　　　　　B. $\pi$ 　　　　　　　C. 1 　　　　　　　D. 0

**解**　被积函数 $z=x$ 表示通过 $y$ 轴的平面,根据二重积分的几何意义,$\iint\limits_{D}x\mathrm{d}\sigma$ 表示以 $z=x$ 这个平面为顶,以原点为圆心,半径为 2 的圆形区域 $D$ 为底的柱体体积.由于顶平面一半在 $xOy$ 平面下方,一半在 $xOy$ 平面上方,所以根据对称性可得积分值为 0.

故应选 D.

**例 3**　设区域 $D=\{(x,y)\mid 1\leqslant x^2+y^2\leqslant 2\}$,则二重积分 $\iint\limits_{D}\mathrm{d}x\mathrm{d}y=$ _____.

A. $\pi$ 　　　　　　　B. $2\pi$ 　　　　　　　C. $3\pi$ 　　　　　　　D. $4\pi$

**解**　由二重积分的性质可知,二重积分 $\iint\limits_{D}\mathrm{d}x\mathrm{d}y$ 等于积分区域 $D$ 的面积,而积分区域 $D$ 是由以圆心为原点、半径分别为 1 和 $\sqrt{2}$ 的两个圆围成的圆环,故面积为 $\pi$.

故应选 A.

**例 4**　设 $f(x,y)$ 连续,且 $f(x,y)=xy+\iint\limits_{D}f(u,v)\mathrm{d}u\mathrm{d}v$,其中 $D$ 是由 $y=0,y=x^2,x=1$ 所围成的区域,则

$f(x,y) = $ _____.

A. $xy$          B. $2xy$          C. $xy + \dfrac{1}{8}$          D. $xy + 1$

**解** 记 $\iint\limits_{D} f(u,v)\,\mathrm{d}u\,\mathrm{d}v = I$，则 $f(x,y) = xy + I$，等式两端同时取二重积分得

$$\iint\limits_{D} f(x,y)\,\mathrm{d}\sigma = \iint\limits_{D} xy\,\mathrm{d}\sigma + I\iint\limits_{D} \mathrm{d}\sigma = \int_0^1 \mathrm{d}x \int_0^{x^2} xy\,\mathrm{d}y + I\int_0^1 \mathrm{d}x \int_0^{x^2} \mathrm{d}y = \frac{1}{12} + \frac{1}{3}I,$$

故 $I = \dfrac{1}{12} + \dfrac{1}{3}I$，解得 $I = \dfrac{1}{8}$，所以，$f(x,y) = xy + \dfrac{1}{8}$.

故应选 C.

### 考点 二 二重积分的性质

**【考点分析】** 要理解二重积分的性质，尤其是可能考到性质 1～6. 性质 1,2(线性运算) 与性质 3(积分区域的可加性) 在二重积分的计算中常被使用，性质 4(被积函数是常数) 的考查频率较高，难点在于性质 5,6，解决方案如下：

(1) 利用保号性比较二重积分的大小，关键是在积分区域 $D$ 上比较两个被积函数的大小关系；

(2) 利用估值定理估计二重积分的取值，关键是确定被积函数在积分区域 $D$ 上的最值.

**例 1** 已知 $I_1 = \iint\limits_{D} \ln(x+y)\,\mathrm{d}\sigma$，$I_2 = \iint\limits_{D} [\ln(x+y)]^2\,\mathrm{d}\sigma$，其中 $D$ 是三角形闭区域，三顶点各为 $(1,0),(1,1),(2,0)$，则 _____.

A. $I_1 > I_2$      B. $I_1 \leqslant I_2$      C. $I_1 < I_2$      D. $I_1 = I_2$

**解** 由已知条件知，三角形的斜边方程为 $x+y=2$，且在 $D$ 内有 $1 \leqslant x+y \leqslant 2 < \mathrm{e}$，

故 $0 \leqslant \ln(x+y) < 1$，于是 $\ln(x+y) > [\ln(x+y)]^2$，

因此 $\iint\limits_{D} \ln(x+y)\,\mathrm{d}\sigma > \iint\limits_{D} [\ln(x+y)]^2\,\mathrm{d}\sigma$，即 $I_1 > I_2$.

故应选 A.

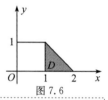

图 7.6

**【名师点评】** 若在区域 $D$ 上恒有 $f(x,y) \leqslant g(x,y)$，则 $\iint\limits_{D} f(x,y)\,\mathrm{d}\sigma \leqslant \iint\limits_{D} g(x,y)\,\mathrm{d}\sigma$.

由该性质可知，要比较 $I_1$ 与 $I_2$ 的大小，必须先在积分区域 $D$ 上比较 $\ln(x+y)$ 与 $[\ln(x+y)]^2$，而要比较这两个函数值的大小，需要考虑 $\ln(x+y)$ 在 $D$ 内的值域，从而需要考虑 $x+y$ 的值域，于是首先需要确定区域 $D$ 的边界函数，故需要先根据三角形三个顶点的坐标求出三角形的斜边方程为 $x+y=2$.

**例 2** 不做计算，估计 $I = \iint\limits_{D} \mathrm{e}^{x^2+y^2}\,\mathrm{d}\sigma$ 的值，其中 $D$ 是椭圆区域：$\dfrac{x^2}{a^2} + \dfrac{y^2}{b^2} = 1(0 < b < a)$，_____.

A. $ab\pi \leqslant I \leqslant ab\,\pi\mathrm{e}^2$    B. $ab \leqslant I \leqslant ab\mathrm{e}^2$    C. $a\pi \leqslant I \leqslant ab\pi\mathrm{e}^2$    D. 无法估计

**解** 区域 $D$ 的面积 $\delta = ab\pi$，在 $D$ 上 $0 \leqslant x^2 + y^2 \leqslant a^2$，于是 $1 = \mathrm{e}^0 \leqslant \mathrm{e}^{x^2+y^2} \leqslant \mathrm{e}^{a^2}$，

由估值定理知 $\sigma \leqslant \iint\limits_{D} \mathrm{e}^{x^2+y^2}\,\mathrm{d}\sigma \leqslant \sigma \cdot \mathrm{e}^{a^2}$，即 $ab\pi \leqslant \iint\limits_{D} \mathrm{e}^{x^2+y^2}\,\mathrm{d}\sigma \leqslant ab\,\pi\mathrm{e}^{a^2}$.

故应选 A.

**【名师点评】** 估值定理可用来估计二重积分的大小，其关键是确定被积函数在积分区域上的最值.

**例 3** 判断：若 $f(x,y)$ 在有界区域 $D$ 上连续，$\sigma$ 是 $D$ 的面积，则在 $D$ 上至少存在一点 $(\xi,\eta)$，使 $\iint\limits_{D} f(x,y)\,\mathrm{d}\sigma = f(\xi,\eta) \cdot \sigma$.

**解** $f(x,y)$ 应在有界闭区域 $D$ 上连续.

故错误.

【名师点评】积分中值定理:若 $f(x,y)$ 在有界闭区域 $D$ 上连续,则至少存在一点 $(\xi,\eta)\in D$,使

$$\iint\limits_{D} f(x,y)\mathrm{d}\sigma = f(\xi,\eta)\cdot\sigma.$$

定理中的条件之一就是闭区域 $D$.

**例 4** 设 $I_1 = \iint\limits_{D}\cos\sqrt{x^2+y^2}\,\mathrm{d}\sigma$,$I_2 = \iint\limits_{D}\cos(x^2+y^2)\mathrm{d}\sigma$,$I_3 = \iint\limits_{D}\cos(x^2+y^2)^2\mathrm{d}\sigma$,其中 $D = \{(x,y) \mid x^2+y^2\leqslant 1\}$,则 _____.

  A. $I_3 > I_2 > I_1$     B. $I_1 > I_2 > I_3$     C. $I_2 > I_1 > I_3$     D. $I_3 > I_1 > I_2$

**解** 因在 $D:x^2+y^2\leqslant 1$ 上,$1\geqslant\sqrt{x^2+y^2}\geqslant x^2+y^2\geqslant (x^2+y^2)^2\geqslant 0$,从而

$$\cos(x^2+y^2)^2\geqslant\cos(x^2+y^2)\geqslant\cos\sqrt{x^2+y^2},$$

所以 $I_3 > I_2 > I_1$.

故应选 A.

【名师点评】本题考查了余弦函数在区间上的单调性以及二重积分的保号性. 若在区域 $D$ 上恒有 $f(x,y)\leqslant g(x,y)$,则 $\iint\limits_{D} f(x,y)\mathrm{d}\sigma\leqslant\iint\limits_{D} g(x,y)\mathrm{d}\sigma$.

## 考点一 二重积分的概念与几何意义

**真题 1** (2018 电子信息类、建筑类、机械类) 函数 $f(x,y)$ 在有界闭区域 $D$ 上的二重积分存在的充分条件是 $f(x,y)$ 在 $D$ 上 _____.

**解** 由定义可知,当 $f(x,y)$ 在有界闭区域 $D$ 上连续时,定义中的和式 $\sum\limits_{i=1}^{n} f(x_i,y_i)\Delta\sigma_i$ 的极限必存在,即二重积分必存在.

故应填连续.

【名师点评】对二重积分定义的考查是专升本考试中的考点之一,解答此类题型的关键是充分理解定义,抓要点,分清楚充分条件与必要条件. 此类题型一般以选择题和填空题的形式出现.

**真题 2** (2016 电子) 二重积分 $\iint\limits_{x^2+y^2\leqslant 2}\mathrm{d}\sigma = $ _____.

  A. $-\pi$      B. $-2\pi$      C. $\pi$      D. $2\pi$

**解** 利用二重积分的几何意义,$\iint\limits_{x^2+y^2\leqslant 2}\mathrm{d}\sigma = S_D = 2\pi$.

故应选 D.

**真题 3** (2019 公共课) 已知 $F(x,y) = \ln(1+x^2+y^2)+\iint\limits_{D} f(x,y)\mathrm{d}x\mathrm{d}y$,其中 $D$ 为 $xOy$ 坐标平面上的有界闭区域,且 $f(x,y)$ 在 $D$ 上连续,则 $F(x,y)$ 在点 $(1,2)$ 处的全微分为 _____.

  A. $\dfrac{1}{3}\mathrm{d}x+\dfrac{2}{3}\mathrm{d}y$           B. $\dfrac{1}{3}\mathrm{d}x+\dfrac{2}{3}\mathrm{d}y+f(1,2)$

  C. $\dfrac{2}{3}\mathrm{d}x+\dfrac{1}{3}\mathrm{d}y$           D. $\dfrac{2}{3}\mathrm{d}x+\dfrac{1}{3}\mathrm{d}y+f(1,2)$

**解** 由已知得 $\iint\limits_{D} f(x,y)\mathrm{d}x\mathrm{d}y$ 存在,则其值为常数.

求偏导数得 $\dfrac{\partial F}{\partial x} = \dfrac{2x}{1+x^2+y^2}$,$\dfrac{\partial F}{\partial y} = \dfrac{2y}{1+x^2+y^2}$,所以 $\dfrac{\partial F}{\partial x}\bigg|_{(1,2)} = \dfrac{1}{3}$,$\dfrac{\partial F}{\partial y}\bigg|_{(1,2)} = \dfrac{2}{3}$,

于是 $\mathrm{d}F\Big|_{(1,2)} = \dfrac{\partial F}{\partial x}\Big|_{(1,2)}\mathrm{d}x + \dfrac{\partial F}{\partial y}\Big|_{(1,2)}\mathrm{d}y = \dfrac{1}{3}\mathrm{d}x + \dfrac{2}{3}\mathrm{d}y.$

故应选 A.

## 考点 二 二重积分的性质

**真题 1** （2017 交通）设平面区域 $D = \{(x,y)\mid x^2+y^2\leqslant 1\}$，$D_1 = \{(x,y)\mid x^2+y^2\leqslant 1, x\geqslant 0, y\geqslant 0\}$，则下列等式一定成立的是 _____.

A. $\displaystyle\iint\limits_{D}\sqrt{x^2+y^2}\,\mathrm{d}x\,\mathrm{d}y = 4\iint\limits_{D_1}\sqrt{x^2+y^2}\,\mathrm{d}x\,\mathrm{d}y$ 

B. $\displaystyle\iint\limits_{D}xy\,\mathrm{d}x\,\mathrm{d}y = 4\iint\limits_{D_1}xy\,\mathrm{d}x\,\mathrm{d}y$

C. $\displaystyle\iint\limits_{D}f(x,y)\,\mathrm{d}x\,\mathrm{d}y = 4\iint\limits_{D_1}f(x,y)\,\mathrm{d}x\,\mathrm{d}y$ 

D. $\displaystyle\iint\limits_{D}x\,\mathrm{d}x\,\mathrm{d}y = 4\iint\limits_{D_1}x\,\mathrm{d}x\,\mathrm{d}y$

**解** 根据题目条件，区域 $D$ 是以原点为圆心，以 1 为半径的圆形区域，而区域 $D_1$ 是以原点为圆心，以 1 为半径且处于第一象限的 $\dfrac{1}{4}$ 扇形区域，因此 $D_1$ 的面积只有 $D$ 的 $\dfrac{1}{4}$.

而 $\displaystyle\iint\limits_{D}\sqrt{x^2+y^2}\,\mathrm{d}x\,\mathrm{d}y$ 是求以 $D$ 为底，以 $z = \sqrt{x^2+y^2}$ 为曲顶的旋转空间柱体的体积，$\displaystyle\iint\limits_{D_1}\sqrt{x^2+y^2}\,\mathrm{d}x\,\mathrm{d}y$ 所求的是

$\displaystyle\iint\limits_{D}\sqrt{x^2+y^2}\,\mathrm{d}x\,\mathrm{d}y$ 在第一象限部分的体积.

故应选 A.

**真题 2** （2015 计算机）如果闭区域 $D$ 由 $x$ 轴、$y$ 轴及 $x+y=1$ 围成. 则 $\displaystyle\iint\limits_{D}(x+y)^2\,\mathrm{d}\sigma$ _____ $\displaystyle\iint\limits_{D}(x+y)^3\,\mathrm{d}\sigma$.

**解** 在闭区域 $D$ 内，由于 $0\leqslant x+y\leqslant 1$，因此 $(x+y)^2\geqslant (x+y)^3$，即 $\displaystyle\iint\limits_{D}(x+y)^2\,\mathrm{d}\sigma\geqslant\iint\limits_{D}(x+y)^3\,\mathrm{d}\sigma$.

故应填 $\geqslant$.

考点方法综述

本节在专升本考试中基本以客观题形式出现.

1.二重积分的概念与性质可看作是定积分的概念与性质的外延；

2.二重积分的被积函数为常数是考点；

3.二重积分的几何意义和二重积分中简单的性质为主要考查内容，以理解为主.

# 第四节　二重积分在直角坐标系下的计算

考纲内容解读

**一、新大纲基本要求**

> 掌握二重积分在直角坐标系下的计算方法.

**二、新大纲名师解读**

> 在专升本考试中，本节主要考查以下内容：
>
> 1. $X$ 型区域上二重积分化为二次积分的计算；
>
> 2. $Y$ 型区域上二重积分化为二次积分的计算；
>
> 3.交换二次积分的次序.
>
> 二重积分在直角坐标系下的计算和交换二次积分的积分次序是专升本考试中的重点，所以我们将本部分内容细分为四个考点进行分析讨论，以便帮助考生系统地学习和复习，达到最佳的效果.

**考点内容解析**

**一、积分区域的分类**

一般地,平面积分区域可以分为三类,即 $X$ 型区域、$Y$ 型区域和混合型区域.

**1. $X$ 型区域**

如果积分区域 $D$ 的边界曲线为两条曲线 $y = y_1(x)$,$y = y_2(x)$ $(y_1(x) < y_2(x))$ 及两条直线 $x = a$,$x = b(a < b)$,则 $D$ 可用不等式 $a \leqslant x \leqslant b$,$y_1(x) \leqslant y \leqslant y_2(x)$ 来表示,这种区域称为 $X$ 型区域,如图 7.7 所示.

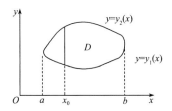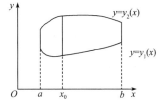

图 7.7

$X$ **型区域的特点是**:在区域 $D$ 内,任一条平行于 $y$ 轴的直线与 $D$ 的边界至多有两个交点,且上下边界曲线的方程是 $x$ 的函数.

**2. $Y$ 型区域**

如果积分区域 $D$ 的边界曲线是两条曲线 $x = x_1(y)$,$x = x_2(y)(x_1(y) < x_2(y))$ 及两条直线 $y = c$,$y = d(c < d)$,则 $D$ 可用不等式 $c \leqslant y \leqslant d$,$x_1(y) \leqslant x \leqslant x_2(y)$ 来表示,这样的区域称为 $Y$ 型区域,如图 7.8 所示.

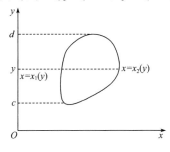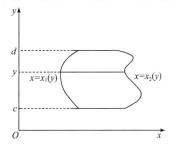

图 7.8

$Y$ **型区域的特点是**:在区域 $D$ 内,任意平行于 $x$ 轴的直线与 $D$ 的边界至多有两个交点,且左右边界曲线的方程是 $y$ 的函数.

如果一个区域 $D$ 既是 $X$ 型区域又是 $Y$ 型区域,则称之为简单区域,如图 7.9 所示.

**3. 混合型区域**

若有界闭区域 $D$ 既不是 $X$ 型区域又不是 $Y$ 型区域,则称之为**混合型区域**.

**混合型区域的特点是**:在区域 $D$ 内,存在平行于 $x$ 轴和 $y$ 轴的直线与 $D$ 的边界的交点多于两个.

对于混合型区域,可把 $D$ 分成几部分,使每一部分是 $X$ 型区域或 $Y$ 型区域.例如,如图 7.10 所示,$D$ 被分成了三部分,它们都是 $X$ 型区域.

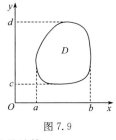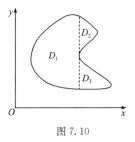

图 7.9      图 7.10

**二、直角坐标系下二重积分的计算**

1. 若积分区域 $D$ 为 $X$ 型区域,不等式表示为 $a \leqslant x \leqslant b$,$y_1(x) \leqslant y \leqslant y_2(x)$,则

$$\iint\limits_{D} f(x,y)\mathrm{d}x\,\mathrm{d}y = \int_a^b \mathrm{d}x \int_{y_1(x)}^{y_2(x)} f(x,y)\mathrm{d}y.$$

**【名师解析】**计算二重积分时,上式的右端称为先对 $y$ 后对 $x$ 的二次积分,就是说,先把 $x$ 看成常量,把 $f(x,y)$ 只看作 $y$ 的函数,对于 $y$ 计算积分区间 $[y_1(x),y_2(x)]$ 上的定积分,然后把算出的结果(是 $x$ 的函数)再对 $x$ 计算积分区间 $[a,b]$ 上的定积分.

2.若积分区域 $D$ 为 $Y$ 型区域,不等式表示为 $c\leqslant y\leqslant d, x_1(y)\leqslant x\leqslant x_2(y)$,则
$$\iint\limits_D f(x,y)\mathrm{d}x\mathrm{d}y=\int_c^d\mathrm{d}y\int_{x_1(y)}^{x_2(y)}f(x,y)\mathrm{d}x.$$

3.若区域 $D$ 为简单区域,则
$$\iint\limits_D f(x,y)\mathrm{d}x\mathrm{d}y=\int_a^b\mathrm{d}x\int_{y_1(x)}^{y_2(x)}f(x,y)\mathrm{d}y=\int_c^d\mathrm{d}y\int_{x_1(y)}^{x_2(y)}f(x,y)\mathrm{d}x.$$

4.若区域 $D$ 为混合型区域,根据二重积分的区域可加性,各部分上二重积分的和即为 $D$ 上的二重积分.

**【名师解析】**计算二重积分一般要遵循如下步骤:
(1)画出 $D$ 的图形,并把边界曲线方程标出;
(2)确定 $D$ 的类型,如果 $D$ 是混合型区域,则需把 $D$ 分成几个部分;
(3)把 $D$ 按 $X$ 型区域或 $Y$ 型区域的不等式表示方法表示出来,这一步是整个二重积分计算的关键;
(4)把二重积分化为二次积分并计算.

**三、交换二次积分的次序**

交换二次积分次序的一般步骤如下:
(1)由已知的二次积分式,写出积分区域 $D$ 的不等式表示式;
(2)画出积分区域 $D$ 的图形;
(3)把积分区域 $D$ 按另一型区域用不等式表示出来;
(4)写出要求的结果.

**考点一 $X$ 型区域上二重积分化为二次积分的计算**

**【考点分析】**一般地,当积分区域有竖直边界时可选择 $X$ 型区域,先对变量 $y$ 再对变量 $x$ 积分,在对变量 $y$ 积分时,把变量 $x$ 看作常数. $X$ 型区域的特点:穿过区域且平行于 $y$ 轴的直线与区域的边界不多于两个交点.
已知 $D:\begin{cases}a\leqslant x\leqslant b,\\\varphi_1(x)\leqslant y\leqslant\varphi_2(x),\end{cases}$ 则 $\iint\limits_D f(x,y)\mathrm{d}x\mathrm{d}y=\int_a^b\mathrm{d}x\int_{\varphi_1(x)}^{\varphi_2(x)}f(x,y)\mathrm{d}y.$

**例1** 求二重积分 $\iint\limits_D xy\mathrm{d}x\mathrm{d}y$,其中 $D$ 是由 $y=x^2+1,y=2x,x=0$ 所围成的区域.

**解** 画出积分区域(见图 7.11),根据区域 $D$ 的形状,可以把 $D$ 看成 $X$ 型.
于是 $D:\begin{cases}0\leqslant x\leqslant 1,\\2x\leqslant y\leqslant x^2+1,\end{cases}$ 所以
$$\iint\limits_D xy\mathrm{d}x\mathrm{d}y=\int_0^1\mathrm{d}x\int_{2x}^{x^2+1}xy\mathrm{d}y=\frac{1}{2}\int_0^1(x^5-2x^3+x)\mathrm{d}x=\frac{1}{12}.$$

**例2** 计算 $\iint\limits_D(x^2y^3+\mathrm{e}^{x^2})\mathrm{d}x\mathrm{d}y$,其中 $D$ 是由 $y=x,y=-x,x=1$ 所围成的区域.

**解** 画出积分区域 $D$(见图 7.12),将积分区域看成 $X$ 型区域,于是 $D:\begin{cases}0\leqslant x\leqslant 1,\\-x\leqslant y\leqslant x,\end{cases}$ 所以
$$\iint\limits_D(x^2y^3+\mathrm{e}^{x^2})\mathrm{d}x\mathrm{d}y=\int_0^1\mathrm{d}x\int_{-x}^x(x^2y^3+\mathrm{e}^{x^2})\mathrm{d}y$$

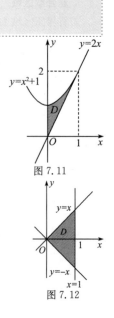

图 7.11

图 7.12

$$= \int_0^1 \left( \frac{1}{4} x^2 y^4 + \mathrm{e}^{x^2} y \right) \Big|_{-x}^{x} \mathrm{d}x = \int_0^1 \mathrm{e}^{x^2} \mathrm{d}x^2 = \mathrm{e}^{x^2} \Big|_0^1 = \mathrm{e} - 1.$$

【名师点评】选取积分次序时,不仅要看区域的特点,而且要看被积函数的特点.凡遇到 $\iint\limits_{D} \mathrm{e}^{x^2} \mathrm{d}x\mathrm{d}y$,$\iint\limits_{D} \mathrm{e}^{-x^2} \mathrm{d}x\mathrm{d}y$, $\iint\limits_{D} \frac{\sin x}{x} \mathrm{d}x\mathrm{d}y$,$\iint\limits_{D} \sin x^2 \mathrm{d}x\mathrm{d}y$,$\iint\limits_{D} \cos x^2 \mathrm{d}x\mathrm{d}y$,$\iint\limits_{D} \mathrm{e}^{\frac{y}{x}} \mathrm{d}x\mathrm{d}y$,$\iint\limits_{D} \frac{1}{\ln x} \mathrm{d}x\mathrm{d}y$ 等积分形式时,由于被积函数的原函数不是初等函数,故需要先对 $y$ 后对 $x$ 进行积分.

**例 3**　求 $\iint\limits_{D} \mathrm{e}^{x^2} \mathrm{d}x\mathrm{d}y$,其中 $D$ 为 $y = |x|$ 与 $y = x^3$ 所围成的区域.

**解**　画出图形(见图 7.13),将积分区域 $D$ 看作 $X$ 型区域,于是 $D:\begin{cases} 0 \leqslant x \leqslant 1, \\ x^3 \leqslant y \leqslant x, \end{cases}$ 所以

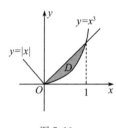

$$\iint\limits_{D} \mathrm{e}^{x^2} \mathrm{d}x\mathrm{d}y = \int_0^1 \mathrm{d}x \int_{x^3}^{x} \mathrm{e}^{x^2} \mathrm{d}y = \int_0^1 (x - x^3) \mathrm{e}^{x^2} \mathrm{d}x = \int_0^1 (x\mathrm{e}^{x^2} - x^3 \mathrm{e}^{x^2}) \mathrm{d}x$$

$$= \frac{1}{2} \int_0^1 \mathrm{e}^{x^2} \mathrm{d}x^2 - \int_0^1 \frac{1}{2} x^2 \mathrm{d}\mathrm{e}^{x^2} = \frac{1}{2} [\mathrm{e}^{x^2}]_0^1 - \left\{ \frac{1}{2} [x^2 \mathrm{e}^{x^2}]_0^1 - \int_0^1 x\mathrm{e}^{x^2} \mathrm{d}x \right\}$$

$$= \frac{1}{2}(\mathrm{e} - 1) - \left[ \frac{1}{2}\mathrm{e} - \frac{1}{2}(\mathrm{e} - 1) \right] = \frac{\mathrm{e}}{2} - 1.$$

图 7.13

## 考点二　$Y$ 型区域上二重积分化为二次积分的计算

【考点分析】一般地,当积分区域有水平边界时,可按照 $Y$ 型区域来进行二次积分计算,先对变量 $x$ 再对变量 $y$ 积分,在对变量 $x$ 积分时,把变量 $y$ 看作常数.

**例 1**　求 $\iint\limits_{D} (1+x) \mathrm{d}x\mathrm{d}y$ 其中 $D$ 是由 $y = x^2$,$x + y = 2$,$y = 0$ 所围成的区域.

**解**　画出积分区域 $D$(见图 7.14),显然是 $Y$ 型区域,采用先对 $x$ 后对 $y$ 积分的次序,由于 $D:\begin{cases} \sqrt{y} \leqslant x \leqslant 2 - y, \\ 0 \leqslant y \leqslant 1, \end{cases}$ 于是

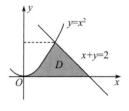

$$I = \int_0^1 \mathrm{d}y \int_{\sqrt{y}}^{2-y} (1+x) \mathrm{d}x = \int_0^1 \left( x + \frac{x^2}{2} \right) \Big|_{\sqrt{y}}^{2-y} \mathrm{d}y$$

$$= \int_0^1 \left( \frac{y^2}{2} - \frac{7}{2} y - \sqrt{y} + 4 \right) \mathrm{d}y = \left( \frac{1}{6} y^3 - \frac{7}{4} y^2 - \frac{2}{3} y^{\frac{3}{2}} + 4y \right) \Big|_0^1 = \frac{7}{4}.$$

图 7.14

【名师点评】$Y$ 型区域的特点:穿过区域且平行于 $y$ 轴的直线与区域的边界不多于两个交点.

**例 2**　计算 $\iint\limits_{D} xy \mathrm{d}\sigma$,其中 $D$ 是由抛物线 $y^2 = x$ 及直线 $y = x - 2$ 所围成的闭区域.

**解**　画出积分区域 $D$(见图 7.15),显然是 $Y$ 型区域,采用先对 $x$ 后对 $y$ 积分的次序,联立方程组,即 $\begin{cases} y^2 = x, \\ y = x - 2, \end{cases}$ 得交点坐标 $(1, -1)$,$(4, 2)$.

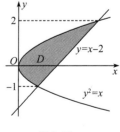

于是 $\iint\limits_{D} xy \mathrm{d}\sigma = \int_{-1}^2 y \mathrm{d}y \int_{y^2}^{y+2} x \mathrm{d}x = \int_{-1}^2 y \cdot \frac{x^2}{2} \Big|_{y^2}^{y+2} \mathrm{d}y = \frac{1}{2} \int_{-1}^2 y[(y+2)^2 - y^4] \mathrm{d}y$

$$= \frac{1}{2} \left( \frac{y^4}{4} + \frac{4}{3} y^3 + 2y^2 - \frac{1}{6} y^6 \right) \Big|_{-1}^2 = \frac{45}{8}.$$

图 7.15

【名师点评】积分限的确定至关重要,其中边界线的交点坐标要明确,所围区域最好用阴影来标注.

**例3** 计算 $\iint\limits_{D} 6x^2 e^{1-y^2} \mathrm{d}x\mathrm{d}y$,其中 $D$ 是以 $(0,0)$,$(1,1)$,$(0,1)$ 为顶点的三角形.

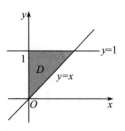

**解** 画出积分区域 $D$(见图7.16),将积分区域看成 $Y$ 型区域,则 $D$:$\begin{cases} 0 \leqslant x \leqslant y, \\ 0 \leqslant y \leqslant 1, \end{cases}$ 于是

$$原式 = \int_0^1 \mathrm{d}y \int_0^y 6x^2 e^{1-y^2} \mathrm{d}x = \int_0^1 e^{1-y^2} [2x^3]_0^y \mathrm{d}y = \int_0^1 2y^3 e^{1-y^2} \mathrm{d}y$$

$$= \int_0^1 y^2 e^{1-y^2} \mathrm{d}y^2 \xrightarrow{\text{令}\ t=y^2} \int_0^1 t e^{1-t} \mathrm{d}t = -\int_0^1 t \mathrm{d}e^{1-t}$$

$$= [-t e^{1-t}]_0^1 + \int_0^1 e^{1-t} \mathrm{d}t = -1 + [-e^{1-t}]_0^1 = -1 + (-1) - (-e) = e - 2.$$

图 7.16

> **【名师点评】** 被积函数中有 $e^{1-y^2}$,其原函数为非初等函数,故积分次序应该为先 $x$ 后 $y$,从而积分区域定为 $Y$ 型区域.

**例4** 设 $D$ 是由顶点为 $O(0,0)$,$A(10,1)$ 和 $B(1,1)$ 的三角形所围成的区域,则 $\iint\limits_{D} \sqrt{xy-y^2} \mathrm{d}x\mathrm{d}y = $ _____.

A. 3    B. 5    C. 6    D. 10

**解** 本题选取先对 $x$ 后对 $y$ 积分较方便,于是

$$\iint\limits_{D} \sqrt{xy-y^2} \mathrm{d}x\mathrm{d}y = \int_0^1 \mathrm{d}y \int_y^{10y} \sqrt{xy-y^2} \mathrm{d}x = \frac{2}{3} \int_0^1 \frac{1}{y}(xy-y^2)^{\frac{3}{2}} \Big|_y^{10y} \mathrm{d}y = 18 \int_0^1 y^2 \mathrm{d}y = 6.$$

故应选 C.

### 考点三 $X$ 型、$Y$ 型区域上二重积分化为二次积分的计算

> **【考点分析】** 二重积分转化为二次积分时,若积分区域 $D$ 既有 $X$ 型区域的特点,又有 $Y$ 型区域的特点,在被积函数不是特殊函数,不影响积分计算的难易程度的情况下,积分次序可任意选择.若积分区域类型的选择影响到了积分计算的难易程度,则根据被积函数的特点确定积分次序.特别地,若积分区域 $D$ 为矩形区域 $a \leqslant x \leqslant b,c \leqslant y \leqslant d$,则
> $$\iint\limits_{D} f(x)g(y)\mathrm{d}x\mathrm{d}y = \int_a^b f(x)\mathrm{d}x \int_c^d g(y)\mathrm{d}y.$$

**例1** 求 $\iint\limits_{D} x^2 y \mathrm{d}x\mathrm{d}y$,其中 $D$ 是由 $x=0,y=x,y=1$ 所围成的区域.

**解法一** 画出积分区域 $D$(见图7.17),积分区域 $D$ 可以看成 $X$ 型区域.

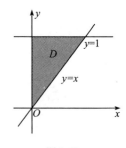

因为 $D$:$\begin{cases} 0 \leqslant x \leqslant 1, \\ x \leqslant y \leqslant 1, \end{cases}$

所以 $\iint\limits_{D} x^2 y \mathrm{d}x\mathrm{d}y = \int_0^1 x^2 \mathrm{d}x \int_x^1 y \mathrm{d}y = \frac{1}{2} \int_0^1 x^2(1-x^2)\mathrm{d}x = \frac{1}{2} \left( \frac{1}{3}x^3 - \frac{1}{5}x^5 \right) \Big|_0^1 = \frac{1}{15}.$

**解法二** 区域 $D$ 也可以看成 $Y$ 型区域.因为 $D$:$\begin{cases} 0 \leqslant y \leqslant 1, \\ 0 \leqslant x \leqslant y, \end{cases}$

所以 $\iint\limits_{D} x^2 y \mathrm{d}x\mathrm{d}y = \int_0^1 y \mathrm{d}y \int_0^y x^2 \mathrm{d}x = \frac{1}{3} \int_0^1 y^4 \mathrm{d}y = \frac{1}{15}.$

图 7.17

> **【名师点评】** 三角形积分区域属于简单的积分区域,被积函数如果不是特殊函数,积分次序可任意选择,但要注意积分区域所对应的集合要正确.

**例2** 计算 $\iint\limits_{D} \frac{x}{y} \mathrm{d}\sigma$,其中 $D$ 是由 $y=1,y=x^2,x=2$ 所围成的闭区域.

**解法一** 画出积分区域 $D$(见图7.18),积分区域可以看成 $Y$ 型区域.

因为 $D$:$\begin{cases} \sqrt{y} \leqslant x \leqslant 2, \\ 1 \leqslant y \leqslant 4, \end{cases}$ 所以

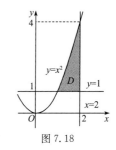

$$\iint\limits_{D} \frac{x}{y} \, d\sigma = \int_{1}^{4} \frac{1}{y} dy \int_{\sqrt{y}}^{2} x \, dx = \frac{1}{2} \int_{1}^{4} \frac{1}{y} (4 - y) \, dy$$

$$= \int_{1}^{4} \left( \frac{2}{y} - \frac{1}{2} \right) dy = \left[ 2\ln y - \frac{1}{2} y \right]_{1}^{4} = 4\ln 2 - \frac{3}{2}.$$

**解法二** 积分区域也可以看成 $X$ 型区域. 因为 $D: \begin{cases} 1 \leqslant y \leqslant x^2, \\ 1 \leqslant x \leqslant 2, \end{cases}$ 所以

$$\iint\limits_{D} \frac{x}{y} \, d\sigma = \int_{1}^{2} x \, dx \int_{1}^{x^2} \frac{1}{y} dy = 2 \int_{1}^{2} x \ln x \, dx = \int_{1}^{2} \ln x \, dx^2 = 4\ln 2 - \int_{1}^{2} x \, dx = 4\ln 2 - \frac{3}{2}.$$

图 7.18

**【名师点评】**积分区域类型的选择影响到了积分的次序,从而影响到了积分计算的难易程度,故选择之前,可先观察被积函数的特点,再确定积分次序.

**例3** 求 $\iint\limits_{D} (x + y) \, dx \, dy$,其中 $D$ 是由抛物线 $y = x^2$ 和 $x = y^2$ 所围成的平面闭区域.

**解法一** 画出积分区域(见图 7.19),将积分区域看成 $X$ 型区域,则 $0 \leqslant x \leqslant 1$,$x^2 \leqslant y \leqslant \sqrt{x}$,所以

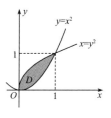

$$\text{原式} = \int_{0}^{1} dx \int_{x^2}^{\sqrt{x}} (x + y) \, dy = \int_{0}^{1} \left[ xy + \frac{1}{2} y^2 \right]_{x^2}^{\sqrt{x}} dx$$

$$= \int_{0}^{1} \left( x\sqrt{x} + \frac{1}{2} x - x^3 - \frac{1}{2} x^4 \right) dx$$

$$= \left[ \frac{2}{5} x^{\frac{5}{2}} + \frac{1}{4} x^2 - \frac{1}{4} x^4 - \frac{1}{10} x^5 \right]_{0}^{1} = \frac{3}{10}.$$

图 7.19

**解法二** 将积分区域看成 $Y$ 型区域,则 $0 \leqslant y \leqslant 1$,$y^2 \leqslant x \leqslant \sqrt{y}$,所以

$$\text{原式} = \int_{0}^{1} dy \int_{y^2}^{\sqrt{y}} (x + y) \, dx = \int_{0}^{1} \left[ xy + \frac{1}{2} x^2 \right]_{y^2}^{\sqrt{y}} dy = \int_{0}^{1} \left( y\sqrt{y} + \frac{1}{2} y - y^3 - \frac{1}{2} y^4 \right) dy$$

$$= \left[ \frac{2}{5} y^{\frac{5}{2}} + \frac{1}{4} y^2 - \frac{1}{4} y^4 - \frac{1}{10} y^5 \right]_{0}^{1} = \frac{3}{10}.$$

**【名师点评】**此题中的积分区域既为 $X$ 型也为 $Y$ 型,并且被积函数也是对称型,故积分次序可任意选择.

## 考点四 改变积分次序

**【考点分析】**选择积分次序时要注意:第一次积分的原函数一定存在(能写出来)并为下一次积分做好准备,否则,就必须考虑交换积分次序或更换坐标系.一般来说,考试题目给出的二重积分如果以二次积分的形式出现,往往是无法按照其给出的积分次序直接计算的,需要交换积分次序;而交换次序的关键是画出积分区域的草图.

**例1** 二次积分 $\int_{0}^{1} dx \int_{2x}^{2\sqrt{x}} f(x, y) \, dy$ 交换积分次序后为 _____.

A. $\int_{0}^{1} dx \int_{2y}^{2\sqrt{y}} f(x, y) \, dx$    B. $\int_{0}^{2} dy \int_{\frac{y^2}{4}}^{\frac{y}{2}} f(x, y) \, dx$    C. $\int_{2x}^{2\sqrt{x}} f(x, y) \, dy \int_{0}^{1}$    D. $\int_{\frac{y^2}{4}}^{\frac{y}{2}} dy \int_{0}^{2} f(x, y) \, dx$

**解** 如图 7.20 所示,$\int_{0}^{1} dx \int_{2x}^{2\sqrt{x}} f(x, y) \, dy$ 对应的区域 $D$ 为 $X$ 型,则 $D: \begin{cases} 0 \leqslant x \leqslant 1, \\ 2x \leqslant y \leqslant 2\sqrt{x}, \end{cases}$

然后把区域 $D$ 看成 $Y$ 型,则 $\begin{cases} \frac{y^2}{4} \leqslant x \leqslant \frac{y}{2}, \\ 0 \leqslant y \leqslant 2, \end{cases}$

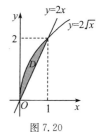

于是交换顺序后的新的二次积分为 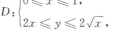 $\int_{0}^{2} dy \int_{\frac{y^2}{4}}^{\frac{y}{2}} f(x, y) \, dx$.

图 7.20

故应选 B.

【名师点评】更换积分次序的解题步骤如下:

(1) 由所给的累次积分的上、下限写出表示积分区域 $D$ 的不等式组;

(2) 画出积分区域 $D$ 的草图;

(3) 根据草图写出新的累次积分的上、下限.

**例 2** $I = \int_0^1 \mathrm{d}y \int_{-\sqrt{1-y}}^{\sqrt{1-y}} 3x^2 y^2 \mathrm{d}x$ 交换积分次序后 $I = $ _____.

A. $\int_0^1 \mathrm{d}y \int_0^{\sqrt{1-y}} 3x^2 y^2 \mathrm{d}y$  B. $\int_0^{\sqrt{1-y}} \mathrm{d}y \int_0^1 3x^2 y^2 \mathrm{d}y$  C. $\int_{-1}^1 \mathrm{d}x \int_0^{1-x^2} 3x^2 y^2 \mathrm{d}y$  D. $\int_0^1 \mathrm{d}x \int_0^{1+x^2} 3x^2 y^2 \mathrm{d}y$

**解** 如图 7.21 所示,$I = \int_0^1 \mathrm{d}y \int_{-\sqrt{1-y}}^{\sqrt{1-y}} 3x^2 y^2 \mathrm{d}x$ 对应的区域 $D$ 为 $Y$ 型,

则 $D$: $\begin{cases} -\sqrt{1-y} \leqslant x \leqslant \sqrt{1-y}, \\ 0 \leqslant y \leqslant 1. \end{cases}$

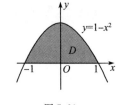

图 7.21

将积分区域看成 $X$ 型区域,则 $D$: $\begin{cases} -1 \leqslant x \leqslant 1, \\ 0 \leqslant y \leqslant 1-x^2, \end{cases}$

$$I = \int_0^1 \mathrm{d}y \int_{-\sqrt{1-y}}^{\sqrt{1-y}} 3x^2 y^2 \mathrm{d}x = \int_{-1}^1 \mathrm{d}x \int_0^{1-x^2} 3x^2 y^2 \mathrm{d}y.$$

故应选 C.

【名师点评】画出积分区域 $D$ 的草图的方法是:在区域 $D$ 的集合中的不等式中取等号,即可得到边界线,在平面直角坐标系中,画出各个边界线,再根据不等式确定积分区域.准确画出积分区域的边界线,是要点,也是难点.对于此题中的 $-\sqrt{1-y} \leqslant x \leqslant \sqrt{1-y}$,对不等式两端取等号,可得 $x = -\sqrt{1-y}$ 和 $x = \sqrt{1-y}$,二者合二为一,即为 $x^2 = 1-y$,即 $y = 1-x^2$,从而得出边界线.

### 考点真题解析

## 考点一 二重积分的计算

**真题 1** (2021 高数二) 求二重积分 $\iint\limits_D (x+2y)\mathrm{d}x\mathrm{d}y$,其中区域 $D$ 是由 $y = x, y = 4x, xy = 1$ 围成的第一象限区域.

**解** 联立 $\begin{cases} y = 4x, \\ xy = 1, \end{cases}$ 得交点为 $\left(\dfrac{1}{2}, 2\right)$;联立 $\begin{cases} y = x, \\ xy = 1, \end{cases}$ 得交点为 $(1, 1)$.

如图 7.22 所示,积分区域 $D_1$: $\begin{cases} 0 \leqslant x \leqslant \dfrac{1}{2}, \\ x \leqslant y \leqslant 4x, \end{cases}$ $D_2$: $\begin{cases} \dfrac{1}{2} \leqslant x \leqslant 1, \\ x \leqslant y \leqslant \dfrac{1}{x}, \end{cases}$

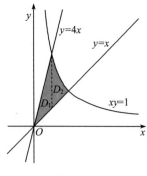

图 7.22

所以 $\iint\limits_D (x+2y)\mathrm{d}x\mathrm{d}y = \int_0^{\frac{1}{2}} \mathrm{d}x \int_x^{4x} (x+2y)\mathrm{d}y + \int_{\frac{1}{2}}^1 \mathrm{d}x \int_x^{\frac{1}{x}} (x+2y)\mathrm{d}y$

$= \int_0^{\frac{1}{2}} [xy + y^2]_x^{4x} \mathrm{d}x + \int_{\frac{1}{2}}^1 x [xy + y^2]_x^{\frac{1}{x}} \mathrm{d}x$

$= 18 \int_0^{\frac{1}{2}} x^2 \mathrm{d}x + \int_{\frac{1}{2}}^1 \left(1 + \dfrac{1}{x^2} - 2x^2\right) \mathrm{d}x$

$= 6x^3 \Big|_0^{\frac{1}{2}} + \left(x - \dfrac{1}{x} - \dfrac{2}{3}x^3\right) \Big|_{\frac{1}{2}}^1$

$= \dfrac{11}{12}.$

**真题 2** （2020 高数二）计算二重积分 $\iint\limits_{D} xy\,dx\,dy$，其中 $D$ 是由 $y=x$，$y=5x$，$y=-x+6$ 所围成的闭区域.

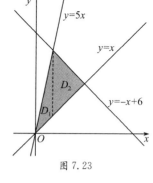

图 7.23

**解** 联立 $\begin{cases} y=x, \\ y=-x+6, \end{cases}$ 得交点为 $(3,3)$；联立 $\begin{cases} y=5x, \\ y=-x+6, \end{cases}$ 得交点为 $(1,5)$.

如图 7.23 所示，积分区域 $D_1$：$\begin{cases} 0 \leqslant x \leqslant 1, \\ x \leqslant y \leqslant 5x, \end{cases}$ $D_2$：$\begin{cases} 1 \leqslant x \leqslant 3, \\ x \leqslant y \leqslant -x+6, \end{cases}$ 所以

$$\iint\limits_{D} xy\,dx\,dy = \int_0^1 dx \int_x^{5x} xy\,dy + \int_1^3 dx \int_x^{-x+6} xy\,dy = \int_0^1 x\left[\frac{y^2}{2}\right]_x^{5x} dx + \int_1^3 x\left[\frac{y^2}{2}\right]_x^{-x+6} dx$$

$$= 12\int_0^1 x^3\,dx + \int_1^3 (18x - 6x^2)\,dx = 3x^4 \Big|_0^1 + (9x^2 - 2x^3)\Big|_1^3 = 23.$$

**真题 3** （2018 信息、建筑、机械，2011 计算机）设区域 $D$ 是由直线 $y=1$，$x=2$ 及 $y=x$ 所围成的三角形闭区域，则二重积分 $\iint\limits_{D} xy\,dx\,dy =$ _____.

A. 1      B. $\dfrac{9}{8}$      C. $\dfrac{8}{9}$      D. $\dfrac{9}{4}$

**解法一** 画出积分区域 $D$（见图 7.24），积分区域 $D$ 可以看成 $X$ 型区域.

因为 $D$：$\begin{cases} 1 \leqslant x \leqslant 2, \\ 1 \leqslant y \leqslant x, \end{cases}$ 所以

$$\iint\limits_{D} xy\,dx\,dy = \int_1^2 x\,dx \int_1^x y\,dy = \frac{1}{2}\int_1^2 x(x^2-1)\,dx = \frac{1}{2}\left[\frac{1}{4}x^4 - \frac{1}{2}x^2\right]_1^2 = \frac{9}{8}.$$

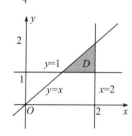

图 7.24

**解法二** 区域 $D$ 也可以看成 $Y$ 型区域.

因为 $D$：$\begin{cases} 1 \leqslant y \leqslant 2, \\ y \leqslant x \leqslant 2, \end{cases}$ 所以

$$\iint\limits_{D} xy\,dx\,dy = \int_1^2 y\,dy \int_y^2 x\,dx = \frac{1}{2}\int_1^2 y(4-y^2)\,dy = \frac{1}{2}\left[2y^2 - \frac{1}{4}y^4\right]_1^2 = \frac{9}{8}.$$

故应填 $\dfrac{9}{8}$.

**真题 4** （2014 计算机）求 $\iint\limits_{[1,2]\times[0,1]} x^y \ln x\,dx\,dy$.

**解** $\displaystyle\iint\limits_{[1,2]\times[0,1]} x^y \ln x\,dx\,dy = \int_1^2 dx \int_0^1 x^y \ln x\,dy = \int_1^2 \left(\ln x \cdot \frac{x^y}{\ln x}\Big|_0^1\right) dx = \int_1^2 (x-1)\,dx = \left(\frac{x^2}{2} - x\right)\Big|_1^2 = \frac{1}{2}.$

> **【名师点评】**若积分区域 $D$ 是矩形区域，则 $x$ 和 $y$ 的积分限都是常数；若积分区域 $D$ 不是矩形区域，则先积分的定积分限至少有一个积分限不是常数.

**真题 5** （2016 机械、交通、电气）设函数 $f(x,y)$ 在 $D$ 上连续，$D$ 是由 $y=x$，$y=x^2$ 所围成的封闭区域，则 $\iint\limits_{D} f(x,y)\,dx\,dy =$ _____.

A. $\displaystyle\int_0^1 dy \int_y^{\sqrt{y}} f(x,y)\,dx$    B. $\displaystyle\int_0^1 dx \int_x^{x^2} f(x,y)\,dy$    C. $\displaystyle\int_{x^2}^x dy \int_0^1 f(x,y)\,dx$    D. $\displaystyle\int_0^1 f(x,y) \int_{x^2}^x dy$

**解** 画出积分区域 $D$（见图 7.25），若将区域 $D$ 看成 $X$ 型区域，则 $\iint\limits_{D} f(x,y)\,dx\,dy =$

$\displaystyle\int_0^1 dx \int_{x^2}^x f(x,y)\,dy$；选项 B 中，第一次积分的上、下限颠倒了. 若将区域 $D$ 看成 $Y$ 型区域，则

$\displaystyle\iint\limits_{D} f(x,y)\,dx\,dy = \int_0^1 dy \int_y^{\sqrt{y}} f(x,y)\,dx$，故选项 A 正确.

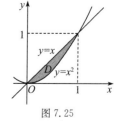

图 7.25

故应选 A.

**真题6** (2015 计算机) 求 $I = \iint\limits_{D}(3x+2y)\mathrm{d}\sigma$,其中 $D$ 是由两坐标轴及直线 $x+y=2$ 所围成的闭区域.

**解法一** 画出积分区域 $D$(见图 7.26),积分区域可以看成 $X$ 型区域,则 $D:\begin{cases}0 \leqslant y \leqslant 2-x, \\ 0 \leqslant x \leqslant 2,\end{cases}$ 所以

$$\iint\limits_{D}(3x+2y)\mathrm{d}\sigma = \int_0^2 \mathrm{d}x \int_0^{2-x}(3x+2y)\mathrm{d}y$$

$$= \int_0^2 \left(3x(2-x)+(2-x)^2\right)\mathrm{d}x = \left[3x^2-x^3+\frac{1}{3}(x-2)^3\right]_0^2 = \frac{20}{3}.$$

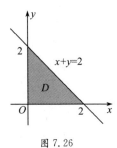

**解法二** 积分区域也可以看成 $Y$ 型区域,则 $D:\begin{cases}0 \leqslant x \leqslant 2-y, \\ 0 \leqslant y \leqslant 2,\end{cases}$ 所以

$$\iint\limits_{D}(3x+2y)\mathrm{d}\sigma = \int_0^2 \mathrm{d}y \int_0^{2-y}(3x+2y)\mathrm{d}x = \int_0^2 \left[\frac{3}{2}(2-y)^2+2y(2-y)\right]\mathrm{d}y$$

$$= \left[\frac{1}{2}(y-2)^3+2y^2-\frac{2}{3}y^3\right]_0^2 = \frac{20}{3}.$$

图 7.26

**真题7** (2017 机械) 求 $\iint\limits_{D}y\mathrm{e}^{xy}\mathrm{d}x\mathrm{d}y$,其中 $D$ 是由 $xy=1,x=2,y=1$ 所围成的区域.

**解法一** 画出积分区域 $D$(图 7.27),积分区域 $D$ 可以看成 $X$ 型区域,则 $D:\begin{cases}1 \leqslant x \leqslant 2, \\ \dfrac{1}{x} \leqslant y \leqslant 1,\end{cases}$ 所以

$$\iint\limits_{D}y\mathrm{e}^{xy}\mathrm{d}x\mathrm{d}y = \int_1^2 \mathrm{d}x \int_{\frac{1}{x}}^1 y\mathrm{e}^{xy}\mathrm{d}y = \int_1^2 \left[\frac{1}{x}\left(y\mathrm{e}^{xy}\Big|_{\frac{1}{x}}^1 - \frac{1}{x}\int_{\frac{1}{x}}^1 \mathrm{e}^{xy}\mathrm{d}y\right)\right]\mathrm{d}x$$

$$= \int_1^2 \left(\frac{1}{x}-\frac{1}{x^2}\right)\mathrm{e}^x\mathrm{d}x = \frac{1}{x}\mathrm{e}^x\Big|_1^2 = \frac{1}{2}\mathrm{e}^2-\mathrm{e}.$$

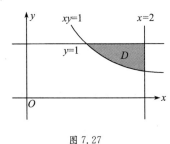

**解法二** 区域 $D$ 也可以看成 $Y$ 型区域,则 $D:\begin{cases}\dfrac{1}{2} \leqslant y \leqslant 1, \\ \dfrac{1}{y} \leqslant x \leqslant 2,\end{cases}$ 所以

图 7.27

$$\iint\limits_{D}y\mathrm{e}^{xy}\mathrm{d}x\mathrm{d}y = \int_{\frac{1}{2}}^1 \mathrm{d}y \int_{\frac{1}{y}}^2 y\mathrm{e}^{xy}\mathrm{d}x = \int_{\frac{1}{2}}^1 (\mathrm{e}^{2y}-\mathrm{e})\mathrm{d}y = \frac{1}{2}\mathrm{e}^2-\mathrm{e}.$$

**真题8** (2016 电子,2010 电气) 求二重积分 $\iint\limits_{D}\dfrac{x^2}{y^2}\mathrm{d}x\mathrm{d}y$,其中 $D$ 是由 $x=2,y=x,xy=1$ 所围成的区域.

**解** 画出积分区域 $D$(见图 7.28),积分区域可以看成 $X$ 型区域,则 $D:\begin{cases}1 \leqslant x \leqslant 2, \\ \dfrac{1}{x} \leqslant y \leqslant x,\end{cases}$ 于是

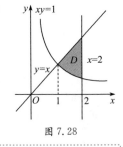

$$I = \int_1^2 \mathrm{d}x \int_{\frac{1}{x}}^x \frac{x^2}{y^2}\mathrm{d}y = -\int_1^2 \frac{x^2}{y}\Big|_{\frac{1}{x}}^x \mathrm{d}x = \int_1^2 (-x+x^3)\mathrm{d}x = \frac{9}{4}.$$

图 7.28

**【名师解析】** 如何选择积分次序与积分区域的形状有关,因此在选择二次积分时,必须认真分析积分区域的形状,以达到事半功倍的效果.

**真题9** (2017 电气) 求 $\iint\limits_{D}xy\mathrm{d}x\mathrm{d}y$,其中 $D$ 是由 $y=x,y=2x,x=1$ 所围成的区域.

**解** 画出积分区域 $D$(见图 7.29),积分区域 $D$ 可以看成 $X$ 型,则 $D:\begin{cases}0 \leqslant x \leqslant 1, \\ x \leqslant y \leqslant 2x,\end{cases}$ 于是

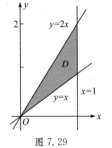

$$\iint\limits_{D}xy\mathrm{d}x\mathrm{d}y = \int_0^1 x\mathrm{d}x \int_x^{2x} y\mathrm{d}y = \frac{1}{2}\int_0^1 x(4x^2-x^2)\mathrm{d}x = \frac{3}{8}.$$

图 7.29

**真题 10** (2015 机械、电气、电子、土木、交通) 求 $\iint\limits_{D} \cos y^2 \mathrm{d}x\mathrm{d}y$，其中 $D$ 是由 $x=1,y=2,y=x-1$ 所围成的闭区域.

**解** 画出积分区域 $D$(见图 7.30)，则 $D:\begin{cases}1\leqslant x\leqslant y+1,\\0\leqslant y\leqslant 2,\end{cases}$ (可以看成 $Y$ 型区域)，于是

$$\iint\limits_{D}\cos y^2\mathrm{d}x\mathrm{d}y=\int_0^2\mathrm{d}y\int_1^{y+1}\cos y^2\mathrm{d}x=\int_0^2 y\cos y^2\mathrm{d}y=\frac{1}{2}\int_0^2\cos y^2\mathrm{d}y^2$$

$$=\frac{1}{2}\sin y^2\Big|_0^2=\frac{1}{2}(\sin 4-\sin 0)=\frac{\sin 4}{2}.$$

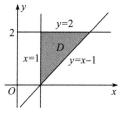

图 7.30

**【名师解析】**在近几年的专升本考试中，二重积分的计算是必考的知识点之一. 这一类题型的求解步骤是：先画出平面区域 $D$ 的草图，然后根据 $D$ 的形状，选择区域类型，进而写出 $D$ 的不等式集合，从而将二重积分化为直角坐标系下的二次积分，进而进行积分计算.

## 考点 二 改变积分次序

**真题 1** (2021 高数二) 已知函数 $f(x,y)$ 在 $\mathbf{R}^2$ 上连续，设 $I=\int_0^1\mathrm{d}x\int_0^{1-\sqrt{1-x^2}}f(x,y)\mathrm{d}y+\int_1^{\sqrt{2}}\mathrm{d}x\int_0^{\sqrt{2-x^2}}f(x,y)\mathrm{d}y$，则交换积分次序后 $I=$ _____.

**解** 画出积分区域(见图 7.31)，则有

$$D_1:\begin{cases}0\leqslant x\leqslant 1,\\0\leqslant y\leqslant 1-\sqrt{1-x^2},\end{cases}\quad D_2:\begin{cases}1\leqslant x\leqslant\sqrt{2},\\0\leqslant y\leqslant\sqrt{2-x^2},\end{cases}$$

将其转化为 $Y$ 型区域，则 $D:\begin{cases}0\leqslant y\leqslant 1,\\\sqrt{1-(y-1)^2}\leqslant x\leqslant\sqrt{2-y^2},\end{cases}$

于是 $I=\int_0^1\mathrm{d}y\int_{\sqrt{1-(y-1)^2}}^{\sqrt{2-y^2}}f(x,y)\mathrm{d}x.$

故应填 $\int_0^1\mathrm{d}y\int_{\sqrt{1-(y-1)^2}}^{\sqrt{2-y^2}}f(x,y)\mathrm{d}x.$

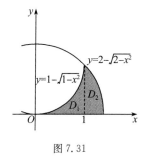

图 7.31

**真题 2** (2020 高数二) 已知函数 $f(x,y)$ 在 $\mathbf{R}^2$ 上连续，设 $I=\int_0^1\mathrm{d}y\int_{y^2}^{3-2y}f(x,y)\mathrm{d}x$，则交换积分次序后 $I=$ _____.

A. $\int_0^1\mathrm{d}x\int_0^{x^2}f(x,y)\mathrm{d}y+\int_1^3\mathrm{d}x\int_0^{\frac{3-x}{2}}f(x,y)\mathrm{d}y$

B. $\int_0^1\mathrm{d}x\int_0^{x^2}f(x,y)\mathrm{d}y+\int_1^3\mathrm{d}x\int_0^{\frac{3-2x}{2}}f(x,y)\mathrm{d}y$

C. $\int_0^1\mathrm{d}x\int_0^{\sqrt{x}}f(x,y)\mathrm{d}y+\int_1^3\mathrm{d}x\int_0^{\frac{3-2x}{2}}f(x,y)\mathrm{d}y$

D. $\int_0^1\mathrm{d}x\int_0^{\sqrt{x}}f(x,y)\mathrm{d}y+\int_1^3\mathrm{d}x\int_0^{\frac{3-x}{2}}f(x,y)\mathrm{d}y$

**解** 画出积分区域，则 $D:\begin{cases}0\leqslant y\leqslant 1,\\y^2\leqslant x\leqslant 3-2y,\end{cases}$ 如图 7.32 所示.

将其转化为 $X$ 型区域，则 $D_1:\begin{cases}0\leqslant x\leqslant 1,\\0\leqslant y\leqslant\sqrt{x},\end{cases}\quad D_2:\begin{cases}1\leqslant x\leqslant 3,\\0\leqslant y\leqslant\dfrac{3-x}{2},\end{cases}$

于是 $\int_0^1\mathrm{d}y\int_{y^2}^{3-2y}f(x,y)\mathrm{d}x=\int_0^1\mathrm{d}x\int_0^{\sqrt{x}}f(x,y)\mathrm{d}y+\int_1^3\mathrm{d}x\int_0^{\frac{3-x}{2}}f(x,y)\mathrm{d}y.$

故应选 D.

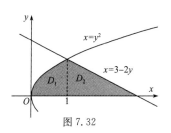

图 7.32

**真题3** (2017 计算机) 改变积分 $\int_0^1 dx \int_{-\sqrt{x}}^{\sqrt{x}} f(x,y)dy + \int_1^4 dx \int_{x-2}^{\sqrt{x}} f(x,y)dy$ 的积分次序.

**解** 根据原积分,写出两个二次积分对应的积分区域满足的不等式,即

$D_1 : \begin{cases} 0 \leqslant x \leqslant 1, \\ -\sqrt{x} \leqslant y \leqslant \sqrt{x}, \end{cases}$ 和 $D_2 : \begin{cases} 1 \leqslant x \leqslant 4, \\ x-2 \leqslant y \leqslant \sqrt{x}, \end{cases}$ 如图 7.33 所示.

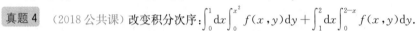

将 $D_1$ 与 $D_2$ 合并成 $D$,合并后的 $D$ 是由 $y=x-2$ 与 $y^2=x$ 所围成的区域,

可以看成 Y 型区域,故 $D : \begin{cases} y^2 \leqslant x \leqslant y+2, \\ -1 \leqslant y \leqslant 2, \end{cases}$

因此 $\int_0^1 dx \int_{-\sqrt{x}}^{\sqrt{x}} f(x,y)dy + \int_1^4 dx \int_{x-2}^{\sqrt{x}} f(x,y)dy = \int_{-1}^2 dy \int_{y^2}^{y+2} f(x,y)dx.$

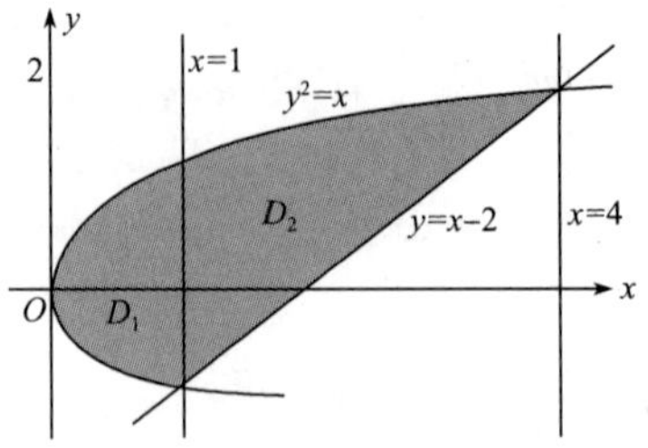

图 7.33

**真题4** (2018 公共课) 改变积分次序: $\int_0^1 dx \int_0^{x^2} f(x,y)dy + \int_1^2 dx \int_0^{2-x} f(x,y)dy.$

**解** 所给的二次积分的积分区域 $D = D_1 + D_2$,而

$D_1 = \{(x,y) \mid 0 < x < 1, 0 < y < x^2\}, D_2 = \{(x,y) \mid 1 < x < 2, 0 < y < 2-x\},$

于是 $D = \{(x,y) \mid 0 < y < 1, \sqrt{y} < x < 2-y\}.$

所以,改变积分次序后为 $\int_0^1 dy \int_{\sqrt{y}}^{2-y} f(x,y)dx.$

考 点 方 法 综 述

1. 在计算二重积分时,对于给定的区域 $D$,一般需要画出 $D$ 在平面直角坐标系中的草图,再根据题目的要求,参考图形定出积分限.

2. 二重积分计算的一般步骤为:

(1) 画出 $D$ 的图形,并把边界曲线方程标出;

(2) 确定 $D$ 的类型,如果 $D$ 是混合型区域,则需把 $D$ 分成几个部分;

(3) 把 $D$ 按 X 型区域或 Y 型区域的不等式表示方法表示出来,这一步是整个二重积分计算的关键;

(4) 把二重积分化为二次积分并计算.

3. 选择积分次序时要注意:第一次积分的原函数一定存在(能写出来)并为下一次积分做好准备;否则,就必须考虑交换积分次序.

4. 一般来说,考试题目给出的二重积分如果以二次积分的形式出现,往往是无法按照其给出的积分次序直接计算的,需要交换积分次序;而交换积分次序的关键是画出积分区域的草图.

5. 直角坐标系下二重积分的计算

在直角坐标系中,$d\sigma = dx dy$.

X 型区域如图 7.34 所示,其中 $D : \begin{cases} a \leqslant x \leqslant b, \\ \varphi_1(x) \leqslant y \leqslant \varphi_2(x), \end{cases}$ 则

$$\iint\limits_D f(x,y)dxdy = \int_a^b dx \int_{\varphi_1(x)}^{\varphi_2(x)} f(x,y)dy.$$

Y 型区域如图 7.35 所示,其中 $D : \begin{cases} c \leqslant y \leqslant d, \\ \psi_1(y) \leqslant x \leqslant \psi_2(y), \end{cases}$ 则

$$\iint\limits_D f(x,y)dxdy = \int_c^d dy \int_{\psi_1(y)}^{\psi_2(y)} f(x,y)dx.$$

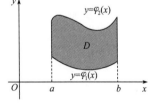

图 7.34

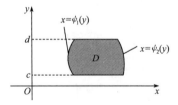

图 7.35

特别地,若 $D$ 为矩形区域 $\begin{cases} a \leqslant x \leqslant b, \\ c \leqslant y \leqslant d, \end{cases}$ 则 $\iint\limits_D f(x)g(y)dxdy = \int_a^b f(x)dx \int_c^d g(y)dy.$

## 第七章检测训练 A

**一、选择题**

1. 设二元函数 $z = e^{xy} + xy$，则 $\dfrac{\partial z}{\partial x}\Big|_{(1,2)} =$ _____.

    A. $e^2 + 1$                B. $2e^2 + 2$                C. $e + 1$                D. $2e + 1$

2. 设 $f(x,y) = e^{\arctan\frac{y}{x}} \cdot \ln(x^2 + y^2)$，则 $f_x(1,0) =$ _____.

    A. 1                    B. 2                     C. 3                   D. 4

3. 设 $u = \arcsin\dfrac{z}{x+y}$，则 $du =$ _____.

    A. $\dfrac{1}{\sqrt{(x+y)^2 + z^2}}\left[\dfrac{z}{x+y}(dx + dy) + dz\right]$          B. $\dfrac{1}{\sqrt{(x+y)^2 + z^2}}\left[\dfrac{-z}{x+y}(dx + dy) + dz\right]$

    C. $\dfrac{1}{\sqrt{(x+y)^2 - z^2}}\left[\dfrac{z}{x+y}(dx + dy) + dz\right]$          D. $\dfrac{1}{\sqrt{(x+y)^2 - z^2}}\left[\dfrac{-z}{x+y}(dx + dy) + dz\right]$

4. 设 $z = xyf\left(\dfrac{y}{x}\right)$，$f(u)$ 可导，则 $z_x, z_y$ 分别为 _____.

    A. $z_x = yf - \dfrac{y^2}{x}f', z_y = xf + yf'$            B. $z_x = xf + yf', z_y = yf - \dfrac{y^2}{x}f'$

    C. $z_x = yf + \dfrac{y^2}{x}f', z_y = xf + yf'$            D. $z_x = yf - \dfrac{y^2}{x}f', z_y = xf - yf'$

5. 设函数 $z = f\left(\dfrac{\sin x}{y}, \dfrac{y}{\ln x}\right)$，其中 $f(u,v)$ 是可微函数，则 $\dfrac{\partial z}{\partial x} =$ _____.

    A. $\dfrac{\cos x}{y} \cdot \dfrac{\partial f}{\partial u} + \dfrac{y}{x \ln^2 x} \cdot \dfrac{\partial f}{\partial v}$            B. $\dfrac{\cos x}{y} \cdot \dfrac{\partial f}{\partial x} - \dfrac{y}{x \ln^2 x} \cdot \dfrac{\partial f}{\partial y}$

    C. $\dfrac{\cos x}{y} \cdot \dfrac{\partial f}{\partial u} - \dfrac{y}{x \ln^2 x} \cdot \dfrac{\partial f}{\partial v}$            D. $\dfrac{\cos x}{y} \cdot \dfrac{\partial f}{\partial x} + \dfrac{y}{x \ln^2 x} \cdot \dfrac{\partial f}{\partial y}$

6. 设 $z = e^{2x}(x + y^2 + 2y)$，则点 $\left(\dfrac{1}{2}, -1\right)$ 是该函数的 _____.

    A. 驻点，但不是极值点     B. 驻点，且是极小值点     C. 驻点，且是极大值点     D. 偏导数不存在的点

7. 比较 $I_1 = \iint\limits_{D} \ln(x+y)d\sigma$ 与 $I_2 = \iint\limits_{D} [\ln(x+y)]^3 d\sigma$ 的大小，其中 $D$ 是矩形闭区域：$3 \leqslant x \leqslant 5, 0 \leqslant y \leqslant 1$. _____.

    A. $I_1 > I_2$            B. $I_1 \geqslant I_2$            C. $I_1 < I_2$            D. $I_1 = I_2$

8. 已知 $D$ 是由曲线 $y^2 = x$ 与直线 $y = x - 2$ 所围成的区域，则 $\iint\limits_{D} xy d\sigma =$ _____.

    A. $\dfrac{1}{2}$            B. $\dfrac{45}{8}$            C. $\dfrac{1}{4}$            D. $\dfrac{8}{45}$

9. 设 $I = \iint\limits_{D} x e^{\cos(xy)} \sin(xy) dx dy$，$D = \{(x,y) \mid |x| \leqslant 1, |y| \leqslant 1\}$，则 $I =$ _____.

    A. $e$            B. 0            C. 2            D. $e^{-2}$

10. 极限 $\lim\limits_{\substack{x \to 0 \\ y \to 0}} \dfrac{2x^2 y}{x^4 + y^2}$ _____.

    A. 不存在            B. 等于 0            C. 等于 1            D. 存在且等于 0 或 1

**二、填空题**

1. 设函数 $z = x^3 y - xy^3$，则 $\dfrac{\partial z}{\partial y} =$ _____.

2. 设 $z = x^y$，则 $\dfrac{\partial z}{\partial x} =$ _____.

3. 设 $f(x,y,z) = x^y y^z$，则 $\dfrac{\partial f}{\partial y} =$ _____.

4. 若 $z = x^3 + 6xy + y^3$，则 $\dfrac{\partial z}{\partial y}\Big|_{\substack{x=1 \\ y=2}}=$ _____.

5. 若 $z = x^2 + y^2$，则全微分 $\mathrm{d}z =$ _____.

6. 设 $z = 2xy$，则 $\mathrm{d}z\Big|_{(1,-1)}=$ _____.

7. 交换积分次序：$\displaystyle\int_0^{\frac{1}{4}}\mathrm{d}y\int_y^{\sqrt{y}}f(x,y)\mathrm{d}x + \int_{\frac{1}{4}}^{\frac{1}{2}}\mathrm{d}y\int_y^{\frac{1}{2}}f(x,y)\mathrm{d}x$ 为 _____.

8. 设函数 $f(u)$ 可微，且 $f'(0) = \dfrac{1}{2}$，则 $z = f(4x^2 - y^2)$ 在点 $(1,2)$ 处的全微分 $\mathrm{d}z\Big|_{(1,2)} =$ _____.

9. 设 $D$ 为圆域 $x^2 + y^2 \leqslant R^2$，则二重积分 $\displaystyle\iint\limits_{D}\sqrt{R^2 - x^2 - y^2}\,\mathrm{d}\sigma =$ _____.

10. 积分 $\displaystyle\int_0^2\mathrm{d}x\int_x^2 \mathrm{e}^{-y^2}\mathrm{d}y =$ _____.

### 三、解答题

1. 求极限 $\displaystyle\lim_{(x,y)\to(0,0)}\frac{\sin(xy)}{x}$.

2. 讨论 $f(x,y) = \begin{cases}\dfrac{x^2\sin\dfrac{1}{x^2+y^2}+y^2}{x^2+y^2}, & (x,y)\neq(0,0), \\ 0, & (x,y)=(0,0)\end{cases}$ 在点 $(0,0)$ 处的连续性.

3. 设函数 $z = \arcsin(\sqrt{x^2 + 2y^2})$，求 $\dfrac{\partial z}{\partial x}, \dfrac{\partial z}{\partial y}$.

4. 已知函数 $z = x^4 + y^4 - 4x^2y^2$，求 $\dfrac{\partial^2 z}{\partial x \partial y}$.

5. 设 $I = \displaystyle\int_0^{\frac{\pi}{2}}\mathrm{d}y\int_y^{\sqrt{\frac{\pi y}{2}}}\frac{\sin x}{x}\mathrm{d}x$，计算 $I$ 的值.

6. 设 $f(x-y, \ln x) = \left(1 - \dfrac{y}{x}\right)\dfrac{\mathrm{e}^x}{\mathrm{e}^y\ln x^x}$，求 $f(x,y)$.

7. 设 $z = x\ln(x + y^2)$，求 $\mathrm{d}z$.

8. 求由方程 $x^2 + y^2 + z^2 - 3axyz = 0$ 所确定的隐函数 $z = f(x,y)$ 的全微分 $\mathrm{d}z$.

9. 已知 $z = u^v, u = \ln\sqrt{x^2+y^2}, v = \arctan\dfrac{y}{x}$，求 $\mathrm{d}z$.

10. 设 $f(x,y) = \begin{cases}\dfrac{xy}{\sqrt{x^2+y^2}}, & x^2+y^2 \neq 0, \\ 0, & x^2+y^2 = 0,\end{cases}$ 讨论 $f(x,y)$ 在点 $(0,0)$ 处是否可微.

11. 设 $z = f(x^2 - y^2, \mathrm{e}^{xy})$，其中 $f$ 具有二阶连续偏导数，求 $\dfrac{\partial z}{\partial x}$.

12. 设 $z = \dfrac{1}{x}f(xy) + y\varphi(x+y), f, \varphi$ 具有二阶连续导数，求 $\dfrac{\partial z}{\partial x}$.

13. 设 $z = z(x,y)$ 是由 $x^2 z + 2y^2 z^2 + y = 0$ 所确定的函数，求 $\dfrac{\partial z}{\partial y}$.

14. 求函数 $f(x,y) = \left(y + \dfrac{x^3}{3}\right)\mathrm{e}^{x+y}$ 的极值.

15. 求二重积分 $\displaystyle\iint\limits_{D}x^2\mathrm{d}x\mathrm{d}y$，其中 $D$ 是由 $x = 0, y = 2x, y = 2$ 所围成的区域.

### 四、证明题

验证函数 $z = \sin(x - ay)$ 满足波动方程 $\dfrac{\partial^2 z}{\partial y^2} = a^2 \dfrac{\partial^2 z}{\partial x^2}$.

## 第七章检测训练 B

**一、选择题**

1. 已知函数 $z = \ln\sin(x - 2y)$，则 $\dfrac{\partial z}{\partial y} = $ _____.

    A. $\dfrac{1}{\sin(x - 2y)}$　　　　B. $-\dfrac{2}{\sin(x - 2y)}$　　　　C. $-2\cot(x - 2y)$　　　　D. $-\cot(x - 2y)$

2. 设 $z = x^2 y - x^3 y^2 + \mathrm{e}^{-xy}$，则 $\dfrac{\partial z}{\partial y}\Big|_{(-1, 0)} = $ _____.

    A. 1　　　　　　　　B. 2　　　　　　　　C. 3　　　　　　　　D. 4

3. 设 $z = \dfrac{x + y}{x - y}$，则 $\mathrm{d}z = $ _____.

    A. $\dfrac{2}{(x - y)^2}(x\,\mathrm{d}x - y\,\mathrm{d}y)$　　　　　　　　B. $\dfrac{2}{(x - y)^2}(x\,\mathrm{d}x + y\,\mathrm{d}y)$

    C. $-\dfrac{2}{(x - y)^2}(x\,\mathrm{d}x + y\,\mathrm{d}y)$　　　　　　D. $\dfrac{2}{(x - y)^2}(x\,\mathrm{d}y - y\,\mathrm{d}x)$

4. 若函数 $f(x, y)$ 在点 $(x_0, y_0)$ 处存在偏导数 $f_x(x_0, y_0) = f_y(x_0, y_0) = 0$，则 $f(x, y)$ 在点 $(x_0, y_0)$ 处 _____.

    A. 连续　　　　　　B. 可微且有极值　　　　C. 有极值　　　　D. 可能有极值

5. 比较 $I_1 = \iint\limits_{D}(x + y)^3\,\mathrm{d}\sigma$ 与 $I_2 = \iint\limits_{D}(x + y)^2\,\mathrm{d}\sigma$ 的大小，其中 $D$ 是由 $x = 0, y = 0, x + y = 1$ 所围成的区域. _____.

    A. $I_1 > I_2$　　　　B. $I_1 \geqslant I_2$　　　　C. $I_1 = I_2$　　　　D. $I_1 \leqslant I_2$

6. 设函数 $f(x, y)$ 是有界闭区域 $D: x^2 + y^2 \leqslant \rho^2$ 上的连续函数，则极限 $\lim\limits_{\rho \to 0}\dfrac{1}{\pi\rho^2}\iint\limits_{x^2 + y^2 \leqslant \rho^2}f(x, y)\,\mathrm{d}\sigma$ 是 _____.

    A. 不存在　　　　　B. $f(0, 0)$　　　　C. $f(1, 1)$　　　　D. $f(1, 0)$

7. $\iint\limits_{D}f(x, y)\,\mathrm{d}\sigma = \lim\limits_{\lambda \to 0}\sum\limits_{i=1}^{n}f(\xi_i, \eta_i)\Delta\sigma_i$ 中 $\lambda$ 是 _____.

    A. 最大小区间长　　B. 小区域最大面积　　　C. 小区域直径　　　D. 小区域最大直径

8. 设函数 $f(x, y)$ 连续，则 $\int_1^2\mathrm{d}y\int_y^2 f(x, y)\,\mathrm{d}x$ 交换积分次序为 _____.

    A. $\int_1^2\mathrm{d}x\int_1^x f(x, y)\,\mathrm{d}y$　　B. $\int_1^2\mathrm{d}x\int_x^1 f(x, y)\,\mathrm{d}y$　　C. $\int_1^2\mathrm{d}x\int_2^x f(x, y)\,\mathrm{d}y$　　D. $\int_1^2\mathrm{d}x\int_x^2 f(x, y)\,\mathrm{d}y$

9. 已知 $D$ 由 $x = \dfrac{p}{2}, y^2 = 2px\,(p < 0)$ 围成，则 $\iint\limits_{D}xy^2\,\mathrm{d}x\,\mathrm{d}y = $ _____.

    A. $\dfrac{p^5}{21}$　　　　　　B. $\dfrac{p^5}{7}$　　　　　　C. $\dfrac{p^5}{14}$　　　　　　D. $\dfrac{p^5}{3}$

10. 如图 7.36 所示，正方形 $\{(x, y) \mid |x| \leqslant 1, |y| \leqslant 1\}$ 被其对角线划分为四个区域 $D_k\,(k = 1, 2, 3, 4)$，$I_k = \iint\limits_{D_k}y\cos x\,\mathrm{d}x\,\mathrm{d}y$，则 $\max\limits_{1 \leqslant k \leqslant 4}\{I_k\} = $ _____.

    A. $I_1$　　　　　　　　　　　　　　　　B. $I_2$

    C. $I_3$　　　　　　　　　　　　　　　　D. $I_4$

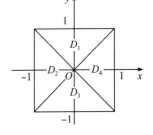

图 7.36

**二、填空题**

1. 设 $z = x^2\sin 2y$，则 $\dfrac{\partial z}{\partial x} = $ _____.

2. 若 $z = \ln(x^2 + y^2)$，则全微分 $\mathrm{d}z = $ _____.

3. 设二元函数 $z = x\mathrm{e}^{x+y} + (x + 1)\ln(1 + y)$，则 $\mathrm{d}z\Big|_{(1, 0)} = $ _____.

4. 设 $u = \sqrt[z]{\dfrac{x}{y}}$，则 $\mathrm{d}u\Big|_{(1, 1, 1)} = $ _____.

5. 设函数 $f(x, y, z) = \mathrm{e}^x y z^2$，其中 $z = z(x, y)$ 是由三元方程 $x + y + z + xyz = 0$ 确定的函数，则 $f_x(0, 1, -1) = $ _____.

6.设 $f(u,v)$ 为二元可微函数,$z = f(x^y,y^x)$,则 $\dfrac{\partial z}{\partial x} = $ _____.

7.$\displaystyle\iint_D \mathrm{d}\sigma = $ _____,其中 $D$ 是以原点为中心,以 3 为半径的圆形区域.

8.由曲线 $y = \ln x$ 与直线 $y = (e+1) - x$ 及 $y = 0$ 所围成的平面图形的面积是 _____.

9.设曲顶柱体的顶部曲面函数 $z = f(x,y)$,它的底部区域为 $D$,则曲顶柱体的体积可表示为 _____.

10.设 $I = \displaystyle\int_0^1 \mathrm{d}x \int_{x^2}^x f(x,y)\mathrm{d}y$,交换积分顺序后,则 $I = $ _____.

**三、解答题**

1.讨论极限 $\displaystyle\lim_{\substack{x \to 0 \\ y \to 0}} \dfrac{x^3 y}{x^6 + y^2}$ 是否存在.

2.讨论二元函数 $f(x,y) = \begin{cases} \dfrac{xy}{x^2 + y^2}, & x^2 + y^2 \neq 0, \\ 0, & x^2 + y^2 = 0 \end{cases}$ 在点 $(0,0)$ 处的连续性.

3.设函数 $z = (xy+1)^x$,求 $\dfrac{\partial z}{\partial x},\dfrac{\partial z}{\partial y}$.

4.设函数 $z = (x^2 + y^2)\mathrm{e}^{-\arctan\frac{x}{y}}$,求 $\dfrac{\partial^2 z}{\partial x \partial y}$.

5.设 $u = \mathrm{e}^{-x}\sin\dfrac{x}{y}$,求 $\dfrac{\partial^2 u}{\partial x \partial y}$ 在点 $\left(2,\dfrac{1}{\pi}\right)$ 处的值.

6.设 $z = (x^2 + y^2)\mathrm{e}^{-\arctan\frac{y}{x}}$,求 $\mathrm{d}z$.

7.设 $w = f(x+y+z,xyz)$,$f$ 具有二阶连续偏导数,求 $\dfrac{\partial w}{\partial x}$.

8.求二元函数 $f(x,y) = x^2(2+y^2) + y\ln y$ 的极值.

9.设 $z = f(xy,x+y)$,且 $f(x,y)$ 可微,求 $\dfrac{\partial z}{\partial x},\dfrac{\partial z}{\partial y}$.

10.设方程 $x^2 y - x^3 z - 1 = 0$ 确定隐函数 $z = z(x,y)$,求 $\dfrac{\partial z}{\partial x},\dfrac{\partial z}{\partial y}$.

11.设 $z = z(x,y)$ 是由 $F(x+mz,y+nz) = 0$ 所确定的函数,求 $\dfrac{\partial z}{\partial y}$.

12.求二重积分 $\displaystyle\iint_D \dfrac{y}{x}\mathrm{d}x\mathrm{d}y$,其中 $D$ 是由 $x = e,y = \ln x,y = 0$ 所围成的区域.

13.计算二重积分 $\displaystyle\iint_D x\mathrm{d}x\mathrm{d}y$,其中 $D$ 由曲线 $y = x^2$ 与直线 $y = x$ 围成.

14.交换 $\displaystyle\int_0^1 \mathrm{d}y \int_{1-y}^{1+y^2} f(x,y)\mathrm{d}x$ 的积分次序.

15.交换 $\displaystyle\int_0^1 \mathrm{d}y \int_0^y f(x,y)\mathrm{d}x + \int_1^2 \mathrm{d}y \int_0^{2-y} f(x,y)\mathrm{d}x$ 的积分次序.

**四、证明题**

证明 $r = \sqrt{x^2 + y^2 + z^2}$ 满足 $\dfrac{\partial^2 r}{\partial x^2} + \dfrac{\partial^2 r}{\partial y^2} + \dfrac{\partial^2 r}{\partial z^2} = \dfrac{2}{r}$.

# 第二模块　新大纲模拟自测

## 模拟题一

（时间：120 分钟　满分：100 分）

**一、单项选择题**(本大题共 5 小题,每小题 3 分,共 15 分)

在每小题列出的四个备选项中,只有一个是符合题目要求的,请将其选出并将答题卡的相应代码涂黑. 涂错、多涂或未涂均无分.

1. 当 $x \to 0$ 时,以下函数是无穷小量的是 _____.

   A. $\sin \dfrac{1}{x}$ 　　　　　　B. $\dfrac{\sin \dfrac{1}{x}}{x}$ 　　　　　　C. $x \sin \dfrac{1}{x}$ 　　　　　　D. $\dfrac{1}{x} \sin x$

2. 设 $f(x) = \dfrac{e^{\frac{1}{x}} - 1}{e^{\frac{1}{x}} + 1}$,则 $x = 0$ 是 $f(x)$ 的 _____.

   A. 可去间断点　　　　B. 跳跃间断点　　　　C. 第二类间断点　　　　D. 连续点

3. 图中阴影部分面积的总和可按 _____ 的方法求出.

   A. $\displaystyle\int_a^b f(x)\,dx$

   B. $\left| \displaystyle\int_a^b f(x)\,dx \right|$

   C. $\displaystyle\int_a^{c_1} f(x)\,dx + \int_{c_1}^{c_2} f(x)\,dx + \int_{c_2}^{b} f(x)\,dx$

   D. $\displaystyle\int_a^{c_1} f(x)\,dx - \int_{c_1}^{c_2} f(x)\,dx + \int_{c_2}^{b} f(x)\,dx$.

4. 已知 $\begin{cases} (1 + e^x) y y' = e^x, \\ y \big|_{x=0} = 0, \end{cases}$ 则微分方程的特解为 _____.

   A. $y^2 = 2\ln(1 + e^x) - 2\ln 2$ 　　　　　　　　B. $y^2 = 2\ln(1 + e^x) + 2\ln 2$

   C. $y^2 = \ln(1 + e^x) - 2\ln 2$ 　　　　　　　　D. $y^2 = \ln(1 + e^x) + 2\ln 2$

5. 积分 $\displaystyle\int_0^2 dx \int_x^2 e^{-y^2}\,dy =$ _____.

   A. $1 - e^{-4}$ 　　　　　B. $\dfrac{1}{2}(1 + e^{-4})$ 　　　　　C. $\dfrac{1}{2}(1 - e^{-4})$ 　　　　　D. $\dfrac{1}{2} e^{-4}$

**二、填空题**(本大题共 5 小题,每小题 3 分,共 15 分)

6. 函数 $y = \dfrac{1}{4 - x^2} + \sqrt{x + 2}$ 的定义域为 _____.

7. 设 $g(x) = 1 - \dfrac{1}{2} x$,当 $x \neq 0$ 时,$f[g(x)] = \dfrac{2 - x}{x^2}$,则 $f\left(\dfrac{1}{2}\right) =$ _____.

8. 若直线 $l$ 与 $x$ 轴平行,且与曲线 $y = x - e^x$ 相切,则切点的坐标为 _____.

9. 由两条抛物线 $y^2 = x$ 和 $y = x^2$ 所围成的图形的面积为 _____.

10. 设 $z = x \ln(x + y^2)$,则 $dz =$ _____.

**三、计算题(本大题共 8 小题,每小题 7 分,共 56 分)**

11. 求极限 $\lim\limits_{x \to 1}\left(\dfrac{1}{1-x} - \dfrac{3}{1-x^3}\right)$.

12. 求极限 $\lim\limits_{x \to 0}\dfrac{\displaystyle\int_0^{x^2} \cos t^2 \, \mathrm{d}t}{x\sin x}$.

13. 设函数 $f(x) = \begin{cases} \dfrac{a(1-\cos x)}{x^2}, & x < 0, \\ 1, & x = 0, \\ \ln(b + x^2), & x > 0, \end{cases}$ 在 $x = 0$ 处连续,求 $a,b$ 的值.

14. 计算不定积分 $\displaystyle\int \dfrac{1}{1 + \sqrt{2x}}\mathrm{d}x$.

15. 计算定积分 $\displaystyle\int_{\frac{1}{e}}^{e} |\ln x| \, \mathrm{d}x$.

16. 求微分方程 $x^2\mathrm{d}y + (2xy - x + 1)\mathrm{d}x = 0$ 满足初始条件 $y\Big|_{x=1} = 0$ 的特解.

17. 设 $u = \mathrm{e}^{-x}\sin\dfrac{x}{y}$,求 $\dfrac{\partial^2 u}{\partial x \partial y}$ 在点 $\left(2, \dfrac{1}{\pi}\right)$ 处的值.

18. 计算 $\displaystyle\iint\limits_{D}(x^2 y^3 + \mathrm{e}^{x^2})\mathrm{d}x\mathrm{d}y$,其中 $D$ 是由 $y = x, y = -x, x = 1$ 所围成的区域.

**四、应用题(本大题共 7 分)**

19. 已知某产品的总成本 $C$(万元)的变化率(边际成本)$C'(x) = 1$,总收益 $R$(万元)的变化率(边际收益)为生产量 $x$(百台)的函数 $R'(x) = 5 - x$.

(1) 求产量为多少时,总利润最大.

(2) 达到利润最大的产量后又生产了 1 百台,总利润减少了多少?

**五、证明题(本大题共 7 分)**

20. 设函数 $f(x)$ 在闭区间 $[a,b]$ 上连续,在开区间 $(a,b)$ 内可导,且 $\mathrm{e}^{a-b}f(a) = f(b)$,证明:在 $(a,b)$ 内至少存在一点 $\xi$,使得 $f(\xi) + f'(\xi) = 0$ 成立.

## 模拟题二

(时间：120 分钟　满分：100 分)

**一、单项选择题**(本大题共 5 小题，每小题 3 分，共 15 分)

在每小题列出的四个备选项中，只有一个是符合题目要求的，请将其选出并将答题卡的相应代码涂黑．涂错、多涂或未涂均无分．

1. 下列变量在自变量给定的变化过程中不是无穷大的是 _____．

    A. $\dfrac{x^2}{\sqrt{x^3+1}}(x \to +\infty)$             B. $\ln x\,(x \to +\infty)$

    C. $\mathrm{e}^{\frac{1}{x}}\,(x \to 0^-)$                 D. $\ln x\,(x \to 0^+)$

2. $y = \dfrac{x^2-2x}{|x|(x^2-4)}$ 在 $x=0$ 处的间断点类型为 _____．

    A. 第一类间断点      B. 第二类间断点      C. 可去间断点      D. 无法判断

3. 设函数 $f(x)$ 仅在区间 $[0,4]$ 上可积，则必有 $\displaystyle\int_0^3 f(x)\mathrm{d}x =$ _____．

    A. $\displaystyle\int_0^2 f(x)\mathrm{d}x + \int_2^3 f(x)\mathrm{d}x$         B. $\displaystyle\int_0^{-1} f(x)\mathrm{d}x + \int_{-1}^3 f(x)\mathrm{d}x$

    C. $\displaystyle\int_0^5 f(x)\mathrm{d}x + \int_5^3 f(x)\mathrm{d}x$         D. $\displaystyle\int_0^{10} f(x)\mathrm{d}x + \int_{10}^3 f(x)\mathrm{d}x$

4. 方程 $y' = y$ 满足初始条件 $y\big|_{x=0} = 2$ 的特解是 _____．

    A. $y = \mathrm{e}^x + 1$                 B. $y = 2\mathrm{e}^x$

    C. $y = 2\mathrm{e}^{2x}$                   D. $y = \mathrm{e}^{2x}$

5. 改变积分次序 $\displaystyle\int_0^2 \mathrm{d}x \int_x^{2x} f(x,y)\mathrm{d}y =$ _____．

    A. $\displaystyle\int_0^2 \mathrm{d}y \int_{\frac{y}{2}}^{y} f(x,y)\mathrm{d}x$

    B. $\displaystyle\int_0^2 \mathrm{d}y \int_{\frac{y}{2}}^{2} f(x,y)\mathrm{d}x$

    C. $\displaystyle\int_0^2 \mathrm{d}y \int_{\frac{y}{2}}^{1} f(x,y)\mathrm{d}x + \int_2^4 \mathrm{d}y \int_1^2 f(x,y)\mathrm{d}x$

    D. $\displaystyle\int_0^2 \mathrm{d}y \int_{\frac{y}{2}}^{y} f(x,y)\mathrm{d}x + \int_2^4 \mathrm{d}y \int_{\frac{y}{2}}^{2} f(x,y)\mathrm{d}x$

**二、填空题**(本大题共 5 小题，每小题 3 分，共 15 分)

6. 函数 $y = \dfrac{1}{\sqrt{2-x^2}} + \arcsin\left(\dfrac{1}{2}x - 1\right)$ 的定义域为 _____．

7. 已知 $f(\mathrm{e}^x + 1) = \mathrm{e}^{2x} + \mathrm{e}^x + 1$，则函数 $f(x)$ 的表达式为 _____．

8. 设 $f(x) = x(x+1)(x+2)\cdots(x+n)$，则 $f'(-1) =$ _____．

9. 由抛物线 $y^2 = x+2$ 和直线 $x-y=0$ 所围成的区域的面积为 _____．

10. 设 $z = x^2 y + \ln x$，则 $\mathrm{d}z =$ _____．

**三、计算题**(本大题共 8 小题，每小题 7 分，共 56 分)

11. 求极限 $\displaystyle\lim_{x\to 1}\left(\dfrac{x}{x-1} - \dfrac{1}{x^2-x}\right)$．

12. 求极限 $\displaystyle\lim_{x\to 0} \dfrac{\displaystyle\int_{2x}^0 \sin t^2\,\mathrm{d}t}{x^3}$．

13. 设函数 $f(x) = \begin{cases} \dfrac{x^2\sin\frac{1}{x}}{e^x - 1}, & x < 0, \\ b, & x = 0, \\ \dfrac{\ln(1+2x)}{x} + a, & x > 0, \end{cases}$ 求 $a$ 和 $b$ 的值，使得函数 $f(x)$ 在 $(-\infty, +\infty)$ 内连续.

14. 已知 $f(e^x) = x + 1$，求 $\displaystyle\int \frac{f(x)}{x}\,\mathrm{d}x$.

15. 计算定积分 $\displaystyle\int_1^2 x(\ln x)^2\,\mathrm{d}x$.

16. 求解微分方程 $\begin{cases} \dfrac{\mathrm{d}y}{\mathrm{d}x} - xy = x\,e^{x^2}, \\ y(0) = 1. \end{cases}$

17. 设函数 $z = (x^2 + y^2)e^{-\arctan\frac{x}{y}}$，求 $\dfrac{\partial^2 z}{\partial x \partial y}$.

18. 设 $D$ 是由顶点为 $O(0,0)$，$A(10,1)$ 和 $B(1,1)$ 的三角形所围成的区域，计算二重积分 $\displaystyle\iint\limits_{D} \sqrt{xy - y^2}\,\mathrm{d}x\,\mathrm{d}y$.

**四、应用题（本大题共 7 分）**

19. 已知某产品总产量的变化率是 $t$（单位：年）的函数 $f(t) = 2t + 5\,(t \geqslant 0)$，求第一个五年和第二个五年的总产量各为多少.

**五、证明题（本大题共 7 分）**

20. 设函数 $f(x)$ 在闭区间 $[0,1]$ 上连续，在开区间 $(0,1)$ 内可导，且 $f(1) = 2\displaystyle\int_0^{\frac{1}{2}} xf(x)\,\mathrm{d}x$. 证明：在开区间 $(0,1)$ 内至少存在一点 $\xi$，使得 $f(\xi) + \xi f'(\xi) = 0$.

# 模拟题三

（时间：120 分钟　满分：100 分）

一、单项选择题（本大题共 5 小题，每小题 3 分，共 15 分）

在每小题列出的四个备选项中，只有一个是符合题目要求的，请将其选出并将答题卡的相应代码涂黑. 涂错、多涂或未涂均无分.

1. 设 $f(x) = 2^x + 3^x - 2$，则当 $x \to 0$ 时，有 _____.

   A. $f(x)$ 与 $x$ 是等价无穷小               B. $f(x)$ 与 $x$ 是同阶但非等价无穷小

   C. $f(x)$ 是比 $x$ 高阶的无穷小               D. $f(x)$ 是比 $x$ 低阶的无穷小

2. $x = 1$ 是函数 $f(x) = \begin{cases} 3x - 1, & x < 1, \\ 1, & x = 1, \\ 3 - x, & x > 1 \end{cases}$ 的 _____.

   A. 连续点                               B. 第一类非可去间断点

   C. 可去间断点                         D. 第二类间断点

3. 设 $f(x) = \begin{cases} x^2, & x > 0, \\ x, & x \leqslant 0, \end{cases}$ 则 $\int_{-1}^{1} f(x) \mathrm{d}x =$ _____.

   A. $2\int_{-1}^{0} x \mathrm{d}x$                           B. $2\int_{0}^{1} x^2 \mathrm{d}x$

   C. $\int_{0}^{1} x^2 \mathrm{d}x + \int_{-1}^{0} x \mathrm{d}x$         D. $\int_{0}^{1} x \mathrm{d}x + \int_{-1}^{0} x^2 \mathrm{d}x$

4. 下列微分方程中，为一阶线性微分方程的是 _____.

   A. $\dfrac{\mathrm{d}y}{\mathrm{d}x} + \dfrac{y}{x} = 3(\ln x)y^2$         B. $\dfrac{\mathrm{d}y}{\mathrm{d}x} - \dfrac{2y}{x+1} = (x+1)^{\frac{5}{2}}$

   C. $\dfrac{\mathrm{d}y}{\mathrm{d}x} = (x+y)^2$                 D. $xy' + y = y(\ln x + \ln y)$

5. 改变积分 $\int_{0}^{1} \mathrm{d}x \int_{-\sqrt{x}}^{\sqrt{x}} f(x,y) \mathrm{d}y + \int_{1}^{4} \mathrm{d}x \int_{x-2}^{\sqrt{x}} f(x,y) \mathrm{d}y$ 的积分顺序为 _____.

   A. $\int_{0}^{2} \mathrm{d}y \int_{y^2}^{y+2} f(x,y) \mathrm{d}x$         B. $\int_{-1}^{2} \mathrm{d}y \int_{\sqrt{x}}^{x-2} f(x,y) \mathrm{d}x$

   C. $\int_{-1}^{2} \mathrm{d}y \int_{y^2}^{y+2} f(x,y) \mathrm{d}x$         D. $\int_{0}^{4} \mathrm{d}y \int_{y^2}^{y+2} f(x,y) \mathrm{d}x$

二、填空题（本大题共 5 小题，每小题 3 分，共 15 分）

6. 设函数 $y = f(x)$ 的定义域为 $[1,2]$，则函数 $f(1 - \ln x)$ 的定义域为 _____.

7. 已知 $f\left(x + \dfrac{1}{x}\right) = \dfrac{x^2}{x^4 + 1}$，则 $f(x) =$ _____.

8. 已知 $f'(0) = 3$，则 $\lim\limits_{\Delta x \to 0} \dfrac{f(-\Delta x) - f(0)}{4\Delta x} =$ _____.

9. 曲线 $y = x^2$ 与直线 $y = 1$ 所围成的图形的面积为 _____.

10. 设二元函数 $z = \arctan \dfrac{y}{x}$，则全微分 $\mathrm{d}z \Big|_{(1,1)} =$ _____.

三、计算题（本大题共 8 小题，每小题 7 分，共 56 分）

11. 求极限 $\lim\limits_{n \to \infty}(\sqrt{n + 3\sqrt{n}} - \sqrt{n - \sqrt{n}})$.

12. 求极限 $\lim\limits_{x \to 0} \dfrac{\int_0^x (\sqrt{1+t} - \sqrt{1+\sin t})\mathrm{d}t}{2x^4}$.

13. 设 $f(x) = \begin{cases} a + bx^2, & x \leqslant 0, \\ \dfrac{\sin bx}{x}, & x > 0, \end{cases}$ 在 $x = 0$ 处连续,求常数 $a$ 与 $b$ 应满足的条件.

14. 计算不定积分 $\displaystyle\int \dfrac{\cos x}{1 + \cos x}\mathrm{d}x$.

15. 设 $f(2x-1) = \dfrac{\ln x}{\sqrt{x}}$,求 $\displaystyle\int_1^7 f(x)\mathrm{d}x$.

16. 求微分方程 $\dfrac{\mathrm{d}y}{\mathrm{d}x} + \dfrac{1}{x}y = \dfrac{\sin x}{x}$ 的通解.

17. 设 $z = (x + 2y)^{3x^2 + y^2}$,求 $\dfrac{\partial z}{\partial x}, \dfrac{\partial z}{\partial y}$.

18. 求二重积分 $\displaystyle\iint\limits_D x^2 \mathrm{d}x\mathrm{d}y$,其中 $D$ 是由 $x = 0, y = 2x, y = 2$ 所围成的区域.

**四、应用题(本大题共 7 分)**

19. 生产某产品的固定成本是 1 万元,而可变成本与日产量(单位:吨)的立方成正比.已知日产量是 20 吨时,总成本为 1.004 万元,问日产量为多少时才能使每吨的平均成本最小?

**五、证明题(本大题共 7 分)**

20. 证明:方程 $3x - 1 - \displaystyle\int_0^x \dfrac{\mathrm{d}t}{1 + t^2} = 0$ 在区间 $(0,1)$ 内有唯一实数根.

# 模拟题四

(时间：120分钟 满分：100分)

**一、单项选择题(本大题共 5 小题,每小题 3 分,共 15 分)**

在每小题列出的四个备选项中,只有一个是符合题目要求的,请将其选出并将答题卡的相应代码涂黑.涂错、多涂或未涂均无分.

1. 当 $x \to 0$ 时,下列变量是无穷小量的为 _____.

   A. $e^x$             B. $\sin\dfrac{1}{1+x}$           C. $\ln(2+x)$         D. $1-\cos x$

2. 下列曲线中,既有水平渐近线,又有垂直渐近线的是 _____.

   A. $y=\dfrac{\sin x}{x}$       B. $y=\dfrac{x^2+2}{2x}$       C. $y=\dfrac{\ln x}{x-1}$      D. $y=\ln\left(2-\dfrac{e}{x}\right)$

3. 设 $M=\displaystyle\int_{-\frac{\pi}{2}}^{\frac{\pi}{2}}\dfrac{\sin x}{1+x^2}\cos^4 x\,dx$, $N=\displaystyle\int_{-\frac{\pi}{2}}^{\frac{\pi}{2}}(\sin^3 x+\cos^4 x)\,dx$, $P=\displaystyle\int_{-\frac{\pi}{2}}^{\frac{\pi}{2}}(x^2\sin^3 x-\cos^4 x)\,dx$,则有 _____.

   A. $P<M<N$       B. $M<P<N$       C. $N<M<P$       D. $N<P<M$

4. 下列方程为一阶微分方程的是 _____.

   A. $\left(\dfrac{dy}{dx}\right)^2+\left(\dfrac{dy}{dx}\right)^3+xy=1+x^2$         B. $y''+3y'-2y=e^{x^2}$

   C. $\dfrac{d(xy)'}{dx}=xy$                         D. $U\dfrac{d^2 u}{dt^2}+R\dfrac{du}{dt}+\dfrac{u}{A}=f(t)$

5. 设 $f(0)=0$,且极限 $\displaystyle\lim_{x\to 0}\dfrac{f(x)}{x}$ 存在,则 $\displaystyle\lim_{x\to 0}\dfrac{f(x)}{x}=$ _____.

   A. $f'(x)$           B. $f'(0)$           C. $f(0)$          D. $\dfrac{1}{2}f'(0)$

**二、填空题(本大题共 5 小题,每小题 3 分,共 15 分)**

6. 设函数 $f(x+2a)$ 的定义域为 $[0,2a]$,则 $f(x)$ 的定义域为 _____.

7. 已知 $f(x)=e^x$,$f[\varphi(x)]=x+1$,则 $\varphi(x)=$ _____.

8. 交换积分次序：$\displaystyle\int_0^{\frac{1}{4}}dy\int_y^{\sqrt{y}}f(x,y)\,dx+\int_{\frac{1}{4}}^{\frac{1}{2}}dy\int_y^{\frac{1}{2}}f(x,y)\,dx=$ _____.

9. 由曲线 $y=2$,$y=x$,$xy=1$ 所围成的图形的面积为 _____.

10. 设 $z=x^2\sin 2y$,则 $dz=$ _____.

**三、计算题(本大题共 8 小题,每小题 7 分,共 56 分)**

11. 求极限 $\displaystyle\lim_{x\to+\infty}(\sqrt{x^2+x}-\sqrt{x^2-3x})$.

12. 求极限 $\displaystyle\lim_{x\to 1}\dfrac{\displaystyle\int_1^x(1-t+\ln t)\,dt}{(x-1)^3}$.

13. 设函数 $f(x) = \begin{cases} \dfrac{1}{x}\sin x, & x < 0, \\ a, & x = 0, \\ x\sin\dfrac{1}{x} + b, & x > 0, \end{cases}$ 欲使函数 $f(x)$ 在其定义域内连续,求 $a$ 和 $b$ 的值.

14. 计算不定积分 $\displaystyle\int \dfrac{1}{x\ln x\ln(\ln x)}\mathrm{d}x$.

15. 设 $f(x) = \displaystyle\int_{\pi}^{x} \dfrac{\sin t}{t}\mathrm{d}t$,求 $\displaystyle\int_{0}^{\pi} f(x)\mathrm{d}x$.

16. 求微分方程 $\dfrac{\mathrm{d}y}{\mathrm{d}x} = \dfrac{1}{x + y^2}$ 的通解.

17. 设 $z = f(x, y)$ 是由方程 $\mathrm{e}^{-xy} - 2z = \mathrm{e}^{z}$ 所确定的隐函数,求 $z$ 在 $x = 0, y = 1$ 处关于自变量 $x$ 和 $y$ 的偏导数.

18. 求 $\displaystyle\iint\limits_{D}(3x + 2y)\mathrm{d}\sigma$,其中 $D$ 是由两坐标轴及直线 $x + y = 2$ 所围成的闭区域.

**四、应用题(本大题共 7 分)**

19. 设生产某产品的固定成本为 10,产量为 $x$ 个单位时的边际成本函数为 $C'(x) = 40 - 20x + 3x^2$,边际收入函数为 $R'(x) = 32 - 10x$.

    (1)求总利润函数;

    (2)产量为多少,总利润最大?

**五、证明题(本大题共 7 分)**

20. 证明:当 $x > 0$ 时,不等式 $\ln(1 + x) - \ln x > \dfrac{1}{1 + x}$ 成立.

# 模拟题五

## （时间：120 分钟　满分：100 分）

**一、单项选择题**（本大题共 5 小题，每小题 3 分，共 15 分）

在每小题列出的四个备选项中，只有一个是符合题目要求的，请将其选出并将答题卡的相应代码涂黑. 涂错、多涂或未涂均无分.

1. 当 $x \to \infty$ 时，$x\sin x$ 是 _____.

　A. 无穷大量　　　　　B. 无穷小量　　　　　C. 无界变量　　　　　D. 有界变量

2. 曲线 $y = \dfrac{x}{2+x}$ 的水平渐近线为 _____.

　A. $x = -2$　　　　　B. $y = 1$　　　　　C. $x = 0$　　　　　D. $x = -2, y = 1$

3. 设 $I_1 = \int_0^{\frac{\pi}{4}} x\,\mathrm{d}x$，$I_2 = \int_0^{\frac{\pi}{4}} \sqrt{x}\,\mathrm{d}x$，$I_3 = \int_0^{\frac{\pi}{4}} \sin x\,\mathrm{d}x$，则 $I_1, I_2, I_3$ 的关系是 _____.

　A. $I_1 > I_2 > I_3$　　　B. $I_1 > I_3 > I_2$　　　C. $I_3 > I_1 > I_2$　　　D. $I_2 > I_1 > I_3$

4. 下列是线性微分方程的是 _____.

　A. $y'' + (\ln x)y' + \cos xy = 0$　　　　　　B. $y'' - 2y' + y^2 = \mathrm{e}^x$

　C. $y' - xy + 1 = \ln x$　　　　　　　　　　D. $(y'')^2 - y' = 3x + 7$

5. 设函数 $f(x, y)$ 连续，则 $\int_1^2 \mathrm{d}y \int_y^2 f(x, y)\,\mathrm{d}x$ 交换积分次序为 _____.

　A. $\int_1^2 \mathrm{d}x \int_1^x f(x, y)\,\mathrm{d}y$　　　　　　B. $\int_1^2 \mathrm{d}x \int_x^1 f(x, y)\,\mathrm{d}y$

　C. $\int_1^2 \mathrm{d}x \int_2^x f(x, y)\,\mathrm{d}y$　　　　　　D. $\int_1^2 \mathrm{d}x \int_x^2 f(x, y)\,\mathrm{d}y$

**二、填空题**（本大题共 5 小题，每小题 3 分，共 15 分）

6. 函数 $y = \sqrt{16 - x^2} + \dfrac{x - 1}{\ln x}$ 的定义域为 _____.

7. 设函数 $g(x) = 1 + x$，且当 $x \neq 0$ 时，$f[g(x)] = \dfrac{1 - x}{x}$，则 $f\left(\dfrac{1}{2}\right) =$ _____.

8. 设函数 $f(x)$ 在 $x = 2$ 处可导，且 $f'(2) = 1$，则 $\lim\limits_{h \to 0} \dfrac{f(2 + mh) - f(2 - nh)}{h} =$ _____，其中 $m, n$ 不为零.

9. 曲线 $y = x^2 + 3$ 在区间 $[0, 1]$ 上的曲边梯形的面积为 _____.

10. 若 $z = \ln\sqrt{x^2 + y^2}$，则 $x\dfrac{\partial z}{\partial x} + y\dfrac{\partial z}{\partial y} =$ _____.

**三、计算题**（本大题共 8 小题，每小题 7 分，共 56 分）

11. 求极限 $\lim\limits_{x \to +\infty} x \cdot \left(\sqrt{x^2 + 3} - \sqrt{x^2 - 1}\right)$.

12. 当 $x \to 0$ 时，比较两个无穷小量 $f(x) = \int_0^x \sin t^2\,\mathrm{d}t$ 与 $g(x) = x^3 + x^4$ 的阶.

13. 若函数 $f(x) = \begin{cases} \mathrm{e}^x, & x < 0, \\ a - bx, & x \geq 0 \end{cases}$ 在 $x = 0$ 处可导，求 $a, b$ 的值.

14. 计算不定积分 $\displaystyle\int \dfrac{1}{1+\sqrt{1-x^2}}\mathrm{d}x$.

15. 设 $f(x)$ 有一个原函数 $\dfrac{\sin x}{x}$, 求 $\displaystyle\int_{\frac{\pi}{2}}^{\pi} xf'(x)\mathrm{d}x$.

16. 设 $y=\mathrm{e}^x$ 是微分方程 $xy'+p(x)y=x$ 的一个解, 求此微分方程满足条件 $y\Big|_{x=\ln 2}=0$ 的特解.

17. 设函数 $z=z(x,y)$ 由方程 $z=\mathrm{e}^{2x-3z}+2y$ 确定, 求 $3\dfrac{\partial z}{\partial x}+\dfrac{\partial z}{\partial y}$.

18. 求二重积分 $\displaystyle\iint\limits_{D} \dfrac{x^2}{y^2}\mathrm{d}x\mathrm{d}y$, 其中 $D$ 是由 $x=2,y=x,xy=1$ 所围成的区域.

**四、应用题(本大题共 7 分)**

19. 已知生产 $x$ 个某种产品的边际收入函数为 $MR=\dfrac{100}{(x+100)^2}+4000$.

    (1) 求生产 $x$ 个单位时的总收入函数;

    (2) 求该产品响应的需求函数(即平均价格).

**五、证明题(本大题共 7 分)**

20. 证明: 方程 $x^3-3x-2=0$ 只有一个正根.

# 模拟题六

(时间：120 分钟    满分：100 分)

一、单项选择题(本大题共 5 小题,每小题 3 分,共 15 分)

在每小题列出的四个备选项中,只有一个是符合题目要求的,请将其选出并将答题卡的相应代码涂黑.涂错、多涂或未涂均无分.

1. 当 $x \to 0$ 时,$\sin(x + x^2)$ 与 $x$ 比较是 _____.

    A. 较高阶的无穷小量                         B. 较低阶的无穷小量

    C. 等价无穷小量                               D. 同阶的无穷小量

2. 下列曲线中,既有水平渐近线,又有垂直渐近线的是 _____.

    A. $y = \dfrac{\sin x}{x}$           B. $y = \dfrac{x^2 + 2}{2x}$           C. $y = \dfrac{\ln x}{x - 1}$           D. $y = \ln\left(2 - \dfrac{e}{x}\right)$

3. 下列不等式成立的是 _____.

    A. $\displaystyle\int_1^2 x^2 \, dx > \int_1^2 x^3 \, dx$                     B. $\displaystyle\int_1^2 \ln x \, dx < \int_1^2 (\ln x)^2 \, dx$

    C. $\displaystyle\int_0^1 x \, dx > \int_0^1 \ln(1 + x) \, dx$              D. $\displaystyle\int_0^1 e^x \, dx < \int_0^1 (1 + x) \, dx$

4. 微分方程 $y' = \dfrac{y(1 - x)}{x}$ 的通解是 _____.

    A. $y = Cx e^{-x}$                             B. $y = x e^{-x}$

    C. $y = x e^{-x} + C$                        D. $y = x e^{Cx}$

5. 交换 $\displaystyle\int_0^1 dx \int_0^{x^2} f(x, y) \, dy + \int_1^2 dx \int_0^{2-x} f(x, y) \, dy$ 的积分次序为 _____.

    A. $\displaystyle\int_0^1 dy \int_y^{2-y} f(x, y) \, dx$                B. $\displaystyle\int_0^1 dy \int_{\sqrt{y}}^{2-y} f(x, y) \, dx$

    C. $\displaystyle\int_0^1 dy \int_{2-y}^{y} f(x, y) \, dx$               D. $\displaystyle\int_0^1 dy \int_{2-y}^{y^2} f(x, y) \, dx$

二、填空题(本大题共 5 小题,每小题 3 分,共 15 分)

6. 函数 $y = \dfrac{\sqrt{9 - x^2}}{\lg(x + 2)}$ 的定义域是 _____.

7. 设函数 $f(x) = \begin{cases} -1, & |x| > 1, \\ 1, & |x| \leqslant 1, \end{cases}$ 则 $f[f(x)] = $ _____.

8. 若 $f'(2) = -1, f(2) = 0$,则 $\displaystyle\lim_{x \to \infty} h \cdot f\left(2 - \dfrac{1}{h}\right) = $ _____.

9. 由曲线 $y = x^3$ 与 $y = \sqrt[3]{x}$ 所围成的图形的面积为 _____.

10. 若 $f(x, y) = e^{xy} + (y^2 - 1)\arctan(xy)$,则 $f_x(x, 1) = $ _____.

三、计算题(本大题共 8 小题,每小题 7 分,共 56 分)

11. 求极限 $\displaystyle\lim_{x \to 0}\left(\dfrac{1}{x^2} - \dfrac{1}{x \tan x}\right)$.

12. 求极限 $\displaystyle\lim_{x \to 0} \dfrac{\displaystyle\int_{\cos x}^1 e^{-t^2} \, dt}{x^2}$.

13. 设 $f(x) = \begin{cases} \dfrac{a\ln x}{x-1}, & x > 0 \text{ 且 } x \neq 1, \\ b, & x = 1, \end{cases}$ 求 $a, b$ 的值,使 $f(x)$ 在 $x = 1$ 处可导,且 $f'(1) = -\dfrac{1}{2}$.

14. 设 $f'(\ln x) = 1 + 2\ln x$,且 $f(0) = 2$,求函数 $f(x)$.

15. 设 $\displaystyle\int_1^b \ln x \, dx = 1 (b > 1)$,求 $b$ 的值.

16. 求微分方程 $y' + y\tan x = \cos x$ 的通解.

17. 求函数 $f(x, y) = x^3 - 4x^2 + 2xy - y^2 + 1$ 的极值.

18. 求 $\displaystyle\iint_D x^2 y \, dx \, dy$,其中 $D$ 是由 $x = 0, y = x, y = 1$ 所围成的区域.

**四、应用题(本大题共 7 分)**

19. 某工厂生产某产品,日总成本为 $C$ 元,其中固定成本为 200 元,每多生产一单位产品,成本增加 10 元.该商品的需求函数为 $Q = 50 - 2P$,求 $Q$ 为多少时工厂总利润 $L$ 最大.

**五、证明题(本大题共 7 分)**

20. 证明:当 $x > 0$ 时,$\dfrac{x}{\sqrt{1+x}} > \ln(1+x)$.

# 模拟题七

## (时间:120分钟    满分:100分)

**一、单项选择题**(本大题共 5 小题,每小题 3 分,共 15 分)

在每小题列出的四个备选项中,只有一个是符合题目要求的,请将其选出并将答题卡的相应代码涂黑.涂错、多涂或未涂均无分.

1. 若函数 $f(x)$ 与 $y = \sqrt{x-1}$ 的图形关于直线 $y = x$ 对称,则 $f(x) =$ _____.

    A. $-\sqrt{x-1}\,(x \geqslant 1)$                      B. $x^2 + 1\,(-\infty < x < +\infty)$

    C. $x^2 + 1\,(x \leqslant 0)$                            D. $x^2 + 1\,(x \geqslant 0)$

2. 数列 $f(n) = \begin{cases} \dfrac{n^2 + \sqrt{n}}{n}, & n \text{ 为奇数,} \\ \dfrac{1}{n}, & n \text{ 为偶数,} \end{cases}$ 当 $n \to \infty$ 时,$f(n)$ 是 _____.

    A. 无穷大量                               B. 无穷小量

    C. 有界变量,但非无穷小量          D. 无界变量,但非无穷大量

3. 函数 $y = \dfrac{x}{1-x^2}$ 在 $(-1,1)$ 内 _____.

    A. 单调增加          B. 单调减少          C. 不增不减          D. 有增有减

4. 如果 $f(x)$ 在 $[-1,1]$ 上连续,且平均值为 2,则 $\int_1^{-1} f(x)\mathrm{d}x =$ _____.

    A. $-1$               B. $1$                   C. $-4$                 D. $4$

5. 二元函数 $z = x^3 - y^3 + 3x^2 + 3y^2 - 9x$ 的极小值点是 _____.

    A. $(1,0)$            B. $(1,2)$            C. $(-3,0)$           D. $(-3,2)$

**二、填空题**(本大题共 5 小题,每小题 3 分,共 15 分)

6. 设函数 $f(x)$ 连续,且 $f(x) = x^2 - 2\int_0^1 f(x)\mathrm{d}x$,则 $f(x) =$ _____.

7. 设 $f(x) = \mathrm{e}^{x^2} - 1$ 在 $[-1,1]$ 上满足罗尔定理,则定理中的 $\xi =$ _____.

8. 若 $\lim\limits_{x \to 3} \dfrac{x^2 - 2x + k}{x - 3} = 4$,则 $k =$ _____.

9. 在区间 $\left[0, \dfrac{\pi}{2}\right]$ 上,曲线 $y = \sin x$ 和 $y = 1$,$x = 0$ 所围成的图形的面积为 _____.

10. 设 $z = \arctan(xy)$,则 $\mathrm{d}z =$ _____.

**三、计算题**(本大题共 8 小题,每小题 7 分,共 56 分)

11. 设 $f(x) = \begin{cases} x^\lambda \cos\dfrac{1}{x}, & x \neq 0, \\ 0, & x = 0, \end{cases}$ 其导函数在 $x = 0$ 处连续,求 $\lambda$ 的取值范围.

12. 求极限 $\lim\limits_{x \to 0} \dfrac{\int_0^x (1+t^2)\mathrm{e}^{t^2 - x^2}\cos t\,\mathrm{d}t}{x}$.

13. 若曲线 $y = f(x)$ 由方程 $x + \mathrm{e}^{2y} = 4 - 2\mathrm{e}^{xy}$ 所确定，求此曲线在 $x = 1$ 处的切线方程.

14. 计算不定积分 $\displaystyle\int \frac{\ln x}{x \sqrt{1 + \ln x}} \mathrm{d}x$.

15. 设 $f(x) = \mathrm{e}^{x^2}$，求 $\displaystyle\int_0^1 f'(x) f''(x) \mathrm{d}x$.

16. 求微分方程 $(x^2 + 1) \dfrac{\mathrm{d}y}{\mathrm{d}x} + 2xy = 4x^2$ 的通解.

17. 设 $z = (1 + xy)^y$，求 $\dfrac{\partial z}{\partial x}\Big|_{\substack{x=1 \\ y=1}}, \dfrac{\partial z}{\partial y}\Big|_{\substack{x=1 \\ y=1}}$.

18. 计算二重积分 $\displaystyle\iint_D \frac{x^2}{y^2} \mathrm{d}x\mathrm{d}y$，其中 $D$ 是由曲线 $xy = 1$ 及直线 $x = 2, y = x$ 所围成的区域.

**四、应用题（本大题共 7 分）**

19. 某厂每批生产某种商品 $Q$ 单位的费用为 $C(Q) = 5Q + 200$，得到的收益为 $R(Q) = 10Q - 0.01Q^2$，问每批生产多少单位时才能使利润最大？最大利润是多少？

**五、证明题（本大题共 7 分）**

20. 设 $a_0 + \dfrac{a_1}{2} + \cdots + \dfrac{a_n}{n+1} = 0$，证明：多项式 $f(x) = a_0 + a_1 x + \cdots + a_n x^n$ 在 $(0,1)$ 内至少有一个零点.

## 模拟题八

### （时间：120 分钟　满分：100 分）

**一、单项选择题（本大题共 5 小题，每小题 3 分，共 15 分）**

在每小题列出的四个备选项中，只有一个是符合题目要求的，请将其选出并将答题卡的相应代码涂黑．涂错、多涂或未涂均无分．

1. $x = 1$ 是 $y = \dfrac{x^2 - 1}{x^2 - 3x + 2}$ 的 _____．

    A. 可去间断点　　　　　　B. 跳跃间断点　　　　　　C. 无穷间断点　　　　　　D. 连续点

2. 当 $x \to 0$ 时，$f(x) = \sin(ax^3)$ 与 $g(x) = x^2 \ln(1 - x)$ 是等价无穷小，则 _____．

    A. $a = 1$　　　　　　　　B. $a = 2$　　　　　　　　C. $a = -1$　　　　　　　　D. $a = -2$

3. 下列函数中，在区间 $[-1, 1]$ 上满足罗尔定理条件的是 _____．

    A. $f(x) = \dfrac{1}{\sqrt{1 - x^2}}$　　　B. $f(x) = \sqrt{x^2}$　　　C. $f(x) = \sqrt[3]{x^2}$　　　D. $f(x) = x^2 + 1$

4. 已知函数 $f(x)$ 的一个原函数是 $\ln|3x - 1|$，则 $\displaystyle\int f(3x)\,\mathrm{d}x = $ _____．

    A. $\dfrac{1}{3}\ln|9x - 1| + C$                 B. $\dfrac{1}{3}\ln|3x - 1| + C$

    C. $\ln|9x - 1| + C$                     D. $3\ln|9x - 1| + C$

5. 下列方程为一阶微分方程的是 _____．

    A. $\left(\dfrac{\mathrm{d}y}{\mathrm{d}x}\right)^2 + \left(\dfrac{\mathrm{d}y}{\mathrm{d}x}\right)^3 + xy = 1 + x^2$       B. $y'' + 3y' - 2y = \mathrm{e}^{x^2}$

    C. $\dfrac{\mathrm{d}(xy)'}{\mathrm{d}x} = xy$                   D. $U\dfrac{\mathrm{d}^2 u}{\mathrm{d}t^2} + R\dfrac{\mathrm{d}u}{\mathrm{d}t} + \dfrac{u}{A} = f(t)$

**二、填空题（本大题共 5 小题，每小题 3 分，共 15 分）**

6. 设函数 $f(x + 2a)$ 的定义域为 $[0, 2a]$，则 $f(x)$ 的定义域为 _____．

7. 若曲线 $y = x^3 + ax^2 + bx + 1$ 有拐点 $(-1, 0)$，则 $b = $ _____．

8. $\dfrac{\mathrm{d}}{\mathrm{d}x}\displaystyle\int_1^{\ln x} (\mathrm{e}^{2t} - t - 1)\,\mathrm{d}t = $ _____．

9. 曲线 $y = x^2$ 和 $y = 3x + 4$ 所围成的图形的面积为 _____．

10. 交换积分次序：$\displaystyle\int_0^1 \mathrm{d}x \int_{\sqrt{1 - x^2}}^{x + 1} f(x, y)\,\mathrm{d}y = $ _____．

**三、计算题（本大题共 8 小题，每小题 7 分，共 56 分）**

11. 求极限 $\displaystyle\lim_{x \to \infty} \dfrac{x + \sin x + 2\sqrt{x}}{x + \sin x}$．

12. 求函数 $y = 2x^2 - \ln x$ 的单调性及极值．

13. 求曲线 $xy + 2x - y = 0$ 与直线 $2x + y = 0$ 平行的法线方程．

14.求不定积分 $\displaystyle\int \frac{6\cos t}{(2+\sin t)^3}\mathrm{d}t$.

15.求定积分 $\displaystyle\int_{-1}^{1} \frac{x^2+x^5\sin x^2}{1+x^2}\mathrm{d}x$.

16.求微分方程 $2x\cdot\sin y\mathrm{d}x + \cos y\cdot(x^2+1)\mathrm{d}y = 0$ 满足初值条件 $y\Big|_{x=1} = \dfrac{\pi}{6}$ 的特解.

17.设 $z = \mathrm{e}^{x-2y}, x = \sin t, y = t^3$,求 $\dfrac{\mathrm{d}z}{\mathrm{d}t}$.

18.计算二重积分 $\displaystyle\iint_{D} \frac{xy}{1+x^2}\mathrm{d}x\mathrm{d}y$,其中 $D = \{(x,y)\,|-1\leqslant x\leqslant 0, 0\leqslant y\leqslant 2\}$.

**四、应用题(本大题共 7 分)**

19.已知某种产品的需求函数为 $P = 10 - \dfrac{Q}{5}$,成本函数为 $C = 50 + 2Q$,求产量为多少时总利润最大.

**五、证明题(本大题共 7 分)**

20.设函数 $f(x)$ 在区间 $[0,1]$ 上可导,且 $f(1)>0$,$\displaystyle\lim_{x\to 0^+}\frac{f(x)}{x}<0$,证明:$f(x)=0$ 在 $(0,1)$ 内至少有一个实数根.

# 模拟题九

（时间：120 分钟　满分：100 分）

**一、单项选择题(本大题共 5 小题,每小题 3 分,共 15 分)**

在每小题列出的四个备选项中,只有一个是符合题目要求的,请将其选出并将答题卡的相应代码涂黑. 涂错、多涂或未涂均无分.

1. 下列函数中,表示同一个函数的是 _____.

    A. $f(x) = 2\ln x, g(x) = \ln x^2$                B. $f(x) = \ln\dfrac{1-x}{x+3}, g(x) = \ln(1-x) - \ln(x+3)$

    C. $f(x) = \dfrac{x^2-1}{x+1}, g(x) = x-1$               D. $f(x) = \dfrac{1}{1+\sqrt{x}}, g(x) = \dfrac{1-\sqrt{x}}{1-x}$

2. 当 $x \to 0$ 时,$\sqrt{a+x^3} - \sqrt{a}\ (a > 0)$ 是 $x$ 的 _____ 无穷小.

    A. 低阶                  B. 同阶                  C. 高阶                  D. 等价

3. 曲线 $y = x^4 - 24x^2 + 6x$ 的凸区间为 _____.

    A. $(-2, 2)$         B. $(-\infty, 0)$         C. $(0, +\infty)$         D. $(-\infty, +\infty)$

4. 设 $M = \int_{-\frac{\pi}{2}}^{\frac{\pi}{2}} \dfrac{\sin x}{1+x^2}\cos^4 x\,\mathrm{d}x$,$N = \int_{-\frac{\pi}{2}}^{\frac{\pi}{2}} (\sin^3 x + \cos^4 x)\,\mathrm{d}x$,$P = \int_{-\frac{\pi}{2}}^{\frac{\pi}{2}} (\sin^3 x - \cos^4 x)\,\mathrm{d}x$,则 $M, N, P$ 三者之间的大小关系为 _____.

    A. $N < P < M$      B. $M < P < N$      C. $N < M < P$      D. $P < M < N$

5. 设区域 $D$ 由 $y = ax\ (a > 0)$,$x = 0$,$y = 1$ 围成,且 $\iint\limits_{D} xy^2\,\mathrm{d}x\mathrm{d}y = \dfrac{1}{15}$,则 $a = $ _____.

    A. $\sqrt[3]{\dfrac{4}{5}}$         B. $\sqrt[3]{\dfrac{1}{15}}$         C. $\dfrac{\sqrt{6}}{2}$         D. 3

**二、填空题(本大题共 5 小题,每小题 3 分,共 15 分)**

6. $\lim\limits_{n \to \infty} \left( \dfrac{1}{n^2+n+1} + \dfrac{2}{n^2+n+2} + \cdots + \dfrac{n}{n^2+n+n} \right) = $ _____.

7. 已知 $\dfrac{\mathrm{d}}{\mathrm{d}x}[f(x^3)] = \dfrac{1}{x}$,则 $f'(x) = $ _____.

8. 若直线 $y = 5x - 9$ 与曲线 $y = 3x^2 - 7x + 3$ 相切,则过该切点的法线方程为 _____.

9. 函数 $f(x)$ 满足 $f(x) = x^2 - \int_0^1 f(x)\,\mathrm{d}x$,则 $f(x) = $ _____.

10. 已知 $z = \ln(x + \sqrt{x^2+y^2})$,则 $\dfrac{\partial^2 z}{\partial x \partial y} = $ _____.

**三、计算题(本大题共 8 小题,每小题 7 分,共 56 分)**

11. 求极限 $\lim\limits_{x \to \infty} \left( \dfrac{2x+3}{2x+1} \right)^{x+1}$.

12. 求 $y = \dfrac{x^2 - x}{|x|(x^2-1)}$ 的间断点,并说明间断点的类型. 若是第一类可去间断点,请补充函数的定义使函数在该点连续.

13. 设函数 $y = f(x)$ 由方程 $\ln(x^2+y) = x^3y + \sin x$ 所确定, 求 $\dfrac{dy}{dx}\Big|_{x=0}$.

14. 求不定积分 $\displaystyle\int \dfrac{1}{1+\tan x}\,dx$.

15. 求定积分 $\displaystyle\int_{-2}^{2} \max\{x, x^2\}\,dx$.

16. 求微分方程 $\dfrac{dy}{dx} = \dfrac{1}{x+y}$ 的通解.

17. 设 $z = f(x-y, x^2y)$, 其中 $f(u,v)$ 可微, 求 $\dfrac{\partial z}{\partial x}, \dfrac{\partial z}{\partial y}$.

18. 改变二重积分 $\displaystyle\int_0^1 dx \int_{x^2}^{2x} f(x,y)\,dy$ 的积分次序.

**四、应用题(本大题共 7 分)**

19. 某车间要靠墙壁盖一间长方形小屋,现存砖只够砌 20 m 长的墙壁. 问:应围成怎样的长方形才能使这间小屋的面积最大?

**五、证明题(本大题共 7 分)**

20. 证明:当 $x > 0$ 时, $\dfrac{x}{1+x} < \ln(1+x) < x$.

# 模拟题十

（时间：120分钟 满分：100分）

**一、单项选择题**（本大题共 5 小题，每小题 3 分，共 15 分）

在每小题列出的四个备选项中，只有一个是符合题目要求的，请将其选出并将答题卡的相应代码涂黑．涂错、多涂或未涂均无分．

1. 已知 $f'(x_0)$ 存在，则 $\lim\limits_{x \to x_0} \dfrac{f(x_0+h)-f(x_0-h)}{2h} = \underline{\qquad}$.

  A. $f'(x_0)$      B. $2f'(x_0)$      C. 0      D. $\dfrac{1}{2}f'(x_0)$

2. 函数 $f(x) = \ln x$ 在 $[1,2]$ 上满足拉格朗日定理的 $\xi = \underline{\qquad}$.

  A. $\ln 2$      B. $\ln 1$      C. $\dfrac{1}{\ln 2}$      D. $\ln e$

3. 极限 $\lim\limits_{x \to 0} \dfrac{\int_0^x \arctan x \, \mathrm{d}x}{1-\cos 2x} = \underline{\qquad}$.

  A. 0      B. $\dfrac{1}{4}$      C. $\dfrac{1}{2}$      D. 1

4. 二元函数 $f(x,y)$ 在 $(x_0,y_0)$ 处存在偏导数是 $f(x,y)$ 在该点可微的 $\underline{\qquad}$ 条件.

  A. 必要非充分        B. 充分非必要

  C. 必要且充分        D. 既非必要也非充分

5. 下列方程中不是微分方程的是 $\underline{\qquad}$.

  A. $y'' + y' + y = 0$        B. $\dfrac{\mathrm{d}y}{\mathrm{d}x} + x = 0$

  C. $x\,\mathrm{d}y + y\,\mathrm{d}x = 0$       D. $y = 2x$

**二、填空题**（本大题共 5 小题，每小题 3 分，共 15 分）

6. 函数 $y = \ln x + \arcsin x$ 的定义域为 $\underline{\qquad}$.

7. 已知 $f(x) = (x-1)(x-2)(x-3)(x-4)$，则 $f'(x) = 0$ 在区间 $(1,4)$ 内有 $\underline{\qquad}$ 个根.

8. 已知 $\int_1^x f(t)\mathrm{d}t = x^2 + \ln x - 1$，则 $f(x) = \underline{\qquad}$.

9. 方程 $(1+e^x)\mathrm{d}y = ye^x\mathrm{d}x$ 的通解为 $\underline{\qquad}$.

10. 曲线 $y = e^x$，$y = e$ 和 $y$ 轴围成的图形的面积为 $\underline{\qquad}$.

**三、计算题**（本大题共 8 小题，每小题 7 分，共 56 分）

11. 求极限 $\lim\limits_{x \to 0} \dfrac{e^x - e^{-x}}{\sin x}$.

12. 求极限 $\lim\limits_{x \to \frac{\pi}{2}} \dfrac{\sin 2x}{2\cos(\pi - x)}$.

13.已知 $y = \sin\dfrac{2x}{1+x^2}$,求函数的微分 $\mathrm{d}y$.

14.求定积分 $\displaystyle\int_0^1 \dfrac{1}{\mathrm{e}^x + \mathrm{e}^{-x}}\mathrm{d}x$.

15.求二次函数 $z = x^2 + y^2 + x^2\sin y$ 的全微分.

16.设 $D$ 是由直线 $y = x, y = x+1, y = 3, y = 1$ 围成的闭区域,计算二重积分 $\displaystyle\iint\limits_D (x^2 + y^2)\mathrm{d}x\,\mathrm{d}y$.

17.已知直线 $x = a$ 将抛物线 $x = y^2$ 与直线 $x = 1$ 围成的平面图形分成面积相等的两部分,求 $a$ 的值.

18.求微分方程 $(x+1)y' - 2y = (x+1)^5$ 的通解.

**四、应用题(本大题共 7 分)**

19.已知某商品的成本函数为 $C(Q) = 100 + \dfrac{Q^2}{4}$.

　　(1)求 $Q = 10$ 时的总成本和平均成本;

　　(2)当产量 $Q$ 为多少时,平均成本最小?

**五、证明题(本大题共 7 分)**

20.设 $x > 0$,证明:$\displaystyle\int_0^x \dfrac{1}{1+t^2}\mathrm{d}t + \int_0^{\frac{1}{x}} \dfrac{1}{1+t^2}\mathrm{d}t = \dfrac{\pi}{2}$.

# 第三模块  检测训练、模拟自测答案及详解

## 检测训练答案及详解

### 第一章检测训练 A

**一、单选题**

1. B  解  因为选项 A,C,D 中的定义域不同,所以都不是相同的函数.

2. B  解  因为 $f(-x)=|-x\cos x|=|x\cos(-x)|=f(x)$,所以该函数为偶函数.

3. D  解  由于 $g(x)=1+x$,故 $f[g(x)]=f(1+x)=\dfrac{1-x}{x}$.

令 $x=-\dfrac{1}{2}$,所以 $f\left(1-\dfrac{1}{2}\right)=\dfrac{1-\left(-\dfrac{1}{2}\right)}{-\dfrac{1}{2}}$,从而 $f\left(\dfrac{1}{2}\right)=\dfrac{\dfrac{3}{2}}{-\dfrac{1}{2}}=-3$.

4. D  解  因为 $\lim\limits_{x\to 0^+}f(x)=\lim\limits_{x\to 0^+}\dfrac{x}{x}=1$,$\lim\limits_{x\to 0^-}f(x)=\lim\limits_{x\to 0^-}\dfrac{-x}{x}=-1$,左右两个单侧极限存在但不相等,故所求极限不存在.

5. A  解  $\lim\limits_{x\to 0}\dfrac{\sin 3x}{\sin 5x}=\dfrac{3}{5}\cdot\lim\limits_{x\to 0}\dfrac{\sin 3x}{3x}\cdot\dfrac{5x}{\sin 5x}=\dfrac{3}{5}\cdot\lim\limits_{x\to 0}\dfrac{\sin 3x}{3x}\cdot\lim\limits_{x\to 0}\dfrac{5x}{\sin 5x}=\dfrac{3}{5}$.

6. A  解  $\lim\limits_{x\to\infty}\left(1+\dfrac{1}{x}\right)^{3x+5}=\lim\limits_{x\to\infty}\left(1+\dfrac{1}{x}\right)^{3x}\cdot\left(1+\dfrac{1}{x}\right)^{5}=\left[\lim\limits_{x\to\infty}\left(1+\dfrac{1}{x}\right)^{x}\right]^{3}\cdot\left[\lim\limits_{x\to\infty}\left(1+\dfrac{1}{x}\right)\right]^{5}=e^3\cdot 1^5=e^3$.

7. B  解  因为 $\lim\limits_{x\to 0}\dfrac{\sqrt{1+x^3}-1}{x^3}=\lim\limits_{x\to 0}\dfrac{\dfrac{1}{2}x^3}{x^3}=\dfrac{1}{2}$,所以 $\sqrt{1+x^3}-1$ 是当 $x\to 0$ 时对于 $x$ 的三阶无穷小.

8. D  解  若 $f(x)$ 在 $(-\infty,+\infty)$ 内连续,则 $f(x)$ 在 $x=-1$ 和 $x=1$ 处连续,

所以 $\lim\limits_{x\to 1^-}(x^2+ax-1)=a=\lim\limits_{x\to 1^+}2=f(1)$,即 $a=2$.

9. B  解  因为 $\lim\limits_{x\to\frac{\pi}{2}}\dfrac{x}{\tan x}=0$,所以 $x=\dfrac{\pi}{2}$ 是函数 $y=\dfrac{x}{\tan x}$ 的可去间断点.

10. C  解  考察子序列 $x_{2n}=\dfrac{2n+1}{2n}=1+\dfrac{1}{2n}\to 1(n\to\infty)$,

$$x_{2n+1}=-\dfrac{2n+2}{2n+1}=-1-\dfrac{1}{2n+1}\to -1(n\to\infty).$$

由子序列的收敛性,可知 $\lim\limits_{n\to\infty}x_n$ 不存在.

**二、填空题**

1. $\{x\mid 1<x\leqslant 5\}$ 或 $(1,5]$  解  由 $\begin{cases}5-x\geqslant 0,\\ x-1>0\end{cases}$ 解得 $\{x\mid 1<x\leqslant 5\}$.

2. $1+\log_2 x$  解  由 $y=2^{x-1}$ 解出 $x=\log_2(2y)=1+\log_2 y$,$x$ 与 $y$ 互换得 $y=1+\log_2 x$.

3.偶　解　令 $g(x) = \dfrac{1}{a^x + 1} - \dfrac{1}{2}$,则 $g(-x) = \dfrac{1}{a^{-x} + 1} - \dfrac{1}{2} = \dfrac{a^x - 1}{2(a^x + 1)} = -\dfrac{1}{a^x + 1} + \dfrac{1}{2} = -g(x)$,

所以 $g(x)$ 为奇函数.

因为 $f(x)$ 为奇函数,$g(x)$ 为奇函数,所以 $f(x) \cdot g(x)$ 为偶函数.

4.2　解　原式 $= \lim\limits_{n \to \infty} \dfrac{4n^{\frac{1}{2}}}{\sqrt{n + 3\sqrt{n}} + \sqrt{n - \sqrt{n}}} = \lim\limits_{n \to \infty} \dfrac{4}{\sqrt{1 + \dfrac{3}{\sqrt{n}}} + \sqrt{1 - \dfrac{1}{\sqrt{n}}}} = 2.$

5.$e^{-2}$　解　函数变形并应用第二重要极限可得 $\lim\limits_{x \to \infty} \left(\dfrac{x-1}{x}\right)^{2x} = \lim\limits_{x \to \infty} \left(1 + \dfrac{1}{-x}\right)^{(-x) \cdot (-2)} = e^{-2}.$

6.$\dfrac{1}{2}$　解　$\lim\limits_{x \to 0} \dfrac{1 - \cos x}{x^2} = \lim\limits_{x \to 0} \dfrac{\dfrac{1}{2}x^2}{x^2} = \dfrac{1}{2}.$

7.可去　解　因为 $\lim\limits_{x \to 1} \dfrac{x^2 - 1}{x - 1} = \lim\limits_{x \to 1} \dfrac{(x-1)(x+1)}{x-1} = \lim\limits_{x \to 1}(x + 1) = 2,$

函数在 $x = 1$ 处极限存在,所以左、右极限相等,

故 $x = 1$ 为第一类间断点中的可去间断点.

8.$(3, +\infty)$　解　由题可知,要使函数 $f(x)$ 有意义,则应有 $\begin{cases} x - 3 > 0, \\ x \neq 1, \\ x \neq -2, \end{cases}$ 解得 $x > 3$,

从而连续区间应为 $(3, +\infty)$.

9.4　解　利用第二重要极限得 $f(x) = \lim\limits_{t \to \infty} \left(1 + \dfrac{x}{t}\right)^{2t} = \left[\lim\limits_{t \to \infty}\left(1 + \dfrac{x}{t}\right)^{\frac{t}{x}}\right]^{2x} = e^{2x}$,则 $f(\ln 2) = 4.$

10.4　解　利用等价无穷小替换求解可得 $\lim\limits_{x \to 2} \dfrac{\sin(x^2 - 4)}{x - 2} = \lim\limits_{x \to 2} \dfrac{x^2 - 4}{x - 2} = \lim\limits_{x \to 2}(x + 2) = 4.$

### 三、计算题

1.解　利用分子有理化求解得 $\lim\limits_{x \to +\infty}(\sqrt{x - 5} - \sqrt{x}) = \lim\limits_{x \to +\infty} \dfrac{-5}{\sqrt{x - 5} + \sqrt{x}} = 0.$

2.解　设 $t = \tan x$,则 $\dfrac{1}{t} = \cot x$,当 $x \to 0$ 时 $t \to 0$,

于是 $\lim\limits_{x \to 0}(1 + \tan x)^{\cot x} = \lim\limits_{t \to 0}(1 + t)^{\frac{1}{t}} = e.$

3.解　先使用极限四则运算法则中的乘法法则,再使用第二重要极限,可得

$\lim\limits_{x \to \infty}\left(\dfrac{x+2}{x-2}\right)^{x+2} = \lim\limits_{x \to \infty}\left(\dfrac{x+2}{x-2}\right)^{x} \cdot \lim\limits_{x \to \infty}\left(\dfrac{x+2}{x-2}\right)^{2} = \lim\limits_{x \to \infty}\left[\dfrac{1 + \dfrac{2}{x}}{1 - \dfrac{2}{x}}\right]^{x} \cdot 1 = \lim\limits_{x \to \infty} \dfrac{\left(1 + \dfrac{2}{x}\right)^{\frac{x}{2} \cdot 2}}{\left(1 - \dfrac{2}{x}\right)^{\frac{-x}{2} \cdot (-2)}} = \dfrac{e^2}{e^{-2}} = e^4.$

4.解　$\lim\limits_{n \to \infty}\left(1 - \dfrac{1}{n^2}\right)^n = \lim\limits_{n \to \infty}\left(1 + \dfrac{1}{n}\right)^n \cdot \left(1 - \dfrac{1}{n}\right)^n = \lim\limits_{n \to \infty}\left(1 + \dfrac{1}{n}\right)^n \cdot \lim\limits_{n \to \infty}\left(1 - \dfrac{1}{n}\right)^n = e \cdot e^{-1} = 1.$

5.解　当 $x \to 0$ 时,$\sin\dfrac{1}{x}$ 的极限不存在.但是由于 $\left|\sin\dfrac{1}{x}\right| \leqslant 1$,即函数 $\sin\dfrac{1}{x}$ 为有界函数,而当 $x \to 0$ 时,$x^2$ 是无穷小

量.故根据无穷小量的性质——有界变量与无穷小的乘积仍是无穷小量,知 $\lim\limits_{x \to 0} x^2 \sin\dfrac{1}{x} = 0.$

6.解　原式 $= \lim\limits_{x \to 0^+} \dfrac{1 - \cos x}{x(1 - \cos\sqrt{x})(1 + \sqrt{\cos x})} = \lim\limits_{x \to 0^+} \dfrac{\dfrac{1}{2}x^2}{x \cdot \dfrac{1}{2}x \cdot (1 + \sqrt{\cos x})} = \dfrac{1}{2}.$

7.解　$\lim\limits_{x \to 16} \dfrac{\sqrt[4]{x} - 2}{\sqrt{x} - 4} = \lim\limits_{x \to 16} \dfrac{\sqrt[4]{x} - 2}{(\sqrt[4]{x} + 2)(\sqrt[4]{x} - 2)} = \lim\limits_{x \to 16} \dfrac{1}{\sqrt[4]{x} + 2} = \dfrac{1}{4}.$

8. 解　$\lim\limits_{x\to\infty}\dfrac{3x^2+x-7}{2x^2-x+4}=\lim\limits_{x\to\infty}\dfrac{3+\dfrac{1}{x}-\dfrac{7}{x^2}}{2-\dfrac{1}{x}+\dfrac{4}{x^2}}=\dfrac{3}{2}.$

9. 解　$\lim\limits_{x\to\infty}\dfrac{5^n-4^{n-1}}{5^{n+1}+3^{n+2}}=\lim\limits_{x\to\infty}\dfrac{1-\dfrac{1}{5}\cdot\left(\dfrac{4}{5}\right)^{n-1}}{5+9\cdot\left(\dfrac{3}{5}\right)^n}=\dfrac{1}{5}.$

10. 解　对求极限的函数先通分得

$$\lim\limits_{x\to-1}\left(\dfrac{1}{x+1}-\dfrac{3}{x^3+1}\right)=\lim\limits_{x\to-1}\dfrac{x^2-x+1-3}{x^3+1}=\lim\limits_{x\to-1}\dfrac{x^2-x-2}{x^3+1}=\lim\limits_{x\to-1}\dfrac{(x-2)(x+1)}{(x+1)(x^2-x+1)}$$
$$=\lim\limits_{x\to-1}\dfrac{x-2}{x^2-x+1}=-1.$$

**四、解答题**

解　因为 $\lim\limits_{x\to0^-}f(x)=\lim\limits_{x\to0^-}\dfrac{\sin x}{x}=1,$

根据无穷小量与有界变量的积为无穷小量的性质,知 $\lim\limits_{x\to0}x\sin\dfrac{1}{x}=0,$

从而 $\lim\limits_{x\to0^+}f(x)=\lim\limits_{x\to0^+}\left(x\sin\dfrac{1}{x}+1\right)=1,$

所以 $f(0)=k=\lim\limits_{x\to0^-}f(x)=\lim\limits_{x\to0^+}f(x)=1,$ 即 $k=1.$

**五、证明题**

1. 证　令 $f(x)=x^3-9x-1,$ 因为 $f(-3)=-1<0,f(-2)=9>0,f(0)=-1<0,f(4)=27>0,$
又因为 $f(x)$ 在 $[-3,4]$ 上连续,所以 $f(x)$ 在 $(-3,-2),(-2,0),(0,4)$ 各区间内至少有一个零点,又因为它是一元三次方程,即 $x^3-9x-1=0$ 至多有 3 个实根.
综上,方程恰有 3 个实根.

2. 证　因为 $f(x)=e^x-x-2$ 在闭区间 $[0,2]$ 上连续,且 $f(0)=e^0-0-2=1-2=-1<0,f(2)=e^2-2-2=e^2-4>0,$
故由闭区间上连续函数的零点定理知,在 $(0,2)$ 内至少存在一点 $x_0,$ 使得 $f(x_0)=0,$ 即 $e^{x_0}-2=x_0.$

# 第一章检测训练 B

**一、单选题**

1. B　解　由已知函数,可得 $\begin{cases}2-x^2\geqslant0,\\ -1\leqslant\dfrac{x-2}{3}\leqslant1,\end{cases}$ 解不等式组可得其定义域为 $[-1,\sqrt{2}].$

2. C　解　因为 $\left|-\dfrac{\pi}{4}\right|=\dfrac{\pi}{4}<1,$ 所以 $f\left(-\dfrac{\pi}{4}\right)=\left|\sin\left(-\dfrac{\pi}{4}\right)\right|=\sin\dfrac{\pi}{4}=\dfrac{\sqrt{2}}{2}.$

3. A　解　因为 $f(-x)=\dfrac{a^{-x}-a^x}{2}=-\dfrac{a^x-a^{-x}}{2}=-f(x),$ 所以 $f(x)$ 为奇函数.

4. D　解　$\lim\limits_{x\to2}\dfrac{x^2-4}{x-2}=\lim\limits_{x\to2}\dfrac{(x+2)(x-2)}{x-2}=\lim\limits_{x\to2}(x+2)=4.$

5. B　解　$\lim\limits_{x\to0}\dfrac{\sin2x}{\tan7x}=\dfrac{2}{7}\cdot\lim\limits_{x\to0}\dfrac{\sin2x}{2x}\cdot\lim\limits_{x\to0}\dfrac{7x}{\sin7x}\cdot\lim\limits_{x\to0}\cos7x=\dfrac{2}{7}.$

6. A　解　$\lim\limits_{x\to0}(1-2x)^{\frac{1}{x}}=\lim\limits_{x\to0}(1-2x)^{\frac{1}{-2x}\cdot(-2)}=\left[\lim\limits_{x\to0}(1-2x)^{\frac{1}{-2x}}\right]^{-2}=e^{-2}.$

7. C　解　因为 $\lim\limits_{x\to0}\dfrac{x+x^3}{x}=\lim\limits_{x\to0}(1+x^2)=1,$ 所以当 $x\to0$ 时,$x+x^3$ 与 $x$ 等价.

8. D　解　$\lim\limits_{x\to0}f(x)=\lim\limits_{x\to0}\dfrac{\sin3x}{x}=3=a.$

9. C 解 $f(x)$ 的可能间断点为 $x=0, x=1$.

在 $x=0$ 处,由于 $\lim\limits_{x\to0^-}f(x)=0, f(0)=0, \lim\limits_{x\to0^+}f(x)=\lim\limits_{x\to0^+}\left(\dfrac{e^x-1-x}{2x}\right)=\dfrac{1}{2}$,

故 $x=0$ 为间断点;

在 $x=1$ 处,由于 $\lim\limits_{x\to1^-}f(x)=\lim\limits_{x\to1^-}\left(\dfrac{e^x-1-x}{2x}\right)=\dfrac{e-2}{2}, \lim\limits_{x\to1^+}f(x)=\lim\limits_{x\to1^+}(e^x-1)=e-1$,

所以 $x=1$ 为间断点.

10. A 解 因为 $\lim\limits_{x\to+\infty}e^x=+\infty, \lim\limits_{x\to-\infty}e^x=0$,

所以 $\lim\limits_{x\to+\infty}\dfrac{e^x-e^{-x}}{e^x+e^{-x}}=\lim\limits_{x\to+\infty}\dfrac{1-e^{-2x}}{1+e^{-2x}}=1, \lim\limits_{x\to-\infty}\dfrac{e^x-e^{-x}}{e^x+e^{-x}}=\lim\limits_{x\to-\infty}\dfrac{-1+e^{2x}}{1+e^{2x}}=-1$,

因此 $\lim\limits_{x\to\infty}\dfrac{e^x-e^{-x}}{e^x+e^{-x}}$ 不存在.

**二、填空题**

1. $[0,+\infty)$ 解 两个函数表示同一个函数,必须其定义域与对应法则都相同,

所以 $f(x)=\sqrt{x^2}$ 与 $g(x)=x$ 的定义域应为 $[0,+\infty)$.

2. $e^{\sin x}$ 解 因为 $f(x)=e^x$,将 $g(x)=\sin x$ 代替 $f(x)$ 中的 $x$ 得 $f[g(x)]=e^{\sin x}$.

3. $x=0$ 解 因为函数 $f(x)$ 的定义域为 $(-\infty,+\infty)$,且

$$f(-x)=(-x)\frac{a^{-x}-1}{a^{-x}+1}=-x\frac{\frac{1}{a^x}-1}{\frac{1}{a^x}+1}=-x\frac{1-a^x}{1+a^x}=x\frac{a^x-1}{a^x+1}=f(x),$$

所以 $f(x)$ 是偶函数,图像关于 $y$ 轴对称.

4. $\dfrac{1}{3}$ 解 原式 $=\lim\limits_{n\to\infty}\left[\dfrac{1}{1\cdot4}+\dfrac{1}{4\cdot7}+\dfrac{1}{7\cdot10}+\cdots+\dfrac{1}{(3n-2)(3n+1)}\right]$

$$=\frac{1}{3}\lim_{n\to\infty}\left[\left(1-\frac{1}{4}\right)+\left(\frac{1}{4}-\frac{1}{7}\right)+\cdots+\left(\frac{1}{3n-2}-\frac{1}{3n+1}\right)\right]$$

$$=\frac{1}{3}\lim_{n\to\infty}\left(1-\frac{1}{3n+1}\right)=\frac{1}{3}.$$

5. 1 解 $\lim\limits_{x\to0}\dfrac{(x^2+1)\sin x}{2x^3+x}=\lim\limits_{x\to0}\dfrac{x^2+1}{2x^2+1}\cdot\dfrac{\sin x}{x}=\lim\limits_{x\to0}\dfrac{x^2+1}{2x^2+1}=1$.

6. $\sqrt{e}$ 解 $\lim\limits_{x\to0}(1-x)^{\frac{1}{2x}}=\lim\limits_{x\to0}[(1-x)^{\frac{1}{x}}]^{\frac{1}{2}}=e^{\frac{1}{2}}$.

7. $x$ 解 利用等价无穷小替换定理得 $\lim\limits_{n\to\infty}3^n\sin\dfrac{x}{3^n}=\lim\limits_{n\to\infty}3^n\dfrac{x}{3^n}=x$.

8. 跳跃 解 函数 $f(x)$ 在 $x=0$ 处的左、右极限都存在但不相等.

9. $(-\infty,-1)\bigcup(-1,0)\bigcup(0,+\infty)$ 解 由于 $\lim\limits_{x\to-1^-}f(x)=\lim\limits_{x\to-1^+}(1+x)=0, \lim\limits_{x\to-1^-}f(x)=1$,

故 $f(x)$ 在 $x=-1$ 处间断;

由于 $\lim\limits_{x\to0^-}f(x)=\lim\limits_{x\to0^-}(1+x)=1, \lim\limits_{x\to0^+}f(x)=\lim\limits_{x\to0^+}2x\sin\dfrac{1}{x}=0$,故 $f(x)$ 在 $x=0$ 处间断.

所以连续区间为 $(-\infty,-1)\bigcup(-1,0)\bigcup(0,+\infty)$.

10. $\dfrac{\sqrt{2}}{2}$ 解 $\lim\limits_{n\to\infty}[\sqrt{1+2+\cdots+n}-\sqrt{1+2+\cdots+(n-1)}]$

$$=\lim_{n\to\infty}\left[\sqrt{\frac{(1+n)n}{2}}-\sqrt{\frac{n(n-1)}{2}}\right]=\lim_{n\to\infty}\frac{\left[\sqrt{\frac{(1+n)n}{2}}-\sqrt{\frac{n(n-1)}{2}}\right]\left[\sqrt{\frac{(1+n)n}{2}}+\sqrt{\frac{n(n-1)}{2}}\right]}{\sqrt{\frac{(1+n)n}{2}}+\sqrt{\frac{n(n-1)}{2}}}$$

$$=\lim_{n\to\infty}\frac{\sqrt{2}n}{\sqrt{n+n^2}+\sqrt{n^2-n}}=\lim_{n\to\infty}\frac{\sqrt{2}}{\sqrt{\frac{1}{n}+1}+\sqrt{1-\frac{1}{n}}}=\frac{\sqrt{2}}{2}.$$

**三、计算题**

1. 解　分子、分母同除以 $x^2$ 得 $\lim\limits_{x\to\infty}\dfrac{2x^2+3x-3}{x^2-x+1}=\lim\limits_{x\to\infty}\dfrac{2+\dfrac{3}{x}-\dfrac{3}{x^2}}{1-\dfrac{1}{x}+\dfrac{1}{x^2}}=2.$

2. 解　利用等价无穷小替换得，$\lim\limits_{x\to 0}\dfrac{\arcsin x}{x}=\lim\limits_{x\to 0}\dfrac{x}{x}=1.$

3. 解　$\lim\limits_{x\to\infty}\left(\dfrac{x+3}{x-5}\right)^x=\lim\limits_{x\to\infty}\left[\left(1+\dfrac{3}{x}\right)-\left(1-\dfrac{5}{x}\right)\right]^x=\dfrac{\lim\limits_{x\to\infty}\left(1+\dfrac{3}{x}\right)^x}{\lim\limits_{x\to\infty}\left(1-\dfrac{5}{x}\right)^x}=\dfrac{\mathrm{e}^3}{\mathrm{e}^{-5}}=\mathrm{e}^8.$

4. 解　$\lim\limits_{n\to\infty}\left(\dfrac{n-2}{n+2}\right)^n=\lim\limits_{n\to\infty}\dfrac{\left(1-\dfrac{2}{n}\right)^n}{\left(1+\dfrac{2}{n}\right)^n}=\lim\limits_{n\to\infty}\dfrac{\left(1-\dfrac{2}{n}\right)^{-\frac{n}{2}\cdot(-1)}}{\left(1+\dfrac{2}{n}\right)^{\frac{n}{2}\cdot 2}}=\dfrac{\mathrm{e}^{-1}}{\mathrm{e}^2}=\mathrm{e}^{-3}.$

5. 解　因为 $\dfrac{1+2+\cdots+n}{n^2+n+n}\leqslant\dfrac{1}{n^2+n+1}+\dfrac{2}{n^2+n+2}+\cdots+\dfrac{n}{n^2+n+n}\leqslant\dfrac{1+2+\cdots+n}{n^2+n+1},$

而 $\lim\limits_{n\to\infty}\dfrac{1+2+\cdots+n}{n^2+n+n}=\lim\limits_{n\to\infty}\dfrac{\dfrac{n(n+1)}{2}}{n^2+n+n}=\dfrac{1}{2},\lim\limits_{n\to\infty}\dfrac{1+2+\cdots+n}{n^2+n+1}=\lim\limits_{n\to\infty}\dfrac{\dfrac{n(n+1)}{2}}{n^2+n+1}=\dfrac{1}{2},$

所以由夹逼准则得，原式 $=\dfrac{1}{2}.$

6. 解　$\lim\limits_{x\to 0}\dfrac{\sin 2x}{x(x+2)}=\lim\limits_{x\to 0}\left(\dfrac{\sin 2x}{2x}\cdot\dfrac{2}{x+2}\right)=1\times\dfrac{2}{0+2}=1.$

7. 解　$\lim\limits_{x\to 0}\ln(1+x)^{\frac{1}{x}}=\ln\lim\limits_{x\to 0}(1+x)^{\frac{1}{x}}=1.$

8. 解　因为当 $x\to 0$ 时 $\mathrm{e}^x-1\sim x$，$\sin 2x\sim 2x$，$1-\cos x\sim\dfrac{1}{2}x^2,$

所以 $\lim\limits_{x\to 0}\dfrac{x^2(\mathrm{e}^x-1)}{(1-\cos x)\sin 2x}=\lim\limits_{x\to 0}\dfrac{x^2\cdot x}{\dfrac{1}{2}x^2\cdot 2x}=1.$

9. 解　由于当 $x\to 0$ 时，$\sin x\sim x$，因而有

$\lim\limits_{x\to 0}\dfrac{\sin^2 x}{x^2(1+\cos x)}=\lim\limits_{x\to 0}\dfrac{\sin^2 x}{x^2}\cdot\dfrac{1}{1+\cos x}=\lim\limits_{x\to 0}\dfrac{\sin^2 x}{x^2}\cdot\lim\limits_{x\to 0}\dfrac{1}{1+\cos x}=\dfrac{1}{2}\lim\limits_{x\to 0}\dfrac{\sin^2 x}{x^2}=\dfrac{1}{2}\lim\limits_{x\to 0}\dfrac{x^2}{x^2}=\dfrac{1}{2}.$

10. 解　$\lim\limits_{x\to 4}\dfrac{\sqrt{2x+1}-3}{\sqrt{x-2}-\sqrt{2}}=\lim\limits_{x\to 4}\dfrac{2(x-4)(\sqrt{x-2}+\sqrt{2})}{(x-4)(\sqrt{2x+1}+3)}=\lim\limits_{x\to 4}\dfrac{2(\sqrt{x-2}+\sqrt{2})}{\sqrt{2x+1}+3}=\dfrac{4\sqrt{2}}{6}=\dfrac{2\sqrt{2}}{3}.$

**四、解答题**

解　要使 $f(x)$ 在 $x=0$ 处连续，就必须满足 $\lim\limits_{x\to 0^+}f(x)=\lim\limits_{x\to 0^-}f(x)=f(0).$

由 $f(0)=1$，且 $\lim\limits_{x\to 0^+}f(x)=\lim\limits_{x\to 0^+}\dfrac{2\sin x+1}{x^2+1}=1,$

$\lim\limits_{x\to 0^-}f(x)=\lim\limits_{x\to 0^-}\dfrac{\sqrt{a}-\sqrt{a-x}}{2x}=\lim\limits_{x\to 0^-}\dfrac{a-(a-x)}{2x(\sqrt{a}+\sqrt{a-x})}=\dfrac{1}{4\sqrt{a}},$

故 $\dfrac{1}{4\sqrt{a}}=1$，解得 $a=\dfrac{1}{16}.$

**五、证明题**

1. 证　设 $f(x)=x^3-3x^2-x+3$，可计算出 $f(-2)<0$，$f(0)>0$，$f(2)<0$，$f(4)>0$，于是根据零点定理可知，存在
$\xi_1\in(-2,0)$，$\xi_2\in(0,2)$，$\xi_3\in(2,4)$，使 $f(\xi_1)=0$，$f(\xi_2)=0$，$f(\xi_3)=0.$ 这表明，$\xi_1,\xi_2,\xi_3$ 为给定方程的实根. 由
于三次方程最多只有三个实根，所以各区间内只存在一个实根.

2. 证　令 $f(x)=x\cdot 2^x-1$，则 $f(x)$ 在闭区间 $[0,1]$ 上连续.

由 $f(0)=0\cdot 2^0-1=-1<0$，$f(1)=1\cdot 2^1-1=1>0$，

所以在闭区间$[0,1]$上由连续函数的零点定理知,在$(0,1)$内至少存在一点$x_0$,使$f(x_0)=x_0\cdot 2^{x_0}-1=0$,

即$x\cdot 2^x=1$至少有一个小于1的正根.

## 第二章检测训练 A

**一、单选题**

1. A 解 根据导数的定义知 $f'(1)=\lim\limits_{x\to 1}\dfrac{f(x)-f(1)}{x-1}=2$.

2. A 解 根据导数的定义知

$$\lim_{h\to 0}\frac{f(x_0+2h)-f(x_0)}{h}=2\lim_{h\to 0}\frac{f(x_0+2h)-f(x_0)}{2h}=2f'(x_0)=4.$$

3. A 解 $f(x)$是分段函数,按定义分别求$f(x)$在$x=0$处的左、右导数.

由 $f'_-(0)=\lim\limits_{x\to 0^-}\dfrac{\dfrac{x}{1+e^{\frac{1}{x}}}-0}{x}=\lim\limits_{x\to 0^-}\dfrac{1}{1+e^{\frac{1}{x}}}=1$, $f'_+(0)=\lim\limits_{x\to 0^+}\dfrac{\dfrac{2x}{1+e^{x}}-0}{x}=\lim\limits_{x\to 0^+}\dfrac{2}{1+e^{x}}=1$,

得 $f(x)$ 在 $x=0$ 处的左、右导数存在且相等,所以$f(x)$的导数存在,故$f'(0)=1$.

4. C 解 连续性:

$$\lim_{x\to 0^-}f(x)=\lim_{x\to 0^-}x^2=0=f(0),\quad \lim_{x\to 0^+}f(x)=\lim_{x\to 0^+}x\cos\frac{1}{x}=0=f(0),$$

因为$f(x)$在$x=0$处左连续且右连续,所以$f(x)$在$x=0$处连续.

可导性:

因 $f'_-(0)=\lim\limits_{x\to 0^-}\dfrac{f(x)-f(0)}{x-0}=\lim\limits_{x\to 0^-}\dfrac{x^2-0}{x-0}=0$,左导数存在;

因 $f'_+(0)=\lim\limits_{x\to 0^+}\dfrac{f(x)-f(0)}{x-0}=\lim\limits_{x\to 0^+}\dfrac{x\cos\dfrac{1}{x}-0}{x-0}=\lim\limits_{x\to 0^+}\cos\dfrac{1}{x}$,该极限不存在,所以右导数不存在.

综上所述,$f(x)$在$x=0$处连续但不可导.

5. C 解 由函数在某点处的导数定义,知 $f'(x_0)=\lim\limits_{\Delta x\to 0}\dfrac{\Delta y}{\Delta x}=\lim\limits_{\Delta x\to 0}\dfrac{f(x_0+\Delta x)-f(x_0)}{\Delta x}$.

对于选项 A,

$$\lim_{h\to 0}\frac{f(x_0-h)-f(x_0)}{h}=-1\cdot\lim_{h\to 0}\frac{f(x_0-h)-f(x_0)}{-h}=-f'(x_0);$$

对于选项 B,

$$\lim_{h\to 0}\frac{f(x_0+2h)-f(x_0-h)}{h}=\lim_{h\to 0}\left[2\frac{f(x_0+2h)-f(x_0)}{2h}+\frac{f(x_0-h)-f(x_0)}{-h}\right]=3f'(x_0);$$

对于选项 C,

$$\lim_{h\to 0}\frac{f(x_0+2h)-f(x_0+h)}{h}=\lim_{h\to 0}\left[2\frac{f(x_0+2h)-f(x_0)}{2h}-\frac{f(x_0+h)-f(x_0)}{h}\right]=f'(x_0);$$

对于选项 D,

$$\lim_{h\to 0}\frac{f(x_0-2h)-f(x_0-h)}{h}=\lim_{h\to 0}\left[-2\frac{f(x_0-2h)-f(x_0)}{-2h}+\frac{f(x_0-h)-f(x_0)}{-h}\right]=-f'(x_0).$$

6. D 解 因为$y'=\cos x$,所以曲线在点$(\pi,0)$处的切线斜率是$y'(\pi)=-1$.

7. B 解 因为$y'=\dfrac{1}{x}$,则$y'\big|_{x=1}=1$,所以过点$(1,0)$处的法线方程为$y=-(x-1)$,即$x+y-1=0$.

8. D 解 $(x^3)^{(5)}$表示$x^3$的五阶导数,根据幂函数的求导公式,易得三阶导数为常数,因此四阶和五阶导数必为0.

9. D 解 $y^{(n)}=(x^n)^{(n)}+(e^x)^{(n)}=n!+e^x$.

10. D 解 根据弹性的定义,$\varepsilon_{DP}=\dfrac{\mathrm{d}Q}{\mathrm{d}P}\cdot\dfrac{P}{Q}=-b\dfrac{P}{a-bP}=-\dfrac{bP}{a-bP}$.

**二、填空题**

1. 充要　　解　　左、右导数存在且相等是可导的充分必要条件.

2. 100!　　解　　根据导数的定义，知 $f'(0)=\lim\limits_{x\to0}\dfrac{f(x)-f(0)}{x-0}=\lim\limits_{x\to0}\dfrac{x(x+1)(x+2)\cdots(x+100)}{x}=100!.$

3. $a+b$　　解　　因为 $\lim\limits_{x\to0}F(x)=\lim\limits_{x\to0}\dfrac{f(x)+a\sin x}{x}=\lim\limits_{x\to0}\left[\dfrac{f(x)-f(0)}{x}+\dfrac{a\sin x}{x}\right]=f'(0)+a=b+a,$

　　由 $\lim\limits_{x\to0}F(x)=F(0)=A$，得 $A=a+b$.

4. $y=4x+3$　　解　　因为 $y'=(x^2+4x+3)'=2x+4$，即 $y'(0)=4$.

　　又 $y(0)=3$，所以曲线 $y=x^2+4x+3$ 在 $x=0$ 处的切线方程为 $y-3=4(x-0)$，也即 $y=4x+3$.

5. $2e^x\cos x$　　解　　利用乘积的求导法则，$y'=e^x(\sin x+\cos x)+e^x(\cos x-\sin x)=2e^x\cos x.$

6. $\dfrac{2\ln(1-x)}{x-1}\mathrm{d}x$　　解　　$\mathrm{d}y=\left[\ln^2(1-x)\right]'\mathrm{d}x=\dfrac{2\ln(1-x)}{x-1}\mathrm{d}x.$

7. $\dfrac{5}{32}$　　解　　因为 $y'=\dfrac{1+\dfrac{2x}{2\sqrt{1+x^2}}}{x+\sqrt{1+x^2}}=\dfrac{1}{\sqrt{1+x^2}}=(1+x^2)^{-\frac{1}{2}}$，$y''=-\dfrac{1}{2}(1+x^2)^{-\frac{3}{2}}\cdot2x=-x(1+x^2)^{-\frac{3}{2}}$，

　　$y'''=-(1+x^2)^{-\frac{3}{2}}-x\left(-\dfrac{3}{2}\right)(1+x^2)^{-\frac{5}{2}}\cdot2x=-\dfrac{1}{\sqrt{(1+x^2)^3}}+3\cdot\dfrac{x^2}{\sqrt{(1+x^2)^5}},$

　　所以 $y'''\big|_{x=\sqrt{3}}=\dfrac{5}{32}.$

8. $y''=4x^2f''(x^2)+2f'(x^2)$　　解　　$y'=f'(x^2)\cdot2x$，$y''=4x^2f''(x^2)+2f'(x^2)$.

9. $\dfrac{x-2y}{y+2x}$　　解　　在方程两边同时对 $x$ 求导，得 $2x-2y\dfrac{\mathrm{d}y}{\mathrm{d}x}-4y-4x\dfrac{\mathrm{d}y}{\mathrm{d}x}=0$，化简整理，得 $\dfrac{\mathrm{d}y}{\mathrm{d}x}=\dfrac{x-2y}{y+2x}.$

10. $\ln x+1$　　解　　由 $f^{(n-1)}(x)=x\ln x$，则 $f^{(n)}(x)=(x\ln x)'=\ln x+x\cdot\dfrac{1}{x}=\ln x+1.$

**三、计算题**

1. 解　　根据导数的定义，知

　　$f'(0)=\lim\limits_{x\to0}\dfrac{f(x)-f(0)}{x-0}=\lim\limits_{x\to0}(x+1)(x+2)\cdots(x+2012)=2012!.$

2. 解　　$\lim\limits_{x\to1}\dfrac{f(4-3x)-f(1)}{x-1}=\lim\limits_{x\to1}\dfrac{f[1-3(x-1)]-f(1)}{-3(x-1)}\cdot(-3)=-3f'(1)=-6.$

3. 解　　$y'=(\cos2x+x^{\ln x})'=-2\sin2x+(e^{\ln^2 x})'=-2\sin2x+x^{\ln x}\cdot2\ln x\cdot\dfrac{1}{x}=-2\sin2x+2x^{\ln x-1}\ln x.$

4. 解　　$y'=3\sec^2x+\sec x\cdot\tan x.$

5. 解　　先整理函数表达式，得 $y=(1-x^3)\cdot x^{-\frac{1}{3}}=x^{-\frac{1}{3}}-x^{\frac{8}{3}}$，

　　根据幂函数的求导公式，得 $y'=-\dfrac{1}{3}x^{-\frac{4}{3}}-\dfrac{8}{3}x^{\frac{5}{3}}.$

6. 解　　先整理表达式，得 $y=\dfrac{\cos^2x-\sin^2x}{\cos x+\sin x}=\dfrac{(\cos x+\sin x)(\cos x-\sin x)}{\cos x+\sin x}=\cos x-\sin x.$

　　求导，得 $y'=-\sin x-\cos x.$

7. 解　　利用代数和求导运算法则得 $y'=-2^{-x}\ln2-2x^{-3}+e^x.$

8. 解　　在方程两边同时对 $x$ 求导，得 $3x^2+3y^2y'-3ay-3axy'=0$，化简整理，得 $y'=\dfrac{ay-x^2}{y^2-ax}.$

9. 解　　在方程两边同时对 $x$ 求导，得 $2x+y+xy'+2yy'=0$，化简整理，得 $y'=-\dfrac{2x+y}{2y+x}.$

　　由 $y'\big|_{\substack{x=2\\y=-2}}=1$，得点 $(2,-2)$ 处的切线方程为 $y-(-2)=1\cdot(x-2)$，即 $y=x-4.$

10. 解　　$y'=[\ln(1-x^2)]'=\dfrac{-2x}{1-x^2}$，$y''=\left(\dfrac{-2x}{1-x^2}\right)'=\dfrac{-2(1-x^2)+2x(-2x)}{(1-x^2)^2}=-\dfrac{2(1+x^2)}{(1-x^2)^2}.$

**四、证明题**

证 设 $\lim\limits_{x \to 0}\dfrac{f(x)}{x}=A$，所以 $\lim\limits_{x \to 0}f(x)=\lim\limits_{x \to 0}x \cdot \dfrac{f(x)}{x}=0 \cdot A=0.$

因为 $f(x)$ 在 $x=0$ 处连续，所以 $\lim\limits_{x \to 0}f(x)=f(0)=0,$

从而根据导数的定义，得 $f'(0)=\lim\limits_{x \to 0}\dfrac{f(x)-f(0)}{x-0}=\lim\limits_{x \to 0}\dfrac{f(x)}{x}=A.$

# 第二章检测训练 B

**一、单选题**

1. D 解 根据导数的定义知

$$\lim\limits_{\Delta x \to 0}\dfrac{f(-\Delta x)-f(0)}{4\Delta x}=-\dfrac{1}{4}\lim\limits_{\Delta x \to 0}\dfrac{f(0-\Delta x)-f(0)}{-\Delta x}=-\dfrac{1}{4}f'(0)=-\dfrac{3}{4}.$$

2. D 解 根据导数的定义知

$$\lim\limits_{x \to 0}\dfrac{f(1+2x)-f(1)}{x}=2\lim\limits_{x \to 0}\dfrac{f(1+2x)-f(1)}{2x}=2f'(1)=1，所以 f'(1)=\dfrac{1}{2}.$$

3. B 解 因为 $f'_-(1)=\lim\limits_{x \to 1^-}\dfrac{f(x)-f(1)}{x-1}=\lim\limits_{x \to 1^-}\dfrac{x^2-1}{x-1}=2,$

$$f'_+(1)=\lim\limits_{x \to 1^+}\dfrac{f(x)-f(1)}{x-1}=\lim\limits_{x \to 1^+}\dfrac{\frac{2}{3}x^3-1}{x-1}=\infty,$$

所以 $f(x)=\begin{cases} \dfrac{2}{3}x^3, & x>1, \\ x^2, & x \leqslant 1 \end{cases}$ 在 $x=1$ 处左导数存在，右导数不存在.

4. B 解 由于 $f(x)$ 在 $x=0$ 处可导，由导数的定义知 $\lim\limits_{x \to 0}\dfrac{f(x)-f(0)}{x}=f'(0).$

因为 $f(0)=0, f'(0) \neq 0$，所以

$$\lim\limits_{x \to 0^+}F(x)=\lim\limits_{x \to 0^+}\dfrac{f(x)}{x}=f'(0) \neq F(0), \lim\limits_{x \to 0^-}F(x)=\lim\limits_{x \to 0^-}\dfrac{f(x)}{x}=f'(0) \neq F(0),$$

所以 $x=0$ 是 $F(x)$ 的第一类间断点.

5. A 解 $y'=-\dfrac{1}{x^2}, y'|_{x=2}=-\dfrac{1}{4}$，所求切线方程为 $y-\dfrac{1}{2}=-\dfrac{1}{4}(x-2)$，即 $x+4y-4=0.$

6. B 解 与直线 $y=3x+1$ 平行，过点 $M$ 的直线斜率等于 3.

又因为 $y'=2x+1$，所以 $2x+1=3$，从而 $x=1, y=0.$

7. D 解 $\dfrac{\mathrm{d}y}{\mathrm{d}x}=f'(\cos x) \cdot (\cos x)'=-\sin x f'(\cos x).$

8. B 解 $y'=(\ln \sin x)'=\dfrac{1}{\sin x} \cdot \cos x=\cot x, y''=(\cot x)'=-\csc^2 x=-\dfrac{1}{\sin^2 x}.$

9. B 解 因为 $R'(Q)=40-2Q$，故当 $Q=15$ 时的边际收益是 $R'(15)=40-2 \times 15=10.$

10. A 解 $f(x+\Delta x)-f(x)=e^2+(x+\Delta x)-(e^2+x)=\Delta x.$

**二、填空题**

1. $\left(\dfrac{1}{2}, -\ln 2\right)$ 解 因为 $y'=\dfrac{1}{x}, y'(x_0)=\dfrac{1}{x_0}=2$，所以 $x_0=\dfrac{1}{2}, y_0=-\ln 2.$

2. 相等 充要 解 函数 $f(x)$ 在点 $x_0$ 处的左、右导数存在且相等是函数在点 $x_0$ 可导的充要条件.

3. $m+n$ 解 $\lim\limits_{h \to 0}\dfrac{f(2+mh)-f(2-nh)}{h}=\lim\limits_{h \to 0}\dfrac{f(2+mh)-f(2)}{h}-\lim\limits_{h \to 0}\dfrac{f(2-nh)-f(2)}{h}$

$$=(m+n)f'(2)=m+n.$$

4. $2\ln 2+6$ 解 因为 $f'(x)=\ln 2 \cdot 2^x \cdot x^3+2^x \cdot 3 \cdot x^2=\ln 2 \cdot 2^x \cdot x^3+3 \cdot 2^x \cdot x^2$，所以 $f'(1)=2\ln 2+6.$

5. $\sin 2x \,\mathrm{d}x$ 解 $\mathrm{d}y=\mathrm{d}\left(-\dfrac{1}{2}\cos 2x\right)=\left(-\dfrac{1}{2}\cos 2x\right)'\mathrm{d}x=\sin 2x \,\mathrm{d}x.$

6.3 解 因为 $\lim\limits_{x \to 1^-} \dfrac{f(x) - f(1)}{x - 1} = \lim\limits_{x \to 1^-} \dfrac{x^3 + 2 - 3}{x - 1} = \lim\limits_{x \to 1^-} \dfrac{x^3 - 1}{x - 1} = \lim\limits_{x \to 1^-}(x^2 + x + 1) = 3$,

$\lim\limits_{x \to 1^+} \dfrac{f(x) - f(1)}{x - 1} = \lim\limits_{x \to 1^+} \dfrac{3x - 3}{x - 1} = 3$.

7.2 解 由导数的几何意义,知 $f'(x_0) = 2$.

8. $-\dfrac{y^2}{xy + 1}$ 解 在方程 $xy + \ln y = 0$ 两边同时对 $x$ 求导,得 $y + xy' + \dfrac{y'}{y} = 0$,

即 $\dfrac{xy + 1}{y} \cdot y' = -y$,所以 $y' = -\dfrac{y^2}{xy + 1}$,$\mathrm{d}y = -\dfrac{y^2}{xy + 1}\mathrm{d}x$.

9. $-\dfrac{3}{2}$ 解 对函数整理,得 $y = \dfrac{1}{2}\big[\ln(1 - x) - \ln(1 + x^2)\big]$,

再连续求导两次,得 $y' = \dfrac{1}{2}\left(\dfrac{-1}{1 - x} - \dfrac{2x}{1 + x^2}\right)$,$y'' = \dfrac{1}{2}\left[-\dfrac{1}{(1 - x)^2} - \dfrac{2(1 - x^2)}{(1 + x^2)^2}\right]$,

所以 $y''\big|_{x = 0} = -\dfrac{3}{2}$.

10. $f''(\mathrm{e}^x)(\mathrm{e}^x)^2 + f'(\mathrm{e}^x)\mathrm{e}^x$ 解 $y' = f'(\mathrm{e}^x)\mathrm{e}^x$,$y'' = f''(\mathrm{e}^x)(\mathrm{e}^x)^2 + f'(\mathrm{e}^x)\mathrm{e}^x$.

### 三、解答题

1. 解 $\lim\limits_{x \to 1} \dfrac{f(4 - 3x) - f(2 - x)}{x - 1}$

$= \lim\limits_{x \to 1} \dfrac{f[1 - 3(x - 1)] - f(1) - f[1 - (x - 1)] + f(1)}{x - 1}$

$= \lim\limits_{x \to 1} \dfrac{f[1 - 3(x - 1)] - f(1)}{-3(x - 1)} \cdot (-3) - \lim\limits_{x \to 1} \dfrac{f[1 - (x - 1)] - f(1)}{-(x - 1)} \cdot (-1)$

$= -3f'(1) + f'(1) = -4$.

2. 解 利用代数和的求导运算法则,得 $y' = \dfrac{1}{x} + \dfrac{3}{x \ln 2}$.

3. 解 利用乘积的求导公式,得 $y' = (\sin x)' \cdot \cos x + \sin x \cdot (\cos x)' = \cos^2 x - \sin^2 x = \cos 2x$.

4. 解 利用乘积的求导公式,得 $y' = 2x \cdot \mathrm{e}^{\frac{1}{x}} + x^2 \cdot \mathrm{e}^{\frac{1}{x}} \cdot \left(-\dfrac{1}{x^2}\right) = (2x - 1)\mathrm{e}^{\frac{1}{x}}$.

5. 解 因为 $y = \dfrac{1}{2}\ln x + \ln \sin x - \ln(1 + x^2)$,所以 $y' = \dfrac{1}{2x} + \dfrac{\cos x}{\sin x} - \dfrac{2x}{1 + x^2}$.

6. 解 利用代数和的求导公式及复合函数的求导法则,得 $y' = 2\cos(3x + 1) \cdot 3 + 0 = 6\cos(3x + 1)$.

7. 解 先变形,得 $y = \dfrac{1}{2}\big[\ln \mathrm{e}^{2x} - \ln(\mathrm{e}^{2x} + 1)\big] = x - \dfrac{1}{2}\ln(\mathrm{e}^{2x} + 1)$,

再求导,得 $y' = x' - \left[\dfrac{1}{2}\ln(\mathrm{e}^{2x} + 1)\right]' = 1 - \dfrac{1}{2} \cdot \dfrac{(\mathrm{e}^{2x} + 1)'}{\mathrm{e}^{2x} + 1} = 1 - \dfrac{1}{2} \cdot \dfrac{\mathrm{e}^{2x}(2x)'}{\mathrm{e}^{2x} + 1} = \dfrac{1}{\mathrm{e}^{2x} + 1}$.

8. 解 用隐函数显化的思想,假设已从方程中解出 $y = y(x)$,代入方程,即得恒等式 $xy(x) - \mathrm{e}^x + \mathrm{e}^{y(x)} = 0$,上式两边分别对 $x$ 求导(注意将 $y(x)$ 看作 $x$ 的函数),由复合函数的求导法则,则有 $y(x) + xy'(x) - \mathrm{e}^x + \mathrm{e}^{y(x)}y'(x) = 0$,

由上式可解出 $y'(x) = \dfrac{\mathrm{e}^x - y(x)}{x + \mathrm{e}^{y(x)}}$.

因为 $y = y(x)$,所以 $y' = \dfrac{\mathrm{e}^x - y}{x + \mathrm{e}^y}$ 即为所求. 当 $x = 0$ 时,由方程 $xy - \mathrm{e}^x + \mathrm{e}^y = 0$ 可解出 $y = 0$,

因此 $\dfrac{\mathrm{d}y}{\mathrm{d}x}\bigg|_{x = 0} = \dfrac{\mathrm{e}^x - y}{x + \mathrm{e}^y}\bigg|_{\substack{x = 0 \\ y = 0}} = 1$.

9. 解 在方程 $xy = \mathrm{e}^{x+y}$ 的两边同时对 $x$ 求导,得 $x'y + xy' = \mathrm{e}^{x+y}(1 + y')$,

即 $y + xy' = \mathrm{e}^{x+y}(1 + y')$,整理,得 $y' = \dfrac{\mathrm{e}^{x+y} - y}{x - \mathrm{e}^{x+y}}$.

10. 解 因为 $y' = -\mathrm{e}^{-x}\sin x + \mathrm{e}^{-x}\cos x = \mathrm{e}^{-x}(-\sin x + \cos x)$,

所以 $y'' = -\mathrm{e}^{-x}(-\sin x + \cos x) + \mathrm{e}^{-x}(-\cos x - \sin x) = -2\mathrm{e}^{-x}\cos x$.

**四、证明题**

证 (1) 因为 $f(x)$ 为偶函数,则 $f(x) = f(-x)$.

因为 $f(x)$ 在 $(-\infty, +\infty)$ 内可导,所以在等式两端同时对 $x$ 求导,得 $f'(x) = -f'(-x)$,

故 $f'(-x) + f'(x) = 0$,则 $f'(-x)$ 为奇函数.

(2) 因为 $f(x)$ 为奇函数,则 $f(x) = -f(-x)$.

因为 $f(x)$ 在 $(-\infty, +\infty)$ 内可导,在等式两端同时关于 $x$ 求导,得 $f'(x) = f'(-x)$,故 $f'(-x)$ 为偶函数.

## 第三章检测训练 A

**一、选择题**

1. C 解 选项 A 中的 $f(x)$ 在 $x=0$ 处不连续;选项 B 中的 $f(x)$ 不满足 $f(-1) = f(1)$ 的条件,在 $x=0$ 处也不连续;选项 D 中的 $f(x)$ 在 $x=0$ 处不可导,因此选项 A,B,D 都不满足罗尔定理的条件.验证可知选项 C 中的 $f(x)$ 满足罗尔定理的全部条件.

2. D 解 若函数 $y = f(x)$ 在 $x = x_0$ 处取得极大值,则 $x_0$ 可能是驻点,也可能是不可导点.又因为函数 $y = f(x)$ 在点 $x_0$ 处可导,所以 $f'(x_0) = 0$.

3. A 解 $f(x)$ 的定义域为 $\mathbf{R}$,$f'(x) = 6x^2 - 18x + 12 = 6(x^2 - 3x + 2)$,令 $f'(x) = 0$,得驻点 $x_1 = 1, x_2 = 2$. 由 $f(0) = 1, f(1) = 6, f(2) = 5$,得 $f(x)$ 在区间 $[0,2]$ 上的最大值点与最小值点分别为 1 和 0.

4. D 解 当 $x_1 > x_2$ 时,$-x_1 < -x_2$,则 $f(-x_1) < f(-x_2)$,从而 $-f(-x_1) > -f(-x_2)$,即 $-f(-x)$ 单调增加.

5. B 解 因为 $|x-1| + 2 \geqslant 2$,所以当 $x=1$ 时,$y = |x-1| + 2$ 取得极小值,即 $x=1$ 是其极小值点.

6. C 解 由 $f'(x_0) = 0$ 知,$x_0$ 为驻点,又因为 $y''\big|_{x=x_0} = (-y' + \mathrm{e}^{\sin x})\big|_{x=x_0} = \mathrm{e}^{\sin x_0} > 0$,因此 $f(x)$ 在 $x_0$ 处取得极小值.

7. D 解 函数的最大值或最小值在函数的驻点、导数不存在的点、区间的两个端点处均有可能出现,所以选项 A,B,C 均有可能.

8. A 解 由函数的单调性知,$f'(x) > 0$,函数单调增加;由函数的凹凸性知,$f''(x) > 0$,函数曲线是凹的.

9. A 解 因为 $\lim\limits_{x \to 1} y = \lim\limits_{x \to 1} \dfrac{x^2 - 2x + 2}{x - 1} = \infty$,所以曲线的垂直渐近线的方程是 $x = 1$.

10. D 解 因为 $\lim\limits_{x \to \infty} \mathrm{e}^{\frac{1}{x}} \arctan \dfrac{x^2 + x + 1}{(x-1)(x+2)} = \mathrm{e}^0 \cdot \arctan 1 = 1 \cdot \dfrac{\pi}{4} = \dfrac{\pi}{4}$,所以 $y = \dfrac{\pi}{4}$ 为其水平渐近线;

又因为 $\lim\limits_{x \to 0^+} \mathrm{e}^{\frac{1}{x}} \arctan \dfrac{x^2 + x + 1}{(x-1)(x+2)} = +\infty \cdot \arctan\left(-\dfrac{1}{2}\right) = -\infty$,于是 $x = 0$ 为其垂直渐近线.

**二、填空题**

1. $\dfrac{\sqrt{3}}{3}$ 解 由 $f'(\xi) = \dfrac{f(1) - f(0)}{1 - 0}$,即 $3\xi^2 + 2 = \dfrac{(1+2) - 0}{1} = 3$,解得 $\xi = \dfrac{\sqrt{3}}{3}$.

2. 3 解 利用洛必达法则和等价无穷小替换可得

$$\lim_{x \to 0} \frac{x - x\cos x}{x - \sin x} = \lim_{x \to 0} \frac{x(1 - \cos x)}{x - \sin x} = \lim_{x \to 0} \frac{x \cdot \frac{1}{2}x^2}{x - \sin x} = \frac{1}{2}\lim_{x \to 0} \frac{3x^2}{1 - \cos x} = 3.$$

3. 1 解 $\lim\limits_{x \to 0} \dfrac{\displaystyle\int_0^{2x} \ln(1+t)\,\mathrm{d}t}{1 - \cos(2x)} = \lim\limits_{x \to 0} \dfrac{2\ln(1+2x)}{2\sin(2x)} = \lim\limits_{x \to 0} \dfrac{2x}{2x} = 1.$

4. $(1,2)$ 解 由 $f'(x) = 6x^2 - 18x + 12 = 6(x-1)(x-2) < 0$,知 $1 < x < 2$,所以单调减少区间为 $(1,2)$.

5. $x = 2$ 解 驻点就是使一阶导数为零的点,解 $y' = 3(x-2)^2 = 0$,得 $x = 2$.

6. $-4$ 解 求函数的导数得 $y' = 4x + a$,又因为函数 $y = 2x^2 + ax + 3$ 在点 $x = 1$ 处取得极小值,也即 $y'(1) = 4 + a = 0$,解得 $a = -4$.

7. 两个 解 $y' = \mathrm{e}^{-x^3} \cdot (-3x^2) = -3x^2 \mathrm{e}^{-x^3}$,

$y'' = -3[2x\mathrm{e}^{-x^3} + x^2 \mathrm{e}^{-x^3} \cdot (-3x^2)] = -3[2x\mathrm{e}^{-x^3} - 3x^4 \mathrm{e}^{-x^3}] = -3x\mathrm{e}^{-x^3}(2 - 3x^3),$

令 $y'' = 0$，则 $x = 0$ 或 $x = \sqrt[3]{\dfrac{2}{3}}$.

当 $x < 0$ 时，$y'' > 0$；当 $0 \leqslant x < \sqrt[3]{\dfrac{2}{3}}$ 时，$y'' < 0$；当 $x \geqslant \sqrt[3]{\dfrac{2}{3}}$ 时，$y'' > 0$. 所以曲线 $y = \mathrm{e}^{-x^3}$ 有两个拐点.

8. $y = 0$　　解　因为 $\lim\limits_{x \to -\infty} \ln(1 + \mathrm{e}^x) = \ln 1 = 0$，所以该函数有水平渐近线为 $y = 0$.

9. $(-\infty, +\infty)$　　解　由 $f(x) = x^{\frac{4}{3}}$，于是 $f'(x) = \dfrac{4}{3} x^{\frac{1}{3}}$，$f''(x) = \dfrac{4}{9\sqrt[3]{x^2}}$，而 $f''(x) = \dfrac{4}{9\sqrt[3]{x^2}} > 0$ 恒成立，

所以函数的凹区间即为函数的定义域，为 $(-\infty, +\infty)$.

10. $|\sin x - \sin y| \leqslant |x - y|$　　解　根据拉格朗日中值定理，$\sin x - \sin y = \cos \xi \cdot (x - y)$，

从而 $|\sin x - \sin y| = |\cos \xi| |x - y| \leqslant |x - y|$.

### 三、解答题

1. 解　此极限为 "$\dfrac{0}{0}$" 型未定式，满足洛必达法则的使用条件，因此

$$\lim_{x \to 0} \frac{(1+x)^a - 1}{x} \overset{\frac{0}{0}}{=} \lim_{x \to 0} \frac{a(1+x)^{a-1}}{1} = a.$$

2. 解　此极限为 "$\dfrac{0}{0}$" 型未定式，且满足洛必达法则的条件，同时求导以后的公式仍是 "$\dfrac{0}{0}$" 型未定式，满足洛必达法则的使用条件，故可继续使用洛必达法则.

$$\lim_{x \to 0} \frac{\tan x - x}{\sin x - x} \overset{\frac{0}{0}}{=} \lim_{x \to 0} \frac{\sec^2 x - 1}{\cos x - 1} \overset{\frac{0}{0}}{=} \lim_{x \to 0} \frac{2\sec x \cdot \sec x \cdot \tan x}{-\sin x} = -2 \lim_{x \to 0} \frac{1}{\cos^3 x} = -2.$$

3. 解　$\lim\limits_{x \to 0} \dfrac{\ln(1+x^2)}{\sec x - \cos x} = \lim\limits_{x \to 0} \dfrac{x^2}{1 - \cos^2 x} \cdot \cos x = \lim\limits_{x \to 0} \dfrac{x^2}{1 - \cos^2 x} \overset{\frac{0}{0}}{=} \lim\limits_{x \to 0} \dfrac{2x}{-2\cos x \cdot (-\sin x)} = 1.$

4. 解　原式 $= \lim\limits_{x \to 0} \dfrac{\arctan x - x}{2x^3} = \lim\limits_{x \to 0} \dfrac{\dfrac{1}{1+x^2} - 1}{6x^2} = \dfrac{1}{6} \lim\limits_{x \to 0} \dfrac{-x^2}{x^2(1+x^2)} = -\dfrac{1}{6}.$

5. 解　原式 $= \lim\limits_{x \to \frac{\pi}{2}^-} \dfrac{-\ln \tan x}{\tan x} \overset{\frac{\infty}{\infty}}{=} -\lim\limits_{x \to \frac{\pi}{2}} \dfrac{\dfrac{\sec^2 x}{\tan x}}{\sec^2 x} = -\lim\limits_{x \to \frac{\pi}{2}^-} \dfrac{1}{\tan x} = 0.$

在本题中，我们也可设 $t = \tan x$，则 $\lim\limits_{x \to \frac{\pi}{2}^-} \dfrac{\ln \cot x}{\tan x} = \lim\limits_{t \to +\infty} \dfrac{-\ln t}{t} = -\lim\limits_{t \to +\infty} \dfrac{1}{t} = 0.$

6. 解　原式 $= \lim\limits_{x \to 1} \dfrac{x \ln x - x + 1}{(x-1)\ln x} = \lim\limits_{x \to 1} \dfrac{x \ln x - x + 1}{(x-1)\ln[1+(x-1)]}$

$$= \lim_{x \to 1} \frac{x \ln x - x + 1}{(x-1)^2} \overset{\frac{0}{0}}{=} \lim_{x \to 1} \frac{\ln x}{2(x-1)} = \lim_{x \to 1} \frac{\dfrac{1}{x}}{2} = \frac{1}{2}.$$

7. 解　$\lim\limits_{x \to \infty} x^{\frac{1}{x}} = \lim\limits_{x \to \infty} \mathrm{e}^{\frac{\ln x}{x}} = \mathrm{e}^{\lim\limits_{x \to \infty} \frac{\ln x}{x}} = \mathrm{e}^0 = 1.$

8. 解　由题意，$\lim\limits_{x \to 0} f(x) = a$，而 $\lim\limits_{x \to 0} f(x) = \lim\limits_{x \to 0} a (\cos x)^{x^{-2}} = \mathrm{e}^{\lim\limits_{x \to 0} \frac{\ln \cos x}{x^2}} = \mathrm{e}^{\lim\limits_{x \to 0} \frac{-\sin x}{2x \cos x}} = \mathrm{e}^{-\frac{1}{2}}$，则 $a = \mathrm{e}^{-\frac{1}{2}}$.

9. 解　因为 $y = x^{\frac{2}{3}} - \dfrac{2}{3} x$ 的定义域为 $(-\infty, +\infty)$，$y' = \dfrac{2}{3} x^{-\frac{1}{3}} - \dfrac{2}{3} = \dfrac{2}{3}\left(\dfrac{1}{\sqrt[3]{x}} - 1\right)$. 当 $x = 1$ 时，$y' = 0$；当 $x = 0$ 时，$y'$ 不存在.

列表，得

| $x$ | $(-\infty, 0)$ | $0$ | $(0, 1)$ | $1$ | $(1, +\infty)$ |
|---|---|---|---|---|---|
| $y'$ | $-$ | 不存在 | $+$ | $0$ | $-$ |
| $y$ | 单调减少 | 极小值 $f(0) = 0$ | 单调增加 | 极大值 $f(1) = \dfrac{1}{3}$ | 单调减少 |

综上所述,函数的单调增加区间为$(0,1)$,单调减少区间为$(-\infty,0)$和$(1,+\infty)$;极大值为$f(1)=\dfrac{1}{3}$,极小值为$f(0)=0$.

10.解　由$\lim\limits_{x\to\infty}f(x)=\lim\limits_{x\to\infty}\dfrac{2x+1}{3x+2}=\dfrac{2}{3}$,可得$y=\dfrac{2}{3}$是$f(x)$的水平渐近线;

由$\lim\limits_{x\to-\frac{2}{3}}f(x)=\lim\limits_{x\to-\frac{2}{3}}\dfrac{2x+1}{3x+2}=\infty$,可得$x=-\dfrac{2}{3}$是$f(x)$的垂直渐近线.

对于本题中的水平渐近线,根据定义我们只需讨论极限$\lim\limits_{x\to\infty}f(x)$是否存在即可.

**四、应用题**

1.解　总利润为$L(x)=R(x)-C(x)=3\sqrt{x}-1-\dfrac{1}{36}x^2\ (x>0)$,

则由$L'(x)=\dfrac{3}{2\sqrt{x}}-\dfrac{x}{18}=0$,得驻点$x_0=9$.

又因为$L''(x)=-\dfrac{3}{4}x^{-\frac{3}{2}}-\dfrac{1}{18}<0$,所以,$x_0=9$为$L(x)$的唯一极大值点,亦即最大值点.

最大利润为$L_{\max}=L(9)=3\sqrt{9}-1-\dfrac{9^2}{36}=\dfrac{23}{4}$.

2.解　设小屋的宽为$x$米,则长为$(20-2x)$米,令$y'=20-4x=0$,得$x=5$.由实际问题知,面积一定存在最大值.
小屋面积为$y=x(20-2x)\ (0<x<10)$.
因此唯一的驻点一定是函数的最值点,即当围成宽5米、长10米的长方形时,小屋面积最大.

**五、证明题**

1.证　设$f(x)=\ln(1+x)$,显然$f(x)$在区间$[0,x]$上满足拉格朗日中值定理的条件,所以有$f(x)-f(0)=f'(\xi)(x-0)$,
$0<\xi<x$. 由于$f(0)=0,f'(x)=\dfrac{1}{1+x}$,因此上式为$\ln(1+x)=\dfrac{x}{1+\xi}$.

又由于$0<\xi<x$,所以$\dfrac{x}{1+x}<\dfrac{x}{1+\xi}<x$,即$\dfrac{x}{1+x}<\ln(1+x)<x$.

2.证　令函数$f(x)=(1+x)\ln(1+x)-\arctan x$,

当$x>0$时,$f'(x)=\ln(1+x)+1-\dfrac{1}{1+x^2}=\ln(1+x)+\dfrac{x^2}{1+x^2}>0$.

故$f(x)$在$[0,+\infty)$上连续且单调增加,因此$f(x)>f(0)=0$,
即$(1+x)\ln(1+x)-\arctan x>0$,所以原不等式成立.

3.证　令函数$F(x)=f(x)-x$,则$F(x)$在$[0,1]$上连续.
又由$0<f(x)<1$知,$F(0)=f(0)-0>0$,$F(1)=f(1)-1<0$,由零点定理知,在$(0,1)$内至少有一点$x$,使得$F(x)=0$,即$f(x)=x$.
假设有两点$x_1,x_2\in(0,1),x_1\neq x_2$,使$f(x_1)=x_1,f(x_2)=x_2$,则由拉格朗日中值定理知,至少存在一点$\xi\in(0,1)$,
使得$f'(\xi)=\dfrac{f(x_2)-f(x_1)}{x_2-x_1}=\dfrac{x_2-x_1}{x_2-x_1}=1$. 这与已知$f'(x)\neq 1$矛盾.

综上所述,命题得证.

4.证　由$F(0)=F(1)=0$知,存在$\xi_1\in(0,1)$,使得$F'(\xi_1)=0$,又由$F'(x)=3x^2f(x)+x^3f'(x)$知,$F'(0)=0$,对
$F'(x)$在$[0,\xi_1]$上应用罗尔定理,有$\xi_2\in(0,\xi_1)$,使得$F''(\xi_2)=0$.
又因为$F''(x)=6xf(x)+6x^2f'(x)+x^3f''(x)$,则$F''(0)=0$,对$F''(x)$在$[0,\xi_2]$上应用罗尔定理知,存在$\xi\in$
$(0,\xi_2)\subset(0,1)$,使$F'''(\xi)=0$.

5.证　令$f(x)=\ln x$,则它在$[a,b]\subset(0,+\infty)$上满足拉格朗日中值定理的条件,因此存在$\xi\in(a,b)$,使得
$\dfrac{f(b)-f(a)}{b-a}=f'(\xi)$,即$\dfrac{\ln b-\ln a}{b-a}=\dfrac{1}{\xi}$.

又由$0<a<\xi<b$,所以$\dfrac{1}{b}<\dfrac{1}{\xi}<\dfrac{1}{a}$,故$\dfrac{1}{b}<\dfrac{\ln b-\ln a}{b-a}<\dfrac{1}{a}$成立,即$\dfrac{1}{b}<\dfrac{1}{b-a}\ln\dfrac{b}{a}<\dfrac{1}{a}$.

# 第三章检测训练 B

## 一、选择题

1. B　解　因为 $y' = 3x^2 + 2$，$f(0) = 0$，$f(1) = 3$，由 $f(1) - f(0) = f'(\xi)(1 - 0)$，得

$3\xi^2 + 2 = 3$，$\xi^2 = \dfrac{1}{3}$，解得 $\xi = \dfrac{1}{\sqrt{3}} \in [0, 1]$.

2. B　解　因为 $y'(x) = 2x - 2p$，令 $y'(1) = 0$，解出 $p = 1$.

3. B　解　因为 $f'(x) = \sin x + x\cos x - \sin x = x\cos x$，显然 $f'(0) = 0$，$f'\left(\dfrac{\pi}{2}\right) = 0$，

又因为 $f''(x) = \cos x - x\sin x$，且 $f''(0) = 1 > 0$，$f''\left(\dfrac{\pi}{2}\right) = -\dfrac{\pi}{2} < 0$，

所以 $f(0)$ 是极小值，$f\left(\dfrac{\pi}{2}\right)$ 是极大值.

4. A　解　由方程 $xf''(x) + 3x[f'(x)]^2 = 1 - \mathrm{e}^{-x}$ 得 $f''(x) = \dfrac{1 - \mathrm{e}^{-x}}{x} - 3[f'(x)]^2$，则

$f''(x_0) = \dfrac{1 - \mathrm{e}^{-x_0}}{x_0} - 3[f'(x_0)]^2 = \dfrac{1 - \mathrm{e}^{-x_0}}{x_0} > 0$，故 $f(x)$ 在 $x_0$ 处取得极小值.

5. C　解　因为 $\lim\limits_{x \to \infty} y = \lim\limits_{x \to \infty}\left(2\ln\dfrac{x + 3}{x} - 3\right) = -3$，所以 $y = -3$ 为 $y = 2\ln\dfrac{x + 3}{x} - 3$ 的水平渐近线.

6. C　解　由 $y' = 3x^2 - 2x$，$y'' = 6x - 2 = 0$，解得 $x = \dfrac{1}{3}$，且 $y''$ 在 $x = \dfrac{1}{3}$ 的左右两侧改变符号，所以 $x = \dfrac{1}{3}$ 为曲

线 $y = x^3 - x^2$ 的拐点.

7. A　解　因为 $y' = 3ax^2 + 2bx$，$y'' = 6ax + 2b$，

由题设条件知 $\begin{cases} y'|_{x=0} = 1, \\ y''|_{x=0} = 0, \end{cases}$ 即 $\begin{cases} 1 = a \cdot 0 + b \cdot 0 + c, \\ 0 = 6a \cdot 0 + 2b, \end{cases}$ 解得 $\begin{cases} c = 1, \\ b = 0, \end{cases}$ 从而 $a$ 为任意值.

8. A　解　因为 $\lim\limits_{x \to 1}\dfrac{\sin x}{x(x - 1)} = \infty$，所以直线 $x = 1$ 为其垂直渐近线.

9. D　解　因为 $y = x^3 + ax^2 - 9x + 4$，所以 $y' = 3x^2 + 2ax - 9$，$y'' = 6x + 2a$，

根据题意知，$y''(1) = 6 + 2a = 0$，即 $a = -3$.

10. C　解　根据驻点的定义知，选项 C 正确.

## 二、填空题

1. 1　解　因为 $f'(\xi) = \dfrac{f(3) - f(-1)}{3 - (-1)}$，即 $-2\xi = \dfrac{(1 - 3^2) - [1 - (-1)^2]}{3 - (-1)} = -2$，解得 $\xi = 1$.

2. 2　解　利用洛必达法则和等价无穷小替换可得

$\lim\limits_{x \to 1}\dfrac{\arcsin(x^2 - 1)}{\ln x} = \lim\limits_{x \to 1}\dfrac{x^2 - 1}{\ln x} = \lim\limits_{x \to 1}\dfrac{2x}{\frac{1}{x}} = 2.$

3. $\dfrac{1}{3}$　解　使用洛必达法则和变上限积分函数求导定理可得

$\lim\limits_{t \to 0}\dfrac{\displaystyle\int_0^t x\sin x \,\mathrm{d}x}{t^3} = \lim\limits_{t \to 0}\dfrac{t\sin t}{3t^2} = \dfrac{1}{3}\lim\limits_{t \to 0}\dfrac{\sin t}{t} = \dfrac{1}{3}.$

4. $(-1, 1)$　解　因为 $y = 3x - x^3$，所以 $y' = 3(1 - x^2)$. 令 $y' > 0$，解得 $-1 < x < 1$，即函数 $y = 3x - x^3$ 的单调增

加区间是 $(-1, 1)$.

5. 必要　解　$f'(x_0) = 0$ 的点 $x_0$ 是函数 $f(x)$ 的驻点. 根据驻点和极值点的关系知，驻点不一定是极值点，但可导（可

微）的极值点一定是驻点. 因此，函数 $f(x)$ 在点 $x_0$ 处可微，$f'(x_0) = 0$ 是点 $x_0$ 为极值点的必要条件.

6. $x = \dfrac{3}{2}$　解　由 $f'(x) = 3 - 2x = 0$，得驻点 $x = \dfrac{3}{2}$，而 $f''\left(\dfrac{3}{2}\right) = -2 < 0$，故 $x = \dfrac{3}{2}$ 是函数的极大值点.

7. $< 0$　解　由单调区间的判别方法可知，在区间 $I$ 内 $f'(x) < 0$ 时，$f(x)$ 在区间 $I$ 内是单调减少的.

8. $y=2$    解    因为 $\lim\limits_{x\to\infty}\dfrac{2x^2-100x}{(x+1)^2}=2$,所以曲线的水平渐近线为 $y=2$.

9. $\left(\dfrac{1}{3},+\infty\right)$    解    由题意知,$y'=-3x^2+2x$,$y''=-6x+2<0$,解得 $x\in\left(\dfrac{1}{3},+\infty\right)$.

10. $(e,+\infty)$    解    函数 $y=-\dfrac{x}{\ln x}$ 的导数 $y'=-\dfrac{\ln x-1}{(\ln x)^2}$,而函数的单调减少区间需要 $y'<0$,即 $1-\ln x<0$,求得 $x>e$,所以单调减少区间是 $(e,+\infty)$.

### 三、解答题

1. 解    $\lim\limits_{x\to0}\dfrac{e^x-1}{x^2-x}\overset{\frac{0}{0}}{=}\lim\limits_{x\to0}\dfrac{e^x}{2x-1}=-1$.

2. 解    $\lim\limits_{x\to0}\dfrac{x-\sin x}{x^3}=\lim\limits_{x\to0}\dfrac{1-\cos x}{3x^2}=\lim\limits_{x\to0}\dfrac{\frac{1}{2}x^2}{3x^2}=\dfrac{1}{6}$.

3. 解    $\lim\limits_{x\to0}\dfrac{\sqrt{1+x}+\sqrt{1-x}-2}{x^2}\overset{\frac{0}{0}}{=}\lim\limits_{x\to0}\dfrac{\frac{1}{2\sqrt{1+x}}-\frac{1}{2\sqrt{1-x}}}{2x}=\dfrac{1}{4}\lim\limits_{x\to0}\dfrac{\sqrt{1-x}-\sqrt{1+x}}{x}$

$$\overset{\frac{0}{0}}{=}\dfrac{1}{4}\lim\limits_{x\to0}\left(-\dfrac{1}{2\sqrt{1-x}}-\dfrac{1}{2\sqrt{1+x}}\right)=-\dfrac{1}{4}.$$

4. 解    原式 $=\lim\limits_{x\to0}\dfrac{\sin^2 x-x^2\cos^2 x}{x\cdot 2x\cdot\tan x^2}$

$$=\dfrac{1}{2}\lim\limits_{x\to0}\dfrac{(\sin x-x\cos x)(\sin x+x\cos x)}{x^4}=\dfrac{1}{2}\lim\limits_{x\to0}\dfrac{\sin x-x\cos x}{x^3}\cdot\lim\limits_{x\to0}\dfrac{\sin x+x\cos x}{x}$$

$$=\dfrac{1}{2}\lim\limits_{x\to0}\dfrac{\sin x-x\cos x}{x^3}\cdot 2\overset{\frac{0}{0}}{=}\lim\limits_{x\to0}\dfrac{\cos x-\cos x+x\sin x}{3x^2}=\lim\limits_{x\to0}\dfrac{x\sin x}{3x^2}=\lim\limits_{x\to0}\dfrac{x^2}{3x^2}=\dfrac{1}{3}.$$

5. 解    原式 $=\lim\limits_{x\to\frac{\pi}{2}}\dfrac{1-\sin x}{\cos x}\overset{\frac{0}{0}}{=}\lim\limits_{x\to\frac{\pi}{2}}\dfrac{-\cos x}{-\sin x}=0$.

6. 解    由于 $x\to0$ 时,$ax-\sin x\to0$,且极限 $c$ 不为零,所以当 $x\to0$ 时,$\int_0^x\dfrac{\ln(1+t^3)}{t}dt\to0$,故必有 $b=0$.

由于 $\lim\limits_{x\to0}\dfrac{ax-\sin x}{\int_0^x\frac{\ln(1+t^3)}{t}dt}\overset{\frac{0}{0}}{=}\lim\limits_{x\to0}\dfrac{a-\cos x}{\frac{\ln(1+x^3)}{x}}=\lim\limits_{x\to0}\dfrac{x(a-\cos x)}{\ln(1+x^3)}=\lim\limits_{x\to0}\dfrac{x(a-\cos x)}{x^3}$

$$=\lim\limits_{x\to0}\dfrac{a-\cos x}{x^2}=c(c\neq0),$$

故必有 $a=1$,从而 $c=1$.

7. 解    $y'=3x^2-6x-9=3(x-3)(x+1)$,令 $y'=0$,得 $x_1=-1$,$x_2=3$.

列表,得

| $x$ | $(-\infty,-1)$ | $-1$ | $(-1,3)$ | $3$ | $(3,+\infty)$ |
|---|---|---|---|---|---|
| $y'$ | $+$ | $0$ | $-$ | $0$ | $+$ |
| $y$ | 单调增加 | 极大值 8 | 单调减少 | 极小值 $-24$ | 单调增加 |

由上表知,该函数的极大值为 $y(-1)=8$,极小值为 $y(3)=-24$.

8. 解    (1) 因为 $f'_-(0)=\lim\limits_{x\to0^-}\dfrac{f(x)-f(0)}{x}=\lim\limits_{x\to0^-}\dfrac{-x^3}{x}=0$,$f'_+(0)=\lim\limits_{x\to0^+}\dfrac{f(x)-f(0)}{x}=\lim\limits_{x\to0^+}\dfrac{x\arctan x}{x}=0$,

由 $f'_-(0)=f'_+(0)$,所以 $f'(0)=0$.

(2) 当 $x<0$ 时,$f'(x)=-3x^2<0$;当 $x>0$ 时,$f'(x)=\arctan x+\dfrac{x}{1+x^2}>0$.

所以 $f(x)$ 的单调增加区间为 $(0,+\infty)$,单调减少区间为 $(-\infty,0)$.

9. 解　由于 $y=f(x)$ 为 $y''-2y'+4y=0$ 的解，从而 $f''(x)-2f'(x)+4f(x)=0$.

特别地，当 $f(x_0)>0$ 时，上述方程可以化为 $f''(x_0)+4f(x_0)=0$，$f''(x_0)=-4f(x_0)<0$.

由极值的第二充分条件可以得知，$x_0$ 为 $f(x)$ 的极值点，且为极大值点. 即 $f(x)$ 在点 $x_0$ 处取得极大值.

10. 解　$y'=\dfrac{2x}{x^2+1}$，$y''=\dfrac{(x^2+1)\cdot 2-2x\cdot 2x}{(x^2+1)^2}=\dfrac{2(1-x^2)}{(x^2+1)^2}$.

令 $y''=0$，得 $1-x^2=0$，$x=\pm 1$. 函数无二阶导数不存在的点.

点 $x=1$ 和 $x=-1$ 把 $(-\infty,+\infty)$ 分成三部分：在 $(-\infty,-1)$ 和 $(1,+\infty)$ 上，$y''<0$，曲线是凸的；在 $(-1,1)$ 上，$y''>0$，曲线是凹的；当 $x=\pm 1$ 时，$y=\ln 2$.

故点 $(-1,\ln 2)$ 和 $(1,\ln 2)$ 是曲线的拐点.

## 四、应用题

1. 解　总利润 $L(x)=p(x)\cdot x-C(x)=(800-x)\cdot x-(2000+10x)=-x^2+790x-2000$.

因为 $L'(x)=-2x+790$，令 $L'(x)=0$，得唯一驻点 $x=395$，又因为 $L''(x)=-2<0$，所以 $x=395$ 为唯一极（大）

值点，从而为最大值点，且 $L(395)=154025$.

所以厂商生产收音机 395 台时，所获得的利润最大，最大利润是 154025 元.

2. 解　设直角三角形的一条直角边长为 $x$. 则直角三角形的面积 $S=\dfrac{1}{2}x\cdot\sqrt{l^2-x^2}$.

令 $\dfrac{\mathrm{d}S}{\mathrm{d}x}=\dfrac{1}{2}\sqrt{l^2-x^2}+\dfrac{-2x^2}{4\sqrt{l^2-x^2}}=0$，解得 $x=\sqrt{\dfrac{l^2}{2}}=\dfrac{l}{\sqrt{2}}$.

由实际问题得，该直角三角形的面积一定有最大值，所以唯一的驻点即为最大值点.

$S_{\max}=\dfrac{1}{2}\sqrt{\dfrac{l^2}{2}}\cdot\sqrt{l^2-\dfrac{l^2}{2}}=\dfrac{l^2}{4}$，所以斜边长为定长 $l$ 的直角三角形的最大面积为 $\dfrac{l^2}{4}$.

## 五、证明题

1. 证　令 $f(x)=\ln(1+x)-x+\dfrac{x^2}{2}$，则 $f(0)=0$，$f'(x)=\dfrac{1}{1+x}-1+x=\dfrac{x^2}{1+x}$.

因为 $-1<x<0$，所以 $1+x>0$，从而 $f'(x)>0$，这说明 $f(x)$ 在 $(-1,0)$ 上单调增加，

所以 $f(x)<f(0)=0$，故 $\ln(1+x)-x+\dfrac{x^2}{2}<0$，即 $\ln(1+x)<x-\dfrac{x^2}{2}$.

2. 证　当 $0<b<a$ 时，令 $f(x)=\ln x-\dfrac{x}{a}$，显然 $f(x)$ 在 $[b,a]$ 上连续，在 $(b,a)$ 内 $f'(x)=\dfrac{1}{x}-\dfrac{1}{a}>0$，

所以 $f(x)$ 在 $[b,a]$ 上单调增加，即有 $f(b)<f(a)$，从而 $\ln b-\dfrac{b}{a}<\ln a-1$，即 $\ln a-\ln b>1-\dfrac{b}{a}$，

也就是 $\ln\dfrac{a}{b}>\dfrac{a-b}{a}$.

又因为当 $0<b=a$ 时，$\ln\dfrac{a}{b}=0=\dfrac{a-b}{a}$，故当 $0<b\leqslant a$ 时，$\ln\dfrac{a}{b}\geqslant\dfrac{a-b}{a}$.

3. 证　设 $f(x)=x^a-ax-1+a$，则 $f(1)=0$，$f'(x)=ax^{a-1}-a=a(x^{a-1}-1)$.

当 $0<x<1$ 时，$f'(x)>0$，$f(x)$ 单调增加，所以 $f(x)<f(1)=0$；

当 $x>1$ 时，$f'(x)<0$，$f(x)$ 单调减少，所以 $f(x)<f(1)=0$.

综上，当 $x>0$ 时，$f(x)\leqslant f(1)=0$，即 $x^a-ax\leqslant 1-a$.

4. 证　(1) 令 $F(x)=f(x)-x$，则 $F(x)$ 在 $[0,1]$ 上连续，且有 $F\left(\dfrac{1}{2}\right)=\dfrac{1}{2}>0$，$F(1)=-1<0$.

所以，存在 $\xi\in\left(\dfrac{1}{2},1\right)$，使得 $F(\xi)=0$，即 $f(\xi)=\xi$.

(2) 令 $G(x)=\mathrm{e}^{-x}[f(x)-x]$，那么 $G(0)=G(\xi)=0$.

这样，存在 $\eta\in(0,\xi)$，使得 $G'(\eta)=0$，即 $G'(\eta)=\mathrm{e}^{-\eta}[f'(\eta)-1]-\mathrm{e}^{-\eta}[f(\eta)-\eta]=0$，

也即 $f'(\eta)=f(\eta)-\eta+1$.

5. 证　设 $F(x)=a_1\sin x+\dfrac{a_2}{3}\sin 3x+\cdots+\dfrac{a_n}{2n-1}\sin(2n-1)x$，则

$$F'(x) = a_1\cos x + a_2\cos 3x + \cdots + a_n\cos(2n-1)x,$$

$$F(0) = 0, F\left(\frac{\pi}{2}\right) = a_1 - \frac{a_2}{3} + \frac{a_3}{5} + \cdots + (-1)^{n-1}\frac{a_n}{2n-1} = 0.$$

由罗尔定理知,至少存在一点 $\xi \in \left(0, \frac{\pi}{2}\right)$,使得 $F'(\xi) = 0$,

即方程 $a_1\cos x + a_2\cos 3x + \cdots + a_n\cos(2n-1)x = 0$ 在 $\left(0, \frac{\pi}{2}\right)$ 内至少有一个实根.

# 第四章检测训练 A

**一、选择题**

1. C　解　根据不定积分的定义可得 $f(x) = \left[\int f(x)\mathrm{d}x\right]' = \mathrm{e}^{-2x} + x\mathrm{e}^{-2x}(-2) = \mathrm{e}^{-2x}(1-2x)$.

2. C　解　根据不定积分和求导数(或微分)运算互为可逆的性质知,选项 C 应改为 $\int f'(x)\mathrm{d}x = f(x) + C$.

3. C　解　由原函数的概念知 $f(x) = (\sin x)' = \cos x$,根据分部积分公式和基本积分公式计算不定积分可得

$$f(x) = \int xf'(x)\mathrm{d}x = \int x\mathrm{d}f(x) = \int x\mathrm{d}\cos x = x\cos x - \sin x + C.$$

4. D　解　选项 D: $(\ln 3x)' = \frac{1}{3x} \cdot 3 = \frac{1}{x}$, $(\ln x)' = \frac{1}{x}$.

5. C　解　利用不定积分的第一类换元法可得

$$\int xf(x^2)\mathrm{d}x = \frac{1}{2}\int f(x^2)\mathrm{d}x^2 = \frac{1}{2}\int f(u)\mathrm{d}u = \frac{1}{2}u\sin u^2 + C = \frac{1}{2}x^2\sin x^4 + C.$$

6. C　解　利用第一类换元积分法可得 $\int \frac{\ln x}{x}\mathrm{d}x = \int \ln x\mathrm{d}(\ln x) = \frac{1}{2}\ln^2 x + C$.

7. B　解　由原函数的概念知 $f(x) = \left(\frac{1}{x}\right)' = -\frac{1}{x^2}$,所以 $f'(x) = \frac{2}{x^3}$.

8. C　解　原式 $= \frac{1}{2}\int x^2\mathrm{e}^{x^2}\mathrm{d}(x^2) \xrightarrow{x^2 = u} \frac{1}{2}\int u\mathrm{e}^u\mathrm{d}(u) = \frac{1}{2}\int u\mathrm{d}(\mathrm{e}^u)$

$$= \frac{1}{2}\left(u\mathrm{e}^u - \int \mathrm{e}^u\mathrm{d}u\right) = \frac{1}{2}(u\mathrm{e}^u - \mathrm{e}^u) + C = \frac{1}{2}\mathrm{e}^{x^2}(x^2 - 1) + C.$$

9. B　解　$\int 2^{x+1}\mathrm{d}x = \int 2 \cdot 2^x\mathrm{d}x = 2\int 2^x\mathrm{d}x = 2 \cdot \frac{2^x}{\ln 2} + C = \frac{2}{\ln 2} \cdot 2^x + C$.

10. C　解　由导数的公式得 $f'(x) = \mathrm{e}^x$,根据第一类换元积分法得

$$\int \frac{f'(\ln x)}{x}\mathrm{d}x = \int f'(\ln x)\mathrm{d}(\ln x) \xrightarrow{\text{令} \ln x = t, \text{则} x = \mathrm{e}^t} \int f'(t)\mathrm{d}t = \int \mathrm{e}^t\mathrm{d}t = \mathrm{e}^t + C = x + C.$$

**二、填空题**

1. $f(x)$　解　$\frac{\mathrm{d}}{\mathrm{d}x}\left[\int f(x)\mathrm{d}x\right] = f(x)$.

2. $x + \frac{1}{x}$　解　方程两边同时求导,得 $f(\sqrt{x}) \cdot \frac{1}{\sqrt{x}} = 1 + \frac{1}{x}$,令 $t = \sqrt{x}$,则 $f(t) \cdot \frac{1}{t} = 1 + \frac{1}{t^2} \Rightarrow f(t) = t + \frac{1}{t}$,

即 $f(x) = x + \frac{1}{x}$.

3. $\cos 2x$　解　$f(x) = \left[\int f(x)\mathrm{d}x\right]' = (\sin x\cos x + C)' = \cos^2 x - \sin^2 x = \cos 2x$.

4. $\frac{2}{7}x^{\frac{7}{2}} - \frac{10}{3}x^{\frac{3}{2}} + C$　解　利用直接积分法可得

$$\int \sqrt{x}(x^2 - 5)\mathrm{d}x = \int (x^{\frac{5}{2}} - 5x^{\frac{1}{2}})\mathrm{d}x = \frac{2}{7}x^{\frac{7}{2}} - \frac{10}{3}x^{\frac{3}{2}} + C.$$

5. $\frac{1}{4}\arctan\frac{x}{4} + C$　解　利用公式 $\int \frac{1}{a^2 + x^2}\mathrm{d}x = \frac{1}{a}\arctan\frac{x}{a} + C$ 可得.

6. $\ln(2+\mathrm{e}^x)+C$　　解　　利用第一类换元积分法和基本积分公式可得

$$\int \frac{\mathrm{e}^x}{2+\mathrm{e}^x}\mathrm{d}x = \int \frac{1}{2+\mathrm{e}^x}\mathrm{d}(2+\mathrm{e}^x) = \ln(2+\mathrm{e}^x)+C.$$

7. $-\dfrac{1}{x}\ln x+C$　　解　　原式 $=\int \ln x\,\mathrm{d}\left(-\dfrac{1}{x}\right)-\int \dfrac{1}{x^2}\mathrm{d}x = -\dfrac{1}{x}\ln x+\int \dfrac{1}{x^2}\mathrm{d}x-\int \dfrac{1}{x^2}\mathrm{d}x = -\dfrac{1}{x}\ln x+C.$

8. $x^2+x+2$　　解　　令 $\ln x=t$，则 $f'(\ln x)=1+2\ln x$，化为 $f'(t)=1+2t$，故 $f'(x)=1+2x$.

积分得 $f(x)=x+x^2+C$，又因为 $f(0)=2$，故 $C=2$，所以 $f(x)=x+x^2+2.$

9. $\ln|x+\cos x|+C$　　解　　$\displaystyle\int \frac{1-\sin x}{x+\cos x}\mathrm{d}x = \int \frac{1}{x+\cos x}\mathrm{d}(x+\cos x) = \ln|x+\cos x|+C.$

10. $x\mathrm{e}^x-\mathrm{e}^x+C$　　解　　令 $\ln x=t$，则 $x=\mathrm{e}^t$，$f(t)=\mathrm{e}^t$，即 $f(x)=\mathrm{e}^x$，所以有

$$\int xf(x)\mathrm{d}x = \int x\mathrm{e}^x\mathrm{d}x = x\mathrm{e}^x-\mathrm{e}^x+C.$$

### 三、解答题

1. 解　　令 $\ln x=t$，则 $x=\mathrm{e}^t$，$f'(t)=1+\mathrm{e}^t$，根据原函数的概念，两边同时取不定积分得 $f(t)=t+\mathrm{e}^t+C$，

故 $f(x)=x+\mathrm{e}^x+C.$

2. 解　　对 $\displaystyle\int xf(x)\mathrm{d}x = \arcsin x+C$ 两边同时求导可得 $xf(x)=\dfrac{1}{\sqrt{1-x^2}}$，即 $\dfrac{1}{f(x)}=x\sqrt{1-x^2}$，故 $I=\displaystyle\int \frac{1}{f(x)}\mathrm{d}x =$

$$\int x\sqrt{1-x^2}\,\mathrm{d}x = -\frac{1}{3}(1-x^2)^{\frac{3}{2}}+C.$$

3. 解　　根据第一类换元积分法可得

$$\int x\sqrt[3]{3-2x^2}\,\mathrm{d}x = -\frac{1}{4}\int \sqrt[3]{3-2x^2}\,\mathrm{d}(3-2x^2) \xrightarrow{\text{令}\,u=3-2x^2} -\frac{1}{4}\int u^{\frac{1}{3}}\mathrm{d}u$$

$$= -\frac{1}{4}\times\frac{3}{4}u^{\frac{4}{3}}+C = -\frac{3}{16}(3-2x^2)^{\frac{4}{3}}+C.$$

4. 解　　$\displaystyle\int \frac{\mathrm{e}^x}{1+\mathrm{e}^x}\mathrm{d}x = \int \frac{1}{1+\mathrm{e}^x}\mathrm{d}(1+\mathrm{e}^x) = \ln(1+\mathrm{e}^x)+C.$

5. 解　　$\displaystyle\int 2^x\mathrm{e}^x\mathrm{d}x = \int (2\mathrm{e})^x\mathrm{d}x = \frac{(2\mathrm{e})^x}{\ln(2\mathrm{e})}+C = \frac{(2\mathrm{e})^x}{\ln 2+1}+C.$

6. 解　　$\displaystyle\int \mathrm{e}^x 5^{-x}\mathrm{d}x = \int \left(\frac{\mathrm{e}}{5}\right)^x\mathrm{d}x = \frac{\left(\dfrac{\mathrm{e}}{5}\right)^x}{\ln\dfrac{\mathrm{e}}{5}}+C = \frac{\mathrm{e}^x\cdot 5^{-x}}{1-\ln 5}+C.$

7. 解　　设 $u=1-x^2$，则 $\mathrm{d}u=-2x\mathrm{d}x$，即 $-\dfrac{1}{2}\mathrm{d}u=x\mathrm{d}x.$

因此，$\displaystyle\int x\sqrt{1-x^2}\,\mathrm{d}x = \int u^{\frac{1}{2}}\cdot\left(-\frac{1}{2}\right)\mathrm{d}u = -\frac{1}{2}\frac{u^{\frac{3}{2}}}{\dfrac{3}{2}}+C = -\frac{1}{3}u^{\frac{3}{2}}+C.$

代回原变量得 $\displaystyle\int x\sqrt{1-x^2}\,\mathrm{d}x = -\frac{1}{3}(1-x^2)^{\frac{3}{2}}+C.$

8. 解法一

$$\int x^3\cdot\sqrt{1+x^2}\,\mathrm{d}x = \frac{1}{2}\int x^2\cdot\sqrt{1+x^2}\,\mathrm{d}x^2 = \frac{1}{2}\int (1+x^2-1)\cdot\sqrt{1+x^2}\,\mathrm{d}(1+x^2-1)$$

$$= \frac{1}{2}\int (1+x^2)^{\frac{3}{2}}\mathrm{d}(1+x^2) - \frac{1}{2}\int (1+x^2)^{\frac{1}{2}}\mathrm{d}(1+x^2)$$

$$= \frac{1}{5}(1+x^2)^{\frac{5}{2}} - \frac{1}{3}(1+x^2)^{\frac{3}{2}}+C = \frac{1}{15}(3x^4+x^2-2)\sqrt{1+x^2}+C.$$

解法二　　设 $x=\tan t$，则 $\mathrm{d}x=\sec^2 t\mathrm{d}t$，于是

$$\int x^3\cdot\sqrt{1+x^2}\,\mathrm{d}x = \int \tan^3 t\cdot\sec^3 t\mathrm{d}t = \int \tan^2 t\cdot\sec^2 t\mathrm{d}(\sec t)$$

$$= \int (\sec^4 t-\sec^2 t)\mathrm{d}(\sec t) = \frac{1}{5}\sec^5 t-\frac{1}{3}\sec^3 t+C$$

$$= \frac{1}{5}(1+x^2)^{\frac{5}{2}} - \frac{1}{3}(1+x^2)^{\frac{3}{2}} + C = \frac{1}{15}(3x^4+x^2-2)\sqrt{1+x^2} + C.$$

**9. 解** 根据分部积分法可得

$$原式 = \frac{1}{3}\int \arctan x \, dx^3 = \frac{1}{3}\left(x^3 \arctan x - \int x^3 \cdot \frac{1}{1+x^2}dx\right) = \frac{1}{3}x^3\arctan x - \frac{1}{3}\int x\,dx + \frac{1}{3}\int \frac{x}{1+x^2}dx$$

$$= \frac{1}{3}x^3\arctan x - \frac{x^2}{6} + \frac{1}{6}\ln(1+x^2) + C.$$

**10. 解** 令 $\sqrt{x} = t$，则原式 $= 2\int \arcsin t \, dt = 2t\arcsin t - 2\int t \cdot \frac{1}{\sqrt{1-t^2}}dt$

$$= 2t\arcsin t + 2\sqrt{1-t^2} + C = 2\sqrt{x}\arcsin\sqrt{x} + 2\sqrt{1-x} + C.$$

**11. 解** $\int x\sin x \, dx = -\int x\,d\cos x = -x \cdot \cos x + \int \cos x \, dx = -x \cdot \cos x + \sin x + C.$

**12. 解** $\int (\arcsin x)^2 \, dx = x(\arcsin x)^2 - \int \frac{2x\arcsin x}{\sqrt{1-x^2}}dx = x(\arcsin x)^2 + \int \frac{\arcsin x}{\sqrt{1-x^2}}d(1-x^2)$

$$= x(\arcsin x)^2 + 2\sqrt{1-x^2}\arcsin x - \int 2\,dx = x(\arcsin x)^2 + 2\sqrt{1-x^2}\arcsin x - 2x + C.$$

**13. 解** $\int \frac{\ln\ln x}{x}dx = \int \ln\ln x \, d\ln x \xrightarrow{\text{令}\ln x = t} \int \ln t \, dt = t\ln t - \int t \cdot \frac{1}{t}dt = t(\ln t - 1) + C = \ln x(\ln\ln x - 1) + C.$

**14. 解** $\int x^2 e^{-x} \, dx = -\int x^2 \, de^{-x} = -x^2 e^{-x} + \int 2x e^{-x} \, dx = -x^2 e^{-x} - 2\int x \, de^{-x} = -x^2 e^{-x} - 2x e^{-x} + 2\int e^{-x} \, dx$

$$= -x^2 e^{-x} - 2x e^{-x} - 2e^{-x} + C = e^{-x}(-x^2-2x-2) + C.$$

**15. 解** $\int \frac{x+(\arctan x)^2}{1+x^2}dx = \int\left[\frac{x}{1+x^2} + \frac{(\arctan x)^2}{1+x^2}\right]dx = \frac{1}{2}\ln(1+x^2) + \frac{1}{3}(\arctan x)^3 + C.$

## 第四章检测训练 B

### 一、选择题

**1. A** **解** 根据不定积分和求导（或微分）运算互为可逆的性质知选项 A 正确.

**2. D** **解** 由原函数的定义可知 $f(x) - g(x) = C$，故排除选项 A、选项 B 和选项 C.

**3. A** **解** 因为 $f(x) = (\ln x)' = \frac{1}{x}$，又因为 $(\ln ax)' = \frac{1}{ax} \cdot a = \frac{1}{x}$，故选项 A 正确.

**4. A** **解** 由第一类换元积分法和不定积分的性质得 $\int f'(2x)dx = \frac{1}{2}\int f'(2x)d(2x) = \frac{1}{2}f(2x) + C.$

**5. D** **解** 利用第一类换元积分法和基本积分公式计算不定积分可得

$$\int \frac{1}{\sqrt{a^2-x^2}}dx = \frac{1}{a}\int \frac{1}{\sqrt{1-\left(\frac{x}{a}\right)^2}}dx = \int \frac{1}{\sqrt{1-\left(\frac{x}{a}\right)^2}}d\left(\frac{x}{a}\right) = \arcsin\frac{x}{a} + C.$$

**6. A** **解** 设 $u = x^2$，则 $xf'(x^2)dx = \frac{1}{2}f'(x^2)dx^2 = \frac{1}{2}f'(u)du = \frac{1}{2}df(u)$，

所以 $\int xf(x^2)f'(x^2)dx = \frac{1}{2}\int f(u)df(u) = \frac{1}{4}[f(u)]^2 + C = \frac{1}{4}[f(x^2)]^2 + C.$

**7. B** **解** 因为 $f'(x) = \sin x$，则 $f(x) = -\cos x + C_1$，$\int f(x)dx = -\sin x + C_1 x + C_2$，

取 $C_1 = 0$，$C_2 = 1$，可知选项 B 正确.

**8. B** **解** 这是考查原函数的定义和不定积分换元积分法的基本概念题.

因为 $\int f(x)dx = F(x) + C$（原函数的概念），所以又 $\int e^{-x}f(e^{-x})dx = -\int f(e^{-x})de^{-x} = -F(e^{-x}) + C.$

**9. D** **解** 根据原函数的概念，若是同一函数的原函数，则代表它们的导数相同. 考查各选项的导数，可得

选项 A 中，$(\arctan x)' = \frac{1}{1+x^2}$，$(\operatorname{arccot} x)' = -\frac{1}{1+x^2}$；

选项 B 中，$\left[\ln(x+5)\right]' = \dfrac{1}{x+5}$，$(\ln 5x)' = \dfrac{1}{x}$；

选项 C 中，$\left(\dfrac{3^x}{\ln 2}\right)' = \dfrac{3^x \ln 3}{\ln 2}$，$(3^x + \ln 2)' = 3^x \ln 3$；

选项 D 中，$(\ln 3x)' = \dfrac{1}{x}$，$(\ln x)' = \dfrac{1}{x}$.

10. C　解　令 $x^2 = t$，则有 $f'(t) = \ln\sqrt{t} = \dfrac{1}{2}\ln t$，即 $f'(x) = \dfrac{1}{2}\ln x$.

两边同时积分可得 $f(x) = \dfrac{1}{2}\displaystyle\int \ln x\, \mathrm{d}x = \dfrac{1}{2}x\ln x - \dfrac{x}{2} + C$.

**二、填空题**

1. $x\mathrm{e}^x$　解　方程两边同时求导得 $f(x+1) = \mathrm{e}^{x+1} + x\mathrm{e}^{x+1} = (1+x)\mathrm{e}^{x+1}$，所以 $f(x) = x\mathrm{e}^x$.

2. $f(x)\mathrm{d}x$　解　根据不定积分和求导数（或微分）运算互为可逆的性质知

$$\mathrm{d}\left[\int f(x)\mathrm{d}x\right] = \left[\int f(x)\mathrm{d}x\right]' \mathrm{d}x = f(x)\mathrm{d}x.$$

3. $-\dfrac{1}{2}\mathrm{e}^{-x^2} + C$　解　根据第一类换元积分法得 $\displaystyle\int x\mathrm{e}^{-x^2}\mathrm{d}x = -\dfrac{1}{2}\displaystyle\int \mathrm{e}^{-x^2}\mathrm{d}(-x^2) = -\dfrac{1}{2}\mathrm{e}^{-x^2} + C$.

4. $-\cot x \cdot \ln\sin x - \cot x - x + C$　解　原式 $= -\displaystyle\int \ln\sin x\, \mathrm{d}\cot x = -\cot x \cdot \ln\sin x + \displaystyle\int \cot x \cdot \dfrac{\cos x}{\sin x}\mathrm{d}x = -\cot x \cdot \ln\sin x$

$+ \displaystyle\int (\csc^2 x - 1)\mathrm{d}x = -\cot x \cdot \ln\sin x - \cot x - x + C$.

5. $\dfrac{1}{4}\arctan\dfrac{x}{4} + C$　解　利用公式 $\displaystyle\int \dfrac{1}{a^2 + x^2}\mathrm{d}x = \dfrac{1}{a}\arctan\dfrac{x}{a} + C$ 可得.

6. $\mathrm{e}^{\sin x}$　解　根据已知条件得 $\displaystyle\int \cos x\, \mathrm{d}x = \ln f(x) + C$，从而 $\ln f(x) + C = \sin x$，因为 $f(0) = 1$，所以 $C = 0$，则 $f(x) = \mathrm{e}^{\sin x}$.

7. $\dfrac{1}{2}\ln^2 x + \ln x + C$　解　令 $\mathrm{e}^x = t$，所以 $x = \ln t$，于是 $f(t) = \ln t + 1$，也即 $f(x) = \ln x + 1$，从而

$$\int \dfrac{f(x)}{x}\mathrm{d}x = \int \dfrac{\ln x + 1}{x}\mathrm{d}x = \int (\ln x + 1)\mathrm{d}\ln x = \dfrac{1}{2}\ln^2 x + \ln x + C.$$

8. $f(x)\mathrm{d}x$　解　根据不定积分和求导数（或微分）运算互为可逆的性质知

$$\mathrm{d}\left[\int f(x)\mathrm{d}x\right] = \left[\int f(x)\mathrm{d}x\right]' \mathrm{d}x = f(x)\mathrm{d}x.$$

9. $-\dfrac{2^{-x^2}}{2\ln 2} + C$　解　根据第一类换元积分法得 $\displaystyle\int x\, 2^{-x^2}\mathrm{d}x = -\dfrac{1}{2}\displaystyle\int 2^{-x^2}\mathrm{d}(-x^2) = -\dfrac{2^{-x^2}}{2\ln 2} + C$.

10. $x^2 f'(x) - 2x f(x) + 2\displaystyle\int f(x)$　解　$\displaystyle\int x^2 f''(x)\mathrm{d}x = \displaystyle\int x^2 \mathrm{d}f'(x) = x^2 f'(x) - \displaystyle\int 2x \cdot f'(x)\mathrm{d}x = x^2 f'(x) -$

$2\displaystyle\int x\,\mathrm{d}f(x) = x^2 f'(x) - 2x f(x) + 2\displaystyle\int f(x)\mathrm{d}x.$

**三、解答题**

1. 解　此题可以用第一类换元积分法来求，换元过程可以省略.

$$\int \sqrt{\dfrac{\arcsin x}{1-x^2}}\,\mathrm{d}x = \int \dfrac{\sqrt{\arcsin x}}{\sqrt{1-x^2}}\mathrm{d}x = \int \sqrt{\arcsin x}\,\mathrm{d}\arcsin x = \dfrac{2}{3}\arcsin^{\frac{3}{2}} x + C.$$

2. 解　$\displaystyle\int \sqrt{x}\,(x^2 - 5)\mathrm{d}x = \displaystyle\int (x^{\frac{5}{2}} - 5x^{\frac{1}{2}})\mathrm{d}x = \displaystyle\int x^{\frac{5}{2}}\mathrm{d}x - \displaystyle\int 5x^{\frac{1}{2}}\mathrm{d}x = \dfrac{2}{7}x^{\frac{7}{2}} - \dfrac{10}{3}x^{\frac{3}{2}} + C.$

3. 解　$\displaystyle\int (\mathrm{e}^x - 3\cos x)\mathrm{d}x = \mathrm{e}^x - 3\sin x + C.$

4. 解　$\displaystyle\int \sin^2\dfrac{x}{2}\mathrm{d}x = \displaystyle\int \dfrac{1}{2}(1 - \cos x)\mathrm{d}x = \dfrac{1}{2}(x - \sin x) + C.$

5. 解　$\displaystyle\int \dfrac{(\sqrt{a} - \sqrt{x})^2}{x}\mathrm{d}x = \displaystyle\int \dfrac{a - 2\sqrt{a}\cdot\sqrt{x} + x}{x}\mathrm{d}x = a\displaystyle\int \dfrac{1}{x}\mathrm{d}x - 2\sqrt{a}\displaystyle\int x^{-\frac{1}{2}}\mathrm{d}x + \displaystyle\int \mathrm{d}x$

$$= a\ln|x| - 4\sqrt{a}\, x^{\frac{1}{2}} + x + C.$$

6.解 $\displaystyle\int \sin^3 x \cos^2 x \, dx = \int \sin^2 x \cos^2 x \sin x \, dx = \int (1 - \cos^2 x) \cos^2 x (-d\cos x)$

$$= -\int (\cos^2 x - \cos^4 x) d\cos x = \frac{1}{5} \cos^5 x - \frac{1}{3} \cos^3 x + C.$$

7.解 因为 $f'(\mathrm{e}^x) = 1 + \mathrm{e}^{3x}$,若设 $u = \mathrm{e}^x$,则 $f'(u) = 1 + u^3$. 把变量 $u$ 改成 $x$,即得 $f'(x) = 1 + x^3$.

所以 $f(x)$ 是 $1 + x^3$ 的一个原函数.

而 $\displaystyle\int (1 + x^3) dx = \int dx + \int x^3 dx = x + \frac{x^4}{4} + C$,故 $f(x) = x + \frac{x^4}{4} + C$.

又因为 $f(1) = \dfrac{9}{4}$,从而 $C = 1$. 因此 $f(x) = x + \dfrac{x^4}{4} + 1$.

8.解 利用第一类换元积分法得

$$\int \frac{\arctan \dfrac{1}{x}}{1 + x^2} dx = -\int \frac{\arctan \dfrac{1}{x}}{1 + \dfrac{1}{x^2}} \cdot \frac{1}{x^2} dx = -\int \arctan \frac{1}{x} d\left(\arctan \frac{1}{x}\right) = -\frac{1}{2}\left(\arctan \frac{1}{x}\right)^2 + C.$$

9.解 令 $x = 2\sin u$,则 $dx = 2\cos u\, du$,于是

$$\int x^3 \sqrt{4 - x^2}\, dx = \int 8\sin^3 u \cdot 2\cos u\, du = 32\int \cos^2 u \sin^3 u\, du$$

$$= 32\int \cos^2 u (\cos^2 u - 1) d\cos u = 32\int (\cos^4 u - \cos^2 u) d\cos u$$

$$= \frac{32}{5} \cos^5 u - \frac{32}{3} \cos^3 u + C = \frac{1}{5}(4 - x^2)^{\frac{5}{2}} - \frac{4}{3}(4 - x^2)^{\frac{3}{2}} + C.$$

10.解 根据分部积分公式可得

$$\int \frac{\ln x - 1}{x^2} dx = \int \frac{\ln x}{x^2} dx - \int \frac{1}{x^2} dx = -\int \ln x\, d\left(\frac{1}{x}\right) + \frac{1}{x} = -\frac{1}{x}\ln x + \int \frac{1}{x} \cdot \frac{1}{x} dx + \frac{1}{x}$$

$$= -\frac{1}{x}\ln x - \frac{1}{x} + \frac{1}{x} + C = -\frac{1}{x}\ln x + C.$$

11.解法一 $\displaystyle\int \frac{x \cos x}{\sin^3 x} dx = -\int x\, d\left(\frac{\cot^2 x}{2}\right) = -\frac{x}{2}\cot^2 x + \int \frac{\cot^2 x}{2} dx = -\frac{x}{2}\cot^2 x + \frac{1}{2}\int (\csc^2 x - 1) dx + C$

$$= -\frac{x}{2}\cot^2 x - \frac{1}{2}\cot x - \frac{1}{2}x + C.$$

解法二 $\displaystyle\int \frac{x \cos x}{\sin^3 x} dx = \int \frac{x \cos x}{\sin x \sin^2 x} dx = -\int \frac{x \cos x}{\sin x} d\cot x = -\int x \cot x\, d\cot x.$

令 $\cot x = u$,则上式为

$$-\int x \cot x\, d\cot x = -\int u\, \mathrm{arccot}\, u\, du = -\frac{1}{2}\int \mathrm{arccot}\, u\, du^2 = -\frac{1}{2}u^2 \mathrm{arccot}\, u + \frac{1}{2}\int u^2 \, d\mathrm{arccot}\, u$$

$$= -\frac{1}{2}u^2 \mathrm{arccot}\, u - \frac{1}{2}\int \frac{u^2}{1 + u^2} du = -\frac{1}{2}u^2 \mathrm{arccot}\, u - \frac{1}{2}\left(\int du - \int \frac{1}{1 + u^2} du\right)$$

$$= -\frac{1}{2}u^2 \mathrm{arccot}\, u - \frac{1}{2}(u + \mathrm{arccot}\, u) + C.$$

再将 $\cot x = u$ 回代上式得原式 $= -\dfrac{x}{2}\cot^2 x - \dfrac{1}{2}\cot x - \dfrac{1}{2}x + C.$

12.解 $\displaystyle\int \arctan x\, dx = x\arctan x - \int x\, d(\arctan x) = x\arctan x - \int \frac{x}{1 + x^2} dx = x\arctan x - \frac{1}{2}\ln(1 + x^2) + C.$

13.解 令 $\sqrt{x} = t$,则 $dx = 2t\, dt$,于是

$$\int \arcsin \sqrt{x}\, dx = \int 2t \arcsin t\, dt = t^2 \arcsin t - \int t^2\, d\arcsin t = t^2 \arcsin t - \int \frac{t^2}{\sqrt{1 - t^2}} dt.$$

令 $t = \sin u$,则 $dt = \cos u\, du$,于是

$$\int \frac{t^2}{\sqrt{1 - t^2}} dt = \int \frac{\sin^2 u}{\cos u} \cos u\, du = \frac{1}{2}\int (1 - \cos 2u) du = \frac{1}{2}u - \frac{1}{4}\sin 2u + C = \frac{1}{2}\arcsin t - \frac{1}{2}t \cdot \sqrt{1 - t^2} + C.$$

所以 $\int \arcsin\sqrt{x}\,\mathrm{d}x = t^2\arcsin t - \dfrac{1}{2}\arcsin t + \dfrac{1}{2}t\sqrt{1-t^2} + C = \left(x-\dfrac{1}{2}\right)\arcsin\sqrt{x} + \dfrac{1}{2}\sqrt{x-x^2} + C.$

14. 解　$\displaystyle\int \ln(x^2+1)\,\mathrm{d}x = x\ln(x^2+1) - \int x\,\mathrm{d}\ln(x^2+1) = x\ln(x^2+1) - \int x\cdot\dfrac{2x}{x^2+1}\,\mathrm{d}x$

$\qquad\qquad = x\ln(x^2+1) - 2\displaystyle\int\left(1-\dfrac{1}{x^2+1}\right)\mathrm{d}x = x\ln(x^2+1) - 2x + 2\arctan x + C.$

15. 解　先换元,然后再使用分部积分公式. 令 $\mathrm{e}^x = t$,则

$\displaystyle\int \mathrm{e}^{2x}\cos \mathrm{e}^x\,\mathrm{d}x = \int \mathrm{e}^x\cos \mathrm{e}^x\,\mathrm{d}\mathrm{e}^x = \int t\cos t\,\mathrm{d}t = \int t\,\mathrm{d}\sin t = t\sin t - \int\sin t\,\mathrm{d}t = t\sin t + \cos t + C = \mathrm{e}^x\sin \mathrm{e}^x + \cos \mathrm{e}^x + C.$

## 第五章检测训练 A

**一、选择题**

1. C　解　反证法. 假设 $f(x)$ 在 $[a,b]$ 上对于所有的点 $x$,都有 $f(x)\ne 0$,不妨设 $f(x)>0$,则 $\displaystyle\int_a^b f(x)\,\mathrm{d}x > 0$,这与题设矛盾,也即 $f(x)$ 在 $[a,b]$ 内至少有一点 $x$,使 $f(x)=0$.

2. C　解　根据定积分的性质,要比较定积分的大小,只需要在积分区间内,比较被积函数的大小即可.

3. D　解　由定积分的保序性知,当 $c\in(0,1)$ 时,$\displaystyle\int_c^1 f(t)\,\mathrm{d}t \le \int_c^1 g(t)\,\mathrm{d}t.$

4. C　解　因为 $f(x) = \begin{cases} x^2, & x>0, \\ x, & x\le 0, \end{cases}$ 则 $\displaystyle\int_{-1}^1 f(x)\,\mathrm{d}x = \int_0^1 x^2\,\mathrm{d}x + \int_{-1}^0 x\,\mathrm{d}x.$

**【名师点评】** 由于被积函数 $f(x) = \begin{cases} x^2, & x>0, \\ x, & x\le 0 \end{cases}$ 在区间 $[-1,0]$,$[0,1]$ 上的函数表达式不同,因此需要利用定积分的区间可加性计算.

5. D　解　因为 $\displaystyle\int_0^x f(t)\,\mathrm{d}t = a^{3x}$,则方程两边同时求导得 $f(x) = 3a^{3x}\ln a.$

6. D　解　根据变下限(为函数)定积分的求导公式可得 $\dfrac{\mathrm{d}}{\mathrm{d}x}\displaystyle\int_{2x}^{-1} f(t)\,\mathrm{d}t = \left[-\int_{-1}^{2x} f(t)\,\mathrm{d}t\right]' = -2f(2x).$

7. A　解　由 $\displaystyle\int_0^x (2t+3)\,\mathrm{d}t = (t^2+3t)\Big|_0^x = x^2+3x = 4$,得 $x^2+3x-4=0$,

所以 $x=1$ 或 $x=-4$(因为 $x>0$,所以舍去).

8. D　解　根据对称性,$\displaystyle\int_{-\frac{\pi}{2}}^{\frac{\pi}{2}} |\sin x|\,\mathrm{d}x = 2\int_0^{\frac{\pi}{2}}\sin x\,\mathrm{d}x = -2\cos x\Big|_0^{\frac{\pi}{2}} = 2.$

9. D　解　$\displaystyle\int_1^4 \dfrac{1}{\sqrt{x}} f(\sqrt{x})\,\mathrm{d}x \xrightarrow{\text{令}\ t=\sqrt{x}} \int_1^2 2f(t)\,\mathrm{d}t = 2\int_1^2 f(x)\,\mathrm{d}x = 2\cdot\left(\dfrac{2^4}{2} - \dfrac{1}{2}\right) = 15.$

10. A　解　$\displaystyle\int_0^\pi f(x)\,\mathrm{d}x = xf(x)\Big|_0^\pi - \int_0^\pi xf'(x)\,\mathrm{d}x.$

因为 $f(x) = \displaystyle\int_\pi^x \dfrac{\sin t}{t}\,\mathrm{d}t$,于是有 $f(\pi)=0$,$f'(x) = \dfrac{\sin x}{x}$,所以 $\displaystyle\int_0^\pi f(x)\,\mathrm{d}x = 0 - \int_0^\pi \sin x\,\mathrm{d}x = \cos x\Big|_0^\pi = -2.$

**二、填空题**

1. 正确　解　定积分的结果与积分变量无关.

2. $2x\cos x^2$　解　原式两边同时对 $x$ 求导得 $f(x) = 2x\cos x^2.$

3. $2x\sin x^2$　解　根据变上限(为函数)定积分的求导公式可得,$y' = \left(\displaystyle\int_0^{x^2}\sin t\,\mathrm{d}t\right)' = \sin x^2\cdot(x^2)' = 2x\sin x^2.$

4. 0　解　$\displaystyle\int_0^\pi \cos x\,\mathrm{d}x = \big[\sin x\big]_0^\pi = 0.$

5. $\dfrac{8}{3}$　解　$\displaystyle\int_0^2 f(x)\,\mathrm{d}x = \int_0^1 (x+1)\,\mathrm{d}x + \dfrac{1}{2}\int_1^2 x^2\,\mathrm{d}x = \left(\dfrac{1}{2}x^2+x\right)\Big|_0^1 + \dfrac{1}{6}x^3\Big|_1^2 = \dfrac{3}{2} + \dfrac{1}{6}(8-1) = \dfrac{8}{3}.$

6. $-2$　解　由函数在一点处连续的定义可知,$\displaystyle\lim_{x\to 0}\dfrac{1}{x}\int_x^0 \dfrac{\sin 2t}{t}\,\mathrm{d}t = \lim_{x\to 0}\dfrac{-\sin 2x}{x} = -2 = f(0) = a$,因此 $a=-2.$

**7.2 解** 根据第一类换元积分法和牛顿 - 莱布尼茨公式可得

$$\int_1^{e^3} \frac{1}{x\sqrt{1+\ln x}}dx = \int_1^{e^3} \frac{1}{\sqrt{1+\ln x}}d(1+\ln x) = 2\sqrt{1+\ln x}\Big|_1^{e^3} = 2.$$

**8.0 解** 根据对称区间上函数定积分的公式,若 $f(x)$ 在 $[-a,a]$ 上连续,则

$$\int_{-a}^a f(x)dx = \begin{cases} 0, & f(x) \text{ 为奇函数}, \\ 2\int_a^b f(x)dx, & f(x) \text{ 为偶函数}. \end{cases}$$

由于 $\int_{-1}^1 x^3\cos x\,dx$ 的被积函数 $x^3\cos x$ 为连续的奇函数,则 $\int_{-1}^1 x^3\cos x\,dx = 0$.

**9.$\dfrac{2}{3}$ 解** 因为 $(x^4+1)\sin x$ 为连续的奇函数,所以 $\int_{-1}^1(x^4+1)\sin x\,dx = 0$,根据对称区间上函数定积分的公式可得,

原式 $=\int_{-1}^1 x^2dx = \dfrac{x^3}{3}\Big|_{-1}^1 = \dfrac{2}{3}$.

**10.1 解** 因为 $|x|$ 是偶函数,$\sin^3 x$ 是奇函数,所以根据对称区间上函数定积分的公式可得

$$\int_{-1}^1(|x|+\sin^3 x)dx = \int_{-1}^1|x|dx + \int_{-1}^1\sin^3 x\,dx = 2\int_0^1 x\,dx = 1.$$

### 三、解答题

**1.解** 因为 $f(x)$ 连续,所以 $f(x)$ 在区间 $[0,1]$ 上可积.令 $I = \int_0^1 f(t)dt$,则 $f(x) = x + 2I$.

两边同时在 $[0,1]$ 上积分,得 $\int_0^1 f(x)dx = \int_0^1 x\,dx + 2I\int_0^1 dx = \dfrac{1}{2}x^2\Big|_0^1 + 2Ix\Big|_0^1 = \dfrac{1}{2} + 2I$,

即 $I = \dfrac{1}{2} + 2I$,$I = -\dfrac{1}{2}$,所以 $f(x) = x - 1$.

**2.解** 令 $f(x) = e^{x^2-x}$,则 $f(x)$ 在 $[0,2]$ 上可导,且 $f'(x) = e^{x^2-x}(2x-1)$,故 $f(x)$ 有唯一驻点 $x_0 = \dfrac{1}{2}$,

因而 $f(x)$ 在 $[0,2]$ 上的最大值 $M$ 与最小值 $m$ 分别为

$$M = \max\left\{f(0), f\left(\frac{1}{2}\right), f(2)\right\} = e^2, \quad m = \min\left\{f(0), f\left(\frac{1}{2}\right), f(2)\right\} = e^{\frac{1}{4}},$$

所以 $2e^{\frac{1}{4}} \leqslant \int_0^2 e^{x^2-x}dx \leqslant 2e^2$,不等式两端同乘以 $-1$,得 $-2e^2 \leqslant \int_2^0 e^{x^2-x}dx \leqslant -2e^{\frac{1}{4}}$.

**【名师点评】** 一方面,我们知道函数 $f(u) = e^u$ 在其定义域上是增函数,所以也可以通过求出函数 $u = x^2-x$ 在 $[0,2]$ 上的最值,进而求出函数 $f(x) = e^{x^2-x}$ 在 $[0,2]$ 上的最值;另一方面,解答本题需要特别注意由于要估计的积分上限比积分下限小,而估值定理中定积分的积分上限比积分下限大,于是必须应用公式 $\int_a^b f(x)dx = -\int_b^a f(x)dx$ 才能得出正确结论.

**3.解** $\int_1^2\left(x+\dfrac{1}{x}\right)^2 dx = \int_1^2\left(x^2+2+\dfrac{1}{x^2}\right)dx = \left(\dfrac{1}{3}x^3+2x-\dfrac{1}{x}\right)\Big|_1^2 = \dfrac{29}{6}$.

**4.解** $\int_{-2}^{-1}\dfrac{dx}{x} = [\ln|x|]_{-2}^{-1} = \ln 1 - \ln 2 = -\ln 2$.

**5.解** $\int_{-1}^3|2-x|dx = \int_{-1}^2(2-x)dx + \int_2^3(x-2)dx = \left(2x-\dfrac{x^2}{2}\right)\Big|_{-1}^2 + \left(\dfrac{x^2}{2}-2x\right)\Big|_2^3 = 4\dfrac{1}{2} + \dfrac{1}{2} = 5$.

**【名师点评】** 我们也可以通过第一类换元积分法求解本题.设 $2-x = t$,则

$$\int_{-1}^3|2-x|dx = -\int_3^{-1}|t|dt = \int_{-1}^3|t|dt = 2\int_0^1 t\,dt + \int_1^3 t\,dt = 1 + 4 = 5.$$

**6.解** 由 $x^2 = 1$ 得 $x = \pm 1$,即 $\max\{1,x^2\} = \begin{cases} x^2, & x < -1, \\ 1, & -1 \leqslant x < 1, \\ x^2, & x \geqslant 1, \end{cases}$ 故

$$\int_{-3}^4\max\{1,x^2\}dx = \int_{-3}^{-1}x^2dx + \int_{-1}^1 1\,dx + \int_1^4 x^2dx = \dfrac{1}{3}x^3\Big|_{-3}^{-1} + 2 + \dfrac{1}{3}x^3\Big|_1^4 = \dfrac{95}{3}.$$

**7.解**　根据积分区间的取值和定积分的可加性,去掉绝对值号后积分得

$$\int_0^{2\pi} |\sin x| \, dx = \int_0^{\pi} \sin x \, dx - \int_{\pi}^{2\pi} \sin x \, dx = -\cos x \Big|_0^{\pi} + \cos x \Big|_{\pi}^{2\pi} = 4.$$

**8.解**　$$\lim_{x \to 0} \frac{\int_{2x}^0 \sin t^2 \, dt}{x^3} = \lim_{x \to 0} \frac{-\sin(2x)^2 \cdot (2x)'}{3x^2} = -\frac{2}{3} \lim_{x \to 0} \frac{\sin 4x^2}{x^2} = -\frac{8}{3}.$$

**9.解**　$$\lim_{x \to 0} \frac{\int_0^x (\sqrt{1+t} - \sqrt{1+\sin t}) \, dt}{2x^4} \xlongequal{\frac{0}{0}} \lim_{x \to 0} \frac{\sqrt{1+x} - \sqrt{1+\sin x}}{8x^3}$$

$$= \lim_{x \to 0} \frac{x - \sin x}{8x^3} \cdot \lim_{x \to 0} \frac{1}{\sqrt{1+x} + \sqrt{1+\sin x}}$$

$$\xlongequal{\frac{0}{0}} \frac{1}{2} \lim_{x \to 0} \frac{1 - \cos x}{24x^2} = \frac{1}{2} \lim_{x \to 0} \frac{\frac{1}{2}x^2}{24x^2} = \frac{1}{96}.$$

**10.解**　(1)当 $x \neq 0$ 时,$F(x)$ 显然连续,问题的关键是研究 $F(x)$ 在 $x = 0$ 处的连续性.

因为 $$\lim_{x \to 0} \frac{\int_0^x tf(t) \, dt}{x^2} = \lim_{x \to 0} \frac{xf(x)}{2x} = \lim_{x \to 0} \frac{f(x)}{2} = \frac{f(0)}{2} = 0,$$

所以 $\lim_{x \to 0} F(x) = 0 = F(0)$,从而 $F(x)$ 在 $(-\infty, +\infty)$ 上连续.

(2)当 $x \neq 0$ 时,

$$F'(x) = \left[ \frac{\int_0^x tf(t) \, dt}{x^2} \right]' = \frac{x^2 \cdot xf(x) - 2x \int_0^x tf(t) \, dt}{x^4} = \frac{1}{x^3} \left[ x^2 f(x) - 2 \int_0^x tf(t) \, dt \right],$$

$$F'(0) = \lim_{x \to 0} \frac{F(x) - F(0)}{x} = \lim_{x \to 0} \frac{\int_0^x tf(t) \, dt}{x^3} = \lim_{x \to 0} \frac{xf(x)}{3x^2} = \frac{1}{3} f'(0) \quad (f(0) = 0).$$

**11.解**　根据第一类换元积分法和牛顿 - 莱布尼茨公式可得

$$\int_e^{e^3} \frac{\sqrt{1+\ln x}}{x} \, dx = \int_e^{e^3} \sqrt{1+\ln x} \, d(1+\ln x) = \frac{2}{3}(1+\ln x)^{\frac{3}{2}} \Big|_e^{e^3} = \frac{2}{3}(8 - 2\sqrt{2}).$$

**12.解**　根据分部积分公式和牛顿 - 莱布尼茨公式计算定积分可得

$$\int_1^e x \ln x \, dx = \frac{1}{2} \int_1^e \ln x \, d(x^2) = \frac{1}{2} \left[ x^2 \ln x \Big|_1^e - \int_1^e x^2 \cdot \frac{1}{x} \, dx \right] = \frac{1}{2}e^2 - \frac{1}{4}x^2 \Big|_1^e = \frac{1}{4}(e^2 + 1).$$

**13.解**　令 $\sqrt{e^x - 1} = t$,则 $x = \ln(t^2 + 1)$. 当 $x = \ln 2$ 时,$t = 1$;当 $x = \ln 4$ 时,$t = \sqrt{3}$;

故 $$\int_{\ln 2}^{\ln 4} \frac{dx}{\sqrt{e^x - 1}} = \int_1^{\sqrt{3}} \frac{1}{t} \cdot \frac{2t}{t^2 + 1} \, dt = 2 \int_1^{\sqrt{3}} \frac{1}{t^2 + 1} \, dt = 2 \arctan t \Big|_1^{\sqrt{3}} = 2\left( \frac{\pi}{3} - \frac{\pi}{4} \right) = \frac{\pi}{6}.$$

**四、应用题**

**1.解**　如图所示,所求面积为

$$A = \int_0^1 (\sqrt{x} - x^2) \, dx = \left( \frac{2}{3}x^{\frac{3}{2}} - \frac{1}{3}x^3 \right) \Big|_0^1 = \frac{1}{3}.$$

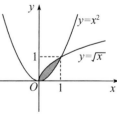

**2.解**　如图所示,所求面积为

$$A_1 = \int_0^a (\sqrt{x} + \sqrt{x}) \, dx = 2 \int_0^a \sqrt{x} \, dx = \frac{4}{3}x^{\frac{3}{2}} \Big|_0^a = \frac{4}{3}a^{\frac{3}{2}};$$

$$A_2 = \int_a^1 (\sqrt{x} + \sqrt{x}) \, dx = 2 \int_a^1 \sqrt{x} \, dx = \frac{4}{3}x^{\frac{3}{2}} \Big|_a^1 = \frac{4}{3}(1 - a^{\frac{3}{2}}).$$

由 $A_1 = A_2$ 知 $\frac{4}{3}a^{\frac{3}{2}} = \frac{4}{3}(1 - a^{\frac{3}{2}})$,所以 $a = \frac{1}{\sqrt[3]{4}}$.

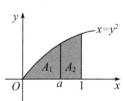

**3.解**　因为 $y = |\ln x| = \begin{cases} -\ln x, & 0 < x < 1, \\ \ln x, & x \geqslant 1, \end{cases}$ 所以

$$A = \int_{\frac{1}{e}}^1 (-\ln x) \, dx + \int_1^e \ln x \, dx = -(x \ln x - x) \Big|_{\frac{1}{e}}^1 + (x \ln x - x) \Big|_1^e = 2 - \frac{2}{e}.$$

**4.解** 抛物线 $y=1-x^2$ 即 $x^2=1-y$,其对称轴为 $y$ 轴,顶点为 $(0,1)$,开口方向朝下,故区域 $D$ 即为如图所示的阴影部分.

因此 $D$ 的面积 $A=\int_0^2|1-x^2|\mathrm{d}x=\int_0^1(1-x^2)\mathrm{d}x+\int_1^2(x^2-1)\mathrm{d}x$

$$=\left(x-\frac{x^3}{3}\right)\Big|_0^1+\left(\frac{x^3}{3}-x\right)\Big|_1^2=2.$$

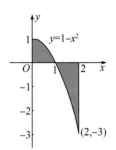

**5.解** 设切点 $A$ 的坐标为 $(t,\sqrt[3]{t})$,则曲线过点 $A$ 的切线方程为 $y-\sqrt[3]{t}=\dfrac{1}{3\sqrt[3]{t^2}}(x-t)$.

令 $y=0$,可得切线与 $x$ 轴交点的横坐标为 $x_0=-2t$,则切线与曲线及 $x$ 轴所围成的平面图形的面积为

$$A=\frac{1}{2}\sqrt[3]{t}\cdot[t-(-2t)]-\int_0^t\sqrt[3]{x}\,\mathrm{d}x$$

由题意解得 $t=1$,故点 $A$ 的坐标为 $(1,1)$.

**6.解** (1)总收入函数为 $R=\int_0^x\left[\dfrac{100}{(x+100)^2}+4000\right]\mathrm{d}x=\left(-\dfrac{100}{x+100}+4000x\right)\Big|_0^x$

$$=1-\frac{100}{x+100}+4000x=\frac{x}{x+100}+4000x;$$

(2)需求函数(即平均价格)$\overline{P}=\dfrac{R}{x}=\dfrac{1}{x+100}+4000.$

**五、证明题**

**1.证** 令 $F(x)=\int_a^x f(t)\mathrm{d}t+\int_b^x\dfrac{1}{f(t)}\mathrm{d}t$,则 $F(x)$ 在 $[a,b]$ 上连续,

$$F(a)=\int_a^a f(t)\mathrm{d}t+\int_b^a\frac{1}{f(t)}\mathrm{d}t=\int_b^a\frac{1}{f(t)}\mathrm{d}t=-\int_a^b\frac{1}{f(t)}\mathrm{d}t<0,$$

$$F(b)=\int_a^b f(t)\mathrm{d}t+\int_b^b\frac{1}{f(t)}\mathrm{d}t=\int_a^b f(t)\mathrm{d}t>0,$$

由零点定理知,方程至少有一个根. 又因为 $F'(x)=f(x)+\dfrac{1}{f(x)}>0$,函数单调增加,则方程最多有一个根.

综上可知,方程有且仅有一个实根.

# 第五章检测训练 B

**一、选择题**

**1.B 解** 因为当 $0<x<1$ 时,$0<x^2<x<1$,从而 $\mathrm{e}^{x^2}<\mathrm{e}^x$,也即 $\int_0^1\mathrm{e}^x\mathrm{d}x>\int_0^1\mathrm{e}^{x^2}\mathrm{d}x.$

**2.B 解** 因为当 $0<x<\dfrac{\pi}{4}$ 时,有 $\tan x>x$,于是 $\dfrac{\tan x}{x}>1$,$\dfrac{x}{\tan x}<1$,从而有

$$I_1=\int_0^{\frac{\pi}{4}}\frac{\tan x}{x}\mathrm{d}x>\frac{\pi}{4},\quad I_2=\int_0^{\frac{\pi}{4}}\frac{x}{\tan x}\mathrm{d}x<\frac{\pi}{4}.$$

可见 $I_1>I_2$,且 $I_2<\dfrac{\pi}{4}<1$,排除选项 A,C,D,故正确答案为选项 B.

**【名师点评】** 本题也可结合函数的单调性讨论,令 $f(x)=\dfrac{\tan x}{x}$,$x\in\left(0,\dfrac{\pi}{4}\right)$,则

$$f'(x)=\frac{x\sec^2 x-\tan x}{x^2}=\frac{x-\sin x\cos x}{x^2\cos^2 x}>0,$$

所以 $f(x)=\dfrac{\tan x}{x}$,$x\in\left(0,\dfrac{\pi}{4}\right)$ 单调增加,从而 $\dfrac{\tan x}{x}<f\left(\dfrac{\pi}{4}\right)=\dfrac{4}{\pi}$,则 $I_1=\int_0^{\frac{\pi}{4}}\dfrac{\tan x}{x}\mathrm{d}x<\int_0^{\frac{\pi}{4}}\dfrac{4}{\pi}\mathrm{d}x=1.$

**3.C 解** 根据变上限定积分的求导公式可得

$$\frac{\mathrm{d}}{\mathrm{d}x}\left(x\int_0^x\sqrt{1+t^4}\,\mathrm{d}t\right)=x'\int_0^x\sqrt{1+t^4}\,\mathrm{d}t+x\left(\int_0^x\sqrt{1+t^4}\,\mathrm{d}t\right)'$$

$$=\int_0^x\sqrt{1+t^4}\,\mathrm{d}t+x\sqrt{1+x^4}.$$

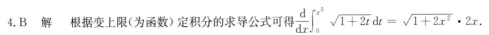

4. B 解 根据变上限(为函数)定积分的求导公式可得 $\dfrac{\mathrm{d}}{\mathrm{d}x}\displaystyle\int_0^{x^2}\sqrt{1+2t}\,\mathrm{d}t=\sqrt{1+2x^2}\cdot 2x$.

5. C 解 根据变上限(为函数)定积分的求导公式可得 $\dfrac{\mathrm{d}}{\mathrm{d}x}\left(\displaystyle\int_0^{x^2}\dfrac{\mathrm{e}^t}{\sqrt{1+t^2}}\,\mathrm{d}t\right)=\left(\displaystyle\int_0^{x^2}\dfrac{\mathrm{e}^t}{\sqrt{1+t^2}}\,\mathrm{d}t\right)'=\dfrac{2x\,\mathrm{e}^{x^2}}{\sqrt{1+x^4}}$.

6. C 解 因为 $\displaystyle\int_0^1(2x+k)\,\mathrm{d}x=(x^2+kx)\Big|_0^1=1+k=2$,解得 $k=1$.

7. B 解 因为 $\sin\left(x+\dfrac{\pi}{2}\right)=-\cos x$ 是偶函数,根据对称区间上函数定积分的公式可得

$$\int_{-1}^1\sin\left(x+\dfrac{\pi}{2}\right)\mathrm{d}x\neq 0.$$

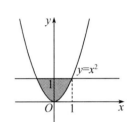

8. D 解 因为 $|x|$ 是偶函数,所以 $\displaystyle\int_{-1}^1|x|\,\mathrm{d}x=2\displaystyle\int_0^1 x\,\mathrm{d}x=1$.

9. B 解 如图所示,所求面积为

$$A=\int_{-1}^1(1-x^2)\,\mathrm{d}x=2\int_0^1(1-x^2)\,\mathrm{d}x=2\left[3-\dfrac{1}{3}x^3\right]_0^1=\dfrac{4}{3}.$$

10. B 解 设切点为 $(a,a^3)$,则过切点的切线方程为 $y-a^3=3a^2(x-a)$.

因为它通过点 $(2,0)$,即满足 $0-a^3=3a^2(2-a)$,即 $a^3+3a^2(2-a)=0$.

可得 $a=0$ 或 $a=3$,即两切点的坐标分别为 $(0,0)$ 与 $(3,27)$,相应的两条切线方程分别为 $y=0$ 与 $27x-y-54=0$.

选取 $x$ 为积分变量,计算要简单,故所求面积为

$$A=\int_0^3 x^3\,\mathrm{d}x-\dfrac{1}{2}\times27\times(3-2)=\dfrac{81}{4}-\dfrac{27}{2}=\dfrac{27}{4}.$$

**二、填空题**

1. $\sin 2x-\dfrac{1}{x}$ 解 两边同时求导,得 $f(x)=2\sin x\cos x-\dfrac{1}{x}=\sin 2x-\dfrac{1}{x}$.

2. $-\dfrac{1}{x+x\ln^2 x}$ 解 根据变下限(为函数)定积分的求导公式可得

$$\dfrac{\mathrm{d}}{\mathrm{d}x}\int_{\ln x}^2\dfrac{\mathrm{d}t}{1+t^2}=-\dfrac{1}{1+(\ln x)^2}\cdot\dfrac{1}{x}=-\dfrac{1}{x+x\ln^2 x}.$$

3. 0 解 因为 $\dfrac{x^6\sin x}{2+x^4}f(x)$ 为连续的奇函数,故其在对称区间上的定积分为零.

4. 0 解 因为 $\dfrac{x^8\sin^3 x}{\sqrt{1+x^6}}$ 是 $\left[-\dfrac{\pi}{2},\dfrac{\pi}{2}\right]$ 上连续的奇函数,所以 $\displaystyle\int_{-\frac{\pi}{2}}^{\frac{\pi}{2}}\dfrac{x^8\sin^3 x}{\sqrt{1+x^6}}\,\mathrm{d}x=0$.

5. $2-\dfrac{\pi}{2}$ 解 $\displaystyle\int_{-1}^1\dfrac{x^2+x^5\sin^2 x}{1+x^2}\,\mathrm{d}x=\int_{-1}^1\dfrac{x^2}{1+x^2}\,\mathrm{d}x+\int_{-1}^1\dfrac{x^5\sin^2 x}{1+x^2}\,\mathrm{d}x=2\int_0^1\dfrac{1+x^2-1}{1+x^2}\,\mathrm{d}x$

$$=2\int_0^1\left(1-\dfrac{1}{1+x^2}\right)\mathrm{d}x=2(x-\arctan x)\Big|_0^1=2-\dfrac{\pi}{2}.$$

6. 2 解 因为 $\dfrac{1}{1+\cos x}$ 是偶函数,所以根据对称区间上函数定积分的公式可得

$$\int_{-\frac{\pi}{2}}^{\frac{\pi}{2}}\dfrac{1}{1+\cos x}\,\mathrm{d}x=2\int_0^{\frac{\pi}{2}}\dfrac{1}{1+\cos x}\,\mathrm{d}x=2\int_0^{\frac{\pi}{2}}\dfrac{1}{2\cos^2\frac{x}{2}}\,\mathrm{d}x=2\int_0^{\frac{\pi}{2}}\sec^2\dfrac{x}{2}\,\mathrm{d}\left(\dfrac{x}{2}\right)=\left(2\tan\dfrac{x}{2}\right)\Big|_0^{\frac{\pi}{2}}=2.$$

7. 1 解 因为 $|x|$ 是偶函数,所以 $\displaystyle\int_{-1}^1|x|\,\mathrm{d}x=2\displaystyle\int_0^1 x\,\mathrm{d}x=1$.

8. 0 解 此题中被积函数 $\dfrac{x^3\cos x}{2+x^4}f(x^2)$ 为奇函数,根据对称区间上函数定积分的公式可得积分值为0.

9. 15 解 $\displaystyle\int_1^4\dfrac{1}{\sqrt{x}}f(\sqrt{x})\,\mathrm{d}x\xlongequal{\text{令}\,t=\sqrt{x}}\int_1^2 2f(t)\,\mathrm{d}t=2\int_1^2 f(x)\,\mathrm{d}x=2\cdot\left(\dfrac{2^4}{2}-\dfrac{1}{2}\right)=15$.

10. 0 解 两次运用分部积分公式.设 $t=2x$,则

$$\int_0^1 x^2 f''(2x)\,\mathrm{d}x = \frac{1}{2}\int_0^2 \frac{t^2}{4}f''(t)\,\mathrm{d}t = \frac{1}{8}\left[t^2 f'(t)\Big|_0^2 - 2\int_0^2 tf'(t)\,\mathrm{d}t\right]$$

$$= \frac{1}{8}\left[-2\int_0^2 t\,\mathrm{d}f(t)\right] = -\frac{1}{4}\left[tf(t)\Big|_0^2 - \int_0^2 f(t)\,\mathrm{d}t\right] = -\frac{1}{4}(1-1) = 0.$$

**三、解答题**

1.解　设 $I = \int_0^a f(x)\,\mathrm{d}x$，这是一个常数，故 $f(x) = x^3 - I$.

因此 $I = \int_0^a f(x)\,\mathrm{d}x = \int_0^a (x^3 - I)\,\mathrm{d}x = \int_0^a x^3\,\mathrm{d}x - \int_0^a I\,\mathrm{d}x = \dfrac{x^4}{4}\Big|_0^a - Ia = \dfrac{a^4}{4} - Ia.$

所以 $(1+a)I = \dfrac{a^4}{4}$，即 $I = \dfrac{a^4}{4(1+a)}$.

2.令 $f(x) = 2x^3 - x^4$，则 $f(x)$ 在 $[1,2]$ 上连续，故必存在最大值与最小值.

因为 $f'(x) = 6x^2 - 4x^3 = 2x^2(3-2x)$，令 $f'(x) = 0$，解得 $x_1 = 0$(舍去)或 $x_2 = \dfrac{3}{2}$.

又因为 $f(1) = 1, f\left(\dfrac{3}{2}\right) = \dfrac{27}{16}, f(2) = 0$，故 $f(x)$ 在 $[1,2]$ 上的最大值为 $\dfrac{27}{16}$，最小值为 $0$，即 $0 \leqslant f(x) \leqslant \dfrac{27}{16}$.

故有 $\int_1^2 0\,\mathrm{d}x \leqslant \int_1^2 (2x^3 - x^4)\,\mathrm{d}x \leqslant \int_1^2 \dfrac{27}{16}\,\mathrm{d}x$，即 $0 \leqslant \int_1^2 (2x^3 - x^4)\,\mathrm{d}x \leqslant \dfrac{27}{16}$.

3.解　$\displaystyle\int_{-1}^{\sqrt{3}} \dfrac{\mathrm{d}x}{1+x^2} = \arctan x \Big|_{-1}^{\sqrt{3}} = \arctan\sqrt{3} - \arctan(-1) = \dfrac{\pi}{3} - \left(-\dfrac{\pi}{4}\right) = \dfrac{7}{12}\pi.$

4.解　将被积函数进行适当的变形，结合定积分的性质和基本积分公式就可以求出积分.

$$\int_4^9 \sqrt{x}(1+\sqrt{x})\,\mathrm{d}x = \int_4^9 (\sqrt{x} + x)\,\mathrm{d}x = \left(\dfrac{2}{3}x^{\frac{3}{2}} + \dfrac{1}{2}x^2\right)\Big|_4^9 = 45\dfrac{1}{6}.$$

5.解　$\displaystyle\int_0^{\frac{\pi}{3}} \dfrac{1+\sin^2 x}{\cos^2 x}\,\mathrm{d}x = \int_0^{\frac{\pi}{3}} (\sec^2 x + \tan^2 x)\,\mathrm{d}x = \int_0^{\frac{\pi}{3}} (2\sec^2 x - 1)\,\mathrm{d}x = (2\tan x - x)\Big|_0^{\frac{\pi}{3}} = 2\sqrt{3} - \dfrac{\pi}{3}.$

6.解　$\displaystyle\lim_{x\to 0} \dfrac{\int_0^x \arctan t\,\mathrm{d}t}{1-\cos x} = \lim_{x\to 0} \dfrac{\arctan x}{\sin x} = \lim_{x\to 0} \dfrac{x}{x} = 1.$

7.解　根据积分上限的求导公式，由 $f'(x) = xe^{-x^2} = 0$ 得 $x = 0$，又由 $f''(x) = e^{-x^2} - 2x^2 e^{-x^2}$ 得 $f''(0) > 0$，故由极值存在的第二充分条件得 $f(0) = 0$ 为函数的极小值.

8.解　因为 $\displaystyle\lim_{x\to 0^-} f(x) = \lim_{x\to 0^-} \dfrac{\sin ax}{\sqrt{1-\cos x}} = \lim_{x\to 0^-} \dfrac{\sin ax}{\sqrt{\dfrac{x^2}{2}}} = \lim_{x\to 0^-} \dfrac{\sqrt{2}\,ax}{-x} = -\sqrt{2}\,a$，

$$\lim_{x\to 0^+} f(x) = \lim_{x\to 0^+} \dfrac{1}{x-\sin x}\int_0^x \dfrac{t^2}{\sqrt{b+t^2}}\,\mathrm{d}t = \lim_{x\to 0^+} \dfrac{\dfrac{x^2}{\sqrt{b+x^2}}}{1-\cos x} = \dfrac{2}{\sqrt{b}},$$

要使 $f(x)$ 在 $x = 0$ 处连续，则 $\displaystyle\lim_{x\to 0} f(x) = f(0)$，即 $-\sqrt{2}\,a = \dfrac{2}{\sqrt{b}} = \sqrt{2}$，所以 $a = -1, b = 2$.

9.解　令 $\sqrt{2x-1} = t$，则 $x = \dfrac{1+t^2}{2}$，$\mathrm{d}x = t\,\mathrm{d}t$，于是

$$\int_1^5 \dfrac{x-1}{1+\sqrt{2x-1}}\,\mathrm{d}x = \int_1^3 \dfrac{\dfrac{1+t^2}{2}-1}{1+t}\,t\,\mathrm{d}t = \dfrac{1}{2}\int_1^3 (t^2 - t)\,\mathrm{d}t = \dfrac{1}{2}\left(\dfrac{1}{3}t^3 - \dfrac{1}{2}t^2\right)\Big|_1^3 = \dfrac{7}{3}.$$

10.解　根据分部积分公式和牛顿-莱布尼茨公式计算定积分可得

$$\int_0^{\sqrt{3}} \arctan x\,\mathrm{d}x = x\arctan x\Big|_0^{\sqrt{3}} - \int_0^{\sqrt{3}} \dfrac{x}{1+x^2}\,\mathrm{d}x = x\arctan x\Big|_0^{\sqrt{3}} - \dfrac{1}{2}\int_0^{\sqrt{3}} \dfrac{1}{1+x^2}\,\mathrm{d}(1+x^2)$$

$$= \sqrt{3}\arctan\sqrt{3} - \dfrac{1}{2}\ln(1+x^2)\Big|_0^{\sqrt{3}} = \dfrac{\sqrt{3}\pi}{3} - \dfrac{1}{2}(\ln 4 - \ln 1) = \dfrac{\sqrt{3}}{3}\pi - \ln 2.$$

11.解　$\displaystyle\int_1^2 x(\ln x)^2\,\mathrm{d}x = \int_1^2 (\ln x)^2\,\mathrm{d}\left(\dfrac{x^2}{2}\right) = \dfrac{x^2}{2}(\ln x)^2\Big|_1^2 - \dfrac{1}{2}\int_1^2 x^2 \cdot 2\ln x \cdot \dfrac{\mathrm{d}x}{x}$

$$= 2(\ln 2)2 - \int_1^2 x \ln x \, dx = 2\ln^2 2 - \int_1^2 \ln x \, d\left(\frac{x^2}{2}\right)$$

$$= 2\ln^2 2 - \frac{x^2}{2}\ln x \Big|_1^2 + \frac{1}{2}\int_1^2 x \, dx = 2\ln^2 2 - 2\ln 2 + \frac{x^2}{4}\Big|_1^2$$

$$= 2\ln^2 2 - 2\ln 2 + \frac{3}{4}.$$

**12.解**　根据第一类换元积分法和牛顿 - 莱布尼茨公式可得

$$\int_e^{e^3} \frac{\sqrt{1+\ln x}}{x} \, dx = \int_e^{e^3} \sqrt{1+\ln x} \, d(1+\ln x) = \frac{2}{3}(1+\ln x)^{\frac{3}{2}} \Big|_e^{e^3} = \frac{2}{3}(8 - 2\sqrt{2}).$$

**四、应用题**

**1.解**　如图所示,由 $x^2 = 1 - x^2$,求出两曲线交点的横坐标为 $x = \pm\frac{\sqrt{2}}{2}$,于是

$$A = \int_{-\frac{\sqrt{2}}{2}}^{\frac{\sqrt{2}}{2}} (1 - x^2 - x^2) \, dx = 2\int_0^{\frac{\sqrt{2}}{2}} (1 - 2x^2) \, dx = 2\left(x - \frac{2}{3}x^3\right)\Big|_0^{\frac{\sqrt{2}}{2}} = \frac{2\sqrt{2}}{3}.$$

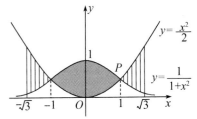

**2.解**　由 $y - 4 = (x^2)'\big|_{x=2}(x-2)$ 知 $y = 4x - 4$.

由 $\begin{cases} y = 4x - 4, \\ y = -x^2 + 4x + 1, \end{cases}$　得 $\begin{cases} x = -\sqrt{5}, \\ y = -4\sqrt{5} - 4, \end{cases}$ 或 $\begin{cases} x = \sqrt{5}, \\ y = 4\sqrt{5} - 4, \end{cases}$

于是 $A = \int_{-\sqrt{5}}^{\sqrt{5}} [-x^2 + 4x + 1 - (4x - 4)] \, dx = \frac{20}{3}\sqrt{5}.$

**3.解**　如图所示,由于图形关于 $y$ 轴对称,所以所求面积 $A$ 是第一象限内两小块图形面积的两倍. 在第一象限内,两曲线交点 $P$ 的横坐标为 $x = 1$,于是

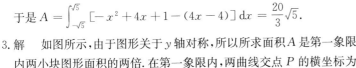

$$A = 2\left[\int_0^1 \left(\frac{1}{1+x^2} - \frac{x^2}{2}\right) dx + \int_1^{\sqrt{3}} \left(\frac{x^2}{2} - \frac{1}{1+x^2}\right) dx\right] = 2\left[\left(\arctan x - \frac{x^3}{6}\right)\Big|_0^1 + \left(\frac{x^3}{6} - \arctan x\right)\Big|_1^{\sqrt{3}}\right]$$

$$= \sqrt{3} - \frac{1}{3} - \frac{\pi}{6}.$$

**4.解**　设所求点为 $P(x, y)$,因为 $y' = -2x(x > 0)$,故过点 $P$ 的切线方程为 $Y - y = -2x(X - x)$.

由于切线在 $x$ 轴、$y$ 轴上的截距 $a, b$ 分别为 $a = \frac{x^2 + 1}{2x}, b = x^2 + 1$,

故所求面积为 $A(x) = \frac{1}{2}ab - \int_0^1 (-x^2 + 1) \, dx = \frac{1}{4}\left(x^3 + 2x + \frac{1}{x}\right) - \frac{2}{3}.$

令 $A'(x) = \frac{1}{4}\left(3x - \frac{1}{x}\right)\cdot\left(x + \frac{1}{x}\right) = 0$,得驻点 $x_0 = \frac{1}{\sqrt{3}}$.

再由 $A''\left(\frac{1}{\sqrt{3}}\right) > 0$ 知 $x_0 = \frac{1}{\sqrt{3}}$ 时,$S(x_0)$ 取得极小值.

由于当 $0 < x < 1$ 时,仅有此一个极小值点,故此极小值点即为 $S(x)$ 在 $0 < x < 1$ 上的最小值点.

又因为当 $x_0 = \frac{1}{\sqrt{3}}$ 时,$y_0 = \frac{2}{3}$,故所求点为 $\left(\frac{1}{\sqrt{3}}, \frac{2}{3}\right)$,所求最小面积为 $\frac{2}{9}(2\sqrt{3} - 3)$.

**5.解**　因为 $C(q) = \int_0^q 5 \, dx + C_0 = 5q + C_0$,已知 $C(10) = 250$,代入得 $250 = 5 \times 10 + C_0$,故 $C_0 = 200$.

所以 $C(q) = 5q + 200$.

又因为 $R(q) = \int_0^q (10 - 0.02x) \, dx = 10q - 0.01q^2$,故 $L(q) = R(q) - C(q) = 5q - 0.01q^2 - 200$.

而 $L'(q) = R'(q) - C'(q) = 5 - 0.02q$,故 $L(q)$ 的唯一驻点为 $q_0 = \frac{5}{0.02} = 250$.

即当 $q_0 = 250$ 千元时,能获得最大利润. 最大利润为 $L(q_0) = L(250) = 425$.

**6.解**　因为 $R(x) = \int_0^x R'(x) \, dx = \int_0^x \left(200 - \frac{x}{100}\right) dx = 200x - \frac{x^2}{200}$,所以

(1) $R(50) = 200 \times 50 - \dfrac{50^2}{200} = 9987.5$;

(2) $R(100) = 200 \times 100 - \dfrac{100^2}{200} = 19950, R(200) = 200 \times 200 - \dfrac{200 \times 200}{200} = 39800$,

故再生产 100 个单位时的总收益为 $R(200) - R(100) = 39800 - 19950 = 19850$.

**五、证明题**

证 令 $t = 1 - x$, 则 $\mathrm{d}t = -\mathrm{d}x$, 于是

$$\int_0^1 x^m (1-x)^n \mathrm{d}x = \int_1^0 (1-t)^m t^n (-\mathrm{d}t) = \int_0^1 (1-t)^m t^n \mathrm{d}t = \int_0^1 x^n (1-x)^m \mathrm{d}x.$$

# 第六章检测训练 A

**一、选择题**

1. C 解 一阶线性微分方程中,"一阶"指未知函数的导数的最高阶数是一阶,"线性"指 $y, y'$ 的次数都是一次的,且不含 $yy'$ 乘积项,其标准形式为 $y' + P(x)y = Q(x)$ 或 $x' + P(y)x = Q(y)$.

选项 A 中含 $y^3$, 不是线性;

选项 B 中含 $yy'$, 不是线性;

选项 C 可以化为 $\dfrac{\mathrm{d}x}{\mathrm{d}y} - \dfrac{3}{y}x = -y$, 可以看作未知函数为 $x = g(y)$ 的一阶线性微分方程;

选项 D 无法化为一阶线性微分方程的标准形式,所以也不是一阶线性微分方程.

2. A 解 将方程恒等变形为 $y' + \dfrac{1}{x}y = \dfrac{1}{x(1+x^2)}$, 此为一阶线性非齐次方程.

由通解公式可得 $y = \mathrm{e}^{-\int \frac{1}{x}\mathrm{d}x}\left[\int \dfrac{1}{x(1+x^2)} \cdot \mathrm{e}^{\int \frac{1}{x}\mathrm{d}x}\mathrm{d}x + C\right] = \dfrac{1}{x}\left[\int \dfrac{1}{x(1+x^2)} \cdot x\,\mathrm{d}x + C\right]$

$\qquad = \dfrac{1}{x}\left(\int \dfrac{1}{1+x^2}\mathrm{d}x + C\right) = \dfrac{1}{x}(\arctan x + C)$,

代入初始条件 $y\big|_{x=\sqrt{3}} = \dfrac{\sqrt{3}}{9}\pi$, 解得 $C = 0$, 从而可得 $y\big|_{x=1} = \arctan 1 = \dfrac{\pi}{4}$.

3. C 解 线性微分方程指的是未知函数 $y$ 及其导数 $y', y''$ 的次数都是一次的.

4. B 解 由于是选择题,将选项代入,经验证,选项 B 为原微分方程的解,且满足初始条件 $y\big|_{x=0} = 2$.

5. B 解 由于 $f'(x) = 2f(x)$, 故 $f(x) = C\mathrm{e}^{2x}$. 又因为 $f(0) = \ln 2$, 代入得 $C = \ln 2$, 故 $f(x) = \mathrm{e}^{2x}\ln 2$.

6. C 解 $y = C - \sin x$ 为原微分方程的解,但因含任意常数,所以不是特解;又因为独立任意常数的个数只有一个,所以不是通解.

7. D 解 由于微分方程的通解 $y = C_1\mathrm{e}^x + C_2 x$ 中含有两个独立的任意常数,故其应该为二阶微分方程的通解.

对函数 $y = C_1\mathrm{e}^x + C_2 x$ 分别求一阶导数、二阶导数,得 $y' = C_1\mathrm{e}^x + C_2, y'' = C_1\mathrm{e}^x$, 整理得 $C_2 = y' - y''$.

在通解 $y = C_1\mathrm{e}^x + C_2 x$ 中消去 $C_1, C_2$, 整理即得选项 D.

8. A 解 将 $y = \dfrac{x}{\ln x}$ 代入微分方程 $y' = \dfrac{y}{x} + \varphi\left(\dfrac{x}{y}\right)$, 得 $\dfrac{\ln x - 1}{\ln^2 x} = \dfrac{1}{\ln x} + \varphi(\ln x)$, 即 $\varphi(\ln x) = -\dfrac{1}{\ln^2 x}$.

令 $\ln x = u$, 则有 $\varphi(u) = -\dfrac{1}{u^2}$, 所以 $\varphi\left(\dfrac{x}{y}\right) = -\dfrac{y^2}{x^2}$.

9. A 解 将微分方程 $\dfrac{\mathrm{d}x}{y} + \dfrac{\mathrm{d}y}{x} = 0$ 分离变量得 $y\mathrm{d}y = -x\mathrm{d}x$,

两边同时积分,得 $\int y\mathrm{d}y = -\int x\mathrm{d}x$,

解得通解为 $x^2 + y^2 = C$.

10. A 解 将 $x$ 看作 $y$ 的函数,于是 $\dfrac{\mathrm{d}x}{\mathrm{d}y} - \dfrac{2y-1}{y^2}x = 1$, 这是一阶线性微分方程,

所以由公式可得 $x = \mathrm{e}^{\int \frac{2y-1}{y^2}\mathrm{d}y}\left(\int \mathrm{e}^{-\int \frac{2y-1}{y^2}\mathrm{d}y}\mathrm{d}y + C\right) = y^2 + C'y^2\mathrm{e}^{\frac{1}{y}}$, 即微分方程的通解为 $x = y^2 + C'y^2\mathrm{e}^{\frac{1}{y}}$.

**二、填空题**

1. $\pi e^{\frac{\pi}{4}}$　　解　因为 $\Delta y = y'\Delta x + \alpha$，所以由已知得 $\dfrac{\mathrm{d}y}{\mathrm{d}x} = \dfrac{y}{1+x^2}$，此为一阶可分离变量的微分方程.

分离变量，得 $\dfrac{\mathrm{d}y}{y} = \dfrac{\mathrm{d}x}{1+x^2}$，两边同时积分，得 $\displaystyle\int \dfrac{\mathrm{d}y}{y} = \int \dfrac{\mathrm{d}x}{1+x^2}$，解得 $y = Ce^{\arctan x}$，

代入初始条件 $y(0) = \pi$，解得 $C = \pi$，所以原方程满足初始条件的特解为 $y = \pi e^{\arctan x}$，则 $y(1) = \pi e^{\frac{\pi}{4}}$.

2. $x^2 + y^2 = C$　　解　由 $\dfrac{\mathrm{d}y}{\mathrm{d}x} = -\dfrac{x}{y}$，得 $y\mathrm{d}y = -x\,\mathrm{d}x$，即 $\displaystyle\int y\,\mathrm{d}y = -\int x\,\mathrm{d}x$，解得 $\dfrac{y^2}{2} = -\dfrac{x^2}{2} + C_1$.

令 $2C_1 = C$，解得通解为 $x^2 + y^2 = C$.

3. 4　　解　微分方程中出现的未知函数的导数的最高阶数称为微分方程的阶.

4. $y = 2x^2$　　解　分离变量，得 $\dfrac{\mathrm{d}y}{y} = \dfrac{2}{x}\mathrm{d}x$，两边同时积分，得 $\displaystyle\int \dfrac{\mathrm{d}y}{y} = \int \dfrac{2}{x}\mathrm{d}x$，

解得 $\ln y = \ln x^2 + \ln C$，所以该方程的通解为 $y = Cx^2$.

由 $y\big|_{x=1} = 2$，得 $C = 2$，所以所求特解为 $y = 2x^2$.

5. $y = C(1 + e^x)$　　解　分离变量、两边积分，得 $\displaystyle\int \dfrac{1}{y}\mathrm{d}y = \int \dfrac{e^x}{1+e^x}\mathrm{d}x$，

解得 $\ln y = \ln(1 + e^x) + \ln C$，所以通解为 $y = C(1 + e^x)$.

**三、解答题**

1. 解　分离变量，得 $\dfrac{1}{y}\mathrm{d}y = 2x\mathrm{d}x$，两端同时积分，得 $\ln|y| = x^2 + C_1$，即 $|y| = e^{x^2 + C_1} = e^{C_1}e^{x^2}$

因此 $y = Ce^{x^2}\ (C = \pm e^{C_1})$.

2. 解　原方程可变形为 $y' - y\tan x = \sec x$，则 $P(x) = -\tan x, Q(x) = \sec x$.

由一阶线性微分方程的通解公式得

$$y = e^{-\int P(x)\mathrm{d}x}\left[\int \sec x \cdot e^{\int Q(x)\mathrm{d}x}\mathrm{d}x + C\right] = e^{\int \tan x\,\mathrm{d}x}\left(\int \sec x \cdot e^{-\int \tan x\,\mathrm{d}x}\mathrm{d}x + C\right)$$

$$= e^{-\ln\cos x}\left(\int \sec x \cdot e^{\ln\cos x}\mathrm{d}x + C\right) = \sec x\left(\int \sec x \cdot \cos x\,\mathrm{d}x + C\right) = \sec x\ (x + C).$$

3. 解　分离变量、两边同时积分，得 $\displaystyle\int (y + y^3)\mathrm{d}y = \int e^x\mathrm{d}x$，解得通解为 $\dfrac{y^2}{2} + \dfrac{y^4}{4} = e^x + C$.

4. 解　先将原式变形为一般形式，用公式法求得通解为

$$y = e^{-\int \frac{1}{x}\mathrm{d}x}\left(\int e^x e^{\int \frac{1}{x}\mathrm{d}x}\mathrm{d}x + C\right) = e^{\ln\frac{1}{x}}\left(\int e^x x\,\mathrm{d}x + C\right) = \dfrac{1}{x}(xe^x - e^x + C).$$

然后将 $y\big|_{x=1} = 1$ 代入上式求得 $C = 1$. 所以满足初始条件的特解为 $y = \dfrac{1}{x}(xe^x - e^x + 1)$.

5. 解　由一阶线性非齐次微分方程通解的公式得 $y = e^{x^2} + Ce^{\frac{1}{2}x^2}$.

由 $y(0) = 1$，得 $C = 0$. 故微分方程的特解为 $y = e^{x^2}$.

6. 解　方程可变形为 $\dfrac{\mathrm{d}x}{\mathrm{d}y} - x = y^2$，这是 $x$ 关于 $y$ 的一阶线性微分方程，其中 $P(y) = -1, Q(y) = y^2$，

因此通解为 $x = e^{-\int (-1)\mathrm{d}y}\left[\int y^2 \cdot e^{\int (-1)\mathrm{d}y}\mathrm{d}y + C\right] = e^y\left(\int y^2 \cdot e^{-y}\mathrm{d}y + C\right) = Ce^y - (y^2 + 2y + 2)$.

7. 解　将 $y = e^x$ 代入原方程，得 $xe^x + p(x)e^x = x$，解出 $p(x) = xe^{-x} - x$，代入原方程得 $y' + (e^{-x} - 1)y = 1$.

解其对应的齐次方程 $y' + (e^{-x} - 1)y = 0$，得 $\dfrac{\mathrm{d}y}{y} = (-e^{-x} + 1)\mathrm{d}x$，$\ln y - \ln C = e^{-x} + x$.

解得齐次方程的通解 $y = Ce^{x+e^{-x}}$，所以原方程的通解为 $y = e^x + Ce^{x+e^{-x}}$.

由 $y\big|_{x=\ln 2} = 0$，得 $2 + 2e^{\frac{1}{2}}C = 0$，即 $C = -e^{-\frac{1}{2}}$. 故所求特解为 $y = e^x - e^{x+e^{-x}-\frac{1}{2}}$.

8. 解　分离变量、两边同时积分，得 $\displaystyle\int (y + y^3)\mathrm{d}y = \int e^x\mathrm{d}x$，解得通解为 $\dfrac{y^2}{2} + \dfrac{y^4}{4} = e^x + C$.

9. 解　分离变量，得 $\dfrac{1}{y}\mathrm{d}y = \dfrac{x}{1+x^2}\mathrm{d}x$，两边同时积分，得 $\displaystyle\int \dfrac{1}{y}\mathrm{d}y = \int \dfrac{x}{1+x^2}\mathrm{d}x$，

求解得 $\ln y = \dfrac{1}{2}\ln(1+x^2)+\ln C$,故通解为 $y = C\sqrt{1+x^2}$.

10.解 由一阶线性非齐次微分方程通解的公式得 $y = \mathrm{e}^{\ln x}\left[\int(-x)\mathrm{e}^{-\ln x}\,\mathrm{d}x + C\right]$.

由 $y(1)=0$,得 $C=1$,故微分方程的特解为 $y = x - x^2$.

**四、应用题**

1.解 由题意列出方程 $\dfrac{\mathrm{d}L}{\mathrm{d}x}=k(A-L)$,分离变量、两端同时积分,得 $-\ln(A-L)=kx-\ln C$,即 $L = A-C\mathrm{e}^{-kx}$.

由 $x=0$ 时,$L=L(0)$,得 $C=A-L(0)$,于是所求特解为 $L = A-[A-L(0)]\mathrm{e}^{-kx}$.

2.解 由题意可知 $\dfrac{\mathrm{d}y}{\mathrm{d}t}=ky(1000-y)$,解此微分方程,得 $\dfrac{y}{1000-y}=C\mathrm{e}^{1000kt}$.

由 $y|_{t=0}=100$,$y|_{t=3}=250$,得 $C=\dfrac{1}{9}$,$k=\dfrac{\ln 3}{3000}$,故 $t$ 月后鱼数与时间的函数关系为 $\dfrac{y}{1000-y}=\dfrac{1}{9}\cdot 3^{\frac{t}{3}}$,即

$y = \dfrac{1000\cdot 3^{\frac{t}{3}}}{9+3^{\frac{t}{3}}}$,则当放养 6 个月后池塘中的鱼数 $y = \dfrac{1000\cdot 3^2}{9+3^2}=500$(条).

# 第六章检测训练 B

**一、选择题**

1.C 解 由于方程为二阶微分方程,且 $y$,$y'$,$y''$ 都是一次的,因此是二阶线性微分方程.

2.A 解 原方程可变形为 $\dfrac{\mathrm{d}y}{\mathrm{d}x}+\dfrac{1}{x\ln x}y=\dfrac{1}{x}(x\ne 1)$,其中 $P(x)=\dfrac{1}{x\ln x}$,$Q(x)=\dfrac{1}{x}$,于是通解为

$$y = \mathrm{e}^{-\int\frac{1}{x\ln x}\mathrm{d}x}\left(\int\frac{1}{x}\mathrm{e}^{\int\frac{1}{x\ln x}\mathrm{d}x}\mathrm{d}x+C\right)=\mathrm{e}^{-\ln(\ln x)}\left[\int\frac{1}{x}\mathrm{e}^{\ln(\ln x)}\mathrm{d}x+C\right]=\frac{1}{\ln x}\left(\int\frac{\ln x}{x}\mathrm{d}x+C\right)=\frac{1}{\ln x}\left(\frac{1}{2}\ln^2 x+C\right).$$

将 $y\big|_{x=\mathrm{e}}=1$ 代入得 $C=\dfrac{1}{2}$,则特解为:$y = \dfrac{1}{2}\left(\ln x+\dfrac{1}{\ln x}\right)$.

3.B 解 由一阶线性微分方程的定义可知选项 B 正确.

4.B 解 原方程可变形为 $\dfrac{\mathrm{d}y}{\mathrm{d}x}=\dfrac{y}{x}\left(1+\dfrac{y}{x}\right)$,因此,是齐次微分方程.

5.B 解 微分方程的阶数取决于方程中所含导数的最高阶数,与变量的次数无关.

6.D 解 线性微分方程指的是未知函数 $y$ 及其导数 $y'$,$y''$ 的次数都是一次的.

7.A 解 整理方程,得 $y'=\dfrac{\mathrm{e}^x}{(1+\mathrm{e}^x)\cdot y}$,分离变量,得 $y\mathrm{d}y=\dfrac{\mathrm{e}^x}{1+\mathrm{e}^x}\mathrm{d}x$,故 $y^2 = 2\ln(1+\mathrm{e}^x)+c$.

将 $y\big|_{x=0}=0$ 代入,得 $C=-2\ln 2$,则所求特解为 $y^2 = 2\ln(1+\mathrm{e}^x)-2\ln 2$.

8.B 解 由线性微分方程解的性质及结构知,$C[y_1(x)-y_2(x)]$ 必为原方程对应齐次线性微分方程的通解,所以原微分方程的通解为 $y_1(x)+C[y_1(x)-y_2(x)]$.

9.B 解 因为 $f'(x)=2f(x)$,故 $f(x)=C\mathrm{e}^{2x}$.又因为 $f(0)=\ln 2$,代入得 $C=\ln 2$,得 $f(x)=\mathrm{e}^{2x}\ln 2$.

10.B 解 由 $y'=x\ln(1+x^2)$ 得 $\mathrm{d}y=x\ln(1+x^2)\mathrm{d}x$.

等式两端积分,得 $y = \int x\ln(1+x^2)\mathrm{d}x=\dfrac{1}{2}(1+x^2)[\ln(1+x^2)-1]+C$.把 $\left(0,-\dfrac{1}{2}\right)$ 代入上式,得 $C=0$.

**二、填空题**

1.2 解 微分方程中出现的未知函数的导数的最高阶数称为微分方程的阶.

2.$y = Cx\cdot \mathrm{e}^{-x}$ 解 原方程可化为 $\dfrac{\mathrm{d}y}{y}=\left(\dfrac{1}{x}-1\right)\mathrm{d}x$,即 $\ln y = \ln x-x+\ln C=\ln(Cx)-x$,整理得 $y = Cx\cdot \mathrm{e}^{-x}$.

3.$y = C(1+\mathrm{e}^x)$ 解 分离变量、两边同时积分,得 $\int\dfrac{1}{y}\mathrm{d}y=\int\dfrac{\mathrm{e}^x}{1+\mathrm{e}^x}\mathrm{d}x$,解得 $\ln y = \ln(1+\mathrm{e}^x)+\ln C$,

所以通解为 $y = C(1+\mathrm{e}^x)$.

4. $y = \dfrac{2x}{1+x^2}$　解　把原式整理得 $x^2 y^{-2} y' + x y^{-1} = 1$,此方程为伯努利方程.

令 $y^{-1} = z$,得一阶线性微分方程 $z' - \dfrac{1}{x} z = -\dfrac{1}{x^2}$,则其通解为

$$z = \mathrm{e}^{\int \frac{1}{x} \mathrm{d}x} \left( \int -\dfrac{1}{x^2} \mathrm{e}^{-\int \frac{1}{x} \mathrm{d}x} + C \right) = x \left( \dfrac{1}{2x^2} + C \right) = \dfrac{1}{2x} + Cx,$$

故微分方程的通解为 $y = \dfrac{2x}{1 + 2Cx^2}$. 把 $y \Big|_{x=1}$ 代入得 $C = \dfrac{1}{2}$,所以特解为 $y = \dfrac{2x}{1+x^2}$.

5. $y = \dfrac{1}{2} x^2 + \dfrac{1}{2}$　解　设曲线为 $y = f(x)$,则由导数的几何意义可知 $y' = x$,解方程得 $y = \dfrac{1}{2} x^2 + C$.

由于曲线过点 $(1,1)$,故将 $x = 1$ 时,$y = 1$ 代入方程得 $C = \dfrac{1}{2}$,从而所求曲线方程为 $y = \dfrac{1}{2} x^2 + \dfrac{1}{2}$.

### 三、解答题

1. 解　分离变量,得 $\dfrac{\mathrm{d}y}{y} = \cos x \mathrm{d}x$,两边同时积分,得 $\ln y = \sin x + \ln C$,即 $y = C \mathrm{e}^{\sin x}$.

2. 解　凑微分,得 $x^2 \mathrm{d}x - (x \mathrm{d}y + y \mathrm{d}x) + y \mathrm{d}y = 0$,则 $\mathrm{d}\left( \dfrac{x^3}{3} \right) - \mathrm{d}(xy) + \mathrm{d}\left( \dfrac{y^2}{2} \right) = 0$,

所以所求通解为 $\dfrac{x^3}{3} - xy + \dfrac{y^2}{2} = C$.

3. 解　该微分方程为一阶非齐次线性微分方程,其中 $P(x) = -\dfrac{1}{x}$,$Q(x) = x \sin x$.

故由公式法得其通解为

$$y = \mathrm{e}^{-\int P(x) \mathrm{d}x} \left[ \int Q(x) \mathrm{e}^{\int P(x) \mathrm{d}x} \mathrm{d}x + C \right] = \mathrm{e}^{-\int -\frac{1}{x} \mathrm{d}x} \left( \int x \sin x \mathrm{e}^{\int -\frac{1}{x} \mathrm{d}x} \mathrm{d}x + C \right) = x \left( \int x \sin x \cdot \dfrac{1}{x} \mathrm{d}x + C \right)$$

$$= x(-\cos x + C).$$

4. 解　由通解公式可得 $y = \mathrm{e}^{-\int \tan x \mathrm{d}x} \left( \int \cos x \cdot \mathrm{e}^{\int \tan x \mathrm{d}x} \mathrm{d}x + C \right) = (x + C) \cos x$.

5. 解法一　所给方程为可分离变量的方程,分离变量,得 $\dfrac{\mathrm{d}y}{y+1} = 2x \mathrm{d}x$,

两端同时积分,得 $\ln |y+1| = x^2 + C_1$,即 $y + 1 = \pm \mathrm{e}^{C_1} \cdot \mathrm{e}^{x^2}$.

记 $C = \pm \mathrm{e}^{C_1}$,则所给方程的通解为 $y = C \mathrm{e}^{x^2} - 1$.

由初始条件 $y(0) = 0$,代入通解中得 $C = 1$,于是所求特解为 $y = \mathrm{e}^{x^2} - 1$.

解法二　先将方程化为一阶线性微分方程 $y' - 2xy = 2x$,得到 $P(x) = -2x$,$Q(x) = 2x$,

再代入通解公式,得

$$y = \mathrm{e}^{\int 2x \mathrm{d}x} \left[ \int 2x \mathrm{e}^{\int (-2x) \mathrm{d}x} \mathrm{d}x + C \right] = \mathrm{e}^{x^2} \left( \int 2x \mathrm{e}^{-x^2} \mathrm{d}x + C \right) = C \mathrm{e}^{x^2} - 1.$$

由初始条件 $y(0) = 0$,代入通解中得 $C = 1$,于是所求特解为 $y = \mathrm{e}^{x^2} - 1$.

6. 解　直接利用一阶线性非齐次微分方程的通解公式,因为 $P(x) = \dfrac{1}{x}$,$Q(x) = \dfrac{\sin x}{x}$,则

$$y = \mathrm{e}^{-\int \frac{1}{x} \mathrm{d}x} \left( \int \dfrac{\sin x}{x} \mathrm{e}^{\int \frac{1}{x} \mathrm{d}x} \mathrm{d}x + C \right) = \dfrac{1}{x} (-\cos x + C).$$

7. 解　因为 $\sec^2 x \tan y \mathrm{d}x = -\sec^2 y \tan x \mathrm{d}y$,分离变量,得 $\dfrac{\sec^2 y}{\tan y} \mathrm{d}y = -\dfrac{\sec^2 x}{\tan x} \mathrm{d}x$,

两边同时积分,得 $\displaystyle\int \dfrac{\sec^2 y}{\tan y} \mathrm{d}y = \int -\dfrac{\sec^2 x}{\tan x} \mathrm{d}x$,则 $\ln \tan y = -\ln \tan x + \ln C$,得 $\tan y = \dfrac{C}{\tan x}$.

即通解为 $\tan x \tan y = C$.

8. 解　原方程可化为 $\dfrac{\mathrm{d}y}{\mathrm{d}x} = (1+x)(1+y^2)$,分离变量,得 $\dfrac{\mathrm{d}y}{1+y^2} = (1+x) \mathrm{d}x$,

两边同时积分,得 $\displaystyle\int \dfrac{\mathrm{d}y}{1+y^2} = \int (1+x) \mathrm{d}x$,即 $\arctan y = \dfrac{1}{2} x^2 + x + C$.

9.解　原方程可化为 $\dfrac{dy}{dx}+\dfrac{2}{x}y=\dfrac{x-1}{x^2}$.

该方程是一阶线性非齐次微分方程,对应的齐次微分方程是 $\dfrac{dy}{dx}+\dfrac{2}{x}y=0$.

用分离变量法求得它的通解为 $y=C\dfrac{1}{x^2}$.

用常数变易法,设非齐次微分方程的解为 $y=C(x)\dfrac{1}{x^2}$,

则 $y'=C'(x)\dfrac{1}{x^2}-\dfrac{2}{x^3}C(x)$.

把 $y,y'$ 代入原方程并化简,得 $C'(x)=x-1$.两边同时积分,得 $C(x)=\dfrac{1}{2}x^2-x+C$.

因此,非齐次微分方程的通解为 $y=\dfrac{1}{2}-\dfrac{1}{x}+\dfrac{C}{x^2}$.

将初始条件 $y\big|_{x=1}=0$ 代入上式,得 $C=\dfrac{1}{2}$,故所求微分方程的特解为 $y=\dfrac{1}{2}-\dfrac{1}{x}+\dfrac{1}{2x^2}$.

10.解　方程两端关于 $x$ 求导,得 $f'(x)-3f(x)=2e^{2x}$.解此一阶线性微分方程得通解 $y=Ce^{3x}-2e^{2x}$.
　　由 $f(0)=1$,得 $C=3$.故 $f(x)=3e^{3x}-2e^{2x}$.

**四、应用题**

1.解　根据需求价格弹性的定义,$e=\dfrac{P}{D}\cdot\dfrac{dD}{dP}$,得到微分方程 $\dfrac{P}{D}\cdot\dfrac{dD}{dP}=-k$,此为变量可分离的方程.

两端同时积分,得 $\displaystyle\int\dfrac{dD}{D}=-\int k\dfrac{dP}{P}$,得 $\ln D=-k\ln P+\ln C$.

则该商品的需求函数为 $D=Ce^{-k\ln P}$,即 $D=CP^{-k}$.

2.解　设所求曲线方程为 $y=f(x)$,$P(x,y)$ 为其上任一点,则过点 $P$ 的曲线的切线方程为 $Y-y=y'(X-x)$.由题设,当 $X=0$ 时,$Y=x$,从而得 $\dfrac{dy}{dx}-\dfrac{1}{x}y=-1$.因此求曲线 $y=y(x)$ 的问题,可转化为求微分方程 $y'-\dfrac{1}{x}y=-1$ 满

足 $y\big|_{x=1}=1$ 的特解.由公式 $y=e^{-\int P(x)dx}\left[\int Q(x)e^{\int P(x)dx}dx+C\right]$ 得

$$y=e^{\int\frac{1}{x}dx}\left[\int(-1)e^{-\int\frac{1}{x}dx}dx+C\right]=-x\ln x+Cx,$$

将 $y\big|_{x=1}=1$ 代入,得 $C=1$.故所求曲线方程为 $y=x(1-\ln x)$.

## 第七章检测训练 A

**一、选择题**

1.B　解　因为 $z=e^{xy}+xy$,所以 $\dfrac{\partial z}{\partial x}\Big|_{(1,2)}=(ye^{xy}+y)\Big|_{(1,2)}=2e^2+2$.

2.B　解　因为 $f(x,0)=2\ln|x|$,所以 $f_x(x,0)=\dfrac{2}{x}$,则 $f_x(1,0)=2$.

3.D　解　$du=\dfrac{1}{\sqrt{1-\left(\frac{z}{x+y}\right)^2}}\cdot\dfrac{(x+y)dz-z(dx+dy)}{(x+y)^2}=\dfrac{1}{\sqrt{(x+y)^2-z^2}}\left[\dfrac{-z}{x+y}(dx+dy)+dz\right]$.

4.A　解　设 $u=\dfrac{y}{x},v=xy$,则 $z=vf(u)$,由链式法则,得

$$z_x=\dfrac{\partial z}{\partial u}\dfrac{\partial u}{\partial x}+\dfrac{\partial z}{\partial v}\dfrac{\partial v}{\partial x}=vf'(u)\cdot\left(-\dfrac{y}{x^2}\right)+f(u)\cdot y=yf+xyf'\cdot\left(-\dfrac{y}{x}\right)=yf-\dfrac{y^2}{x}f',$$

$$z_y=\dfrac{\partial z}{\partial u}\dfrac{\partial u}{\partial y}+\dfrac{\partial z}{\partial v}\dfrac{\partial v}{\partial y}=vf'(u)\cdot\left(\dfrac{1}{x}\right)+f(u)\cdot x=xy\cdot f'\cdot\dfrac{1}{x}+xf=xf+yf'.$$

5. C　解　令 $u=\dfrac{\sin x}{y}$，$v=\dfrac{y}{\ln x}$，则 $z=f(u,v)$，于是

$$\dfrac{\partial z}{\partial x}=\dfrac{\partial f}{\partial u}\dfrac{\partial u}{\partial x}+\dfrac{\partial f}{\partial v}\dfrac{\partial v}{\partial x}=\dfrac{\cos x}{y}\cdot\dfrac{\partial f}{\partial u}+\left(-\dfrac{y}{x\ln^2 x}\right)\cdot\dfrac{\partial f}{\partial v}.$$

6. B　解　由 $\begin{cases}\dfrac{\partial z}{\partial x}=(2x+2y^2+4y+1)\mathrm{e}^{2x}=0,\\[2mm]\dfrac{\partial z}{\partial y}=(2y+2)\mathrm{e}^{2x}=0,\end{cases}$　得 $\begin{cases}x=\dfrac{1}{2},\\ y=-1,\end{cases}$ 则点 $\left(\dfrac{1}{2},-1\right)$ 是驻点.

由于 $A=\left.\dfrac{\partial^2 z}{\partial x^2}\right|_{\left(\frac{1}{2},-1\right)}=2\mathrm{e}>0$，$B=\left.\dfrac{\partial^2 z}{\partial x\partial y}\right|_{\left(\frac{1}{2},-1\right)}=0$，$C=\left.\dfrac{\partial^2 z}{\partial y^2}\right|_{\left(\frac{1}{2},-1\right)}=2\mathrm{e}$，

且 $AC-B^2=4\mathrm{e}^2>0$，所以点 $\left(\dfrac{1}{2},-1\right)$ 也是极小值点.

7. C　解　因为在 $D$ 上，$\ln(x+y)\geqslant\ln 3>1$，

所以由保序性得 $I_1=\iint\limits_{D}\ln(x+y)\mathrm{d}\sigma<I_2=\iint\limits_{D}[\ln(x+y)]^3\mathrm{d}\sigma.$

8. B　解　$\iint\limits_{D}xy\mathrm{d}\sigma=\int_{-1}^{2}\mathrm{d}y\int_{y^2}^{y+2}xy\mathrm{d}x=\dfrac{1}{2}\int_{-1}^{2}y\left(x^2\Big|_{y^2}^{y+2}\right)\mathrm{d}y=\dfrac{1}{2}\int_{-1}^{2}(y^3+4y^2+4y-y^5)\mathrm{d}y$

$$=\dfrac{1}{2}\left(\dfrac{y^4}{4}+\dfrac{4}{3}y^3+2y^2-\dfrac{1}{6}y^6\right)\Big|_{-1}^{2}=\dfrac{45}{8}.$$

9. B　解　$I=\int_{-1}^{1}\mathrm{d}x\int_{-1}^{1}\mathrm{e}^{\cos(xy)}\mathrm{d}[-\cos(xy)]=\int_{-1}^{1}[\mathrm{e}^{\cos x}-\mathrm{e}^{\cos(-x)}]\mathrm{d}x=0.$

10. A　解　当 $(x,y)$ 沿着 $y=0$ 趋近于 $(0,0)$ 时，$\lim\limits_{\substack{y=0\\x\to 0}}\dfrac{2x^2 y}{x^4+y^2}=0$；

当 $(x,y)$ 沿着 $y=x^2$ 趋近于 $(0,0)$ 时，$\lim\limits_{\substack{y=x^2\\x\to 0}}\dfrac{2x^2 y}{x^4+y^2}=\lim\limits_{\substack{y=x^2\\x\to 0}}\dfrac{2x^2 x^2}{x^4+(x^2)^2}=1.$

所以 $\lim\limits_{\substack{x\to 0\\y\to 0}}\dfrac{2x^2 y}{x^4+y^2}$ 不存在.

**二、填空题**

1. $x^3-3xy^2$　解　因为 $z=x^3 y-xy^3$，所以 $\dfrac{\partial z}{\partial y}=x^3-3xy^2.$

2. $yx^{y-1}$　解　二元函数对一个自变量求偏导数时，把另一个自变量看作常数，所以 $\dfrac{\partial z}{\partial x}=yx^{y-1}.$

3. $x^y y^z\ln x+zx^y y^{z-1}$　解　利用多元函数求偏导的方法和乘积的求导法则，$\dfrac{\partial f}{\partial y}=x^y y^z\ln x+zx^y y^{z-1}.$

4. 18　解　因为 $\dfrac{\partial z}{\partial y}=6x+3y^2$，所以 $\dfrac{\partial z}{\partial y}\Big|_{\substack{x=1\\y=2}}=18.$

5. $2x\mathrm{d}x+2y\mathrm{d}y$　解　因为 $\dfrac{\partial z}{\partial x}=2x$，$\dfrac{\partial z}{\partial y}=2y$，所以 $\mathrm{d}z=2x\mathrm{d}x+2y\mathrm{d}y.$

6. $-2\mathrm{d}x+2\mathrm{d}y$　解　$\mathrm{d}z\Big|_{(1,-1)}=\dfrac{\partial z}{\partial x}\Big|_{(1,-1)}\mathrm{d}x+\dfrac{\partial z}{\partial y}\Big|_{(1,-1)}\mathrm{d}y=2y\mathrm{d}x\Big|_{(1,-1)}+2x\mathrm{d}y\Big|_{(1,-1)}=-2\mathrm{d}x+2\mathrm{d}y.$

7. $\int_0^{\frac{1}{2}}\mathrm{d}x\int_{x^2}^{x}f(x,y)\mathrm{d}y$　解　由 $\int_0^{\frac{1}{4}}\mathrm{d}y\int_y^{\sqrt{y}}f(x,y)\mathrm{d}x+\int_{\frac{1}{4}}^{\frac{1}{2}}\mathrm{d}y\int_y^{\frac{1}{2}}f(x,y)\mathrm{d}x$ 的积分限，得

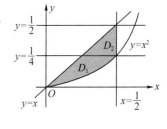

积分区域 $D_1:\begin{cases}0\leqslant y\leqslant\dfrac{1}{4},\\ y\leqslant x\leqslant\sqrt{y},\end{cases}$　$D_2:\begin{cases}\dfrac{1}{4}\leqslant y\leqslant\dfrac{1}{2},\\ y\leqslant x\leqslant\dfrac{1}{2},\end{cases}$ 如图所示.

将 $D_1$ 与 $D$ 合并为一个区域 $D:\begin{cases}0\leqslant x\leqslant\dfrac{1}{2},\\ x^2\leqslant y\leqslant x.\end{cases}$

所以  $\int_0^{\frac{1}{4}}\mathrm{d}y\int_y^{\sqrt{y}}f(x,y)\mathrm{d}x+\int_{\frac{1}{4}}^{\frac{1}{2}}\mathrm{d}y\int_y^{\frac{1}{2}}f(x,y)\mathrm{d}x=\int_0^{\frac{1}{2}}\mathrm{d}x\int_{x^2}^{x}f(x,y)\mathrm{d}y.$

8.$4\mathrm{d}x-2\mathrm{d}y$　解　因为 $\dfrac{\partial z}{\partial x}=f'(4x^2-y^2)\cdot 8x,\dfrac{\partial z}{\partial y}=f'(4x^2-y^2)\cdot(-2y)$,

所以 $\mathrm{d}z=8xf'(4x^2-y^2)\mathrm{d}x-2yf'(4x^2-y^2)\mathrm{d}y$,

于是 $\mathrm{d}z\Big|_{(1,2)}=8f'(0)\mathrm{d}x-4f'(0)\mathrm{d}y=8\cdot\dfrac{1}{2}\mathrm{d}x-4\cdot\dfrac{1}{2}\mathrm{d}y=4\mathrm{d}x-2\mathrm{d}y$.

9.$\dfrac{2}{3}\pi R^3$　解　因为 $z=\sqrt{R^2-x^2-y^2}$ 的图形是上半球面(见右图),由二重积分的几何

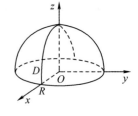

意义可知,上述积分等于上半球的体积,于是 $\displaystyle\iint_D\sqrt{R^2-x^2-y^2}\,\mathrm{d}\sigma=\dfrac{2}{3}\pi R^3$.

10.$\dfrac{1}{2}(1-\mathrm{e}^{-4})$　解　交换积分顺序,则 $\displaystyle\int_0^2\mathrm{d}x\int_x^2\mathrm{e}^{-y^2}\mathrm{d}y=\int_0^2\mathrm{e}^{-y^2}\mathrm{d}y\int_0^y\mathrm{d}x=\int_0^2 y\mathrm{e}^{-y^2}\,\mathrm{d}y=$

$\dfrac{1}{2}(1-\mathrm{e}^{-4})$.

### 三、解答题

1.解　因为 $|\sin(xy)|\leqslant|xy|$,所以 $0\leqslant\left|\dfrac{\sin(xy)}{x}\right|\leqslant|y|$. 又因为 $\displaystyle\lim_{(x,y)\to(0,0)}|y|=0$,

所以由夹逼定理知 $\displaystyle\lim_{(x,y)\to(0,0)}\dfrac{\sin(xy)}{x}=0$.

【名师点评】计算二重极限时,常把二元函数的极限转化为一元函数的极限问题,但是变形过程中不能改变函数的定义

域,像此题就不能将 $\dfrac{\sin(xy)}{x}$ 转化为 $\dfrac{\sin(xy)}{xy}\cdot y$,因为 $\dfrac{\sin(xy)}{x}$ 的定义域为 $\{(x,y)\mid x\neq 0\}$,而 $\dfrac{\sin(xy)}{xy}\cdot y$ 的定义域为

$\{(x,y)\mid x\neq 0,\text{且}\,y\neq 0\}$.

2.解　当 $y=0,x\to 0$ 时,即动点 $P(x,y)$ 沿 $x$ 轴趋近于点 $(0,0)$,

$\displaystyle\lim_{\substack{y=0\\x\to 0}}\dfrac{x^2\sin\dfrac{1}{x^2+y^2}+y^2}{x^2+y^2}=\lim_{x\to 0}\dfrac{x^2\sin\dfrac{1}{x^2}}{x^2}=\lim\sin\dfrac{1}{x^2}$,极限不存在,

故 $f(x,y)$ 在点 $(0,0)$ 不连续.

【名师点评】判断二元函数的连续性时,需要先求二元函数的极限. 此题可用特殊路径来确定.

3.解　$\dfrac{\partial z}{\partial x}=\dfrac{1}{\sqrt{1-(\sqrt{x^2+2y^2})^2}}\cdot\dfrac{2x}{2\sqrt{x^2+2y^2}}=\dfrac{x}{\sqrt{(1-x^2-2y^2)(x^2+2y^2)}}$,

$\dfrac{\partial z}{\partial y}=\dfrac{1}{\sqrt{1-x^2-2y^2}}\cdot\dfrac{4y}{2\sqrt{x^2+2y^2}}=\dfrac{2y}{\sqrt{(1-x^2-2y^2)(x^2+2y^2)}}$.

4.解　由题意知,$\dfrac{\partial z}{\partial x}=4x^3-8xy^2$,所以 $\dfrac{\partial^2 z}{\partial x\partial y}=\dfrac{\partial}{\partial y}\left(\dfrac{\partial z}{\partial x}\right)=-16xy$.

5.解　积分区域 $D:\begin{cases}0\leqslant y\leqslant\dfrac{\mu}{2},\\ y\leqslant x\leqslant\sqrt{\dfrac{\pi y}{2}}\end{cases}$ 如图所示.

由于 $\dfrac{\sin x}{x}$ 的原函数不能用解析式表示,给定的积分次序难以得到结果,故改变

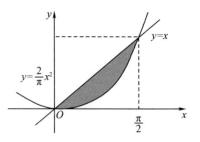

积分次序.将 $D$ 表示为 $\begin{cases}0\leqslant x\leqslant\dfrac{\pi}{2},\\ \dfrac{2}{\pi}x^2\leqslant y\leqslant x,\end{cases}$ 则

$\displaystyle I=\int_0^{\frac{\pi}{2}}\mathrm{d}x\int_{\frac{2}{\pi}x^2}^{x}\dfrac{\sin x}{x}\mathrm{d}y=\int_0^{\frac{\pi}{2}}\dfrac{\sin x}{x}\left(x-\dfrac{2}{\pi}x^2\right)\mathrm{d}x$

$\displaystyle=\int_0^{\frac{\pi}{2}}\left(\sin x-\dfrac{2}{\pi}\sin x\cdot x\right)\mathrm{d}x=1-\dfrac{2}{\pi}$.

6.解　令 $u=x-y,v=\ln x$,则 $f(u,v)=\dfrac{x-y}{x}\cdot\dfrac{\mathrm{e}^{x-y}}{x\ln x}=\dfrac{u}{\mathrm{e}^v}\cdot\dfrac{\mathrm{e}^u}{\mathrm{e}^v\cdot v}=\dfrac{u\mathrm{e}^u}{v\mathrm{e}^{2v}}$.

所以 $f(x,y) = \dfrac{x\,\mathrm{e}^x}{y\,\mathrm{e}^{2y}}$.

**7. 解** 由于 $\dfrac{\partial z}{\partial x} = \ln(x + y^2) + x \cdot \dfrac{1}{x + y^2} = \ln(x + y^2) + \dfrac{x}{x + y^2}$,$\dfrac{\partial z}{\partial y} = x \cdot \dfrac{2y}{x + y^2} = \dfrac{2xy}{x + y^2}$,

所以 $\mathrm{d}z = \left[\ln(x + y^2) + \dfrac{x}{x + y^2}\right]\mathrm{d}x + \dfrac{2xy}{x + y^2}\mathrm{d}y$.

**8. 解** 方程两边同时微分,得 $2x\,\mathrm{d}x + 2y\,\mathrm{d}y + 2z\,\mathrm{d}z - 3ayz\,\mathrm{d}x - 3axz\,\mathrm{d}y - 3axy\,\mathrm{d}z = 0$,

整理得 $(3axy - 2z)\mathrm{d}z = (2x - 3ayz)\mathrm{d}x + (2y - 3axz)\mathrm{d}y$,

即 $\mathrm{d}z = \dfrac{2x - 3ayz}{3axy - 2z}\mathrm{d}x + \dfrac{2y - 3axz}{3axy - 2z}\mathrm{d}y$.

**9. 解** 因为

$$\dfrac{\partial z}{\partial x} = \dfrac{\partial z}{\partial u}\dfrac{\partial u}{\partial x} + \dfrac{\partial z}{\partial v}\dfrac{\partial v}{\partial x} = v \cdot u^{v-1} \cdot \dfrac{1}{\sqrt{x^2 + y^2}} \cdot \dfrac{1}{2\sqrt{x^2 + y^2}} \cdot 2x + u^v \cdot \ln u \cdot \dfrac{1}{1 + \left(\dfrac{y}{x}\right)^2} \cdot \left(-\dfrac{y}{x^2}\right)$$

$$= u^v \cdot \dfrac{v}{u} \cdot \dfrac{x}{x^2 + y^2} - u^v \cdot \ln u \cdot \dfrac{y}{x^2 + y^2} = \dfrac{u^v}{x^2 + y^2}\left(\dfrac{xv}{u} - y\ln u\right)$$

$$\dfrac{\partial z}{\partial y} = \dfrac{\partial z}{\partial u}\dfrac{\partial u}{\partial y} + \dfrac{\partial z}{\partial v}\dfrac{\partial v}{\partial y} = v \cdot u^{v-1} \cdot \dfrac{1}{\sqrt{x^2 + y^2}} \cdot \dfrac{1}{2\sqrt{x^2 + y^2}} \cdot 2y + u^v \cdot \ln u \cdot \dfrac{1}{1 + \left(\dfrac{y}{x}\right)^2} \cdot \dfrac{1}{x}$$

$$= u^v \cdot \dfrac{v}{u} \cdot \dfrac{y}{x^2 + y^2} + u^v \cdot \ln u \cdot \dfrac{x}{x^2 + y^2} = \dfrac{u^v}{x^2 + y^2}\left(\dfrac{yv}{u} + x\ln u\right),$$

所以

$$\mathrm{d}z = \dfrac{u^v}{x^2 + y^2}\left[\left(\dfrac{xv}{u} - y\ln u\right)\mathrm{d}x + \left(\dfrac{yv}{u} + x\ln u\right)\mathrm{d}y\right]$$

$$= \dfrac{(\ln\sqrt{x^2 + y^2})^{\arctan\frac{y}{x}}}{x^2 + y^2}\left\{\left[\dfrac{x\arctan\dfrac{y}{x}}{\ln\sqrt{x^2 + y^2}} - y\ln(\ln\sqrt{x^2 + y^2})\right]\mathrm{d}x + \left[\dfrac{y\arctan\dfrac{y}{x}}{\ln\sqrt{x^2 + y^2}} + x\ln(\ln\sqrt{x^2 + y^2})\right]\mathrm{d}y\right\}.$$

**10. 解** 在点 $(0,0)$ 处,$f_x(0,0) = \lim\limits_{\Delta x \to 0}\dfrac{f(0 + \Delta x, 0) - f(0,0)}{\Delta x} = \lim\limits_{\Delta x \to 0}\dfrac{\dfrac{\Delta x \cdot 0}{\sqrt{(\Delta x)^2 + 0^2}} - 0}{\Delta x} = 0$,

$f_y(0,0) = \lim\limits_{\Delta y \to 0}\dfrac{f(0 + \Delta y, 0) - f(0,0)}{\Delta y} = \lim\limits_{\Delta y \to 0}\dfrac{\dfrac{0 \cdot \Delta y}{\sqrt{0^2 + (\Delta y)^2}} - 0}{\Delta y} = 0$,

而 $\Delta z - [f_x(0,0) \cdot \Delta x + f_y(0,0) \cdot \Delta y] = \dfrac{\Delta x \cdot \Delta y}{\sqrt{(\Delta x)^2 + (\Delta y)^2}}$,如果考虑 $P'(\Delta x, \Delta y)$ 沿着直线 $y = x$ 趋近于 $(0,0)$,

则 $\dfrac{\dfrac{\Delta x \cdot \Delta y}{\sqrt{(\Delta x)^2 + (\Delta y)^2}}}{\rho} = \dfrac{\Delta x \cdot \Delta y}{(\Delta x)^2 + (\Delta y)^2} = \dfrac{1}{2}$,说明它不随着 $\rho \to 0$ 而趋近于 $0$,故 $f(x,y)$ 在点 $(0,0)$ 处不可微.

**11. 解** 设 $z = f(u,v)$,$u = x^2 - y^2$,$v = \mathrm{e}^{xy}$,由链式法则得

$\dfrac{\partial z}{\partial x} = \dfrac{\partial z}{\partial u}\dfrac{\partial u}{\partial x} + \dfrac{\partial z}{\partial v}\dfrac{\partial v}{\partial x} = 2xf_1' + y\mathrm{e}^{xy}f_2'$.

**12. 解** $\dfrac{\partial z}{\partial x} = -\dfrac{1}{x^2}f(xy) + \dfrac{1}{x} \cdot f'(xy) \cdot y + y\varphi'(x + y) \cdot 1 = -\dfrac{1}{x^2}f(xy) + \dfrac{y}{x} \cdot f'(xy) + y\varphi'(x + y)$.

**13. 解** 令 $F(x,y,z) = x^2 z + 2y^2 z^2 + y$,则 $\dfrac{\partial z}{\partial y} = -\dfrac{F_y}{F_z} = -\dfrac{4yz^2 + 1}{x^2 + 4y^2 z}$.

**14. 解** 由 $\begin{cases} f_x(x,y) = \left(x^2 + y + \dfrac{x^3}{3}\right)\mathrm{e}^{x+y} = 0, \\ f_y(x,y) = \left(1 + y + \dfrac{x^3}{3}\right)\mathrm{e}^{x+y} = 0, \end{cases}$ 得驻点 $\left(1, -\dfrac{4}{3}\right)$,$\left(-1, -\dfrac{2}{3}\right)$.

又因为 $f_{xx}(x,y) = \left(2x + 2x^2 + y + \dfrac{x^3}{3}\right)\mathrm{e}^{x+y}$,$f_{xy}(x,y) = \left(1 + x^2 + y + \dfrac{x^3}{3}\right)\mathrm{e}^{x+y}$,

$f_{yy}(x,y)=\left(2+y+\dfrac{x^3}{3}\right)e^{x+y}$，于是

$(1)A=f_{xx}\Big|_{\left(1,-\frac{4}{3}\right)}=3e^{-\frac{1}{3}},B=f_{xy}\Big|_{\left(1,-\frac{4}{3}\right)}=e^{-\frac{1}{3}},C=f_{yy}\Big|_{\left(1,-\frac{4}{3}\right)}=e^{-\frac{1}{3}},AC-B^2=2e^{-\frac{2}{3}}>0,$

又因为 $A>0$，所以点 $\left(1,-\dfrac{4}{3}\right)$ 为 $f(x,y)$ 的极小值点，极小值为 $f\left(1,-\dfrac{4}{3}\right)=-e^{-\frac{1}{3}}$；

$(2)A=f_{xx}\Big|_{\left(-1,-\frac{2}{3}\right)}=-e^{-\frac{5}{3}},B=f_{xy}\Big|_{\left(-1,-\frac{2}{3}\right)}=e^{-\frac{5}{3}},C=f_{yy}\Big|_{\left(-1,-\frac{2}{3}\right)}=e^{-\frac{5}{3}},AC-B^2=-2e^{-\frac{10}{3}}<0,$

所以点 $\left(-1,-\dfrac{2}{3}\right)$ 不是 $f(x,y)$ 的极值点.

15. 解法一　画出积分区域 $D$(见右图)，积分区域 $D$ 可以看成 $X$ 型区域，其中

$D=\begin{cases}0\leqslant x\leqslant 1,\\ 2x\leqslant y\leqslant 2,\end{cases}$ 于是

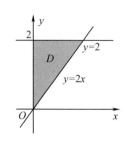

$$\iint\limits_{D}x^2\mathrm{d}x\mathrm{d}y=\int_0^1 x^2\mathrm{d}x\int_{2x}^2\mathrm{d}y=\int_0^1 x^2(2-2x)\mathrm{d}x=\left(\dfrac{2}{3}x^3-\dfrac{1}{2}x^4\right)\Big|_0^1=\dfrac{1}{6}.$$

解法二　区域 $D$ 也可以看成 $Y$ 型区域，其中 $D=\begin{cases}0\leqslant y\leqslant 2,\\ 0\leqslant x\leqslant\dfrac{y}{2},\end{cases}$ 于是

$$\iint\limits_{D}x^2\mathrm{d}x\mathrm{d}y=\int_0^2\mathrm{d}y\int_0^{\frac{y}{2}}x^2\mathrm{d}x=\dfrac{1}{24}\int_0^2 y^3\mathrm{d}y=\dfrac{1}{6}.$$

**四、证明题**

证　因为 $\dfrac{\partial z}{\partial x}=\cos(x-ay),\dfrac{\partial^2 z}{\partial x^2}=-\sin(x-ay),\dfrac{\partial z}{\partial y}=-a\cos(x-ay),\dfrac{\partial^2 z}{\partial y^2}=-a^2\sin(x-ay),$

所以有 $\dfrac{\partial^2 z}{\partial y^2}=a^2\dfrac{\partial^2 z}{\partial x^2}.$

## 第七章检测训练 B

**一、选择题**

1. C　解　$\dfrac{\partial z}{\partial y}=\dfrac{1}{\sin(x-2y)}\cdot\cos(x-2y)\cdot(-2)=-2\cot(x-2y).$

2. B　解　因为 $\dfrac{\partial z}{\partial y}=x^2-2x^3 y-xe^{-xy}$，所以 $\dfrac{\partial z}{\partial y}\Big|_{(-1,0)}=2.$

3. D　解　方程两边同时微分，得

$$\mathrm{d}z=\dfrac{(x-y)(\mathrm{d}x+\mathrm{d}y)-(x+y)(\mathrm{d}x-\mathrm{d}y)}{(x-y)^2}=\dfrac{-2y\mathrm{d}x+2x\mathrm{d}y}{(x-y)^2}=\dfrac{2}{(x-y)^2}(x\mathrm{d}y-y\mathrm{d}x).$$

4. D　解　二元函数在一点处可导不一定连续，也不一定可微，故可排除选项 A,B;偏导数为零的点是函数的驻点，但是驻点不一定是极值点，故可排除选项 C.

5. D　解　因为在 $D$ 上，$(x+y)^3\leqslant(x+y)^2$，所以由保序性得 $I_1=\iint\limits_{D}(x+y)^3\mathrm{d}\sigma\leqslant I_2=\iint\limits_{D}(x+y)^2\mathrm{d}\sigma.$

6. B　解　因为 $\iint\limits_{x^2+y^2\leqslant\rho^2}f(x,y)\mathrm{d}\sigma=f(\xi,\eta)\cdot\pi\rho^2$，由函数的连续性知，

$\lim\limits_{\rho\to 0}\dfrac{1}{\pi\rho^2}\iint\limits_{x^2+y^2\leqslant\rho^2}f(x,y)\mathrm{d}\sigma=\lim\limits_{\rho\to 0}f(\xi,\eta)=f(0,0).$

7. D　解　由二重积分的定义可知，$\lambda$ 表示的是小区域最大直径.

8. A　解　二次积分 $\int_1^2\mathrm{d}y\int_y^2 f(x,y)\mathrm{d}x$ 对应的 $Y$ 型积分区域为 $D:\begin{cases}y\leqslant x\leqslant 2,\\ 1\leqslant y\leqslant 2,\end{cases}$ 根据不

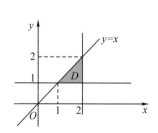

等式组画出积分区域的图形(见右图)，转换成 $X$ 型区域，则 $D:\begin{cases}1\leqslant x\leqslant 2,\\ 1\leqslant y\leqslant x,\end{cases}$ 可得交换

积分次序后的二次积分. 于是 $\int_1^2\mathrm{d}y\int_y^2 f(x,y)\mathrm{d}x=\int_1^2\mathrm{d}x\int_1^x f(x,y)\mathrm{d}y.$

9. A 解 $\iint\limits_{D} xy^2\,\mathrm{d}x\,\mathrm{d}y = \int_{\frac{p}{2}}^{0} x\,\mathrm{d}x \int_{-\sqrt{2px}}^{\sqrt{2px}} y^2\,\mathrm{d}y = 2\int_{\frac{p}{2}}^{0} x\,\mathrm{d}x \int_{0}^{\sqrt{2px}} y^2\,\mathrm{d}y = \frac{4\sqrt{2}}{3}\int_{\frac{p}{2}}^{0}\left[\frac{1}{p}(px)(px)^{\frac{3}{2}}\,\mathrm{d}x\right]$

$$= \frac{4\sqrt{2}}{3} \cdot \frac{2}{7p^2}(px)^{\frac{7}{2}}\bigg|_{\frac{p}{2}}^{0} = -\frac{1}{21}(p^2)^{\frac{5}{2}} = \frac{p^5}{21}.$$

10. A 解 令 $z = y\cos x$，则 $z$ 关于 $y$ 为奇函数，关于 $x$ 为偶函数，由题意知 $D_1$，$D_3$ 均关于 $y$ 轴对称，$D_2$，$D_4$ 均关于 $x$ 轴对称，所以由对称性，$I_2 = I_4 = 0$，

$$I_1 = 2\iint\limits_{D_1右} y\cos x\,\mathrm{d}x\,\mathrm{d}y = 2\int_0^1\mathrm{d}y\int_0^y y\cos x\,\mathrm{d}x = 2\int_0^1 y\sin y\,\mathrm{d}y > 0,$$

$$I_3 = 2\iint\limits_{D_3右} y\cos x\,\mathrm{d}x\,\mathrm{d}y = 2\int_{-1}^0\mathrm{d}y\int_0^{-y} y\cos x\,\mathrm{d}x = -2\int_0^1 y\sin y\,\mathrm{d}y < 0.$$

**二、填空题**

1. $2x\sin 2y$ 解 $\dfrac{\partial z}{\partial x} = 2x\sin 2y.$

2. $\dfrac{2x}{x^2+y^2}\mathrm{d}x + \dfrac{2y}{x^2+y^2}\mathrm{d}y$ 解 因为 $\dfrac{\partial z}{\partial x} = \dfrac{2x}{x^2+y^2},\dfrac{\partial z}{\partial y} = \dfrac{2y}{x^2+y^2}$，则 $\mathrm{d}z = \dfrac{2x}{x^2+y^2}\mathrm{d}x + \dfrac{2y}{x^2+y^2}\mathrm{d}y.$

3. $2e\mathrm{d}x + (e+2)\mathrm{d}y$ 解 因为 $\dfrac{\partial z}{\partial x} = e^{x+y} + xe^{x+y} + \ln(1+y),\dfrac{\partial z}{\partial y} = xe^{x+y} + \dfrac{x+1}{1+y}$，于是

$\mathrm{d}z\,|_{(1,0)} = 2e\mathrm{d}x + (e+2)\mathrm{d}y.$

4. $\mathrm{d}x - \mathrm{d}y$ 解 因为 $u = \left(\dfrac{x}{y}\right)^{\frac{1}{z}}$，所以 $\ln u = \dfrac{1}{z}(\ln x - \ln y)$，即 $z\ln u = \ln x - \ln y$，对上式两边同时微分，得 $\ln u\,\mathrm{d}z +$

$z \cdot \dfrac{1}{u}\mathrm{d}u = \dfrac{1}{x}\mathrm{d}x - \dfrac{1}{y}\mathrm{d}y$，于是 $\mathrm{d}u = \dfrac{u}{z}\left(\dfrac{1}{x}\mathrm{d}x - \dfrac{1}{y}\mathrm{d}y - \ln u\,\mathrm{d}z\right).$

因为 $u\,|_{(1,1,1)} = \sqrt[z]{\dfrac{x}{y}}\,\bigg|_{(1,1,1)} = 1$，所以 $\mathrm{d}u\,\bigg|_{(1,1,1)} = \mathrm{d}x - \mathrm{d}y - \ln 1\,\mathrm{d}z = \mathrm{d}x - \mathrm{d}y.$

5. 1 解 由二元隐函数方程 $x + y + z + xyz = 0$，解得 $\dfrac{\partial z}{\partial x} = -\dfrac{1+yz}{1+xy}$；

由函数 $f(x,y,z) = e^x yz^2$ 对 $x$ 求偏导，得 $f_x(x,y,z) = e^x yz^2 + 2e^x yz \cdot z_x = e^x yz^2 - 2e^x yz \cdot \dfrac{1+yz}{1+xy}.$

所以，$f_x(0,1,-1) = e^0 \times 1 - 2e^0 \times (-1) \times 0 = 1.$

6. $f'_1 \cdot yx^{y-1} + f'_2 \cdot y^x\ln y$ 解 设 $u = x^y,v = y^x$，则 $z = f(u,v)$，由链式法则，得

$\dfrac{\partial z}{\partial x} = \dfrac{\partial z}{\partial u}\dfrac{\partial u}{\partial x} + \dfrac{\partial z}{\partial v}\dfrac{\partial v}{\partial x} = f'_1 \cdot yx^{y-1} + f'_2 \cdot y^x\ln y.$

7. $9\pi$ 解 利用二重积分的几何意义，$\iint\limits_{D}\mathrm{d}\sigma = S_D = \pi \cdot 3^2 = 9\pi.$

8. $\dfrac{3}{2}$ 解 先求出曲线 $y = \ln x$ 与直线 $y = (e+1) - x$ 的交点坐标，再利用积分求解所围平面图形的面积.

由 $\begin{cases} y = \ln x, \\ y = (e+1) - x, \end{cases}$ 知交点坐标为 $(e,1)$，故所求区域 $D$ 的面积 $S$ 为

$S = \iint\limits_{D}\mathrm{d}x\,\mathrm{d}y = \int_0^1\mathrm{d}y\int_{e^y}^{e+1-y}\mathrm{d}x = \int_0^1(e+1-y-e^y)\mathrm{d}y = \dfrac{3}{2}.$

9. $\iint\limits_{D}|f(x,y)|\mathrm{d}\sigma$ 解 因为当 $f(x,y) \geqslant 0$ 时，$\iint\limits_{D}f(x,y)\mathrm{d}\sigma$ 表示以 $D$ 为底，以曲面 $z = f(x,y)$ 为顶的曲顶柱体的体积.

10. $\int_0^1\mathrm{d}y\int_y^{\sqrt{y}}f(x,y)\mathrm{d}x$ 解 $I = \int_0^1\mathrm{d}x\int_{x^2}^x f(x,y)\mathrm{d}y$ 对应的积分区域为 $X$ 型区域，其中

$D:\begin{cases} 0 \leqslant x \leqslant 1, \\ x^2 \leqslant y \leqslant x, \end{cases}$

将积分区域看成 $Y$ 型区域（见右图），则 $D:\begin{cases} y \leqslant x \leqslant \sqrt{y}, \\ 0 \leqslant y \leqslant 1, \end{cases}$

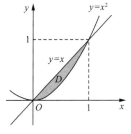

于是 $I = \int_0^1 \mathrm{d}y \int_y^{\sqrt{y}} f(x, y)\mathrm{d}x$.

### 三、解答题

1.解　因为 $\lim\limits_{\substack{x \to 0 \\ y = kx^3}} \dfrac{x^3 \cdot kx^3}{x^6 + k^2 x^6} = \dfrac{k}{1 + k^2}$，根据极限存在的唯一性知，极限 $\lim\limits_{\substack{x \to 0 \\ y \to 0}} \dfrac{x^3 y}{x^6 + y^2}$ 不存在.

**【名师点评】** 对于有理分式函数 $f(x, y) = \dfrac{P(x, y)}{Q(x, y)}$，其中 $P(x, y), Q(x, y)$ 分别是 $m$ 次和 $n$ 次齐次多项式，当 $m \leqslant n$ 时，可选取曲线路经 $y = kx^{m-n}$. 对于此题，可选取曲线 $y = kx^3$ 来进行讨论.

2.解　取特殊路径 $y = kx$.(其中 $k$ 为任意常数)，则 $\lim\limits_{\substack{x \to 0 \\ y \to 0}} \dfrac{xy}{x^2 + y^2} = \lim\limits_{x \to 0} \dfrac{x \cdot kx}{x^2 + (kx)^2} = \lim\limits_{x \to 0} \dfrac{k}{k^2 + 1} = \dfrac{k}{k^2 + 1}$，而 $\dfrac{k}{k^2 + 1}$ 的值

随着 $k$ 值的变化而变化，故 $\lim\limits_{\substack{x \to 0 \\ y \to 0}} \dfrac{xy}{x^2 + y^2}$ 不存在，所以 $f(x, y)$ 在点 $(0, 0)$ 处不连续.

**【名师点评】** 判断二元函数的极限是否存在，我们通常用特殊路径来确定.此题可选取 $y = kx$ 来说明.

3.解　$\dfrac{\partial z}{\partial x} = (xy + 1)^x \left[ \ln(xy + 1) + \dfrac{xy}{xy + 1} \right]$，$\dfrac{\partial z}{\partial y} = x^2(xy + 1)^{x-1}$.

4.解　因为 $\dfrac{\partial z}{\partial x} = 2x \mathrm{e}^{\arctan\frac{x}{y}} + (x^2 + y^2)\mathrm{e}^{\arctan\frac{x}{y}}\left[ -\dfrac{1/y}{1 + (x/y)^2} \right] = 2x\mathrm{e}^{\arctan\frac{x}{y}} - y\mathrm{e}^{\arctan\frac{x}{y}} = (2x - y)\mathrm{e}^{\arctan\frac{x}{y}}$，

所以 $\dfrac{\partial^2 z}{\partial x \partial y} = -\mathrm{e}^{\arctan\frac{x}{y}} + (2x - y)\mathrm{e}^{\arctan\frac{x}{y}} \dfrac{x/y^2}{1 + (x/y)^2} = \dfrac{x^2 - xy - y^2}{x^2 + y^2}\mathrm{e}^{\arctan\frac{x}{y}}$.

5.解　因为 $\dfrac{\partial u}{\partial x} = -\mathrm{e}^{-x}\sin\dfrac{x}{y} + \dfrac{1}{y}\mathrm{e}^{-x}\cos\dfrac{x}{y}$，

所以 $\dfrac{\partial^2 u}{\partial x \partial y} = -\mathrm{e}^{-x}\cos\dfrac{x}{y} \cdot \left( -\dfrac{x}{y^2} \right) + \left( -\dfrac{1}{y^2} \right)\mathrm{e}^{-x}\cos\dfrac{x}{y} + \dfrac{1}{y}\mathrm{e}^{-x}\left( -\sin\dfrac{x}{y} \right) \cdot \left( -\dfrac{x}{y^2} \right)$，

$\qquad = \mathrm{e}^{-x}\left[ \left( \dfrac{x}{y^2} - \dfrac{1}{y^2} \right)\cos\dfrac{x}{y} + \dfrac{x}{y^3}\sin\dfrac{x}{y} \right]$，

于是 $\dfrac{\partial^2 u}{\partial x \partial y}\bigg|_{(2, \frac{1}{\pi})} = \left( \dfrac{\pi}{\mathrm{e}} \right)^2$.

6.解　因为 $\dfrac{\partial z}{\partial x} = 2x\mathrm{e}^{-\arctan\frac{y}{x}} - (x^2 + y^2)\mathrm{e}^{-\arctan\frac{y}{x}} \cdot \dfrac{1}{1 + \left( \frac{y}{x} \right)^2}\left( -\dfrac{y}{x^2} \right) = (2x + y)\mathrm{e}^{-\arctan\frac{y}{x}}$，

$\dfrac{\partial z}{\partial y} = 2y\mathrm{e}^{-\arctan\frac{y}{x}} - (x^2 + y^2)\mathrm{e}^{-\arctan\frac{y}{x}} \cdot \dfrac{1}{1 + \left( \frac{y}{x} \right)^2}\left( \dfrac{1}{x} \right) = (2y - x)\mathrm{e}^{-\arctan\frac{y}{x}}$，

所以 $\mathrm{d}z = \mathrm{e}^{-\arctan\frac{y}{x}}\left[ (2x + y)\mathrm{d}x + (2y - x)\mathrm{d}y \right]$.

7.解　设 $u = x + y + z, v = xyz$，则 $w = f(u, v)$，由链式法则，得

$\dfrac{\partial w}{\partial x} = \dfrac{\partial w}{\partial u}\dfrac{\partial u}{\partial x} + \dfrac{\partial w}{\partial v}\dfrac{\partial v}{\partial x} = f'_1 \cdot 1 + f'_2 \cdot yz = f'_1 + yz \cdot f'_2$.

8.解　由 $\begin{cases} f_x(x, y) = 2x(2 + y^2) = 0, \\ f_y(x, y) = 2x^2 y + \ln y + 1 = 0, \end{cases}$　解得驻点为 $\left( 0, \dfrac{1}{\mathrm{e}} \right)$.

又因为 $f_{xx}(x, y) = 2(2 + y^2), f_{xy}(x, y) = 4xy, f_{yy}(x, y) = 2x^2 + \dfrac{1}{y}$，

则 $A = f_{xx}\bigg|_{(0, \frac{1}{\mathrm{e}})} = 2\left( 2 + \dfrac{1}{\mathrm{e}^2} \right), B = f_{xy}\bigg|_{(0, \frac{1}{\mathrm{e}})} = 0, C = f_{yy}\bigg|_{(0, \frac{1}{\mathrm{e}})} = \mathrm{e}$.

于是，$A > 0, AC - B^2 > 0$，故存在极小值 $f\left( 0, \dfrac{1}{\mathrm{e}} \right) = -\dfrac{1}{\mathrm{e}}$.

9.解　令 $z = f(u, v), u = xy, v = x + y$，由链式法则，得

$\dfrac{\partial z}{\partial x} = \dfrac{\partial z}{\partial u}\dfrac{\partial u}{\partial x} + \dfrac{\partial z}{\partial v}\dfrac{\partial v}{\partial x} = f'_1 y + f'_2, \dfrac{\partial z}{\partial y} = \dfrac{\partial z}{\partial u}\dfrac{\partial u}{\partial y} + \dfrac{\partial z}{\partial v}\dfrac{\partial v}{\partial y} = f'_1 x + f'_2$.

10.解　令 $F(x, y, z) = x^2 y - x^3 z - 1$，则 $F_x = 2xy - 3x^2 z, F_y = x^2, F_z = -x^3$，

所以 $\dfrac{\partial z}{\partial x} = -\dfrac{F_x}{F_z} = -\dfrac{2xy - 3x^2 z}{-x^3} = \dfrac{2y - 3xz}{x^2}, \dfrac{\partial z}{\partial y} = -\dfrac{F_y}{F_z} = -\dfrac{x^2}{-x^3} = \dfrac{1}{x}.$

11.解　令 $F(u,v) = 0, u = x + mz, v = y + nz$，则

$$\frac{\partial z}{\partial y} = -\frac{F_y}{F_z} = -\frac{F_u u_y + F_v v_y}{F_u u_z + F_v v_z} = -\frac{F_v}{mF_u + nF_v}.$$

12.解法一　画出积分区域 $D$（见右图），区域 $D$ 可以看成 $X$ 型区域，则 $D: \begin{cases} 1 \leqslant x \leqslant e, \\ 0 \leqslant y \leqslant \ln x, \end{cases}$ 于是

$$\iint\limits_{D} \frac{y}{x} \mathrm{d}x\mathrm{d}y = \int_1^e \mathrm{d}x \int_0^{\ln x} \frac{y}{x} \mathrm{d}y = \int_1^e \frac{\ln^2 x}{2x} \mathrm{d}x = \frac{1}{2} \int_1^e \ln^2 x \,\mathrm{d}\ln x = \frac{1}{6} \ln^3 x \,\Big|_1^e = \frac{1}{6}.$$

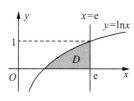

解法二　区域 $D$ 也可以看成 $Y$ 型区域，则 $D: \begin{cases} 0 \leqslant y \leqslant 1, \\ e^y \leqslant x \leqslant e, \end{cases}$ 于是

$$\iint\limits_{D} \frac{y}{x} \mathrm{d}x\mathrm{d}y = \int_0^1 \mathrm{d}y \int_{e^y}^e \frac{y}{x} \mathrm{d}x = \int_0^1 y(1-y)\mathrm{d}y = \left(\frac{1}{2}y^2 - \frac{1}{3}y^3\right)\Big|_0^1 = \frac{1}{6}.$$

13.解法一　画出积分区域 $D$（见右图），积分区域可以看成 $X$ 型区域，则
$D: \begin{cases} 0 \leqslant x \leqslant 1, \\ x^2 \leqslant y \leqslant x, \end{cases}$ 于是

$$I = \int_0^1 \mathrm{d}x \int_{x^2}^x x \mathrm{d}y = \int_0^1 xy \,\Big|_{x^2}^x \mathrm{d}x = \int_0^1 (x^2 - x^3)\mathrm{d}x = \frac{1}{12}.$$

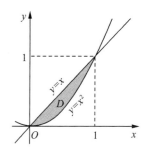

解法二　积分区域也可以看成 $Y$ 型区域，则 $D: \begin{cases} 0 \leqslant y \leqslant 1, \\ y \leqslant x \leqslant \sqrt{y}, \end{cases}$ 于是

$$I = \int_0^1 \mathrm{d}y \int_y^{\sqrt{y}} x \mathrm{d}x = \frac{1}{2}\int_0^1 (y - y^2)\mathrm{d}x = \frac{1}{12}.$$

14.解　积分区域 $D$ 为 $\begin{cases} 0 \leqslant y \leqslant 1, \\ 1-y \leqslant x \leqslant 1 + y^2, \end{cases}$ 如图所示，

改变次序后，$D = D_1 + D_2$.

其中 $\begin{cases} D_1: 0 \leqslant x \leqslant 1, 1-x \leqslant y \leqslant 1, \\ D_2: 1 \leqslant x \leqslant 2, \sqrt{x-1} \leqslant y \leqslant 1, \end{cases}$

故 $\int_0^1 \mathrm{d}y \int_{1-y}^{1+y^2} f(x,y)\mathrm{d}y = \int_0^1 \mathrm{d}x \int_{1-x}^1 f(x,y)\mathrm{d}y + \int_1^2 \mathrm{d}x \int_{\sqrt{x-1}}^1 f(x,y)\mathrm{d}y.$

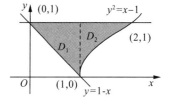

15.解　积分区域 $D$ 如图所示，改变次序后可表示为 $0 \leqslant x \leqslant 1, x \leqslant y \leqslant 2-x$，故

$$\int_0^1 \mathrm{d}y \int_0^y f(x,y)\mathrm{d}x + \int_1^2 \mathrm{d}y \int_0^{2-y} f(x,y)\mathrm{d}x = \int_0^1 \mathrm{d}x \int_x^{2-x} f(x,y)\mathrm{d}y.$$

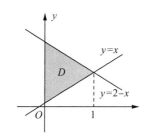

**四、证明题**

证　因为 $\dfrac{\partial r}{\partial y} = \dfrac{2x}{2\sqrt{x^2 + y^2 + z^2}} = \dfrac{x}{r}$，由对称性知

$$\frac{\partial r}{\partial y} = \frac{y}{r}, \frac{\partial r}{\partial z} = \frac{z}{r}, \frac{\partial^2 r}{\partial x^2} = \frac{r - x\frac{\partial r}{\partial x}}{r^2} = \frac{r - x \cdot \frac{x}{r}}{r^2} = \frac{r^2 - x^2}{r^3}.$$

同理，$\dfrac{\partial^2 r}{\partial y^2} = \dfrac{r^2 - y^2}{r^3}, \dfrac{\partial^2 r}{\partial z^2} = \dfrac{r^2 - z^2}{r^3}$，则

$$\frac{\partial^2 r}{\partial x^2} + \frac{\partial^2 r}{\partial y^2} + \frac{\partial^2 r}{\partial z^2} = \frac{3r^2 - (x^2 + y^2 + z^2)}{r^3} = \frac{2r^2}{r^3} = \frac{2}{r}.$$

# 模拟自测答案及详解

## 模拟题一

**一、单项选择题（本大题共 5 小题，每小题 3 分，共 15 分）**

1.C　解　因为 $\lim\limits_{x \to 0} x = 0, \left| \sin\dfrac{1}{x} \right| \leqslant 1$，由无穷小的性质（无穷小与有界函数之积仍为无穷小）可得 $\lim\limits_{x \to 0} x \sin\dfrac{1}{x} = 0.$

**2.** B **解** 因为 $x=0$ 为间断点,且

$$\lim_{x\to 0^-}f(x)=\lim_{x\to 0^-}\frac{e^{\frac{1}{x}}-1}{e^{\frac{1}{x}}+1}=\frac{0-1}{0+1}=-1,\quad \lim_{x\to 0^+}f(x)=\lim_{x\to 0^+}\frac{e^{\frac{1}{x}}-1}{e^{\frac{1}{x}}+1}=\lim_{x\to 0^+}\frac{e^{\frac{1}{x}}\cdot\left(-\frac{1}{x^2}\right)}{e^{\frac{1}{x}}\cdot\left(-\frac{1}{x^2}\right)}=1,$$

由于 $\lim\limits_{x\to 0^-}f(x)\neq\lim\limits_{x\to 0^+}f(x)$,所以 $x=0$ 是函数 $f(x)=\dfrac{e^{\frac{1}{x}}-1}{e^{\frac{1}{x}}+1}$ 的跳跃间断点.

**3.** D **解** 由定积分的几何意义可知,$S_1=\displaystyle\int_a^{c_1}f(x)\mathrm{d}x,S_2=-\int_{c_1}^{c_2}f(x)\mathrm{d}x,S_3=\int_{c_2}^b f(x)\mathrm{d}x$,故图中阴影部分的面积

为 $S_1+S_2+S_3=\displaystyle\int_a^{c_1}f(x)\mathrm{d}x-\int_{c_1}^{c_2}f(x)\mathrm{d}x+\int_{c_2}^b f(x)\mathrm{d}x.$

**4.** A **解** 整理方程,得 $y'=\dfrac{e^x}{(1+e^x)\cdot y}$,分离变量,得 $y\mathrm{d}y=\dfrac{e^x}{1+e^x}\mathrm{d}x$,故 $y^2=2\ln(1+e^x)+C.$

将 $y|_{x=0}=0$ 代入得 $C=-2\ln2$,则所求特解为 $y^2=2\ln(1+e^x)-2\ln2.$

**5.** C **解** 交换积分次序得 $\displaystyle\int_0^2\mathrm{d}x\int_x^2 e^{-y^2}\mathrm{d}y=\int_0^2 e^{-y^2}\mathrm{d}y\int_0^y\mathrm{d}x=\int_0^2 ye^{-y^2}\mathrm{d}y=\frac{1}{2}(1-e^{-4}).$

**二、填空题(本大题共 5 小题,每小题 3 分,共 15 分)**

**6.** $(-2,2)\bigcup(2,+\infty)$ **解** 要使函数有意义,必须满足 $4-x^2\neq 0$ 且 $x+2\geqslant 0$,即 $x\neq\pm 2$ 且 $x\geqslant -2$,因此函数的定义域为 $(-2,2)\bigcup(2,+\infty).$

**7.** 1 **解** 令 $x=1$,则 $g(1)=\dfrac{1}{2}$,所以 $f[g(1)]=f\left(\dfrac{1}{2}\right)=\dfrac{2-1}{1^2}=1.$

**8.** $(0,-1)$ **解** 因为直线 $l$ 与 $x$ 轴平行,则其斜率 $k=0$,即在切点处导数为 0. 又因为导函数 $y'=1-e^x$,切点在曲线

$y=x-e^x$ 上,故切点坐标满足的条件为 $\begin{cases}1-e^x=0,\\ x-e^x=y,\end{cases}$ 解得 $\begin{cases}x=0,\\ y=-1.\end{cases}$ 故切点坐标为 $(0,-1).$

**9.** $\dfrac{1}{3}$ **解** 因为两条抛物线的交点为 $(0,0)$ 和 $(1,1)$,故所求面积为 $A=\displaystyle\int_0^1(\sqrt{x}-x^2)\mathrm{d}x=\left(\frac{2}{3}x^{\frac{3}{2}}-\frac{x^3}{3}\right)\Big|_0^1=\frac{1}{3}.$

**10.** $\left[\ln(x+y^2)+\dfrac{x}{x+y^2}\right]\mathrm{d}x+\dfrac{2xy}{x+y^2}\mathrm{d}y$ **解** 由于 $\dfrac{\partial z}{\partial x}=\ln(x+y^2)+x\cdot\dfrac{1}{x+y^2}=\ln(x+y^2)+\dfrac{x}{x+y^2},\dfrac{\partial z}{\partial y}=x\cdot\dfrac{2y}{x+y^2}$

$=\dfrac{2xy}{x+y^2}$,所以 $\mathrm{d}z=\left(\ln(x+y^2)+\dfrac{x}{x+y^2}\right)\mathrm{d}x+\dfrac{2xy}{x+y^2}\mathrm{d}y.$

**三、计算题(本大题共 8 小题,每小题 7 分,共 56 分)**

**11.** 解法一 $\displaystyle\lim_{x\to 1}\left(\frac{1}{1-x}-\frac{3}{1-x^3}\right)=\lim_{x\to 1}\frac{1+x+x^2-3}{(1-x)(1+x+x^2)}$

$$=\lim_{x\to 1}\frac{(x-1)(x+2)}{(1-x)(1+x+x^2)}=-\lim_{x\to 1}\frac{x+2}{1+x+x^2}=-1.$$

解法二 通分后利用洛必达法则求解,即 $\displaystyle\lim_{x\to 1}\left(\frac{1}{1-x}-\frac{3}{1-x^3}\right)=\lim_{x\to 1}\frac{x^2+x-2}{1-x^3}\overset{\frac{0}{0}}{=}\lim_{x\to 1}\frac{2x+1}{-3x^2}=-1.$

**12.** 解 这是 "$\dfrac{0}{0}$" 型未定式,使用等价无穷小替换并利用洛必达法则,有

$$\lim_{x\to 0}\frac{\displaystyle\int_0^{x^2}\cos t^2\mathrm{d}t}{x\sin x}=\lim_{x\to 0}\frac{\displaystyle\int_0^{x^2}\cos t^2\mathrm{d}t}{x^2}\overset{\frac{0}{0}}{=}\lim_{x\to 0}\frac{\cos x^4\cdot 2x}{2x}=\lim_{x\to 0}\cos x^4=1.$$

**13.** 解 $f(0^-)=\displaystyle\lim_{x\to 0^-}f(x)=\lim_{x\to 0^-}\frac{a(1-\cos x)}{x^2}=\frac{a}{2},f(0^+)=\lim_{x\to 0^+}f(x)=\lim_{x\to 0^+}\ln(b+x^2)=\ln b,$

因为函数 $f(x)$ 在 $x=0$ 处连续,且 $f(0)=1$,所以 $\begin{cases}\dfrac{a}{2}=1,\\ \ln b=1,\end{cases}$ 解得 $\begin{cases}a=2,\\ b=e.\end{cases}$

**14.** 解 令 $t=\sqrt{2x}$,则 $x=\dfrac{1}{2}t^2,\mathrm{d}x=t\mathrm{d}t$,所以

原式 $=\displaystyle\int\frac{t}{1+t}\mathrm{d}t=\int\frac{t+1-1}{1+t}\mathrm{d}t=\int\left(1-\frac{1}{1+t}\right)\mathrm{d}t=t-\ln|1+t|+C=\sqrt{2x}-\ln(1+\sqrt{2x})+C.$

**15.解**　根据积分区间的可加性和分部积分公式可得

$$\int_{\frac{1}{e}}^{e}|\ln x|\,\mathrm{d}x=\int_{\frac{1}{e}}^{1}(-\ln x)\mathrm{d}x+\int_{1}^{e}\ln x\,\mathrm{d}x=-\left(x\ln x\,\Big|_{\frac{1}{e}}^{1}-\int_{\frac{1}{e}}^{1}x\cdot\frac{1}{x}\mathrm{d}x\right)+\left(x\ln x\,\Big|_{1}^{e}-\int_{1}^{e}x\cdot\frac{1}{x}\mathrm{d}x\right)$$

$$=-(x\ln x-x)\,\Big|_{\frac{1}{e}}^{1}+(x\ln x-x)\,\Big|_{1}^{e}=2-\frac{2}{e}.$$

**16.解**　原方程可整理为 $\dfrac{\mathrm{d}y}{\mathrm{d}x}+\dfrac{2}{x}y=\dfrac{x-1}{x^2}$，该方程为一阶线性非齐次微分方程，其中 $P(x)=\dfrac{2}{x}$，$Q(x)=\dfrac{x-1}{x^2}$

由公式得通解为

$$y=\mathrm{e}^{-\int P(x)\mathrm{d}x}\left[\int Q(x)\mathrm{e}^{\int P(x)\mathrm{d}x}\,\mathrm{d}x+C\right]=\mathrm{e}^{-\int\frac{2}{x}\mathrm{d}x}\left(\int\frac{x-1}{x^2}\mathrm{e}^{\int\frac{2}{x}\mathrm{d}x}\,\mathrm{d}x+C\right)$$

$$=\frac{1}{x^2}\left(\int\frac{x-1}{x^2}\cdot x^2\,\mathrm{d}x+C\right)=\frac{1}{x^2}\left(\frac{1}{2}x^2-x+C\right)=\frac{1}{2}-\frac{1}{x}+\frac{C}{x^2}.$$

将初始条件 $y\Big|_{x=1}=0$ 代入上式，则 $C=\dfrac{1}{2}$．故所求微分方程的特解为 $y=\dfrac{1}{2}-\dfrac{1}{x}+\dfrac{1}{2x^2}$．

**17.解**　因为 $\dfrac{\partial u}{\partial x}=-\mathrm{e}^{-x}\sin\dfrac{x}{y}+\dfrac{1}{y}\mathrm{e}^{-x}\cos\dfrac{x}{y}$，

所以 $\dfrac{\partial^2 u}{\partial x\partial y}=-\mathrm{e}^{-x}\cos\dfrac{x}{y}\cdot\left(-\dfrac{x}{y^2}\right)+\left(-\dfrac{1}{y^2}\right)\mathrm{e}^{-x}\cos\dfrac{x}{y}+\dfrac{1}{y}\mathrm{e}^{-x}\left(-\sin\dfrac{x}{y}\right)\cdot\left(-\dfrac{x}{y^2}\right)$

$$=\mathrm{e}^{-x}\left[\left(\dfrac{x}{y^2}-\dfrac{1}{y^2}\right)\cos\dfrac{x}{y}+\dfrac{x}{y^3}\sin\dfrac{x}{y}\right],$$

于是 $\dfrac{\partial^2 u}{\partial x\partial y}\Big|_{(2,\frac{1}{\pi})}=\left(\dfrac{\pi}{e}\right)^2$．

**18.解**　画出积分区域 $D$，如右图所示.

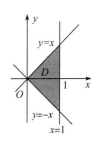

将积分区域看成 $X$ 型区域，则 $D:\begin{cases}0\leqslant x\leqslant 1,\\ -x\leqslant y\leqslant x,\end{cases}$ 于是

$$\iint\limits_{D}(x^2y^3+\mathrm{e}^{x^2})\mathrm{d}x\mathrm{d}y=\int_0^1\mathrm{d}x\int_{-x}^{x}(x^2y^3+\mathrm{e}^{x^2})\,\mathrm{d}y=\int_0^1\left(\frac{1}{4}x^2y^4+\mathrm{e}^{x^2}y\right)\Big|_{-x}^{x}\mathrm{d}x$$

$$=\int_0^1\mathrm{e}^{x^2}\mathrm{d}x^2=\mathrm{e}^{x^2}\Big|_0^1=\mathrm{e}-1.$$

**四、应用题**（本大题共 7 分）

**19.解**　(1) 由题意可得，边际利润为 $L'(x)=4-x$，令 $L'(x)=0$ 得 $x=4$（百台），由于 $L''(4)=-1<0$，则此时利润取得最大值，故当产量为 4 百台时利润最大.

(2) 由(1)可知，最大利润为 $L(5)-L(4)=\int_4^5(4-x)\mathrm{d}x=\left(4x-\dfrac{1}{2}x^2\right)\Big|_4^5=-0.5$（万元），故达到利润最大的产量后又生产了 1 百台，总利润减少了 0.5 万元.

**五、证明题**（本大题共 7 分）

**20.证**　令 $F(x)=\mathrm{e}^x f(x)$，则 $F(x)$ 在闭区间 $[a,b]$ 上连续，在开区间 $(a,b)$ 内可导，且有 $F(a)=\mathrm{e}^a f(a)$，$F(b)=\mathrm{e}^b f(b)$，由条件 $\mathrm{e}^{a-b}f(a)=f(b)$ 知 $\mathrm{e}^a f(a)=\mathrm{e}^b f(b)$，即 $F(a)=F(b)$，

所以 $F(x)$ 在 $[a,b]$ 上满足罗尔定理的条件，因此在 $(a,b)$ 内至少存在一点 $\xi$，使得 $F'(\xi)=\mathrm{e}^\xi f(\xi)+\mathrm{e}^\xi f'(\xi)=0$，即有 $f(\xi)+f'(\xi)=0$ 成立.

# 模拟题二

**一、单项选择题**（本大题共 5 小题，每小题 3 分，共 15 分）

**1.C 解**　因为 $\lim\limits_{x\to 0^-}\dfrac{1}{x}=-\infty$，所以 $\lim\limits_{x\to 0^-}\mathrm{e}^{\frac{1}{x}}=0$.

**2.A 解**　因为 $y=\dfrac{x^2-2x}{|x|(x^2-4)}=\begin{cases}\dfrac{x^2-2x}{x(x^2-4)}, & x>0,\\[2mm] \dfrac{x^2-2x}{-x(x^2-4)}, & x<0,\end{cases}$ 所以

$$\lim_{x\to 0^+}f(x)=\lim_{x\to 0^+}\frac{x^2-2x}{x(x^2-4)}=\lim_{x\to 0^+}\frac{x(x-2)}{x(x+2)(x-2)}=\lim_{x\to 0^+}\frac{1}{x+2}=\frac{1}{2},$$

$$\lim_{x\to 0^-}f(x)=\lim_{x\to 0^-}\frac{x^2-2x}{-x(x^2-4)}=\lim_{x\to 0^-}\frac{x(x-2)}{-x(x+2)(x-2)}=-\lim_{x\to 0^-}\frac{1}{x+2}=-\frac{1}{2},$$

由此可见,$\lim_{x\to 0^+}f(x)\neq\lim_{x\to 0^-}f(x)$,故 $x=0$ 为第一类间断点.

故应选 A.

3. A　解　因为函数 $f(x)$ 仅在区间 $[0,4]$ 上可积,所以 $\int_0^3 f(x)\mathrm{d}x=\int_0^a f(x)\mathrm{d}x+\int_a^3 f(x)\mathrm{d}x$ 中的 $a\in[0,4]$,只有选项 A 正确.

4. B　解　由于是选择题,可将选项代入,经验证,选项 B 为原微分方程的解,且满足初始条件 $y\big|_{x=0}=2$.

5. D　解　由已知的二次积分,可得出积分区域 $D:\begin{cases}0\leqslant x\leqslant 2,\\ x\leqslant y\leqslant 2x,\end{cases}$ 其图形如图所示,

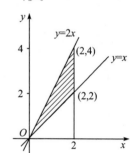

改变积分区域 $D$ 的类型为 $Y$ 型,则 $D=D_1+D_2$,

其中 $D_1:\begin{cases}0\leqslant y\leqslant 2,\\ \frac{y}{2}\leqslant x\leqslant y,\end{cases}$ $D_2:\begin{cases}2\leqslant y\leqslant 4,\\ \frac{y}{2}\leqslant x\leqslant 2,\end{cases}$

于是 $\int_0^2\mathrm{d}x\int_x^{2x}f(x,y)\mathrm{d}y=\int_0^2\mathrm{d}y\int_{\frac{y}{2}}^y f(x,y)\mathrm{d}x+\int_2^4\mathrm{d}y\int_{\frac{y}{2}}^2 f(x,y)\mathrm{d}x.$

**二、填空题(本大题共 5 小题,每小题 3 分,共 15 分)**

6. $[0,\sqrt{2})$　解　要使函数有意义,必须同时满足条件 $\begin{cases}2-x^2>0,\\ -1\leqslant\frac{1}{2}x-1\leqslant 1,\end{cases}$ 解得 $\begin{cases}-\sqrt{2}<x<\sqrt{2},\\ 0\leqslant x\leqslant 4.\end{cases}$

所以,函数的定义域为 $[0,\sqrt{2})$.

7. $f(x)=x^2-x+1$　解　令 $\mathrm{e}^x+1=u$,则 $x=\ln(u-1)$.

所以 $f(u)=\mathrm{e}^{2\ln(u-1)}+\mathrm{e}^{\ln(u-1)}+1=(u-1)^2+(u-1)+1=u^2-u+1$,即 $f(x)=x^2-x+1$.

8. $-(n-1)!$　解　$f'(-1)=\lim_{x\to -1}\frac{f(x)-f(-1)}{x-(-1)}=\lim_{x\to -1}\frac{x(x+1)(x+2)\cdots(x+n)}{x+1}=\lim_{x\to -1}x(x+2)\cdots(x+n)$

$=(-1)\cdot 1\cdot 2\cdots(n-1)=-(n-1)!.$

9. $\frac{9}{2}$　解　先作出 $y^2=x+2$ 和 $x-y=0$ 的图形及所围成的区域,如图所示.

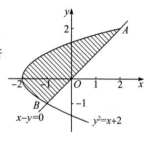

将两曲线方程联立,得 $\begin{cases}y^2=x+2,\\ x-y=0,\end{cases}$ 求出二者的交点 $A(2,2),B(-1,-1)$,对 $y$ 积分,所

求面积可表示为 $A=\int_{-1}^2[y-(y^2-2)]\mathrm{d}y=\left(\frac{y^2}{2}-\frac{y^3}{3}+2y\right)\Big|_{-1}^2=\frac{9}{2}.$

10. $\left(2xy+\frac{1}{x}\right)\mathrm{d}x+x^2\mathrm{d}y$　解　先求两个偏导数:$\frac{\partial z}{\partial x}=2xy+\frac{1}{x},\frac{\partial z}{\partial y}=x^2,$

于是 $\mathrm{d}z=\left(2xy+\frac{1}{x}\right)\mathrm{d}x+x^2\mathrm{d}y.$

**三、计算题(本大题共 8 小题,每小题 7 分,共 56 分)**

11. 解法一　$\lim_{x\to 1}\left(\frac{x}{x-1}-\frac{1}{x^2-x}\right)=\lim_{x\to 1}\left[\frac{x}{x-1}-\frac{1}{x(x-1)}\right]=\lim_{x\to 1}\frac{x^2-1}{x(x-1)}$

$=\lim_{x\to 1}\frac{x+1}{x}=2.$

解法二　通分后利用洛必达法则求解,即 $\lim_{x\to 1}\left(\frac{x}{x-1}-\frac{1}{x^2-x}\right)=\lim_{x\to 1}\frac{x^2-1}{x^2-x}\overset{\frac{0}{0}}{=}\lim_{x\to 1}\frac{2x}{2x-1}=2.$

12. 解　这是"$\frac{0}{0}$"型未定式,使用等价无穷小替换并利用洛必达法则,有

$$\lim_{x\to 0}\frac{\int_{2x}^{0}\sin t^2\,\mathrm{d}t}{x^3}=\lim_{x\to 0}\frac{-\sin(2x)^2\cdot(2x)'}{3x^2}=-\frac{2}{3}\lim_{x\to 0}\frac{\sin 4x^2}{x^2}=-\frac{8}{3}.$$

**13.解**　当 $x<0$ 时,$\dfrac{x^2\sin\dfrac{1}{x}}{\mathrm{e}^x-1}$ 有定义,函数 $f(x)$ 连续;

当 $x>0$ 时,$\dfrac{\ln(1+2x)}{x}+a$ 有定义,函数 $f(x)$ 也连续.

另有 $f(0^-)=\lim_{x\to 0^-}f(x)=\lim_{x\to 0^-}\dfrac{x^2\sin\dfrac{1}{x}}{\mathrm{e}^x-1}=\lim_{x\to 0^-}\dfrac{x}{\mathrm{e}^x-1}\cdot\lim_{x\to 0^-}x\sin\dfrac{1}{x}=0$,

$f(0^+)=\lim_{x\to 0^+}f(x)=\lim_{x\to 0^+}\left[\dfrac{\ln(1+2x)}{x}+a\right]=\lim_{x\to 0^+}\dfrac{2x}{x}+a=2+a$,

因此,若在 $x=0$ 处函数连续,应有 $a+2=0=b$,即 $a=-2,b=0$.

**14.解**　令 $\mathrm{e}^x=t$,则 $x=\ln t$,于是 $f(t)=\ln t+1$,即 $f(x)=\ln x+1$,

从而 $\displaystyle\int\frac{f(x)}{x}\,\mathrm{d}x=\int\frac{\ln x+1}{x}\,\mathrm{d}x==\int(\ln x+1)\,\mathrm{d}\ln x=\frac{1}{2}\ln^2 x+\ln x+C.$

**15.解**　利用分部积分法可得

$$\int_1^2 x(\ln x)^2\,\mathrm{d}x=\int_1^2(\ln x)^2\,\mathrm{d}\left(\frac{x^2}{2}\right)=\frac{x^2}{2}(\ln x)^2\Big|_1^2-\frac{1}{2}\int_1^2 x^2\cdot 2\ln x\cdot\frac{\mathrm{d}x}{x}$$

$$=2(\ln 2)^2-\int_1^2 x\ln x\,\mathrm{d}x=2\ln^2 2-\int_1^2\ln x\,\mathrm{d}\left(\frac{x^2}{2}\right)$$

$$=2\ln^2 2-\frac{x^2}{2}\ln x\Big|_1^2+\frac{1}{2}\int_1^2 x\,\mathrm{d}x=2\ln^2 2-2\ln 2+\frac{x^2}{4}\Big|_1^2$$

$$=2\ln^2 2-2\ln 2+\frac{3}{4}.$$

**16.解**　该方程为一阶线性非齐次微分方程,其中 $P(x)=-x,Q(x)=x\mathrm{e}^{x^2}$,

由公式得通解为

$$y=\mathrm{e}^{-\int P(x)\mathrm{d}x}\left[\int Q(x)\mathrm{e}^{\int P(x)\mathrm{d}x}\,\mathrm{d}x+C\right]=\mathrm{e}^{\int x\mathrm{d}x}\left(\int x\mathrm{e}^{x^2}\mathrm{e}^{-\int x\mathrm{d}x}\,\mathrm{d}x+C\right)=\mathrm{e}^{\frac{1}{2}x^2}\left(\int x\mathrm{e}^{\frac{1}{2}x^2}\,\mathrm{d}x+C\right)$$

$$=\mathrm{e}^{\frac{1}{2}x^2}\left(\mathrm{e}^{\frac{1}{2}x^2}+C\right)=\mathrm{e}^{x^2}+C\mathrm{e}^{\frac{1}{2}x^2}.$$

将初始条件 $y(0)=1$ 代入上式,得 $C=0$.

故所求微分方程的特解为 $y=\mathrm{e}^{x^2}$.

**17.解**　因为 $\dfrac{\partial z}{\partial x}=2x\mathrm{e}^{-\arctan\frac{x}{y}}+(x^2+y^2)\mathrm{e}^{-\arctan\frac{x}{y}}\left[-\dfrac{1/y}{1+(x/y)^2}\right]=2x\mathrm{e}^{-\arctan\frac{x}{y}}-y\mathrm{e}^{-\arctan\frac{x}{y}}=(2x-y)\mathrm{e}^{-\arctan\frac{x}{y}},$

所以 $\dfrac{\partial^2 z}{\partial x\partial y}=-\mathrm{e}^{-\arctan\frac{x}{y}}+(2x-y)\mathrm{e}^{-\arctan\frac{x}{y}}\dfrac{x/y^2}{1+(x/y)^2}=\dfrac{x^2-xy-y^2}{x^2+y^2}\mathrm{e}^{-\arctan\frac{x}{y}}.$

**18.解**　本题选取先对 $x$ 积分后对 $y$ 积分的顺序较为方便.

$$\iint\limits_{D}\sqrt{xy-y^2}\,\mathrm{d}x\mathrm{d}y=\int_0^1\mathrm{d}y\int_y^{10y}\sqrt{xy-y^2}\,\mathrm{d}x=\frac{2}{3}\int_0^1\frac{1}{y}(xy-y^2)^{\frac{3}{2}}\Big|_y^{10y}\,\mathrm{d}y=18\int_0^1 y^2\,\mathrm{d}y=6.$$

**四、应用题(本大题共 7 分)**

**19.解**　由题意知第一个五年的总产量为 $Q=\displaystyle\int_0^5(2t+5)\,\mathrm{d}t=[t^2+5t]_0^5=50.$

第二个五年的总产量为 $Q=\displaystyle\int_5^{10}(2t+5)\,\mathrm{d}t=[t^2+5t]_5^{10}=100.$

**五、证明题(本大题共 7 分)**

**20.证**　设 $F(x)=xf(x)$,则 $F(x)$ 在闭区间 $[0,1]$ 上连续,即 $F(x)$ 在闭区间 $\left[0,\dfrac{1}{2}\right]$ 上连续,由积分中值定理得

$$f(1)=\eta f(\eta)=F(\eta),\eta\in\left[0,\frac{1}{2}\right];$$

又因为 $F(1)=1\cdot f(1)=f(1)$,则 $F(x)$ 在 $[\eta,1]$ 上连续,在 $(\eta,1)$ 内可导,由罗尔定理知,在 $(\eta,1)\subset(0,1)$ 内至少存在一点 $\xi$,使得 $F'(\xi)=0$,即 $f(\xi)+\xi f'(\xi)=0$.

## 模拟题三

**一、单项选择题(本大题共 5 小题,每小题 3 分,共 15 分)**

1. B  解  因为 $\lim\limits_{x\to 0}\dfrac{2^x+3^x-2}{x}\xlongequal{\frac{0}{0}}\lim\limits_{x\to 0}\dfrac{2^x\ln 2+3^x\ln 3}{1}=\ln 2+\ln 3$,故二者同阶但不等价.

2. C  解  因为 $\lim\limits_{x\to 1^-}f(x)=\lim\limits_{x\to 1^-}(3x-1)=2,\ \lim\limits_{x\to 1^+}f(x)=\lim\limits_{x\to 1^+}(3-x)=2$,所以 $\lim\limits_{x\to 1}f(x)=2\neq f(1)=1$,从而 $x=1$ 是函数的可去间断点.

3. C  解  因为被积函数为分段函数,所以 $\int_{-1}^{1}f(x)\mathrm{d}x=\int_{0}^{1}x^2\mathrm{d}x+\int_{-1}^{0}x\mathrm{d}x$.

4. B  解  对照一阶线性微分方程的标准形式 $\dfrac{\mathrm{d}y}{\mathrm{d}x}+P(x)y=Q(x)$,只有选项 B 符合要求.

5. C  解  根据原积分,写出两个二次积分对应的积分区域满足的不等式,并画出图形(见下图),则

$$D_1:\begin{cases}0\leqslant x\leqslant 1,\\ -\sqrt{x}\leqslant y\leqslant\sqrt{x},\end{cases}\text{和}\ D_2:\begin{cases}1\leqslant x\leqslant 4,\\ x-2\leqslant y\leqslant\sqrt{x}.\end{cases}$$

将 $D_1$ 与 $D_2$ 合并成 $D$,即 $D:\begin{cases}y^2\leqslant x\leqslant y+2,\\ -1\leqslant y\leqslant 2,\end{cases}$

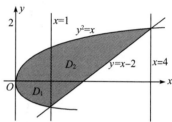

因此 $\int_{0}^{1}\mathrm{d}x\int_{-\sqrt{x}}^{\sqrt{x}}f(x,y)\mathrm{d}y+\int_{1}^{4}\mathrm{d}x\int_{x-2}^{\sqrt{x}}f(x,y)\mathrm{d}y=\int_{-1}^{2}\mathrm{d}y\int_{y^2}^{y+2}f(x,y)\mathrm{d}x$.

**二、填空题(本大题共 5 小题,每小题 3 分,共 15 分)**

6. $\left[\dfrac{1}{e},1\right]$  解  要使 $f(1-\ln x)$ 有意义,必须使 $1\leqslant 1-\ln x\leqslant 2$,即 $-1\leqslant\ln x\leqslant 0$,因此 $\dfrac{1}{e}\leqslant x\leqslant 1$.

所以函数的定义域为 $\left[\dfrac{1}{e},1\right]$.

7. $\dfrac{1}{x^2-2}$  解  因为 $f\left(x+\dfrac{1}{x}\right)=\dfrac{x^2}{x^4+1}=\dfrac{1}{x^2+\dfrac{1}{x^2}}=\dfrac{1}{\left(x+\dfrac{1}{x}\right)^2-2}$,

所以 $f(x)=\dfrac{1}{x^2-2}$.

8. $-\dfrac{3}{4}$  解  根据导数的定义知

$$\lim\limits_{\Delta x\to 0}\dfrac{f(-\Delta x)-f(0)}{4\Delta x}=-\dfrac{1}{4}\lim\limits_{\Delta x\to 0}\dfrac{f(0-\Delta x)-f(0)}{\Delta x}=-\dfrac{1}{4}f'(0)=-\dfrac{3}{4}.$$

9. $\dfrac{4}{3}$  解  如图所示,所求面积 $S=\int_{-1}^{1}(1-x^2)\mathrm{d}x=2\int_{0}^{1}(1-x^2)\mathrm{d}x=2\left[3-\dfrac{1}{3}x^3\right]_{0}^{1}=\dfrac{4}{3}$.

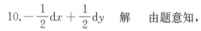

10. $-\dfrac{1}{2}\mathrm{d}x+\dfrac{1}{2}\mathrm{d}y$  解  由题意知,

$$\dfrac{\partial z}{\partial x}=\dfrac{1}{1+\left(\dfrac{y}{x}\right)^2}\cdot\left(-\dfrac{y}{x^2}\right)=\dfrac{-y}{x^2+y^2},\ \dfrac{\partial z}{\partial y}=\dfrac{1}{1+\left(\dfrac{y}{x}\right)^2}\cdot\dfrac{1}{x}=\dfrac{x}{x^2+y^2},$$

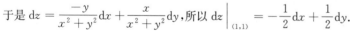

于是 $\mathrm{d}z=\dfrac{-y}{x^2+y^2}\mathrm{d}x+\dfrac{x}{x^2+y^2}\mathrm{d}y$,所以 $\mathrm{d}z\Big|_{(1,1)}=-\dfrac{1}{2}\mathrm{d}x+\dfrac{1}{2}\mathrm{d}y$.

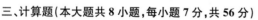

**三、计算题(本大题共 8 小题,每小题 7 分,共 56 分)**

11. 解  原式 $=\lim\limits_{n\to\infty}\dfrac{4n^{\frac{1}{2}}}{\sqrt{n+3\sqrt{n}}+\sqrt{n-\sqrt{n}}}=\lim\limits_{n\to\infty}\dfrac{4}{\sqrt{1+\dfrac{3}{\sqrt{n}}}+\sqrt{1-\dfrac{1}{\sqrt{n}}}}=2.$

12.解
$$\lim_{x\to 0}\frac{\int_0^x(\sqrt{1+t}-\sqrt{1+\sin t})\mathrm{d}t}{2x^4}\overset{\frac{0}{0}}{=}\lim_{x\to 0}\frac{\sqrt{1+x}-\sqrt{1+\sin x}}{8x^3}$$

$$=\lim_{x\to 0}\frac{x-\sin x}{8x^3}\cdot\lim_{x\to 0}\frac{1}{\sqrt{1+x}+\sqrt{1+\sin x}}\overset{\frac{0}{0}}{=}\frac{1}{2}\lim_{x\to 0}\frac{1-\cos x}{24x^2}$$

$$=\frac{1}{2}\lim_{x\to 0}\frac{\frac{1}{2}x^2}{24x^2}=\frac{1}{96}.$$

13.解　$f(0^-)=\lim_{x\to 0^-}f(x)=a$，$f(0^+)=\lim_{x\to 0^+}f(x)=\lim_{x\to 0^+}\frac{\sin bx}{x}=\lim_{x\to 0^+}\frac{bx}{x}=b.$

要使函数 $f(x)$ 在 $x=0$ 处连续，应有 $f(0^-)=f(0^+)=f(0)$，即 $a=b.$

14.解法一　对被积函数作恒等变形：$\dfrac{\cos x}{1+\cos x}=\dfrac{\cos x(1-\cos x)}{(1+\cos x)(1-\cos x)}=\dfrac{\cos x-\cos^2 x}{\sin^2 x}$，

则 $\displaystyle\int\frac{\cos x}{1+\cos x}\mathrm{d}x=\int\frac{\cos x(1-\cos x)}{(1+\cos x)(1-\cos x)}\mathrm{d}x=\int\frac{\cos x-\cos^2 x}{\sin^2 x}\mathrm{d}x$

$$=\int\frac{\cos x}{\sin^2 x}\mathrm{d}x-\int\frac{1-\sin^2 x}{\sin^2 x}\mathrm{d}x=\int\frac{1}{\sin^2 x}\mathrm{d}\sin x-\int\csc^2 x\,\mathrm{d}x+x=-\frac{1}{\sin x}+\cot x+x+C.$$

解法二　对被积函数作恒等变形：$\dfrac{\cos x}{1+\cos x}=\dfrac{\cos x+1-1}{1+\cos x}=1-\dfrac{1}{1+\cos x}$，

则 $\displaystyle\int\frac{\cos x}{1+\cos x}\mathrm{d}x=\int\frac{\cos x+1-1}{1+\cos x}\mathrm{d}x=\int\left(1-\frac{1}{1+\cos x}\right)\mathrm{d}x$

$$=x-\int\frac{1-\cos x}{1-\cos^2 x}\mathrm{d}x=x-\int\frac{1}{\sin^2 x}\mathrm{d}x+\int\frac{\cos x}{\sin^2 x}\mathrm{d}x=x+\cot x-\frac{1}{\sin x}+C.$$

15.解　令 $x=2t-1$，则 $\mathrm{d}x=2\mathrm{d}t$，所以

$$\int_1^7 f(x)\mathrm{d}x=2\int_1^4 f(2t-1)\mathrm{d}t=2\int_1^4 f(2x-1)\mathrm{d}x$$

$$=2\int_1^4\frac{\ln x}{\sqrt{x}}\mathrm{d}x=4\int_1^4\ln x\,\mathrm{d}(\sqrt{x})=4\left(\sqrt{x}\ln x\Big|_1^4-\int_1^4\sqrt{x}\,\frac{1}{x}\mathrm{d}x\right)=8\left(\ln 4-\sqrt{x}\Big|_1^4\right)=8(\ln 4-1).$$

16.解　该方程为一阶线性非齐次微分方程，其中 $P(x)=\dfrac{1}{x}$，$Q(x)=\dfrac{\sin x}{x}.$

由通解公式得 $y=\mathrm{e}^{-\int P(x)\mathrm{d}x}\left[\int Q(x)\mathrm{e}^{\int P(x)\mathrm{d}x}\mathrm{d}x+C\right]=\mathrm{e}^{-\int\frac{1}{x}\mathrm{d}x}\left(\int\frac{\sin x}{x}\mathrm{e}^{\int\frac{1}{x}\mathrm{d}x}\mathrm{d}x+C\right)=\dfrac{1}{x}(-\cos x+C).$

17.解　令 $u=x+2y$，$v=3x^2+y^2$，则 $z=u^v$，

$$\frac{\partial z}{\partial x}=\frac{\partial z}{\partial u}\frac{\partial u}{\partial x}+\frac{\partial z}{\partial v}\frac{\partial v}{\partial x}=v\cdot u^{v-1}\cdot 1+u^v\cdot\ln u\cdot 6x=(x+2y)^{3x^2+y^2}\left[\frac{3x^2+y^2}{x+2y}+6x\cdot\ln(x+2y)\right],$$

$$\frac{\partial z}{\partial y}=\frac{\partial z}{\partial u}\frac{\partial u}{\partial y}+\frac{\partial z}{\partial v}\frac{\partial v}{\partial y}=v\cdot u^{v-1}\cdot 2+u^v\cdot\ln u\cdot 2y=2(x+2y)^{3x^2+y^2}\left[\frac{3x^2+y^2}{x+2y}+y\cdot\ln(x+2y)\right].$$

18.解法一　画出积分区域 $D$，如图所示.

积分区域 $D$ 可以看成 $X$ 型区域，则 $D:\begin{cases}0\leqslant x\leqslant 1,\\ 2x\leqslant y\leqslant 2,\end{cases}$ 于是

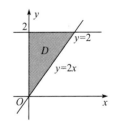

$$\iint_D x^2\mathrm{d}x\mathrm{d}y=\int_0^1 x^2\mathrm{d}x\int_{2x}^2\mathrm{d}y=\int_0^1 x^2(2-2x)\mathrm{d}x=\left(\frac{2}{3}x^3-\frac{1}{2}x^4\right)\Big|_0^1=\frac{1}{6}.$$

解法二　区域 $D$ 也可以看成 $Y$ 型区域，则 $D:\begin{cases}0\leqslant y\leqslant 2,\\ 0\leqslant x\leqslant\dfrac{y}{2},\end{cases}$ 于是

$$\iint_D x^2\mathrm{d}x\mathrm{d}y=\int_0^2\mathrm{d}y\int_0^{\frac{y}{2}}x^2\mathrm{d}x=\frac{1}{24}\int_0^2 y^3\mathrm{d}y=\frac{1}{6}.$$

**四、应用题(本大题共 7 分)**

19.解　设日产量为 $q$，由题意得总成本 $C(q)=1+kq^3$，且 $1.004=1+20^3k$，

所以 $k = 5 \times 10^{-7}$，即 $C(q) = 1 + 5 \times 10^{-7} q^3$，则 $\overline{C}(q) = \dfrac{C(q)}{q} = \dfrac{1}{q} + 5 \times 10^{-7} q^2$.

令 $\overline{C}'(q) = -\dfrac{1}{q^2} + 10^{-6} q = 0$，解得唯一驻点 $q = 100$，且 $\overline{C}''(100) = \left[\dfrac{2}{q^3} + 10^{-6}\right]_{q=100} > 0$，此时平均成本取得最小

值. 即当日产量为 100 吨时平均成本最小.

**五、证明题(本大题共 7 分)**

20. 证 令 $f(x) = 3x - 1 - \displaystyle\int_0^x \dfrac{\mathrm{d}t}{1+t^2}$，则 $f'(x) = 3 - \dfrac{1}{1+x^2}$ 在 $[0,1]$ 上有意义，即有 $f(x)$ 在 $[0,1]$ 上连续；而

$f(0) = -1 < 0, f(1) = 2 - \arctan 1 = 2 - \dfrac{\pi}{4} > 0$，由零点定理知，至少存在一点 $\xi \in (0,1)$，使得 $f(\xi) = 0$，即方程

$f(x) = 0$ 在 $(0,1)$ 内至少有一个实数根.

又因为 $f'(x) = 3 - \dfrac{1}{1+x^2} = \dfrac{2+3x^2}{1+x^2} > 0$，知 $f(x)$ 在 $(0,1)$ 内是单调增加的，从而方程 $f(x) = 0$ 在 $(0,1)$ 内至多有

一个实数根.

综上所述，方程 $f(x) = 0$ 在 $(0,1)$ 内有唯一实数根，即方程 $3x - 1 - \displaystyle\int_0^x \dfrac{\mathrm{d}t}{1+t^2} = 0$ 在区间 $(0,1)$ 内有唯一实数根.

# 模拟题四

**一、单项选择题(本大题共 5 小题，每小题 3 分，共 15 分)**

1. D 解 因为 $\lim\limits_{x\to 0} e^x = 1, \lim\limits_{x\to 0}\sin\dfrac{1}{1+x} = \sin 1, \lim\limits_{x\to 0}\ln(2+x) = \ln 2$，而 $\lim\limits_{x\to 0}(1 - \cos x) = 1 - \cos 0 = 1 - 1 = 0$，所以

$1 - \cos x$ 是无穷小量.

2. D 解 选项 A：因为 $\lim\limits_{x\to 0}\dfrac{\sin x}{x} = 1$，所以该曲线没有垂直渐近线；又因为 $\lim\limits_{x\to\infty}\dfrac{\sin x}{x} = 0$，所以该曲线有水平渐近

线 $y = 0$.

选项 B：因为 $\lim\limits_{x\to\infty}\dfrac{x^2+2}{2x} = \infty$，所以该曲线没有水平渐近线；又因为 $\lim\limits_{x\to 0}\dfrac{x^2+2}{2x} = \infty$，所以该曲线有垂直渐近线 $x = 0$.

选项 C：因为 $\lim\limits_{x\to 1}\dfrac{\ln x}{x-1} = 1$，所以该曲线没有垂直渐近线；又因为 $\lim\limits_{x\to\infty}\dfrac{\ln x}{x-1} = 0$，所以该曲线有水平渐近线 $y = 0$.

排除以上三个选项.

3. A 解 根据定积分的性质知 $M = 0, N = 2\displaystyle\int_0^{\frac{\pi}{2}}\cos^4 x\,\mathrm{d}x > 0, P = -2\displaystyle\int_0^{\frac{\pi}{2}}\cos^4 x\,\mathrm{d}x < 0$，即 $P < M < N$.

4. A 解 选项 B，C，D 中微分方程的最高阶数都是二阶，因此不是一阶微分方程.

5. B 解 由 $f(0) = 0$，根据导数的定义，$\lim\limits_{x\to 0}\dfrac{f(x)}{x} = \lim\limits_{x\to 0}\dfrac{f(x) - f(0)}{x - 0} = f'(0)$.

**二、填空题(本大题共 5 小题，每小题 3 分，共 15 分)**

6. $[2a, 4a]$ 解 令 $x + 2a = u$，由 $0 \leqslant x \leqslant 2a$ 知，$2a \leqslant u \leqslant 4a$，即 $f(u)$ 的定义域为 $[2a, 4a]$，从而 $f(x)$ 的定义域为

$[2a, 4a]$.

7. $\ln(x+1)$ 解 由于 $f[\varphi(x)] = e^{\varphi(x)} = x + 1$，从而 $\varphi(x) = \ln(x+1)$.

8. $\displaystyle\int_0^{\frac{1}{2}}\mathrm{d}x\int_{x^2}^x f(x,y)\,\mathrm{d}y$ 解 由 $\displaystyle\int_0^{\frac{1}{4}}\mathrm{d}y\int_y^{\sqrt{y}} f(x,y)\,\mathrm{d}x + \int_{\frac{1}{4}}^{\frac{1}{2}}\mathrm{d}y\int_y^{\frac{1}{2}} f(x,y)\,\mathrm{d}x$ 得积分区域

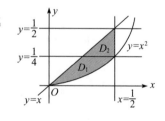

$D_1: \begin{cases} 0 \leqslant y \leqslant \dfrac{1}{4}, \\ y \leqslant x \leqslant \sqrt{y}, \end{cases}$ $D_2: \begin{cases} \dfrac{1}{4} \leqslant y \leqslant \dfrac{1}{2}, \\ y \leqslant x \leqslant \dfrac{1}{2}, \end{cases}$ 如图所示.

将 $D_1$ 与 $D_2$ 合并为一个区域 $D: \begin{cases} 0 \leqslant x \leqslant \dfrac{1}{2}, \\ x^2 \leqslant y \leqslant x, \end{cases}$

所以 $\int_0^{\frac{1}{4}}\mathrm{d}y\int_y^{\sqrt{y}}f(x,y)\mathrm{d}x+\int_{\frac{1}{4}}^{\frac{1}{2}}\mathrm{d}y\int_y^{\frac{1}{2}}f(x,y)\mathrm{d}x=\int_0^{\frac{1}{2}}\mathrm{d}x\int_{x^2}^x f(x,y)\mathrm{d}y.$

9. $\dfrac{3}{2}-\ln2$　解　如图所示,选择 $y$ 为积分变量,得

$$A=\int_1^2\left(y-\frac{1}{y}\right)\mathrm{d}y=\left[\frac{y^2}{2}-\ln y\right]_1^2=\frac{3}{2}-\ln2.$$

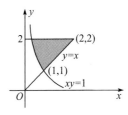

10. $2x\sin2y\mathrm{d}x+2x^2\cos2y\mathrm{d}y$　解　因为 $\dfrac{\partial z}{\partial x}=2x\sin2y,\dfrac{\partial z}{\partial y}=2x^2\cos2y,$

所以 $\mathrm{d}z=2x\sin2y\mathrm{d}x+2x^2\cos2y\mathrm{d}y.$

### 三、计算题(本大题共 8 小题,每小题 7 分,共 56 分)

11. 解　$\displaystyle\lim_{x\to+\infty}(\sqrt{x^2+x}-\sqrt{x^2-3x})=\lim_{x\to+\infty}\frac{(x^2+x)-(x^2-3x)}{\sqrt{x^2+x}+\sqrt{x^2-3x}}=\lim_{x\to+\infty}\frac{4x}{x\left(\sqrt{1+\dfrac{1}{x}}+\sqrt{1-\dfrac{3}{x}}\right)}=2.$

12. 解　$\displaystyle\lim_{x\to1}\frac{\int_1^x(1-t+\ln t)\mathrm{d}t}{(x-1)^3}\overset{\frac{0}{0}}{=}\lim_{x\to1}\frac{1-x+\ln x}{3(x-1)^2}\overset{\frac{0}{0}}{=}\lim_{x\to1}\frac{-1+\dfrac{1}{x}}{6(x-1)}\overset{\frac{0}{0}}{=}\lim_{x\to1}\frac{-\dfrac{1}{x^2}}{6}=-\frac{1}{6}.$

13. 解　当 $x<0$ 时,$\dfrac{1}{x}\sin x$ 有定义,函数 $f(x)$ 连续;当 $x>0$ 时,$x\sin\dfrac{1}{x}+b$ 有定义,函数 $f(x)$ 也连续.

另有 $f(0^-)=\lim_{x\to0^-}f(x)=\lim_{x\to0^-}\frac{1}{x}\sin x=1,f(0^+)=\lim_{x\to0^+}f(x)=\lim_{x\to0^+}\left(x\sin\frac{1}{x}+b\right)=b,$

因此,若在 $x=0$ 处函数连续,应有 $f(0^-)=f(0^+)=f(0)$,即 $a=b=1.$

14. 解　$\displaystyle\int\frac{1}{x\ln x\ln\ln x}\mathrm{d}x=\int\frac{1}{\ln x\ln\ln x}\mathrm{d}\ln x=\int\frac{1}{\ln\ln x}\mathrm{d}\ln\ln x=\ln|\ln\ln x|+C.$

15. 解　$\displaystyle\int_0^\pi f(x)\mathrm{d}x=xf(x)\Big|_0^\pi-\int_0^\pi xf'(x)\mathrm{d}x.$

因为 $f(x)=\displaystyle\int_\pi^x\frac{\sin t}{t}\mathrm{d}t$,于是有 $f(\pi)=0,f'(x)=\dfrac{\sin x}{x}$,所以 $\displaystyle\int_0^\pi f(x)\mathrm{d}x=0-\int_0^\pi\sin x\mathrm{d}x=\cos x\Big|_0^\pi=-2.$

16. 解　原方程可变形为 $\dfrac{\mathrm{d}x}{\mathrm{d}y}-x=y^2$,这是 $x$ 关于 $y$ 的一阶线性非齐次微分方程,其中 $P(y)=-1,Q(y)=y^2$,由公式

得通解为

$$x=\mathrm{e}^{-\int P(y)\mathrm{d}y}\left[\int Q(y)\cdot\mathrm{e}^{\int P(y)\mathrm{d}y}\mathrm{d}y+C\right]=\mathrm{e}^{-\int(-1)\mathrm{d}y}\left[\int y^2\cdot\mathrm{e}^{\int(-1)\mathrm{d}y}\mathrm{d}y+C\right]=\mathrm{e}^y\left[\int y^2\cdot\mathrm{e}^{-y}\mathrm{d}y+C\right]$$

$$=C\mathrm{e}^y-(y^2+2y+2).$$

17. 解　设 $F(x,y,z)=\mathrm{e}^{-xy}-2z-\mathrm{e}^z$,则 $\dfrac{\partial z}{\partial x}=-\dfrac{F_x}{F_z}=\dfrac{-y\mathrm{e}^{-xy}}{\mathrm{e}^z+2},\dfrac{\partial z}{\partial y}=-\dfrac{F_y}{F_z}=\dfrac{-x\mathrm{e}^{-xy}}{\mathrm{e}^z+2}.$

又因为 $x=0,y=1$ 时 $z=0,$

代入上式得 $\dfrac{\partial z}{\partial x}\Big|_{\substack{x=0\\y=1}}=\dfrac{-y\mathrm{e}^{-xy}}{\mathrm{e}^z+2}\Big|_{\substack{x=0\\y=1}}=-\dfrac{1}{3},\dfrac{\partial z}{\partial y}\Big|_{\substack{x=0\\y=1}}=\dfrac{-x\mathrm{e}^{-xy}}{\mathrm{e}^z+2}\Big|_{\substack{x=0\\y=1}}=0.$

18. 解法一　画出积分区域 $D$,

积分区域可看成 $X$ 型区域,则 $D:\begin{cases}0\leqslant y\leqslant 2-x,\\0\leqslant x\leqslant 2,\end{cases}$ 于是

$$\iint\limits_D(3x+2y)\mathrm{d}\sigma=\int_0^2\mathrm{d}x\int_0^{2-x}(3x+2y)\mathrm{d}y=\int_0^2(3x(2-x)+(2-x)^2)\mathrm{d}x$$

$$=\left[3x^2-x^3+\frac{1}{3}(x-2)^3\right]_0^2=\frac{20}{3}.$$

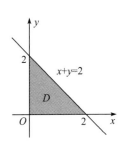

解法二　积分区域也可看成 $Y$ 型区域,则 $D:\begin{cases}0\leqslant x\leqslant 2-y,\\0\leqslant y\leqslant 2,\end{cases}$ 于是

$$\iint\limits_D(3x+2y)\mathrm{d}\sigma=\int_0^2\mathrm{d}y\int_0^{2-y}(3x+2y)\mathrm{d}x=\int_0^2\left[\frac{3}{2}(2-y)^2+2y(2-y)\right]\mathrm{d}y$$

$$= \left[ \frac{1}{2}(y-2)^3 + 2y^2 - \frac{2}{3}y^3 \right]_0^2 = \frac{20}{3}.$$

**四、应用题(本大题共 7 分)**

19.解　因为总成本函数为 $C(x) = \int_0^x C'(t)\mathrm{d}t = \int_0^x (40 - 20t + 3t^2)\mathrm{d}t + C_0$

$$= (40t - 10t^2 + t^3)\Big|_0^x + 10 = x^3 - 10x^2 + 40x + 10,$$

总收益函数为 $R(x) = \int_0^x R'(t)\mathrm{d}t = \int_0^x (32 - 10t)\mathrm{d}t = 32x - 5x^2,$

则总利润函数为 $L(x) = R(x) - C(x) = -x^3 + 5x^2 - 8x - 10.$

令 $L'(x) = R'(x) - C'(x) = -3x^2 + 10x - 8 = 0,$ 得驻点 $x_1 = \frac{4}{3}, x_2 = 2.$

又因为 $L''\left(\frac{4}{3}\right) = 2 > 0, L''(2) = -2 < 0,$ 即 $x = 2$ 时利润取得最大值.

因此,当产量为 2 个单位时,总利润最大.

**五、证明题(本大题共 7 分)**

20.证　令 $f(x) = \ln x\ (x > 0),$ 显然函数 $f(x)$ 在区间 $[x, 1+x]$ 上满足拉格朗日中值定理的条件,

故 $\exists \xi \in (x, 1+x),$ 使得 $f(1+x) - f(x) = f'(\xi)(1 + x - x) = \frac{1}{\xi},$

而由于 $0 < x < \xi < 1 + x,$ 故 $\frac{1}{\xi} > \frac{1}{1+x},$ 即 $\ln(1+x) - \ln x > \frac{1}{1+x} (x > 0).$

# 模拟题五

**一、单项选择题(本大题共 5 小题,每小题 3 分,共 15 分)**

1.C　解　当 $x \to \infty$ 时,$x\sin x$ 不是无穷小;$|x\sin x|$ 虽然无限增大,但周期性地出现函数值 0,因此不是无穷大,只能称为无界变量.

2.B　解　因为 $\lim\limits_{x \to \infty} f(x) = \lim\limits_{x \to \infty} \frac{x}{2+x} = 1,$ 故该曲线有水平渐近线 $y = 1.$

3.D　解　当 $0 < x < \frac{\pi}{4}$ 时,$\sqrt{x} > x > \sin x,$ 根据定积分的保序性知 $\int_0^{\frac{\pi}{4}} \sqrt{x}\,\mathrm{d}x > \int_0^{\frac{\pi}{4}} x\,\mathrm{d}x > \int_0^{\frac{\pi}{4}} \sin x\,\mathrm{d}x,$ 即 $I_2 > I_1 > I_3.$

4.C　解　线性微分方程中未知函数及其各阶导数应为一次的.选项 A 中出现了 $\cos xy,$ 选项 B,D 中出现了未知函数或其导数的平方,皆为非线性形式.

5.A　解　二次积分 $\int_1^2 \mathrm{d}y \int_y^2 f(x,y)\mathrm{d}x$ 对应的 Y 型积分区域为 $D: \begin{cases} y \leqslant x \leqslant 2, \\ 1 \leqslant y \leqslant 2, \end{cases}$

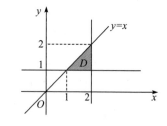

根据不等式组画出积分区域的图形,如图所示.

将积分区域转换成 X 型区域,则 $D: \begin{cases} 1 \leqslant x \leqslant 2, \\ 1 \leqslant y \leqslant x, \end{cases}$

可得 $\int_1^2 \mathrm{d}y \int_y^2 f(x,y)\mathrm{d}x = \int_1^2 \mathrm{d}x \int_1^x f(x,y)\mathrm{d}y.$

**二、填空题(本大题共 5 小题,每小题 3 分,共 15 分)**

6.$(0,1) \bigcup (1,4]$　解　要使函数有定义,必须同时满足条件 $\begin{cases} 16 - x^2 \geqslant 0, \\ \ln x \neq 0, \\ x > 0, \end{cases}$ 综合解得 $x \in (0,1) \bigcup (1,4].$

7.$-3$　解　由于 $g(x) = 1 + x,$ 故 $f[g(x)] = f(1+x) = \frac{1-x}{x},$

将 $x = -\frac{1}{2}$ 代入上式,得 $f\left(\frac{1}{2}\right) = f\left(1 - \frac{1}{2}\right) = \frac{1 - \left(-\frac{1}{2}\right)}{-\frac{1}{2}} = -3.$

8. $m+n$　解　$\lim\limits_{h\to 0}\dfrac{f(2+mh)-f(2-nh)}{h}=\lim\limits_{h\to 0}\dfrac{f(2+mh)-f(2)}{h}-\lim\limits_{h\to 0}\dfrac{f(2-nh)-f(2)}{h}$

$$=(m+n)f'(2)=m+n.$$

9. $\dfrac{10}{3}$　解　$S=\displaystyle\int_0^1(x^2+3)\mathrm{d}x=\left(\dfrac{1}{3}x^3+3x\right)\Big|_0^1=\dfrac{10}{3}.$

10. 1　解　因为$\dfrac{\partial z}{\partial x}=\dfrac{1}{\sqrt{x^2+y^2}}\cdot\dfrac{1}{2\sqrt{x^2+y^2}}\cdot 2x=\dfrac{x}{x^2+y^2},$

$$\dfrac{\partial z}{\partial y}=\dfrac{1}{\sqrt{x^2+y^2}}\cdot\dfrac{1}{2\sqrt{x^2+y^2}}\cdot 2y=\dfrac{y}{x^2+y^2},$$

故$x\dfrac{\partial z}{\partial x}+y\dfrac{\partial z}{\partial y}=\dfrac{x^2+y^2}{x^2+y^2}=1.$

**三、计算题(本大题共 8 小题,每小题 7 分,共 56 分)**

11. 解　作分子有理化,化为"$\dfrac{\infty}{\infty}$"型极限计算.

$$\lim\limits_{x\to +\infty}x(\sqrt{x^2+3}-\sqrt{x^2-1})=\lim\limits_{x\to +\infty}\dfrac{x\left[x^2+3-(x^2-1)\right]}{\sqrt{x^2+3}+\sqrt{x^2-1}}=\lim\limits_{x\to +\infty}\dfrac{4x}{x\left(\sqrt{1+\dfrac{3}{x}}+\sqrt{1-\dfrac{1}{x}}\right)}=2.$$

12. 解　因为$\lim\limits_{x\to 0}\dfrac{f(x)}{g(x)}=\lim\limits_{x\to 0}\dfrac{\displaystyle\int_0^x\sin t^2\mathrm{d}t}{x^3+x^4}\xlongequal{\frac{0}{0}}\lim\limits_{x\to 0}\dfrac{\sin x^2}{3x^2+4x^3}=\lim\limits_{x\to 0}\dfrac{x^2}{3x^2+4x^3}=\lim\limits_{x\to 0}\dfrac{1}{3+4x}=\dfrac{1}{3},$

故二者为同阶无穷小.

13. 解　因为函数在$x=0$处可导,故函数在$x=0$处连续,所以有

$f(0^-)=\lim\limits_{x\to 0^-}f(x)=\lim\limits_{x\to 0^-}\mathrm{e}^x=1,f(0^+)=\lim\limits_{x\to 0^+}f(x)=\lim\limits_{x\to 0^+}a-bx=a,$即$a=1.$

又因为函数在$x=0$处可导,故函数在$x=0$处满足左、右导数存在且相等,即

$f'_-(0)=\lim\limits_{x\to 0^-}\dfrac{f(x)-f(0)}{x-0}=\lim\limits_{x\to 0^-}\dfrac{\mathrm{e}^x-a}{x}=\lim\limits_{x\to 0^-}\dfrac{\mathrm{e}^x-1}{x}=1,$

$f'_+(0)=\lim\limits_{x\to 0^+}\dfrac{f(x)-f(0)}{x-0}=\lim\limits_{x\to 0^+}\dfrac{a-bx-a}{x}=-b,$即$-b=1.$

综上得$a=1,b=-1.$

14. 解　作代换$x=\sin t$,则$\sqrt{1-x^2}=\cos t,\mathrm{d}x=\cos t\,\mathrm{d}t,$所以

$$原式=\int\dfrac{\cos t}{1+\cos t}\mathrm{d}t=\int\dfrac{2\cos^2\dfrac{t}{2}-1}{2\cos^2\dfrac{t}{2}}\mathrm{d}t=t-\tan\dfrac{t}{2}+C=t-\dfrac{\sin t}{1+\cos t}+C=\arcsin x-\dfrac{x}{1+\sqrt{1-x^2}}+C.$$

15. 解　因为$f(x)$有一个原函数$\dfrac{\sin x}{x},$所以$f(x)=\left(\dfrac{\sin x}{x}\right)'=\dfrac{x\cos x-\sin x}{x^2},$

故$\displaystyle\int_{\frac{\pi}{2}}^{\pi}xf'(x)\mathrm{d}x=\int_{\frac{\pi}{2}}^{\pi}x\mathrm{d}f(x)=xf(x)\Big|_{\frac{\pi}{2}}^{\pi}-\int_{\frac{\pi}{2}}^{\pi}f(x)\mathrm{d}x=x\cdot\dfrac{x\cos x-\sin x}{x^2}\Big|_{\frac{\pi}{2}}^{\pi}-\dfrac{\sin x}{x}\Big|_{\frac{\pi}{2}}^{\pi}=\dfrac{4}{\pi}-1.$

16. 解　以$y=\mathrm{e}^x$代入原方程,得$x\mathrm{e}^x+p(x)\mathrm{e}^x=x,$解出$p(x)=x\mathrm{e}^{-x}-x.$

代入原方程整理得一阶线性微分方程:$y'+(\mathrm{e}^{-x}-1)y=1,$其对应的齐次方程为$y'+(\mathrm{e}^{-x}-1)y=0.$

分离变量,得$\dfrac{\mathrm{d}y}{y}=(1-\mathrm{e}^{-x})\mathrm{d}x,$两边同时积分得齐次方程的通解$y=C\mathrm{e}^{x+\mathrm{e}^{-x}},$

所以原方程的通解为$y=\mathrm{e}^x+C\mathrm{e}^{x+\mathrm{e}^{-x}}.$

将初始条件$y\Big|_{x=\ln 2}=0$代入,得$C=-\mathrm{e}^{-\frac{1}{2}},$故所求特解为$y=\mathrm{e}^x-\mathrm{e}^{x+\mathrm{e}^{-x}-\frac{1}{2}}.$

17. 解法一　对方程两边关于$x$求偏导数,得$\dfrac{\partial z}{\partial x}=\mathrm{e}^{2x-3z}\left(2-3\dfrac{\partial z}{\partial x}\right),$

解得$\dfrac{\partial z}{\partial x}=\dfrac{2\mathrm{e}^{2x-3z}}{1+3\mathrm{e}^{2x-3z}}.$

同理,对方程两边关于 $y$ 求偏导数,得 $\dfrac{\partial z}{\partial y} = e^{2x-3z}\left(-3\dfrac{\partial z}{\partial y}\right)+2$,解得 $\dfrac{\partial z}{\partial y} = \dfrac{2}{1+3e^{2x-3z}}$.

所以 $3\dfrac{\partial z}{\partial x}+\dfrac{\partial z}{\partial y} = \dfrac{6e^{2x-3z}+2}{1+3e^{2x-3z}} = 2$.

解法二  设 $F(x,y,z) = z - e^{2x-3z}-2y$,则 $\dfrac{\partial z}{\partial x} = -\dfrac{F_x}{F_z} = \dfrac{2e^{2x-3z}}{1+3e^{2x-3z}}$, $\dfrac{\partial z}{\partial y} = -\dfrac{F_y}{F_z} = \dfrac{2}{1+3e^{2x-3z}}$,

所以 $3\dfrac{\partial z}{\partial x}+\dfrac{\partial z}{\partial y} = \dfrac{6e^{2x-3z}+2}{1+3e^{2x-3z}} = 2$.

18.解  画出积分区域 $D$,如图所示,

将积分区域看成 $X$ 型区域,则 $D$: $\begin{cases} 1\leqslant x\leqslant 2, \\ \dfrac{1}{x}\leqslant y\leqslant x, \end{cases}$ 于是

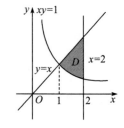

$I = \displaystyle\int_1^2 \mathrm{d}x\int_{\frac{1}{x}}^{x}\dfrac{x^2}{y^2}\,\mathrm{d}y = -\int_1^2 \dfrac{x^2}{y}\Big|_{\frac{1}{x}}^{x}\,\mathrm{d}x = \int_1^2(-x+x^3)\,\mathrm{d}x = \dfrac{9}{4}$.

### 四、应用题(本大题共 7 分)

19.解  (1)总收入函数为

$R = \displaystyle\int_0^x\left[\dfrac{100}{(t+100)^2}+4000\right]\mathrm{d}t = \left(-\dfrac{100}{t+100}+4000t\right)\Big|_0^x = 1-\dfrac{100}{x+100}+4000x = \dfrac{x}{x+100}+4000x$.

(2)需求函数(即平均价格)为 $\overline{P} = \dfrac{R}{x} = \dfrac{1}{x+100}+4000$.

### 五、证明题(本大题共 7 分)

20.证  设 $f(x) = x^3-3x-2$,则 $f(x)$ 在 $[0,+\infty)$ 上连续且可导,令 $f'(x) = 3x^2-3 = 0$,得 $[0,+\infty)$ 上的唯一驻点 $x=1$.

当 $0<x<1$ 时,$f'(x)<0$,$f(x)$ 单调减少,且 $f(1)<0$,$f(0)<0$,所以 $f(x)$ 在 $(0,1)$ 上无零点;

当 $x>1$ 时,$f'(x)>0$,$f(x)$ 单调增加,且 $\lim\limits_{x\to\infty}f(x) = +\infty$,所以 $f(x)$ 在 $(1,+\infty)$ 上有唯一的零点.

综上,函数 $f(x) = x^3-3x-2$ 在 $(0,+\infty)$ 上有且仅有一个零点,即方程 $x^3-3x-2 = 0$ 只有一个正根.

# 模拟题六

### 一、单项选择题(本大题共 5 小题,每小题 3 分,共 15 分)

1.C  解  这是"$\dfrac{0}{0}$"型极限,由洛必达法则,得 $\lim\limits_{x\to 0}\dfrac{\sin(x+x^2)}{x} = \lim\limits_{x\to 0}\dfrac{\cos(x+x^2)(1+2x)}{1} = \dfrac{\cos 0}{1} = 1$.

由等价无穷小的定义知,当 $x\to 0$ 时,$\sin(x+x^2)$ 与 $x$ 为等价无穷小量.

2.D  解  选项 A:因为 $\lim\limits_{x\to 0}\dfrac{\sin x}{x} = 1$,所以该曲线没有垂直渐近线;又因为 $\lim\limits_{x\to\infty}\dfrac{\sin x}{x} = 0$,所以该曲线有水平渐近线 $y=0$.

选项 B:因为 $\lim\limits_{x\to\infty}\dfrac{x^2+2}{2x} = \infty$,所以该曲线没有水平渐近线;又因为 $\lim\limits_{x\to 0}\dfrac{x^2+2}{2x} = \infty$,所以该曲线有垂直渐近线 $x=0$.

选项 C:因为 $\lim\limits_{x\to 1}\dfrac{\ln x}{x-1} = 1$,所以该曲线没有垂直渐近线;又因为 $\lim\limits_{x\to\infty}\dfrac{\ln x}{x-1} = 0$,所以该曲线有水平渐近线 $y=0$.

排除以上三个选项.

3.C  解  根据定积分的性质:若在区间 $[a,b]$ 上有 $f(x)\leqslant g(x)$,则 $\displaystyle\int_a^b f(x)\,\mathrm{d}x\leqslant\int_a^b g(x)\,\mathrm{d}x$.

选项 A 中,在区间 $[1,2]$ 上,$x^2\leqslant x^3$;选项 B 中,在区间 $[1,2]$ 上,$\ln x\geqslant(\ln x)^2$;选项 C 中,在区间 $[0,1]$,$x\geqslant\ln(1+x)$;选项 D 中,在区间 $[0,1]$ 上,$e^x\geqslant 1+x$.

4.A  解  原方程为可分离变量的微分方程,可化为 $\dfrac{\mathrm{d}y}{y} = \left(\dfrac{1}{x}-1\right)\mathrm{d}x$,

两边同时积分,得 $\ln y = \ln x - x + \ln C = \ln(Cx)-x$,整理得 $y = Cx\cdot e^{-x}$.

5. B　解　积分区域 $D$ 如图所示,改变次序后可表示为 $Y$ 型区域:$\begin{cases} 0 \leqslant y \leqslant 1, \\ \sqrt{y} \leqslant x \leqslant 2-y, \end{cases}$

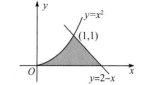

故 $\int_0^1 \mathrm{d}x \int_0^{x^2} f(x,y)\mathrm{d}y + \int_1^2 \mathrm{d}x \int_0^{2-x} f(x,y)\mathrm{d}y = \int_0^1 \mathrm{d}y \int_{\sqrt{y}}^{2-y} f(x,y)\mathrm{d}x.$

**二、填空题(本大题共 5 小题,每小题 3 分,共 15 分)**

6. $(-2,-1) \cup (-1,3]$　解　要使函数有定义,必须同时满足条件 $\begin{cases} 9-x^2 \geqslant 0, \\ x+2 > 0, \\ \lg(x+2) \neq 0, \end{cases}$

解不等式组,得 $x \in (-2,-1) \cup (-1,3].$

7. 1　解　当 $|x| > 1$ 时,$f(x) = -1$,$f[f(x)] = f(-1) = 1$;当 $|x| \leqslant 1$ 时,$f(x) = 1$,$f[f(x)] = f(1) = 1.$
综上,$f[f(x)] = 1.$

8. 1　解　根据导数的定义,有 $\lim_{x \to \infty} h \cdot f\left(2 - \dfrac{1}{h}\right) = -\lim_{x \to \infty} \dfrac{f\left(2 - \dfrac{1}{h}\right) - f(2)}{-\dfrac{1}{h}} = -f'(2) = 1.$

9. 1　解　如图所示,两条曲线在第一、三象限分别围成两个对称的图形.

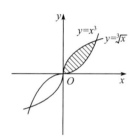

联立两曲线方程 $\begin{cases} y = x^3, \\ y = \sqrt[3]{x}, \end{cases}$ 解得二者的交点为 $(-1,-1),(0,0),(1,1),$

由对称性知,$S = 2\int_0^1 (\sqrt[3]{x} - x^3)\,\mathrm{d}x = 2\left(\dfrac{3}{4}x^{\frac{4}{3}} - \dfrac{1}{4}x^4\right)\Big|_0^1 = 1.$

10. $\mathrm{e}^x$　解　因为 $f_x(x,y) = y\mathrm{e}^{xy} + (y^2-1) \cdot \dfrac{y}{1+x^2y^2}$,所以 $f_x(x,1) = \mathrm{e}^x.$

**三、计算题(本大题共 8 小题,每小题 7 分,共 56 分)**

11. 解　原式 $= \lim_{x \to 0} \dfrac{\tan x - x}{x^2 \tan x} = \lim_{x \to 0} \dfrac{\tan x - x}{x^3} = \lim_{x \to 0} \dfrac{\sec^2 x - 1}{3x^2} = \lim_{x \to 0} \dfrac{\tan^2 x}{3x^2} = \dfrac{1}{3}.$

12. 解　$\lim_{x \to 0} \dfrac{\int_{\cos x}^1 \mathrm{e}^{-t^2}\mathrm{d}t}{x^2} = \lim_{x \to 0} \dfrac{-\mathrm{e}^{-\cos^2 x}(\cos x)'}{2x} = \lim_{x \to 0} \dfrac{\mathrm{e}^{-\cos^2 x}\sin x}{2x} = \dfrac{1}{2\mathrm{e}}.$

13. 解　由函数可导一定连续知 $\lim_{x \to 1} f(x) = f(1)$,即 $\lim_{x \to 1} \dfrac{a\ln x}{x-1} = a = b$,得 $a = b$,

又因函数在 $x = 1$ 处可导,由导数的定义知 $\lim_{x \to 1} \dfrac{f(x) - f(1)}{x-1} = \lim_{x \to 1} \dfrac{a\dfrac{\ln x}{x-1} - b}{x-1} = -\dfrac{a}{2} = -\dfrac{1}{2}.$
故 $a = b = 1.$

14. 解　令 $t = \ln x$,则 $f'(t) = 1 + 2t$,故 $f'(x) = 1 + 2x$,两边同时积分可得 $f(x) = x + x^2 + C$,
代入 $f(0) = 2$,可得 $C = 2$,所以 $f(x) = x + x^2 + 2.$

15. 解　$\int_1^b \ln x\,\mathrm{d}x = (x\ln x)\Big|_1^b - \int_1^b x\,\mathrm{d}\ln x = b\ln b - \int_1^b \mathrm{d}x = b\ln b - b + 1,$
由题设得 $b\ln b - b + 1 = 1$,即 $b(\ln b - 1) = 0$,所以 $b = 0$(舍掉)或者 $\ln b = 1$,即 $b = \mathrm{e}.$

16. 解　此方程为一阶非齐次线性微分方程,其中 $P(x) = \tan x$,$Q(x) = \cos x$,由公式得通解为
$$y = \mathrm{e}^{-\int P(x)\mathrm{d}x}\left[\int Q(x)\mathrm{e}^{\int P(x)\mathrm{d}x}\mathrm{d}x + C\right] = \mathrm{e}^{-\int \tan x\mathrm{d}x}\left(\int \cos x \cdot \mathrm{e}^{\int \tan x\mathrm{d}x}\mathrm{d}x + C\right) = \cos x\left(\int \cos x \cdot \dfrac{1}{\cos x}\mathrm{d}x + C\right)$$
$$= (x + C) \cdot \cos x \quad (C \in \mathbf{R}).$$

17. 解　先求偏导数:
因为 $f_x(x,y) = 3x^2 - 8x + 2y$,$f_y(x,y) = 2x - 2y$,
则 $f_{xx}(x,y) = 6x - 8$,$f_{xy}(x,y) = 2$,$f_{yy}(x,y) = -2.$
解方程组 $\begin{cases} f_x(x,y) = 3x^2 - 8x + 2y = 0, \\ f_y(x,y) = 2x - 2y = 0, \end{cases}$ 得驻点 $(0,0),(2,2).$
在点 $(0,0)$ 处,$A = f_{xx}(0,0) = -8$,$B = f_{xy}(0,0) = 2$,$C = f_{yy}(0,0) = -2$,

因为 $AC-B^2=12>0$,所以具有极值;而 $A=-8<0$,故具有极大值 $f(0,0)=1$.

在点 $(2,2)$ 处,$A=f_{xx}(2,2)=4,B=f_{xy}(2,2)=2,C=f_{yy}(2,2)=-2$,

因为 $AC-B^2=-12<0$,所以没有极值.

18.解法一　画出积分区域 $D$,如图所示.

积分区域 $D$ 可以看成 $X$ 型区域,则 $D:\begin{cases}0\leqslant x\leqslant 1,\\x\leqslant y\leqslant 1,\end{cases}$

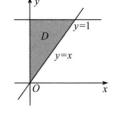

所以 $\iint\limits_{D}x^2y\mathrm{d}x\mathrm{d}y=\int_0^1 x^2\mathrm{d}x\int_x^1 y\mathrm{d}y=\frac{1}{2}\int_0^1 x^2(1-x^2)\mathrm{d}x=\frac{1}{2}\left(\frac{1}{3}x^3-\frac{1}{5}x^5\right)\Big|_0^1=\frac{1}{15}$.

解法二　区域 $D$ 也可以看成 $Y$ 型区域,则 $D:\begin{cases}0\leqslant y\leqslant 1,\\0\leqslant x\leqslant y,\end{cases}$

所以 $\iint\limits_{D}x^2y\mathrm{d}x\mathrm{d}y=\int_0^1 y\mathrm{d}y\int_0^y x^2\mathrm{d}x=\frac{1}{3}\int_0^1 y^4\mathrm{d}y=\frac{1}{15}$.

**四、应用题(本大题共 7 分)**

19.解　总成本函数为 $C(Q)=200+10Q$,

由 $Q=50-2P$,得 $P=\frac{1}{2}(50-Q)$.

收入函数为 $R(Q)=PQ=\frac{1}{2}(50-Q)Q=25Q-\frac{1}{2}Q^2$,

利润函数 $L(Q)=R(Q)-C(Q)=-\frac{1}{2}Q^2+15Q-200$.

令 $L'(Q)=-Q+15=0$,得唯一驻点 $Q=15$,又因为 $L''(15)=-1<0$,所以 $Q=15$ 处取得极大值.

故当 $Q=15$ 时工厂利润最大.

**五、证明题(本大题共 7 分)**

20.证　令 $f(x)=\dfrac{x}{\sqrt{1+x}}-\ln(1+x)$,则 $f(0)=0$.

因为 $f'(x)=\dfrac{\sqrt{1+x}-\dfrac{x}{2\sqrt{1+x}}}{1+x}-\dfrac{1}{1+x}=\dfrac{2+x-2\sqrt{1+x}}{2(1+x)\sqrt{1+x}}=\dfrac{(\sqrt{1+x}-1)^2}{2(1+x)\sqrt{1+x}}>0$,

所以当 $x>0$ 时,$f(x)$ 为单调增加函数,因此 $f(x)>f(0)=0$.

即当 $x>0$ 时,$\dfrac{x}{\sqrt{1+x}}>\ln(1+x)$.

# 模拟题七

**一、单项选择题(本大题共 5 小题,每小题 3 分,共 15 分)**

1.D　解　若函数 $f(x)$ 与 $y=\sqrt{x-1}$ 的图形关于直线 $y=x$ 对称,则 $f(x)$ 是 $y=\sqrt{x-1}$ 的反函数,

从而 $f(x)=x^2+1(x\geqslant 0)$.

2.D　解　当 $n$ 为奇数时,$f(n)=\dfrac{n^2+\sqrt{n}}{n}=n+\dfrac{1}{\sqrt{n}}\to\infty(n\to\infty)$,此时数列 $f(n)$ 无界;

当 $n$ 为偶数时,$f(n)=\dfrac{1}{n}\to 0(n\to\infty)$,此时数列 $f(n)$ 不是无穷大量.

3.A　解　因为当 $x\in(-1,1)$ 时,$y'=\dfrac{1-x^2+2x^2}{(1-x^2)^2}=\dfrac{1+x^2}{(1-x^2)^2}>0$,故该函数单调增加.

4.C　解　根据积分中值定理,有 $\int_1^{-1}f(x)\mathrm{d}x=f(\xi)\cdot(-1-1)=-2f(\xi)=-4$,其中 $f(\xi)$ 应取平均值 2.

5.A　解　令 $\dfrac{\partial z}{\partial x}=3x^2+6x-9=0$,得 $x_1=-3,x_2=1$;令 $\dfrac{\partial z}{\partial y}=-3y^2+6y=0$,得 $y_1=0,y_2=2$,

求得函数驻点有 $(1,0),(1,2),(-3,0),(-3,2)$.

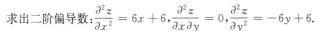

求出二阶偏导数:$\dfrac{\partial^2 z}{\partial x^2}=6x+6,\dfrac{\partial^2 z}{\partial x\partial y}=0,\dfrac{\partial^2 z}{\partial y^2}=-6y+6$.

在点$(1,0)$处,因为$AC-B^2=12\times 6>0$,又因为$A>0$,所以函数此时有极小值;

在点$(1,2)$处,因为$AC-B^2=12\times(-6)<0$,所以函数此时无极值;

在点$(-3,0)$处,因为$AC-B^2=-12\times 6<0$,所以函数此时无极值;

在点$(-3,2)$处,因为$AC-B^2=(-12)\times(-6)>0$,又因为$A<0$,所以函数此时有极大值.

**二、填空题(本大题共 5 小题,每小题 3 分,共 15 分)**

6. $x^2-\dfrac{2}{9}$　解　设$\displaystyle\int_0^1 f(x)\mathrm{d}x=A$,则$f(x)=x^2-\dfrac{2}{9}$,

故$\displaystyle\int_0^1 f(x)\mathrm{d}x=\int_0^1(x^2-2A)\mathrm{d}x=\left[\dfrac{1}{3}x^3-2Ax\right]_0^1=\dfrac{1}{3}-2A=A$,所以$A=\dfrac{1}{9}$,

即$f(x)=x^2-\dfrac{2}{9}$.

7. 0　解　令$f'(x)=2x\mathrm{e}^{x^2}=0$,得$x=0$,即罗尔定理中的$\xi=0$.

8. $-3$　解　该分式函数的分母显然趋向于0,若分式的极限存在,分子亦需趋向于0;又因分子为多项式函数,处处连续,故有$3^2-2\times 3+k=0$,所以$k=-3$.

9. $\dfrac{\pi}{2}-1$　解　所围成的图形的面积为$\displaystyle\int_0^{\frac{\pi}{2}}(1-\sin x)\mathrm{d}x=\left[x+\cos x\right]_0^{\frac{\pi}{2}}=\dfrac{\pi}{2}-1$.

10. $\dfrac{y\mathrm{d}x+x\mathrm{d}y}{1+x^2y^2}$　解　因为$\dfrac{\partial z}{\partial x}=\dfrac{y}{1+x^2y^2},\dfrac{\partial z}{\partial y}=\dfrac{x}{1+x^2y^2}$,所以$\mathrm{d}z=\dfrac{y\mathrm{d}x+x\mathrm{d}y}{1+x^2y^2}$.

**三、计算题(本大题共 8 小题,每小题 7 分,共 56 分)**

11. 解　当$\lambda>1$时,有$f'(x)=\begin{cases}\lambda x^{\lambda-1}\cos\dfrac{1}{x}+x^{\lambda-2}\sin\dfrac{1}{x}, & x\neq 0,\\[2mm] 0, & x=0,\end{cases}$

显然,若使其在$x=0$处连续,需有$\lim\limits_{x\to 0}f'(x)=f'(0)=0$,即$\lim\limits_{x\to 0}x^{\lambda-2}=0$,故$\lambda>2$.

12. 解　本题为"$\dfrac{0}{0}$"型极限,利用洛必达法则,有$\lim\limits_{x\to 0}\dfrac{\displaystyle\int_0^x(1+t^2)\mathrm{e}^{t^2-x^2}\cos t\,\mathrm{d}t}{x}=\lim\limits_{x\to 0}(1+x^2)\cdot\cos x=1$.

13. 解　令$x=1$,得$y=0$,即所求切线的切点为$(1,0)$.

方程两边同时对$x$求导,有$1+2\mathrm{e}^{2y}\cdot\dfrac{\mathrm{d}y}{\mathrm{d}x}=-2\mathrm{e}^{xy}\left(y+x\dfrac{\mathrm{d}y}{\mathrm{d}x}\right)$,得$\dfrac{\mathrm{d}y}{\mathrm{d}x}=-\dfrac{2y\mathrm{e}^{xy}+1}{2(\mathrm{e}^{2y}+x\mathrm{e}^{xy})}$.

故切线斜率$k=\dfrac{\mathrm{d}y}{\mathrm{d}x}\Big|_{(1,0)}=-\dfrac{1}{4}$,所求切线方程为$y-0=-\dfrac{1}{4}(x-1)$,即$x+4y+1=0$.

14. 解　$\displaystyle\int\dfrac{\ln x}{x\sqrt{1+\ln x}}\mathrm{d}x=\int\dfrac{\ln x}{\sqrt{1+\ln x}}\mathrm{d}\ln x=\int\dfrac{1+\ln x-1}{\sqrt{1+\ln x}}\mathrm{d}\ln x$

$\displaystyle=\int\sqrt{1+\ln x}\,\mathrm{d}\ln x-\int\dfrac{1}{\sqrt{1+\ln x}}\mathrm{d}\ln x=\dfrac{2}{3}(1+\ln x)^{\frac{3}{2}}+2\sqrt{1+\ln x}+C$.

15. 解　$\displaystyle\int_0^1 f'(x)f''(x)\mathrm{d}x=\int_0^1 f'(x)\mathrm{d}f'(x)=\dfrac{1}{2}\left[f'(x)\right]^2\Big|_0^1=\dfrac{1}{2}\left[2x\mathrm{e}^{x^2}\right]^2\Big|_0^1=2\mathrm{e}^2$.

16. 解　原方程可整理为$\dfrac{\mathrm{d}y}{\mathrm{d}x}+\dfrac{2x}{x^2+1}y=\dfrac{4x^2}{x^2+1}$,

此方程为一阶线性非齐次微分方程,其中$P(x)=\dfrac{2x}{x^2+1},Q(x)=\dfrac{4x^2}{x^2+1}$,由公式得通解为

$y=\mathrm{e}^{-\int P(x)\mathrm{d}x}\left[\int Q(x)\mathrm{e}^{\int P(x)\mathrm{d}x}\mathrm{d}x+C\right]=\mathrm{e}^{-\int\frac{2x}{x^2+1}\mathrm{d}x}\left(\int\dfrac{4x^2}{x^2+1}\mathrm{e}^{\int\frac{2x}{x^2+1}\mathrm{d}x}\mathrm{d}x+C\right)$

$=\dfrac{1}{x^2+1}\left[\int\dfrac{4x^2}{x^2+1}\cdot(x^2+1)\mathrm{d}x+C\right]=\dfrac{1}{x^2+1}\left(\dfrac{4}{3}x^3+C\right)$.

17. 解　因为当$x=1,y=1$时,$z=2$,故$\dfrac{\partial z}{\partial x}\Big|_{\substack{x=1\\y=1}}=y^2(1+xy)^{y-1}\Big|_{\substack{x=1\\y=1}}=1$.

函数两边取自然对数,有$\ln z=y\ln(1+xy)$,

等式两边对 $y$ 求偏导数，有

$$\frac{1}{z}\frac{\partial z}{\partial y} = \ln(1+xy) + \frac{xy}{1+xy}，得\frac{\partial z}{\partial y} = z\left[\ln(1+xy) + \frac{xy}{1+xy}\right]，$$

故 $\left.\dfrac{\partial z}{\partial y}\right|_{\substack{x=1\\y=1}} = z\left[\ln(1+xy) + \dfrac{xy}{1+xy}\right]\Big|_{\substack{x=1\\y=1\\z=2}} = 2\ln2+1.$

18. 解　画出积分区域如图所示.

易得曲线 $xy=1$ 与直线 $y=x$ 的交点为 $(1,1)$，

将积分区域化为 X 型区域，则 $D：\begin{cases}1\le x\le 2，\\ \dfrac{1}{x}\le y\le x，\end{cases}$ 化二重积分为二次积分得

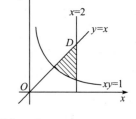

$$\iint_D \frac{x^2}{y^2}\mathrm{d}x\,\mathrm{d}y = \int_1^2 x^2\mathrm{d}x\int_{\frac{1}{x}}^x \frac{1}{y^2}\mathrm{d}y = \int_1^2 x^2\left[-\frac{1}{y}\right]_{\frac{1}{x}}^x \mathrm{d}x = \int_1^2 (x^3-x)\mathrm{d}x = \left[\frac{1}{4}x^4-\frac{1}{2}x^2\right]_1^2 = \frac{9}{4}.$$

**四、应用题（本大题共 7 分）**

19. 解　因为总利润函数 $L(Q) = R(Q) - C(Q) = -0.01Q^2 + 5Q - 200$，

令 $L'(Q) = -0.02Q + 5 = 0$，得驻点 $Q = 250$，且 $L''(Q) = -0.02 < 0$，

故产量为 250 单位时总利润最大，最大利润为 $L(250) = 425$.

**五、证明题（本大题共 7 分）**

20. 证　令 $F(x) = a_0 x + \dfrac{a_1}{2}x^2 + \cdots + \dfrac{a_n}{n+1}x^{n+1}$，则 $F(0) = 0$，$F(1) = a_0 + \dfrac{a_1}{2} + \cdots + \dfrac{a_n}{n+1} = 0$，

显然函数 $F(x)$ 在 $[0,1]$ 上满足罗尔定理的条件，所以 $\exists\,\xi\in(0,1)$，使得 $F'(\xi) = a_0 + a_1\xi + \cdots + a_n\xi^n = 0$，

即多项式 $f(x) = a_0 + a_1 x + \cdots + a_n x^n$ 在 $(0,1)$ 内至少有一个零点.

## 模拟题八

**一、单项选择题（本大题共 5 小题，每小题 3 分，共 15 分）**

1. A　解　函数在 $x=1$ 处无定义，但 $\lim\limits_{x\to 1}\dfrac{x^2-1}{x^2-3x+2} = \lim\limits_{x\to 1}\dfrac{(x-1)(x+1)}{(x-1)(x-2)} = \lim\limits_{x\to 1}\dfrac{x+1}{x-2} = -2$，即函数在 $x\to 1$ 时两

个单侧极限都存在，所以 $x=1$ 为该函数的可去间断点.

2. C　解　当 $x\to 0$ 时，$\sin(ax^3)\sim ax^3$，$x^2\ln(1-x)\sim(-x^3)$，若使二者等价，必有 $ax^3 = -x^3$，即 $a=-1$.

3. D　解　选项 A 中，函数在 $[-1,1]$ 的端点处无定义；选项 B 与 C 中，函数在 $x=0$ 处均不可导.

4. A　解　$\int f(3x)\mathrm{d}x = \dfrac{1}{3}\int f(3x)\mathrm{d}(3x) = \dfrac{1}{3}\ln|3(3x)-1| + C = \dfrac{1}{3}\ln|9x-1| + C.$

5. A　解　选项 B 中有 $y''$，为二阶微分方程；选项 C 中，$\dfrac{\mathrm{d}(xy)'}{\mathrm{d}x} = \dfrac{\mathrm{d}(y+xy')}{\mathrm{d}x} = 2\dfrac{\mathrm{d}y}{\mathrm{d}x} + x\dfrac{\mathrm{d}^2 y}{\mathrm{d}x^2}$，显然为二阶微分方程；选

项 D 中有 $\dfrac{\mathrm{d}^2 u}{\mathrm{d}t^2}$，亦为二阶微分方程.

**二、填空题（本大题共 5 小题，每小题 3 分，共 15 分）**

6. $[2a,4a]$　解　令 $t=x+2a$，因为 $0\le x\le 2a$，所以 $2a\le x+a\le 4a$，故函数 $f(t)$ 的定义域为 $[2a,4a]$，即函数 $f(x)$ 的定义域为 $[2a,4a]$.

7. 3　解　先对曲线方程求导，有 $y' = 3x^2 + 2ax + b$，$y'' = 6x + 2a$.

将拐点的横坐标 $x=-1$ 代入其二阶导数，有 $y''\big|_{x=-1} = -6 + 2a = 0$，所以 $a=3$.

再将拐点坐标 $(-1,0)$ 代入曲线方程有 $-1 + 3 - b + 1 = 0$，即 $b=3$.

8. $x - \dfrac{\ln x}{x} - \dfrac{1}{x}$　解　令 $u=\ln x$，则有

$$\frac{\mathrm{d}}{\mathrm{d}x}\int_1^{\ln x}(\mathrm{e}^{2t}-t-1)\mathrm{d}t = \frac{\mathrm{d}}{\mathrm{d}u}\int_1^u(\mathrm{e}^{2t}-t-1)\mathrm{d}t\cdot\frac{\mathrm{d}u}{\mathrm{d}x} = (\mathrm{e}^{2u}-u-1)\cdot\frac{1}{x} = x - \frac{\ln x}{x} - \frac{1}{x}.$$

9. $\dfrac{125}{6}$　解　联立两条曲线方程 $\begin{cases}y=x^2，\\ y=3x+4，\end{cases}$ 求出两个交点的横坐标为 $x=-1$，$x=4$，

故所围成的图形的面积为 $S = \int_{-1}^{4}(3x+4-x^2)\mathrm{d}x = \left[\dfrac{3}{2}x^2+4x-\dfrac{1}{3}x^3\right]_{-1}^{4} = \dfrac{125}{6}$.

10. $\int_{0}^{1}\mathrm{d}y\int_{\sqrt{1-y^2}}^{1}f(x,y)\mathrm{d}x + \int_{1}^{2}\mathrm{d}y\int_{y-1}^{1}f(x,y)\mathrm{d}x$　　**解**　积分区域如图所示,可将其分割为 $D_1,D_2$ 两部分,

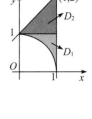

其中 $D_1:\begin{cases}0 \leqslant y \leqslant 1,\\ \sqrt{1-y^2} \leqslant x \leqslant 1,\end{cases}$ $D_2:\begin{cases}1 \leqslant y \leqslant 2,\\ y-1 \leqslant x \leqslant 1,\end{cases}$

故交换积分次序有

$\int_{0}^{1}\mathrm{d}x\int_{\sqrt{1-x^2}}^{x+1}f(x,y)\mathrm{d}y = \int_{0}^{1}\mathrm{d}y\int_{\sqrt{1-y^2}}^{1}f(x,y)\mathrm{d}x + \int_{1}^{2}\mathrm{d}y\int_{y-1}^{1}f(x,y)\mathrm{d}x$.

### 三、计算题(本大题共 8 小题,每小题 7 分,共 56 分)

11. **解**　$\lim\limits_{x\to\infty}\dfrac{x+\sin x+2\sqrt{x}}{x+\sin x} = \lim\limits_{x\to\infty}\dfrac{1+\dfrac{\sin x}{x}+\dfrac{2}{\sqrt{x}}}{1+\dfrac{\sin x}{x}} = \dfrac{1+0+0}{1+0} = 1$.

注:本题无法用洛必达法则解决.

12. **解**　函数的定义域为 $x \in (0,+\infty)$.令 $y' = 4x-\dfrac{1}{x} = 0$,解得函数的唯一驻点为 $x = \dfrac{1}{2}$(舍掉 $x = -\dfrac{1}{2}$).

当 $x \in \left(0,\dfrac{1}{2}\right)$ 时,$y' < 0$,函数单调减少;当 $x \in \left(\dfrac{1}{2},+\infty\right)$ 时,$y' > 0$,函数单调增加.

故 $x = \dfrac{1}{2}$ 为函数的极小值点,极小值为 $\dfrac{1}{2}+\ln2$.

13. **解**　已知直线的斜率为 $k_0 = -2$,曲线方程可化为 $y = \dfrac{2x}{1-x}$,求导数得 $y' = \dfrac{2}{(1-x)^2}$,

所求法线与已知直线平行,则二者斜率相同,故有 $y' = -\dfrac{1}{k_0} = \dfrac{1}{2}$.

解得 $x = -1$ 或 $x = 3$,得曲线上相应两点的坐标为 $(-1,-1),(3,-3)$,

故所求的法线方程为 $y-(-1) = -2[x-(-1)]$ 或 $y-(-3) = -2(x-3)$,

即 $2x+y+3 = 0$ 或 $2x+y+9 = 0$.

14. **解**　$\int\dfrac{6\cos t}{(2+\sin t)^3}\mathrm{d}t = 6\int\dfrac{1}{(2+\sin t)^3}\mathrm{d}(2+\sin t) = 6\cdot\dfrac{1}{-3+1}\cdot(2+\sin t)^{-3+1}+C = \dfrac{-3}{(2+\sin t)^2}+C$.

15. **解**　$\int_{-1}^{1}\dfrac{x^2+x^5\sin x^2}{1+x^2}\mathrm{d}x = \int_{-1}^{1}\dfrac{x^2}{1+x^2}\mathrm{d}x + \int_{-1}^{1}\dfrac{x^5\sin x^2}{1+x^2}\mathrm{d}x = 2\int_{0}^{1}\dfrac{x^2}{1+x^2}\mathrm{d}x = 2\int_{0}^{1}\left(1-\dfrac{1}{1+x^2}\right)\mathrm{d}x = 2-\dfrac{\pi}{2}$.

注:(1) 若 $f(x)$ 在 $[-a,a]$ 上连续且为奇函数,则 $\int_{-a}^{a}f(x)\mathrm{d}x = 0$;

(2) 若 $f(x)$ 在 $[-a,a]$ 上连续且为偶函数,则 $\int_{-a}^{a}f(x)\mathrm{d}x = 2\int_{0}^{a}f(x)\mathrm{d}x$.

16. **解**　本题为可分离变量的微分方程,分离变量,得 $\dfrac{\cos y}{\sin y}\mathrm{d}y = \dfrac{2x}{x^2+1}\mathrm{d}x$,

两边同时积分,得 $\ln|\sin y| = -\ln(x^2+1)+C_1$,整理得通解为 $\sin y = \dfrac{C}{x^2+1}$($C$ 为任意实数),

代入初值条件 $y\Big|_{x=1} = \dfrac{\pi}{6}$,即 $\sin\dfrac{\pi}{6} = \dfrac{C}{1^2+1} = \dfrac{1}{2}$,得 $C = 1$,

所以方程的特解为 $\sin y = \dfrac{1}{x^2+1}$.

17. **解**　$\dfrac{\mathrm{d}z}{\mathrm{d}x} = \dfrac{\partial z}{\partial x}\cdot\dfrac{\mathrm{d}x}{\mathrm{d}t} + \dfrac{\partial z}{\partial y}\cdot\dfrac{\mathrm{d}y}{\mathrm{d}t} = \mathrm{e}^{x-2y}\cdot\cos t - 2\mathrm{e}^{x-2y}\cdot(3t^2) = \mathrm{e}^{\sin t-2t^3}(\cos t-6t^2)$.

18. **解**　积分区域 $D$ 如图所示,所以

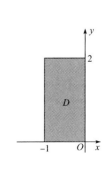

$\iint\limits_{D}\dfrac{xy}{1+x^2}\mathrm{d}x\mathrm{d}y = \int_{-1}^{0}\dfrac{x}{1+x^2}\mathrm{d}x\cdot\int_{0}^{2}y\mathrm{d}y = \left[\dfrac{1}{2}\ln(1+x^2)\right]_{-1}^{0}\cdot\left[\dfrac{1}{2}y^2\right]_{0}^{2} = -\ln2$.

**四、应用题(本大题共 7 分)**

19.解  设利润函数为 $L(Q)$,则
$$L(Q) = PQ - C = (10 - Q/5)Q - (50 + 2Q) = -Q^2/5 + 8Q - 50,$$
分别对利润函数求一阶导数和二阶导数,得 $L'(Q) = -2Q/5 + 8$,$L''(Q) = -2/5 < 0$.

令 $L'(Q) = 0$,解得 $Q = 20$,又由于 $L''(Q) < 0$,所以 $Q = 20$ 是函数的极大值点.因为只有一个驻点,所以 $Q = 20$ 是函数的最大值点,所以产量为 20 时总利润最大.

**五、证明题(本大题共 7 分)**

20.证  因为函数 $f(x)$ 在区间 $[0,1]$ 上可导,所以 $f(x)$ 在区间 $[0,1]$ 上连续,且因为 $\lim\limits_{x \to 0^+} \dfrac{f(x)}{x} < 0$,由极限的局部保号性知 $\exists \delta > 0$,使得当 $x \in (0, \delta)$ 时有 $\dfrac{f(x)}{x} < 0$,由此可得 $f(x) < 0$,于是一定 $\exists c \in (0, \delta)$,使得 $f(c) < 0$;又因为 $f(1) > 0$,所以 $f(c) \cdot f(1) < 0$,根据零点定理,$\exists \xi \in (c, 1) \subset (0, 1)$,使得 $f(\xi) = 0$,即 $f(x) = 0$ 在 $(0, 1)$ 内至少有一个实数根.

# 模拟题九

**一、单项选择题(本大题共 5 小题,每小题 3 分,共 15 分)**

1.B  解  选项 A,C,D 中两函数的定义域均不同,选项 B 中两函数的定义域和对应法则都相同.

2.C  解  因为 $\lim\limits_{x \to 0} \dfrac{\sqrt{a + x^3} - \sqrt{a}}{x} = \lim\limits_{x \to 0} \dfrac{x^3}{x(\sqrt{a + x^3} + \sqrt{a})} = \lim\limits_{x \to 0} \dfrac{x^2}{\sqrt{a + x^3} + \sqrt{a}} = 0$,故当 $x \to 0$ 时,$\sqrt{a + x^3} - \sqrt{a}$ 是 $x$ 的高阶无穷小.

3.A  解  求出函数的一、二阶导数,有 $y' = 4x^3 - 48x + 6$,$y'' = 12x^2 - 48$,令 $y'' = 0$,求得 $x = \pm 2$.显然当 $x \in (-2, 2)$ 时,$y'' < 0$,在该区间内曲线为凸的.

4.D  解  根据定积分的性质可得 $M = \displaystyle\int_{-\frac{\pi}{2}}^{\frac{\pi}{2}} \dfrac{\sin x}{1 + x^2} \cos^4 x \, dx = 0$,

$$N = \int_{-\frac{\pi}{2}}^{\frac{\pi}{2}} (\sin^3 x + \cos^4 x) \, dx = \int_{-\frac{\pi}{2}}^{\frac{\pi}{2}} \sin^3 x \, dx + \int_{-\frac{\pi}{2}}^{\frac{\pi}{2}} \cos^4 x \, dx = \int_{-\frac{\pi}{2}}^{\frac{\pi}{2}} \cos^4 x \, dx > 0,$$

$$N = \int_{-\frac{\pi}{2}}^{\frac{\pi}{2}} (\sin^3 x - \cos^4 x) \, dx = \int_{-\frac{\pi}{2}}^{\frac{\pi}{2}} \sin^3 x \, dx - \int_{-\frac{\pi}{2}}^{\frac{\pi}{2}} \cos^4 x \, dx = -\int_{-\frac{\pi}{2}}^{\frac{\pi}{2}} \cos^4 x \, dx < 0.$$

5.C  解  积分区域如图所示.将积分区域化为 $X$ 型区域,则 $D: \begin{cases} 0 \leqslant x \leqslant \dfrac{1}{a}, \\ ax \leqslant y \leqslant 1, \end{cases}$ 于是

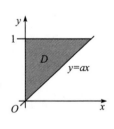

$$\iint\limits_{D} x y^2 \, dx \, dy = \int_0^{\frac{1}{a}} x \, dx \int_{ax}^1 y^2 \, dy = \frac{1}{3} \int_0^{\frac{1}{a}} (x - a^3 x^4) \, dx = \frac{1}{3} \left[ \frac{1}{2} x^2 - \frac{1}{5} a^3 x^5 \right]_0^{\frac{1}{a}} = \frac{1}{10 a^2} = \frac{1}{15},$$

从而得 $a = \dfrac{\sqrt{6}}{2}$.

**二、填空题(本大题共 5 小题,每小题 3 分,共 15 分)**

6.$\dfrac{1}{2}$  解  因为 $\dfrac{1 + 2 + \cdots + n}{n^2 + n + n} < \dfrac{1}{n^2 + n + 1} + \dfrac{2}{n^2 + n + 2} + \cdots + \dfrac{n}{n^2 + n + n} < \dfrac{1 + 2 + \cdots + n}{n^2 + n + 1}$,

即 $\dfrac{n(1 + n)}{2(n^2 + n + n)} < \dfrac{1}{n^2 + n + 1} + \dfrac{2}{n^2 + n + 2} + \cdots + \dfrac{n}{n^2 + n + n} < \dfrac{n(1 + n)}{2(n^2 + n + 1)}$,

而 $\lim\limits_{n \to \infty} \dfrac{n(1 + n)}{2(n^2 + n + n)} = \dfrac{1}{2}$,$\lim\limits_{n \to \infty} \dfrac{n(1 + n)}{2(n^2 + n + 1)} = \dfrac{1}{2}$,所以根据夹逼准则有

$$\lim\limits_{n \to \infty} \left( \frac{1}{n^2 + n + 1} + \frac{2}{n^2 + n + 2} + \cdots + \frac{n}{n^2 + n + n} \right) = \frac{1}{2}.$$

7.$\dfrac{1}{3x}$  解  因为 $\dfrac{d}{dx} f(x^3) = f'(x^3) \cdot 3x^2 = \dfrac{1}{x}$,可得 $f'(x^3) = \dfrac{1}{3x^3}$,即 $f'(x) = \dfrac{1}{3x}$.

8. $x + 5y - 7 = 0$　解　将所给直线与曲线方程联立,得 $\begin{cases} y = 5x - 9, \\ y = 3x^2 - 7x + 3, \end{cases}$ 求出切点坐标为 $(2, 1)$.

因为所求法线与所给直线垂直,故法线斜率 $k = -\dfrac{1}{5}$.

故所求的直线方程为 $y - 1 = -\dfrac{1}{5}(x - 2)$,即 $x + 5y - 7 = 0$.

9. $\dfrac{1}{6}$　解　设 $\displaystyle\int_0^1 f(x)\mathrm{d}x = a$,则 $f(x) = x^2 - a$,所以 $\displaystyle\int_0^1 f(x)\mathrm{d}x = \int_0^1 (x^2 - a)\mathrm{d}x = \left[\dfrac{1}{3}x^3 - ax\right]_0^1 = \dfrac{1}{3} - a = a$,

可得 $a = \dfrac{1}{6}$.

10. $-y \cdot (x^2 + y^2)^{-\frac{3}{2}}$　解　因为 $\dfrac{\partial z}{\partial x} = \dfrac{1 + \dfrac{x}{\sqrt{x^2 + y^2}}}{x + \sqrt{x^2 + y^2}} = \dfrac{1}{\sqrt{x^2 + y^2}} = (x^2 + y^2)^{-\frac{1}{2}}$,

所以 $\dfrac{\partial^2 z}{\partial x \partial y} = -\dfrac{1}{2}(x^2 + y^2)^{-\frac{3}{2}} \cdot 2y = -y \cdot (x^2 + y^2)^{-\frac{3}{2}}$.

**三、计算题(本大题共 8 小题,每小题 7 分,共 56 分)**

11. 解法一　$\displaystyle\lim_{x \to \infty} \left(\dfrac{2x + 3}{2x + 1}\right)^{x+1} = \lim_{x \to \infty}\left[\dfrac{1 + \dfrac{3}{2x}}{1 + \dfrac{1}{2x}}\right]^x \cdot \lim_{x \to \infty}\dfrac{2x + 3}{2x + 1} = \lim_{x \to \infty}\dfrac{\left(1 + \dfrac{3}{2x}\right)^{\frac{2x}{3} \cdot \frac{3}{2}}}{\left(1 + \dfrac{1}{2x}\right)^{2x \cdot \frac{1}{2}}} = \dfrac{\mathrm{e}^{\frac{3}{2}}}{\mathrm{e}^{\frac{1}{2}}} = \mathrm{e}.$

解法二　$\displaystyle\lim_{x \to \infty}\left(\dfrac{2x + 3}{2x + 1}\right)^{x+1} = \lim_{x \to \infty}\left(1 + \dfrac{2}{2x + 1}\right)^{\frac{2x+1}{2}} \cdot \lim_{x \to \infty}\left(1 + \dfrac{2}{2x + 1}\right)^{\frac{1}{2}} = \mathrm{e} \cdot 1 = \mathrm{e}.$

12. 解　令函数的分母 $|x|(x^2 - 1) = 0$,得函数的间断点为 $x = 0, x = \pm 1$.

因为 $\displaystyle\lim_{x \to -1}\dfrac{x^2 - x}{|x|(x^2 - 1)} = \lim_{x \to -1}\dfrac{-x}{x(x + 1)} = \infty$,即当 $x \to -1$ 时函数的极限不存在,故 $x = -1$ 为函数的第二类间断点.

因为 $\displaystyle\lim_{x \to 0^-}\dfrac{x^2 - x}{|x|(x^2 - 1)} = \lim_{x \to 0^-}\dfrac{-x}{x(x + 1)} = -1, \lim_{x \to 0^+}\dfrac{x^2 - x}{|x|(x^2 - 1)} = \lim_{x \to 0^+}\dfrac{x}{x(x + 1)} = 1$,即当 $x \to 0$ 时函数的两个单侧极限存在但不相等,故 $x = 0$ 为函数的第一类跳跃间断点.

因为 $\displaystyle\lim_{x \to 1}\dfrac{x^2 - x}{|x|(x^2 - 1)} = \lim_{x \to 1}\dfrac{x}{x(x + 1)} = \dfrac{1}{2}$,即当 $x \to 1$ 时函数的两个单侧极限存在且相等,故 $x = 1$ 为函数的第一类可去间断点.

若使函数在 $x = 1$ 处连续,可延拓为 $f(x) = \begin{cases} \dfrac{x^2 - x}{|x|(x^2 - 1)}, & x \ne 1, \\ \dfrac{1}{2}, & x = 1. \end{cases}$

13. 解　当 $x = 0$ 时,可得 $\ln y = 0$,即 $y = 1$.令 $F(x, y) = \ln(x^2 + y) - x^3 y - \sin x$,

则 $F_x = \dfrac{2x}{x^2 + y} - 3x^2 y - \cos x, F_y = \dfrac{1}{x^2 + y} - x^3$,

那么 $\dfrac{\mathrm{d}y}{\mathrm{d}x} = -\dfrac{F_x}{F_y} = \dfrac{3x^2 y + \cos x - \dfrac{2x}{x^2 + y}}{\dfrac{1}{x^2 + y} - x^3}$,所以 $\dfrac{\mathrm{d}y}{\mathrm{d}x}\Big|_{x=0} = \dfrac{\cos 0}{1} = 1$.

14. 解　$\displaystyle\int \dfrac{1}{1 + \tan x}\mathrm{d}x = \int \dfrac{\cos x}{\sin x + \cos x}\mathrm{d}x = \dfrac{1}{2}\int\left(\dfrac{\sin x + \cos x + \cos x - \sin x}{\sin x + \cos x}\right)\mathrm{d}x$

$= \dfrac{1}{2}\int\left(1 + \dfrac{\cos x - \sin x}{\sin x + \cos x}\right)\mathrm{d}x = \dfrac{1}{2}\left[x + \int\dfrac{1}{\sin x + \cos x}\mathrm{d}(\cos x + \sin x)\right]$

$= \dfrac{x}{2} + \dfrac{1}{2}\ln|\sin x + \cos x| + C.$

**15.解** 因为当 $-2 \leqslant x \leqslant 2$ 时,$\max\{x,x^2\} = \begin{cases} x^2, & -2 \leqslant x \leqslant 0, \\ x, & 0 \leqslant x \leqslant 2, \end{cases}$

故 $\int_{-2}^{2} \max\{x,x^2\}\mathrm{d}x = \int_{-2}^{0} x^2\mathrm{d}x + \int_{0}^{2} x\mathrm{d}x = \frac{1}{3}x^3 \Big|_{-2}^{0} + \frac{1}{2}x^2 \Big|_{0}^{2} = \frac{14}{3}.$

**16.解** 原方程可整理为 $\dfrac{\mathrm{d}x}{\mathrm{d}y} - x = y$,可看作以 $x$ 为未知函数的一阶线性微分方程,其中 $P(y) = -1, Q(y) = y$,由公式

得通解为

$$x = e^{-\int P(y)\mathrm{d}y}\left[\int Q(y)e^{\int P(x)\mathrm{d}y}\mathrm{d}y + C\right] = e^{-\int(-1)\mathrm{d}y}\left[\int y \cdot e^{\int(-1)\mathrm{d}y}\mathrm{d}y + C\right] = e^{y}\left(\int y \cdot e^{-y}\mathrm{d}y + C\right)$$

$$= Ce^{y} - y - 1.$$

**17.解** $\dfrac{\partial z}{\partial x} = f_u \cdot \dfrac{\partial u}{\partial x} + f_v \cdot \dfrac{\partial v}{\partial x} = f_u \cdot 1 + f_v \cdot 2xy = f_u + 2xyf_v,$

$\dfrac{\partial z}{\partial y} = f_u \cdot \dfrac{\partial u}{\partial y} + f_v \cdot \dfrac{\partial v}{\partial y} = f_u \cdot (-1) + f_v \cdot x^2 = -f_u + x^2 f_v.$

**18.解** 积分区域如图所示.

将积分区域看作 $Y$ 型区域,可分为 $D_1, D_2$ 两部分,其中

$$D_1:\begin{cases} 0 \leqslant y \leqslant 1, \\ \dfrac{y}{2} \leqslant x \leqslant \sqrt{y}, \end{cases} \quad D_2:\begin{cases} 1 \leqslant y \leqslant 2, \\ \dfrac{y}{2} \leqslant x \leqslant 1, \end{cases}$$

故 $\int_{0}^{1}\mathrm{d}x\int_{x^2}^{2x} f(x,y)\mathrm{d}y = \int_{0}^{1}\mathrm{d}y\int_{\frac{y}{2}}^{\sqrt{y}} f(x,y)\mathrm{d}x + \int_{1}^{2}\mathrm{d}y\int_{\frac{y}{2}}^{1} f(x,y)\mathrm{d}x.$

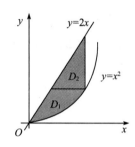

**四、应用题(本大题共 7 分)**

**19.解** 设小屋的宽为 $x$ m,则其长为 $(20 - 2x)$m,故小屋的面积为 $S = x(20 - 2x) = 20x - 2x^2.$

令 $S' = 20 - 4x = 0$,得 $x = 5$;又因为 $S''(5) = -4 < 0$,即面积 $S$ 此时取得最大值.

所以应围成两侧宽为 5 m,长为 10 m 的长方形才能使小屋的面积最大.

**五、证明题(本大题共 7 分)**

**20.证** 设 $f(x) = \ln(1 + x)$,显然 $f(x)$ 在区间 $[0, x]$ 上满足拉格朗日中值定理的条件,

所以有 $f(x) - f(0) = f'(\xi)(x - 0), 0 < \xi < x.$

由于 $f(0) = 0, f'(x) = \dfrac{1}{1 + x}$,因此上式为 $\ln(1 + x) = \dfrac{x}{1 + \xi}.$

又由于 $0 < \xi < x$,所以 $\dfrac{x}{1 + x} < \dfrac{x}{1 + \xi} < x,$

即 $\dfrac{x}{1 + x} < \ln(1 + x) < x.$

## 模拟题十

**一、单项选择题(本大题共 5 小题,每小题 3 分,共 15 分)**

**1.A 解** $\lim\limits_{x \to x_0} \dfrac{f(x_0 + h) - f(x_0 - h)}{2h} = \dfrac{1}{2}\lim\limits_{x \to x_0} \dfrac{f(x_0 + h) - f(x_0) - [f(x_0 - h) - f(x_0)]}{h} = \dfrac{1}{2} \cdot 2f'(x_0) = f'(x_0).$

**2.C 解** 由拉格朗日中值定理,$f'(\xi) = \dfrac{1}{\xi} = \dfrac{f(2) - f(1)}{2 - 1} = \ln 2$,则 $\xi = \dfrac{1}{\ln 2}.$

**3.B 解** $\lim\limits_{x \to 0} \dfrac{\int_{0}^{x} \arctan x\mathrm{d}x}{1 - \cos 2x} = \lim\limits_{x \to 0} \dfrac{\arctan x}{2\sin 2x} = \lim\limits_{x \to 0} \dfrac{x}{2 \times 2x} = \dfrac{1}{4}.$

**4.A 解** 二元函数 $f(x,y)$ 在 $(x_0, y_0)$ 处可微则必存在偏导数,反之不成立.

**5.D 解** 在所给选项中只有 $y = 2x$ 中不含有未知函数的导数或微分,故应选 D.

**二、填空题(本大题共 5 小题,每小题 3 分,共 15 分)**

**6.$(0, 1]$ 解** 要使函数有意义,变量 $x$ 必须同时满足 $\begin{cases} x > 0, \\ -1 \leqslant x \leqslant 1, \end{cases}$ 解得 $0 < x \leqslant 1.$

**7.** 3　解　函数 $f(x)=(x-1)(x-2)(x-3)(x-4)$ 为多项式函数,所以其在定义域内是连续的、可导的,且 $f(1)=f(2)=f(3)=f(4)=0$,从而 $f(x)$ 在 $[1,2],[2,3],[3,4]$ 上均满足罗尔定理的条件.

因此在 $(1,2)$ 内至少存在一点 $\xi_1$,使 $f(\xi_1)=0,\xi_1$ 是 $f'(x)=0$ 的一个实根;在 $(2,3)$ 内至少存在一点 $\xi_2$,使 $f(\xi_2)=0$, $\xi_2$ 是 $f'(x)=0$ 的一个实根;在 $(3,4)$ 内至少存在一点 $\xi_3$,使 $f(\xi_3)=0,\xi_3$ 是 $f'(x)=0$ 的一个实根.而 $f'(x)$ 为三次多项式,最多只能有 3 个实根,故 $\xi_1,\xi_2,\xi_3$ 是 $f'(x)=0$ 的三个实根,它们分别在区间 $(1,2),(2,3),(3,4)$ 内.

**8.** $2x+\dfrac{1}{x}$　解　两边同时求导,得 $\left[\displaystyle\int_1^x f(t)\mathrm{d}t\right]'=(x^2+\ln x-1)'$,则 $f(x)=2x+\dfrac{1}{x}$.

**9.** $y=C(1+\mathrm{e}^x)$　解　分离变量,得 $\dfrac{1}{y}\mathrm{d}y=\dfrac{\mathrm{e}^x}{(1+\mathrm{e}^x)}\mathrm{d}x$,两边同时积分,得 $\ln y=\ln(1+\mathrm{e}^x)+\ln C,y=C(1+\mathrm{e}^x)$.

**10.** 1　解　$S=\displaystyle\int_1^{\mathrm{e}}\ln y\mathrm{d}y=y\ln y\Big|_1^{\mathrm{e}}-\int_1^{\mathrm{e}}y\mathrm{d}\ln y=1$.

### 三、计算题(本大题共 8 小题,每小题 7 分,共 56 分)

**11.** 解法一　$\displaystyle\lim_{x\to 0}\dfrac{\mathrm{e}^x-\mathrm{e}^{-x}}{\sin x}=\lim_{x\to 0}\dfrac{(\mathrm{e}^x-\mathrm{e}^{-x})'}{(\sin x)'}=\lim_{x\to 0}\dfrac{\mathrm{e}^x+\mathrm{e}^{-x}}{\cos x}=2.$

解法二　$\displaystyle\lim_{x\to 0}\dfrac{\mathrm{e}^x-\mathrm{e}^{-x}}{\sin x}=\lim_{x\to 0}\dfrac{\mathrm{e}^{-x}(\mathrm{e}^{2x}-1)}{\sin x}=\lim_{x\to 0}\dfrac{\mathrm{e}^{-x}\cdot 2x}{x}=2.$

**12.** 解　$\displaystyle\lim_{x\to\frac{\pi}{2}}\dfrac{\sin 2x}{2\cos(\pi-x)}=\lim_{x\to\frac{\pi}{2}}\dfrac{(\sin 2x)'}{[2\cos(\pi-x)]'}=\lim_{x\to\frac{\pi}{2}}\dfrac{2\cos 2x}{2\sin(\pi-x)}=-1.$

**13.** 解　因为 $y'=\left(\cos\dfrac{2x}{1+x^2}\right)\cdot\left(\dfrac{2x}{1+x^2}\right)'=\dfrac{2(1-x^2)}{(1+x^2)^2}\cdot\left(\cos\dfrac{2x}{1+x^2}\right)$,

所以 $\mathrm{d}y=\dfrac{2(1-x^2)}{(1+x^2)^2}\cos\dfrac{2x}{1+x^2}\mathrm{d}x$.

**14.** 解　$\displaystyle\int_0^1\dfrac{1}{\mathrm{e}^x+\mathrm{e}^{-x}}\mathrm{d}x=\int_0^1\dfrac{\mathrm{e}^x}{1+\mathrm{e}^{2x}}\mathrm{d}x=\int_0^1\dfrac{1}{1+\mathrm{e}^{2x}}\mathrm{d}\mathrm{e}^x=\arctan\mathrm{e}^x\Big|_0^1=\arctan\mathrm{e}-\dfrac{\pi}{4}.$

**15.** 解　因为 $\begin{cases}\dfrac{\partial z}{\partial x}=2x+2x\sin y,\\[2mm]\dfrac{\partial z}{\partial y}=2y+x^2\cos y,\end{cases}$ 故 $\mathrm{d}z=2x(1+\sin y)\mathrm{d}x+(2y+x^2\cos y)\mathrm{d}y.$

**16.** 解　本题可以看成 $Y$ 型区域,即积分区域 $D=\{(x,y)\mid 1\leqslant y\leqslant 3,y-1\leqslant x\leqslant y\}$,

故 $\displaystyle\iint_D(x^2+y^2)\mathrm{d}x\mathrm{d}y=\int_1^3\mathrm{d}y\int_{y-1}^y(x^2+y^2)\mathrm{d}x=\int_1^3\left(2y^2-y+\dfrac{1}{3}\right)\mathrm{d}y=14.$

**17.** 解　因为 $S_1=\displaystyle\int_0^a(\sqrt{x}+\sqrt{x})\mathrm{d}x=2\int_0^a\sqrt{x}\mathrm{d}x=\dfrac{4}{3}x^{\frac{3}{2}}\Big|_0^a=\dfrac{4}{3}a^{\frac{3}{2}}$,

$S_2=\displaystyle\int_a^1(\sqrt{x}+\sqrt{x})\mathrm{d}x=2\int_a^1\sqrt{x}\mathrm{d}x=\dfrac{4}{3}x^{\frac{3}{2}}\Big|_a^1=\dfrac{4}{3}(1-a^{\frac{3}{2}})$,

由 $S_1=S_2$,得 $\dfrac{4}{3}a^{\frac{3}{2}}=\dfrac{4}{3}(1-a^{\frac{3}{2}})$,所以 $a=\dfrac{1}{\sqrt[3]{4}}$.

**18.** 解　原方程可变形为 $y'-\dfrac{2}{x+1}y=(x+1)^4$,

故 $y=\mathrm{e}^{\int\frac{2}{x+1}\mathrm{d}x}\left[\displaystyle\int(x+1)^4\cdot\mathrm{e}^{-\int\frac{2}{x+1}\mathrm{d}x}\mathrm{d}x+C\right]=(x+1)^2\left[\dfrac{1}{3}(x+1)^3+C\right].$

### 四、应用题(本大题共 7 分)

**19.** 解　由 $C(Q)=100+\dfrac{Q^2}{4}$,得平均成本为 $\overline{C}=\dfrac{100}{Q}+\dfrac{Q}{4}$.

(1) 当 $Q=10$ 时,总成本 $C(10)=125$,平均成本 $\overline{C}=12.5$.

(2) $\overline{C}'=-\dfrac{100}{Q^2}+\dfrac{1}{4}$,令 $\overline{C}'=0$,得 $Q^2=400,Q=20$(只取正值),又因为 $\overline{C}''(20)>0$,所以当 $Q=20$ 时,平均成本最小.

**五、证明题(本大题共 7 分)**

20.证　令 $f(x)=\int_0^x \dfrac{1}{1+t^2}\mathrm{d}t+\int_0^{\frac{1}{x}} \dfrac{1}{1+t^2}\mathrm{d}t$,则 $f(x)$ 在 $(0,+\infty)$ 上连续、可导.

当 $x>0$ 时,有 $f'(x)=\dfrac{1}{1+x^2}+\dfrac{1}{1+\frac{1}{x^2}}\cdot\left(-\dfrac{1}{x^2}\right)=0$,由拉格朗日中值定理的推论,得 $f(x)\equiv C(x>0)$.

而 $f(1)=\int_0^1\dfrac{1}{1+t^2}\mathrm{d}t+\int_0^1\dfrac{1}{1+t^2}\mathrm{d}t=\dfrac{\pi}{2}$,故 $C=\dfrac{\pi}{2}$,从而结论成立.

# 附 录

## 附录一 山东省 2021 年普通高等教育专科升本科招生考试
## 高等数学 Ⅱ 考试要求

### Ⅰ.考试内容与要求

本科目考试要求考生掌握高等数学的基本概念、基本理论和基本方法，主要考查学生的识记、理解、计算、推理和应用能力，为进一步学习奠定基础.具体内容与要求如下：

**一、函数、极限与连续**

（一）函数

1. 理解函数的概念，会求函数的定义域、表达式及函数值，会建立应用问题的函数关系.

2. 掌握函数的有界性、单调性、周期性和奇偶性.

3. 理解分段函数、反函数和复合函数的概念.

4. 掌握函数的四则运算与复合运算.

5. 掌握基本初等函数的性质及其图形，理解初等函数的概念.

6. 理解经济学中的几种常见函数（成本函数、收益函数、利润函数、需求函数和供给函数）.

（二）极限

1. 理解数列极限和函数极限（包括左极限和右极限）的概念.理解函数极限存在与左极限、右极限存在之间的关系.

2. 了解数列极限和函数极限的性质.了解数列极限和函数极限存在的两个收敛准则（夹逼准则与单调有界准则）.熟练掌握数列极限和函数极限的四则运算法则.

3. 熟练掌握两个重要极限 $\lim\limits_{x \to 0} \dfrac{\sin x}{x} = 1$，$\lim\limits_{x \to \infty} \left(1 + \dfrac{1}{x}\right)^x = \mathrm{e}$，并会用它们求函数的极限.

4. 理解无穷小量、无穷大量的概念，掌握无穷小量的性质、无穷小量与无穷大量的关系.会比较无穷小量的阶（高阶、低阶、同阶和等价）.会用等价无穷小量求极限.

（三）连续

1. 理解函数连续性（包括左连续和右连续）的概念，掌握函数连续与左连续、右连续之间的关系.会求函数的间断点并判断其类型.

2. 掌握连续函数的四则运算和复合运算.理解初等函数在其定义区间内的连续性，并会利用连续性求极限.

3. 掌握闭区间上连续函数的性质（有界性定理、最大值和最小值定理、介值定理、零点定理），并会应用这些性质解决相关问题.

**二、一元函数微分学**

（一）导数与微分

1. 理解导数的概念及几何意义，会用定义求函数在一点处的导数（包括左导数和右导数）.会求平面曲线的切线方程和法线方程.理解函数的可导性与连续性之间的关系.

2. 熟练掌握导数的四则运算法则和复合函数的求导法则，熟练掌握基本初等函数的导数公式.

3. 掌握隐函数求导法、对数求导法.

4. 理解高阶导数的概念,会求简单函数的高阶导数.

5. 理解微分的概念,理解导数与微分的关系,掌握微分运算法则,会求函数的一阶微分.

（二）中值定理及导数的应用

1. 理解罗尔定理、拉格朗日中值定理. 会用罗尔定理和拉格朗日中值定理解决相关问题.

2. 熟练掌握洛必达法则,会用洛必达法则求" $\dfrac{0}{0}$ "" $\dfrac{\infty}{\infty}$ "" $0 \cdot \infty$ "和" $\infty - \infty$ "型未定式的极限.

3. 理解函数极值的概念,掌握用导数判断函数的单调性和求函数极值的方法,会利用函数的单调性证明不等式,掌握函数最大值和最小值的求法及其应用.

4. 会用导数判断曲线的凹凸性,会求曲线的拐点以及水平渐近线与垂直渐近线.

5. 理解边际函数、弹性函数的概念及其实际意义,会求解简单的应用问题.

### 三、一元函数积分学

（一）不定积分

1. 理解原函数与不定积分的概念,了解原函数存在定理,掌握不定积分的性质.

2. 熟练掌握不定积分的基本公式.

3. 熟练掌握不定积分的第一类、第二类换元法和分部积分法.

（二）定积分

1. 理解定积分的概念及几何意义,了解可积的条件.

2. 掌握定积分的性质.

3. 理解积分上限的函数,会求它的导数,掌握牛顿 - 莱布尼茨公式.

4. 熟练掌握定积分的换元积分法与分部积分法.

5. 会用定积分表达和计算平面图形的面积.

6. 会利用定积分求解经济分析中的简单应用问题.

### 四、多元函数微积分学

（一）多元函数微分学

1. 了解二元函数的概念、几何意义及二元函数的极限与连续概念.

2. 理解二元函数偏导数和全微分的概念.掌握二元函数的一阶、二阶偏导数的求法,会求二元函数的全微分.

3. 掌握复合函数一阶偏导数的求法.

4. 掌握由方程 $F(x, y, z) = 0$ 所确定的隐函数 $z = z(x, y)$ 的一阶偏导数的计算方法.

5. 会求二元函数的无条件极值.

（二）二重积分

1. 理解二重积分的概念、性质及其几何意义.

2. 掌握二重积分在直角坐标系下的计算方法.

### 五、常微分方程

1. 理解微分方程的定义,理解微分方程的阶、解、通解、初始条件和特解等概念.

2. 掌握可分离变量微分方程的解法.

3. 掌握一阶线性微分方程的解法.

# Ⅱ. 考试形式与题型

### 一、考试形式

考试采用闭卷、笔试形式. 试卷满分 100 分,考试时间 120 分钟.

### 二、题型

考试题型从以下类型中选择:选择题、填空题、判断题、计算题、解答题、证明题、应用题.

# 附录二　经管类高等数学近五年真题分数统计表

| 内容 | 2021 年 | 2020 年 | 2019 年 | 2018 年 | 2017 年 | 平均分 |
|---|---|---|---|---|---|---|
| 一、函数、极限与连续 | 30 | 23 | 16.2 | 18.9 | 26 | 22.82 |
| 二、导数与微分 | 3 | 3 | 20.1 | 17.5 | 28 | 14.32 |
| 三、中值定理与导数的应用 | 17 | 17 | 16.1 | 16.1 | 14 | 16.04 |
| 四、不定积分 | 7 | 7 | 12.1 | 9.4 | 14 | 9.9 |
| 五、定积分及其应用 | 13 | 20 | 30.8 | 30.9 | 14 | 21.74 |
| 六、常微分方程 | 10 | 10 | | | | 10 |
| 七、多元函数微积分 | 20 | 20 | | | | 20 |

　　近五年经管类高等数学试题,有些章节考查得较少,故没有在本表中体现.具体详情如下:2017 年考查概率 2 分(满分 50 分),2018 年考查向量代数与空间解析几何 2 分、常微分方程 2 分、多元微积分 2 分(满分 75 分),2019 年考查常微分方程 2 分(满分 75 分).

# 附录三　高等数学(二) 各章节常考知识点

### 第一章　　函数极限与连续

常考知识点：

① 求定义域　　② 函数的性质　　③ 求极限　　④ 无穷小

⑤ 连续的性质　　⑥ 间断点　　⑦ 零点定理

> 知识点重要性排序：③①④⑤⑥⑦②

### 第二、三章　　一元函数微分学

常考知识点：

① 导数(定义式、导数计算和切线方程)　　　　② 微分(定义与计算)

③ 隐函数求导、对数求导法、高阶导数

④ 微分中值定理的相关证明(罗尔定理和拉格朗日中值定理)　　⑤ 洛必达法则

⑥ 曲线的单调性、极值、凹凸性、拐点和渐近线　　⑦ 函数最值(应用题)

> 知识点重要性排序：⑥①⑤⑦②③④

### 第四、五章　　一元函数积分学

常考知识点：

① 不定积分的计算　　　　② 定积分的性质与计算　　　③ 变上限积分

④ 无穷区间的广义积分　　⑤ 求平面图形的面积

> 知识点重要性排序：②③①⑤④

### 第六章　　常微分方程

常考知识点：

① 可分离变量的(一阶线性齐次) 微分方程　　② 一阶线性非齐次(公式法) 微分方程

> 知识点重要性排序：①②

### 第七章　　多元函数微积分

常考知识点：

① 偏导数　　　　② 全微分　　　③ 二元隐函数的求导法则　　　④ 二元函数的无条件极值

⑤ 直角坐标条下的二重积分计算

> 知识点重要性排序：⑤①②③④

# 附录四　常用数学公式

## 微积分

### 一、导数公式

1. $(C)' = 0$;

2. $(x^\mu)' = \mu x^{\mu-1}$;

3. $(a^x)' = a^x \ln a$;

4. $(e^x)' = e^x$;

5. $(\log_a x)' = \dfrac{1}{x \ln a}$;

6. $(\ln x)' = \dfrac{1}{x}$;

7. $(\sin x)' = \cos x$;

8. $(\cos x)' = -\sin x$;

9. $(\tan x)' = \sec^2 x$;

10. $(\cot x)' = -\csc^2 x$;

11. $(\sec x)' = \sec x \tan x$;

12. $(\csc x)' = -\csc x \cot x$;

13. $(\arcsin x)' = \dfrac{1}{\sqrt{1-x^2}}$;

14. $(\arccos x)' = -\dfrac{1}{\sqrt{1-x^2}}$;

15. $(\arctan x)' = \dfrac{1}{1+x^2}$;

16. $(\operatorname{arccot} x)' = -\dfrac{1}{1+x^2}$.

### 二、基本积分公式

1. $\displaystyle\int 0 \, dx = C$;

2. $\displaystyle\int x^n \, dx = \dfrac{1}{n+1} x^{n+1} + C \, (n \neq -1)$;

3. $\displaystyle\int \dfrac{1}{x} \, dx = \ln |x| + C$;

4. $\displaystyle\int a^x \, dx = \dfrac{1}{\ln a} a^x + C$;

5. $\displaystyle\int e^x \, dx = e^x + C$;

6. $\displaystyle\int \cos x \, dx = \sin x + C$;

7. $\displaystyle\int \sin x \, dx = -\cos x + C$;

8. $\displaystyle\int \sec^2 x \, dx = \tan x + C$;

9. $\displaystyle\int \csc^2 x \, dx = -\cot x + C$;

10. $\displaystyle\int \tan x \sec x \, dx = \sec x + C$;

11. $\displaystyle\int \cot x \csc x \, dx = -\csc x + C$;

12. $\displaystyle\int \dfrac{1}{1+x^2} \, dx = \arctan x + C$;

13. $\displaystyle\int \dfrac{1}{\sqrt{1-x^2}} \, dx = \arcsin x + C$;

14. $\displaystyle\int \tan x \, dx = -\ln |\cos x| + C$;

15. $\displaystyle\int \cot x \, dx = \ln |\sin x| + C$;

16. $\displaystyle\int \sec x \, dx = \ln |\tan x + \sec x| + C$;

17. $\displaystyle\int \csc x \, dx = \ln |\cot x - \csc x| + C$;

18. $\displaystyle\int \dfrac{1}{a^2+x^2} \, dx = \dfrac{1}{a} \arctan \dfrac{x}{a} + C$;

19. $\displaystyle\int \dfrac{1}{x^2-a^2} \, dx = \dfrac{1}{2a} \ln \left| \dfrac{x-a}{x+a} \right| + C$.

## 代　数

### 一、绝对值公式

$$|a| = \begin{cases} a, & a > 0, \\ 0, & a = 0, \\ -a, & a < 0. \end{cases}$$

### 二、指数公式

1. $a^m \cdot a^n = a^{m+n}$;

2. $\dfrac{a^m}{a^n} = a^{m-n}$;

3. $(a^m)^n = a^{mn}$;

4. $(ab)^n = a^n b^n$;

5. $a^{-n} = \dfrac{1}{a^n} \, (a \neq 0)$;

6. $a^{\frac{m}{n}} = \sqrt[n]{a^m} \, (a \geqslant 0)$.

### 三、对数公式

设 $a > 0, a \neq 1$,则

1. $\log_a xy = \log_a x + \log_a y$;

2. $\log_a \dfrac{x}{y} = \log_a x - \log_a y$;

3. $\log_a x^b = b\log_a x$;

4. $\log_a x = \dfrac{\log_m x}{\log_m a}$;

5. $a^{\log_a x} = x, \log_a 1 = 0, \log_a a = 1$.

### 四、排列组合公式

1. $P_n^m = n(n-1)\cdots[n-(m-1)] = \dfrac{n!}{(n-m)!}$(约定 $0! = 1$);

2. $C_n^m = \dfrac{P_n^m}{m!} = \dfrac{n!}{m!\,(n-m)!}$;

3. $C_n^m = C_n^{n-m}$;

4. $C_n^m + C_n^{m-1} = C_{n+1}^m$;

5. $C_n^0 + C_n^1 + C_n^2 + \cdots + C_n^n = 2^n$.

### 五、二项式定理展开式

$(a+b)^n = C_n^0 a^n + C_n^1 a^{n-1}b + C_n^2 a^{n-2}b^2 + \cdots + C_n^k a^{n-k}b^k + \cdots + C_n^{n-1}ab^{n-1} + C_n^n b^n$.

### 六、因式分解公式

1. $a^2 - b^2 = (a+b)(a-b)$;

2. $a^3 + b^3 = (a+b)(a^2 - ab + b^2); a^3 - b^3 = (a-b)(a^2 + ab + b^2)$;

3. $a^n - b^n = (a-b)(a^{n-1} + a^{n-2}b + \cdots + ab^{n-2} + b^{n-1})$.

### 七、数列求和公式

1. $a + aq + aq^2 + \cdots + aq^{n-1} = \dfrac{a(1-q^n)}{1-q}, |q| \neq 1$;

2. $a_1 + (a_1 + d) + (a_1 + 2d) + \cdots + [a_1 + (n-1)d] = na_1 + \dfrac{n(n-1)d}{2}$;

3. $1 + 2 + 3 + \cdots + n = \dfrac{n(n+1)}{2}$;

4. $1^2 + 2^2 + 3^2 + \cdots + n^2 = \dfrac{1}{6}n(n+1)(2n+1)$;

5. $1^3 + 2^3 + 3^3 + \cdots + n^3 = \left[\dfrac{n(n+1)}{2}\right]^2$.

## 三角函数

### 一、度与弧度

$1° = \dfrac{\pi}{180}$ 弧度 $\approx 0.017453$ 弧度,$1$ 弧度 $= \left(\dfrac{180}{\pi}\right)° \approx 57°17'44.8''$.

### 二、平方关系

$\sin^2 x + \cos^2 x = 1, \tan^2 x + 1 = \sec^2 x, \cot^2 x + 1 = \csc^2 x$.

### 三、两角的和差公式

1. $\sin(x \pm y) = \sin x\cos y \pm \cos x\sin y$;

2. $\cos(x \pm y) = \cos x\cos y \mp \sin x\sin y$;

3. $\tan(x \pm y) = \dfrac{\tan x \pm \tan y}{1 \mp \tan x\tan y}$.

### 四、和差化积公式

1. $\sin x + \sin y = 2\sin\dfrac{x+y}{2}\cos\dfrac{x-y}{2}$;

2. $\sin x - \sin y = 2\sin\dfrac{x-y}{2}\cos\dfrac{x+y}{2}$;

3. $\cos x + \cos y = 2\cos\dfrac{x+y}{2}\cos\dfrac{x-y}{2}$;

4. $\cos x - \cos y = -2\sin\dfrac{x+y}{2}\sin\dfrac{x-y}{2}$.

### 五、积化和差公式

1. $\sin x \cos y = \dfrac{1}{2}\big[\sin(x+y) + \sin(x-y)\big]$;

2. $\cos x \sin y = \dfrac{1}{2}\big[\sin(x+y) - \sin(x-y)\big]$;

3. $\cos x \cos y = \dfrac{1}{2}\big[\cos(x+y) + \cos(x-y)\big]$;

4. $\sin x \sin y = -\dfrac{1}{2}\big[\cos(x+y) - \cos(x-y)\big]$.

### 六、倍角公式和半角公式

1. $\sin 2x = 2\sin x\cos x$;

2. $\cos 2x = \cos^2 x - \sin^2 x = 2\cos^2 x - 1 = 1 - 2\sin^2 x$ , $\sin^2\dfrac{x}{2} = \dfrac{1-\cos x}{2}$ , $\cos^2\dfrac{x}{2} = \dfrac{1+\cos x}{2}$.

3. $\tan 2x = \dfrac{2\tan x}{1-\tan^2 x}$ , $\tan\dfrac{x}{2} = \dfrac{1-\cos x}{\sin x} = \dfrac{\sin x}{1+\cos x}$.

### 七、万能公式

$\sin x = \dfrac{2\tan\dfrac{x}{2}}{1+\tan^2\dfrac{x}{2}}$ , $\cos x = \dfrac{1-\tan^2\dfrac{x}{2}}{1+\tan^2\dfrac{x}{2}}$ , $\tan x = \dfrac{2\tan\dfrac{x}{2}}{1-\tan^2\dfrac{x}{2}}$

### 八、三角形边角关系

1. 正弦定理: $\dfrac{a}{\sin A} = \dfrac{b}{\sin B} = \dfrac{c}{\sin C}$;

2. 余弦定理: $a^2 = b^2 + c^2 - 2bc\cos A$ , $b^2 = a^2 + c^2 - 2ac\cos B$ , $c^2 = a^2 + b^2 - 2ab\cos C$.